普通高等教育"十一五"国家级规划教材

全国高等农林院校教材

林火生态与管理

（修订版）

胡海清　主编

中国林业出版社

内 容 简 介

全书共9章。第1~2章主要介绍森林燃烧、森林可燃物、火源、火环境、林火行为等林火基础知识；第3~4章主要介绍林火生态方面的内容，包括林火对土壤、水分、空气、植物与植物群落、野生动物及生态系统等的影响与作用；第5~9章主要介绍林火管理方面的内容，包括森林火灾预防、林火扑救、火的应用、林火评价及林火信息管理与决策等。

本书为森林防火、林业、森林保护专业教材，也可供研究生和其他相关专业师生参考。同时也可供从事森林防火教学、科研、管理和生产人员参考。

图书在版编目（CIP）数据

林火生态与管理/胡海清主编. —北京：中国林业出版社，2005.8（2023.2重印）
普通高等教育"十一五"国家级规划教材
ISBN 978-7-5038-3669-5

Ⅰ.林…　Ⅱ.胡…　Ⅲ.森林火-高等学校-教材　Ⅳ.S762

中国版本图书馆 CIP 数据核字（2005）第 067308 号

中国林业出版社·教材建设与出版管理中心

策划编辑：牛玉莲　　　责任编辑：洪 蓉　牛玉莲
电话：83143516　83143555　　　传真：83143516

出版发行	中国林业出版社（100009　北京市西城区德内大街刘海胡同7号） E-mail:jaocaipublic@163.com　电话：(010)83143500 网　址:http://www.forestry.com.cn/lycb.html
经　销	新华书店
印　刷	北京中科印刷有限公司
版　次	2005年8月第1版
印　次	2023年2月第12次印刷
开　本	850mm×1168mm　1/16
印　张	25.25
字　数	535千字
定　价	59.00元

未经许可，不得以任何方式复制或抄袭本书之部分或全部内容。
版权所有　侵权必究

《林火生态与管理》编写人员

主　编　胡海清
副主编　牛树奎　金　森
编　委　（按姓氏笔画排序）
　　　　　王得祥（西北农林科技大学）
　　　　　牛树奎（北京林业大学）
　　　　　邓湘雯（中南林学院）
　　　　　朴金波（武警森林指挥学校）
　　　　　张　敏（武警森林指挥学校）
　　　　　张思玉（南京森林公安高等专科学校）
　　　　　金　森（东北林业大学）
　　　　　屈　宇（河北农业大学）
　　　　　胡海清（东北林业大学）
　　　　　郑怀兵（南京森林公安高等专科学校）

前　言

我国有关森林防火教学始于20世纪50年代初，最早是由我国著名森林防火专家郑焕能教授在东北林学院（现东北林业大学）首先为林业、森林保护等专业开设了森林防火选修课，并于1962年编写出版了我国第一本教材《森林防火》，由农业出版社出版。之后，我国不少林业、农业院校相继开设森林防火课程。20世纪80年代初，郑焕能教授等又编写出版了《林火管理》教材，成为许多农林院校森林防火教学的重要参考书。1992年由林业部（现国家林业局）教育司组织编写，由郑焕能教授主编的全国高等林业院校试用教材《森林防火》出版，是1949年以来我国第一本比较全面、系统、完整的森林防火教材。该书的出版对强化林业院校森林防火基础知识、技术理论教学和科学研究都起到了积极的推动作用。1999年由胡海清主编的《森林防火》由经济科学出版社出版，是全国高等教育自学考试林业生态与环境管理专业教材。2000年由胡海清编著的《林火与环境》由东北林业大学出版社出版，是东北林业大学环境科学专业本科教材。自20世纪90年代以来，我国森林防火教学发展迅速，北京林业大学、中南林学院、西南林学院、吉林林学院、内蒙古林学院、山东农业大学等林农院校先后都曾编写或正式出版过有关森林防火教材，为我国不同地区的森林防火教学做出了重要贡献。同时也为本书的编写提供了丰富的素材。本书力求体现先进性、实用性、准确性、系统性和统一性的编写原则。

本书由胡海清主编，牛树奎、金森为副主编。全书共分9章。具体编写分工如下：第1章由胡海清编写；第2章由牛树奎编写；第3章第1节由胡海清、张敏编写，第2、3节由郑怀兵编写，第4节由屈宇编写，第5节由邓湘雯编写；第4章第1、2节由邓湘雯编写，第3、4、5节由王得祥编写；第5章第1、2、3节由金森编写，第4、5节由屈宇编写；第6章由朴金波编写；第7章由张思玉编写；第8章由郑怀兵编写；第9章由金森编写。全书先后由张敏、牛树奎统稿、修稿，最后由胡海清统稿、定稿。

本书为森林防火、林业、森林保护专业本科生教材，同时可供研究生和其他相关专业学生参考，也可供从事森林防火教学、科研、管理和生产实践工作者参考。本书虽然集中了我国目前从事森林防火教学的专家之力，但不足和疏漏之处在所难免，诚恳地希望广大读者提出宝贵意见。

编著者
2005年2月

PREFACE

Courses on forest fire prevention were first taught in China in early 1950s, by the famous Prof. Huanneng Zheng as an elective in Northeast College of Forestry (Northeast Forestry University now) to students majored in Forest Science and in Forest Protection. The first textbook on forest fire prevention written by the Professor was formerly published by Agriculture Press in 1962. After that, courses on forest fire prevention were gradually set up in many colleges and universities of forestry or agriculture in early 1980's, the Professor wrote another book, *Forest Fire Management*, which later became an important reference for the teaching of forest fire in universities. Organized by the Department of Higher Education, Ministry of Forestry (State Bureau of Forestry now), with Prof. Zheng as the chief editor, a new textbook *Forest Fire Prevention* was published for trial use in universities of forestry and agriculture in China in 1992. As the first comprehensive, systematic and well organized textbook on forest fire prevention in China since 1949, the book greatly promoted the development of teaching and research on forest fire prevention in China. In 1999, *Forest Fire Prevention*, another textbook mainly used for self-studied students majored in Forest Ecology and Environment Management was written by Prof Haiqing Hu and published by Economic Science Press. In 2000, the Northeast Forestry University Press published a book named *Forest Fire and Environment* written by Prof. Haiqing Hu as the textbook for undergraduates majored in Environment Science in Northeast Forestry University. The teaching of forest fire prevention in China developed rapidly since 1990's. Many universities such as Beijing Forestry University, Central South Forestry University, Southwest Forestry University, Jilin Forestry University, Inner Mongolian Forestry University, Shandong Agricultural University have compiled or published related textbooks, which contributed a lot for the teaching on forest fire prevention in these regions and provide rich materials for the writing of this book. The principle for the writing of this book is to be advanced, practical, exact, systematic and uniform.

This book is Prof. Haiqing Hu as the chief editor and Prof. Shukui Niu and Prof. Sen Jin as vice chief editors. There are 9 chapters. Chapter 1 was written by Prof. Haiqing Hu, chapter 2 by Shukui Niu, the first section of chapter 3 by Haiqing Hu and

Min Zhang, the second and third sections by Huaibing Zheng, the fourth section by Yu Qu, the fifth section and the first two sections of chapter 4 by Xiangwen Deng, the third, fourth and fifth sections of chapter 4 by Dexiang Wang, the first three sections of chapter 5 Sen Jin, and the forth and fifth sections of chapter 5 Yu Qu. Jinbo Piao wrote chapter 6 and Siyu Zhang wrote chapter 7. Chapter 8 was written by Huaibing Zheng, chapter 9 by Sen Jin. The book was first revised by Min Zhang and Shukui Niu, and finally revised by Haiqing Hu.

The textbook was written mainly for undergraduate students majored in Forest Fire Prevention, in Forest Science and in Forest Protection. It can also be used as a reference book for graduates and undergraduate students with related majors as well as people engaged in education, research and management of forest fire prevention. Although the book was written by the joint force of many experts engaged in forest fire prevention in China, some mistakes might still exist and thus comments are welcomed.

Authors
February 2005

目 录

前言
第1章 绪论 (1)
1.1 森林中的火因子 (1)
- 1.1.1 地球变迁与火历史 (1)
- 1.1.2 火是重要的生态因子 (2)
- 1.1.3 火是特殊的生态因子 (3)

1.2 人类对火认识的发展 (3)
- 1.2.1 原始用火阶段 (3)
- 1.2.2 森林防火阶段 (4)
- 1.2.3 林火管理阶段 (5)
- 1.2.4 现代化林火管理阶段 (6)

1.3 林火生态与林火管理 (6)
- 1.3.1 火生态学的产生 (6)
- 1.3.2 林火管理的发展 (7)
- 1.3.3 林火生态与林火管理的关系 (10)

1.4 林火管理概况 (11)
- 1.4.1 我国林火管理概况 (11)
- 1.4.2 国外林火管理模式 (13)

复习思考题 (15)

第2章 林火基础理论 (17)
2.1 森林燃烧 (17)
- 2.1.1 燃烧与森林燃烧的概念 (17)
- 2.1.2 燃烧与森林燃烧的必要条件 (18)
- 2.1.3 森林燃烧的基本过程 (20)
- 2.1.4 森林燃烧的特点 (28)
- 2.1.5 森林燃烧环 (29)

2.2 森林可燃物 (31)

2.2.1　森林可燃物特征 …………………………………………… (31)
　　2.2.2　森林可燃物分类 …………………………………………… (37)
　　2.2.3　树种易燃性和森林燃烧性 ………………………………… (40)
　　2.2.4　可燃物类型 ………………………………………………… (43)
2.3　火　源 ……………………………………………………………… (53)
　　2.3.1　火源概念及种类 …………………………………………… (53)
　　2.3.2　天然火源 …………………………………………………… (53)
　　2.3.3　人为火源 …………………………………………………… (55)
　　2.3.4　火源分布 …………………………………………………… (56)
2.4　火环境 ……………………………………………………………… (57)
　　2.4.1　火险天气 …………………………………………………… (57)
　　2.4.2　气候条件 …………………………………………………… (61)
　　2.4.3　地形条件 …………………………………………………… (64)
2.5　林火行为 …………………………………………………………… (72)
　　2.5.1　林火蔓延 …………………………………………………… (72)
　　2.5.2　林火强度 …………………………………………………… (77)
　　2.5.3　火烈度 ……………………………………………………… (81)
　　2.5.4　高能量火的火行为 ………………………………………… (82)
　　2.5.5　林火种类 …………………………………………………… (86)
　　2.5.6　影响火行为的主导因素 …………………………………… (89)
复习思考题 ……………………………………………………………… (91)

第3章　林火与环境 …………………………………………………… (93)

3.1　火对土壤环境的影响 ……………………………………………… (93)
　　3.1.1　火对土壤物理性质的影响 ………………………………… (93)
　　3.1.2　火对土壤化学性质的影响 ………………………………… (97)
　　3.1.3　火对土壤微生物的影响 …………………………………… (99)
　　3.1.4　火对土壤细根系的影响 …………………………………… (99)
　　3.1.5　火在改善土壤环境中的作用 ……………………………… (100)
3.2　火对水分的影响 …………………………………………………… (101)
　　3.2.1　火对雨水截留的影响 ……………………………………… (101)
　　3.2.2　火对土壤渗透性的影响 …………………………………… (101)
　　3.2.3　火对土壤保水性的影响 …………………………………… (101)
　　3.2.4　火对积雪和融雪的影响 …………………………………… (101)
　　3.2.5　火对地表径流的影响 ……………………………………… (102)
　　3.2.6　火烧对河水流量的影响 …………………………………… (102)
　　3.2.7　火烧对河流水质的影响 …………………………………… (102)
　　3.2.8　火对水生生境与生物的影响 ……………………………… (103)

3.3 火对大气环境的影响 (103)
3.3.1 森林可燃物燃烧时产生的气体 (104)
3.3.2 烟雾的产量 (107)
3.3.3 空气质量和烟雾管理 (108)

3.4 林火对植物的影响 (108)
3.4.1 火对植物的影响及植物对火的适应 (108)
3.4.2 火对植物种群的影响 (113)
3.4.3 火对植物群落的影响 (117)

3.5 林火与野生动物 (119)
3.5.1 林火对野生动物的影响 (119)
3.5.2 野生动物对火的反应与影响 (131)
3.5.3 火与野生动物保护 (133)

复习思考题 (136)

第4章 林火与生态系统 (137)

4.1 林火对森林演替的影响 (137)
4.1.1 原生演替 (138)
4.1.2 次生演替 (138)
4.1.3 进展演替和逆行演替 (139)
4.1.4 偏途演替 (141)
4.1.5 火顶级 (141)

4.2 火与景观 (143)
4.2.1 林火对景观的影响 (143)
4.2.2 景观格局对林火的影响 (148)

4.3 火与碳平衡 (149)
4.3.1 林火释放碳量的估计 (150)
4.3.2 火在森林生态系统碳平衡中的作用 (153)

4.4 火干扰与生态平衡 (154)
4.4.1 火对森林生态系统的破坏作用 (154)
4.4.2 火的作用是否有利于维护生态平衡的判断标准 (155)

4.5 不同森林生态系统中火的影响与作用 (157)
4.5.1 全球主要生态系统火的影响与作用 (157)
4.5.2 我国不同生态系统中火的影响与作用 (165)

复习思考题 (182)

第5章 森林火灾预防 (184)

5.1 林火行政管理 (184)
5.1.1 组织机构 (184)

5.1.2　宣传教育 ……………………………………………………………（185）
　　5.1.3　依法治火 ……………………………………………………………（186）
　　5.1.4　火源管理 ……………………………………………………………（186）
5.2　林火预报 …………………………………………………………………（187）
　　5.2.1　林火预报的概念和类型 ……………………………………………（188）
　　5.2.2　林火预报的研究方法 ………………………………………………（188）
　　5.2.3　国内外林火预报方法介绍 …………………………………………（194）
5.3　林火监测 …………………………………………………………………（208）
　　5.3.1　地面巡护 ……………………………………………………………（209）
　　5.3.2　瞭望台(塔)观测 ……………………………………………………（209）
　　5.3.3　航空巡护 ……………………………………………………………（211）
　　5.3.4　卫星林火监测 ………………………………………………………（211）
5.4　林火通讯 …………………………………………………………………（213）
　　5.4.1　通讯基础知识 ………………………………………………………（213）
　　5.4.2　森林防火通讯 ………………………………………………………（218）
5.5　林火阻隔 …………………………………………………………………（224）
　　5.5.1　阻隔带 ………………………………………………………………（224）
　　5.5.2　绿色防火 ……………………………………………………………（226）
　　5.5.3　黑色防火 ……………………………………………………………（238）
复习思考题 ………………………………………………………………………（240）

第6章　林火扑救 ……………………………………………………………（242）

6.1　灭火原理与方式 …………………………………………………………（242）
　　6.1.1　灭火原理 ……………………………………………………………（242）
　　6.1.2　飞机灭火 ……………………………………………………………（243）
　　6.1.3　化学灭火 ……………………………………………………………（253）
　　6.1.4　机械灭火 ……………………………………………………………（254）
　　6.1.5　以火灭火 ……………………………………………………………（258）
　　6.1.6　人工灭火 ……………………………………………………………（259）
　　6.1.7　爆破灭火 ……………………………………………………………（261）
6.2　林火扑救方法 ……………………………………………………………（262）
　　6.2.1　地表火扑救方法 ……………………………………………………（262）
　　6.2.2　树冠火扑救方法 ……………………………………………………（264）
　　6.2.3　地下火扑救方法 ……………………………………………………（265）
6.3　扑火组织指挥 ……………………………………………………………（268）
　　6.3.1　扑火原则 ……………………………………………………………（268）
　　6.3.2　扑火指挥程序 ………………………………………………………（271）
　　6.3.3　扑火指挥体系 ………………………………………………………（272）

  6.3.4　扑火指挥员 …… (272)
  6.3.5　扑火队伍 …… (274)
 6.4　常用灭火机具及装备 …… (274)
  6.4.1　手工具 …… (274)
  6.4.2　灭火机具 …… (275)
  6.4.3　飞机 …… (277)
 6.5　扑火安全 …… (279)
  6.5.1　伤亡原因与危险环境 …… (279)
  6.5.2　事故预防 …… (280)
  6.5.3　迷山自救 …… (281)
 复习思考题 …… (283)

第7章　火的应用 …… (284)
 7.1　用火的理论基础 …… (284)
  7.1.1　火的两重性 …… (284)
  7.1.2　用火条件和火行为的可控性 …… (285)
  7.1.3　火是一种快捷、高效、经济的工具 …… (285)
  7.1.4　营林安全用火 …… (286)
 7.2　火在林业中的应用 …… (287)
  7.2.1　用火防火 …… (287)
  7.2.2　在森林经营管理领域的应用 …… (290)
  7.2.3　在维护森林生态系统稳定方面的应用 …… (294)
  7.2.4　在控制森林病虫害和鼠害方面的应用 …… (298)
  7.2.5　在改善野生动物的居住、生存、繁衍条件和饲料方面的应用 …… (299)
 7.3　火在农牧业中的应用 …… (299)
  7.3.1　火在农业中的应用 …… (299)
  7.3.2　火在牧业中的应用 …… (304)
 7.4　用火技术 …… (306)
  7.4.1　用火条件 …… (306)
  7.4.2　点火方法 …… (309)
  7.4.3　用火程序 …… (310)
 复习思考题 …… (313)

第8章　林火评价 …… (314)
 8.1　火灾调查概述 …… (314)
  8.1.1　火灾调查的目的、意义和内容 …… (315)
  8.1.2　火灾调查的组织领导 …… (315)
  8.1.3　森林火灾调查的基本原则 …… (315)

8.1.4　火灾原因分类 ·· (316)
8.2　火灾现场 ··· (317)
　　　8.2.1　火灾现场概述 ·· (317)
　　　8.2.2　火灾现场调查 ·· (317)
　　　8.2.3　火灾现场勘查 ·· (319)
8.3　火灾痕迹与物证 ··· (325)
　　　8.3.1　火灾痕迹与物证概述 ·· (325)
　　　8.3.2　烟熏痕迹 ··· (329)
　　　8.3.3　木材燃烧痕迹 ·· (330)
　　　8.3.4　液体燃烧痕迹 ·· (333)
　　　8.3.5　雷击形迹 ··· (334)
8.4　火灾现场分析 ·· (336)
　　　8.4.1　火灾现场分析概述 ··· (336)
　　　8.4.2　分析火灾性质和起火特征 ·· (338)
　　　8.4.3　分析判定起火时间和起火点 ··· (340)
　　　8.4.4　分析判定起火原因 ··· (341)
8.5　火灾调查文书 ·· (342)
　　　8.5.1　火灾现场访问笔录 ··· (343)
　　　8.5.2　火灾现场勘查记录 ··· (343)
　　　8.5.3　故意纵火火灾现场的勘查 ·· (351)
8.6　过火面积和林木损失调查 ·· (352)
　　　8.6.1　过火面积调查 ·· (352)
　　　8.6.2　林木损失调查 ·· (354)
8.7　火灾统计和建档 ··· (355)
　　　8.7.1　火灾统计的基本任务 ·· (355)
　　　8.7.2　火灾统计的基本要求 ·· (355)
　　　8.7.3　森林火灾档案 ·· (356)
复习思考题 ··· (356)

第9章　林火信息管理与决策 ·· (358)

9.1　森林火灾统计与档案管理 ·· (358)
　　　9.1.1　森林火灾统计 ·· (358)
　　　9.1.2　森林火灾档案 ·· (364)
9.2　林火管理信息系统 ·· (365)
　　　9.2.1　林火管理系统的内涵 ·· (365)
　　　9.2.2　林火管理信息系统的研制方法 ·· (366)
　　　9.2.3　国内外林火管理信息系统简介 ·· (366)
9.3　宏观林火管理决策 ·· (368)

  9.3.1 美国林火管理政策 …………………………………（369）
  9.3.2 我国林火管理宏观决策 ……………………………（370）
复习思考题 ……………………………………………………（379）

参考文献 ………………………………………………………（381）

CONTENTS

Preface

1 Introduction (1)
   1.1 Fire in forest (1)
   1.2 Development of human's understanding of fire (3)
   1.3 Fire ecology and fire management (6)
   1.4 Introduction to fire management (11)

2 Basis of fire theory (17)
   2.1 Forest combustion (17)
   2.2 Forest fuel (31)
   2.3 Fire brand (53)
   2.4 Environment of fire (57)
   2.5 Forest fire behavior (72)

3 Forest fire and environment (93)
   3.1 Effects of fire on soil (93)
   3.2 Effects of fire on hydrology (100)
   3.3 Effects of fire on atmosphere (103)
   3.4 Effects of fire on flora (108)
   3.5 Effects of fire on fauna (119)

4 Forest fire and ecosystems (137)
   4.1 Effects of fire on forest succession (137)
   4.2 Fire and landscape (143)
   4.3 Fire and carbon balance (149)
   4.4 Fire disturbance and ecological balance (154)
   4.5 Fires' effects and roles in various forest ecosytems (157)

5 Forest fire prevention (184)
- 5.1 Forest fire administration (184)
- 5.2 Forest fire prediction (187)
- 5.3 Forest fire detection (208)
- 5.4 Forest fire communication (213)
- 5.5 Forest fire break (224)

6 Forest fire Suppression (242)
- 6.1 Rationale and methods of fire suppression (242)
- 6.2 Tactics for fire suppression (262)
- 6.3 Command for fire suppression (268)
- 6.4 Common used fire suppression tools and equipment (274)
- 6.5 Safety in fire suppression (279)

7 Applications of fires (284)
- 7.1 Theoretical basis for fire applications (284)
- 7.2 Applications of fires in forestry (287)
- 7.3 Applications of fire in agriculture and ranging (299)
- 7.4 Fire use techniques (306)

8 Assessment of forest fire (314)
- 8.1 Introduction to fire investigation (314)
- 8.2 On site investigation (317)
- 8.3 Trace and evidence (325)
- 8.4 On site analysis (336)
- 8.5 Fire investigation documents (342)
- 8.6 Survey on burning area and timber loss (352)
- 8.7 Fire statistics and archive (355)

9 Fire information management and policy making (358)
- 9.1 Fire statistics and archive (358)
- 9.2 Fire management information system (365)
- 9.3 Macro fire management policy (368)

Reference (381)

第 1 章　绪　论

【本章提要】 本章主要论述了火是森林生态系统中重要的生态因子，介绍了火的由来及人类对火认识发展的几个阶段、火生态学的产生与发展，阐述了国内外林火管理的概况及世界林火管理的不同模式。

自从地球上有了森林，火就对其产生影响和作用。森林的发生、演替乃至消亡常常与火有着密切关系。地球上的任何森林无不受到火的影响，火是森林生态系统的一部分。地球上出现人类以来，火就又与人类结下了不解之缘。火的发明与应用极大地推动了人类的文明与进步。因此，森林的发生与演替及人类的生存与发展都与火密切相关。火对森林与环境的诸多影响，有时是明显的，有时是隐蔽的；有时是短暂的，有时是长期的；有时是有益的，有时是有害的，即火的作用具有两重性。因此，只有在理论和实践上对火有明确的认识，了解和掌握火的作用规律，才能充分利用火有益的一面，控制其有害的一面，使火成为人类进行生产生活活动的有益工具和手段，更好地为人类服务。

1.1　森林中的火因子

1.1.1　地球变迁与火历史

火是一种自然现象，它是可燃物与氧等助燃物质发生剧烈氧化反应，并伴有放热发光的燃烧现象。据记载，在距今大约46亿年以前，地球刚刚产生时其本身就是一个"火球"，温度很高，围绕太阳旋转。随着天体的不断演化，地球温度逐渐降低。此时，地球上就产生了两种自然火现象：一是来自地壳内部的岩浆喷出（火山爆发），一是来自地球以外的陨石撞击。在距今大约30亿年以前，地球上产生了水和空气，这时自然界便出现了雷电现象。在距今大约2.7亿~1.3亿年前，地球上才出现了森林，自然界又多了一种燃烧现象——林火。自从地球上有了森林，火作为一个活跃的生态因子，时刻影响着森林生态系统的发生、演替与消亡。在距今大约200万~300万年前，地球上出现了人类，自然界又多了一种火源——人为火。在距今大约几万年前，人类发明了钻木取火，真正的人为火便出现了。

火在影响森林发生与演变的同时，也与人类的生存息息相关。人类通过获取和保留自然火种，给寒冷带来温暖，给黑夜带来光明，使生食变成熟食，从蛮荒走向文明。森林是人类的发源地，她孕育了人类，是人类的摇篮。

1.1.2 火是重要的生态因子

火是一个重要的自然因素。早在森林产生之前，在自然界就有火（自然火）的存在。自从地球出现了森林，火就对其产生作用，并不断地影响其发生和演变。但是，长期以来，人们一直将火视为生态系统以外的"外来因素"、"破坏因素"、"干扰因素"等，没有认识到火是生态系统不可分割的一部分。直到20世纪50年代，美国植物生态学家道本迈尔（Doubenmire）在他的《植物与环境》*Plant and Environment* 著作中才把火作为一个生态因子。到20世纪70年代，美国森林生态学家斯波尔（Spurr）在他的《森林生态学》*Forest Ecology* 一书中也把火作为一个生态因子来论述。目前，由于人类对火认识的不断深入，火作为一个生态因子已成为共识。

火能引起其他生态因子的重新分配。森林火灾的发生，使森林生态系统在短时间内突然释放出大量能量，不仅使某些生物大量死亡，而且还能引起林内光照、温度、水分、土壤等生态因子的改变，从而使原来森林的物种组成、结构、功能发生改变。例如，火烧迹地上留有黑色木炭和灰分，大量吸收太阳长波辐射，使林地温度大幅增加；其次，在火烧迹地上阳光充足、风大、温差大，接近裸地的小气候，有利于一些喜光植物生长发育；相反，对于一些耐荫植物则有抑制作用。

火的作用具有两重性。火和其他生态因子一样，对生物及生态系统的作用具有两重性。例如，温度和水分是生物生存必不可少的因子。然而，持续高温而引发的长期干旱，或连续降水而引发的洪涝也会使其死亡，使生态系统遭到严重破坏。火作为一个活跃的因子经常作用于森林生态系统。有时火能使森林生态系统的结构和功能遭到破坏，成为不利于平衡的干扰因素；有时不但不破坏森林的结构和功能，而且能够维持森林群落的自我更新，成为有利于平衡的稳定因素。火对森林生态系统究竟是有利还是有害，主要因火所作用的生态系统、时间及火强度等的不同而具有本质的区别。例如，高强度大火，会使大面积森林遭到毁灭；相反，低强度的小火，不仅对森林存亡没有影响，而且有利于改善林内卫生条件，增加土壤养分，促进森林更新及林木生长发育。因此，不同性质的火对森林生态系统有着不同的影响。

火能维护某些物种的生存。火以高温杀死、烧伤生物体，使某些生物致死。但是，也有些生物种依赖火得以生存和发展，这些生物被称为火生态种，或火依赖种。分布于北美的北美短叶松，具有球果迟开的特性，其球果成熟后，果鳞不开裂，种子不能散落。但是，种子在球果内可以长期保持生命力。只有经过火烧后，果鳞才能开裂，种子才能散落林地而更新。没有火的作用，北美短叶松就不能完成更新。

1.1.3 火是特殊的生态因子

火的发生需要一定的条件。在自然界中，光、温、水、气等生态因子时刻伴随着生物及生态系统，而火的发生需要一定的条件。在地球上，不是任何地点都可以发生森林火灾的。例如，热带雨林，由于常年处在高温高湿条件下，一般不容易发生森林火灾；极地、冻原、荒漠没有森林，也不易发生火灾。另外，火的发生有一定的时间性。一般在干旱季节，树木与植物处在休眠状态下容易发生火灾。我国南方各省（自治区、直辖市）森林火灾多发生在冬季或旱季；东北地区则发生在春秋两季；新疆主要发生在夏季。

火不是生活因子。植物只是在种子萌发期不需要光照，而后的整个生长期，光是必需的；温度是热量的体现，来源于光照，也是植物生存所必须的；水是一切植物赖以生存的基础，"生命起源于水，生存于水"。然而，火除了能直接烧死烧伤植物外，只能通过影响植物的生存环境起间接作用。因此，火不是植物赖以生存的生活因子，有别于光、温、水、二氧化碳等生态因子。

火因子具有不连续性。生态因子的作用大都是连续和稳定的。例如，光照。虽然直射光有间断，但具有一定的昼夜规律，且散射光和漫射光是连续存在的。其他生态因子，温度、水分、土壤等都有类似的连续性和稳定性。然而，火的发生具有一定的偶然性，其作用也是不连续的。

火是一个烈性因子。火因子的烈性主要表现在森林火灾对植物及生态系统的危害上。光、温、水、土、气等生态因子对植物及生态系统的作用比较"温和"，偶尔有"灾害性作用"，但不经常。然而，森林火灾一旦发生，其作用强烈，且常为"灾害性作用"。因此，自然状态下的火多是害多利少。

火与人类活动有关。光、温、水、气等生态因子的作用是受自然力支配的。而火除了受自然因素影响外，还与人类活动密切相关。绝大多数森林火灾是由人为因素引起的。人类生存离不开森林，人类的生产、生活活动又将火带入森林之中。因此，形成了森林 — 人 — 火 — 森林的相互关系。

1.2 人类对火认识的发展

1.2.1 原始用火阶段

自从人类出现在地球上以来，火便与人类结下了不解之缘。无数次森林火灾之后，使人类积累了关于火的经验。人们发现火不仅可以烧毁森林，烧死野生动物，甚至人类本身；同时，火烧以后留下的"熟食"，味道更美，火还可以取暖等。因此，人们开始尝试用火。据考证，最早开始使用火的是我国古代的元谋人和西侯度人，距今大约有170万~180万年的历史，在其居住的洞穴中发现了木炭和灰烬等用火痕迹。在陕西的蓝田人(距今约80万年)和周口店的北京人(距今约40万～50万年)的遗址中也发现类似的用火痕迹。人类学会用火是其走向文明的一个重要标志。火的使用，对人类发展和社会进步产生了深远影响。由于食用经过烧烤的兽肉等食物，使人类摆脱了"茹毛饮血"的野蛮时代，促进了人类的智力与体质的发展。用火不仅能够防御野兽的侵袭，保护自己，而且还可以用火袭击野兽，获取食物；同时，用火还可以在洞穴中取暖御寒。所有这些用火实践都大大增强了人类的生存能力。当人类学会钻木取火(摩擦生火)以后，不仅用火更加广泛，而且用火技能不断提高。原始农业的"刀耕火种"、制陶、冶铜、煮盐、酿酒等手工业的出现和发展，都是人类用火的佐证。这些都极大地促进了社会生产力的发展，使人类在文明的道路上不断前进。恩格斯曾经指出："在人类历史的初期，发现了从机械运动到热的转化，即摩擦生火；目前人类已经发现了从热到机械运动的转化，即蒸汽机……但是，毫无疑问，就世界性的解放作用而言，摩擦生火还是超过了蒸汽机，因为摩擦生火第一次使人支配了一种自然力，从而最终把人同动物界分开"。他还指出："人们只是学会了摩擦取火以后，才第一次迫使某种无生命的自然力替自己服务"。可以说没有火的发明与利用，就没有今天人类社会的发展，也就没有现代的物质文明与精神文明。原始用火阶段同原始社会一样漫长。

1.2.2　森林防火阶段

随着人类社会的不断发展，资本主义的兴起，工业化不断发展，人类对森林的利用迅速增加，特别是森林工业的发展与壮大，地球上的森林日益减少。与此同时，随着全球性人口数量的剧增，对粮食的需求越来越大，人们便大量毁林开荒，开垦农田，以生产人们赖以生存的粮食。另外，由于自然或人为因素引起的森林火灾不断发生，使得森林面积越来越少。据有关资料记载，在一万年以前，地球上的森林面积约为62亿hm^2，超过全球陆地面积的40%；1960年，减少到了40亿hm^2；1988年减少到了28亿hm^2。目前，全球森林在以每天近3.5万hm^2的速度递减。森林的减少，使人们认识到森林并非"取之不尽，用之不竭"的资源。这时，人类开始有意识地预防和控制森林火灾。在18～20世纪初，欧美和亚洲一些国家先后进入了"森林防火"时期。

事实上，我国古代就有很强的"防火意识"。春秋战国时期的齐国政治家管仲在其《管子》中讲："山泽不救于火，草木不殖成，国之贫也；山泽救于火，草木殖成，国之富也"。三国西晋时期，潘岳曾赋诗称："微火不戒，延我宝库"。但是，在当时的历史时期，由于生产力发展水平低，文化不发达，人们还缺乏控制火灾的知识和有效工具。森林火灾时常危及国计民生，影响国泰民安，甚至动摇统治王朝。因此，各朝代企求长治久安的帝王和官吏无不重视施行火政，即设火官(兵)、立火禁、修火宪。设火官(兵)，即设置掌管火政的官吏和专司救火的工兵。我国早在周朝就开始设置"司爟"、"司烜"和"宫正"三职火官，分别掌管乡间、城内和宫廷火禁之事宜。立火禁，即发布防火政令和建立御火制度。为了防止火患，各朝代都有不同内容的火禁令。周朝有："二月，毋焚山林"的用火禁令；宋代有"诸路州县畲田(用火焚烧田里草木)并如乡土旧(按照方地规定)例外,自余焚烧野草,并须十月后方得纵火。其行路夜宿人,所在栓校(用火后查是否熄灭),无使延燔(蔓延成灾)"的防火政令。修火宪,即制定法律,依法治火,以惩罪误。我国自夏代起就出现了法律这一阶级专政工具。到了商朝开始用刑罚手段管理火政。如《殷王法》中就有"弃灰于公道者断其手"的条款。周朝规定："凡国失火,野焚(烧荒),则有刑罚焉"。在1975年12月湖北出土的一批秦简中,《田律》即规定有"不夏月,毋敢夜草为灰"的火宪内容。在《唐律疏议》中有这样的规定："诸于山陵兆域内失火者,徒二年;延烧林木者,流二千里"。还规定："诸见火起,应告不告,应救不救,减失火罪二等"。可见,我国古代人还是很重视防火的。

总之,在这一时期,人们认识到了火的危害性和防火的重要性。因此,人类对森林火灾便千方百计地加以控制。

1.2.3 林火管理阶段

随着人们对火认识的不断深入,开始认识到林火具有两重性,即有害的森林火灾和有益的计划烧除。通常,人们谈及林火多指其有害的一面。如森林火灾能烧毁森林、牧场,危害野生动物,乃至威胁人类生命财产安全。然而,适当的用火不仅不破坏森林,而且还会给森林带来好处,使火害变为火利。例如,用火可以清除地被物和采伐剩余物,一方面改善了林地的卫生条件,对恢复森林及促进森林更新和生长大有益处;另一方面,火烧减少了林地可燃物积累,降低了火险,可避免森林火灾的发生。此外,人们还经常采用火烧的办法来改良牧场,改善野生动物的栖息环境,火烧防火线等。

在国外,这一阶段大约始于20世纪50年代。可用美国凯恩斯·戴维斯(Kennth Davis,1959)所著的《林火控制与利用》*Forest Fire Control and Use*一书作为标志。该书对如何控制有害的森林火灾,以及如何将火作为经营森林的工具和手段等,作了较为详尽、系统的阐述。

关于火的应用,我国古代亦有许多用火的经验,且在很多文献上有记载。徐光启在《农政全书》中讲："江东、江南之地,惟桐树、黄栗之利易得。乃将旁边山场尽行锄转,种获,收毕,乃以火焚之,使地熟而沃"。梁廷栋在《种岩桂法》中讲到："既定种桂之山场,七、八、九月伐木烧草,将山地锄治。其锄宜深,以八九寸一尺为度。此时将地逐一锄翻,则草木强,经霜必枯(若春夏锄治,草木皆争发);至十一、十二月,再将所锄之土块,掀翻锄碎,以待来春,种桂为佳"。《南岳志》讲："衡山有山笋,笋动者,竹经野烧,当春怒发"。另外,《齐民要术》《氾胜之书》《三农经》等书籍在谈到种榆、楮、桑、栎等时均讲到采用火烧的办法来促进其更新和生长。不仅如此,在引种驯化上前人也曾有过用火经验。《种树书》中曾讲到："木自南北多枯。寒而不枯,只于腊月去根旁土,麦穰厚覆之,烧火深培如故,则不过一二年皆结实,若岁用此法,则南北不殊,犹人炷艾耳"。

古代有意识的用火，与现代意义上的用火有所不同。那时的用火多为凭经验在小范围内用火，或利用不加控制的火烧来达到某种用火目的。现代用火是建立在一定的科学理论基础上，能对火环境进行预测和调控，并能预测火的行为及后果的有计划用火。因此，我们说现代的用火在国外始于20世纪50年代，而我国要晚些，大约从20世纪70年代开始。目前，世界上大多数国家仍处于此阶段。这一阶段的主要特点是：在控制有害的森林火灾的同时，还将火作为经营森林的工具和手段加以利用，变火害为火利。

1.2.4 现代化林火管理阶段

随着现代科学技术的不断发展，各种高新技术不断应用于森林防火和用火的各个领域。目前，卫星林火监测、红外探火、遥感技术、航空巡护、雷达探测、GIS、GPS等现代技术在森林防火领域得到了广泛应用。特别是电子计算机技术的飞速发展，加速了林火管理的现代化。森林防火专家系统，人工智能系统，林火预测预报系统，林火管理计算机辅助决策系统等均与计算机的发展密切相关。因此，这一阶段的特点是：虽然在内容上与第三阶段相同，即"防火"和"用火"。但是，在手段上却有质的飞跃。这一时期森林火灾基本能得到控制，用火广泛，且有成熟的安全用火技术。目前，世界上只有少数一些国家基本进入了这一阶段。例如，北欧的芬兰、瑞典，西欧的德国、瑞士等一些发达国家森林火灾非常少，由于其防火手段先进，森林火灾基本完全得到控制。而像美国、加拿大、澳大利亚、俄罗斯等一些国家，虽然具有先进的防火灭火手段，但是，由于地广林多，加之受气候的影响，森林火灾仍很严重。因此，这些国家要达到现代化林火管理仍需要加强防火灭火的手段和力量。我国虽然也有一些先进技术应用于森林防火灭火。但是，总的来讲手段仍很落后，尚不具备基本控制森林火灾的能力，要达到现代化林火管理阶段尚需一定时间。因此，应加强森林防火灭火用火的理论研究，增加科学技术含量，提高现代技术的应用和林火管理水平，使我国森林防火早日步入现代化管理阶段。

1.3 林火生态与林火管理

1.3.1 火生态学的产生

从1886年生态学这一名词的产生至今已有120多年的历史。但是，直到20世纪50年代才开始把火作为一个生态因子。最早见于道本迈尔的《植物与环境》一书。20世纪70年代斯波尔所著的《森林生态学》一书也把火作为一个重要的生态因子。从20世纪70年代开始，林火与环境的研究得到了迅速发展。1970年在美国召开了林火生态会议，并出版了论文集。1974年美国出版了论文集《火与生态系统》一书，这本书的研究内容涉及火对土壤、鸟类及温带森林生态系统的影响和火的应用等方面。1978年美国农业部林务局组织一些科学家编写了火的影响系列丛书，涉及六个方面：火对土壤、水分、空气、植物区系、动物区系及可燃物等的影响和作用。这些专著论述了火的有害、有利两个方面的影响和作用，为计划火烧提供了理论依据。1982年美国得克萨斯州立大学的怀特(Wright)和加拿大阿尔伯塔大学的柏雷(Bailey)两位教授合著了《火生态学》一书。该书共分16章，前4章主要介绍了火对植物、动物、土壤及水分等的影响，第5章至第15章叙述了加拿大南部地区和美国不同森林植被中火的作用和影响，最后1章主要介绍了计划火烧的方法和技术。1983年由美国的忱德勒(Chandler)、澳大利亚的柴内(Cheney)、英国的托马斯(Thomas)、法国的特拉鲍德(Trabaud)和加拿大的威廉姆斯(Williams)五国林火专家合著的《林火》一书的内容涉及很多火生态的研究领域，并将火生态作为林火管理的理论基础。该书分上、下两册。上册主要论述火的影响和作用；下册主要介绍林火的组织和管理。1992年阿基(Agee)将火生态学研究历史分为三个阶段：1900~1960年，认为火是"坏"的，研究得较少而且分散；1960~1985年，对火的认识态度发生转变，认识到了火的两重性，研究成果报告大量增加，更好地理解了火在自然环境中的作用；1985年以后，火生态学成为干扰生态学的组成部分，成熟的火生态学理论和研究成果为干扰生态学的发展提供了坚实的基础和背景。

我国对林火进行研究始于20世纪50年代中期。其中，科学出版社1957年出版的《护林防火研究报告汇编》，在当时是我国森林防火科学技术方面仅有的参考资料。这本书(论文集)是由原中国科学院沈阳林业土壤研究所(现为中国科学院沈阳应用生态研究所)编写的。1962年由郑焕能等编写的《森林防火学》是我国森林防火方面第一本教学参考书。然而，火生态的研究在我国起步较晚，近些年才开始。在参考许多国外资料的基础上，郑焕能等于1992年编写出版了《林火生态》一书，为我国林火与环境研究奠定了基础。20世纪90年代以来，我国林火研究者在火对环境影响方面做了一些研究，并取得了成果。

1.3.2 林火管理的发展

美国是世界上林火多发的国家，也是少数几个具有高水平林火管理的国家之一。美国的林火专家把美国的林火管理分成四个阶段：1900年以前，任其自然，不打火；1900年以后，森林防火，消灭一切火；1972年以后，林火管理，消灭火灾，但允许计划烧除；1995年以后，生态系统管理，用火来实现管理目标。

历史早期的欧洲移民到美洲大陆时，常常用火来清理土地，以便于定居、开垦农田和其他目的。在北美大陆开发初期，除了自然因素引发的林火外，早期移民的生产和生活用火也常常引起森林火灾。由于北美大陆森林广袤，人口稀少，人类活动而引起的林火对整个森林生态系统的影响不大。虽然有时林火也会造成很大危害，如1871年发生在美国南部威斯康星州的两场森林火灾使2 250人丧生。但总的来讲，在20世纪以前，美国的林火基本上处于自生自灭的状态，人们还没有有意识地采取预防和扑救林火的措施。

到19世纪末20世纪初，当灾难性的森林大火对社会产生巨大影响，人们开始认识到火对森林生态系统和社会都有危害作用，火会破坏有价值的林木，干扰自然演替进程，引起财产和生命的巨大损失。特别是 1910 年的灾难性大火后，提高了社会对林火研究的兴趣。这些早期研究大都是由林务局的管理人员和研究人员在加利福尼亚共同开展的，主要包括林火案例研究与火灾统计的回顾分析。1915 年，林务局成立了一个新的林火控制部门和一个独立的研究分部。1926 年，开展了一项国家林火研究项目，建立了加利福尼亚试验站，并把林火研究项目作为它的主要研究领域。1928 年，《迈克斯维尼-迈克纳瑞（McSweeney McNary）法案》规定联邦政府的所有林火研究都由林务局负责。早期的工作集中于火灾统计、火险和火行为的分析，重点发展林火扑救技术。这项工作也成为创建于 1935 年的"上午 10 点钟政策"的基础（要求前一天发生的火灾要在第二天上午 10 点前扑灭）。当时这一政策得到各级行政部门和公众的广泛支持，但一些研究人员和用火者（如美国东南部）对这项政策的科学性提出了质疑。虽然林务局的研究结果在几年后才公开出版，但林务局和一些大学的研究人员仍对经常的"轻度火烧"的影响继续进行研究。华盛顿、加利福尼亚和耶鲁大学的研究人员和佛罗里达的木材研究站是火生态和火应发挥其自然作用观点的倡导者。

虽然对"轻度火烧"和作为管理工具的计划火烧的作用与影响的讨论一直持续到现在，但林火的预防与扑救是林火管理讨论的焦点。到 20 世纪 40 年代，研究焦点开始逐渐改变，计划火烧被逐渐提倡和应用，森林防火政策也发生了改变，开始允许进行计划火烧。在多数情况下，国家公园事务局负责完成西部地区的计划火烧。但除南部外，计划火烧的面积通常很小。到 20 世纪 90 年代，一系列重大火灾成为单纯防火对生态系统和火险产生负面影响的科学证据，这增加了人们对荒地和城郊的林火管理重视程度，从而致使联邦机构对林火管理政策做出重大改变。联邦政府的可燃物管理和计划火烧项目也有了很大转变，如美国农业部林务局和土地管理局内务部开始把林火管理与土地管理计划相结合。如果土地管理者想要降低发生灾难性大火的危险性，就要对大面积森林进行有效管理，确保植被的增加不会影响到森林的健康，也不会提高森林火险，并监测管理措施对森林的影响。从 20 世纪林火政策变化的过程来看，林火研究提高了林火扑救能力，为人们改变对野火的态度与管理政策提供了科学依据。

火生态的研究成果使人们更深刻地认识火的本质：火烧是一个自然过程及火的自然生态作用，保持并改善森林生态系统的龄级分布，使火依赖植物种得以延续，改善野生动物的栖息地，保持生态系统的健康，定期的火烧是森林经营的工具，长期不过火的林分将易于被火毁灭。

虽然官方政策不允许，但计划火烧仍在一些地方应用，特别是在东南部和西部火间隔期短的松林系统中被采用。20 世纪 40 年代，计划火烧作为一种管理工具开始在南部和西部的一些地区越来越多地被采用。两次世界大战期间和战后，联邦的许多林火研究项目着重于军事目的，开展的研究课题包括核攻击引起的大量火灾研究，到目前这些研究的许多结果仍属于机密。20 世纪 50 年代初，林务局林火研究项目的重点又回到野火预测、火行为和野火控制等方面，特别是对扑火装备与扑救技术进行了大量研究，如灭火飞机、隔离带，而火对生态系统的影响的有关研究不是重点。这一时期，在航空灭火剂的投放与测试方面也开展了大量的研究项目，目前这一项目作为发展与应用项目，由林务局与航空部门支持，还在继续进行。同时，大学和研究所的研究增加了火生态和火自然作用的内容。1953 年和 1955 年的严峻防火期后，联邦政府增加了对林火研究的支持，20 世纪 50 年代后期林务局终于得到在蒙大拿的密苏拉(Missoula)、佐治亚的梅肯(Macon)和加利福尼亚的里弗赛德(Riverside)建立三个林火研究实验室。这些实验室最初主要研究火行为支持系统的模型与工具(包括火行为和火险等级系统)，但后来的研究项目逐渐集中在火对生态与环境的影响、防火与用火方面。20 世纪 70 年代，在亚利桑那州开展了一个主要研究项目，研究火生态与管理和火对土壤侵蚀与集水区的影响。太平洋西北实验室开展了一个大的研究项目，着重研究采伐剩余物燃烧、烟雾和森林可燃物，中北部森林与草地实验站开展了野火管理和大气变化对社会影响的研究。在过去 30 年中，联邦政府和大学的火研究在资金支持与研究能力上都发生了很大变化。80 年代，林火研究基金的减少导致梅肯实验室关闭，大量人员流失，研究人员严重减少，其他地区的项目也被迫停止。林务局项目的研究人员减少趋势一直持续到 90 年代，在 1985~1999 年间，林务局林火研究项目的固定工作人员减少了大约 50%。目前，除两个主要实验室外，50% 以上的美国林务局林火研究人员常常从事一些跨学科的研究项目，如造林或生态系统研究。内务部的少部分火研究项目，原来主要属于国家公园事务部，也由于行业重组而中断，现在归属于美国地质勘查部(USGS)下的内务部(DOI)研究项目。过去 20 多年里，许多大学包括华盛顿大学、加利福尼亚大学、北亚利桑拿大学、亚利桑那州立大学、蒙大拿大学、爱达荷大学、公爵大学和科罗拉多大学，已经在火研究的各方面具备了很强的研究力量，特别是火生态、火历史和遥感方面有了很强的研究基础。在 20 世纪 80 和 90 年代，美国林火研究的主要成就包括：发展了火行为模型系统、国家火险等级系统、可燃物模型、紧急事务指挥系统、火发散模型；改进了季节火险预测模型；对火天气、火生态、火对土壤侵蚀和植被结构及动态的影响、养分循环等有了更深的理解。卫星数据也得到广泛应用，现在可以在互联网上得到大尺度的火险图和其他参数。美国林火学家研制的许多系统(如 BEHAVE 系统、景观火模型系统 FARSITE、紧急事务指挥系统)在国外得到广泛应用。在研究成果应用上，林火研究人员与应用者密切合作。目前，美国的许多林火研究在学科之间展开，一般包括联邦、州、地方土地管理机构、非政府组织、大学、美国林务局、美国地质勘测部、国家航空航天局、能源部和其他一些管理机构，如环境保护机构和国家空气质量委员会之间的合作，科研资金也通常来源于多种渠道。1998 年建立了机构间联合火科学项目，为联邦政府的土地可燃物管理提供科学支持，也为火科学在各学科上的应用提供竞争性基金。其他方面的火研究由国家航空航天局、环境保护机构和其他机构进行资金支持。美国的林火研究还比较注重国际合作。长期以来，美国和加拿大林火研究人员实行资料共享，经常进行学术交流，促进了双方林火研究的发展。同时，美国还和其他国家，如西班牙、葡萄牙、澳大利亚、德国、中国、日本、南非、津巴布韦、巴西、洪都拉斯、危地马拉、墨西哥和法国等国家进行了长期合作。这些合作有助于对火行为模型、火作用、植被动态、火管理策略、社会与经济因素对火应用和扑火的影响、火与全球变化的相互作用等问题的理解。当前国际合作研究的一些主要领域包括火监测，过火面积的遥感测量，火行为模型的发展与检验，碳循环和生态系统过程模型，计划火烧应用与影响等。

今后，美国的火研究将受到几种趋势的强烈影响，包括：更加注重把林火管理纳入土地管理计划中；重新认识林火对森林健康和可持续性的影响；在地区、国家和全球碳计算中，进一步量化火灾动态变化的影响；对火与其他重要干扰，如全球变化、极端天气、病虫害的相互作用的理解和预测；林火管理的社会作用。要研究这些问题，就要求把火计划与经济学、物理科学、火作用、生态系统方法和社会科学的研究相结合。具体要求包括：①更好地量化火在景观尺度上的范围与强度，以及火对生态系统动态和碳循环的影响；②改进烟雾发散模型，以便更好地进行空气质量管理和更好地了解燃烧产物对区域与全球的影响；③改进火天气模型和火险预测与制图系统；④在景观和国家的水平上，监测和模拟植被（可燃物）管理措施的影响；⑤经过改进与验证的火行为和火影响模型相结合的模拟系统；⑥有关可燃物制图与监测的方法和随时间变化可燃物发展与演替模型；⑦评估管理策略对环境和效益的影响；⑧火和其他干扰的相互作用模型与深入理解。

林火扑救管理与计划会继续得到发展，同时，未来的火研究将重点转移到有助于管理者和政策制定者确定相关关键问题的研究上，包括景观生态管理、计划策略、火影响、火管理策略对地区与全球环境的影响、火对为满足人类需要的生态系统可持续性的影响。

1.3.3　林火生态与林火管理的关系

从林火生态和林火管理的发展历史不难看出，林火生态一直作为林火管理的理论基础。同时随着林火管理水平的不断提高，林火生态理论也在不断地丰富和成熟，二者是相互促进，共同发展。只有在理论和实践上对火有明确的认识，了解和掌握火的作用规律，科学地量化分析火的影响，才能充分利用火有益的一面，控制其有害的一面，客观全面地认识火在自然界中的作用，使火成为人类进行生产生活的有益工具和手段，更好地为人类服务。相信随着科学的发展和现代科技革命的影响，火生态学理论研究对于指导林火管理和决定林火管理水平将起着直接和决定性的作用。

1.4 林火管理概况

1.4.1 我国林火管理概况

我国是一个少林国家，森林覆盖率为 18.21%（第六次全国森林资源清查）。但是我国又是一个森林火灾比较严重的国家。从 1950～1990 年森林火灾统计资料分析，平均年森林火灾次数为 1.6 万次，平均年过火面积为 90 万 hm^2，平均每次过火面积高达 $56.6hm^2$，森林覆盖率因森林火灾而减少 0.8%～0.85%。我国除了年森林火灾次数较少以外，其他森林火灾指标都属世界前列。如何控制我国森林火灾成为我国林业工作的一个突出问题。为此，我们应该千方百计增强我国森林防火现代化，争取在最短时间迅速提高我国林火管理水平。

1.4.1.1 我国林火管理的发展

我国早在春秋战国时代就有森林防火的法律，在《管子篇》中对于森林防火就有明确的规定，到唐宋时代，对人为引起森林火灾或毁坏森林的行为就有了明文规定。而到了近代，军阀割据，对森林防火漠不关心，听之任之。

在新中国成立前的旧中国时代，森林防火未被重视。在森林火灾季节，政府没有很好地管理，让其自由蔓延和发展，也不组织人民群众进行扑救，更没有人对森林火灾进行统计，在各高等院校更无森林防火课程。直至新中国成立，森林防火在我国仍是一个空白，这也是我国森林防火薄弱的根本原因。

新中国成立以后，中国共产党和各级人民政府，非常重视我国林业和森林防火工作，但由于森林防火资金不足，且这也是一项群众性很强的工作，因此采取走群众路线的政策。在各大林区，普遍建立护林防火机构，进行林区护林防火事宜统一管理，并对我国森林防火建立统一登记、统计工作，在林区广泛发动群众，进行森林防火和扑火。从此以后，森林火灾有人管理，也有人进行扑救。但由于森林防火资金不足，只在主要林区开展航空护林和进行一些防火规划设计，在高等林业院校开始开设森林防火课程，使我国森林防火步入有序的轨道。

党的十一届三中全会提出以经济建设为中心以来，在森林防火方面也有很大发展，并首次在伊春五营地区开办全国北方森林防火培训班，开始重视防火高科技的培训工作，接着又在四川省温江地区召开南方十四个省市地区培训班，1983 年又在吉林省永吉召开全国重点火险区培训班，自此以后全国各地区都在举办各种形式的森林防火培训班。林区计划火烧、林区林火预报也得到迅速发展。

此外，多种扑火工具的出现，如风力灭火机、水枪、二号和三号扑火工具等，大大提高了扑火效率和扑火人员的人身安全性，还有许多灭火车辆、大型灭火机械、化学灭火药剂、航空化学灭火又使我国扑火事业开始步入现代化的行列。目前，已形成森林防火部队、扑火专业队和基层扑火队，以专业扑火为主，群众扑火为辅，专群结合的扑火梯队。高等林业院校开始设立森林防火专业班，招收森林防火硕士研究生和博士研究生，从而为我国森林防火学打下初步基础。

同时开始引进国外森林防火先进技术，如通讯设备、卫星探火、远程雷达探测雷击火设备、机降灭火设备、遥感、全球定位系统、地理信息系统等在森林防火中应用。

1987 年在我国大兴安岭北部发生震惊中外的特大森林火灾，其损失惨重。为此，应加强我国林火管理控制能力。如制定全国统一的森林火险区划、简易林火预报系统和生物防火示范规划，并由各地制定具体规划，召开计划火烧研讨会，并进一步制定火烧规程和计划火烧规程，制定火灾损失标准，以利在不同地区应用。目前，森林防火逐步步入科学化轨道，使森林防火由群众防火逐步进入科学防火，培训教材也要全国统一，如国家林业局组织有关人员编写的高级扑火指挥班的统编教材。

在 21 世纪，我国森林防火将有一个飞跃，生物防火以及生物工程防火将在 21 世纪得到迅速发展。生物防火以及生物工程防火将在我国的国土上开出丰盛硕果，到那时我国林火管理定会步入崭新的阶段。

1.4.1.2　我国林火管理目标及对策

我国林火管理目标是从生态观点出发，根据森林的实际情况和现代技术的理论水平，进行综合森林防火规划，采用人为和天然的多种防火措施，有效地控制森林火灾，使森林火灾的发生控制在允许范围之内，并将森林火灾的损失限制在一定经济水平，充分发挥火的有益生态效益，以维护生态平衡，繁荣林区经济。

我国林火管理目标是最大限度地控制森林火灾的发生与发展，充分发挥林火的生态效益。林火管理应有效地控制那些有害林火的发生发展。应做到以下几点：有效控制那些高能量火的发生发展；有效控制大面积森林火灾；有效控制那些频繁发生的林火。因为上述几种森林火灾的形式会大面积破坏森林，使森林生态系统难以恢复。林火管理还应充分发挥火的生态效益，特别应该利用小面积火和低强度火，以及那些对森林生态系统有所改善的林火。因此，对林火应该进行科学管理。

在 20 世纪 80 年代，东北林业大学提出了综合森林防火模式，它是以森林燃烧环为理论，并结合我国森林防火特点提出的一种林火管理模式。森林燃烧环是在同一气候区内，可燃物类型相同，火环境相同，火源条件相同，火行为基本相似的可燃复合体，使之与森林生态系统紧密结合，并与林火管理相结合，不仅有利于林业发展，更有利于森林防火。

综合森林防火是结合我国实际提出的一种林火管理模式，因为我国经济还不发达，在开展林火管理方面还不能采用北美方式。我国是一个少林国家，森林资源少，又分散，并且地形复杂，气候多变，树种繁多，植物种类极其丰富，因此可以充分利用自然力，开展生物防火、营林防火和以火防火，这样做既节约经费，又能提高林火管理水平。我国人口众多，要充分发挥人的作用，搞好群众性防火。总之，综合森林防火要做到既要少花钱，又能提高林火管理水平。此外，可以依据本地区特点，因地制宜，采用多种防火措施，这种综合森林防火，既能减灾防灾，又能充分发挥土地生产力，获得经济收入，还能维护生态平衡和物种的多样性，实现大地园林化，繁荣林区经济。

1.4.2 国外林火管理模式

人类已进入21世纪，科学技术飞速向前发展，然而，世界森林火灾尚未能有效控制，尤其是特大森林火灾。为此，当今许多森林资源较丰富的发达国家，都在根据本国自然特点、社会特点和经济特点，设法研究控制森林大火发生的新途径，寻求建立适合本国特点的林火管理模式。因此，各国把控制特大森林火灾列为重点研究的课题。归纳当今世界各国林火管理情况，主要有以下四种林火管理模式。

1.4.2.1 北美林火管理模式

它包括美国和加拿大等国，美、加两国的林火管理在世界上一直处于先进地位。北美森林资源丰富，森林覆盖率在35%左右，工业发达。国家投入防火经费较多，防火飞机千余架，扑火装备标准化和系列化。为此，他们采取网络化林火管理模式，建立全国网络系统，其中包括全国统一的林火预报系统。如美国，在1972年就建立全国统一的林火预报系统，1978年正式预报。加拿大在20世纪70年代建立全国森林火险指标系统，对全国林火预测预报。在80年代又将全国划分为14个可燃物类型，研究火行为预报，又分别用罗辑斯蒂模型进行林火发生预报。加拿大拥有全国统一预报系统，分三个阶段进行，即火险天气指标、林火发生预报及按照可燃物类型进行林火行为预报。

美国1978年建立全国统一林火管理系统，包括三大组：第一是林火发生组，林火发生预报包括雷击火和人为火的发生；第二是林火蔓延组；第三是能量释放组，共划分21个可燃物模型，形成统一的林火预报系统。设立全国统一监测系统，包括巡逻、地面林火巡护、瞭望台、探测、飞机巡护和卫星探测，还有远程雷达探测和落地闪电、雷达、记录仪等。此外，美国在卫星上安装红外探测仪，半个月探测一次，可以绘制干湿图，以利监测林火发生。

在加拿大，由于东部湖泊、河流多，一般采用水上飞机喷水灭火，并专门设计两种水上灭火飞机（CL215、CL415）在东部作业，西部缺少水源，仍然利用飞机喷洒化学药剂扑火。在美国南方地势比较平坦地区，仍采用汽车地面扑火队快速灭火。在加拿大，扑火力量集中，有人口稠密区段，一旦林火发生，基本能控制森林火灾面积，而不超过5 hm^2。在人烟稀少地区保证不烧居民区和开展经营的林区，其他森林则可不进行灭火。在那些近10年不开展经营的原始林区，发生火灾让其自由发展，采取自生自灭。他们认为火灾后森林能自行生长，因为加拿大人口少，森林面积过大，管理不完善，才制定这种政策。

扑火工具采用系列化和标准化，有利于增强扑火力量，如美国博伊西全国森林防火中心，有万人扑火装备随时调用。这种网络化林火管理模式适用于工业发达国家以及森林防火资金多、技术力量先进的国家，但这种林火管理模式要求网络愈小，精度愈高，否则在异常天气条件下，也会发生意外，有酿成大火的危险。

过去加、美两国森林防火的先进方面突出体现在充足的经费、现代化的扑火装备和空中优势，即大量的航空探火与洒水飞机灭火等方面。但近些年来，信息技术，像计算机网络、全球定位系统、气象信息及雷电探测系统、地理信息系统、各类林火管理计算机程序等在两国林火管理工作中得到迅速普及应用，极大地提高了两国森林防火的工作效率和经济效益。

1.4.2.2 北欧林火管理模式

北欧的瑞典、挪威、荷兰等国的森林多是人工针叶林。这些国家经营人工针叶林已有几百年的历史，公路非常发达，每公顷林地有十几米或数十米公路，有利于开展林区森林经营活动，有利于运输扑火人员和工具。一旦发生火灾，这些道路有明显阻隔林火蔓延与扩展的作用，加上在林内增设一些地面防火与灭火措施，能更有效地控制森林火灾的发生与扩展。

北欧林火管理模式又称为集约经营林火管理模式，它的密集公路网有利于森林经营顺利开展。如北欧大面积人工针叶林，采用集约经营。北欧人工林抚育采伐的木材占该林地总出材率的 50% 左右，也就是他们广泛利用小径材，还未等到它们转变为可燃物，就加以利用，使人工针叶林可燃物大大减少，降低了林火发生的可能性。因此，在人工针叶林内不会发生较强的森林火灾，加上不断经营，改善森林环境，使保留林木茁壮成长，大大增强林木抗火性，有利于减少森林火灾的发生，这就是营林防火的效应。

此外，北欧森林还是人们旅游的场所。北欧经营者在人工针叶林下，引种一些矮小、柔软的草类，保持良好的绿地，这样不会发生较强的森林火灾，又绿化林地，一举多得。因此，目前凡采用这种集约经营林火管理模式的林区森林火灾发生最少，林火控制得也最好。为此，今后各国的人工针叶林应该选择这种集约经营林火管理模式，也可采用营林防火和生物防火相结合，加上密集道路网和地面有效防火措施的方法进行有效防火。

1.4.2.3 澳大利亚林火管理模式

澳大利亚位于南半球，森林火灾季节发生在高温季节的大风天气，加上桉树是一种含油分较多的阔叶树，非常容易燃烧，一旦发生森林火灾，就可能发生狂燃火，树冠火难于扑救，故澳大利亚人认为飞机喷洒化学灭火剂无济于事，是杯水车薪。在 20 世纪 60 年代，他们研究采用计划火烧，以小火取代、控制高强度树冠火，后来他们提出火生态理论，开展火生态林火管理模式。

在非防火期或是防火初期，采用这种火生态林火管理模式，有利于安全用火，不容易跑火成灾。点火方法改用方格点火，或是棋盘式点火，即边距 50m，每角放一个燃烧胶球，四角燃烧，发展到较大火时，四角火能量相似而抵消熄灭，不会产生高能量火，有利于大面积点烧。因为可以计划烧荒的天气不多，所以要加快大面积点烧。澳大利亚采用固定翼飞机播撒燃烧胶球，每架飞机一个下午可以点烧 8 000~10 000hm^2。由于地面可燃物被烧完，火灾季节就不会发生高强度森林火灾。澳大利亚的森林为桉树林，这些桉树又是火生态种，它们对火有一定适应能力，火后又有较强萌生能力，并能在短期内恢复森林，如有的桉树被火烧死，根株一年可萌发出 7m 高的树苗，有的桉树地下有 1m 粗的大块茎。有许多芽眼很容易萌发生长，恢复森林。

1.4.2.4 综合林火管理模式

这种综合林火管理模式适合森林资源缺乏而又比较分散、国民经济还不富裕的发展中国家。由于这些国家经济比较落后，防火经费不多，不能像北美洲一样拥有丰富的森林资源和先进的科学技术，有足够资金，增设各种先进防火设备。为此，他们只有充分发动群众，以群众防火为主，尽量做到使林火不发生或是少发生，使林火发生得到进一步有效控制。一些有林地区应充分发挥自然力，开展营林防火和生物防火，减少森林火灾的危害，迅速发展生物防火网，进一步有效控制和提高生物防火网的效应，在有条件的林区，可以在用火安全期开展计划火烧和营林用火，不断提高该地区林火管理水平。在大面积原始林和现有林区、大面积集体林区和国有林区、火险程度高的林区，可以采用防火工程重点设防，开展林火管理网络化，确保森林的安全。

所谓综合森林防火，就是进行全面综合森林防火规划，因地、因林设防，采用多种防火措施，有效控制森林火灾，将林火发生控制在允许范围内，使其损失限制在一定经济水平内，充分发挥火的有益效能，以维护社会安定、生态平衡以及繁荣山区经济。

上述四种林火管理模式是根据目前世界各国林火管理现状进行归纳的。实际上，各国林火管理模式也在不断改变，如北美模式，除了美国网络化林火管理模式，最近还大力开展计划火烧或是营林用火模式。美国 1980 年计划火烧 10 000hm^2，发展到 20 世纪 90 年代计划火烧林地面积已达百万公顷，开始超过当年森林火灾的面积。澳大利亚营林用火和计划火烧面积已大大超过当时野火林地面积的几倍。在加拿大，采用计划火烧进行可燃物管理，其用火强度大大超过野火的火强度。目前，在俄罗斯、非洲和欧洲许多发达的国家，也广泛开展计划火烧和营林用火。这种防火措施既能减灾、防灾，又有经济效益。不仅如此，这种生物防火还能改善生态环境，有利于维护物种的多样性，还能加快大地园林化，是真正的绿色森林防火。不难看出，随着时间发展，还会出现更多的林火管理模式。森林大火最终将被人类征服。在 21 世纪，生物防火与生物工程防火，将使林火管理步入一个新的现代化管理水平。

复习思考题

1. 论述火是重要的生态因子。
2. 简述人类对火认识的历史过程。
3. 世界上有几种主要林火管理模式？

本章推荐阅读书目

森林防火. 郑焕能. 东北林业大学出版社,1994

林火生态. 郑焕能等. 东北林业大学出版社,1992

Fire in Forestry. Craig Chandler, Phillip Cheney, Philip Thomas, *et al.* A Wiley-Interscience Publication,1983

第 2 章　林火基础理论

【本章提要】 林火基础理论就是应用物理学、热化学的理论，解释森林燃烧现象，进而阐明林火特性，研究林火的发生发展规律和影响其规律的诸因素，以及林火的行为特征，并说明林火时间和空间上的分布规律。

林火是森林中燃烧现象的总称，既包括给森林造成损失的森林火灾，也包括能给森林带来利益的计划火烧。林火是影响森林的重要生态因子，它在森林中的出现和扩展，有其内在和外在客观规律性。林火基础理论是林火生态学研究、营林用火、森林火灾预防、森林火灾扑救和森林防火评估的重要理论基础。

2.1　森林燃烧

森林燃烧，又称林火，是自然界燃烧现象的一种，它既有一般燃烧的基本规律，又有自己的特点。解析森林的燃烧现象，对于理解森林燃烧的特性，掌握其基本规律，更好地管理林火有着重要的理论和实际意义。本节主要介绍森林燃烧的基本概念、森林燃烧的条件、森林燃烧的过程和特点，以及森林燃烧环理论。

2.1.1　燃烧与森林燃烧的概念

2.1.1.1　燃烧

燃烧是一种自然现象，是可燃物质与助燃物化合放热发光的化学反应。从这个意义上讲，燃烧现象的出现远在人类出现之前。

人类有 170 多万年用火的历史。我国古人创造了"火"字形象地描述燃烧现象。然而，人类真正认识火的本质，科学地解释这一燃烧现象是从氧的发现开始的，至今只有 200 多年的历史。1777 年，法国化学家拉瓦锡在大量科学实验的基础上，推翻了当时流行已久的燃素学说，提出了关于火的氧化理论，科学地解释了燃烧现象，认为火是可燃物与空气(氧)进行剧烈化合而发生的放热发光的化学反应。在燃烧过程中，可燃物与氧或氧化剂化合，生成了与原来物质完全不同的新物质，例如，碳和氧反应(燃烧)生成二氧化碳，同时发光并放出热量。

火具有三个特征，即化学反应、放出热量和发出光亮。根据这三个特征，可将燃烧现象与其他现象区别开来。例如：电灯在照明时既发光又放热，但不是燃烧现象，而是物理过程，没有化学反应；乙醇与氧作用生成乙酸，是放热的化学反应，但其反应不激烈，放出的热量不足以使产物发光。这两者都不是燃烧现象。

近代燃烧理论认为，可燃物的氧化反应到形成其他物质，中间经过一系列复杂的阶段，在氧化时不是氧化整个分子，而是氧化连锁反应的中间产物——游离基——自由原子或原子团。游离基的连锁反应是燃烧过程中化学反应的实质，发光放热则是火产生过程的物理现象。由此可见，火是一种复杂的物理化学现象。

2.1.1.2 森林燃烧

森林可燃物在一定外界温度作用下，快速与空气中的氧结合，产生的放热发光的化学物理反应，称为森林燃烧。

森林燃烧是一种很复杂的化学反应过程。从本质上讲，森林燃烧是将森林可燃物内部储存的化学能，通过化学反应转变成热能、光能等形式的过程，它遵循化学反应的一般规律。

森林是陆地上最大的生态系统，森林植物以光合作用的形式，将太阳能转变成化学能储存在植物体内：

光合作用（储存能量）：

$$6CO_2 + 6H_2O \xrightarrow[\text{叶绿素}]{\text{光能}} C_6H_{12}O_6 + 6O_2 \uparrow \tag{2-1}$$

而森林燃烧则是把森林储存的能量大量释放出来，森林可燃物经燃烧后分解成 CO_2 和 H_2O：

森林燃烧（释放能量）：

$$6C_6H_{12}O_6 + 6O_2 \xrightarrow{\text{燃烧}} 6CO_2 + 6H_2O + 1276kJ \tag{2-2}$$

上述两个方程的反应速度是截然不同的，森林储存能量的过程是缓慢的，而森林释放能量的过程则是十分迅速的。森林燃烧是在高温作用下，进行快速的氧化反应，并放出大量能量。森林燃烧的性质主要是由可燃物的物理性质（结构、含水量等）决定的。实质上，森林燃烧是森林有机物合成的逆反应，是有机物分解的又一途径。

2.1.2 燃烧与森林燃烧的必要条件

任何燃烧现象的发生必须具备三个基本条件，即可燃物、氧气和一定温度，又称燃烧三要素。森林燃烧也不例外。燃烧三要素之间互相依赖，互相作用。如果把每个要素作为三角形的一个边，连在一起就构成了"燃烧三角形"（图2-1）。燃烧三角形形象地描述了燃烧三要素的重要性，如果缺少任何一边（任何一个基本条件），燃烧三角形被破坏，燃烧现象就会停止。

2.1.2.1 可燃物

凡是能与氧或氧化剂起燃烧反应的物质均称为可燃物。无论气体、液体或固体，均有可燃物，如氧气、乙炔、酒精、汽油、木材、煤炭、钾、钠、硫、磷等均为可燃物。

森林中所有的有机物质均属可燃物，是森林燃烧的物质基础。如树叶、树枝、树干、树根、球果、鸟巢、枯枝落叶，林下草本植物、苔藓、地衣、腐殖质和泥炭等均可燃烧，为森林可燃物。森林中有许多可燃物，按它们燃烧性质和特点可以分为两类：一类是有焰燃烧的可燃物，另一类是无焰燃烧的可燃物。

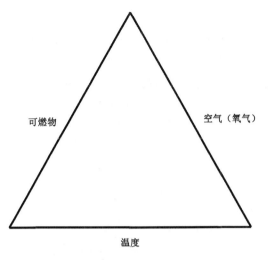

图2-1 燃烧三角形

森林可燃物点燃后能挥发出足够的可燃性气体，燃烧时能产生火焰，这种燃烧称为有焰燃烧，亦称为明火。能够产生有焰燃烧的可燃物称有焰燃烧可燃物，是森林中主要的可燃物，如森林中的杂草、枯枝落叶、采伐剩余物、木材等物均为有焰燃烧可燃物。这类可燃物通常约占森林可燃物总量的85%～90%。其燃烧特点是：蔓延速度快，比无焰燃烧快13～14倍，燃烧面积较大。

森林可燃物点燃后不能挥发出足够的可燃性气体，燃烧时没有火焰出现，这种燃烧称为无焰燃烧，亦称为暗火。产生无焰燃烧的可燃物称无焰燃烧可燃物，如森林中的泥炭、腐殖质、腐朽木、病腐木等为无焰燃烧可燃物。这类可燃物通常分布较少，仅占森林可燃物总量的5%～10%。其燃烧特点是蔓延速度慢，燃烧持续时间长，清理火场时要仔细检查。同时，这类可燃物燃烧加温后又堆积在一处，容易产生热自燃，使复燃火不断出现。在清理火场时，应将堆积的可燃物加以疏散，使其迅速散热，避免因热自燃而再度产生复燃火。

由于两类可燃物燃烧特点不同，其扑救方式也不相同。前者主要是扑救，后者主要是清理。有焰燃烧所产生的明火容易被发现，亦容易扑救；而无焰燃烧所产生的暗火比较隐蔽，往往被人忽视，一般来说不易扑救，容易产生复燃现象。所以，在清理火场时，应特别注意清理隐燃物——暗火。

2.1.2.2 氧气

燃烧是一种氧化过程，因此，在燃烧过程中，必须有足够的氧气作为助燃物。森林可燃物燃烧的助燃物是空气中的氧气。空气中含有21%的氧气，能够维持森林可燃物的燃烧。如果空气中氧气的浓度降低至18%以下，燃烧就会减弱，甚至熄灭。通常1kg纯干的木材在完全燃烧时，需要氧气约0.6～0.8m³，相当于3.2～4.0m³的空气。

森林在燃烧过程中，由于氧气供给的浓度不同，会产生两种不同的燃烧即完全燃烧和不完全燃烧。完全燃烧是可燃物在充足的氧气条件下的燃烧，可燃物的能量全部释放，燃烧后的剩余物如灰分、CO_2和水蒸气不能再次燃烧。碳的完全燃烧可表示为 1 mol 碳与 1 mol 氧气发生化学反应时，可生成 1 mol 二氧化碳，同时放出 394.03kJ 的热量[式(2-3)]。不完全燃烧是可燃物在缺氧的情况下的燃烧，可燃物的能量部分释放，燃烧后的剩余物质如一氧化碳和木炭能够再次燃烧。碳的不完全燃烧可表示为 2mol 碳与 1mol 氧气发生化学反应，生成 2mol 的一氧化碳，放出 221.40kJ 的热量[式(2-4)]。两个反应式比较，不完全燃烧放出的热量仅为完全燃烧的 1/3.56。

$$C + O_2 \xrightarrow{\text{氧气充足条件下的燃烧}} CO_2 + 394.03 \text{kJ/mol} \qquad (2\text{-}3)$$

$$2C + O_2 \xrightarrow{\text{氧气不充足条件下的燃烧}} 2CO + 221.40 \text{kJ/mol} \qquad (2\text{-}4)$$

森林是开放的自然生态系统，一般情况下，空气中的氧气是不缺乏的。森林在燃烧过程中，氧气供应充足，燃烧就彻底。但是，由于大面积的燃烧会造成暂时的局部缺氧，形成不完全燃烧。森林中这两种燃烧都存在。

2.1.2.3 温度

除了可燃物和氧气外，可燃物必须处于一定温度之上，燃烧才能得以产生和维持。在一定温度条件下，可促使氧气活化，可燃物挥发出可燃性气体。可燃物的燃烧反应在气态下进行。

随着温度的升高，可燃物开始着火时的温度称为燃点。根据是否有热源存在分为两类，即引燃点和自燃点。①引燃点：在火源的作用下，可燃物加热到一定的温度，可燃物分解形成的可燃性气体被引燃，当火源移开后靠自身释放的热量仍能继续维持燃烧，这时开始着火的最低温度称为引燃点，又称着火点。可燃物的引燃点越低，火源的温度要求越低或加热时间越短，相同的火源条件下，就越容易着火。不同的可燃物，引燃点也不相同，决定于可燃物的化学组成、导热性、结构、颗粒大小。如：干枯的杂草的引燃点为 150～200℃；木材为 240～350℃。②自燃点：在没有外界火源的作用下，可燃物在环境中加热或自身发热积蓄热量到达一定温度自行着火，并能维持燃烧，这时着火的最低温度称为自燃点。可燃物受热辐射的烘烤、压缩生热、化学反应生热等引发的燃烧均属于自燃，如湿稻草自燃、褐煤自燃、泥炭自燃等。

一般来说，同一可燃物的自燃点高于引燃点，如针叶材的引燃点为 240～270℃，而自燃点为 420～450℃。引燃多发生在固相可燃物中，自燃多发生在气相可燃物中。森林燃烧大多是由引燃所引起的，所以控制火源，可以避免森林火灾的发生。

2.1.3 森林燃烧的基本过程

燃烧是物理过程和化学过程相互作用的结果，其间有传热、传质、流动和化学变化，以及它们间的相互作用、相互制约。可燃物在外界火源作用下增温和可燃物体内水分蒸发过程，都是物理过程。可燃物剧烈氧化后的传热、传质和流动等现象也都是物理过程。因此，燃烧是一种复杂的物理和化学过程。

燃烧过程是一个比较复杂的过程，它受到许多因素的影响，如加热速度，辐射作用的能量，引燃火源的形式和结构，以及周围的条件等。它的引燃，可以是外界火源，也可以是自燃。燃烧是一个激烈的氧化过程。可燃物在激烈的氧化反应中，放出大量的热、水蒸气和 CO_2。反应结束，氧化过程即停止，火焰也自行熄灭。但是，一处可燃物燃烧所放出的热量，可促使邻近可燃物受热、增温、干燥而达到燃点，引发另一个氧化过程。当可燃物在空间上存在一定连续性时，氧化过程即可引发新的氧化过程，造成了燃烧的连续性。由于这种现象的存在，说明可燃物已燃部分和未燃部分存在着热能的传递和交换，热力梯度是由燃烧中心指向外圈，这就形成了一个火点燃烧后向四周的扩散现象。

森林燃烧从燃烧学一般意义上来说是指剧烈的氧化反应，伴随着放出大量的热与光。森林燃烧是可燃物内部储存的化学能转化为热能的过程。实际上它是物理和化学过程相互作用的结果。物体由于外界热源(火)的影响，在燃烧前，本身温度升高，脱水和热解。升温、脱水干燥等能量交换是物理学过程，热解、火焰中各种反应是化学过程。森林的燃烧过程一般可以划分三个阶段，即预热阶段、碳化(热分解)阶段和燃烧阶段。

2.1.3.1 热量传播

在不同物体或同一物体的不同部分之间发生热量传播，是因为它们之间存在着温度差。温度差是产生热量流动的推动力。热量传播有三种基本方式，即热传导、热辐射和热对流。

(1) **热传导** 热传导是可燃物内部的传热方式，即内部彼此接触的微粒间能量的交换。其机制是不同温度的同一物体的各部分之间分子热运动动能交换，即动能较大(温度较高)的分子把热运动动能传递给邻近热运动动能较小(温度较低)的分子。从宏观上看，热量从高温部分流向低温部分，使低温部分增温。在相同条件下(加热相同，范围相同)，温度上升的速度取决于物体的导热系数，导热系数越大，则加热越快。但森林可燃物(如木材)是热的不良导体，导热系数小，传热缓慢。林地内的地上可燃物之间排列疏松、空隙很大，所以燃烧时，热传导不是主要的传热方式。但是大的枝条、站杆、地下可燃物(如腐殖质层，泥炭层)排列紧密，燃烧时热传导是主要的传热方式。

(2) **热辐射** 热辐射是热量依靠电磁波的形式向外辐射的传热方式。凡是物体都有放射辐射粒子(光子)的能力，辐射粒子所具有的能量称为辐射能，换言之，凡物体都有放射辐射能的能力。物体转化本身的内能而产生的辐射称为热辐射。任何物质(气体、液体或固体)都能以电磁波的形式向外辐射热量，同时也可以吸收从别的物体辐射出来的热量。处于一定相对位置的两个物体，由于具有不同的表面温度，热辐射使热量在它们之间发生传递。物体辐射的热量与其表面温度的 4 次方成正比，而与距离的平方成反比，即离火源中心 10m 处的可燃物所获得的热量只是距离火源中心 1m 处的可燃物所获得热量的 1/100。热源温度越高，热辐射强度越大。

物体吸收热辐射能力，即物体能否吸收、反射或透过辐射的热能，与物体性质和表面状态密切相关，取决于物体的性质、表面状态和温度。物体颜色深，表面粗糙，吸收的热量多；表面光滑，颜色浅，反射的热量多，吸收的热量少。透明物体只能吸收一小部分热量，其余的热量全部透射过透明体。森林可燃物的表面，其颜色深，粗糙，具有吸收辐射热量的条件。因此，处于火焰推进前方的可燃物，在热辐射作用下，迅速地被预热、脱水而点燃。

(3) 热对流　热对流是流体内伴随着流体的相对位移，把热量从一处带到另一处的热传递现象。热对流发生于气体与液体之间，或气体与固体之间，或液体与固体之间。在森林中，热对流主要是发生在空气和固体可燃物之间。在森林燃烧过程中，燃烧反应放出的热量加热了局部空气，热空气比冷空气轻，在浮力的作用下热空气垂直地向上运动，造成四周的冷空气不断地向内补充，形成热对流。这是一种自然对流。此时在燃烧的可燃物上方形成一个明显的对流烟云，在燃烧很强烈时往往在上方形成柱状结构，即对流柱，它携带了燃烧反应产生的大部分热量(大约占75%)。这种对流热与森林可燃物接触时，把热传给可燃物，使其升温。

有时在强风的作用下近地面发生水平方向的热对流，又称热平流。这是一种外力作用下的强制对流。热平流使火焰前方的可燃物迅速增温、干燥，进而燃烧，使火向前蔓延。

总之，在森林的燃烧过程中，三种热传递方式同时在起作用，只是对不同位置上的可燃物可能是一种或两种方式在起主要作用。如空中可燃物(树冠)的燃烧，热对流在起主要作用；地表可燃物的燃烧是热辐射在起主要作用；地下可燃物的燃烧是热传导在起主要作用。而可燃物从其表面到内部的传热，热传导是传热的惟一途径。

2.1.3.2　森林燃烧的预热阶段

预热阶段是燃烧前的物理学过程，包括可燃物自身温度的升高和水分的蒸发。在这一阶段内，可燃物由于受到外界热源作用开始增温，不断地逸出水汽，直至可燃物发生剧烈热分解反应为止。由于水分蒸发消耗了大量热量，而减慢了可燃物的升温过程。这一过程为物理过程(分子扩散作用)所控制。

(1) 可燃物的升温　热对流和热辐射对可燃烧物(木材)的传热只是作用于物体的表面，表面升温后向内部传递而导致内部的温度升高。从表面向内部传递是以热传导的方式进行的，是通过改变和加剧其分子运动而达到传热升温目的。由于森林可燃物是不良导体，内部传热缓慢，因此，升温过程中可燃物的不同部位温度也不同。一般讲，受热表面温度向内部传递呈递减分布，燃烧部位向未燃部分其温度也呈递减分布。在不同的温度梯度上，进行着不同的物理、化学过程和反应。

(2) 可燃物水分的蒸发　森林可燃物在自然状态下，其内部含有一定的水分，水分的多少与可燃物所处的环境干湿和温度高低有关。高温低湿条件下，内部水分向外蒸发，使可燃物水分含量减少。水由液相变为气相，即水蒸发变为水蒸气，需消耗一定的热量，称为蒸发耗热(L，J/g)，L 随温度 t 的不同而略有变化：

$$L = 597 - 0.57t \tag{2-5}$$

从式(2-5)看出，随温度增高，水分蒸发所需热量变小。森林可燃物(木材)中水分，随温度上升，内部水分开始蒸发，而且随温度增高水分蒸发的速度也加快。一般来说，温度105℃时，木材达到绝干需要8h，而达到150℃以上，木材会很快达到干燥状态。

木材内水分的蒸发，由于消耗了大量热能，就减慢了可燃物的升温过程。木材所含水分越多，升温越慢，达到燃点所需热量越多。所以说，可燃物的含水量是影响可燃物燃烧过程的最重要因子之一。因为，如果可燃物含水量很大，火源传递的热量不足以补充蒸发水分消耗的热量，木材就不会达到干燥状态，自身温度上升达不到燃点，就会使燃烧过程中断，火熄灭。反之，较少的热量也会使燃烧过程得以继续。

2.1.3.3 森林燃烧的炭化阶段

炭化阶段是燃烧前的化学过程(热分解过程)。热分解使大分子变成小分子，需要消耗能量，所以是吸热反应。在这一过程中可燃物迅速地分解成可燃性气体(如CO、H_2、CH_4等)和焦油液滴，形成可燃性挥发物。该过程的机制为链式热降解反应。

森林可燃物的燃烧过程是涉及其主要组分——纤维素、半纤维素和木质素的热分解反应，以及由它产生的挥发性物质的燃烧过程。其次要组分——抽提物，直接从可燃物内部蒸发出来，形成挥发物，参与有焰燃烧过程。所以，燃烧的化学过程，涉及到可燃物组成的热分解反应、燃烧过程的机制——链式反应，以及燃烧反应中放出的燃烧热。

(1) 森林可燃物的基本组成　森林可燃物有很多种类，最主要的是枯枝落叶和林木。多数森林可燃物的化学组成与木材的化学组成十分相近，所以，着重讨论木材的化学组成。

木材是一种复杂的有机化合物，主要组成有三：纤维素、半纤维素、木质素；次要组成有二：抽提物和灰分。各主要组成成分的化学结构、在木材中的含量、燃点各不相同(表2-1)。次要组成虽然含量较少，但对可燃物的燃烧影响很大。各种成分的含量随木材的类别而异。

森林可燃物中含量最大的为纤维素。木材的纤维素含量为40%~55%，草类为40%~50%。纤维素的分子式为$(C_6H_{10}O_5)_x$，其中x一般在1.5万~2.0万，是由葡萄糖聚合而成。经研究得知，纤维素是葡萄糖基(葡萄糖失去一份水留下的部分)经β-1,4-糖苷键结合成的线型分子。当纤维素分子受热时，不仅葡萄糖基可以进行脱水反应，吡喃环和β-1,4-糖苷键也可发生开裂反应。

半纤维素是森林可燃物中第二个重要成分。针叶材的半纤维素含量为10%~15%，阔叶材为18%~23%，禾本科草类为20%~25%。半纤维素的化学组成不固定，随不同来源而异，但大致由多缩戊糖(D-木糖、D-阿拉伯糖等)、多缩己糖(D-葡萄糖、D-甘露糖、D-半乳糖等)以及戊糖和己糖的杂缩糖构成。由于

表 2-1 可燃物的化学组成

组成成分	化学构成	开始分解温度(℃)/(℃)热反应开始温度	木材中的含量(%)	禾本科草类中的含量(%)
纤维素	由葡萄糖聚合而成	162/275	40~55	40~50
半纤维素	除葡萄糖和淀粉外的复杂多糖的总称	120~150/220	针叶材 10~15 阔叶材 18~23	20~25
木质素	是一大类含苯环结构的芳香族化合物	135~250/310~420	针叶材 18~22 阔叶材 25~35	16~25
木材抽提物	脂肪族、萜类、酚类化合物	100	1~40	
灰分(矿物质)	主要是含有钠、钾、钙、磷、铁等元素化合物所组成		1 左右	1~12

半纤维素组成复杂，又带有许多短的支链，所以它是可燃物中热稳定性最差的一种组分。

木质素(简称木素)是森林可燃物中第三个重要成分。针叶材的木质素含量为 25%~35%，阔叶材为 18%~22%，禾本科草类为 16%~25%。木质素是一类复杂的交联芳香族化合物，其结构单元为苯丙烷基，苯环上带有 1~2 个甲氧基，通过醚键和碳—碳键连接成三维的高分子化合物，相对分子质量可达几万或几十万。从木质素的结构可知它均热稳定性较好，受热后醚键和碳—碳键将发生开裂。

抽提物是用水、有机溶剂或稀酸稀碱水溶液抽提出来的物质的总称，由脂肪族、萜类、酯类三类化合物组成，在木材中含量较少。

(2) 热分解产物　木材的热解过程是指上述这些有机物质在热的作用下发生的一系列复杂的化学反应，在这个过程中，一部分复杂有机物被分解为简单有机物，如纤维素被分解成 H_2O、CO_2、CO 等；一部分简单物质合成复杂物质，如酚醛的树脂化；另一部分有机物在热解过程中保持不变，如萜类化合物。

可燃物热分解产生三大类产物：气体(包括可燃性气体，如 H_2、CO、烃类化合物等；不燃性气体，如 CO_2、H_2O 等；助燃性气体，如 O_2 等)、液体(如木焦油、甲醇、丙醇、酸类、酮类、醛类等)和固体(如木炭等)。不同可燃物的元素组成大致相近，约含碳 50%，氧 4.4%，氢 6% 和少量的氮。有焰燃烧一般为可燃性气体的燃烧。在燃烧过程中，液体产物由于高温作用大多能挥发变成可燃性气体参加燃烧过程。不燃性或难燃性气体在燃烧过程中有吸热和稀释可燃性气体浓度的作用而阻碍燃烧。各可燃物成分在一定实验条件下的热解产物见表 2-2。

纤维素在 162℃ 下开始有明显的热分解反应，当温度达到 275℃ 时，呈现出放热的热分解反应，同时形成大量热解产物，如可燃性气体(CO、CH_4、H_2 等)、CO_2、水分、木焦油、醋酸等。热分解后残留物则在高温下发生脱氧碳化反应，同时发生石墨化反应形成焦炭。

表 2-2　可燃物成分热解产物　　　　　　　　　　　　　　　　　　　　　　%

产物名称	可燃物成分		
	纤维素 600℃ +5% $ZnCl_2$	半纤维素 500℃ +10% $ZnCl_2$	木质素 600℃ +14% 甲氧基
木　炭	31.0	23.0	50.6
木焦油	31.0	35.0	13.0
水	23.0	15.0	15.8
二氧化碳	3.0	6.0	8.4
醛　类	3.6	6.9	5.3
酮　类	1.4	0.2	0.3
酸　类	0.8	9.3	1.3
醇　类	0.5	1.0	0.9
呋喃类	5.3	3.5	—
其　他	0.4	0.1	4.4

半纤维素是可燃物中对热最不稳定的组分。半纤维素在120℃左右开始热分解反应，150℃左右发生剧烈的热分解反应，在220℃左右发生放热的分解反应。半纤维素的热分解产物与纤维素相似，如木炭、水、木焦油和一氧化碳、甲烷等气体。

木质素在135℃左右开始热分解反应，但分解十分缓慢，250℃下才开始明显的分解反应，直至310~420℃温度时，反应剧烈并产生大量气体与蒸汽（CO、CO_2、CH_3COOH、CH_3OH、木焦油等）。生成的残留物焦炭量较纤维素和半纤维素多，纤维素和半纤维素是在有焰燃烧中消耗的，而木质素则是在无焰燃烧中消耗的。木质素对热的稳定性远高于纤维素和半纤维素。这是含有较多芳香环特殊结构的缘故。

2.1.3.4　森林燃烧阶段

热分解反应逸出的可燃性挥发物，与空气接触形成可燃性混合物。当挥发物的浓度达到燃烧极限时，在固体可燃物的上方可形成明亮的火焰，放出大量热量。与此同时，在固体木炭表面上发生缓慢的氧化反应，呈辉光燃烧，缓慢地放出不多的热量，直至仅留下少量灰分为止。在这一过程中，空气供给充分与否，将严重地影响氧化反应。该过程的机制为链式的氧化反应。

任何可燃物的燃烧都可以细分为两个阶段，即着火和燃烧。着火过程发生在燃烧之前，它是燃烧的预备阶段。它由于热量的累积而导致着火，这是一个不稳定过程。由于升温和放热加速了反应而进入燃烧阶段。燃烧阶段是一个相对稳定的过程。

（1）森林的着火过程　森林着火是热着火过程，主要是温度的不断提高所引起的。大多数情况下是外界火源与可燃物的直接接触，使可燃物温度达到燃点而引起燃烧。由于着火是不稳定的转变过程,所以着火的温度不是十分严格的。

森林着火可分引燃和自燃两类型。引燃是外界火源与可燃物质直接接触,使可燃物温度达到燃点而引起燃烧,引燃多发生固相当中,自燃是由于外界较长时间的高温作用,可燃物质达到燃点,不需火源直接接触而着火燃烧。自燃则多发生在气相当中。

不同的可燃物,其引燃点和自燃点是不同的(表2-3)。着火温度还和可燃性气体与空气的混合比例有关。比例适当时,着火温度较低。

表 2-3　某些可燃物的燃点　　　　　　　　　　　　　　　　℃

可燃物	引燃点	自燃点
拂子茅	269	381
莎草	263	399
大叶樟	294	402
草类落叶松林的枯枝落叶	261	395
胡枝子	295	450
白桦	366	445
山杨	301	440
落叶松	364	434

从表2-3中数据可以看出,草本植物的燃点低,在260℃左右;而木本(特别是乔木)可燃物的燃点高,在360℃左右。两者相差100℃左右,所以林内的枯草是森林燃烧的引火物。

可燃物着火与许多因素有关,如火源的温度高低、持续时间、大气温度、可燃物含水量、热分解速度、可燃物的大小形状和表面性质等。

(2) 链式反应　森林可燃物的燃烧反应属于分支的链式反应范畴。链式反应是瞬间进行的循环连续反应,又称连锁反应。链式反应的条件是燃烧区内存在活性物质(如带电子的原子、离子等)。这种活性物质又称活性中心。反应经链的引发、增长、支化、终止等基元反应步骤。链式反应按中间活性物质的性质可分为游离基型链式反应和离子型链式反应两类。在燃烧反应中以游离基链式反应为主。自20世纪70年代发现在火焰区域内存在着正离子和负离子(电子)后,从而对游离基链式燃烧反应作了一些补充。

游离基或称自由基系为带有单电子的原子(H·、Cl·等)、基团(·OH、·CH_3等)或分子碎片(·C_2H_5等)。由于它们带有未成对的电子,倾向于与别的物质结合而形成键。所以,这类反应进行得异常迅速,甚至引起爆炸。

化学反应动力学的研究任务是研究化学反应速度与各种因素(浓度、温度、压力等)间的关系及其反应机理(或称反应途径)。

链式反应经历三个阶段,链的引发、链的传递(增长和支化)和链的终止。链的引发需要一定的能量,所以链式反应有一个诱导期。链引发后,是放热反应，反应很快加速到最大值。

由于燃烧反应的复杂性，目前仅对一些简单物质（如 H_2、CO、CH_4 等）燃烧反应研究得较清楚，而对森林可燃物的燃烧还不清楚。

(3) 燃烧的热光化学过程　可燃物上方的发光发热所占据的空间范围称为火焰，俗称火苗。这是有焰燃烧的基本特征。

森林可燃物燃烧时的火焰结构与蜡烛火焰结构类似，出现焰心、内焰和外焰三部分构成。火焰的形状主要取决于内焰和外焰，因可燃物表面形状和排列方式不同而有差异，并受地面风的影响。

如果燃烧时氧的供应不充分或者局部缺氧，就会形成游离的碳微粒。当可燃物热分解速度大于供氧速度时，也会存在大量游离的碳微粒。由于碳微粒的存在使火焰呈暗红色，火焰的温度约为700℃。当完全燃烧成二氧化碳和水时，火焰呈橙黄色，火焰温度约为1 100℃。

可燃物燃烧过程中热能与光的关系是：热能是内容，光是热能的形式。热能直接来自于物体自身的燃烧（化学能向热能的转化），并能用温度加以衡量。火焰的形成是燃烧过程中出现的微小而众多的炽热碳粒和三原子气体的辐射表现。火焰是森林燃烧过程中的热辐射源。

在燃烧空间中如果得到足够的氧，便能产生三原子气体，如 CO_2 和 H_2O。CO_2 和 H_2O 是燃烧过程中向外辐射的主要热源。CO_2 和 H_2O 发出红橙光和红外线（表2-4）。

表2-4　炽热碳粒和三原子气体的辐射波长　　　　　　　　μm

发光物质	辐射波段
炽热碳粒	0.75 ~ 0.85
CO_2	0.264 ~ 0.284，0.413 ~ 0.449，1.30 ~ 1.70
H_2O	0.255 ~ 0.284，0.560 ~ 0.760，1.20 ~ 2.50

如果燃烧时供氧不充分，局部缺氧区就形成自由碳，当燃料分子的热解速度大于供氧速度时，自由碳大量存在，它和一部分碳粒一起在高温作用下，对外发生热辐射，波长为 0.75 ~ 0.85μm，发出红光和红外线。外在表现，火焰红色，炭块燃烧时呈红色。

所以森林燃烧中，由于燃烧条件不同，会有发光和不发光（不可见光）两种情况。也就是有焰燃烧（氧充足）和无焰燃烧（供氧极不充足）。

能否形成有焰燃烧和火焰发光的强弱与下列因子有关：可燃物种类、空气（氧）供应量大小、可燃性气体和空气间的混合情况、燃烧温度和压力等。

火焰高度（火焰顶端至可燃物表面间垂直距离）是火焰的一个重要特征。火焰的高度随着可燃物表面积增大而提高，更重要的是随着固体可燃物的热分解反应速度的加快而剧增。

2.1.4 森林燃烧的特点

森林燃烧是森林植物体强烈氧化放热发光的反应,是自然界燃烧现象的一种。森林燃烧的条件是森林可燃物、火源和一定的气象条件。森林燃烧除具有一般的燃烧学特征外,还有它自身的特殊性。

2.1.4.1 森林燃烧属于固体可燃物燃烧

森林燃烧是一个固体燃烧过程,一般要经过液化、汽化过程。森林燃烧必须先将森林可燃物经热分解反应转变为可燃性气体后,与空气相遇,达到一定的温度时,在可燃物上方形成火焰。它较其他气体或液体可燃物的燃烧复杂得多。

森林可燃物为一个复合体,既有枯死的可燃物,也有活的可燃物。所以,它的燃烧是所有燃烧现象中较复杂的一类,至今还不能对它进行完整的描述。

燃烧反应虽是放热反应,但可燃物热分解的最初反应则为吸热反应。引燃时,外界要向森林可燃物输入能量。一旦燃烧后,燃烧作用释放出的热量传递给火头前沿的可燃物,使燃烧作用向前推进。

2.1.4.2 森林燃烧是在大自然的开放系统内进行的燃烧

森林及其他植被是一个自然的开放性的生态系统,森林燃烧是在森林这个开放系统中进行开放式的燃烧,不受氧气的限制,在森林中自由蔓延、自由扩展。因此,森林火灾的发生发展,在很大程度上受着可燃物类型与环境的制约和控制。这与城市火灾或工程锅炉内发生的燃烧是完全不同的。

在开放系统中,热量的累积和散失之间的平衡更为复杂。森林燃烧不仅有常见的三种热量传递方式(热传导、热对流、热辐射),还有第四种热量传递方式,即通过飞火传递热量。由于这个原因,致使森林火灾的控制十分困难。

2.1.4.3 森林燃烧的复杂性

森林燃烧由于森林植被的变化和环境的左右,经常处于千变万化之中,可以说没有两个完全相同的森林燃烧。但其发生发展有明显的规律性和周期性。

在不同的森林群落中,森林具有不同的特性,表现出不同的燃烧特征。影响森林燃烧的因子很多,主要有:气候因子(包括大气候、地区气候、小气候);气温和相对湿度;风速和风向;地形因子(坡度、坡向、坡位、海拔)等。造成了我们研究森林燃烧的困难性。

2.1.4.4 森林燃烧具有大面积和高强度的特点

在外界火源的作用下,森林可燃物被点燃后,火向四周扩展蔓延,形成火场周边向外扩展,火场面积可达数百万公顷。由于风、地形和可燃物的不同,火场形状通常从圆形向椭圆形发展。顺风方向或沿上山方向蔓延快的部分为火头,两侧蔓延速度较慢的部分为火翼。靠近火头的火翼其蔓延速度较快,靠近火尾部分的火翼其蔓延缓慢些。火尾部分蔓延速度最慢。因此,火场各部分火强度也相应地发生变化,在扑救时,应按不同部位及不同的火线地段,采取不同的扑救方式方法。

此外,森林燃烧时,火还可以由地表燃烧向上发展,特别是在针叶林中可以发展成树冠火。地表火也可以向下发展，转变为地下火。森林燃烧随着可燃物类型、天气条件和地形的变化而变化，并产生不同性质的火行为。

2.1.5 森林燃烧环

森林燃烧是森林植物体强烈氧化放热发光的反应，是自然界燃烧现象的一种。燃烧三要素（即可燃物、氧和一定温度）只说明了燃烧的一般现象和燃烧的共性，不能完全解释森林燃烧现象。如热带雨林，虽然有大量可燃物、氧和一定的温度（火源）条件，但通常不发生森林火灾。东北林区夏季森林中也有大量可燃物、并具备氧气和一定的温度（火源）条件，但通常也不发生森林火灾。其主要原因是东北林区此时为雨季，森林植被正处于生长旺季，森林植物体内含有大量水分，虽然具备燃烧三要素，但不会发生森林火灾。为此，我们提出用森林燃烧环来说明森林燃烧这一特殊现象。

2.1.5.1 森林燃烧环的概念

森林燃烧环是指在同一气候区内，可燃物类型、火环境、火源条件相同，火行为基本相似的可燃复合体，是林火管理（森林防火）的基本单位。这里的气候区是指寒温带针叶林区、温带针阔混交林区、暖温带落叶阔叶混交林区、亚热带常绿阔叶混交林区、热带雨林和季雨林区等大气候区或大气候带。森林燃烧环是我国著名森林防火专家郑焕能教授全面解析森林燃烧现象，在燃烧三要素的基础上于1987年提出的，现已经成为森林防火学的重要基础理论，并在林火预报、林火扑救、森林防火规划等工作中得到应用，取得了一定的研究成果。

森林燃烧环与燃烧三角形不同之点是：①可燃物改为可燃物类型。因为森林燃烧不是一种可燃物的燃烧，而是可燃物复合体的燃烧，而这种复合体可划分为不同的可燃物类型。可燃物类型指可燃物性质相同，同一地理分布区，同一物候生长节律的可燃性复合体。②氧改为火环境。它包括火灾季节、火灾天气与气象要素、地形、土壤、林内小气候和氧气供应等共同作用下的火环境的影响。③第三边一定温度改为火源条件。包括火源种类，火源频度和火源出现时间。④火行为指着火程度、火蔓延、能量释放、火强度，火持续时间、火烈度和火灾种类。

因而森林燃烧环把森林燃烧三边与共同作用下形成的火行为密切联系了起来，可以说森林燃烧环是可燃物类型、火环境和火源条件相同，火行为基本相似的可燃复合体。

2.1.5.2 森林燃烧环的基本结构

森林燃烧环由气候区、森林可燃物类型、火源条件、火环境和火行为五个要素构成，其基本结构如图2-2。三角形和其外接圆、内切圆构成了森林燃烧环，其中，三角形的三个边分别为可燃物类型、火环境和火源条件，外接圆为气候区，内切圆为火行为。森林燃烧环诸因子之间相互关联、相互促进、相互影响、相互抑制，但不可代替。

不难看出，森林燃烧环能够充分说明森林燃烧现象，同时森林燃烧环也可为森林防火提供实践和理论依据。因此，它可以作为林火管理的基本单位。

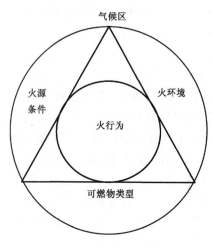

图 2-2 森林燃烧环图解

（1）可燃物类型　可燃物类型是森林燃烧的物质基础。可燃物类型的划分是依据优势植被和树种、立地条件、森林破坏程度等。调节可燃物类型的燃烧性是森林防火的基础，也是日常工作的内容，它贯穿于整个森林生长发育的全过程。

（2）火环境　火环境是森林燃烧的重要条件，包括森林火灾季节、气象条件、地形因子、土壤类型、林内小气候等。森林防火是在一定火环境下发生的，用火和以火防火是有条件的，只有在安全保障的情况下才能取得应有的效果。

（3）火源条件　火源条件是引起森林火灾的主导因素，包括火源的种类、频率、时间和地理分布等。在防火季节中严格控制火源，已成为控制森林火灾的决定性工作。

（4）火行为　火行为是森林燃烧的重要指标，包括着火难易程度、释放能量大小、火蔓延方向和速度、火强度、火持续时间、火烈度和火灾种类以及高强度火的火行为特点等。在扑救森林火灾时，掌握了火行为的特点，采取相应措施，才能有效地控制森林火灾的发展，直至使其全部熄灭。

（5）气候区　气候区是森林燃烧环的限定范围，不同的气候区具有不同的森林燃烧环，同类型燃烧环因大气候不同，有较大的差异。同一个气候区内，同类型燃烧环的诸因素具有一致性或相似性。气候区是林火管理的范围。

2.1.5.3 森林燃烧环分类系统

森林燃烧环也是森林燃烧的分类单位，其分类系统划分为四级，即森林燃烧环区、森林燃烧环带、森林燃烧环和森林燃烧环变型。

（1）森林燃烧环区　森林燃烧环区是具有相同的大气候特征、地带性土壤、地带性植被，森林火灾发生季节基本一致的区域，是森林燃烧环分类系统的高级单位。

（2）森林燃烧环带　森林燃烧环带是在森林燃烧环区内，气候和海拔变化使植被呈水平和垂直分布而构成的带状区域，优势树种或优势植被基本一致，发生的林火种类基本相似，是森林燃烧环分类系统的中级单位。

（3）森林燃烧环　森林燃烧环是指森林燃烧环带内地形特点、指示植物相同的区域，是森林燃烧环分类系统的基本单位。可燃物类型是森林燃烧环的明显标志。

（4）森林燃烧环变型　森林燃烧环变型是根据气象要素的变化、可燃物数量和火源条件而划定的区域，是森林燃烧环分类系统的最小单位。主要有三个变型，即可燃物数量变型（郁闭度、林龄）、森林燃烧环火环境变型（气象要素、地形等）和火源条件变型（距离村屯的远近、森林火灾的发生密度等）。划分森林燃烧环变型，有利于林火管理技术的定量研究。

2.1.5.4 森林燃烧环网

森林燃烧环网是指一个大气候区内不同的森林燃烧环组合。一个大气候区内有一个森林燃烧环网。

森林燃烧环网是把林火行为作为森林燃烧的特征值。林火行为是一个气候区内的森林可燃物类型、火环境和火源条件综合作用的结果。每个森林燃烧环火行为特征相对一致，所以，可以按照火行为特点作组成森林燃烧环网的依据。森林燃烧环网的编制，可以了解在大气候区内不同森林燃烧环的特点及其相互关连。

2.2 森林可燃物

森林可燃物是指森林中一切可以燃烧的物质，如树木的干、枝、叶、树皮；灌木、草本、苔藓、地表枯落物、土壤中的腐殖质、泥炭等。森林可燃物是森林火灾发生的物质基础，也是发生森林火灾的首要条件。在分析森林能否被引燃，如何蔓延以及整个火行为过程时，可燃物比任何其他因素都重要。不同种类的可燃物构成的可燃物复合体，具有不同的燃烧特性，产生不同的火行为特征。所以，只有了解了燃烧区域可燃物种类的易燃性和可燃物复合体的燃烧性，才能更好地开展林火预报，预测火行为，制定扑火预案。

2.2.1 森林可燃物特征

可燃物的特征取决于可燃物的燃烧性质，是由可燃物的物理性质和化学性质来决定的。物理性质有：可燃物的结构、含水率、发热量等；化学性质有：油脂含量、可燃气体含量、灰分含量等。

2.2.1.1 可燃物床层的结构

可燃物床层通常是指土壤表面以上的可燃物总体。可燃物床层中即有活可燃物、枯死可燃物，也包括土壤中的有机物质(腐殖质、泥炭、树根等)。

(1) 可燃物负荷量　可燃物负荷量是指单位面积上可燃物的绝干质量，单位是 kg/m^2、t/hm^2。

总可燃物负荷量，即从矿物土壤层以上，所有可以燃烧的有机质总量，亦称潜在可燃物负荷量。

有效可燃物负荷量，是指在特定的条件下被烧掉的可燃物量。它比总可燃物负荷量少。

(2) 可燃物的大小　可燃物的大小(粗细)影响可燃物对外来热量的吸收。对于单位质量的可燃物来说，可燃物越小，表面积越大，受热面积大，接收热量多，水分蒸发快，可燃物越容易燃烧。常用表面积与体积比来衡量可燃物的粗细度。可燃物的表面积与体积比值越大，单位体积可燃物的表面积就越大，越容易燃烧。我们可以根据可燃物的形状(如圆柱体、半圆体、扇形体、长方体等)，确定表面积与体积比的公式，对各种可燃物的表面积与体积比值进行估测，如树木的枝条可以看作是圆柱体，其表面积与体积比为：

$$\sigma = \frac{2\frac{\pi}{4}d^2 + \pi d \times l}{\frac{\pi}{4}d^2 \times l} = \frac{\frac{\pi}{2}d^2 + \pi dl}{\frac{\pi d^2 l}{4}} = \frac{\frac{d}{2l}+1}{\frac{d}{4}} = \frac{4}{d}\left(1+\frac{d}{2l}\right) = \frac{4}{d} + \frac{2}{l} \approx \frac{4}{d} \tag{2-6}$$

式中：σ 为表面积与体积比（cm^{-1}）；d 为圆柱体的直径（cm）；l 是圆柱体的长度（cm）。

根据式(2-6)，用游标卡尺测定圆柱体的直径 d，即可求出其表面积与体积比。还例如，油松和樟子松的针叶可以看作是半圆柱体；白皮松和红松的针叶可以看作是扇形柱体。可以进行一定的数学推导，得出表面积和体积比的计算公式。

（3）可燃物的紧密度　可燃物床层中可燃物颗粒自然状态下堆放的紧密程度称为紧密度。紧密度影响着可燃物床层中空气的供应，同时也影响火焰在可燃物颗粒间的热量传递。紧密度的计算公式如下：

$$\beta = \frac{\rho_b}{\rho_p} \tag{2-7}$$

式中：β 为可燃物的紧密度（量纲为1）；ρ_b 为可燃物床层的容积密度（g/cm^3、kg/m^3），可以在实际调查中获得；ρ_p 为可燃物的基本密度（g/cm^3、kg/m^3），是指可燃物在没有空隙的条件下单位体积的绝干质量，一般是指木材的基本密度。

（4）可燃物的连续性　可燃物床层在空间上的配置和分布的连续性对火行为有着极为重要的影响。可燃物在空间上是连续的，燃烧方向上的可燃物可以接收到火焰传播的热量，使燃烧可以持续进行；可燃物在空间上是不连续的，彼此间距离较远，不能接收到燃烧传播的热量，燃烧就会局限在一定的范围内。

可燃物的垂直连续性：垂直连续性是指可燃物在垂直方向上的连续配置，在森林中表现为地下可燃物（腐殖质、泥炭、根系等）、地表可燃物（枯枝落叶）、草本可燃物（草类、蕨类等）、中间可燃物（灌木、幼树等）、上层树冠可燃物（枝叶）各层次可燃物之间的衔接，有利于地表火转变为树冠火。

可燃物的水平连续性：水平连续性是指可燃物在水平方向上的连续分布，在森林中表现为各层次本身的可燃物分布的衔接状态。各层次可燃物的连续分布将使燃烧在本层次内向四周蔓延。一般来讲，地表可燃物有很强的水平连续性，如大片的草地，连续分布的林下植被（草本植物、灌木和幼树）；在森林中的树冠层因树种组成不同而具有不同的连续性，如针叶纯林有很高的连续性，支持树冠火的蔓延；而针阔混交林和阔叶林的树冠层，易燃枝叶是不连续的，不支持树冠火的蔓延；树冠火在蔓延中，出现阔叶树或树间有较大的空隙，树冠火就下落成为地表火。

2.2.1.2 可燃物的含水率

可燃物含水率影响着可燃物达到燃点的速度和可燃物释放的热量多少,影响到林火的发生、蔓延和强度,是进行森林火灾监测的重要因素。可燃物含水率分为绝对含水率和相对含水率。

$$AMC = \frac{W_H - W_D}{W_D} \times 100\% \tag{2-8}$$

$$RMC = \frac{W_H - W_D}{W_H} \times 100\% \tag{2-9}$$

式中:AMC 为绝对含水率(%);RMC 为相对含水率(%);W_H 为可燃物的湿重(取样时的样品质量);W_D 为可燃物的干重(样品烘干后的绝干质量)。

(1) 可燃物含水率与易燃性　可燃物含水率(FMC)与可燃物的易燃性之间的关系十分密切。FMC 是影响可燃物燃烧的重要指标。枯死可燃物和活可燃物的 FMC 差异很大,对燃烧的影响也不一样。

枯死可燃物的含水率变化幅度较大,它们可吸收超过本身质量 1 倍以上的水,其变化范围为 2%~250%。一般情况下,当 FMC 超过 35% 时,不燃;25%~35% 时,难燃;17%~25% 时,可燃;10%~16% 时,易燃;小于 10% 时,极易燃。

活可燃物的含水率变化幅度不大,在 75%~250% 之间。在干旱季节,为 75%~150%。活可燃物与树冠火的发生有关。当针叶 FMC 低于 100%,常绿灌木叶丛 FMC 低于 75% 时,可发生猛烈的树冠火。

(2) 平衡含水率与可燃物时滞等级　平衡含水率(EMC)是可燃物吸收大气中水分的速度与蒸发到大气中水分的速度相等时的可燃物含水率。在美国的国家火险等级系统中,平衡含水率可以通过相对湿度和温度进行估测。

当相对湿度 <10% 时,
$$EMC = 0.03229 + 0.281073H - 0.000578T \times H \tag{2-10}$$

当相对湿度 ≥10%,<50% 时,
$$EMC = 2.22749 + 0.160107H - 0.014784T \tag{2-11}$$

当相对湿度 ≥50% 时,
$$EMC = 21.0606 + 0.005565H^2 - 0.00035H \times T - 0.483199H \tag{2-12}$$

式中:EMC 为平衡含水率(%);H 为相对湿度(%);T 为温度(℃)。

枯死可燃物失去最初含水量和平衡含水量之差数的 63%(即 $1 - 1/e$)的水分所需的时间称为时滞。美国国家火险等级系统中根据时滞将枯死可燃物划分为四个等级(表2-5)。

(3) 熄灭含水率　熄灭含水率(moisture of extinction,MOE)是指在一定热源作用下可燃物能够维持有焰燃烧的最大含水率。当可燃物含水率大于 MOE,燃烧不能进行,所以又称临界含水率。MOE 的大小取决于可燃物的化学组成,不同种类的可燃物有不同的熄灭含水率。枯死可燃物和活可燃物的 MOE 差异很大,大多数枯死可燃物的 MOE 为 25%~40%,而大多数活可燃物的 MOE 为 120%~

表 2-5　美国枯死可燃物的时滞等级

枯死可燃物等级	时滞范围(h)	直径(cm)
1 时滞可燃物	0~2	<0.635
10 时滞可燃物	2~20	0.635~2.54
100 时滞可燃物	20~200	2.54~7.62
1 000 时滞可燃物	200~2 000	7.62~20.32

160%。熄灭含水率越高的可燃物越容易燃烧,反之越不容易燃烧。在美国国家火险等级系统中,当易燃可燃物含水率大于 MOE 时,不具有森林火险,所以,MOE 是林火预报中的重要因子。

2.2.1.3　热值(发热量)

可燃物热值是指在绝干状态下单位质量的可燃物完全燃烧时所放出的热量,单位有 kJ/kg、J/g。确切定义:热值为 1g 物质,在 1 个大气压(101 325Pa)、25℃下,完全燃烧释放出的能量。不同的可燃物具有不同的热值。一般情况下,可燃物的热值越高,释放的能量越多,反之,则越少。可燃物发热量是指可燃物在一定环境下完全燃烧所放出的热量。可燃物发热量与可燃物热值和可燃物含水率有关。

(1) 不同可燃物种类有不同的热值　森林可燃物的热值范围在 10~25kJ/g 之间(表 2-6)。15kJ/g 以下为低热值,大多数为地衣、苔藓、蕨类和草本植物;15~20kJ/g 为中热值,一般为阔叶树的枝、叶、木材等;20kJ/g 以上为高热值,如针叶树的叶、枝、树皮、木材等。一般情况下,高热值的可燃物燃烧时释放的能量大,火强度大;低热值可燃物燃烧时释放的能量少,火强度小。

表 2-6　某些可燃物的绝干热值　　　　　　　　　　　kJ/kg

可燃物种类	热值	可燃物种类	热值	可燃物种类	热值
纤维素	17 501.6	杉木叶	17 908.1	油茶叶	19 877.4
木　素	26 694.5	杉木枝	17 166.4	油茶枝	18 079.9
树　脂	38 129.0	马尾松叶	20 593.9	蒙古栎	17 246.0
落叶松幼树	21 901.1	马尾松枝	19 504.5	榛　子	16 445.8
落叶松树皮	21 595.3	大叶桉叶	19 328.5	胡枝子	17 321.5
落叶松边材	19 014.2	大叶桉枝	17 719.5	拂子茅	16 814.5
落叶松枯枝	18 817.3	樟树叶	20 036.6	莎　草	17 401.1
落叶松朽木	21 092.5	樟树枝	18 859.2	水　藓	17 451.4
落叶松火烧木	19 973.7	木荷叶	18 825.7	萠　藓	17 862.0
樟子松	19 927.6	木荷枝	18 486.3	地　衣	14 807.5

资料来源:文定元,1995,《森林防火基础知识》。

（2）可燃物含水量的变化影响可燃物发热量 可燃物含水率的变化直接影响可燃物发热率的大小。可燃物含水率的多少与发热量的大小成反比。可燃物发热量与含水率之间有如下关系：

$$Q = Q_0 - 0.01 M_f \cdot V_b \qquad (2-13)$$

式中：M_f 为可燃物含水率(%)；Q 为可燃物发热量(kJ/kg)；Q_0 为可燃物的热值(kJ/kg)；V_b 为可燃物中水分的蒸发潜热(kJ/kg)。

木材的热值与含水量的关系见表2-7。

表2-7 木材发热量与含水率的关系

木材含水率(%)	0	10	15	20	25	30	35	40	45	50
发热量(kJ/kg)	19 152	17 884	16 750	15 616	13 482	12 928	11 592	10 080	9 940	8 770
%	100	88.1	82.2	76.2	70.3	64.4	58.4	52.2	46.6	40.6

资料来源：郑焕能，1988。

2.2.1.4 抽提物含量

抽提物是指用水和有机溶剂（醚、苯、乙醇等）提取的物质，是粗脂肪和挥发油类的总称，它包括脂肪、游离脂肪酸、蜡、磷酸脂、芳香油、色素等脂溶性物质，也简称油脂。不同植物和植物不同的部位油脂的含量是不同的。油脂含量越高的树种越易燃，特别是含挥发油较多的植物更易燃。所以，抽提物含量的多少是可燃物易燃性的重要指标。抽提物含量低于2%时，为低油脂含量；3%~5%为中油脂含量；6%以上为高油脂含量。一般来说，针叶树含脂量较高，阔叶树含脂量较少；树叶含脂量较高，枝条含脂量较少；木本植物含脂量较高，草本植物含脂量较少（表2-8）。油脂含量和挥发油含量由式（2-14）、式（2-15）计算得出。

$$油脂含量(\%) = \frac{样品中油脂质量}{样品绝干质量} \times 100\% \qquad (2-14)$$

$$挥发油含量(mL/100g) = \frac{样品中挥发油容积}{样品的鲜重} \qquad (2-15)$$

2.2.1.5 灰分物质含量

灰分物质含量是指可燃物中矿物质的含量，主要是由Na、K、Ca、Mg、Si等元素组成的无机物，即燃烧剩下的物质。各种矿物质通过催化纤维素的某些早期反应，对燃烧有明显的影响。它们增加木炭的生成和减少焦油的形成，可大大降低火焰的活动。灰分含量与可燃物的可燃性成反比关系，是抑燃性物质，其含量越高，燃烧性能越差。在灰分物质中SiO_2的含量对燃烧的抑制作用更加明显，即SiO_2含量越多，可燃物越不易燃，如竹类叶子中的SiO_2含量明显高于一般木本树种，所以，竹子的燃烧性能较差。

森林可燃物中的粗灰分主要含于叶子和树皮中，通常叶子含量较少，树皮含量稍高；木材中的粗灰分含量一般低于 2%；禾本科可达 12%。不同树种和植物，粗灰分含量不同（表 2-8）。一般情况下，可燃物灰分低于 5% 时为低灰分含量；5%~10% 时为中灰分含量；高于 10% 时为高灰分含量。可燃物的粗灰分含量可以通过野外取样，通过烘干、灰化，由式(2-16)计算得出：

$$灰分含量(\%) = \frac{样品灰化后的坩埚质量 - 坩埚净质量}{样品灰化前的坩埚绝干质量 - 坩埚净质量} \times 100\%$$

(2-16)

表 2-8　南方主要树种的灰分和油脂含量

树　种	粗灰分含量(%)		SiO_2 含量(%)		叶挥发油含量 （mL/100g）	粗脂肪含量(%)	
	叶	枝	叶	枝		叶	枝
毛　栲	6.63	5.91	2.09	0.52	0.000	1.09	0.24
棕　榈	3.23	2.67	0.87	3.76	0.000	1.14	0.27
竹　柏	9.40	5.88	0.25	0.11	0.022	1.34	0.28
苦　槠	3.36	3.67	0.51	0.06	0.020	1.34	0.20
格氏栲	4.76	7.11	0.38	0.15	0.000	1.49	0.24
丝栗栲	4.79	3.54	1.26	0.13	0.000	1.56	0.31
窿缘桉	4.80	8.43	1.61	0.08	0.730	1.60	0.44
大叶相思	5.69	4.23	0.08	0.20	0.000	1.61	0.71
青皮竹	15.32	7.33	12.58	5.28	0.000	1.61	0.34
台湾相思	4.12	4.30	0.58	0.86	0.000	3.21	1.18
红千层	2.64	2.90	0.06	0.10	0.000	1.76	0.81
卷斗栎	5.29	2.74	0.36	0.23	0.000	1.80	0.16
杨　梅	4.89	3.33	0.32	0.13	0.025	1.18	0.91
侧　柏	8.39	6.48	2.87	1.63	0.126	1.82	3.38
深山含笑	6.63	2.63	0.87	0.36	0.721	1.84	0.19
闽粤栲	3.69	3.19	0.15	0.15	0.000	1.97	0.39
建　柏	5.34	3.95	0.40	0.15	0.072	2.09	1.22
椤木石楠	10.46	8.57	0.38	0.26	0.000	2.12	0.42
红豆树	2.39	3.00	0.08	0.14	0.000	2.17	1.08
楠　木	6.82	3.97	3.27	0.13	0.034	2.28	0.41
青冈栎	9.69	6.01	0.79	3.59	0.000	2.34	0.48
甜　槠	4.20	2.42	0.10	1.27	0.000	2.66	0.41
柳　杉	4.40	6.64	0.59	0.31	0.271	4.33	1.28
花榈木	3.58	3.38	0.33	0.38	0.010	2.68	1.92
木　荷	5.58	6.82	1.16	1.01	0.000	2.74	0.21
石　栎	3.84	4.51	1.31	0.60	0.000	2.76	0.21
火力楠	9.42	3.64	3.16	1.17	0.098	2.77	0.91

（续）

树　种	粗灰分含量(%)		SiO_2 含量(%)		叶挥发油含量 (mL/100g)	粗脂肪含量(%)	
	叶	枝	叶	枝		叶	枝
观光木	12.54	6.61	8.08	4.11	0.071	2.93	0.62
灰木莲	10.57	3.59	0.48	3.41	0.085	3.10	0.08
樟　树	7.79	4.33	0.40	0.10	1.370	3.37	2.17
大叶桉	5.73	4.83	0.30	0.28	0.323	3.47	0.75
乳源水莲	6.17	2.34	2.57	0.35	0.093	3.48	0.65
油　茶	5.45	2.78	0.52	0.24	0.000	7.93	0.43
茶　树	5.43	2.45	0.21	0.19	0.000	0.65	0.25
拉氏楮	2.95	2.67	0.45	0.09	0.000	1.00	0.34
马尾松	2.42	2.45	0.60	0.25	0.275	4.44	4.76
杉　木	5.16	3.73	0.55	0.44	0.045	3.78	0.89

2.2.2　森林可燃物分类

可燃物种类的不同，着火的难易程度也不一样。细小可燃物（如枯落叶、枯草等）容易干燥易于引燃，成为森林火灾的引火物，森林火灾大多是火源引燃细小枯死可燃物从而引发森林火灾。体积较大的可燃物（如树木、灌木、采伐剩余物等）含有较多的水分，不易引燃，但被引燃后能释放出大量的能量，是森林火灾的主要能量来源。

可燃物的种类、配置、结构不同，发生火灾后的林火种类也不一样。草地、灌丛、落叶阔叶林一般发生地表火；常绿针叶林、常绿阔叶林（桉树林）由于叶富含油脂易燃常常发生树冠火；在天气极端干旱的条件下，土壤中的腐殖质和泥炭燃烧而形成地下火。

2.2.2.1　根据地被物的种类划分可燃物种类

森林中所有有机物质都可以燃烧，由于种类不同，燃烧特点也不一样。根据地被物的种类可以划分可燃物种类，主要是区分可燃物易燃性的差异。

（1）**地表枯枝落叶层**　地表枯枝落叶层主要是由林木和其他植物凋落下来的枯枝、枯叶所形成的土壤表面的可燃物层。地表枯枝落叶层的燃烧特点因林分组成的不同而不一样，也因凋落的时间、位置、结构而不同。在一定的林分中，一般可以将地表枯枝落叶层分为上层和下层。上层是易燃可燃物；下层是难燃可燃物。

枯枝落叶上层：这一层次是当年和前一年秋天的落叶，保持原来状态，尚未进行分解；结构疏松，孔隙大，水分易流失、易蒸发，可燃物含水量随大气湿度而变化，容易干燥、易燃，是森林易燃引火物。

枯枝落叶下层：这一层次位于土壤的表面，处于分解或半分解状态；结构紧密，孔隙小、保水性强，受空气湿度影响很小，而受土壤水分的影响较大，土壤水分较多时，一般不会燃烧，只有在长期干旱时，才能燃烧，也可引起地下火。通常情况下，地表火速度很快时，此层不会燃烧。

(2) 地衣　地衣一般生长在较干燥的地方，是易燃可燃物。地衣燃点低，在林中多呈点状分布，为森林中的引火物。地衣的含水量随大气湿度而变化，吸水快，失水也快，容易干燥。地衣在林中分布状态影响林火蔓延特性，如附生在树冠枝条上的长节松萝易将地表火引向林冠而引起树冠火。

(3) 苔藓　苔藓吸水性较强，生长环境的干湿程度影响它的燃烧特性。林地上苔藓难燃；树木上的苔藓易燃。

林地上苔藓：多生长在密林的荫湿环境下，含水量大，一般不易着火，只有在连续干旱时才能燃烧。

树木上苔藓：生长在树皮、树枝上的藓类，空气湿度小时很干燥，易燃，着火的危险性大，如树毛(小白齿藓)常是引起常绿针叶树发生树冠火的危险物。苔藓一旦燃烧，持续时间较长，尤其是靠近树根和树干附近的苔藓，燃烧时对树根和树干的危害较大。在有泥炭藓的地方，干旱年代有发生地下火的危险。

(4) 草本植物　草木植物是生长在土壤表层上的1年生和多年生植物。在生长季节，体内含水分较多，一般不易发生火灾。但在早霜以后，根系失去吸水能力，植株开始枯黄而干燥，即使长在水湿地上的枯草也极易燃，如东北地区，在春季雪融后，新草尚未萌发，长满干枯杂草的地段常是最容易发生火灾。

在草本植物中，由于植株的高低、含水量的不同，易燃性有明显差异，可分为易燃草本植物和难燃草本植物。

易燃草本植物：大多为禾本科、莎草科及部分菊科等喜光杂草，常生长在无林地(沟塘草甸)及疏林地，植株较高，生长密集；枯黄后直立，不易腐烂易干燥；植株体内含有较多纤维，干旱季节非常易燃。

难燃草本植物：多属于毛茛科、百合科、酱草科、虎耳草科植物，叶多为肉质或膜状，植株多生长在肥沃潮湿的林地，植株矮小，枯死后倒覆地面，容易腐烂分解，不易干燥，不易燃。此外，东北林区的早春植物，也属于难燃草本植物。在春季防火期内，正是早春植物开花、枝叶茂盛的生长时期，如冰里花、草玉梅、延胡索等。还有些植物能够阻止火的蔓延，如石松等，都属于不易燃的植物。

(5) 灌木　灌木为多年生木本植物。灌木的生长状态和分布状况均影响火的强度。通常丛状生长的比单株散生的灌木着火后危害严重，不易扑救。灌木与禾本科、莎草科以及易燃性杂草混生时，也能提高火的强度。灌木的植株个体大小差异较大，植株含水量不同，易燃性也不一样，一般可分为易燃灌木和难燃灌木。

易燃灌木：一般来说，这类灌木植株细小，含水量低，或富含油脂，易燃。有些灌木干旱季节上部枝条干枯，如胡枝子、铁扫帚、绣线菊等；有些为针叶灌木，体内含有大量树脂和挥发性油类，非常易燃，如兴安桧、西伯利亚桧、杜松和偃松等。

难燃灌木：一般地讲，这类灌木个体较大，高度在 2m 以上，植株体内含水分较多，不易燃烧，如鸭脚木、柃木、越橘、接骨木、榛子、白丁香、牛奶果等许多常绿灌木和小乔木。

（6）乔木　乔木因树种不同，燃烧特点、易燃程度也不相同。通常，根据枝叶和树皮的特性可以划分为易燃乔木和难燃乔木。

易燃乔木：主要是指针叶树和带油脂的阔叶树（如桦树、桉树）。针叶树的树叶、枝条、树皮和木材都含有大量挥发性油类和树脂，这些物质都是易燃的。有些阔叶树也是易燃的，如桦木，树皮呈薄膜状，含油质较多，极易点燃。又如蒙古栎多生长在干燥山坡，冬季幼林叶子干枯而不脱落，容易燃烧。南方的桉树和樟树也都属于易燃的常绿阔叶树。

难燃乔木：主要是指阔叶树（落叶、常绿）。阔叶树一般体内含水分较多，所以不容易燃烧，如杨树、柳树、赤杨等。大多数常绿阔叶树体内含水分较多，都属于不易燃的树种。

（7）林地杂乱物　林地杂乱物主要指采伐剩余物、倒木、枯立木和营林过后的枯死堆积物等。林地杂乱物的数量多少和空间分布状况直接影响火的强度、火的蔓延和火的发展。林地杂乱物对燃烧的影响，主要决定于它们的组成、湿度和数量。新鲜的或潮湿的杂乱物，其燃烧较困难，而干燥的杂乱物则容易燃烧。当林内有大量杂乱物时，火的强度大，不易扑救。在针叶林内还很容易造成树冠火。

2.2.2.2　根据可燃物燃烧的难易程度划分可燃物种类

在实际工作中，有时需要根据可燃物燃烧的难易程度对森林可燃物进行划分，一般可分为危险可燃物、缓慢燃烧可燃物和难燃可燃物三类。

（1）危险可燃物　危险可燃物一般是指林区内容易着火的细小可燃物，如地表的干枯杂草、枯枝、落叶、树皮、地衣、苔藓等。这些可燃物的特点是：降雨后干燥快、燃点低，燃烧速度快，极容易被一般火源引燃而引起森林火灾，是森林中的引火物。

（2）缓慢燃烧可燃物　缓慢燃烧可燃物一般是指粗大的重型可燃物，如枯立木、腐殖质、泥炭、树根、大枝桠、倒木等。这些可燃物不易被火源引燃，但着火后能持久保持热量，不易扑灭。因此，在清理火场时，很难清理，而且容易形成复燃火。这种可燃物一般是在干旱的情况下，发生火灾时燃烧，给扑火带来很大困难。

（3）难燃可燃物　难燃可燃物是指正在生长的草本植物、灌木和乔木。这类可燃物是活植物体，体内含有大量的水分，一般不易燃，在林火的蔓延中有减弱火势的作用。但是，遇到高强度火时，这些绿色植物也能脱水干燥而燃烧，特别是含油脂的针叶树。

2.2.2.3　根据可燃物在林内的位置划分可燃物种类

可燃物在森林中所处的位置不同，发生林火的种类也不同，燃烧性质和扑救措施也不一样，一般按三个层次划分为地下可燃物、地表可燃物和空中可燃物。

(1) 地下可燃物　地下可燃物是指枯枝落叶层以下半分解或分解的腐殖质、泥炭和树根等。地下可燃物的燃烧特点是：燃烧时，释放可燃性气体少，不产生火焰，呈无焰燃烧；燃烧速度缓慢，持续时间长，不易扑灭。这类可燃物是形成地下火的物质基础。

(2) 地表可燃物　地表可燃物是指枯枝落叶层到离地面1.5m以内的所有可燃物，如枯枝落叶、杂草、苔藓、地衣、幼苗、灌木、幼树、倒木、伐根等。地表可燃物的燃烧强度和蔓延速度由可燃物的种类、大小和含水量而定。这类可燃物是形成地表火的物质基础。

(3) 空中可燃物　空中可燃物是指森林中距离地面1.5m以上的树木和其他植物均为空中可燃物，如乔木的树枝、树叶、树干、枯立木、附生在树干上的苔藓和地衣以及缠绕树干的藤本植物等。这类可燃物是发生树冠火的物质基础。

2.2.2.4　按可燃物含水率的变化性质划分可燃物种类

在相同的条件下，活可燃物和枯死可燃物的含水量和水分变化性质不同。

(1) 活可燃物　活可燃物是活植物体，含水量一般较大，受空气湿度的影响较小，一天中活可燃物含水率的变化幅度不大。活可燃物根据燃烧性质在可燃物调查中可以划分为针叶、阔叶、小枝(直径<1cm)、大枝(1cm<直径<10cm)和树干(直径>10cm)。

(2) 枯死可燃物　枯死可燃物是枯死植物体的总称，包括枯枝落叶、枯立木、采伐剩余物等。根据时滞可划分为四类，即1时滞可燃物、10时滞可燃物、100时滞可燃物和1 000时滞可燃物。

2.2.3　树种易燃性和森林燃烧性

森林主要是由多个树种和其他植物构成的复合体，林木是森林的主体，制约着森林的燃烧特性。每个树种的易燃特性是不同的，不同的树种和数量比例构成的森林会表现出不同的森林燃烧性。

2.2.3.1　树种易燃性和森林燃烧性的概念

(1) 树种易燃性　树种易燃性是指森林中的树种在森林火灾中所表现出的燃烧的难易程度，是对森林中某一树种燃烧特性的相对的定性的描述，一般可分为三个等级，即易燃、可燃和难燃。树种易燃性对森林燃烧性的影响取决于每个树种所占的比例。

(2) 森林燃烧性　森林燃烧性是指森林被引燃着火的难易程度以及着火后所表现出的燃烧状态(火种类)和燃烧速度火强度等的综合。森林是一定地段上的各种可燃物种类的集合。在不同地段上，这个集合中的可燃物种类不同，构成比例也不同，森林燃烧性也有明显的差异。

森林燃烧性可作为森林发生火灾难易的指标。一般说来，可定性划分为三个易燃性等级，即易燃、可燃、难燃。这是对森林燃烧性的定性的、简单的、相对的描述。在森林燃烧过程中，容易着火的群落，也容易蔓延。在平坦无风的地段，火总是向燃点低的可燃物方向蔓延快，向燃点高的可燃物方向蔓延慢。所以在划分易燃性等级时，把火蔓延速度的快慢也考虑在内。

森林燃烧性还可作为森林燃烧释放能量大小的指标。可以根据火强度和火焰高度定量确定三个能量释放等级，即轻度燃烧、中度燃烧、重度燃烧。

2.2.3.2 我国主要树种的燃烧性

我国地域辽阔，森林分布范围广，构成森林的树种繁多。但对森林燃烧性影响较大的是在森林中占优势的树种。这里主要介绍我国森林组成主要树种的燃烧性。主要分两大类，即针叶树种的燃烧性和阔叶树种的燃烧性。

(1) 针叶树种的燃烧性　由于针叶树的枝叶、树皮及木材或多或少含有松脂和挥发性油类，较阔叶树易燃。然而，随不同树种的理化性质和生物学特性的差异，易燃性也有明显的不同。针叶树种的燃烧性可划分易燃、可燃和难燃三个等级。

Ⅰ级：易燃。这类树种含有大量松脂和挥发性油类，枝叶中灰分含量低，热值高易燃物数量比例较大，可燃物结构疏松地被物紧密度小，含水率低。常绿，多为喜光树种，分布在比较干燥的立地上。常见的易燃树种有：马尾松、海南松、思茅松、云南松、油松、黑松、华山松、高山松、白皮松、赤松、红松、西伯利亚红松、樟子松、侧柏、圆柏等。

Ⅱ级：可燃。松脂和挥发油含量中等，灰分含量居中，热值中等，易燃可燃物比例居中。可燃物结构较紧密，含水率较多。树冠较密集，多为中性树种，所处立地条件较湿润，土壤较肥沃。主要树种有：杉木、柳杉、三尖杉、红豆杉、紫杉、黄杉、粗榧等。

Ⅲ级：难燃。含有较少松脂及挥发性油类，灰分含量高，热值低，易燃可燃物比例小，可燃物结构紧密多为耐荫树种，也有少数处于水湿条件下的喜光树种。如云杉、冷杉、落叶松、水杉、落羽杉、池杉等。

(2) 阔叶树种的燃烧性　一般情况下，阔叶树含挥发性油类少，大多数枝叶、树干内含水分较多。相对针叶树来说，不易燃烧。但由于各树种的理化性质不同，生物学特性不一样，燃烧性也有明显的差异。阔叶树的燃烧性也分为易燃、可燃和难燃三个等级：

Ⅰ级：易燃。枝叶、树干、树皮含有挥发性油类，体内水分较少，易燃可燃物数量多，结构疏松，多为喜光树种，处于干燥条件下。如栎类、桉类、樟科、黑桦、安息香科等。

Ⅱ级：可燃。枝叶不含挥发性油类，多生长在潮润的土壤上，体内含水分较多，多为中性树种。易燃可燃物数量中等，多生长在山中部较肥沃、水分适中的立地条件上。如各种桦树、杨树、椴树、槭树、榆树、化香树、楝树、泡桐等。

Ⅲ级：难燃。不含挥发性油类，多为常绿阔叶树，水分含量大，易燃可燃物数量少，多为耐荫、耐水湿树种，多处于潮湿—水湿立地条件。如水曲柳、黄波罗、柳树、竹类、木荷、火力楠、红花油茶、茶树等。

2.2.3.3 森林特性与森林燃烧性

森林不是可燃物的简单堆积，而是一个具有不同的时间和空间的可燃物集合。每一个森林群落是由多种植物所构成的，因而形成不同的森林特性。这些特性与森林燃烧性有着密切的关系，主要表现在森林的林木组成、郁闭度、林分年龄、层次结构和分布格局等方面。

(1) 林木组成　在森林中林木是构成森林的主体。由于树种的易燃性各不相同，同时影响着林下死、活地被物的数量、组成及其性质。这样，由不同树种构成的森林，燃烧性也不一样。一般来说，针叶树种易燃，阔叶树种难燃。若由易燃树种构成森林，则森林燃烧性提高；而易燃和难燃树种组成森林，可使森林燃烧性降低。在针叶林中，地表枯落叶主要由松针构成，加之树木常绿，极易发生地表火和树冠火；在阔叶林中，地表的枯落叶是由阔叶构成，树木在防火季节落叶，只能发生低强度的地表火；在针阔混交林中，针叶树和阔叶树相间分布，燃烧性居中一般不会发生树冠火。

(2) 林分郁闭度　林分郁闭度的大小直接影响到林内的光照条件，进而影响林内小气候(温度、相对湿度、风速等)，也就影响到林下可燃物的种类、数量(表 2-9)及其含水率。所以，不同郁闭度的林分，森林燃烧性也不同。

表 2-9　胡枝子蒙古栎林郁闭度与死地被物负荷量的关系

郁闭度	0.4	0.5	0.6	0.7	0.8	0.9
负荷量(t/hm²)	2.0	2.9	3.5	5.0	9.0	12.9

一般来说，林分郁闭度大，林下光照弱，温度低，湿度大，风速小，死地被物积累增多，活地被物以耐荫杂草为主，喜光杂草较少。这种林分不易燃，着火后蔓延速度慢；而林分郁闭度小的林分，林内阳光充足，温度高，湿度小，风速大，死地被物相对较少，活地被物以喜光杂草为主。这种林分易燃，发生火灾后蔓延快。

(3) 林分年龄　从林分的年龄结构可划分为同龄林和异龄林。两种林分年龄结构对森林燃烧性有明显的影响。

同龄林：多见于人工林纯林。同龄林依据林龄可分为幼龄林、中龄林、成熟林等。对于针叶林差别十分明显。未郁闭的林地上生长大量的喜光杂草，使林分的燃烧性大幅度增加，一旦发生火灾会将幼树全部烧死；刚刚郁闭后的针叶幼林，树冠接近地表，林木自然整枝产生大量枯枝，林地着火后极易由地表火转变为树冠火，烧毁整个林分；在中、老龄林中，树冠升高远离地面，林木下部枯枝减少，一般多发生地表火；成过熟林树冠疏开，导致林内杂草丛生，枯损量增加使林内有大量杂乱物，易燃物增多，以发生高强度地表火。随着林分年龄的不同，林下死地被物负荷量也有明显的变化(表 2-10)。

异龄林：在异龄林中，若是暗针叶林，各年龄阶段的树木都有，林分的林冠层厚并且接近地面，垂直连续性好，易发生树冠火。

表 2-10　胡枝子蒙古栎林年龄与死地被物负荷量的关系

林　龄	40	60	80	100	120	140	160	180	200
死地被物负荷量(t/hm²)	3.2	4.8	8.1	9.6	12.9	14.0	10.5	6.2	2.5

(4) 林木的层次结构　林木的层次结构可分单层林和复层林。单层林林中可燃物紧密度小、垂直连续性差，多发生地表火；复层林中针叶树的垂直连续性好，多发生树冠火；由针叶树和阔叶树形成的复层林，一般不会发生树冠火。

(5) 林木的水平分布格局　主要指林冠的水平连续性，影响树冠火的蔓延。密集的针叶人工纯林，树冠连续性好，发生树冠火，蔓延快；针阔混交林，树冠连续性差，一般只能形成冲冠火。

2.2.4　可燃物类型

树木和林下植物种类的不同，形成不同的林分结构，影响着林火的种类和强度及森林火灾的损失程度。不同可燃物种类的集合，构成不同的可燃物类型。可燃物类型不同，发生林火的难易程度和表现出的火行为有明显差异。可燃物类型相同，在其他条件相同的情况下，林火的发生发展及其特点具有相似性。所以，可燃物类型可以反映出林火的特征。

可燃物类型是指具有明显的代表植物种、可燃物种类、形状、大小、组成以及其他一些对林火蔓延和控制难易有影响的特征相似或相同的同质复合体。简言之，可燃物类型是占据一定时间和空间的具有相同或相似燃烧性的可燃物复合体。

不同可燃物类型具有不同的燃烧性，预示着发生森林火灾的难易程度、林火种类和能量的释放强度。调节可燃物类型的燃烧性是森林防火的基础，也是日常工作的内容，它贯穿于整个森林生长发育的全过程。可燃物类型是构成森林燃烧环的重要物质基础，也是林火预报的关键因子。林火预报必须考虑可燃物类型，才能使预报结果落实到具体的地段上，特别是林火发生预报和林火行为预报。扑救森林火灾可根据不同可燃物类型的分布状况，安排人力物力，决定扑火方法、扑火工具及扑火对策。在营林安全用火中，可根据不同可燃物类型决定用火方法和用火技术。

可燃物类型的划分是现代林火管理重要的组成部分，是林火管理的基础。加拿大林火行为预报系统中划分16个可燃物类型；美国国家火险等级系统中划分20个可燃物模型。我国分别对每个区域划分12个可燃物类型。下面简单介绍可燃物类型的划分方法。

2.2.4.1　可燃物类型的一般划分方法

可燃物类型的划分方法大多是在实际工作中形成的。一般的划分方法有直接估计法、植物群落法、照片分类法、资源卫星图片法、可燃物检索表法等。

(1) 直接估计法　直接估计法要求林火管理人员具有长时期的防火和扑火经验，对辖区地段内的森林和植被的燃烧特性和林火行为特别熟悉。美国林务局曾采用这种方法把可燃物划分为四种类型，即燃烧性低、燃烧性中、燃烧性高和燃烧性极高。划分的依据是森林燃烧性和潜在的林火蔓延速度和难控程度。

(2) **植物群落法** 植物群落法就是通过植物群落划分可燃物类型。将不同植物组合并具有一定结构特征、种类成分和外貌的若干群落，划分成不同的可燃物类型。森林可燃物主要是指森林植物及其枯落物。不同植物群落反映了植物与植物之间和植物与环境之间的关系，影响到可燃物的数量、林火种类以及火行为特征。因此，植物群落的划分可为可燃物类型的划分提供重要的参考依据。长期以来可燃物类型的划分与植物群落研究密切相关。

我国东北一直沿袭按植物群落和林型来划分可燃物类型。例如，我国大兴安岭地区在林型的基础上划分了坡地落叶松林、平地落叶松林、樟子松林、桦木林、次生蒙古栎林、沟塘草甸、采伐迹地等 7 种可燃物类型。

根据植物群落划分可燃物类型的分类方法有明显的不足。首先，火行为特征的分类标准很难确定，有时可以划分出几种群落类型，但所表现的潜在火行为特征是一致的；其次是数据收集很费时间，成本很高。

(3) **照片分类法** 照片分类法是将植物群落分类与可燃物模型结合起来的一种分类方法。首先，选定一小块样地拍摄照片，并按林学特性进行一般描述；然后，对样地进行可燃物基本性质测定，确定适合的可燃物类型。美国林务局曾利用这种方法进行可燃物分类。这种方法的优点是比较真实，符合实际情况，缺点是费用太高。

(4) **资源卫星图片法** 利用资源卫星图片分类是一种新的、正在发展中的可燃物类型的分类方法，具有许多优点和很大潜力。在解析数据图像上选择一个基准面积块，逐渐缩小范围，利用改进的数据资料和感应技术来确定与划分可燃物类型有关的信息。例如，针叶树、阔叶林、混交林、荒山荒地、采伐迹地、河流、道路等地标物。利用资源卫星图片划分可燃物类型是发展方向。

(5) **可燃物检索表法** 自然科学中利用检索进行分类应用很广泛。利用检索表进行可燃物类型的划分可为防火人员在野外工作提供很多方便。特别是在野外估计不同可燃物的火行为特征，如蔓延速度和树冠火形成条件等方面显得更为直观和实用。这种检索表要求应用者必须具有比较丰富的火场经验，否则很难进行合适的选择和分类。

2.2.4.2 加拿大的可燃物类型

在加拿大林火预报系统(Canadian Forest Fire Danger Rating System, CFFDRS)的林火行为预报系统(CFFBRS)中，根据不同的优势种构成，将加拿大全国的可燃物划分为 5 个类型组 16 个类型(表 2-11)。针叶林类型组有 7 个可燃物类型，阔叶林类型组有 1 个可燃物类型，混交林类型组有 4 个可燃物类型，采伐迹地类型组有 3 个可燃物类型，开阔地类型组有 1 个可燃物类型。

2.2.4.3 美国的可燃物类型

美国国家火险等级系统(National Fire Danger Rating System, NFDRS)中，将美国的植被划分了 20 个可燃物类型。其中，草地 4 个类型，灌丛 2 个类型，干热草原 2 个类型，冷湿地 2 个类型，阔叶林地 2 个类型，针叶类 5 个类型，采伐迹地 3 个类型（表 2-12）。

表 2-11 加拿大林火行为预报系统中可燃物类型的划分

类型组	类型代码	Descriptive name	可燃物类型中文描述
针叶林	C-1	Spruce – lichen woodland	云杉-地衣林地
	C-2	Boreal spruce	北方云杉林（black spruce）
	C-3	Mature jack or lodgepole pine	成熟的短叶松林或扭叶松林
	C-4	Immature jack or lodgepole pine	未成熟的短叶松林或扭叶松林
	C-5	Red and white pine	红松和白松林
	C-6	Conifer plantation	针叶人工林
	C-7	Ponderosa pine – Douglas – fir	西部黄松-花旗松（北美黄杉）-冷杉林
阔叶林	D-1	Leafless aspen	白杨林、欧洲山杨林
混交林	M-1	Boreal mixedwood – leafless	北方落叶混交林
	M-2	Boreal mixedwood – green	北方常绿混交林
	M-3	Dead balsam fir mixedwood – leafless	含有枯死香脂冷杉的落叶混交林
	M-4	Dead balsam fir mixedwood – green	含有枯死香脂冷杉的常绿混交林
采伐迹地	S-1	Jack or lodgepole pine slash	北美短叶松或扭叶松采伐迹地
	S-2	White spruce – balsam slash	白云杉香脂冷杉采伐迹地
	S-3	Coastalcedar – hemlock – Douglas – fir slash	海岸雪松铁杉花旗松冷杉采伐迹地
开阔地	O-1	Grass	草地

表 2-12 美国国家火险等级系统中可燃物类型的划分

类型编号	Fuel Types	可燃物类型中文描述
1	Western grasses（annual）	西部一年生草地
2	Western grasses（perennial）	西部多年生草地
3	Sawgrass	锯草草地
4	Sagebrush – grass	北美艾灌丛草地
5	California chaparral	北美常绿阔叶灌丛
6	Intermediate brush	中生灌木林
7	Pine – grass savanna	热带稀树干草原
8	Southern rough	南部荒地
9	Tundra	冻原
10	High pocosin	高位浅沼泽
11	Hardwood litter（winter）	冬季硬阔叶林地
12	Hardwood litter（summer）	夏季硬阔叶林地

(续)

类型编号	Fuel Types	可燃物类型中文描述
13	Short needle (heavy dead)	枯死物多的短针叶林
14	Short needle (normal dead)	枯死物中等的短针叶林
15	Heavy slash	高可燃物负荷量采伐迹地
16	Intermediate slash	中可燃物负荷量采伐迹地
17	Light slash	低可燃物负荷量采伐迹地
18	Southern pine plantation	南部松树人工林
19	Alaskan black spruce	阿拉斯加黑云杉
20	Western pines	西部松林

2.2.4.4 我国的可燃物类型研究

郑焕能等人1988年提出了森林燃烧环网可以作为划分我国可燃物类型的基础。根据我国8个不同的森林燃烧环区的森林燃烧环，分别按照不同森林燃烧环代表可燃物类型、立地条件和代表树种，将全国可燃物类型合并为36个可燃物类型，即为全国总的可燃物类型。下面叙述我国可燃物类型的划分依据和划分方法及全国可燃物类型的分布特点。

(1) 我国可燃物类型划分的依据

①森林燃烧(环)区 根据气候特点、地形、植被的分布、森林火灾发生状况和林火管理水平，将我国划分为8个森林燃烧(环)区，在每一个区只有一个森林燃烧环网。

②林火行为特征 林火行为是森林可燃物类型、火环境和火源综合作用的结果。因此林火行为与可燃物类型紧密相关，但是林火行为与可燃物类型之间有些差别。特别是在我国温带地区，一个森林燃烧环基本只有一个可燃物类型，然而在我国西南高山区亚热带常绿阔叶林区、热带季雨林和雨林林区，有时一个森林燃烧环有2~3个或更多的可燃物类型。

③森林燃烧环 我们依据森林燃烧环划分可燃物类型，基本上能够直接反应森林燃烧的特点。因此，依据森林燃烧环选出的代表可燃物类型，基本上能够反映它们的燃烧特点。

(2) 我国可燃物类型的划分步骤

①划分森林燃烧区 我国共计划分8个森林燃烧(环)区，即寒温带针叶混交林区、温带针叶阔叶混交林区、暖温带落叶阔叶林区、温带荒漠高山林区、东亚热带常绿阔叶林区、西亚热带常绿阔叶林区、青藏高原森林区、热带季雨林和雨林区。

②建立森林燃烧环网 在每个燃烧(环)区，依据易燃性和燃烧等级建立森林燃烧环网。森林燃烧环网包括12个燃烧环，其模式见表2-13。

表 2-13 森林燃烧环网的模式

着火蔓延程度	燃烧剧烈程度			
	1 轻度燃烧 ($h<1.5$m, $I<750$kW/m)	2 中度燃烧 ($1.5\sim3.5$m, $750\sim3500$kW/m)	3 高度燃烧 ($3.5\sim6$m, $3500\sim10000$kW/m)	4 强度燃烧 ($h>6$m, $I>10000$kW/m)
A 难燃、蔓延慢 ($R\leqslant2$m/min)	A1	A2	A3	A4
B 可燃、蔓延中 (2m/min$<R\leqslant20$m/min)	B1	B2	B3	B4
C 易燃、蔓延快 ($R>20$m/min)	C1	C2	C3	C4

③确定可燃物类型 在森林燃烧环网的基础上根据立地条件基本相同、主要树种基本相似确定可燃物类型。应用这个方法，我国共计划分了36个可燃物类型(见表2-14)。

表 2-14 全国森林可燃物类型

着火蔓延程度	燃烧剧烈程度			
	1 轻度燃烧	2 中度燃烧	3 高度燃烧	4 强度燃烧
A 难燃、蔓延慢 (17个可燃物类型)	A1 沿河溪旁的杨柳林；湿地硬阔叶林；沿溪阔叶林；低湿地旱冬瓜林；红树林；木棉落叶季雨林	A2 湿地落叶松林；湿地落叶阔叶林；湿地—竹叶林；湿地—落叶针叶林；热带果树林、针叶林	A3 高山落叶松林；阔叶红松林；常绿阔叶林；季雨林	A4 云杉林；热带雨林
B 可燃、蔓延中 (11个可燃物类型)	B1 灌木林；高山灌木草甸；稀树草原	B2 落叶阔叶混交林；椰林、木麻黄林	B3 坡地落叶松林；落叶阔叶针叶混交林；常绿阔叶针叶林	B4 山地松林；针叶混交林；杉木林
C 易燃、蔓延快 (8个可燃物类型)	C1 草地；荒漠草原；热带草原	C2 各类迹地	C3 干燥落叶栎林；荒漠胡杨林；桉树林	C4 干旱松林

(3) 我国可燃物类型的区域分布 在我国的8个燃烧(环)区，依据森林燃烧环网划分出各个区域的可燃物类型(详见表2-15至表2-22)。

表 2-15 寒温带针叶混交林燃烧区的可燃物类型

着火蔓延程度	燃烧剧烈程度			
	1 轻度燃烧	2 中度燃烧	3 高度燃烧	4 强度燃烧
A 难燃、蔓延慢	A1 沿河朝鲜柳甜杨林	A2 沼泽落叶松林	A3 高山偃松林	A4 谷地云杉林
B 可燃、蔓延中	B1 灌木林	B2 杨桦林	B3 山地落叶松林	B4 山地樟子松林
C 易燃、蔓延快	C1 荒山草地	C2 各种迹地	C3 黑桦蒙古栎林	C4 沙地樟子松林、人工樟子松林

表 2-16　温带针阔叶混交林燃烧区的可燃物类型

着火蔓延程度	燃烧剧烈程度			
	1 轻度燃烧	2 中度燃烧	3 高度燃烧	4 强度燃烧
A 难燃、蔓延慢	A1 硬阔叶林	A2 沼泽落叶松林	A3 风桦红松林	A4 云、冷杉林
B 可燃、蔓延中	B1 灌木林	B2 杨桦林	B3 坡地落叶松林	B4 山地蒙古栎红松林
C 易燃、蔓延快	C1 沟塘草甸	C2 各种迹地	C3 栎类林	C4 人工红松林、樟子松林

表 2-17　暖温带落叶阔叶林燃烧区的可燃物类型

着火蔓延程度	燃烧剧烈程度			
	1 轻度燃烧	2 中度燃烧	3 高度燃烧	4 强度燃烧
A 难燃、蔓延慢	A1 河岸杨柳林	A2 软阔叶林	A3 落叶松林	A4 云、冷杉林
B 可燃、蔓延中	B1 灌木林	B2 杂木林	B3 松栎林	B4 针叶混交林
C 易燃、蔓延快	C1 草地	C2 各种迹地	C3 栎类落叶林	C4 松林

表 2-18　温带荒漠高山森林燃烧区的可燃物类型

着火蔓延程度	燃烧剧烈程度			
	1 轻度燃烧	2 中度燃烧	3 高度燃烧	4 强度燃烧
A 难燃、蔓延慢	A1 河谷落叶阔叶林	A2 沼泽落叶松林	A3 高山落叶松林	A4 谷地云杉林
B 可燃、蔓延中	B1 灌木林	B2 欧洲山杨林	B3 针阔混交林	B4 针叶混交林
C 易燃、蔓延快	C1 草地	C2 各种迹地	C3 荒漠河岸胡杨林	C4 松林

表 2-19　东亚热带常绿阔叶林燃烧区的可燃物类型

着火蔓延程度	燃烧剧烈程度			
	1 轻度燃烧	2 中度燃烧	3 高度燃烧	4 强度燃烧
A 难燃、蔓延慢	A1 水湿阔叶林和竹林	A2 水杉、池杉、水松林	A3 常绿阔叶林	A4 云杉、冷杉林
B 可燃、蔓延中	B1 灌木林	B2 落叶、常绿阔叶混交林	B3 针阔混交林	B4 针叶松杉混交林
C 易燃、蔓延快	C1 草本群落和芒萁骨	C2 各种迹地	C3 易燃干燥阔叶林和桉树林	C4 干旱松林（马尾松柏林）

表 2-20 西亚热带常绿阔叶林燃烧区的可燃物类型

着火蔓延程度	燃烧剧烈程度			
	1 轻度燃烧	2 中度燃烧	3 高度燃烧	4 强度燃烧
A 难燃、蔓延慢	A1 杉木林	A2 竹林	A3 落叶松林和常绿针阔混交林	A4 云杉、冷杉林
B 可燃、蔓延中	B1 灌木丛、高山灌丛	B2 落叶阔叶林	B3 针阔混交林	B4 针叶混交林
C 易燃、蔓延快	C1 高山草地	C2 各类迹地	C3 高山栎林	C4 云南松林、高山松林

表 2-21 青藏高原高寒植被燃烧区的可燃物类型

着火蔓延程度	燃烧剧烈程度			
	1 轻度燃烧	2 中度燃烧	3 高度燃烧	4 强度燃烧
A 难燃、蔓延慢	A1 杨树林	A2 竹林	A3 落叶松林	A4 云杉、冷杉林
B 可燃、蔓延中	B1 高山灌丛	B2 落叶阔叶林	B3 针阔混交林	B4 针叶混交林
C 易燃、蔓延快	C1 高山草原草甸	C2 各种迹地	C3 高山栎林	C4 干旱松林

表 2-22 热带雨林、季雨林燃烧区的可燃物类型

着火蔓延程度	燃烧剧烈程度			
	1 轻度燃烧	2 中度燃烧	3 高度燃烧	4 强度燃烧
A 难燃、蔓延慢	A1 木棉落叶季雨林、红树林	A2 竹林、棕榈、热带果树林	A3 季雨林	A4 雨林、云冷杉林
B 可燃、蔓延中	B1 稀树草原	B2 椰子、木麻黄林	B3 针阔混交林	B4 针叶混交林
C 易燃、蔓延快	C1 热带草原	C2 各种迹地	C3 桉树林	C4 干旱针叶纯林

2.2.4.5 我国主要可燃物类型的燃烧性

林火的发生与发展不仅取决于森林可燃物性质,而且与森林不同层次的生物学特性和生态学特性密切相关。尤其是林木与林木之间,林木与环境条件之间的相互影响和相互作用,决定了不同森林类型之间,同一森林类型不同立地条件之间的易燃性差异。上层林木可以决定死地被物的组成和数量。森林自身的特性,如林木组成、郁闭度、林龄和层次结构等都可以通过对可燃物特征的作用表现出不同的燃烧性。

由于我国对可燃物类型的划分尚未完善,在此仅对我国主要的森林类型,利用有限的资料来分别讨论它们的燃烧特性。

(1) 兴安落叶松 兴安落叶松主要分布在东北大兴安岭地区,小兴安岭也有少量分布。兴安落叶松林林相多为单层同龄林,林冠稀疏,林内光线充足。特别是幼龄期,林内生长许多易燃喜光杂草。兴安落叶松本身含大量树脂,易燃性很高。兴安落叶松林的易燃性主要取决于立地条件,可划分为三种燃烧性类型:

易燃：草类落叶松林、蒙古栎落叶松林、杜鹃落叶松林。

可燃：杜香落叶松林、偃松落叶松林。

难燃或不燃：溪旁落叶松林、杜香云杉落叶松林、泥炭藓杜香落叶松林。

(2) 樟子松林　樟子松是欧洲赤松在我国境内分布的一个变种。欧洲赤松的地理分布范围很广。在我国境内，樟子松的分布范围不大，主要分布在大兴安岭海拔400~1 000m的山地和沙丘。多在阳坡，呈块状分布，它是常绿针叶林，枝、叶和木材均含有大量树脂，易燃性很大。樟子松林冠密集，容易发生树冠火。由于樟子松林多分布在较干燥的立地条件下，林下生长易燃喜光杂草，所以樟子松的几个群丛都属易燃型。

(3) 云、冷杉林　云杉、冷杉林属于暗针叶林，是我国分布最广的森林类型之一。在我国辽阔的国土上各地区分布的云、冷杉林一般属山地垂直带的森林植被。在我国，云、冷杉林分布于东北山地、华北山地、秦巴山地、蒙新山地以及青藏高原的东缘及南缘山地，台湾也有天然云冷杉林的分布。云、冷杉林树冠密集，郁闭度大，林下阴湿，多为苔藓所覆盖。云、冷杉的枝叶和木材均含有大量挥发性油类，对火特别敏感。由于云、冷杉立地条件比较水湿，一般情况下不易发生火灾，大兴安岭地区的研究材料表明，云、冷杉林往往是林火蔓延的边界。但是，由于云、冷杉林自然整枝能力差，而且经常出现复层结构，地表和枝条上附生许多苔藓，如遇极端干旱年份，云、冷杉林燃烧的火强度最大，而且经常形成树冠火。按云、冷杉林的燃烧性可划分为两大类：

可燃：草类云杉林，草类冷杉林。

难燃或不燃：藓类云杉林，藓类冷杉林。

(4) 阔叶红松林　红松除在局部地段形成纯林外，在大多数情况下经常与多种落叶阔叶和其他针叶树种混交形成以红松为主的针阔叶混交林。红松现在主要分布在我国长白山、老爷岭、张广才岭、完达山和小兴安岭的低山和中山地带。红松是珍贵的用材树种，以其优良的材质和多种用途而著称于世，因此，东北地区营造了一定面积的红松人工林。

红松的枝、叶、木材和球果均含有大量树脂，尤其是枯枝落叶，非常易燃。但随立地条件和混生阔叶树比例不同，燃烧性有所差别。人工红松林和枥椴红松林易发生地表火，也有发生树冠火的危险，云、冷杉红松林和风桦红松林一般不易发生火灾。但在干旱年份也能发生地表火，而且云、冷杉红松林有发生树冠火的可能，但多为冲冠火。天然红松林按其燃烧性和地形条件可划为三类：

易燃：山脊陡坡苔草红松林。

可燃：山麓缓坡蕨类红松林。

难燃：在山坡下部较湿润云、冷杉红松林。

(5) 蒙古栎林　蒙古栎林广泛分布在我国东北的东部山地、内蒙古东部山地以及华北落叶阔叶林地区的冀北山地、辽宁的辽西和辽东丘陵地区，又见于山东，昆仑山、鲁山和陕西秦岭等地。我国的蒙古栎林除在大兴安岭地区与东北平原草原地区交界处一带的蒙古栎林可认为是原生林外，其余均认为是次生林。

蒙古栎多生长在立地条件干燥的山地，它本身的抗火能力很强，能在火后以无性繁殖的方式迅速更新。幼龄林的蒙古栎冬季树叶干枯而不脱落，林下灌木多为易燃的胡枝子、榛子、绣线菊、杜鹃等耐旱植物，常构成易燃的林分。此外，东北地区的次生蒙古栎林多数经过反复火烧或人为干扰，立地条件日渐干燥，且生长许多易燃的灌木和杂草。因此，东北大小兴安岭地区的次生蒙古栎林多属易燃类型，而且是导致其他森林类型火灾的策源地。

（6）山地杨、桦林　山地杨、桦林分布于我国温带和暖温带北部森林地区的山地、丘陵；在暖温带南部和亚热带森林地区，在一定海拔高度的山地也有出现，此外，在草原、荒漠区的山地垂直分布带上亦有分布。在温带森林地区，山杨和白桦不仅是红松林阔叶林的混交树种之一，也是落叶松和红松林采伐迹地及火烧地的先锋树种，多发展成纯林或杨、桦混交林。山杨和白桦林郁闭度很低，灌木、杂草丛生于林下，容易发生森林火灾。但是，东北地区大多数阔叶林树木体内水分含量较大，比针叶林易燃性差。

在东北大、小兴安岭还分布许多柳树和赤杨林，立地条件更水湿，既可作为天然的阻火隔离带，也可以人工营造成为生物防火林带。这些阔叶林根据立地条件和自身易燃性可分为两大类：

可燃：草类山杨林，草类白桦林。

难燃或不燃：沿溪朝鲜柳林，珍珠梅赤松林，洼地柳林。

（7）油松林　油松林主要分布在华北、西北等山地。该树种枝、叶、干和木材含有挥发性油类和树脂为易燃树种。然而，油松多分布在比较干燥瘠薄土壤上，林下多生长耐干旱禾草和耐旱灌木，因此，油松林分易燃。但油松林分布在人烟比较稠密、交通比较方便的地区，且呈小块分布，因此，火灾危害不大。但是随华北地区飞播油松林面积的扩大，应加强油松林防火工作。

在我国南方属热带和亚热带地区，树种多样，林型复杂，有些森林属易燃的，也有许多属难燃的。一般情况下亚顶极松林均属易燃森林、南方各地森林火灾多集中在这些森林分布区内。如果是常绿阔叶林区，尤其是保持原生状态，均属难燃的森林。

（8）马尾松林　马尾松属于常绿叶林，枝、叶、树皮和木材中均含有大量挥发性油和大量树脂，极易燃。该树种的分布北以秦岭南坡、淮河为界。南界与北回归线犬牙交错，西部与云南松林接壤，为亚热带东部主要易燃森林。分布在海拔1 200m以下低山丘陵地带，随纬度不同，分布高度有所变化。该树种多为常绿阔叶林破坏后马尾松以先锋树种侵入。它能忍耐瘠薄干旱立地条件，林下有大量易燃杂草，一般郁闭度0.5~0.6林下每公顷有凋落物10t左右，因此，属易燃类型。此外，也有些马尾松林与常绿阔叶林混交，立地条件潮湿、土壤肥沃，其燃烧性下降为可燃类型。目前南方各地大量飞机播种林均属马尾松林，应该特别注意防火工作。

（9）杉木林　杉木林的分布区与马尾松相似，也为常绿针叶林，在南方多为大面积人工林，也有少量天然林。杉木枝、叶含有挥发性油类，易燃，加上树冠深厚，枝下高低，树冠接近地面，它多分布在山下比较潮湿的地方，其燃烧性比马尾松林低些。但是在极干旱天气也容易发生火灾，有时也易形成树冠火。有些杉木阔叶混交林其燃烧性可以明显降低。因为杉木是目前我国生长迅速的用材林，在大面积杉木人工林区应加强防火，确保我国森林资源。

（10）云南松林　云南松属于我国亚热带西部主要针叶树种，云南松林是云贵高原常见重要针叶林，也是西部偏干性亚热带典型群系，分布以滇中高原为中心，东至贵州、广西西部，南为云南西南，北达藏东川西高原，西界中缅国界线。云南松针叶、小枝易燃，树木含挥发性油和松脂，树皮厚具有较强抗火能力，火灾后易飞籽成林。成熟林分郁闭度在 0.6 左右，林内明亮干燥，林木层次简单，一般分为乔、灌、草三层，由于林下多发生地表火，灌木少，多为乔木，草类非常易燃。在人为活动少，土壤深厚地方混生有较多常绿阔叶树，这类云南松阔叶混交林燃烧性有些降低。此外，在我国南方还有些松林如思茅松林、高山松林和海南松林也都属于易燃常绿针叶林，它们具有一定抗火能力。这些松林分布面积较小，火灾危害亦较小。

（11）常绿阔叶林　它属于亚热带地带性植被；由于人为破坏，分布分散，但各地仍然保存部分原生状态。常绿阔叶林，郁闭度 0.7~0.9，林木层次复杂，多层，林下阴暗潮湿，一般属于难燃或不燃森林。大部分构成常绿阔叶林的树种均不易燃，体内含水分较多，如木荷，但也混生有少量含挥发性油类阔叶树，如香樟，但其分布数量较少，混杂在难燃树种中，因此，其易燃性不大。只有当常绿阔叶林遭多次破坏，才有增加其燃烧性的可能。

（12）竹林　它是我国南方一种森林，面积逾 300 万 hm^2，分布在北纬 18°~35°，天然分布范围广。人工栽培南到西沙群岛，北至北京（北纬 40°）的平原丘陵低山地带，海拔高 100~800m 的温湿地区，因此，竹林一般属于难燃的类型。只有在干旱年代，有的竹林才有可能发生火灾。

（13）桉树林　我国从澳大利亚等国引种一些桉树，在我国长江以南各地引种，有大叶桉、细叶桉、柠檬桉和蓝桉等，这些树种生长迅速，几年就可以郁闭成林。但是这些桉树枝、叶和干含有大量挥发性油类，叶革质不易腐烂，林地干燥，容易发生森林火灾。应对这些桉树林加强防火管理。此外，还有含挥发性油类的安息香、香樟和樟树等，也属易燃性树种，应注意防火。

2.2.4.6　可燃物模型

可燃物模型是可燃物类型的定量描述。可燃物模型可以反映某一植物类型与火行为相关的特征，如可燃物大小、体积、质量、分布与排列等，主要用来计算林火蔓延速度和火强度。美国国家火险等级系统将 20 个可燃物类型描述为 20 个可燃物模型，每个模型都有定量的参数。依据的指标有：可燃物种类，可燃物的大小、紧密度、负荷量，可燃物床层深度、含水量、灰分含量、灭火含水量等。用可燃物模型的定量化参数进行火行为计算和预报将更加准确和规范。

2.3 火 源

火源是森林燃烧的三个要素之一,是引起森林火灾的主导因素。在防火季节,当森林存在一定数量的可燃物,并且具备引起森林燃烧的火险天气条件时,是否会发生森林火灾,关键就取决于有没有火源。研究火源的种类及其出现的规律性,对控制森林火灾的发生有着重要意义。

2.3.1 火源概念及种类

凡是来自于森林外界,能够为林火发生提供最低能源的现象和行为的热源统称为火源。

火源的种类很多。火源的种类不同,提供的热源大小、温度高低、加热时间长短也不同,影响到森林火灾的发生过程和初期火行为状况。例如,火山爆发时喷发的炽热岩浆,热源大而温度高,在很短的时间内,就能将大片的森林或灌木丛烧毁;而烟头的热源小,温度低,点燃森林可燃物的时间长,火蔓延速度慢。

火源可分为两大类,即天然火源和人为火源。

2.3.2 天然火源

天然火源是自然界中能引起森林火灾的自然现象,如雷击、火山爆发、陨石坠落、滚石火花、泥炭自燃等。

天然火源中最常见的是雷击火源。雷击引起的森林火灾称为雷击火。

雷击火主要发生在人烟稀少、交通不便的边远原始林区,很难做到及时发现和及时扑救,一旦着火,往往造成严重的损失。

雷击是个大气现象,是自然界天气现象的一个重要组成部分。雷电平均每秒钟对地球雷击50次,每年达2亿次。雷击火的发生机制与人为火不同,发生时间和条件也不一样,下面给予简要介绍。

2.3.2.1 雷电发生机制

根据雷电发生的部位,可将闪电分为云闪和地闪两大类。云闪是指不与大地或地物接触的闪电(包括云内闪电、云际闪电和云空闪电)。地闪是指与大地或地物发生接触的闪电,又称为云地闪电。根据闪电的形状,又可将闪电分为线状闪电、带状闪电、球状闪电和联球状闪电。其中,线状闪电最为常见。闪电中,地闪与森林火灾的发生关系十分密切,下面对"地闪"和人工影响闪电作简单介绍。

地闪:通常,在积雨云体下部存在一负电荷中心,当荷电中心附近局部地区的大气电场达到一定强度,云雾大气便会击穿而形成流光。这时,有一条暗淡的光柱像梯级一样逐级伸向地面,称为梯式先导。当具有负电位的梯式先导到达地面附近,离地约5~50m时,可形成很强的地面大气电场,并产生从地面向上发展的流光与其会合，随即形成一股明亮的光柱，沿着梯式先导所形成的电离通道由地面高速驰向云中，这称为回击。由梯式先导到回击这一完整的放电过程称为闪击。

2.3.2.2 雷击火发生的时间和条件

雷击为雷击火的发生提供了火源条件。但雷击后是否能够发生森林火灾还要看时间、可燃物和天气条件是否具备。

（1）雷击火发生的时间　一般来说，雷击火发生的时间是在一年中的干湿交替的季节，多发生在森林防火期的后期、雨季到来的前期。这时，森林中有大量的枯死可燃物，也有雷阵雨的出现。所以，只有在这个季节发生雷击火。在生长季节，即使雷击密度很大，由于森林中湿度很大，也不可能发生火灾。雷击火的出现，大兴安岭地区主要集中在5月下旬至7月，其中6月是出现雷击火的高峰期；四川省5月发生的频率最高（38.9%）。

（2）雷击火发生的条件

①可燃物条件　主要是有两方面可燃物的存在。一是森林中有枯立木，降雨时具有导电性而易被雷击，雷击后枯立木内部含水量低易被引燃；二是地表枯死可燃物数量较多，其含水率能在雨后很短的时间内降至30%以下。这样，遭雷击而燃烧的枯立木倒下后就有可能使地表可燃物燃烧而引发森林火灾。尤其是森林中的易燃可燃物（如枯枝落叶和枯草）的含水率较低时，发生雷击火有较大的危险性。

②天气条件　主要是降水与雷击发生有关。一是只要有积雨云存在，就有产生雷击的可能；二是要有一定数量的降雨，增加大气的导电性，引起地闪闪电；三是降雨量较小，对地表可燃物含水率影响不大，雨后很快晴天，使细小可燃物快速干燥。雷击火多发生在雷阵雨雨区的边缘地带，雨区的中心地带不易发生雷击火，因为降水量较大，即使雷击引燃森林可燃物，也不能蔓延成灾。出现干雷暴天气时，有80%可能性容易发生雷电火，因为干雷暴下雨小，不超过1mm，这时地被物没有浇湿，容易发生火灾。

2.3.2.3 雷击火发生现状

世界各国的天然火源主要是雷击火。森林面积较大的美国、加拿大和俄罗斯等国家均有较严重的雷击火。美国平均每年有1万~1.5万次雷击火，占总火灾次数的9%，其中落基山脉地区高达64%，西部山区约占68%。美国西北部的阿拉斯加地区，因雷击火而被烧毁的森林面积约占该地区森林面积的76%。加拿大的雷击火占全国总森林火灾次数的30%，其中，不列颠哥伦比亚省占51%，阿尔伯塔省占60%。俄罗斯雷击火总数占全国森林火灾总次数的10%。另外，在澳大利亚的部分地区也有较严重的雷击火。

我国全国平均雷击火发生次数占的比例相对较小，大约在1%。但是，不同地区雷击火分布有很大差异，在少数地区还是相当严重的。主要发生在黑龙江的大兴安岭、内蒙古的呼伦贝尔盟和新疆的阿尔泰山地区，其中以大兴安岭和呼伦贝尔盟林区尤为突出。大兴安岭地区的雷击火约占该地区森林火灾总次数的

38%；呼伦贝尔盟占18%，最多年份可达38%，最少年份也有8%，特殊年份仅喜桂图旗，鄂伦春和额尔古纳左旗等地的雷击火就占该三旗地区年总火灾次数的76%。大兴安岭北部的塔河、呼中等地区，雷击火占总火灾次数的70%以上。据统计，四川省1983~1992年，发生雷击火36次，成灾18次，占同期森林火灾总次数的1.37%和受害森林面积的1.8%。

雷击火发生时间、地点有一定范围，如大兴安岭南部6、7月发生雷击火，大兴安岭北部林区80%雷击火发生在6月。

一般地说，纬度愈高，雷击火也愈多，这与地区的地理位置和天气条件有一定关系。据大兴安岭1968~1977年统计，北纬51°以北的新林、塔河、呼中、古莲、阿木尔、图强等林区的雷击火共发生115起，占全区雷击火总数的92%，而北纬51°以南的南翁河、松岭、加格达奇共发生雷击火只有10起，占全区雷击火总数的8%。雷击火危害面积以塔河林区较为严重，据1979~1986年统计，共发生林火59起，其中雷击火就占41起，过火面积占火灾总过火面积的67%。雷击火引起的特大森林火灾次数虽较少，但森林受危害的面积较大。

2.3.3 人为火源

人为火源是人为地引起森林火灾发生的行为或活动，主要来自于人类对火的应用，是人们用火不慎而引起的，是林区森林火灾发生的最主要火源。根据世界各国火灾资料统计，人为火占总火灾次数的90%以上，如前苏联占93%，美国占91.3%，中国占99%。人为火源的种类很多，而且相当复杂，世界各国各不相同。按其性质可分为生产性用火、生活用火、外来火和故意纵火四类。

2.3.3.1 生产性火源

生产性火源是指人们在生产经营活动中用火不慎而引起森林火灾。生产性用火包括林业、农业、牧业等领域。林业生产性用火，主要包括火烧防火线、火烧清理采伐剩余物、火烧沟塘草甸、林内计划烧除、炼山、使用割灌机清林作业等。农业生产性用火，主要包括烧垦、烧荒、烧田埂、烧秸秆、烧灰积肥等。牧业生产性用火，在草原森林交错区，牧民为了改良草场经常采用火烧来清除畜牧不可食植物，牧民在牧区放牧用火烧饭、取暖等。林区的其他生产经营活动也常引起森林火灾，主要有狩猎、烧炭、烧砖瓦、烧石灰；火车爆瓦、汽车喷漏火、施工爆破(修桥、修路等)、林区冶炼等。

2.3.3.2 生活用火

生活用火是指人们在日常生活中对火的应用，如野外吸烟、迷信烧纸、烤火、烧饭、驱蚊虫、烟囱跑火、小孩玩火等。这种火源引起的火灾主要是人们疏忽大意用火造成的。在国外占的比重很大，如瑞典占56%、法国占31.2%、意大利占18.7%、前联邦德国占57.5%、美国占27.9%。

2.3.3.3 外来火源

由于境外火灾而烧入我国境内的火称外来火。由于我国与十几个国家相毗连，邻国的森林火灾常烧入或以飞火形式传入我国。例如，东北的黑龙江与俄罗斯、吉林与朝鲜、内蒙古与蒙古等都有较长的边境线，每年都有很多外来火烧入我国境内。

2.3.3.4 故意纵火

有些人为了达到某些目的而故意引发森林火灾。例如，在西方国家有的人为了找工作故意纵火(注：在有些西方国家，扑火队员是临时雇佣，且工资等待遇很高)；有些人对社会不满或对森林拥有者不满而采用放火进行报复。在我国有些人对领导不满，或对护林人员有仇恨，也常采取放火的手段实施报复。有的人为了开垦土地种植农作物等，也常采取放火烧林的手段。有意纵火在资本主义国家相当普遍。据22个欧洲国家1978～1979年统计，有意纵火占已知原因火灾的50%，其中葡萄牙占85%、西班牙占70%、意大利占54%，美国占30%（1978），而我国占0.2%～0.3%。

2.3.4 火源分布

火源的地理分布主要是指火源的种类、数量出现的季节在不同地区的差异。我国地域辽阔，植被、环境各异，火源分布有明显不同（表2-23）。

表2-23　我国各地区火源分布

地区	省(自治区)	火灾季节		主要火源	一般火源
		火灾发生月份	火灾严重月份		
南部	广东、广西、福建、浙江、江西、湖南、湖北、贵州、云南、四川	1～4 11～12	2～3	烧荒、烧垦、烧灰积肥、炼山	吸烟、上坟烧纸、入山搞副业弄火、烧蚁蜂、狩猎、其他
中西部	安徽、江苏、山东、山西、陕西、河南、河北、甘肃、青海	2～4 11～12	2～3	烧荒、烧垦、烧灰积肥、烧牧场（西北）	吸烟、上坟烧纸、烧山驱兽、坏人放火、入山搞副业弄火、其他
东北、内蒙古	辽宁、吉林、黑龙江、内蒙古	3～6 9～11	4～5 10	烧荒、吸烟、上坟烧纸、烧防火线	机车喷漏火、非法入山弄火、雷击火、烧牧场、其他
西北部	新疆	4～9	7～9	烧荒、烧牧场	吸烟、野外弄火、其他

从我国各地每年发生森林火灾的次数来看，云南居全国之首，湖南、广东、广西、福建四省(自治区)占全国火灾总数的40%，而烧林面积占全国烧林面积的15%左右；而黑龙江、内蒙古，火灾次数只占全国的2%，但烧林面积却占全国烧林面积的一半以上。

人为火源就某一地区来说，不是固定不变的，它是随着时间推移、社会进步、国民经济发展、科技进步和防火措施的实施、政策的变动，以及人们的活动有着密切的关系。一般地说，居民密度大的林区比居民密度小的林区火源要多；次生林区比原始林区要多；正在开发的林区比未开发的林区多。目前林区的铁路，部分蒸汽机车改为内燃车后，由于机车喷漏火的火源明显减少，但火车上旅客往窗外扔烟蒂引起火灾，仍时有发生。

2.4 火环境

在森林燃烧环中，火环境是森林燃烧的重要条件。森林中积累有大量的可燃物，有时虽有火源存在，却不能发生火灾，其原因就是没有适宜燃烧的火环境。所以，火环境是指除可燃物和火源外的其他影响火发生、蔓延的所有因素的总和，主要指天气条件、气候条件、地形条件、土壤条件、林内小气候等。

2.4.1 火险天气

天气是某地某时刻或时间段内各种气象要素的总体特征，即一定地区内短时间的冷暖、阴晴、干湿、雨雪、风云等大气状况及其变化过程。

一个林区处于何种天气系统的控制下，会出现何种天气，将直接决定未来火险等级的高低。火灾的发生发展与天气的关系十分密切。天气系统的演变决定了未来的天气状况，而气象要素的变化又会影响森林可燃物干燥易燃程度的变化，所以天气变化与森林火险等级密切相关。各地的天气都是随着时间而变化的，这种变化极为复杂，有各种形式的周期性变化，也有偶然性的和随机性的变化。所以，天气条件对森林火灾发生和蔓延的影响也是极其复杂的。

2.4.1.1 火险天气与火灾季节

天气条件影响着可燃物的含水量，而可燃物含水量的多少影响着可燃物达到燃点前的升温过程和着火后的热分解过程。当可燃物含水率高于某一数值时，一般火源所提供的能量不足以使可燃物温度达到燃点，可燃物就不会被引燃而发生火灾，这个可燃物含水率值称为熄灭含水率或灭火含水率。FMC(可燃物含水率)小于MOE(熄灭含水率)时，FMC越小，林火发生的危险性越大。林火发生的危险程度叫森林火险。如果根据某个指标将林火发生的危险程度划分为若干个等级，就成为森林火险等级。

森林中的细小枯死可燃物含水量($FFMC$)与天气条件密切相关，比较干旱的天气条件使$FFMC$降低，当$FFMC$低于MOE时，有火源存在，可燃物可以被火源引燃而发生森林火灾。

火灾季节是指某一个地区在一年中森林火灾出现的季节或时期。火灾季节的主要特征是降雨量少、空气湿度低、干燥、风大，易发生森林火灾。一般来讲，这个时期是植物的非生长季节，如东北的春秋两季、华北和华中的冬春季、南方的干季等。在一个火灾季节当中，一般中期发生的森林火灾次数多，燃烧的面积大；初期和末期发生的森林火灾次数少，燃烧的面积小。在整个季节上，森林火灾发生次数和燃烧面积呈正态分布。

根据火灾季节可以划定森林防火期和森林防火戒严期。森林防火期是县级以上的地方人民政府根据本地区的自然条件和森林火灾发生规律而规定的实施森林防火措施的期限。在森林防火期内,根据高温、干旱、大风等高火险天气出现的规律而划定的高火险期限,称森林防火戒严期。例如,北京地区的森林防火期是当年的 11 月 1 日至翌年的 5 月 31 日,森林防火戒严期是每年的 3 月 15 日至 4 月 15 日。

2.4.1.2 火险天气要素

火险天气要素是指影响林火发生的气象要素。火险天气要素很多,包括气温、风向、风速、降水量、相对湿度、日照等,以及它们的各种组合。气象要素随时间和空间的变化很快,是影响林火发生和蔓延的重要因素。

(1) 空气相对湿度 相对湿度(RH)是指空气中实际水汽压(e)与同温度下的饱和水汽压(E)之比的百分数:

$$RH = \frac{e}{E} \times 100\% \tag{2-17}$$

相对湿度的大小直接影响到可燃物含水量的变化。相对湿度越大,可燃物的水分吸收越快,蒸发越慢,可燃物含水量增加;反之,可燃物的水分吸收越慢,蒸发越快,可燃物含水量降低。当相对湿度为 100% 时,空气中水汽达到饱和,可燃物水分蒸发停止,大量吸收空气中的水分,也会使可燃物含水量达到最大。

很早以前,就有人利用相对湿度来预报森林火险。在一般情况下,$RH > 75\%$ 时,不会发生火灾;RH 在 55%~75% 时,可能发生火灾;RH 在 30%~55% 时,可能发生重大火灾;$RH < 30\%$ 时,可能发生特大火灾。但如果长期干旱,相对湿度 80% 以上也可能发生火灾。

一天之中,早晚相对湿度较高;而中午和下午时段相对湿度达到最低,可燃物最干燥易燃,是容易发生森林火灾的时段。

(2) 降水 降水直接影响可燃物的含水量,特别是枯死可燃物。降水也使空气相对湿度增加到最大值。

①降水量 降水量是指降落雨水或雪融化在地面上的水层的厚度,单位以 mm 表示。如果一个地区年降水量超过 1 500mm,且分布均匀,一般不会或很少发生森林火灾,如热带雨林地区,终年高温高湿;若年降水量很多,但分布不均,有明显的干、湿季之分,则在干季发生火灾,如季雨林;如果降水量小于 1 000mm,易发生森林火灾。各月降水量不同,森林火灾发生情况也不一样。据调查,月降水量大于 100mm,一般不发生或很少发生森林火灾。

②一次降水量 每次降水的多少对地表可燃物含水量的影响也不同。一般情况下,降水量 1mm 几乎没有影响;降水量 2~5mm,能够降低林分的燃烧性;降水量大于 5mm,林地上的可燃物吸水达到饱和,一般不会发生森林火灾。

③降水间隔期 降水间隔期愈长(连续干旱),气温愈高,相对湿度愈小,林内可燃物愈干燥,尤其是粗大可燃物含水量降低较多,易发生大森林火灾。在大兴安岭春季,连旱天数 10 天以上容易发生火灾;30 天以上,往往就会发生特大森林火灾。

④降雪 冬季降雪,能覆盖地表可燃物,使其与火源隔绝,一般在积雪融化

前，不会发生火灾。

⑤水平降水　霜、露、雾等水平降水，对可燃物湿度也有一定影响，可燃物含水率可因此提高 10% 左右。

（3）温度　温度与林火的发生十分密切，它能直接影响相对湿度的变化。温度升高，空气中的饱和水汽压随之增大，使相对湿度变小，直接影响着细小枯死可燃物的含水量。同时，气温升高，可提高可燃物自身的温度，使可燃物达到燃点所需的热量大大减少。一般来说，一日中 14:00 的气温与最高气温相差不大，可以用 14:00 气温来表示日最高气温。

气温日较差（即一日内最高气温与最低气温之间的差值）对森林火灾的发生也有明显的影响。气温日较差是衡量一个地区是属于大陆性气候，还是海洋性气候的重要参数（气温日较差越大，大陆性气候越显著），能够反映不同天气类型的特点，它是揭示森林火险高低的重要信息和特征值。福建省龙岩地区许沂金首次利用日较温差作为火险天气预报指标，据 1977～1980 年的统计资料表明，当气温日较差在 2.5℃ 以下时，则无林火发生；当气温日较差 2.5～7℃，林火很少发生；当气温日较差在 7～20℃ 时，林火大量发生。

（4）云量　云量的多少直接影响地面上的太阳辐射强度，影响到气温的变化，也影响到可燃物自身的温度变化。在阳光下，地表可燃物温度可比气温高 10℃ 以上。地表温度的升高，使近地层的相对湿度降低，加速了可燃物水分的蒸发，减少了含水量。云量的多少影响到可燃物温度与气温差值的大小。云量越多，差值越小。所以，云量多，降低了温度，在一定程度上降低了火险。

（5）风速　风速是空气在单位时间内水平移动的距离。风吹到可燃物上，能加快可燃物水分的蒸发，使其快速干燥而易燃；能不断补充氧气，增加助燃条件，加速燃烧过程；能改变热对流，增加热平流，缩短热辐射的距离，加快了林火向前蔓延的速度；也是产生飞火的主要动力。所以，风是森林火灾发生的最主要因子。

从一般的经验看，平均风力三级以下时，用火和扑火都比较安全；平均风力在四级以上时，危险性加大。据大兴安岭林区 15 年的资料统计，重大森林火灾和特大森林火灾的 80% 以上是在 5 级以上大风天气下发生的。如 1977 年、1979 年的两次春季火灾，在 18m/s 大风的作用下，都越过了 300m 宽的嫩江。据有人调查，森林火灾发生次数与月平均风速有关（见表 2-24）。总之，风速越大，火灾次数越多，火烧面积越大。特别在连旱、高温的天气条件下，风是决定发生森林火灾多少和大小的重要因子。

表 2-24　月平均风速与森林火灾次数的关系

月平均风速(m/s)	≤2	2.1～3	3.1～4	>4.0
森林火灾次数(次)	1	23	31	64
百分率(%)	1	20	25	54

同一天气条件下，地被物的不同影响到近地表的风速，对火的发生和蔓延也有不同的影响。草地上风速较高，雨后几小时，枯草很快干燥，可以引燃，火蔓延速度快；而在林内，由于树木的阻挡，风速低、湿度大、干燥较慢，不易着火，火蔓延速度也慢。

(6) 气压　地面天气状况与高空气温和气压场的变化紧密相关，气压的变化直接影响气温、相对湿度、降水等气象因子的变化。一般来讲，高气压控制下，天气晴朗、气温高、相对湿度小、森林容易着火；低气压能形成云雾和降水天气，不易或很少发生森林火灾。

2.4.1.3　天气系统

天气系统是具有一定结构和功能的大气运动系统。天气系统有大、中、小三种尺度。与林火关系密切的主要是大尺度系统，中小尺度系统一般在湿季与高强度降水有关。大尺度系统分为行星尺度系统和天气尺度系统。3 000km 以上的为行星尺度系统；几百到 3 000km 的系统为天气尺度系统。天气尺度系统是天气变化的直接原因，是短期天气预报的重点，主要有：气团、锋面等。天气尺度系统是对森林火灾的发生和发展有重要影响的天气系统。

(1) 气团　气团是指水平尺度在几百到几千千米的一团空气。这团空气在水平方向上物理属性(主要指温度、湿度和稳定度)比较均匀，在垂直方向物理属性的分布也不会发生突变，在它控制下的天气特点也大致相同，气象要素变化不太剧烈。根据气团的温度与地面温度的对比，气团可分为冷气团和暖气团。根据气团的源地又可分为大陆气团和海洋气团。冷气团一般来自极地，空气冷而干燥。暖气团主要来自热带地方，通常含有丰富的水分，比较湿润。

影响我国天气的主要气团是变性极地大陆气团、热带太平洋气团和赤道海洋气团。变性极地大陆气团是起源于西伯利亚一带的严寒、干燥而稳定的极地大陆气团，它南下时，随着地面性质改变，气团属性相应地发生变化，形成变性极地大陆气团。冬半年(多数地区指 11 月至翌年 4 月)，变性极地大陆气团活动频繁。在它的控制下，大气特征是寒冷干燥、晴朗、温度日变化大。我国的森林火灾主要发生在这种天气形势下，热带太平洋气团起源于太平洋热带区域，温度高，湿度大，在夏季非常活跃，以东南季风的形式影响全国大部分地区，是降水的主要水分来源。在这种天气形势下，是不会发生森林火灾的。赤道海洋气团起源于赤道附近的洋面上，比热带太平洋气团更为潮湿。在盛夏时，它可影响华南一带地区，天气潮湿闷热，常有热雷击。在这种天气形势下，也不会发生森林火灾。

(2) 锋面　当冷气团和暖气团相遇时，在它们之间形成一个狭窄的过渡带，它的宽度在近地面层中约数十千米，在高空可达 200~400km。过渡带的宽度与大范围的气团相比显得狭小，可近似地看成一个几何面，称为锋面。锋面与地面的交线称为锋线，长的有数千千米，短的有数百千米。锋面是个倾斜面，它总是倾向冷气团的下部。根据锋的移动情况可以把锋分暖锋、冷锋、静止锋和锢囚锋。

①暖锋　暖气团推动冷气团，逐渐代替冷气团的位置，这样的锋称为暖锋。

暖锋面过境后,降水停止,气压少变,气温升高。暖锋在我国出现较少,秋季一般在东北地区和江淮流域,夏季在黄河流域和渤海附近。暖锋天气不易发生森林火灾。

②冷锋　冷气团推动暖气团,并代替暖气团的位置,这样的锋称为冷锋。根据冷锋移动速度的快慢,可分为慢性冷锋和快性冷锋。

慢性冷锋移动速度较慢,多形成稳定性降水,风力增大;过境后,气压升高,温度降低,降水停止,风力减小。冷锋移动速度快,常产生旺盛的积雨云、雷暴和阵性降水。但时间短,锋面过境后则天气晴朗。快性冷锋天气在我国大部分地区均可出现。在冬半年,由于空气相对干燥而稳定,仅在地面锋线附近有很厚的云层,风速迅速增大,常出现大风天气。在北方,干旱的春季还会有沙暴。我国的森林火灾常发生在无降水的冷锋天气。1987年5月6日大兴安岭特大森林火灾,是新地岛冷空气南下,推动贝加尔湖暖脊东移,引导地面暖气团大面积活动。5月7日冷锋过境,风速突然增大,尚未熄灭的古莲火场迅速形成一个强烈的火旋风,在冷锋推动下,大火向西林吉、图强方向迅速推进。

(3) 台风(热带风暴)　台风是一种发展强烈的热带天气系统,夏季经常侵入我国东南沿海地区。台风附近常发生狂风暴雨,有较大破坏性,常被看成灾害性天气。但从另一方面看,台风活动带来的大范围的降水是华南的主要降水系统。不仅如此,台风能引起大范围的暖湿空气进入我国内陆,遇冷空气后产生降水,对减少长江流域夏季干旱有重要作用。如果台风活动过少,伏旱地区干旱严重,可能出现非防火季的林火。

2.4.2 气候条件

气候是指某地区多年综合的天气状况。一个地区的气候状况是指在一段较长的时间内(如30年或更长的时间尺度),表现出来的冷、暖、干、湿等气候要素的趋势和特点,既包括一般或平均情况,又包括极端情况。气候与天气有密切联系,又有很大区别。气候是天气的综合,天气是气候的基础。气候是天气变化的背景,天气则是气候背景上的振动。气候可以用天气要素的平均值(如平均气温、平均降水量等)来表示一个地区的气候特征。同时还要分析各个气象要素的极值、位相、频率、变率、强度、持续时间和各月分布等因素。还要分析若干气象要素综合指标,如干燥度、大陆度等。这些统计量从各个方面反映一个地区的气候状况,称为气候要素。

气候条件对森林火灾的影响表现在:①气候决定特定地区的火灾季节长度和周期;②气候决定特定地区的可燃物状况(森林、草原等);③气候决定特定地区的森林火灾的严重程度。

2.4.2.1　气候区与林火

一般来说,根据太阳辐射量和海拔高度将世界气候分为低纬度气候、中纬度气候、高纬度气候三个大气候区。各区又根据地理环境的不同分为若干气候型。不同的气候区和气候型各有不同的发生森林火灾的条件和特点。

(1) 低纬度气候区　低纬度气候区可划分为赤道多雨气候型、热带海洋性气候型、热带干湿季风气候型、热带季风气候型、热带干旱气候型、热带多雾干旱气候型、热带半干旱气候型、热带高山气候型等。

赤道多雨气候型，一年中降水分布均匀，基本无森林火灾发生；热带海洋性气候型，降水量很大，森林火灾出现较少；热带干湿季风气候型，干季降水少，常发生森林火灾；热带季风气候型，植被类型为热带季雨林，每当夏季风和热带气旋运动不正常时，能引起旱涝灾害，干旱时可能发生森林火灾；热带干旱气候型、热带多雾干旱气候型、热带半干旱气候型均是森林火灾发生的严重地区。热带高山气候型，植被垂直分布呈带状，因植被的基带不同、植被的燃烧性的不同，森林火灾发生状况复杂，一些区域发生森林火灾多，一些区域少。

(2) 中纬度气候区　中纬度气候区可划分为副热带干旱半干旱气候型、副热带季风气候型、副热带湿润气候型、副热带夏干气候(地中海气候)型、温带海洋性气候型、温带季风气候型、温带大陆性湿润气候型、温带干旱半干旱气候型、副热带高山气候型、温带高山气候型等。

副热带干旱半干旱气候型，是森林火灾气候；副热带季风气候型，我国南部处于这一气候型，冬春常发生森林火灾；副热带湿润气候型，少森林火灾；副热带夏干气候(地中海气候)型，夏季常发生森林火灾；温带海洋性气候型，少森林火灾；温带季风气候型，我国北部处于这一气候型，春秋常发生森林火灾；温带大陆性湿润气候型，有森林火灾发生；温带干旱、半干旱气候型，我国西北地区处于这种气候型，较易发生森林火灾；副热带高山气候型、温带高山气候型，森林火灾发生的多少取决于地形、植被、天气条件的综合作用，但随海拔增高有下降的趋势。

(3) 高纬度气候区　高纬度气候区可划分为副极地大陆气候型、极地苔原气候型等。

副极地大陆性气候型，如果夏季出现干旱，则易发生森林火灾；极地苔原气候型，自然植被是苔藓、地衣以及某些小灌木，很少发生火灾。

2.4.2.2　火灾气候区

气候对林火的影响主要表现在两个方面，一是决定火灾季节的长度和严重程度；二是决定特定地区森林可燃物的负荷量。林火管理者更需要了解本地的气候特点，并根据气象数据来确定某一时期火灾发生的平均值。这对于指导防火工作具有很大的意义。

根据不同月份的火灾次数、火灾面积或月降水量、年降水量等，可将某些地区划分为不同的火灾气候区。火灾气候区可用于了解不同区域的森林火灾状况并确定不同的火灾季节。例如，根据气候因子和地形等，可将北美大陆划分为15个火灾气候区(Schroeder and Buck,1970)，分别是 1——费尔班克斯(阿拉斯加)；2——布尔港湾(不列颠哥伦比亚)；3——索索拉(加利福尼亚)；4——博伊西(爱达荷)；5——克兰布鲁克(不列颠哥伦比亚)；6——兰德(怀俄明)；7——普雷斯科特(亚利桑那)；8——北普拉特(内布拉斯加)；9——艾伯特王子城(萨斯喀温);10——丘吉尔(马尼托巴);11——多伦多(安达略);12——迪凯特(伊利诺伊);13——纽约市(纽约);14——亚特兰大(佐治亚);15——莱多(墨西哥)(图2-3)。

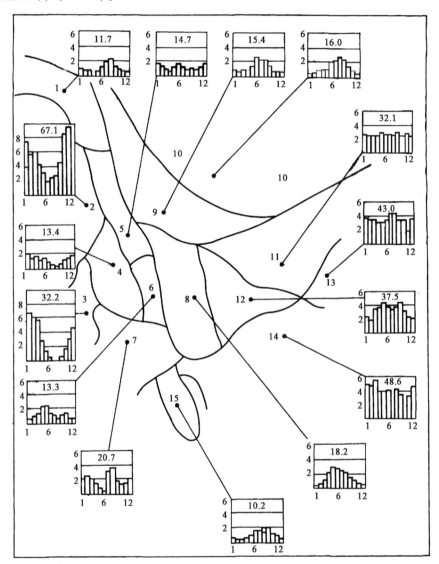

图2-3 北美火灾气候区(包括月降水量和年降水量)
(引自 Craig,1983)

在我国东北地区,根据水热条件的变化可划分为8个火灾气候区(图2-4)。具体根据年降水量>600mm(湿润)、400~600mm(半湿润)、250~400mm(半干旱)和<250mm(干旱)4个指标与k(伊万诺夫干燥系数)>1.0(湿润区)、k=0.60~1.00(半湿润区)、k=0.30~0.60(半干旱区)和k<0.30(干旱区)4个等级综合分析,将东北地区划分为3个水分带;又以年平均气温6℃线与5℃线和日平均气温≥10℃的日数120天与150天综合考虑,把整个东北地区又划分为3

个温度带,然后将温度带与水分带相叠加,即得出了东北地区 8 个火灾气候区及 16 个亚区(表 2-25,图 2-4)。

表 2-25 我国东北地区的森林火灾气候区

序号	水分带	温度带	火灾气候区	火灾气候亚区
1	I	a	Ia 大兴安岭西部草原火险区	—
2		b	Ib 吉林西部草甸草原火险区	—
3		c	Ic 辽西羊草草原火险区	—
4	II	a	IIa 大兴安岭森林火险区	IIa-1 大兴安岭北部针叶林火险亚区
5				IIa-2 大兴安岭东部针阔混交林火险亚区
6				IIa-3 大兴安岭西南部次生林火险亚区
7		b	IIb 次生林、农业火险区	IIb-1 松嫩平原农业区
8				IIb-2 小兴安岭北部次生林火险亚区
9				IIb-3 三江平原沼泽火险亚区
10				IIb-4 完达山次生林火险亚区
11				IIb-5 张广才岭天然次生林火险亚区
12		c	IIc 松辽平原农业区	—
13	III	b	IIIb 针阔混交林火险区	IIIb-1 小兴安岭红松阔叶混交林火险亚区
14				IIIb-2 长白山北部次生林火险亚区
15				IIIb-3 长白山原始红松阔叶林火险亚区
16		c	IIIc 辽东半岛栎林火险亚区	—

2.4.3 地形条件

地形的差异对森林火灾的影响十分明显,是重要的火环境要素。地形变化引起生态因子的重新分配,形成不同的局部气候,影响森林植物的分布,使可燃物的空间配置发生变化。地形起伏变化,形成不同的火环境,不仅影响林火的发生发展,而且能直接影响林火蔓延和火的强度。尤其在南方林区,地形变化复杂,地形因素在防火、灭火和林火管理中都是一个非常重要的因素。

地形按其几何尺度的大小又可分为大地形、中地形和小地形。大地形对大范围和林火环境产生影响,中小地形影响局部的火环境,从而影响林火的蔓延和扑救。我们将讨论地形因子、地形风对林火发生发展的影响以及山区林火的特点。

2.4.3.1 地形对林火的影响

地形对林火的影响是多方面的,是多个地形因子的综合作用。不同的地形因子都会对林火产生不同的影响。对林火影响较大的地形因子有坡向、坡度、坡位和海拔等。

(1) 坡向 坡向是地面向下倾斜方向上的方位,或者是坡地上与等高线垂直而面向山下的方位,单位是度(°),正北为 0°(360°),正东为 90°,正南为 180°,

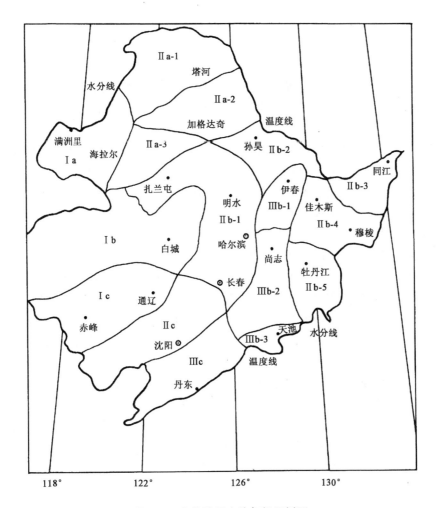

图 2-4 东北地区火险气候区划图

正西为 270°,一周为 360°。在应用中,通常可粗略划分 8 个坡向,即北坡(N)、东北坡(NE)、东坡(E)、东南坡(SE)、南坡(S)、西南坡(SW)、西坡(W)和西北坡(NW),每个坡向幅度为 45°。

坡向之间的差异随纬度的增加而加大,中纬度地区山地坡向的差异对植物的生长和分布、林火的发生和蔓延有明显的影响。不同坡向接受太阳辐射不一。在北半球,南坡受到太阳直接辐射大于北坡,偏东坡上午受到太阳的直接辐射大于下午,偏西坡则相反。即南坡吸收的热量最多,西坡要大于东坡,北坡吸收的能量最少。阳坡(南坡和西南坡)日照强、温度高、蒸发快,可燃物易干燥而燃烧,火势强、蔓延快;阴坡(北坡和东北坡)日照弱、温度低、蒸发慢,林地湿度大,可燃物不易燃烧,火势弱、蔓延较缓慢;半阳坡(东南坡和西坡)和半阴坡(东坡和西北坡)的环境条件居中,可燃物的燃烧状态也处于阴坡和阳坡之间。

(2) 坡度　坡度是坡面上等高线垂直线与水平面的夹角。一般可划分 6 个坡度等级,即平坦地(≤5°)、缓坡(6°~15°)、斜坡(16°~25°)、陡坡(26°~

35°)、急坡(36°~45°)和险坡(>45°)。坡度大小影响到林火的发生和蔓延，是一个重要的地形因子。

坡度大小直接影响可燃物湿度变化。不同坡度，降水停滞时间不一样，陡坡降水停留时间短，水分容易流失，可燃物容易干燥而易燃；相反，坡度平缓水分滞留时间长，水分流失少，林地潮湿，可燃物含水量增大，不容易干燥，不容易着火。

坡度大小对火的传播也有很大影响。坡度愈大，火的蔓延速度愈快；相反，坡度平缓，火蔓延缓慢。火从下向上蔓延，往往速度很快，称为"冲火"或上山火。特别是阳坡的冲火，火势猛烈、蔓延迅速，不易扑救。火由山上向山下蔓延缓慢，火势弱，称为坐火或下山火，容易扑灭。

坡度不同对林木危害程度也不同。坡度与火的蔓延速度成正比，而与林木死亡数量成反比。在一般情况下，坡度愈大，火蔓延愈快，火停留时间短，对林木危害较轻；坡度愈小，火蔓延缓慢，火停留的时间长，对森林危害严重。

(3) **坡位** 坡位是山体坡地的位置，一般可划分为5个部分，即山顶(山脊)、上坡、中坡、下坡和山谷。坡位不同，坡度和海拔高度也不同，对水分和热量进行再分配，形成生境和植被变化的一个生态梯度系列。这种梯度变化对林火的发生和蔓延产生较大的影响。

在相同的坡向条件下，从山谷经下坡、中坡、上坡到山顶，温湿状况、土壤条件、植被条件都在逐步发生变化，湿度由高到低，土壤由肥沃变瘠薄，植被由茂密到稀疏。坡面上的气温变化较为复杂，海拔升高使气温降低，日照引起的日间增温、夜间冷却的影响，山谷风的影响，逆温现象等。一般来说，白天在强烈的阳光下，气温急剧增高，夜间冷气流下沉，谷底和盆地气温特别寒冷，因此，坡面上气温日较差大。

在山谷低洼处，水湿条件好，特别在林冠下，火蔓延缓慢，容易扑灭。但在空旷的山凹地多为草甸分布，杂草滋生且易燃，火势猛烈，不易扑灭。通常在山坡上部、山脊、陡坡的林地较干燥，可燃物易燃，火蔓延速度较快。山顶及陡坡岩石裸露处，植物稀少，火烧至该处往往就自行熄灭。但在山顶燃烧的球果、树枝等，常会滚落山下，又会造成新的火灾。

(4) **海拔** 海拔高度不断增加，气温逐渐下降(每上升100m，气温大约降低0.6℃)。海拔愈高，林内温度愈低，相对湿度增大，地被物含水率也愈高，也就不易燃烧。当海拔较高，进入亚高山带，降水量明显增加，一般不易发生火灾。但海拔高风速又较大，则有利于火的蔓延，发生森林火灾不易控制。

不同海拔高度会形成不同植被带，火灾季节早晚不同。如大兴安岭海拔低于500m为针阔混交林带，春季火灾季节开始于3月；海拔500~1 100m为针叶混交林，一般春季火灾季节开始于4月；海拔高度超过1 100m为偃松、曲干落叶松林，火灾季节还要晚些。

2.4.3.2 地形风对林火的影响

地形对林火的影响，主要是通过改变温度、气流、降水、形成垂直气候带起间接作用的。从而形成森林植物的分布,可燃物的数量、分布、干燥度等也会有差异。例如,凸地形(丘陵、山脉、山峰等)与凹地形(盆地、山谷;狭谷等)的通风、温度、相对湿度等差异明显。地形对气流产生动力作用(主要是阻挡、绕流、越过作用和狭管效应)和热力作用,影响林火发生后的火行为特征。

(1)地形上升气流　地形上升气流主要因受到山峰阻挡时,气流向上运动而形成的。地形上升气流可以加速林火的蔓延,使火快速烧至山顶,并沿山脊加速蔓延。

(2)越山气流　越山气流的运动特征主要取决于风的垂直廓线、大气稳定度和山脉的形状。在风速随高度基本不变的微风情况下,空气呈平流波状平滑地越过山脊,称为片流(图2-5a)。当风速比较大,且随高度逐渐增加时,气流在山脉背风侧翻转形成定常涡流(图2-5b)。当风速的垂直梯度大时,由山地产生的扰动引起波列,波列可伸展25km或更远的距离。背风波列常是当深厚气流与山脊线所形成交角在30°以内,且风向随高度变化很小,风速向上必须是增加时才形成(图2-5c)。对于低矮的山脊(1km),最小的风速7m/s左右,而高度为4km的山脊,风速为8~15m/s时,则气流乱流性增强,并在背风坡低层引起连续的转子(图2-5d)。

以上四种越山气流类型,对森林火灾的影响以后三种最显著,必须引起高度重视。特别是第四种越山气流,在背坡形成涡流(图2-6),对背风坡的扑火队员有很大的威胁。

还有一种越山气流,背坡产生反向气流(图2-7),如果火从迎风坡向背风坡蔓延,在山脊附近是很好施放迎面火的位置,并且当火蔓延到背坡,下山的火势较弱容易扑救。

(3)绕流　当气流经过孤立或间断的山体时,气流会绕过山体(图2-8)。当气流绕孤立山体时,如果风速较小,气流分为两股,两股气流速度有所加快,过山后不远处合并为一股,并恢复原流动状态。如果风速较大,在山的两侧气流也分两股,并有所加强,但过山后将形成一系列排列有序并随气流向下游移动的涡旋,称卡门涡阶。在扑火和计划烧除时,要注意绕流。

(4)山谷风　山坡受到太阳照射,热气流上升,就会产生谷风,通常开始于每天早上日出后15~45min。当太阳照不到山坡时,谷风消失,当山坡辐射冷却时,就会产生山风(图2-9)。在扑救森林火灾和计划烧除的过程中,要特别注意山风和谷风的变化。

(5)海陆风　沿海地区,风以一天为周期,随日夜交替而转换。白天,风从海上吹向陆地称为海风,夜间,风从陆地吹向海洋称为陆风(图2-10)。海陆风是一种热力环流,是由于海陆之间热力差异而产生的。白天,陆上增热要比海上剧烈,产生了从海上指向陆地的水平气压梯度,因此下层风从海上吹向陆地,形成海风,上层风从大陆吹向海洋;夜间,陆地降温比海上剧烈,形成了从陆地指

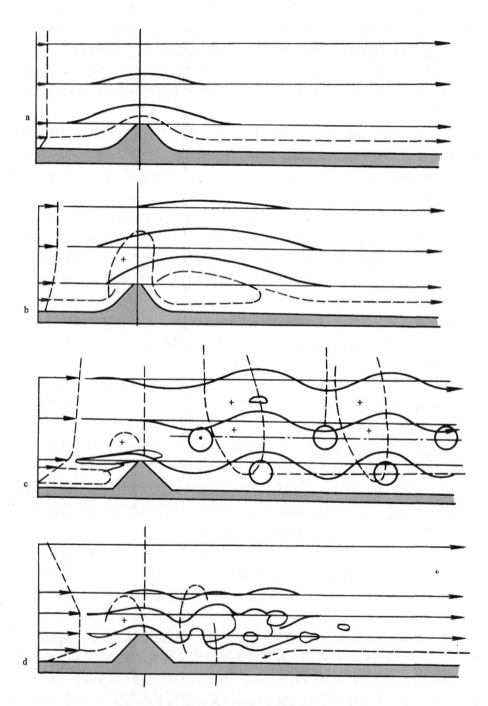

图 2-5　越山气流类型与风的垂直廓线的关系

2.4 火环境 · 69 ·

图 2-6 大风越过山脊后的涡流示意图

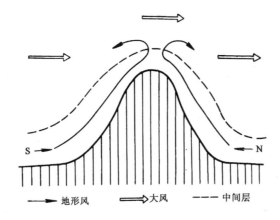

→ 地形风　⇒ 大风　--- 中间层

图 2-7 大风越过山脊时,两侧风向示意图

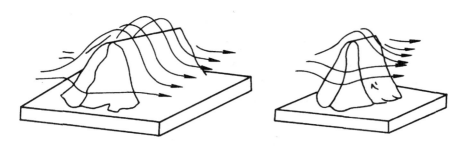

图 2-8 绕流示意图

谷风　　　　　　　　　山风

图 2-9 山谷风示意图

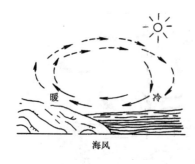
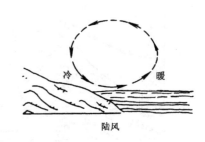

图 2-10　海陆风示意图

向海上的水平气压梯度，下层风从陆地吹向海洋，形成陆风，上层风则从海洋吹向陆地。在沿海地区扑救森林火灾和计划烧除时，要注意海陆风的变化。

(6) 焚风　由于地形而造成的干热风称为焚风。关于焚风的解释是：湿空气沿迎风坡抬升，水汽凝结产生云和降水，气温以每千米 5～6℃ 饱和绝热递减；在背风坡下沉的无水汽凝结的空气则以干绝热每千米 9.8℃ 增温，因此背坡风成为干热风。有时焚风也可以在迎风坡出现，但无降水发生。只要空气从山顶高处下降到山区低处，空气在低处为逆温层阻塞而发生绝热压缩就可以出现这种焚风。山地焚风，要在高山地区才能形成。例如，一团空气的温度为 20℃，相对湿度为 70%，凝结高度为 500m，在迎风坡 500m 以下，每上升 100m 空气温度降低 1℃，到 500m 高度时，气团温度为 15℃，这时相对湿度为 100%；500m 以上，每上升 100m，气温降低 0.6℃，到山顶时，气团温度为 0℃，气流超过山顶以后，每下降 100m，气温上升 1℃，到山脚时，气流温度就变为 30℃，相对湿度就变为 14% 了（图 2-11）。

世界上最著名的焚风区有亚洲的阿尔泰山，欧洲的阿尔卑斯山，北美的落基山东坡。我国不少地方有焚风。例如，偏西气流超过太行山下降时，位于太行山东麓的石家庄就会出现焚风。据统计，出现焚风时，石家庄的日平均气温比无焚风时可增高 10℃ 左右。又如吉林省延吉盆地焚风与森林火情的关系是，延吉出现在焚风天的森林火情占同期森林火情的 30%。

(7) 峡谷风　若盛行风沿谷的谷长方向吹，当谷地的宽度各处不同时，在狭窄处风速则增加，称为峡谷风。峡谷地带是扑火的危险地带（图 2-12）。

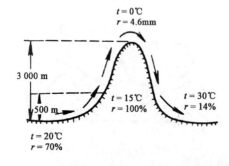

图 2-11　焚风示意图

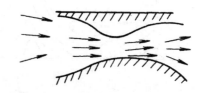

图 2-12　峡谷风示意图

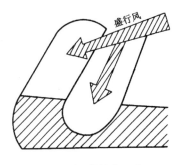 

图 2-13　渠道效应示意图　　　　图 2-14　鞍形场涡流示意图

(8) 渠道效应　如果盛行风向不是垂直于谷长的方向,可发生"渠道效应",使谷中气流沿谷的谷长方向吹(图 2-13)。在扑救森林火灾和计划烧除时,不仅要注意主风方向,更要注意地形风。

(9) 鞍形场涡流　当风越过山脊鞍形场,形成水平和垂直旋风(图 2-14)。鞍形场涡流带常常造成扑火人员伤亡。

2.4.3.3　山地林火特点

林区山地地形复杂、多变,林火蔓延中受到多种地形、多种风向、风速的影响,表现出林火燃烧的特点。

(1) 昼夜风向变化条件下的林火特点　在山地条件下,昼夜风向变化很大,影响林火蔓延。白天谷风大,会加强上山火的蔓延,火难以控制;而夜间山风会使上山火蔓延减缓,是扑火最有利的时机。另外,傍晚及上午 9:00~10:00 左右山谷风转换时有静风期,也是打火的有利时机。

(2) 地形变化对林木受害部位的影响　地形起伏变化,火对林木的受害部位也不同。在一般情况下,树干被火烧伤部位均朝山坡一面,这种现象称为林木片面燃烧。造成林木片面燃烧现象有以下几种情况:

在山地条件下,枯枝落叶在树干的迎山坡的一侧积累较多,一旦发生火灾,在树干朝迎山坡一侧火的强度大,持续时间长,林木烧伤严重。

火在山地蔓延时,多为上山火,即火从山下向山上蔓延,火遇到树干后,在其迎山坡一侧形成"火涡旋",火在涡旋处停留时间长,烧伤严重,常形成"火烧洞"。

即使在平坦地区,由于树干的阻挡,火在树干的背风侧亦能形成"火涡旋",也常常形成火疤。

(3) 小地形对林火蔓延速度的影响　小地形是指在周围几十米范围内的小生境。小地形的变化,能引起局部环境可燃物组成和小气候发生明显变化。如在坡地上的凹洼地,山谷中的小高地能改变林火的蔓延速度,如果遇到局部低洼地,湿度大,就不易燃烧,一般接近地表火常会一跃而过,出现未被火烧的小面积植物,俗称"花脸"。

(4) 土壤干湿程度与森林燃烧性　土壤质地不同其吸水性能差异很大,如砂壤土通透性好,保水能力差,土壤含水率低,林地易干燥,从而增加林分的燃烧性;而黏土通透性差,保水能力强,土壤含水率高,林地湿润,能降低林分的燃烧性。

(5) 林内小气候　由于林分的组成结构和郁闭度不同,而影响林内小气候。如林内的光照、温度、通风状况等,从而影响可燃物的种类、数量、含水率和燃烧性能等。一般来讲,林内光照较弱,使林内多生长耐荫杂草,喜光杂草很少,使林内易燃细小可燃物减少;由于树冠的阻挡,温度低,湿度大,使细小可燃物保持一定的含水量,降低了细小可燃物的易燃性;由于林木的阻挡,林内风速很低,林外6级风时,林内风速也在3级以下,火的蔓延速度慢,有利于扑救。

2.5　林火行为

林火行为是指森林可燃物从被点燃开始到发生发展直至熄灭的整个过程中所表现出的各种现象和特征。火行为主要包括林火蔓延、林火强度、林火种类和林火烈度等。既包括火的特征(火强度、火蔓延速度、火焰高度和长度、火持续时间),也包括火灾发展过程中的火场变化(火场面积、火场周长、高强度火特征、火的种类),以及火灾的后果(火烈度)。

2.5.1　林火蔓延

林火蔓延是林火行为的一个重要指标。林火蔓延包括火场各个方向上的蔓延速度、火场形状的变化、火场面积的扩展速度、火场周长的增长速度等。

2.5.1.1　林火蔓延的初始状态和火场形状

森林着火之后,火就会向四周蔓延扩展。林火蔓延是依赖热传导、热对流和热辐射进行的。一场火灾发生后,其蔓延速度不同;一般喜光草本植物达到最高燃烧速度仅需要 20min 或更短时间;而重型可燃物则需要几个小时或更长时间才能达到最高燃烧速度。由于可燃物的状况、热能释放速度、地形、天气状况的影响,表现出各种各样的火蔓延特征。

在火蔓延中,火场形状的变化取决于地形(坡度)变化及复杂性和风速大小的影响。这种影响表现在几个方面:平地无风、平地有风、坡地和山地。

(1) 典型蔓延的火场模型　假定在均匀一致的可燃物条件、恒定的风速情况下,林火蔓延形成的火场形状呈近似椭圆形。火发生后,向四周蔓延形成火场。火场的各个部位风向、火蔓延方向和速度不一致,表现出不同的特征。火的引燃地点为起火点,燃烧过后形成过火区;正在燃烧的带状区域成为火线;火顺风蔓延的火场部位为火头,是火场发展的主要部位,火蔓延方向和风向一致,顺风火蔓延速度快,不易控制;火逆风蔓延的部位为火尾,火蔓延方向和风向相反,逆风火蔓延速度慢,易于控制;在侧风条件下蔓延的部位为火翼或火侧,火蔓延方向和风向不一致,侧风火的蔓延速度居中,也是控制火的重要部位(图2-15)。

(2) 平地无风条件下的蔓延　当一根火

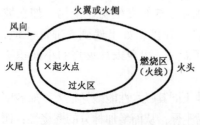

图2-15　典型蔓延火场模型

柴落到均匀的可燃物床层上，在无风条件下，由于火柴火焰的热能使火焰四周的可燃物被加热，发生热分解反应，逸出可燃性气体和蒸汽，呈有焰燃烧，继而火焰开始转移。火焰的基部由引燃点向可燃物床层深处推进。

初始时，火的蔓延全部依靠火焰与未燃可燃物间的直接接触。随着火烧面积的扩大与加深，火焰的辐射预热火头前方的可燃物，缩短了引燃时间，加长了火焰。与此同时，火焰上方空气被加热而抬升，使四周空气从火基部吸入，火焰发生向内倾斜（图2-16a），这种情况将持续2~3min。由于对流作用，火焰以更快速度向四周蔓延。

从引燃的瞬间到引燃面完全烧掉的时间，为一个加速期。在此期间内，燃烧所需空气，由火焰周围提供，吸入空气速度随着燃烧面积增加呈线性增加。在重型可燃物中，这一周期结束时吸入空气速度达10~15m/min。

当最初引燃的可燃物烧完后，火焰呈轮胎状（图2-16b），时间约为10~15min左右。此时可以从火焰外围和内圈吸取空气，加大了空气通量系数，降低火焰温度，进而降低火焰长度和向前蔓延速度，火作为一条火线向前推进。由于向四周的蔓延速度相等，所以火场的形状近似为圆形。

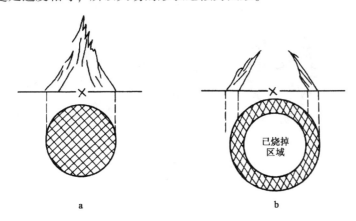

图2-16　平地无风条件下火场的蔓延（骆介禹，1992）

（3）平地有风条件下的蔓延　当在风场的作用下，火发展情况将与上述情况不同（图2-17），火经第一个加速期（图2-17a）后立即进入第二个加速期（图2-

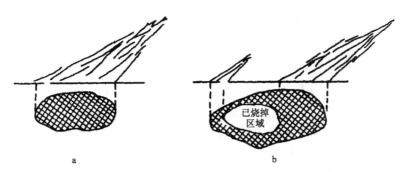

图2-17　在风作用下最初阶段的火

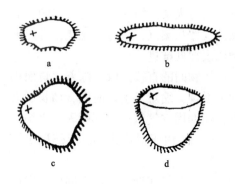

图 2-18 平地有风条件下的火场形状

17b)。风增加了燃烧区内空气通量系数，使火焰温度降低，但火焰被风吹后发生倾斜，不仅加大了火焰长度，加剧了辐射和对流传热作用，使燃烧更加旺盛。

风是影响火场形状的主要因素。在地形平坦而风向较稳定时，火蔓延形状为椭圆形(图 2-18a)，风速较大时呈长椭圆形(图 2-18b)；当风向不稳定，呈一定角度(30°～40°)摆动时，火蔓延多呈扇形(图 2-18c)；当风向改变时，原来的火翼有可能变为火头，火场面积迅速扩大，椭圆形火场的长轴方向发生改变(2-18d)。

（4）山地条件下的火蔓延　当遇到地形起伏时，火在谷地间蔓延缓慢，而在山的侧脊蔓延快，形成"V"形状(图 2-19a)。当火场较大且山地地形较复杂时，火场的形状复杂，多呈鸡爪形(图 2-19b)。

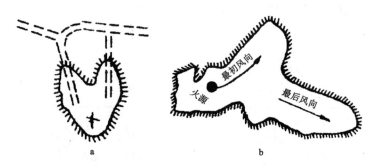

图 2-19　山地条件下的火场形状

2.5.1.2　林火蔓延速度

蔓延速度是指火线在单位时间内向前移动的距离，单位是 m/s、m/min、km/h 等。由于火场部位的不同，风向与火蔓延的方向不一致，所以火场上各个方向的蔓延速度也是不同的。这种蔓延速度的差异，形成了火场复杂的形状。

从大量的研究工作中得知，可燃物的类型、含水量和负荷、环境的相对湿度、气温和风速、地形的斜坡等等因素均对林火蔓延有强烈的影响，许多科学家研究了这些参数和林火蔓延之间的定量关系，提出了林火蔓延的数学模型。

早在 1946 年，丰斯第一个提出林火蔓延的数学模型，描述轻型细小可燃物床层中前沿火的蔓延状况。1961 年，美国国家科学部(National Science Foundation)向华盛顿州立大学和北方林火实验室提供了大量投资，进行野地可燃物中林火蔓延机理的深入研究。建造了燃烧试验室，研究了火的化学(可燃物各组成的贡献)、火的物理学(颗粒大小、孔隙度等)、空气动力学(气温、相对湿度、自由燃烧、强制燃烧等)、地形(斜坡)等因素，及其对林火发展的影响。从实验室中所得数据，经数学处理，得出许多定量关系式。1964 年将所得的数学关系式拿到野外去验证，并将其中某些关系式作了一些修正，从而发展于林火蔓延模型。1972年,罗逊迈尔在美国农业部林务局的内部刊物《山脉森林和牧场试验站研究文集·INT—115》中,比较完善地提出了林火蔓延模型。

人们可以根据林火蔓延的数学模型,去预测一个林火经过一定时间(时间的长短取决于环境条件的恒定,可燃物的均匀性)后的火行为,从而为林火管理部门提供决策的依据。下面介绍澳大利亚、加拿大、美国和我国的林火蔓延模型。

(1) 澳大利亚林火蔓延模型 1960年以来,麦克阿瑟(McArthur, A. G.)、诺布尔(Noble, L. R.)、巴雷(Bary, G. A. V.)和吉尔(Gill, A. M.)等人,经过一系列的研究和改进,形成了草地火蔓延速度指标,即

$$R = 0.13F \tag{2-18}$$

当 $M < 18.8\%$ 时,

$$F = 3.35We^{-0.0897M+0.0403V}$$

当 $18.8\% \leq M \leq 30\%$ 时,

$$F = 0.299We^{(-1.686+0.0403V)\times(30-M)}$$

式中:R 为火蔓延速度(km/h);F 为火蔓延指标,量纲为1;W 为可燃物负荷量(t/hm²);M 为可燃物含水率(%);V 为距地面10m高处的平均风速(m/min);e 为自然对数。

(2) 王正非林火蔓延模型 王正非通过对林火蔓延规律的研究,得出林火蔓延速度模型:

$$R = R_0 K_w K_s / \cos\theta \tag{2-19}$$

$$R_0 = \frac{I_0 l}{H(W_0 - W_r)}$$

式中:R 为林火蔓延速度(m/min);R_0 为水平无风时火的初始蔓延速度(m/min);K_w 为风速修正系数,量纲为1(表2-26);K_s 为可燃物配置格局修正系数(表2-27);θ 为地面平均坡度;I_0 为无风时的火强度(kW/m²);l 为开始着火点到火头前沿间的距离(m);H 为可燃物热值(J/g);W_0 燃烧前可燃物质量(g/m²);W_r 为燃烧后余下的可燃物质量(g/m²)。

表2-26 风速修正系数 K_w

风速(m/s)	1	2	3	4	5	6	7	8	9	10	11	12
K_w	1.2	1.4	1.7	2.0	2.4	2.9	3.3	4.1	5.0	6.0	7.1	8.5

表2-27 可燃物配置格局修正系数 K_s

可燃物类型	K_s
枯枝落叶厚度 0~4cm	1
枯枝落叶厚度 4~9cm	0.7~0.9
枯草地	1.5~1.8

(3) 加拿大劳森和斯托克斯的林火蔓延模型 林火蔓延速度是依据加拿大林火天气指标中的初始蔓延指标(ISI)得来的[式(2-20)],针对加拿大的 16 个可燃类型,在同一天气条件下,每个可燃物类型都有一个特定的 ISI。

当 $ISI \leq 20$ 时,
$$R = 0.0788 \times ISI^{1.888} \tag{2-20}$$

当 $ISI \geq 20$ 时,
$$R = 85 \times [1 - e^{-0.0378} \times (ISI - 12)] \tag{2-21}$$

(4) 罗森迈尔(Rothermel)林火蔓延模型 1972 年,罗森迈尔(Rothermel)通过在实验室和野外的实验研究,提出了完整的林火蔓延模型。在 1981 年,对 1972 年的林火蔓延模型作了某些补充。罗森迈尔林火蔓延模型中的基本假定是:①野外的可燃物是较均匀,即这种可燃物复合体内没有直径大于 8cm 的颗粒,所以,它是直径小于 8cm 的各种级别的混合物;②应用了"似稳态"(Quasi-steadystate)的概念,从宏观上看,火的蔓延达到一个恒定的速度,只要可燃物的颗粒大小、床层的配置、环境因子和地理因子保持不变的话,似稳态是可以存在的。

罗森迈尔林火蔓延模型公式如下:
$$R = \frac{I_R \xi (1 + \Phi_w + \Phi_s)}{\rho_b \varepsilon_0 Q_{ig}} \tag{2-22}$$

式中:R 为火蔓延速度(ft/min);I_R 为反应强度[Btu①/(ft²·min)];ξ 为传播通量比率,量纲为 1;Φ_w 为风速系数,量纲为 1;Φ_s 为坡度系数,量纲为 1;ρ_b 为可燃物容积密度(lb/ft³);ε_0 为有效加热系数,量纲为 1;Q_{ig} 为预引燃热量(Btu/lb)。

2.5.1.3 火场面积和周长

林火发生以后,火向四周以不同的速度蔓延,由于受到风向、风速和地形的影响,各个方向上火的蔓延速度是不同的,火场的形状是非常复杂的。由于总体上,火场的蔓延形状是近似椭圆形,所以现在大多是采用双椭圆形的方法来描述火场的蔓延动态。火场蔓延的影响因素主要是风速、火蔓延的时间,火场的动态描述主要是看面积和周长的变化。

(1) 安德烈的林火蔓延双椭圆形数学模型 1983 年,安德烈提出了风对林火蔓延影响的双椭圆形数学模型(图 2-20)。

图中各参数的定义如下:a_1 为火尾部半椭圆主轴;a_2 为火前沿半椭圆主轴;b 为副轴,火翼上侧风火蔓延的最大距离;c 为主轴上逆风火蔓延的距离;p 为

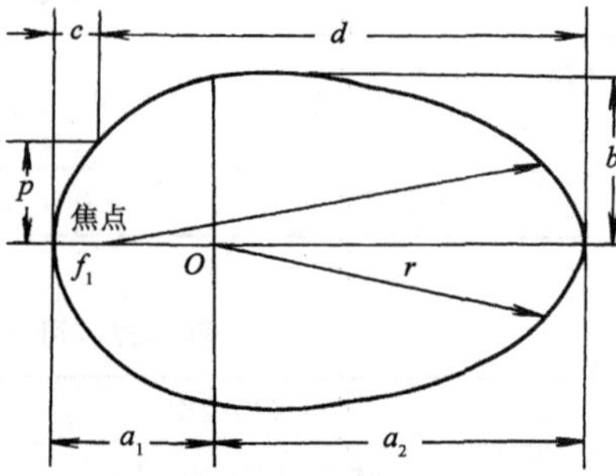

图 2-20 林火蔓延的双椭圆模型

---

① 1Btu = 1055.06J;1ft = 0.3048m;1b≈0.4536kg。

尾部半椭圆的正焦弦，代表在原点方向上侧风火的距离。作者根据该数学模型，提出这些参数与风速间的关系式：

$$c = 0.492 e^{-0.1845U}$$

$$p = 0.542 e^{-0.1483U}$$

$$a_1 = 2.502 \times (88U)^{-0.3}$$

$$a_2 = d + c - a_1$$

$$b = 0.534 e^{-0.1147U}$$

式中：U 为火焰半高处的风速(mi/h)。

这些方程提供了双椭圆形火场形状定量描述，可以利用上述火场形状参数去计算火场的面积和周边：

$$A = \frac{\pi b d^2}{2}(a_1 + a_2) \tag{2-23}$$

$$P = \frac{\pi k_1 d}{2}(a_1 + b) + \frac{\pi k_2 d}{2}(a_2 + b) \tag{2-24}$$

式中：$k_1 = 1 + \frac{M_1^2}{4}$；$M_1 = \frac{a_1 - b}{a_1 + b}$；$k_2 = 1 + \frac{M_2^2}{4}$；$M_2 = \frac{a_2 - b}{a_2 + b}$。

作者对历史上 5 次森林火烧用该双椭圆形数学模型估测火场大小，与空中红外探测的结果十分符合。

（2）前苏联阿莫索夫的林火蔓延面积公式

$$A = \frac{\pi}{2}\left(\frac{V_1 t + V_2 t}{2}\right)^2 + \frac{\pi}{2}\left(\frac{V_2 t + V_3 t}{2}\right)^2 = \frac{\pi \cdot t}{8}[(V_1 + V_2)^2 + (V_2 + V_3)^2] \tag{2-25}$$

式中：A 为火场面积(m^2)；V_1、V_2、V_3 分别为顺风火、侧风火、逆风火的蔓延速度(m/min)；t 是火发生后的时间(min)。

（3）加拿大的火行为计算公式

$$A = \pi(V + W)Ut^2/2 \tag{2-26}$$

$$P = \pi\left(\frac{V + W}{2} + U\right)Kt \tag{2-27}$$

式中：A 为火场面积(m^2)；P 为火场的周长(m)；V、U、W 分别是顺风、侧风、逆风火的蔓延速度(m/min)；t 是火发生后的时间(min)；K 是基于 $(V + W)/(2U)$ 的常数。

2.5.2 林火强度

森林可燃物燃烧时火的热量释放速度称为林火强度，简称火强度。火强度是林火行为的重要标志之一。林火强度变化幅度一般为 20 ~ 100 000kW/m，相差 5 000 倍。一些林火管理专家和火生态专家们认为，当火强度超过 4 000kW/m 时，林内所有生物都会被烧死；只有火强度小于 4 000kW/m 时，才具有生态意义。在森林防火、扑火和用火过程中，常将火划分为不同的火强度等级：350 ~

750kW/m 为低强度火；750～3 500kW/m 为中等强度火；>3 500kW/m 为高强度火。

火强度大小关系到火对森林生态系统的影响程度，根据火强度大小评定火对地被物、林木、土壤、微生物、野生动物等的危害程度，评价损失量、火的生态效应。火强度大小，在营林用火中可以作为用火指标，以最小的损失，换取最大的成果。火强度大小也关系到扑救森林火灾的方式，配备相应的扑火力量，当采用人工直接扑救时，通常火不能超过中等强度，若火已达到高强度，不能采用常规的人工直接扑救方法，应改用地面扑火设备，或航空化学灭火。计划烧除应在火强度 750kW/m 以下进行，并根据树种、树高、树龄来调节用火强度，以期达到用火目的。

2.5.2.1 火焰特征

火焰特征，即火焰的热量传递状况，与林火强度的大小关系密切。除了可燃物的影响外，火焰的状况主要受到风速和坡度的影响。当在平坦地面上无风条件下，火焰向上，两侧的空气向火焰流动形成对流，前面的可燃物受热的能量主要来自于火焰的辐射热（图 2-21），火蔓延速度较慢。当有风的情况下，火焰在风的吹动下向前倾斜，加强了火焰向前方的热辐射，快速加热可燃物，火蔓延的速

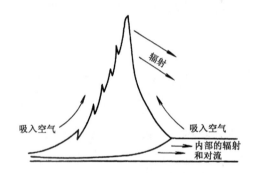

图 2-21 平地无风时火焰的热量传递状况

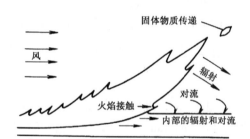

图 2-22 平地上风驱动火的热量传递

度较快（图 2-22）。在坡地上无风的条件下，火加热前面可燃物的方式与平地上有风的情况下相似，所以在坡地上火蔓延较快（图 2-23）。如果坡地上的火有风吹动，火焰会直接点燃前面的可燃物，快速蔓延。

2.5.2.2 林火强度指标

林火强度可以表示为辐射强度〔表示热辐射作用的发射速度，$J/(cm^2 \cdot s)$〕；对流强度（表示热对流作用传递出去的热流，kW/m^2）；反应强度（I_R，单位活性燃烧面上热量

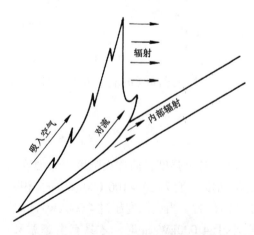

图 2-23 坡地上无风时火的热量传递

释放速度，kW/m^2）；火线强度〔I，为火头前沿单位长度上热量释放速度，$Btu/(ft·s)$ 或 kW/m〕。火线强度(fireline intensity)这一概念常用于英美文献中，而在加拿大文献中常用前沿火强度(frontal fire intensity)，其概念较火线强度更明确些。这里主要讨论火线强度。

(1) 勃兰姆的火线强度　火线强度(fireline indensity)是指单位火线长度单位时间内释放的热量，单位是 $Btu/(ft·s)$、kW/m 等。早在 20 世纪 50 年代，美国的物理学家拜拉姆(Byram, 1954)提出了火线强度的计算公式：

$$I = HWR \tag{2-28}$$

式中：I 为火线强度 $[Btu/(ft·s)]$；H 为可燃物的热值(Btu/lb)；W 为有效可燃物负荷量(lb/ft^2)；R 为火的蔓延速度(ft/s)。1983 年，昌特莱尔将上式换算成法定计量单位的火强度公式：

$$I = 0.007HWR \tag{2-29}$$

式中：I 的单位为(kW/m)；H 的单位为(J/g)；W 的单位为(t/hm^2)；R 的单位为(m/min)。

1982 年，亚历山德尔(Alexander, M. E.)提出了法定计量单位的火强度公式(2-30)。公式与 1954 年的勃兰姆提出的公式相同，但采用的单位不相同。

$$I = HWR \tag{2-30}$$

式中：I 的单位为(kW/m)；H 的单位为(kJ/kg)；W 的单位为(kg/m^2)；R 的单位为(m/s)。

可燃物热值变化幅度约为 $\pm 10\%$，通常把它作为一个定值。可燃物消耗量变化幅度为 10 倍左右。蔓延速度由于多种原因，变化幅度较大，为 100 倍左右。这样，火线强度变化幅度为 1 000 倍左右。所以，我们在文献中经常可见到林火强度范围在 $20 \sim 100\,000\,kW/m$ 变动，超过 $50\,000\,kW/m$ 的火强度很少见。大多数树冠火的强度在 $10\,000 \sim 30\,000\,kW/m$。

(2) 用火焰长度(高度)估测林火强度　用火焰长度(或高度)(图 2-24)估测林火强度是一种常用的方法。1954 年，勃兰姆提出利用火线强度计算火焰长度的公式(2-31)和利用火焰长度计算火线强度的公式(2-32)。

$$L_f = 0.45I^{0.46} \tag{2-31}$$

$$I = 5.67L_f^{2.17} \tag{2-32}$$

式中：I 为火线强度 $[Btu/(ft·s)]$；L_f 为火焰长度(ft)。

1980 年，罗森迈尔等人将式(2-31)和式(2-32)改写为法定计量单位的公式(2-33)和式(2-34)。

$$L_f = 0.237I^{0.46} \tag{2-33}$$

$$I = 258L_f^{2.17} \tag{2-34}$$

式中：I 为火线强度($kW/$

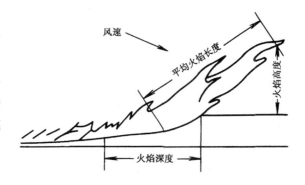

图 2-24　风影响下的火焰长度和高度的不同

m);L_f 为火焰长度(m)。

由于野外的火焰长度不易测准,而火焰高度可以较准确地测定,1983 年,昌特莱尔等人提出了用火焰高度来计算火强度的公式(2-35)。

$$I = 273 h_f^{2.17} \tag{2-35}$$

式中:I 为火线强度(kW/m);h_f 为火焰高度(m)。

(3) 用火的反应强度估测火线强度　在活跃的燃烧区内,单位面积上热量的释放速度为反应强度,单位为 kW/m²。1976 年阿尔巴尼提出反应强度和火线强度之间的关系式(2-36):

$$I = I_R D \tag{2-36}$$

$$I_R = \frac{I}{D} \tag{2-37}$$

式中:I 为火线强度(kW/m);I_R 为反应强度(kW/m²);D 为反应区内水平的火焰深度(m)。

(4) 用烧焦高度估测火强度　1973 年,纷·韦格尔在安大略松树林分中发现针叶树冠的烧焦高度与火线强度之间的关系式(2-38),则可以在已知树冠烧焦高度的情况下计算火线强度[式(2-39)]。

$$h_S = 0.1483 I^{\frac{2}{3}} \tag{2-38}$$

$$I = 0.173 h_S^{1.5} \tag{2-39}$$

式中:h_S 为树冠的烧焦高度(m);I 为火线强度(kW/m)。

(5) 火面强度　在火的燃烧区内,单位面积上燃烧释放出来的热量成为火面强度,最初由下式(2-40)计算:

$$H_A = \frac{60 I}{R} \tag{2-40}$$

式中:H_A 为火面强度(Btu/ft²);I 为火线强度[Btu/(ft·s)];R 为蔓延速度(ft/min);60 为分转换为秒的转换系数。式(2-40)转换为法定计量单位后具有式(2-41):

$$H_A = 681 \frac{I}{R} \tag{2-41}$$

式中:H_A 的单位为(kJ/m²);I 的单位(kW/m);R 的单位为(m/min)。

火面强度大,释放的能量多,对生态系统的影响就严重。由以上两式可以看出,火面强度与火线强度成正比,与蔓延速度成反比。说明,如果在火线强度相同的情况下,火蔓延得快,对生态系统影响就小,反之,影响就大。

(6) 火烧持续时间　火烧持续时间与火强度具有同样作用,但火的持续时间与火的温度对于活的可燃物的影响是不同的。如火持续 0.5h,温度达 49℃时,针叶才会死亡;而当温度达到 62℃时,针叶会立即死亡。火锋停留时间越长,对生态系统的危害也越大。

火烧持续时间一般是指火锋在一个地点停留的时间,计算公式(2-42)为:

$$S = \frac{D}{R} \tag{2-42}$$

式中：S 为火持续时间(h)；D 为水平的火焰深度(m)；R 为火蔓延速度(m/min)。

2.5.3 火烈度

森林火灾发生后，一般都会给森林生态系统造成危害。我们用火烈度来衡量火对森林危害的程度。这里介绍火烈度的概念和表达方法。

2.5.3.1 火烈度的概念

火烈度是指林火对森林生态系统的破坏程度。王正非先生在20世纪80年代以烧死林木的百分数表示火烈度，并认为火烈度与火强度成正比，与火蔓延速度的平方根成反比。

$$p(\%) = \frac{b \cdot I}{\sqrt{R}} \tag{2-43}$$

式中：P 为树木损伤率(%)；b 为树种抗火能力系数；I 为火强度(kW/m)；R 为火蔓延速度(m/min)。

郑焕能先生认为，火对森林生态系统的影响表现在三个方面：一是能量释放的多少；二是能量释放速度；三是火烧持续时间。前两者相乘为火强度，一、三项相乘为火烈度。火强度与火烈度有四种相关性：①火强度大，火烈度也大，如强度树冠火；②火强度大，火烈度小，如急进地表火；③火强度小，火烈度大，如地下火；④火强度小，火烈度小，如一般地表火。

2.5.3.2 火烈度的表达方法

火烈度有两种表达方法，即火烧前后蓄积量变化和火烧前后林木死亡株数变化。

(1) 火烧前后的蓄积量变化　若以森林燃烧前后的林木蓄积量变化来表示森林受危害的程度，那么火烧造成的林木蓄积量的损失与火烧前林木蓄积量的比值，即为火烈度。

$$P_M = \frac{M_0 - M_1}{M_0} \times 100\% \tag{2-44}$$

式中：P_M 为火烈度(%)；M_0 为火烧前的林木蓄积量(m^3)；M_1 为火烧后的林木蓄积量(m^3)。

(2) 火烧前后林木株数的变化　火烈度的另一种表示方法，是以火烧过后林木死亡株数与火烧前林木株数的比值来确定火烈度，即

$$P_N = \frac{N_0 - N_1}{N_0} \times 100\% \tag{2-45}$$

式中：P_N 为火烈度(%)；N_0 为火烧前林木株数；N_1 为火烧后存活林木株数。

(3) 火烈度等级　王正非根据森林损失的状况和火的性质，将火烈度划分为五级(表2-28)。应用上述两个公式计算出火烈度以后，可从表2-28查出火烈度等级，推算出森林生态系统的损失程度以及发生森林火灾时的火行为。

表 2-28　火烈度等级查定表

火烈度级	火烈度指标林木死亡率	宏观损失	火性质
一级	5~0	无损失	轻微地表火
二级	6~20	1~2年影响生长	一般地表火
三级	21~40	部分树种更替	地表火，树干火
四级	41~80	树种全部更替	树干火，部分树冠火
五级	81~100	近似毁灭性	狂燃大火

2.5.4　高能量火的火行为

根据森林燃烧时释放能量的大小，还可以分为低能量火和高能量火。低能量火是指低强度火或中强度火，火线强度在 3 500kW/m 以下，火焰高度在 3.5m 以下，一般属于低度和中度地表火。这类火形成的火场面积较小。低能量火主要以热源形式释放能量，仅有千分之几的能量转变为动能，其火头前沿释放出来热量较少，在火焰上空热气形成的是烟云，对流活动仅在火焰边缘起作用。火蔓延以地表平面发展为主，又称二维火。在平原地区 20km 范围内可见到低能量火，然而在山地条件下不容易发现。对这类火，人们可以靠近直接扑打。

高能量火是指高强度火，火线强度大于 3 500kW/m，火焰高度在 3.5m 以上，一般属于高强度地表火和高强度树冠火。这类火是在林火发展到一定面积，聚积到一定能量时才会发生。其特点是火发展异常凶猛，火强度一般在 4 000~5 000kW/m 以上，有高大的对流柱，有 5% 的能量转变为动能，形成强制性对流，浓烟翻滚，烟柱有时可高达数千米，火向立体发展，又称为三维火。在远离平原或山区 120km 以外均可发现，这类火灾给森林带来巨大损失甚至造成毁灭。更重要的是高能量火向环境中释放能量很大，使环境发生了重大变化，造成自己的"小气候"，波及数百米或数千米之远，是其特征。

前面讨论的火行为中火蔓延和火强度等特征，都是在低能量火中总结出来的规律，在高能量火中是不适用的。高能量火具有自己独特的火行为特征，在扑救森林火灾时，对高能量火采取不同于低能量火的扑火方式和方法。

总之，不同能量的火，火行为特点不同，应分别对待，采取相应的扑火方法。当火场上遇到低能量火转变为高能量火时，应立即修改扑火计划，以适应新的火场形势。

2.5.4.1　高能量火特征

高能量火特征主要有对流柱的形成、跳跃式火团、爆发火、飞火、火旋风、火爆等。

（1）对流柱的形成　森林燃烧时，火场上空形成不同温度差，随着热空气上升，四周冷空气补充，产生热对流，在燃烧区上空形成对流柱。对流柱的发展和衰落反映了火场的兴衰，其动态和增长速度主要取决于林火释放能量的大小。

低能量火的对流柱为强迫性对流，羽毛状的烟团，色淡，浅而透明，缺乏翻转移动的特点。高能量火的对流柱在强大上升气流的作用下，一般能上升到层积云，高达 2~7km 或更高。在高空风速转低时，对流柱呈塔状，并有白色水蒸气蘑菇帽；如高空风速增大，对流柱破裂，失去向上的飘散力，并趋向水平飘移，使飞火传播到远方。如1987年春，大兴安岭特大森林火灾，很多人看见像原子弹爆炸的蘑菇云一样的对流柱冲天而起，有的几百米高，有的高达数千米与云层相接。白色烟团在上，黑色烟团在下，下部呈橘红色，烟团翻腾着，有的携带着火团式焰花喷射状的火球。对流柱有较强的上升气流，可把燃烧着的可燃物带到高空形成飞火，在火头前方又形成新的火源，加速火的蔓延和扩展。

对流烟柱的发展受可燃物、天气条件等因素的影响。有效可燃物的数量愈多，对流烟柱发展愈烈。天气条件不稳定容易形成对流烟柱；相反，在稳定天气条件下，在山区容易形成逆温层，这样就不容易形成对流烟柱。

(2) 跳跃式火团　由于能量释放过速，产生强大的抬升力，使可燃物碎片一边抬升，一边进行燃烧，形成一团一团的火团。其实这种现象是活跃对流柱发展的必然结果。

例如，在"5·6"大兴安岭的特大森林火灾中，发现在许多火场的上空，升起了大大小小的火团，它们不时在空中翻滚，映红了半边天际。

(3) 爆发火　爆发火是指由低能量火转变为高能量火过程的火行为。当低强度火的燃烧速度增加到一定量时，火强度突然增大，转变为高能量火，同时出现对流柱、飞火、火旋风、火爆等特征。对流柱迅速向高空发展，由二维火变为三维火，火蔓延速度加快，火强度明显增强，给扑火带来极大困难。

爆发火形成的原因是：①由于可燃物含水量大幅度地下降，使有效可燃物量剧增，也使可燃物的有效能量成倍增长；②可燃物阻滞时间缩短，燃烧速度大幅度增长，这使可燃物有效的对流能量飞涨，最后使对流能量超过了低层风场的能量，迅速地建立起活跃的对流柱；③强烈上升的气流造成飞火和火旋风，使热气流遍布于大面积的未燃可燃物区，形成火锋边缘滚滚的湍流流体，使火焰直接与未燃可燃物接触，加速燃烧过程。

(4) 飞火　高能量火形成强大的对流柱，上升气流可以将燃烧着的可燃物带到高空，在风的作用下，可吹落到火头前方形成新的火点。飞火的传播距离可以是几十米、几百米，也可以是几千米、几十千米。根据美国火灾资料记载，飞火飞越距离离主火头达 11.26km；澳大利西部飞火资料记载，飞火传播距离可达 28.96km。在澳大利亚桉树林分中，飞火飞越距离数千米是常见的。我国东北林区发生大火时，传播几千米的飞火也屡见不鲜。如果大量飞火发生在火头的前方，就有发生火爆的危险，这对扑火人员是危险的。

产生飞火的原因，一是地面强风作用；二是由火场的涡流或对流烟柱将燃烧物带到高空，由高空风传播到远方；三是由火旋风刮走燃烧物，产生飞火。飞火飞越距离，与燃烧物质携带的能量和周围风场的情况有关，而前者直接与火烧强度密切相关，后者与风速大小有关。

(5) 火旋风　火旋风是指在燃烧区内高速旋转的火焰涡旋，是高能量火主要特征之一。火旋风波及的面积大小不一，小的直径不到 1m，大的直径达数百米。火旋风具有高速旋转运动和上升气流，足以抬升一定颗粒大小的可燃物。

根据布朗在美国林务局南方林火实验室内模拟研究，火旋风容易产生速度极高的涡流状热气流，温度可高达 800℃ 以上，旋转速度可达 23 000 ~ 24 000 r/min；水平分速达 32 ~ 40km/h，旋风中心的上升流速度达 64 ~ 80km/h，与此同时，燃烧速度将增加 3 倍。

火旋风常分为两类：一类是在地面附近形成，其形状类似于尘土卷风，当强度较高时可以向上发展，如 1972 年四川阿坝大火就是一藏民在林间空地烧奶茶遇到尘卷引起大火；另一类是与小型龙卷风相似，这种龙卷风常起源于顺风一侧 300m 以上对流柱高空中，并以涡旋的形式直扑地表。常见的火旋风有地形火旋风、火灾初始火旋风和熄灭时的火旋风。

产生火旋风的原因与强烈的对流柱活动和地面受热不均有关。当两个火头相遇速度不同或燃烧重型可燃物时可发生火旋风；火锋遇到湿冷森林和冰湖也可产生火旋风；火遇到地形障碍物或大火越过山脊的背风面时可形成火旋风。

总之，火旋风是形成飞火的重要原因，也是形成大火的危险信号。如"5·6"大兴安岭特大火灾，盘中、马林两个林场在大火来到之前，都是黑色飓风旋转着袭来，把全场的铁瓦盖全都卷向天空，扑火队员看到火在树梢爆旋式旋转着，可以看到旋转燃烧的椭圆形大火团。燃烧着的帐篷被火旋风卷上天空，像大簸箕一样在空中旋转着，燃烧着，翻滚着向前飞去，给扑火人员带来危险。

(6) 火爆　火爆是高能量火的又一主要特征。当火头前方出现许多飞火、火星雨，集聚到一定程度，燃烧速度极快，产生巨大的内吸力就发生爆炸式的联合燃烧，在火前方形成新的火头。火爆分为移动式火爆和火爆两种：

移动式火爆：火场由于火旋风作用形成卡门（Karman）"涡街"，可使胸径 50 ~ 60cm 的大树连根拔起，形成大面积风倒木。这类火是目前世界上罕见的森林火灾，破坏力极大，在美国爱达荷和澳大利亚的森林中发生过。

火爆：属森林中最强烈的火之一，在火头前方 0.5 ~ 1km 处有大量飞火或火星的燃烧，到一定程度能量集聚，联合爆炸。火爆发生后吞没火头前方许多分散火，形成一片火海，随即在原火头前方又形成一个火锋，迅速扩大火场面积。"5·6"大兴安岭火灾就属于这种火爆。

(7) 高温热流　高温热流是指由于火场燃烧剧烈，温度很高，在火场周围一定的空间内形成一种看不见但能感觉到的高温高速气流（强烈热平流）。高温气流可以灼伤动植物和人体，直接引燃可燃物。"5·6"大兴安岭火灾中，许多人都被高温热流灼伤，但他们没有看到火，只感到热浪灼人，呼吸困难，觉得脸上一热，两天后都脱了一层皮。盘中、马林两个林场在飓风过后，未见火光，但全场房屋几乎同时起火。许多桥梁周围没有引燃物，也同时燃烧。这些都是高温热流效应。

2.5.4.2　高能量火的火行为模型

了解、掌握和模拟高能量火的一些特殊的火行为，对于我们控制高强度火灾是非常重要的。但由于这方面的研究很困难，我们现在还不能把其内在规律研究得十分清楚。这里仅介绍有关飞火和对流柱的模型。

(1) 阿尔比尼飞火模型 1983年，阿尔比尼(F. A. Albini)在研究森林地表火前沿发射的飞火时，认为飞火的距离与燃烧物颗粒上升高度和风速密切相关。首先，燃烧物颗粒的上升最大高度与热流强度的关系为：

$$h = 0.173 E^{\frac{1}{2}} \qquad (2\text{-}46)$$

$$E = I \times f(U) = I \times A \times U^B$$

式中：h 为燃烧物颗粒抬生的最大高度(m)；E 为热流强度(kJ/m)；I 为火线强度(kW/m)；$f(U)$ 为复合波动函数，它随可燃物类型的不同而变动；A、B 为参数，可由表2-29查得。

表 2-29 不同可燃物类型的 A、B 参数

	可燃物类型	A	B
1	短草	545	-1.21
2	林下草地	709	-1.32
3	高草	429	-1.19
4	硬木枯枝落叶	1 121	-1.51
5	成熟灌木	301	-1.05
6	非成熟灌木	235	-0.92
7	休眠灌木	242	-0.94
8	南部灌木	199	-0.83
9	林上木采伐迹地	224	-0.89
10	轻型采伐迹地	179	-0.81
11	中型采伐迹地	163	-0.78
12	重型采伐迹地	170	-0.79

被热流抬升的燃烧物颗粒顺风飘移的距离可由最大抬升高度和风速来估测，具体有关系式(2-47)：

$$X = 2.78 U(h) h^{\frac{1}{2}} \qquad (2\text{-}47)$$

$$U(h) = U(Z) \left(\frac{H}{Z}\right)^{\frac{1}{7}}$$

式中：X 为燃烧物颗粒顺风飘移的距离(m)；$U(h)$ 为在高度 h 处的平均风速(m/s)；Z 为应用范围内任一方便参考点的高度(m)，如气象站的风速仪距地面高度为10m；$U(Z)$ 为参考点高度上的平均风速(m/s)。

(2) 勃兰姆对流柱火模型 该火模型有四个基本组成部分：地心引力场；地球上大气——可压缩性流体；流体下方一个界面(地表)；靠近界面上一个热源。这四个组成部分间相互影响是复杂的，但引力场和地表间相互作用是简单的。引力场垂直于地球表面分布，造成了上坡火和下坡火之间火行为有重大差异。

最大相互影响是热源和大气之间相互作用。它们涉及火、上升气流和大气温度垂直梯度之间能量关系。为了探讨其间关系提出了两个能量判断方程。一个是代表流入风场能量(P_w)方程，这种能量与风速立方成正比[式(2-48)]。另一个是P_f，即火场上空的对流柱中热能转化为动能的计算比值[式(2-49)]。

$$P_w = \frac{\rho(U-R)^3}{2G} \qquad (2\text{-}48)$$

$$P_f = \frac{I}{C_p(T_0 + 459)} \qquad (2\text{-}49)$$

式中：P_w为在火上空Z处风场的动能流入速度[ft·lb/(ft²·s)]；G为重力加速度(ft/s²)；ρ为在高度Z处空气的密度(lb/ft³)；U为在高度Z处的风速(ft/s)；R为火的蔓延速度(ft/s)；$(U-R)$为风速与火锋移动速度之差；P_f为在对流柱中任一高度Z处，热能转化为动能的比值[ft·lb/(ft²·s)]；I为火线强度[Btu/(ft·s)]；C_p为空气的定压比热[Btu/(lb·°F)]；T_0为火上空自由流动空气的温度(°F)。

可以用该数学模型去判断实际火场情况。当$P_f \geq P_w$的情况下，火区上方的对流柱得以发展，火由二维火编成三维火，进入爆发火阶段，火区上方的对流柱的热能转化为动能。当$P_f < P_w$时，火上方的对流是在环境风场控制下强迫对流，火不能转变为高能量火。利用数学火模型，可近似地预测火的蔓延、火烧强度以及火行为其他方面的参数。

2.5.5 林火种类

林火种类是对森林燃烧状况划分的燃烧类型。林火种类不同，森林燃烧表现出来的特征不同，对森林带来的后果也不一样。研究林火种类有利于林火理论的完善和发展，也为林火管理提供科学依据。了解林火种类对正确估计火灾的危害和可能引起的后果、扑救火灾的技术、扑灭方式、组织扑火力量、使用扑火工具和利用火烧迹地都有重要意义。

19世纪初，俄国人就将林火划分为地下火、地表火、树冠火三类。20世纪初，苏联特卡钦科(М. Е. Ткаченко)划分为四类：地下火、地表火、树冠火和树干火。50年代，苏联聂斯切洛夫(В. Г. Нестеров)又细分为六类：急进树冠火、稳进树冠火、急进地表火、稳进地表火、腐殖质火和泥炭火。新中国成立以来，我国一直也采用这种划分方法。

1976年，加拿大范·瓦格纳(C. E. Van Wagner)按火强度划分为九类：轻度地表火、中度地表火、强度地表火、冲冠火、依赖树冠火、活动树冠火、独立树冠火、大火和火爆。1992年，郑焕能等按林火的蔓延特点、火燃烧部位、火蔓延速度和火强度(火焰高度)将林火划分为六大类20种(郑焕能等, 1992)。

关于林火种类的划分，早期的林学家都倾向于把林火看作是一种单纯的破坏力量，很少提及或根本不提及它的有利的一面。因此，目前国内外也多侧重于森林火灾的分类研究，或者用森林火灾种类代替林火种类，而林火种类的划分尚未建立一个较完善的分类系统。
2.5.5.1 根据火烧森林的部位划分林火种类

根据火烧森林的部位可以划分为地表火、树冠火和地下火。林火以地表火最多，南方林区约占70%以上，东北林区约占94%；树冠火次之，南方林区约占30%，东北林区约占5%；最少的为地下火，东北林区约占1%，南方林区则几乎没有。

这三类林火可以单独发生，也可以并发，特别是特大森林火灾，往往是三类林火交织在一起。所有的林火一般都是由地表火开始，烧至树冠则引起树冠火；烧至地下则引起地下火。树冠火也能下降到地面形成地表火。地下火也可以从地表的缝隙中窜出烧向地表。通常针叶林发生树冠火，阔叶林一般发生地表火，在长期干旱年份易发生树冠火或地下火。

(1) 地表火　地表火亦称地面火，沿地表蔓延，火焰高度在树冠以下，烧毁地被物，危害幼树、灌木、下木，烧伤大树干基和露出地面的树根。它能够影响树木生长和森林更新，容易引起森林病虫害的大量发生，有时还会造成大面积林木枯死。但是，轻微的地表火，也能对林木起到某些有益的作用，如：减少可燃物的积累，降低森林的燃烧性，提高土壤温度，改善土壤的pH值，促进微生物的活动，消灭越冬虫卵，改善林地卫生状况，减少病虫害的发生。地表火的烟为浅灰色，温度可达400℃左右。在各类林火中，地表火分布居多。针叶幼林中发生地表火常与树冠火联成一体，难以区分。但在林木较高的中龄林以上，特别是疏林地可看到典型的地表火。地表火根据其蔓延速度和危害性质不同，又可分下列两类：

急进地表火：火烧蔓延速度很快，一般每小时可达几百米或上千米。这种林火往往燃烧不均匀、不彻底，常烧成"花脸"，留下未烧地块，有的乔灌木没被烧伤，危害较轻，火烧迹地呈长椭圆形或顺风伸展呈三角形。

稳进地表火：火烧蔓延速度缓慢，一般每小时几十米，火烧时间长，温度高，燃烧彻底，能烧毁所有地被物。有时乔木低层的枝条也被烧毁，对森林危害严重，影响林木生长，火烧迹地多为椭圆形。

总之，地表火的蔓延速度主要受风速、风向等气象因子以及坡度、坡形等地形因素的影响。

(2) 树冠火　地表火遇到强风或针叶幼树群、枯立木、风倒木、低垂树枝时，火就烧至树冠，并沿树冠蔓延和扩展，称为树冠火。树冠火上部能烧毁针叶，烧焦树枝和树干；下部烧毁地被物、幼树和下木。在树冠火火头前方，经常有燃烧的枝桠、碎木和火星形成的飞火，从而加速了火的蔓延，扩大森林损失。树冠火烟为暗灰色，温度可达900℃左右，最高可达1 000℃以上，烟雾高达几千米。这种火破坏性大、不易扑救。树冠火多发生在长期干旱的针叶幼林、中龄林或针叶异龄林中，特别是马尾松林和杉木林。树冠火根据其蔓延情况可分为两种类型：

急进树冠火：又称狂燃火。火焰在树冠上跳跃前进，蔓延速度快，顺风可达

8~25km/h 或更大，形成向前伸展的火舌。火头巨浪式前进，有轰鸣声或劈啪爆炸声，往往形成上、下两股火，火焰沿树冠推进，地面火远远落在后面，能烧毁针叶、小枝、烧焦树枝和粗大枝条，火烧迹地常呈长椭圆形。这种单独依赖树冠燃烧的火，又有人称独立树冠火，主要发生在连续分布针叶林内或易燃树冠的阔叶林内，由于火蔓延速度快，也是难以控制的一种火。

稳进树冠火：又称遍燃火。火的蔓延速度较慢，顺风可达 5~8km/h。地表火和树冠火并进，燃烧较彻底，温度高，火强度大，是属于活动的树冠火。稳进树冠火能将树叶和树枝完全烧尽，是危害最严重的一种火灾，火烧迹地为椭圆形。扑救这种火可以采用有利地形点迎面火或开设较宽防火控制线。

树冠火在蔓延过程中，因树冠的连续或不连续，呈现连续型和间歇型。连续型树冠火发生在树冠连续分布，火烧至树冠并沿树冠连续扩展；间歇型树冠火发生在树冠不连续分布，由强烈地表火烧至树冠，由于树冠不连续便下降为地表火，遇到树冠连续再上升为树冠火，这种火主要受强烈地表火的支持，而在林火中起伏前进。

树冠火过渡类型火的燃烧特点，主要是从地表火向树冠火和树干火发展。根据火行为不同又可将这类火划分为三种：

间歇性树冠火：主要由于针叶树冠间断分布或分布不均匀，并受到强烈地表火所支持，表现时而树冠火、时而地表火。这种火也包括那些依赖性树冠火。

冲冠火：多发生在针叶林或针阔混交林中。当火烧至针叶幼树群或地面有大量可燃物积累处时，火在单株树冠或针叶树群的树冠燃烧。有时也因为林下有大量杂乱物，使单株或少数树群的树冠燃烧。这类火属于高能量火，火强度可达 7 000~8 000kW/m。

树干火：主要燃烧树干。有三种情况，一是燃烧树干树枝，以及附生的地衣、苔藓和层外植物，二是燃烧含油、层片状树皮的树干，如东北林区的各种桦木（白桦、风桦和黑桦等），三是燃烧中的站杆。

（3）地下火　在地下泥炭层或腐殖质层燃烧蔓延的林火称为地下火。在泥炭层中燃烧的火称为泥炭火，在腐殖质层中燃烧的火称为腐殖质火。地下火在地表面看不见火焰，只有少量烟。这种火可烧至矿物层和地下水位的上部，蔓延速度缓慢，仅 4~5m/h，一日夜可烧几十米或更多，温度高、破坏力强、持续时间长，一般能烧几天、几个月或更长时间，不易扑救。地下火能烧掉腐殖质、泥炭和树根等。火灾后，树木枯黄而死，火烧迹地一般为圆形。地下火多发生在特别干旱季节的针叶林内。由于燃烧的时间长，秋季发生的火，可以隐藏地下越冬，烧至第二年的春天，这种火称越冬火。这种越冬火多发生在高纬度地区，如我国大、小兴安岭北部均有分布，我国南方林区几乎没有地下火。

由于燃烧物不同，又可分为两种：

腐殖质火：主要燃烧林地腐殖质，多发生在积累大量凋落物的原始林内。

泥炭火：主要发生在草甸子和针叶林下，这种火燃烧较深，在大小兴安岭，有时形成越冬火，是所有火灾持续时间最长者。

2.5.5.2 根据燃烧的可燃物类型来划分林火种类

根据燃烧的可燃物类型可以划分为荒火、草原火、草甸火、灌木火和林火。

(1) 荒火 发生在荒山荒地或郁闭度小于0.2的疏林，称为荒火。大部分森林火灾是由荒火引起的，因此，防止荒火对于避免森林火灾的发生是相当重要的。

(2) 草原火 发生在草原上的火称草原火。草原火与森林火可以相互蔓延，尤其是在草原与森林交界地区，通常是草原火引发为森林火灾，因此，我们必须重视草原火灾的防护。即使是牧场更新进行人为火烧处理，也要特别注意加强森林与草原交界处的防范，以避免蔓延到森林内。

(3) 草甸火 发生在林区沟塘草甸上的火称草甸火。沟塘草甸是森林火灾的策源地，也是森林间火的传递通道。所以，草甸火也是防火的主要对象。

(4) 灌丛火 发生在灌木丛地上的火称灌木火。一般来说，灌木火的强度较高，会烧毁灌木及地表植被，引起灌木丛生态系统内各因子的剧烈变化，特别是对土壤的破坏严重。

(5) 林火 发生在森林中的火称林火。森林的类型繁多，结构复杂，所以，林火还要进行划分林火种类。

2.5.6 影响火行为的主导因素

在林火蔓延中，火行为是极其复杂的，这是多种因素综合作用的结果。在不同时间和不同地段上，火行为往往表现一定相对稳定的特征，这可能是某一因素或几个因素在起主导作用的结果，比如，风速很大时，风为主导作用；山区地形复杂时，地形和坡度为主导作用。在高能量火中，这种现象尤为突出，需要具体研究和分析，因为这对于进一步控制高能量大火是具有理论和实践意义。对火行为影响重要的主导因素有大风、持续高温、长期干旱、地形、可燃物类型等。

2.5.6.1 风

风是影响林火行为的重要因素。大风的高速气流可使火的蔓延速度加快，火强度增大，燃烧着的可燃物被风刮起，火头前方出现大量飞火，使火场面积迅速加大。

大风是在大气不稳定的条件下产生的。大气的不稳定，常伴随着热的湍流，可引起极端的火行为。大风增强可燃物的燃烧速度，有助于对流柱的形成和发展。

在大风的作用下，产生的高速热平流，使火在蔓延中出现了许多奇怪现象。例如，1987年5月6日大兴安岭北部林区发生特大森林火灾中见到：在火场上有的木桥两侧90m范围内并无可燃物，然而桥柱离水面一定高处，却被烧断，如同刀切，使整个桥面下塌；火场中一些公路有许多木涵洞，其四周也无可燃物，然而木涵洞却被烧塌；许多村屯、林场房屋被火化为灰烬，然而在房屋一侧用木板、油毡纸盖的厕所和木栅栏却安然无损；有的山地火烧后，火烧区边缘分明如同刀切。这种高温热流在大风的影响下，在火头前方流动范围集中，边界十分明

2.5.6.2 地形

地形也是影响火行为的重要因素，它与风的作用一样，尤其在山地条件下，地形起伏变化影响火行为的发展。一般情况下上山火蔓延速度快，火强度大；相反，下山火蔓延速度慢，火强度小，这种现象随着坡度的增大更为明显。因此有许多高能量火产生在向阳陡坡和山脊部分。当然这也与可燃物立地条件有关。在重叠山区，高强度大火可以从这个山头跳越山涧直接点燃另一个山头。这主要是由于高能量火热辐射作用点燃了对面山脊部分的森林。

1987年大兴安岭的特大森林火灾，在低山丘陵山地发生只烧西北坡一侧而保留东南坡未烧的现象，而且一连点燃了3~4个山头。这一现象的出现，是因大兴安岭地形西北坡平缓，可燃物积累多，东南坡陡峭，可燃物少，山下又紧靠河流小溪，当时大火的主风为西北风，火从西北坡烧至山脊，这时东南坡有冷空气补充而形成气枕，将山脊火抬高，由于西北强风的作用，使火沿气枕而下，点燃小河另一侧可燃物，越过东南坡的森林，继续向前蔓延，这就是只烧西北坡而保留东南坡，出现大火跳越式前进奇特现象的原因所在。

2.5.6.3 连续干旱和高温

连续干旱时间愈长，愈容易发生高能量火和大面积森林火灾。因为长期干旱，地被物含水率很低，一旦着火就很容易转变成大火。连续干旱从四个方面对火行为产生深远影响：①使深层可燃物及重型可燃物(原木、大树枝)变干，大大地增加了有效可燃物量，从而增加了燃烧速度；②促使植被过早成熟，树木和灌木顶部枯萎，也增加了有效可燃物量；③使河流水位降低，失去了天然防火线，并使有机质土壤暴露出来，站杆的树根也成了有效可燃物；④使已腐朽可燃物的含水量降到最低程度，增加飞火的着火概率，使飞火更严重持久。

随着气温升高，火险等级提高，即出现森林火灾的大小和次数随之增加，并趋向于周期性发生。火灾多发生在10：00~15：00这段时间内，因为在这一段时间内气温上升，阳光充足，使地表可燃物附近热流达最大值。在一般情况下，午时以后气温增高，相对湿度迅速下降，风速加大，这是转变为大火的有利时刻；相反，夜幕降临，温度下降，湿度增加。大火就有可能转变为小火，有利于火灾的扑救。

1987年"5·6"大兴安岭的特大森林火灾也是在极端干旱条件下发生的。据记载，自1985年起，连续两年少雨。漠河、阿木尔、塔河每年降水量以114~153mm的速度递减，其中，以漠河递减最快。到1986年底，除呼玛、加格达奇的年降水量接近历年水平外，其余各地均比历年值少30%~40%，尤其是塔河和阿木尔出现有记录以来的最低值，而漠河则是28年来第三个少雨年。从降水强度来说，自1985年11月上旬至1987年4月下旬的一年半时间内，冬季少雪，夏季少雨。漠河、阿木尔只下过二次透雨，漠河在1986年7月下旬，阿木尔在8月中旬，这两次降水量分别占该地年总降水量的34%和32%。1987年1~4月，漠河、阿木尔的旬降水量均小于5mm，比历年同期少37%~46%。

2.5.6.4 可燃物与可燃物类型

森林可燃物类型不同,其可燃物的组成、数量、含水率、燃烧热等都可影响火行为。尤其高能量火的发生与林地可燃物数量密切相关。属于轻型可燃物则不可能发生高强度火,只有有效可燃物多的地段才有可能发生高能量火。如1987年春大兴安岭北部特大森林火灾,靠铁路两侧经过清林和抚育,林地上堆积大量采伐剩余物(据初步调查,每公顷大约有枝桠约 $10 \sim 32t$),这些可燃物就像"火药库",一旦点燃,就会爆发高强度森林大火,使得这一地区的落叶松中,幼林遭到毁灭之灾。在草地或草甸,多发生速行地表火,在阔叶落叶林中只发生地表火,只有在常绿针叶林或含油性较大的阔叶林才有可能发生高强度树冠火。如果是干燥稀疏的阔叶林,则容易发生地表火。相反,处于阴湿立地条件下的针叶林,一般不易发生森林火灾。只有长期干旱后,才有可能发生火灾,并可能发生高强度的特大森林火灾,如树冠火或地下火,使森林遭受毁灭性的灾害。

复习思考题

1. 什么是燃烧、森林燃烧和燃烧三要素?
2. 什么是明火、暗火?它们各自的特点是什么?在扑火中应注意些什么?
3. 什么是燃点?引燃点和自燃点之间的差异是什么?
4. 热量传递的基本方式有哪些?它在森林燃烧过程中是如何起作用的?
5. 森林燃烧的基本过程要经历哪几个阶段?
6. 森林可燃物(木材)的基本组成有哪些?简述各组成成分的化学结构、在木材中的含量以及燃烧特点。
7. 森林可燃物的热分解产物主要有哪些?
8. 什么是链式反应?什么是活化中心?链式反应要经历哪几个阶段?举例说明。
9. 什么是火焰?火焰是如何形成的?
10. 简述森林燃烧的特点?
11. 什么是森林燃烧环?简述森林燃烧环的基本结构。
12. 简述森林可燃物的燃烧性质。明确概念:可燃物负荷量、表面积体积比、紧密度、连续性、可燃物含水率、时滞、热值与发热量、抽提物含量、灰分含量等。
13. 简述可燃物种类的划分方法。
14. 什么是树种易燃性?简述我国主要树种的易燃性。
15. 什么是森林燃烧性?对森林燃烧性如何进行评定?简述我国主要森林类型的燃烧性。
16. 简述森林特性和森林燃烧性之间的关系。
17. 什么是可燃物类型?可燃物类型与森林燃烧性之间有何联系?简述我国的可燃物类型划分模式及划分结果。
18. 什么是可燃物模型?可燃物模型中有哪些具体定量指标?
19. 什么是森林火源?森林火源划分几个类型?
20. 什么是闪电?什么是地闪?人工影响闪电有哪些主要途径和方法?
21. 什么是雷击火?雷击火发生的条件有哪些?

22. 什么是生产性火源、生活用火火源？主要的人为火源有哪些？
23. 什么是火源密度？影响火源密度的因素有哪些？
24. 简述森林火源的时间和地理分布规律。
25. 什么是火险天气？什么是火灾季节？什么是防火期和防火戒严期？
26. 简述影响林火发生的气象要素。
27. 简述有利于林火发生的天气系统。
28. 什么是火灾气候区？
29. 简述地形因子和地形风对林火的影响。
30. 山区林火有哪些特点？
31. 什么是林火行为？火行为指标有哪些？
32. 什么是林火蔓延？绘出典型的火蔓延模型，并注明其特征。
33. 简述不同地形和风向风速条件下的林火蔓延特征。
34. 你知道罗森迈尔(Rothermel)林火蔓延模型吗？如何应用？
35. 什么是火强度？火强度有哪几个等级？
36. 什么是火线强度？如何进行计算和估测？
37. 什么是火烈度？如何进行计算和估测？
38. 什么是低能量火和高能量火？简述高能量火的特征。
39. 林火种类有哪些？各具有哪些特征？哪种火危害最轻？哪种火危害最重？
40. 影响林火行为的主导因素有哪些？

本章推荐阅读书目

森林消防. 陈存及等. 厦门大学出版社, 1996
森林燃烧网. 郑焕能等. 东北林业大学出版社, 2003
森林防火. 胡海清. 经济科学出版社, 1999
森林燃烧能量学. 骆介禹. 东北林业大学出版社, 1992
森林防火. 郑焕能等. 东北林业大学出版社, 1992

第3章 林火与环境

【本章提要】本章主要阐述火对土壤、水分、大气环境等的影响。火对植物种子、叶子、树皮、根及芽等的影响及其对火的适应机制。阐述了火烧对植物开花的影响及火烧迹地植物种类的变化。论述了火对植物种及植物群落的影响及其对火的适应。林火对野生动物的直接影响和间接影响，野生动物对火的适应行为及野生动物活动对林火发生的影响，以及林火在野生动物保护中的作用。

林火与环境是生态学发展中的一个新的分支，它是一门边缘科学。它与生态学(包括植物生态、种群生态、群落生态、系统生态、生态系统、污染生态等)密切相关，并与数学、物理、化学和生物学及电子计算机、遥感技术、气象等学科相互交融。此外，防火工程、林业、农业、野生动物以及环境学科等都与火密切相关。另外，系统科学、控制论、运筹学以及突变论、耗散结构和协同学等理论学科对火科学的发展有指导作用。

3.1 火对土壤环境的影响

通常，森林土壤具有良好的团粒结构，通透性好，并具有较强的持水能力，同时具有较高的土壤肥力。但是，森林火烧之后，土壤的理化性质会发生改变。不同火强度、火烧间隔期、不同可燃物类型及不同土壤类型的影响不同。

3.1.1 火对土壤物理性质的影响

火对土壤物理性质的影响主要包括火烧(包括森林火灾和计划烧除)对土壤含水率、土壤温度、土壤结构和土壤侵蚀等几个主要方面的影响。

3.1.1.1 火烧对土壤含水率的影响

土壤含水率直接影响土壤的比热和热导率，从而影响土壤热量传递的数量和速度。从表3-1可以看出，除了黏土以外，土壤含水量越大，吸收的热量越多，而且能迅速地把热量从土壤表层向下层传递，这样能防止土壤表面温度急剧上升。一般来说，土壤含水量大，水分蒸发所需的热量多。因此，在土壤水分全部

表 3-1　几种土壤物质的比热和热导率

物　质	比热[J/(g·℃)]		热导率[J/(cm³·s)]	
	烘干状态	饱和状态	烘干状态	饱和状态
砂　土	0.84	2.93	32.86	53.8
黏　土	0.84	3.68	100.46	70.53
花岗岩	0.84	—	285.24	—
木　炭	1.55	3.77	7.53	55.04
腐殖质	1.76	3.77	5.02	53.78
水	—	4.19	—	60.48

蒸发或被排挤到土壤深层以前，土壤表层温度一般不会超过100℃。土壤表层的枯枝落叶层及腐殖质层的含水量更重要。如果枯枝落叶层与腐殖层之间的水分梯度大，即使表层燃烧，下层也不会燃烧。表层土壤的温度如果在100℃以内，那么火烧而引起的增温对下层土壤的理化性质几乎没有什么影响。在生产实践中就是利用这种原理，采用低强度的火烧，在不改变土壤理化性质的条件下清除可燃物。

3.1.1.2　火烧对土壤温度的影响

土壤温度的变化直接影响土壤的理化性质。林火对森林土壤热量状况的影响取决于土壤类型、土壤含水量、火烧强度、天气、可燃物种类、数量及火烧持续时间等。了解林火对土壤的影响可以化害为利。有时为了清理采伐迹地或清除林内可燃物以及准备造林地，常常采用火烧的办法。人们总是想在不破坏土壤的前提下，又达到清理的目的。这就需要掌握可燃物的性质、数量、大小、含水率、土壤水分梯度及天气等因素的特点，控制火的强度，进而控制土壤表面温度以及热量向土壤下层传递。通过对几种森林类型的调查表明：腐殖质的含水率低于40%时能自由燃烧，而含水率大于120%时则不能燃烧。因此，当腐殖质层的含水率在40%~120%时，其燃烧程度完全取决于上层热量的传递。

在野外，可通过观察枯枝落叶层烧掉的程度和土壤裸露状况，来估测土壤温度。轻度火烧区，火烧后灰分呈黑色，有枯枝落叶及腐殖质残余。这样的火烧区，地表最高温度在100~200℃之间，土壤表层1~2cm处的温度不超过100℃。中度火烧区，枯枝落叶层及半腐层全部烧掉，大部分土壤裸露，地表温度在300~400℃，土壤表层下1cm处温度在200~300℃；3cm处温度在60~80℃；5cm深处温度在40~50℃。严重火烧区，火烧后灰分呈白色，大型可燃物全部烧掉，地表温度可达500~750℃（远高于有机物质的燃点温度），土壤表层下2cm处，土壤温度为350~450℃；3cm处温度为150~300℃；5cm处温度≤100℃。即使强度很大的火烧对土壤表层下7~10cm处的温度影响不大。

另外，由于地表枯枝落叶层、半腐层的烧掉，灌木及林冠层的破坏，直接太阳辐射增加，加之火烧后火烧迹地上残留有"黑色"物质（灰分、木炭等），大量吸收长波辐射,从而使土壤温度增加。有人研究表明,火烧后到夏季林分郁闭之前,土层10cm深处的土壤温度比对照区高出10℃,土壤表层的温度变化更大。在美国华盛顿中部地区的高山冷杉林中,火烧后土壤表面温度增加最高达20℃,甚至林内平均气温也比以前增加6℃。在冷湿生态条件下,土壤温度的增加,有利于加速腐殖质的分解,提高土壤的肥力,有利于早春植物的萌发,增加草食性动物的食源。

在我国北方林区,气温较低,有机质分解缓慢,积累大量的凋落物,若能对各种林型的凋落物数量、厚度、分布状况、林内水分梯度等因子进行系统的研究,采用计划火烧的方法,有计划地(定期地)清除林下的凋落物,这有利于加速寒冷地带有机质的矿化速率,提高土壤养分的有效性,减少森林火灾危险性,消灭害虫及啮齿类动物危害,促进林下植被(固氮植物)生长。我国东北林区已对计划火烧进行了研究,并逐步在生产实践中得到广泛应用。

"炼山"长期以来为我国南方林农业生产所采用,但是水土流失问题一直没有得到很好解决。一般而言,南方山区炼山后到翌年2月底一般无侵蚀降雨,由于炼山后土温升高,迹地土壤微生物活动加剧,加速土壤速效性养分的释放,有利于植被恢复,若采取适当植被覆盖措施(豆科植物或冬季绿肥),则能有效地控制炼山后新造林地土壤侵蚀。因此,把炼山和植被覆盖结合起来,可能成为南方林区经营速生丰产林的营林新模式。

3.1.1.3 火烧对土壤结构的影响

一般来讲,森林土壤团粒结构较好,空气水分协调,土壤肥力较高。许多研究表明,中、低强度的火烧都不会直接影响土壤的结构,只有严重的火烧才会导致土壤板结。高强度火烧后,土壤有机质、根系、原生动物及微生物等烧毁或致死,使无机土壤裸露,再经雨水冲刷,使土壤团粒结构解体,土壤孔隙度下降,土壤板结。火烧越频繁,土壤板结现象越严重。

土壤结构的破坏,直接影响到土壤的通透性。阿伦斯的研究表明,林地枯枝落叶层烧掉以后,整体林地的渗透率下降38%,火烧后林地的渗透率只是未烧前的1/4。除了土壤孔隙度降低外,对某些土壤来说抗水层(water-repellent layer)的产生也是土壤水分渗透率下降的重要原因之一。抗水层指土壤表面的枯枝落叶层下面有些不溶于水的物质(hydrophobic compounds),火烧时在上层土壤形成很大的温度梯度,由于蒸馏作用而使得这些物质向土壤下层扩散,结果在不同的土壤深度,这些不溶于水的物质附着在土壤颗粒表面,当水分下渗时,形成水珠而不被土壤吸收,这样便形成一层不透水的"抗水层"(图3-1)。火烧强度越大,抗水层发生的深度越深,自身的厚度越厚。抗水层可以持续几年。由于抗水层的产生使土壤水分渗透率下降,从而增加了地表径流和土壤侵蚀。另外,由于抗水层的产生,也影响了植物对地下水资源的利用。在美国的加利福尼亚、亚利桑那及俄勒冈等州,火烧后产生抗水层这种现象已给当地的林业生产带来许多问题。

3.1.1.4 火烧对土壤侵蚀的影响

植被、枯枝落叶及腐殖质对雨水均具有截留或吸收作用,这样会减少雨水对

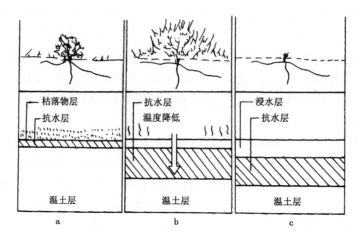

图 3-1　火烧后土壤抗水层产生示意图
（资料来源：DeBaro et al., 1977）
a. 火烧前，畏水物质积聚在枯落层下，紧接土壤层　b. 火烧期间，随着土壤从上至下温度呈梯度下降，抗水层下移并加厚　c. 火烧后，抗水层在土壤深处形成

地表的冲击力和地表径流，从而减少了土壤侵蚀。火烧后，影响土壤侵蚀的因素有火烧强度、降水强度、土壤裸露状况、土壤类型、地形和植物盖度。其中在降水强度较大的情况下，植物盖度和坡度对土壤侵蚀的影响最大。火烧后随着植被盖度的减少，坡度对土壤侵蚀的影响尤为显著。据研究表明：植物盖度为 40%、坡度为 5% 的地段与植物盖度为 80%、坡度为 35% 的地段的土壤侵蚀量相等。当植物盖度小于 50%，坡度在 5%~35% 的条件下，坡度每增加 10%，土壤侵蚀量增加一倍。当坡度在 30%~60% 范围内，植物盖度必须在 60%~70% 才不致于使土壤发生侵蚀。但是，在一定坡度范围内，随着土壤裸露面积或坡的长度增加，地被盖度对土壤侵蚀的缓解作用减少。另外，颗粒细小的土壤（如黏土）比颗粒粗大的土壤（如砂壤土）在相同的条件下土壤侵蚀要轻得多。

高强度的火烧会增加土壤侵蚀，而低强度火对土壤侵蚀影响很小，甚至没有影响。例如，在美国的亚利桑那州，森林或灌丛被高强度火烧后（坡度 40%~80%），土壤侵蚀量达 72~272t/hm^2。而当坡度大于 80% 时，土壤滑坡现象常见，土壤侵蚀量高达 795t/hm^2。

降水是土壤侵蚀的原动力。降水量大的地区，火烧后土壤侵蚀严重。比如在美国的得克萨斯州，年降水量为 660~710mm，火烧后土壤侵蚀明显增加。当地盖度（植物盖度+地被盖度）为 70%，坡度为 15%~20% 时，土壤侵蚀量达 13.5~18.0t/hm^2。而在美国的落基山脉，年降水量为 300~500mm，对其灌丛及松林进行火烧清理，除了罕见的暴雨及特殊情况外，没有发现土壤侵蚀现象。

史密斯和斯戴梅（1965）研究指出，地球陆地表面的土壤每年向海洋流入 0.74~2.24t/hm^2，这个数字远远超过了地球的年风化速率（0.5t/hm^2）。因此，在研究火烧后是否有土壤侵蚀，应该以 0.5t/hm^2 作为划分指标。

3.1.2 火对土壤化学性质的影响

火对土壤化学性质的影响主要表现为把复杂的有机物转化为简单的无机物，并重新与土壤发生化学反应，进而影响土壤的酸碱性和土壤肥力。

3.1.2.1 火烧对土壤 pH 值的影响

土壤有机质的分解、土壤营养元素存在的状态、释放、转化与有效性以及土壤发生过程中元素的迁移等，都与酸碱性有关；土壤的酸碱性对植物及土壤微生物有很大的影响，适宜的酸碱性有利于土壤微生物活动，加速枯落物分解，从而促进林木生长。植物及其死有机体的灰分中含有大量的钙、钾、镁等离子。这些物质都能使酸性土壤的 pH 值增加，特别是对缓冲能力差的砂质土的作用尤为明显。但是，这些物质的沉积并不使碱性土壤的碱度增加，因为碱性土壤中有大量游离的阳离子。在碱性土壤中，火烧后灰分中的阳离子趋向于淋溶，而不与土壤发生化学反应。

火烧后土壤 pH 值增加的幅度主要取决于火烧前可燃物的负荷量、火的强度、原来土壤的 pH 值和降水量。比如北美针叶林采伐迹地可燃物负荷量较大，高强度火烧后，土壤 pH 值从 5~6 增加到 7 以上。严重的火烧地区，pH 值增加将维持数年，乔治(1963)和威格拉(1958)报道，在瑞士火烧地 pH 值比邻近未烧迹地 pH 值高将近持续 25 年。而在降雨量丰富和相对集中的热带和亚热带区，由于火后林地裸露，雨滴直接击打林地造成严重水土流失，同时大量盐基离子随着径流而淋失，有机质矿化速率加大，火后 pH 值增加仅能维持几个月至 1 年。美国东部松林低强度火烧后土壤 pH 值增加幅度非常小。在美国南卡罗来纳州的火炬松林每年进行火烧，20 年后土壤的 pH 值变化为 4.2~4.6，而间隔期为 4~5 年的火烧对土壤 pH 值没有影响。低强度的计划火烧一般不会引起土壤 pH 值的大幅度增加。特拉巴得(1980)对法国南部各种计划火烧进行研究，没有发现土壤 pH 值有显著的变化。而反复多次火烧，营养元素淋失严重，会使土壤 pH 值降低。火烧对土壤 pH 值的影响一般只作用于土壤表层 15~20cm 的深度。一般来说，针叶树比阔叶树耐酸性强。大多数针叶树的土壤 pH 值的适宜范围是 3.7~4.5，而阔叶树的适宜范围是 5.5~6.9。从这个角度讲，火烧后阔叶树增加也基于土壤基础。

3.1.2.2 火烧对土壤有机质的影响

土壤有机质是土壤的重要组成部分，是土壤形成的物质基础之一，土壤有机质在土壤肥力发展过程中起着极其重要的作用。土壤有机质有利于土壤团粒结构的形成，能改善土壤的水分状况和营养状况。土壤有机质是土壤养分的来源。火烧对有机质的影响依赖于火的强度。高强度火烧，土壤有机质几乎全部破坏，而引起土壤物理、化学乃至生物过程的改变。有人研究发现，地表温度在700℃，所有的枯枝落叶层被烧掉，在土层 25cm 处，温度达到 200℃，则腐殖质就会破坏。在灌木林中，若地上灌木 2/3 被烧掉，地表枯枝落叶烧掉 50%，则土层 1cm 深处的腐殖质损失 20%；土层 2cm 深处损失 10%。低强度的火烧虽然使土壤表层有机层减少,但下层土壤有机质含量将增加。因此,低强度火烧后使土壤有机质发生了再分配,而不是单纯地减少。

3.1.2.3 火烧对土壤养分循环的影响

(1) 氮 氮是土壤中重要的营养元素之一,火烧后氮最容易挥发。从表3-2中可以看出,当温度大于500℃时,氮全部挥发。而火烧的温度一般在800~1000℃,远远高于氮挥发的温度。氮的挥发除了与温度有关外,还与土壤湿度和可燃物含水率有关。据戴伯诺(1978)观测,高强度火烧后,干燥的立地条件下氮损失为67%,而湿润条件下为25%。通过大量的研究表明,低强度的计划火烧,土壤氮不但不减少,反而有增加的趋势。这是因为火烧后虽然地表枯枝落叶层被烧掉,有一些氮的损失,但是,火烧后改变了土壤环境,特别是土壤pH值的增加,使土壤固氮能力增加。美国爱达荷州北部松林,春天火烧后有效氮NO_3^-和NH_4^+比火烧前分别增加了3倍和1.5倍;而秋季火烧分别增加20倍和3倍。对南卡罗来纳州沿岸的火炬松每年进行火烧,其氮的增加速率为23kg/(hm²·a)。

表3-2 温度与氮的挥发

温度(℃)	氮挥发(%)	温度(℃)	氮挥发(%)
>500	100	200~300	<50
400~500	75~100	<200	0
300~400	50~75		

(2) 磷 磷的循环也受火的影响。火烧后地被物等可燃物中的磷以细灰颗粒形式大量损失,美国南方松林区稀树草原火烧后,地上部分全磷的损失量达46%。但是,火烧后土壤中的速效磷是增加的。美国西黄松林计划火烧后,土壤有效磷增加了32倍。一般来说土壤有效磷增加的最适温度为<200℃。

(3) 钾 许多人对不同生态系统的研究表明,火烧后土壤的速效钾含量增加。北美艾灌丛火烧后初期,钾的增加高达43kg/hm²,可交换钾增加50%。但是,这种增加持续的时间较短,几个月后又恢复到火烧前的水平。也有些人的研究指出,火烧后全钾的含量稍有下降的趋势。这可能与钾的低挥发性有关。当土壤的温度大于500℃时,钾就大量挥发。

(4) 钙、镁 火烧后钙和镁的变化相似。大量的研究表明,火烧后土壤中钙和镁均有所增加。当然,也有些研究表明,火烧后土壤中这些阳离子含量变化不大或有下降的趋势。下降的原因可能是由于火烧后土壤有机质含量大幅度下降,阳离子交换能力降低所致。北美艾灌火烧后灰分归还土壤的钙和镁分别为45kg/hm²和5.3kg/hm²;而火烧后由于地表径流和土壤侵蚀增加而损失的钙、镁达67kg/hm²和32kg/hm²,远远高于归还量。

四川省林业科学研究院杨道贵等对云南松林计划火烧的研究表明:每100g土壤火烧后1年土壤中代换性钙含量为1.96mg,2年钙含量为2.24mg,未烧林地土壤钙含量为2.48mg。火烧后1年减少0.52mg,2年减少0.24mg,递变率分别为 20.97% 与 9.68%。钙的减少主要在表层 10cm 以内，增加却在 10cm 以下土层。随着土层加深钙的含量随之增高。从镁的含量看，火烧后 1 年增加 0.03mg，增加 4.62%；火烧 2 年减少 0.11mg，变化率为 16.92%。

3.1.3 火对土壤微生物的影响

土壤微生物是土壤肥力的重要指标之一。土壤微生物数量的多少直接影响森林生产力。火对土壤生物的影响主要表现在两个方面：一是火作为高温体直接作用于土壤微生物，使其致死；二是火烧改变土壤的理化性质，间接对其产生影响。火的强度、土壤的通透性、土壤的含水量、土壤的 pH 值、土壤温度以及土壤中可利用营养等的变化均影响土壤微生物的种类及种群数量。

高强度火烧会使上层土壤的微生物全部致死。美国明尼苏达州对北美短叶松林进行火烧后，大多数微生物种群数量及活动显著下降，经过一个雨季后又迅速恢复。火烧后土壤 pH 值增加，使某些细菌种群数量增加。花旗松（北美黄杉）林采伐地火烧后，土壤 pH 值增加了 0.3~1.2，细菌数量大增，并随季节变化而波动。有些人认为火烧后土壤中氮的硝化速率增加是由于土壤 pH 值上升后，硝化细菌和亚硝化细菌增加而引起的。但是，北美艾灌火烧 1 年后，土壤中硝化细菌和亚硝化细菌的种群数量一直处于较低水平。因此，火烧后第一年异养硝化占主导地位。

在土壤中不同微生物种类其抗高温能力差异很大。一般来说，如果土壤含水量适中，细菌比真菌的抗高温能力强。在干燥土壤条件下，温度超过 150℃，异养细菌便大量死亡。最高忍耐温度可达 210℃。在湿润土壤条件下，温度超过 50℃ 时异养细菌即大量死亡，当温度超过 110℃ 时全部死亡。硝化细菌和亚硝化细菌比异养细菌抗高温能力稍弱一些。其干燥土壤致死温度为 140℃，湿润土壤为 50~75℃。放线菌对高温的反应与细菌类似，或稍强于细菌。其干燥土壤致死温度为 125℃，湿润土壤为 110℃。真菌对高温比细菌和放线菌反应敏感。正常腐生性真菌在干燥土壤中 120℃ 即死亡。若温度达到 155℃，真菌全部死亡，而在湿润土壤中 60℃ 即全部死亡。火烧后不同种类的微生物其恢复的速度不同。澳大利亚桉树林采伐迹地火烧后观测，当土层 20cm 深处的温度达 100℃，持续 6h 以上时，25cm 范围内的土壤微生物全部致死。细菌能在很短时间内恢复，其数量常常超过未烧前的水平。而土壤真菌和放线菌则恢复较慢。有时，在土壤微生物恢复初期，有些细菌或真菌的种类是火烧前土壤中所没有的。

3.1.4 火对土壤细根系的影响

细根系是土壤根系中最活跃的部分，能提供大量的初级生产量。Nadelhoffer (1985) 曾报道在温带森林中细根系能提供 27% 的净初级生产量，与枯枝落叶层提供的 26% 的净初级生产量相当。大量的报道也指出土壤碳的富集也与细根系有关。而且一些非生物因素可以控制细根系的生长。由于细根系的繁殖及生长速度都很快，土壤中细根系比地上部分的枯枝落叶层可以为土壤有机质提供更多的碳源。火烧不仅可以使土温升高，使土壤腐殖质和有机质遭到破坏，改变土壤的理化性质和微生物，还可以使土壤细根系的生物量发生改变。据测定，根的生长量每年可达 2 000~5 000kg/hm²。火烧后，细根系的恢复速度远远超过地表的枯枝落叶层。对大兴安岭地区火烧迹地的研究表明，无论何种强度的火烧，无论火烧后经过多长时间，与未烧林地相比，火烧迹地的细根系生物量都有所增加。低强度火烧后，随着时间的推移，细根系生物量增加幅度有逐年下降的趋势，火烧后第 6 年接近未烧水平，之后，细根系生物量逐渐增加；中强度火烧后，土壤细根系生物量的增加呈现不规律的变化；高强度火烧后第 10 年以及第 20 年，根系生物量增加幅度较大。高强度火烧对细根系生物量增加的影响最显著，其次是低强度火烧。但总的来说，不同强度的火烧均使土壤细根系生物量表现出增加的趋势。

3.1.5　火在改善土壤环境中的作用

在冷湿生态条件下，由于温度低，不利于土壤微生物的活动，有很多有机质不能被分解利用，土壤肥力较低。采用火烧能增加温度及土壤微生物的活动，加速有机质的矿质化过程，提高森林生产力。对于一些不易分解的枯枝落叶，也可采用定期火烧加速其无机化过程。如东北大兴安岭的落叶松林，枯落叶叶子细小，地被物排列紧密，通透性差，微生物分解非常缓慢。火烧可加速其分解，从而增加土壤有效养分。在沼泽及高寒地区，由于立地条件恶劣，植物凋落物难以分解。随着时间推移，在土壤中形成厚厚的泥炭层，这种土壤环境对植物的生长是十分不利的。在长白山泥炭土壤上 300 多年生的落叶松胸径才十几厘米，俗称"小老树"。在大兴安岭高寒地区直径 1cm 的兴安落叶松年龄已达 40~50 年。这样的地段如果进行定期火烧，不仅泥炭环境会改变，而且土壤肥力能提高。在冻原地带一般没有森林分布。但是，如果采用火烧会使永冻层下降，扩大森林分布区。加拿大就是在冻原地段采用火烧的办法扩大了黑云杉的分布。用火改善土壤环境是切实可行的措施之一，我国古代的刀耕火种以及现在南方某些地区的炼山造林都是利用火作为改良土壤的一种手段。但是，随着现代林火管理及火生态的发展，用火必须建立在科学的基础上，这样才能使火真正有益于人类。

3.2　火对水分的影响

水不仅是自然界的动力，而且是生命过程的介质和氢的来源。生物（包括植物、动物和人）都起源于水，生存于水。虽然俗语说"水火不兼容"，但是，在生态系统中二者有着密切的关系。火烧对水的影响是间接的。主要表现在火烧后植被、地被物、土壤以及生态环境的改变而影响水分循环过程，水质乃至水生生物等方面。

生态系统中水分对地表土壤和植被是最敏感的。水分不仅是森林可贵的资源，而且是土壤、植物、空气统一体的主要携带者。在野外，火烧通过三种途径来影响水源。首先是单位水域或流域降水量和时间的关系；其次是渗漏或径流区的问题；第三是张力渗漏问题。

3.2.1 火对雨水截留的影响

植被、枯枝落叶、土壤有机质是截留体，并减少降雨对土壤的冲击。因此，植被防止土壤溅出的侵蚀作用与覆盖层的总量成正比。截留作用可减少蒸腾作用的20%。林地截留量占降水量的2%~27%。暴风雨截留损失的百分比随着植被覆盖度增加而减少，也随着降水量和暴风雨时间而增加。植被和下层地被物被火烧后截留量降低，径流增加。高强度的火烧使地面截留作用完全丧失，因为高强度的火烧不但烧毁植被，而且烧毁枯枝落叶，所以截留物被破坏，从而截留量丧失。低强度的火烧则不受影响或影响不大。

3.2.2 火对土壤渗透性的影响

影响水分渗透的因子很多，大致有地面覆盖率、植被类型、土壤容重（土壤密度）、死的有机物质量以及其他保护草本植被等。火导致渗透性降低，地表径流增加。曾经有人进行过这样一项测定，栎树林粉砂土壤火烧后渗透率下降至1/3。

前面我们讲过，火还能通过影响小气候来改变地表的最高最低温度。由于增强土壤板结造成渗透性下降，在常绿阔叶灌木林中，火使土壤产生抗水层，它严重地阻止渗透，而且是增加土壤表面径流的主要原因，不过湿润能力也随着火烧强度的增加而提高。

3.2.3 火对土壤保水性的影响

生长季节开始，土壤水分迅速蒸腾。从早春开始，土壤中储存的水分随着季节的变化而减少，到了秋季，土壤中出现水分亏缺。火烧后，枯枝落叶层和腐殖质层被破坏会严重影响土壤表层的持水量。但是有人持有相反的观点，指出，火烧后，因减少蒸腾使土壤中水分比原来多。据观测，华盛顿州火烧后，地面最低含水量与火烧前相比有了较多增加。由于土壤保水性能降低，遇上降雨，火烧区要比未烧区更容易产生径流，直到火烧后的5年，土壤才能恢复到火烧前的保水性能。

3.2.4 火对积雪和融雪的影响

植被和火烧以及蒸发都与积雪有关。许多研究认为，影响积雪的重要生境因子有：海拔、坡向、植被类型、树木大小和郁闭度。一般说来，积雪与植被总量成反比。火烧对积雪的影响主要取决于火的强度和火烧面积。

高强度小面积的火烧可以增加积雪。因为小面积高强度火烧死林木呈块状，造成一定的积雪空间；

低强度大面积火烧也可增加积雪，因为这种火可烧死部分林木，也可创造一些积雪空间；

低强度小面积火烧对积雪没有影响；

高强度大面积火烧会减少积雪。这是由于高强度大面积火烧后，林地空旷风速大，故不利于积雪。

密林融雪速度较疏林融雪速度慢5%。小面积皆伐迹地融雪速度快。火烧后，树干和地面烧焦变黑，增加了辐射量，加速了融雪速度，甚至比采伐迹地更快。

3.2.5　火对地表径流的影响

当水或融雪的速度超过土壤渗透率或者说超过土壤吸收速度时，容易出现地表径流。

地表径流主要取决于土壤渗透率、植被、降雨时间、坡度和降雨强度等因素。未烧阔叶灌木林的地表径流很少超过降雨量的1%，大部分不发生地表径流。火烧后头一年，径流量平均为10%~15%。据观测，采伐后火烧使土壤表土保护层从98%减少至50%以下。融雪造成的径流比夏季暴雨造成的径流还要大，直到第三、四年植被形成后才慢慢恢复正常。

3.2.6　火烧对河水流量的影响

火烧对河水总流量的影响。据观测，火烧后河水流量比对照区增加50%。火烧后第二年积雪量比正常情况下多150%。在常绿阔叶灌木林火烧后第一年，雨季能使坡面径流增加3~5倍，洪峰流量增大4倍，所以火烧后河水总流量、径流量和洪峰流量都会增加。

火烧对河流淤积的影响。美国华盛顿东部火烧1年后，3条河流的泥沙淤积量达41~127m^3，而火烧前从来没有发现有任何的河流泥沙淤积现象。河流泥沙淤积与火烧面积呈指数形式增长，火烧面积100hm^{2}的河流泥沙淤积量是火烧面积10hm^{2}的10 000倍。

3.2.7　火烧对河流水质的影响

火烧荒地容易影响水质。首先是沉淀和混浊与火烧有关，这是影响水质最重要的反应。赖特认为，火烧后有74%的沉渣物来自河流上游，22%来自溪流沟谷，少量来自风吹干裂和山崩的碎屑；加利福尼亚北部各类水域的年平均浑浊度为470~2 000mg/kg。采伐作业后火烧采伐剩余物可使河流浑浊度增加8倍。

其次火烧后会增加河水温度，曾经测量出美国俄勒冈州南部，火烧后河水温度最高可增加6.7~7.8℃。

最后火烧影响河流营养物质。火烧后河流中含氮化合物的增加，说明火烧区有大量氮损失，虽不会给火烧区的生产力造成严重威胁，但是总会有些影响。这也正说明了火烧过程中氮挥发的去向之一。火烧后对于森林植物群落的养分有很大的影响，这是由于植物和枯枝落叶层中营养元素挥发甚至从生态系统中散失所造成的。火烧后植被层减少，使营养侵蚀增加，植物与土壤循环截断，使营养吸收机会减少、淋失增加，从而增加了水生生境营养，而森林生境生产力降低。当然，影响的深度还取决于火烧强度。

火烧对下游河水中阳离子含量的影响，不同的研究者所得出的结果不同，发现火烧前后基本上没有变化。但是也有些研究发现：河水中一些主要阳离子的含量与河水流量呈反比。他们的解释是，可能是由于火烧后径流增加，河水流量增加而使"河水溶液稀释"的结果。见表3-3。

表 3-3　火烧后不同时期河水中阳离子变化　　mg/kg

测定时期	阳离子含量		
	Ca^{2+}	Mg^{2+}	Na^+
火烧前	8.8	1.5	2.9
火烧后1年	7.3	1.3	—
火烧后2年	5.0	0.9	2.3

3.2.8　火对水生生境与生物的影响

火烧能改变流水的化学组成，但不影响水生生境中生物的变化。火烧后，上下游藻类没有区别。大型水生无脊椎动物也是如此。但火烧后对大面积的沼泽地有明显的影响，并出现碱水侵入。河岸被火烧过的地段，造成护岸植物死亡，增加流水对河岸的冲刷，有时也促进耐盐的植物蔓延生长。

河流两岸植物被火烧掉后，河岸及水面直接受太阳辐射，河水温度上升。由于河水温度升高，河水生态环境改变，从而影响某些水生生物的生存，其中对鱼类的影响较大。洛茨皮奇等对阿拉斯加河流中大型无脊椎动物对火烧的反应作过研究。火烧后河流中大型无脊椎动物的数量和种类均未发生明显变化。霍夫曼对火烧区上下游附近植物藻类的研究结果表明，水质虽然发生了变化，但对藻类的生长没有显著影响。

3.3　火对大气环境的影响

空气污染是当今世界威胁人类生存的重要问题之一。随着现代工业的发展，空气污染日趋严重，与人类生活水平的提高对空气质量要求增加对立。空气质量问题已经引起人类的普遍关注。许多国家都先后制定了环境保护法或环境保护条例。其中对一些能够引起空气污染的许多物质浓度制定了相应的指标。

要弄清火烧森林植物能否对空气产生污染？产生哪些有害气体？其危害程度有多大？需要了解烧掉什么样的可燃物，在什么条件下燃烧以及不同的燃烧条件会产生什么气体等。为了科学地阐明火烧对空气质量的影响，有许多学者做了大量的研究工作。

3.3.1 森林可燃物燃烧时产生的气体

在正常情况下，空气的组成主要有氮气（N_2）、氧气（O_2）、氩气（Ar）、CO_2、氢气（H_2）、氖气（Ne）、臭氧（O_3）、氪（Kr）、氙（Xe）、灰尘等（表3-4）。

表3-4 正常空气组成

组成	N_2	O_2	Ar	CO_2	H_2	Ne	O_3	Kr	Xe	灰尘
比例（%）	78	21	0.93	0.03			0.04			

森林火烧烟雾的成分主要为二氧化碳和水蒸气（90%~95%），另外还有一氧化碳（CO）、碳氢化合物（HC）、硫化物（XS）、氮氧化物（NOx）及微粒物质等，约占5%~10%。

3.3.1.1 二氧化碳（CO_2）

正常情况，空气中的二氧化碳占0.03%。对植物来说，二氧化碳是绿色植物光合作用的主要原料之一，绿色植物通过光合作用把二氧化碳和水合成碳水化合物，构成各种复杂的有机物质。CO_2通常情况下不能算作污染因子，二氧化碳对空气来说是否构成污染主要看其在空气中的含量。但二氧化碳的增多有增温作用。1t森林可燃物燃烧时能产生1 755kg的CO_2。但是，对于人类和某些动物来说，空气中CO_2的含量过高会影响其健康，见表3-5。

表3-5 空气中CO_2含量与人的反应关系

空气中CO_2含量（%）	人的反应
达到0.05	人的呼吸就感觉不舒服
达到4	人就会发生头晕、耳鸣、呕吐等症状
超过10	人就会因窒息死亡

3.3.1.2 一氧化碳（CO）

它是森林燃烧时产生最多的污染物质。并直接危害人类健康。有人测定火焰上空含CO浓度为200mL/m^3。距离火场30m处CO浓度少于10mL/m^3。在实验室进行燃烧试验时，每吨废材燃烧后产生16~88kg的CO。有人发现在低强度火烧时，散发CO的量为225~360kg/t。

CO是林火产生的一种污染物质。它直接危害人体及动植物的健康，其危害程度依暴露时间和CO浓度而定。当空气中一氧化碳浓度达到1 000mL/m^3时，可使人致死。当空气中的CO浓度为0.002%~0.008%时，会使人的血红蛋白（红血球）失去携带氧气的功能，造成组织缺氧，当浓度达到0.2%时，可引起急性中毒，使人在几分钟内死亡。燃烧1t可燃物可产生13~73kg的CO，而在可燃物含水量大或氧气不足时可产生1 865kg的CO。燃烧效率是衡量燃烧是否安全的标准。燃烧效率指燃烧时所产生的CO量与CO_2量之比。CO/CO_2的比率是一个重要指标。有人测定在烟团中这一比率数值为0.024~0.072，在燃烧的火焰中平均为0.034。实验室燃烧黄花松 CO/CO_2 比率为0.051。据测定，烟雾的燃烧效率为4.8%，有焰燃烧为3.4%，残火为5.2%。燃烧效率越小，燃烧越完全，有毒的CO含量越少。

在实验室火烧采伐剩余物等，每吨可燃物产生 $15.88 \sim 88.45 kgCO$。故扑火指挥人员应每隔4h把扑火人员转移到含CO量较低的地区去，或从火场顺风处撤到逆风处。

3.3.1.3 硫化物

硫化物是空气污染的主要成分之一。硫化物主要指二氧化硫、三氧化硫、硫酸及硫化氢等有毒物质，其中二氧化硫是主要的硫化物。当空气中二氧化硫含量为 $1 \sim 10 mL/m^3$ 时，对人就具有刺激作用；$20 mL/m^3$ 时，人就会出现流泪、咳嗽等反应；$100 mL/m^3$ 时，人就会有咽喉肿痛、呼吸困难、胸痛等症状；超过 $100 mL/m^3$ 时，人的生命会受到威胁。二氧化碳对植物的危害浓度要远低于这些数字。当空气中 SO_2 的浓度为 $0.3 mL/m^3$ 时，植物就会出现被害症状。其中，针叶树老叶出现褐色条斑，叶尖变黄，逐渐向叶基部扩散，最后叶枯凋落；阔叶树叶脉间首先出现褐斑，逐渐扩散，叶干枯凋落。空气中硫化物的存在还是产生酸雨的主要原因(如下式)。

$$SO_2 + O_2 \longrightarrow SO_3 + H_2O \longrightarrow H_2SO_4$$

酸雨现象在欧洲已经成为公害，不仅森林大片死亡，而且对人类及建筑物的危害越来越严重。森林可燃物的二氧化硫含量约为2%，燃烧后所释放的量足以对动植物产生危害。但是，火烧后二氧化硫的浓度常常在风等作用下大大下降。二氧化硫虽然是有害气体，但是森林可燃物中的硫的含量在0.2%以下。因此，森林火烧产生的氧化硫是微不足道。

3.3.1.4 臭氧

一般空气中臭氧的含量为 $0.03 mL/m^3$，且主要分布在 $20 \sim 25 km$ 高空的大气层，通常称为臭氧层。但在火烧采伐剩余物的烟雾中臭氧含量高达 $0.9 mL/m^3$，经45min扩散之后，仍达 $0.1 mL/m^3$。但是在大气中，特别是大气上界有一定的臭氧还是有必要的，因为它能够吸收对人有害的紫外线。虽然紫外线有杀毒的作用，但是过多的紫外线对人体是有害的。而臭氧能够吸收对人有害的紫外线，所以(臭氧空洞)的出现，对人类的生存和发展带来很大的威胁。臭氧是光气—光化学烟雾的主要成分，是城市污染的主要有害物质之一。对烟草来说，只要暴露在浓度是 $5 \sim 12 mL/m^3$ 的臭氧空气中，$2 \sim 4h$ 就会出现受害症状。

3.3.1.5 含氮化合物

空气中含有大量的氮气，无论对动物、植物还是对人类均没有危害。但是，当空气中的氮被转化为氮氧化物和氮氢化物，比如 NO_2、NO、NH_3 等，它们对人类的危害显著增加。比如二氧化氮具有强烈的刺激性气味，能引起哮喘、支气管炎、肺水肿等多种疾病。如果空气中二氧化氮的浓度达到0.05%时，就会使人致死。二氧化氮一般在1 540℃的高温条件下产生，但是森林火灾很少能达到如此高的温度。有人测定过,木材充分燃烧的火焰温度为1 920℃。但是在自然条件下,森林燃烧的温度达不到这个温度，因为可燃物含有水分或者供氧不足，燃烧不完全。森林可燃物燃烧的一般温度大约在 800～1 000℃。因此，NO_2 在一般森林火灾的温度下是不会产生的，所以大气中的二氧化氮的形成主要是由于闪电而产生的。不过，如果空气中有游离氢基存在的时候，即使温度较低也可形成二氧化氮。

3.3.1.6 碳水化合物

所有有机物燃烧时都能产生碳氢化合物，它是烟通过光化学反应形成的产物对人类健康非常有害。不完全燃烧容易产生碳氢化合物。森林可燃物燃烧时，测得每吨可燃物能产生碳氢化合物 5～10kg。在采伐剩余物火烧烟雾中，碳氢化合物占 30%，但在高强度的火烧时只占 15%。

碳水化合物种类很多，绝大多数是无毒的。据色谱分析结果表明，林火排放物中除了烃基物质外，至少还有 100 多种有机气体。其化学组成有氧饱和化合物，如有机酸、醛、呋喃等和高分子脂肪基、芳香基等碳氢化合物，针叶可燃物燃烧时能产生 60 多种碳氢化合物，碳原子的数目从 C_4—C_{12}，其中含碳原子较少的甲烷、乙烯等占所有碳氢化合物的 67%。对所有可燃物来说，火烧时碳氢化合物的挥发量只占烧掉可燃物干重的 0.5%～2%。许多芳香烃(多环芳香烃)是动物致癌物质。比如，美国科学院确定 α-苯并芘就是一种具有强烈致癌作用的物质。森林可燃物燃烧时能产生这些芳香烃物质，但是，产量很小，最多不过 $0.1mL/m^3$，不致于产生严重影响。

3.3.1.7 微粒物质

所谓微粒物质就是指烟雾、焦油和挥发性有机物质的混合物。烟尘颗粒大小在 0.01～60μm 之间，主要颗粒在 0.1～1μm 范围内(表 3-6、表 3-7)。烟尘的颗粒越小，作用越大。微粒的物质还是有害气体的吸附表面，它可使呼吸道病情加重。当氧化硫与之结合之后，情况尤其如此(表 3-8)。

表 3-6 颗粒类型及直径(或长度)大小对照

形状	直径(或长度)(μm)
单球状	直径为 0.5～0.6
多个球状颗粒聚集在一起形成链条状	长度为 4～80
球型颗粒	直径为 0.5～20

表 3-7 不同大小颗粒所占的比例

颗粒范围(μm)	比例(%)
颗粒小于 0.3	68
颗粒小于 1	82

表 3-8 颗粒大小及对人体的危害

颗粒大小(μm)	危害
直径在 5～10	飘浮在空中，可被人吸入，但是一般只停留在呼吸道而不能进入肺部；在空气中可被植物叶子吸附或遇雨融水落地
直径小于 2	可通过呼吸进入人的肺部，而且有 50% 的直径小于 1μm 的微粒在呼吸道深处组织聚集而引起呼吸道疾病，当空气中有 SO_2 存在时，其致病作用更强
直径为 0.3～0.8	对可见光的分解作用最强，可使大气能见度显著下降

林火产生的烟尘对林火扑救人员的生命威胁极大,往往烟尘将人呛倒而被火烧死。

烟尘大大降低了空气的能见度,给空中飞行和高速公路交通带来不便。美国规定在高速公路及飞机场附近严禁火烧,以防发生交通事故。

烟尘直接影响光照的数量和质量,直射光少,散射光多。特别是夏秋大面积火烧,往往造成农作物减产。1915年苏联西伯利亚的森林火灾,烟雾弥漫的地区超过了全欧洲的总面积,延续了数周。烟雾减弱了太阳的光照,不但使谷物的收获延缓了3个星期,并且降低了产量。

烟对植被的影响程度取决于笼罩时间的长短,也取决于有害物质含量的多少。含量少,可降低植物光合作用的效率;含量大,可造成急性中毒,组织坏死。有证据表明,短暂地暴露于烟的污染之下,会使寄主的生命力降低,随之会导致抗病虫害能力的减弱。有人指出烟污染可能会影响到节肢动物的产卵能力,这种影响是直接产生的,还是通过寄主而间接产生的,目前不太清楚。火烧针叶和草类的烟,可抑制某些真菌病原体的生长,使孢子的发芽和病原体的传染受到影响。

林火烟尘的排放量取决于火的类型、火的强度和火烧的阶段。火的性质不同所产生的烟量也有差别。一般来说,顺风火排放量是逆风火的3倍。无焰燃烧是有焰燃烧的11倍。火烧强度与它的关系基本是成反比关系。

烟尘是包括了焦油以及挥发性有机物的混合体。烟的苯溶性有机成分占40%~75%(而正常大气中只有8%)。

3.3.2 烟雾的产量

烟雾的主要来源是森林火灾和计划火烧,不同的火烧所产生烟雾的数量和质量不同。据统计,美国每年森林火灾产生的烟的微粒物质量高达3.5×10^6t;而计划火烧而产生的烟的微粒物质量为0.43×10^6t,说明森林火灾产生的烟占88.6%,计划火烧所产生的烟占11.4%,前者是后者的8倍。因此,可以说森林火灾是烟雾的主要来源,见表3-9。

表3-9 美国各地区森林火灾和计划火烧烟量的具体分布情况　　　　t/a

地　区	森林火灾	计划火烧
阿拉斯加	647 000	0
太平洋沿岸	580 000	99 000
落基山	841 000	105 000
中北部区	193 000	500
南部山区	1 055 000	223 000
东部山区	131 000	15 000
总　计	3 447 000	429 000

3.3.3 空气质量和烟雾管理

林火及计划火烧对空气的主要污染是向空气中释放烟尘颗粒。据测定火烧所产生的颗粒有23.7%被释放到大气中去。这些颗粒最显著的影响是降低大气能见度。大颗粒可很快降落到地面，而小颗粒(特别是微粒)可在空气中悬浮几天或更长。这些颗粒对人类的影响并不是人们所想像的那样无毒无害，但究竟有多大影响，现在还没有人完全说得清楚。但是，合理的布局可使这种影响减少些。

碳氢化合物是火烧时产生的第二类最重要的燃烧产物。据测定，火烧时有6.9%的碳氢化合物被释放到大气中。在森林可燃物燃烧时，所释放出的CO的量是可观的(25kg/t)，但它很快氧化，对人及动植物不会造成危害。木质可燃物燃烧时，硫的释放量很少，氮氧化物也很少见，因为形成NO_x化合物的温度要比木质可燃物的燃烧温度高。

烟雾最直观的影响是使空气能见度降低，另外烟雾本身使人看起来不舒服。为了减少这种影响，火烧可在早晨的逆温已经消失，晚间逆温层形成以前进行。大气的混合深度和风对烟雾的消散具有促进作用，寻找这样的点烧时机有时是不容易的。特别是在人烟密集的地方要十分慎重。火烧时间尽可能短些。因为人们可以忍耐几个小时的烟雾，但是几天恐怕是不行的。有时公民对烟雾反应强烈时，不得不对火烧做些限制。虽然这会限制火的应用，但是，点烧一定要选择有利时机和条件，不能超出污染控制标准。

3.4 林火对植物的影响

火对植物、植物种群和植物群落的影响是多方面的。其影响程度取决于火的行为(火蔓延速度、火强度、火周期等)，也取决于植物和植物种群对火的适应能力以及植物群落的结构特点。下面主要讨论火与植物、植物种群和植物群落间的相互作用和相互关系。

3.4.1 火对植物的影响及植物对火的适应

植物对火的适应性主要表现在火能促进球果开裂、种子萌发、萌芽能力，植物枝叶含油脂和水分的多少及树皮的特性等也表现出对火的适应性。火一直是塑造有机体适应性的主要进化力。植物火后抽条可使某一立地得以维持，并进一步使抽条个体繁殖，但该特性可能也适应于干旱、寒冷和放牧。因此，频繁火烧生境中的植物的很多特性可能具有多种功能，而且可能是源于对火以外的其他选择因子的反应。

3.4.1.1 种子对火的适应

(1) 种子萌发与温度 通常情况下，植物种子对温度具有一定的忍耐力。一些草本植物的种子在82~116℃(5min)的高温处理后仍具有萌发能力，且部分植物种子能耐116~127℃的高温，经这种处理后的种子，甚至会增加其萌发能力。

例如，北美艾灌的种子具厚而坚硬的种皮，甚至能忍受140～150℃的高温。所以，若植物种子被轻埋于土壤，则它在遭遇强度较大的火烧后，仍能保持生命力。因此，不同植物种子的萌发对温度的反映也是不同的。

从表3-10(a)中可发现，加热处理使盐肤木和野葛种子萌发率提高，但在70℃时其他种子萌发率显著下降。表3-10(b)中可发现，未经储藏的胡枝子经50℃、70℃处理萌发率显著提高。而表3-10(c)中珍珠梅、笃斯、绣线菊种子经120℃处理萌发率明显提高；但兴安落叶松、樟子松种子不能忍受120℃高温。

表3-10 植物种子的萌发(%)与温度的关系

	50℃	70℃	90℃	100℃	120℃	对照
(a)处理时间30s，经过储藏						
盐肤木	—	63.5	49.5	—	—	37.0
野葛	—	45.5	57.2	—	—	34.0
胡枝子	—	0.9	0.5	—	—	88.4
小钩树	88.0	17.3	0	—	—	85.6
野草	33.0	3.5	0	—	—	36.3
粘毛蓼	16.0	4.0	0.2	—	—	12.8
(b)处理时间30s，未经过储藏						
盐肤木	56.0	54.0	86.0	—	—	2.0
野葛	9.0	12.0	78.0	—	—	6.0
胡枝子	27.0	34.0	0	—	—	4.0
(c)处理时间5min，未经过储藏						
兴安落叶松	44.7	36.3	23.7	27.6	6.5	29.6
樟子松	64.7	66.3	65.0	62.7	6.9	56.7
白桦	87.5	87.0	82.5	89.6	82.0	82.9
黑桦	68.7	51.0	52.0	—	32.0	73.7
笃斯	3.8	2.1	5.5	—	15.5	2.9
珍珠梅	67.7	74.4	55.7	—	66.7	57.0
绣线菊	24.3	22.7	18.3	—	34.3	21.7
赤杨	30.0	25.0	47.0	—	15.0	25.0
毛赤杨	36.0	38.0	48.0	—	60.0	52.0

(2) 火烧对植物下种的影响　对许多灌木和乔木来说，植株上保存种子是其生活史上的一个重要方面。对火敏感的植物尤其如此，因为保存种子是它们具有抗性的途径。澳大利亚的王桉(*Eucalyptus regnans*)就是这样的种类之一。它在遭受毁灭性的灌木火烧后，只要存在成熟的植株就可进行更新。桉树的种子成熟后在两年内下落，其所产生的种子大约有30%在树上被鹦鹉吃掉。自由落下的仅有10%左右能够萌发。然而，火烧使王桉成熟种子一次性100%释放，即使有

10%被动物取食，仍有90%的种子可以萌发。火烧后，林地阳光充分，养分丰富，受真菌和动物的影响减少，因此，幼苗的存活率明显增高。

(3) 火频度对种子萌发的作用　一些树种火烧后种子大量萌发，火烧越频繁，萌发越多。如含羞草科金合欢属的巨相思树(Acacia cyclops)它是澳大利亚西部沙丘上的一种灌木，被引种到南非以固定沙丘。该树种在好望角(阿扎尼亚)已成为公害，它的引进直接威胁到本土树种的生存。这是由于该树种的产种量巨大，其数量可达 2.5×10^8 粒/hm^2。火烧后种子迅速萌发且快速生长，不断地侵入本地种的分布区。有学者认为南非和澳大利亚巨相思树生境上的主要差别在于燃烧的频度，南非植被经常被烧，而在澳大利亚其生境很少受到火烧。

(4) 火烧促进果球开裂　一些树种具有迟开的特性，火烧可促进其开裂。像王桉、扭叶松(Pinus contorta)、北美短叶松(Pinus banksiana)等树种均具有果实成熟但球果(种鳞)不及时开裂的特点。扭叶松树龄小时，球果易开裂。随着年龄的增加，球果开裂的持续时间延长。甚至一些北美短叶松的球果能在树上停留75年，其种子仍具生命力。同一林分中，因分布的海拔高度不同，其球果的开裂性差异很大。扭叶松和北美短叶松树皮越厚，球果迟开性越低。高强度火会增加迟开性的基因，低频度和低强度火会降低迟开性。除了球果迟开性外，还有的树种因种皮坚硬(核桃)、种子外层有油质(漆树)、蜡质(乌桕树)等，而不利于种子萌发。可是经过火烧后，蜡质、油脂挥发，种皮开裂，使得种子开放、萌发。

3.4.1.2　叶子对火的适应

(1) 叶子的特点与抗火能力　由于大部植物组织的可挥发物是以高能的萜类、脂类、油类等形式存在，因此尽管可燃物的热含量不大，但单个组织的燃烧性能差异很大，因为它们普遍在相对较低温度下开始燃烧，并且常沉积在植物的表面上，尤其是叶子上。某些可燃物极易燃烧，是因其叶组织中具有高浓度的高能化合物。叶子抗火性的强弱还与自身的灰分含量有关。灰分含量越高越不易燃，且蔓延迟缓。相对于多数阔叶树而言，针叶树易燃，是因其挥发性油脂和树脂成分含量高；而阔叶树自身的含水量高，因此不易燃或难燃。如樟子松油脂含量为12.48%，但阔叶树白榆为2.1%。可是某些阔叶树的叶子中挥发性油脂含量高，像我国南方的桉树、香樟等。桉树的挥发性油含量为13.7mg/kg，要比马尾松的2.15mg/kg高5倍多。我们通过分析树种的灰分含量来确定树种的易燃性。云杉、杜松的灰分含量较高，达8.5%。而一些南方树种的灰分含量超过10%，如青皮竹(15.32%)、观光木(12.54%)、木石楠(10.46%)。所以南方的抗火树种比北方多。此外，叶子的灰分含量随其含水率增加而降低。

芽和叶子着生位置和状态的不同其抗火性也有差异。具有丛生的树冠是树蕨和苏铁及单子叶植物保护顶芽的对策。树皮厚度是针叶乔木和双子叶植物保护芽的一个重要对策。东北的樟子松芽朝上生长，不仅靠侧芽保护，还有针叶保护；即使大火烧掉针叶，而顶芽仍可受到保护。美国的长叶松，叶子长，能将芽包在里面，达到保护芽的目的。

立地条件是影响枯枝落叶分解的一个因素，而树叶的理化性质是影响枯枝落叶分解的另一个因素。多种针叶树不易分解（如油松、红松等），枯落物积累较多，增加了林分的燃烧性。可是也有例外的树种，如落叶松枯落的针叶排列紧密，难分解，林地上枯落物较多，但其针叶难燃，所以落叶松可作为北方的防火树种。阔叶树的叶子含油脂低、较柔软、易分解。然而，蒙古栎树叶革质，枯落后卷曲，水分不易存留而容易着火，属易燃树种。

（2）叶子对火的适应　植物的叶子对火十分敏感。我国北方，在防火季节只有一些针叶林是四季常绿，例如：红松、油松、樟子松、云杉、冷杉等。由于这些树种叶子的致死温度远远低于火的温度，因此，当树叶遇到火后，将难以生存。研究表明：49℃作用1h针叶便会死亡；60℃时，30s死亡；62℃时，叶子立刻死亡。林火的温度是在800℃（低度火）到1 500℃（高度火），树叶直接对火的抵抗力是很小的。

在一些情况下，火后重新抽条增加的养分浓度，可能只是组织年龄变化的一个产物。火后生长出来的幼叶和茎，有典型的相对较少的结构组织，具有与代谢相关的较高的养分浓度（氮、磷、钾）和低浓度的结构性元素（钙等）。

火烧后，叶的高养分浓度持续时间比高水平土壤有效养分或组织年龄影响的时间更长。火后最初的养分吸收高潮过后，较高的叶养分浓度可能为快速生长和早期活跃的代谢机制所必需，这是中期演替的特点。代谢活跃的叶子，一般具有较高的无机养分浓度，因它们有少量的碳，在光合作用中有相当数量的氮，并在膜磷脂和磷酸化介质中有高水平的磷。火后植被叶养分浓度的经常性变化与种的组成变化有关。如在加拿大的布朗斯威克，快速生长的灌木统治了北美短叶松林分下木，并占有植物地上部分养分的25%~65%，演替后期，灌木被养分浓度低生长慢的松树所代替，所以灌木作为养分储存库的作用减小。

3.4.1.3　树皮对火的适应

树皮有一定的耐火能力，树皮是不良导体，可以保护树干不被烧伤。但树皮的厚薄、结构、光滑程度，对树皮的耐火性能有一定影响。树皮厚、结构紧密，抗火性能强。树皮随着树木年龄的增加而增厚。所以，幼树的抗火性能弱，大树、老树抗火性能强。有些树种在受到火刺激后，致使树皮增厚；作用越强树皮越厚，如兴安落叶松、樟子松等。因此，具有这样特性的树种，其耐火性也会增强。

3.4.1.4　芽的保护方式对火的适应

芽是植物火烧后进行无性繁殖的一种重要方式。所以保护芽，对于火烧后植物的恢复具有重要意义。树皮对芽的保护作用的例子：澳大利亚桉树和欧洲的一种栎树在遭遇毁掉树冠的火烧后，枝条可能会死而在较厚树皮内的芽能存活，树木还能生存并产生新芽。研究表明，5~7m高的桉树被烧去树冠，在1年内即恢复火烧前的叶面积，3年内恢复正常的分枝格局。需要注意的是，树木的大小和种类不同，恢复的时间也不同。具丛生的灌丛是树蕨和苏铁及单子叶植物保护顶芽的对策。夏威夷的露兜树等树种均有这种特性。当树冠的叶子被烧后，在丛生叶的基部基本上未遭破坏，这样夹层中的芽还可萌发。樟子松也有上述特点。

土壤是不良导体，火烧输入到土中的热量很少（地表火所释放热量的5%进入土壤）。因此，在土壤中有繁殖体（根芽、干基芽）的植物火烧后能很快恢复。如蒙古栎、山杨、白桦等萌芽力均很强。

3.4.1.5　根的无性繁殖对火的适应

根的无性繁殖对火的适应有重要意义。火烧后林地光照强度增加，使得土壤温度增强，有利于根的萌发和生长。根的萌芽能力越强，则它对火的适应性越强。蒙古栎无论在哪个年龄阶段均有较强的萌发能力；而兴安落叶松只有在幼龄时期才具有萌发能力。菌根对决定植物养分吸收率是极为重要的。在火后演替过程中，真菌种类组成和生物量的变化说明了菌根活性变化。火烧使花旗松幼苗在至少烧后的2年内减少受菌根侵染程度。一般在低养分生境中菌根发育最好，并在火后中后期演替中尤为重要。有些树种火烧后能从根部的不定芽产生萌条（根蘖），杨树和椴树能在土层较深、土壤肥沃的地方产生根蘖。而桉树则是靠底下块茎（有时长达1m），因它储存养分，使得块茎上的不定芽迅速萌发，产生新的植株。

3.4.1.6　火对植物开花的影响

火烧导致草地大量开花已在北美有报道，与此相反，在澳大利亚草地上的调查却没有结果。Mark(1965a)认为新西兰草地与北美的草原的相似性程度并不高。Old(1969)发现伊利诺斯草原火烧促使开花数增加10倍。在美国草地，覆盖物减少了开花数量，而在新西兰却没有影响。这个结果可能与棚荫作用有关。对于火烧促进开花这一现象，在单子叶植物中发现较多，双子叶植物则报道较少。常见的有：禾本科、兰科、石蒜科、丁香花科等。

Erickson(1965)认为使用木材灰可促进澳洲兰花开花，Naveh(1974)认为火烧后增加的光强是增加开花的因素。火烧可改变 *X. australis* 的花序出现时间。如Mitchell(1922)发现 *Asparagus* 属植物经过火烧后导致的开花时间提前。这说明植物经受火烧的时间会影响其花序出现的时间。

3.4.1.7　火烧迹地上植物的变化

喜光植物增加，耐荫植物减少。近期火烧迹地的所有植物生长都比未烧地提前2~3周而在整个4月、5月、6月初，生长都快一些且成熟早。这是因为火烧迹地上有较高的土壤温度使植物提前返青生长，也能加快植物的生长速度（部分原因是火烧迹地上有效磷的增加）。火烧影响土壤温度，是因火烧掉了吸收太阳辐射和阻止土壤热辐射的活枝条和枯落物层，这些都影响土壤表面及邻近空气的热辐射状况。北美东南部松林下禾草被烧后，短期内土壤7.6cm深处温度升高0.3~3.6℃。中国东北地区的阔叶红松林较大面积的火烧后，最先入侵和演替起来的是一些阔叶喜光树种，如白桦、山杨等。在美国东南部火灾过后，植被发生明显变化，尤其是东南部的松林区和德克萨斯灌丛和阿肯色松林。重复的火烧使许多硬杂木树种生长区只适合松树（树皮很厚，适应性强）生存。火烧去除枯落物，利于植物生长，否则，由于它们的积累（较好的生长地点，枯落物数量大），产生一层覆盖物抑制植物生长，或通过剥夺植物的空间和光来削弱植物的生长活力。如我国小兴安岭生长着一种叫柳兰的植物，在林下不能开花，靠无性繁殖来维持生存。当火灾过后，光照充足，柳兰大量增加，能够开花结实和进行有性繁殖。

浆果类植物增加。因火烧迹地阳光充分，适合喜光浆果类灌木生长。中国学者在小兴安岭调查发现：悬钩子、草莓、刺莓果等数量大增（几倍或更多）。火烧迹地上的鸟类变化是其增加的另一原因。由于火烧迹地空间开阔，天敌减少，鸟类种类和数量增加，它们在林内、林缘等地吞食大量的浆果，然后飞到火烧迹地来栖息，随着代谢将种子（多数种子具生命力）排泄到迹地上，使得浆果类植物大量萌发。

含氮植物减少，固氮植物增加。火烧除了氮、硫等元素会产生挥发物外，其他养分基本没有直接损失。氮素的流失通过降水、固氮植物，尤其是豆科植物、赤杨、杨梅、藻、细菌和某些真菌活动增强而得到恢复。这些有机体在火烧迹地的活动同未烧地相比经常导致较多可利用的氮素产生。在我国大兴安岭较干燥的地区豆科植物大量产生，如胡枝子增加 50%。美国赤杨每年固氮量达 $300kg/hm^2$。美国西部，经过 $10\sim15$ 年的时间，毡毛美洲茶（$Ceancthus\ velutinus$）在两个不同植物群落中，固定的氮素分别为 $715\sim1\ 081kg/hm^2$。此外，通过闪电的高温、高压作用使空气中的氮气与氧气直接化合生成二氧化氮，最后生成硝态氮；这种方式转化的氮的数量较少，每年产生大约 $5kg/hm^2$ 的氮，甚至更少。

3.4.2 火对植物种群的影响

3.4.2.1 树种的火生态对策

树种的生物学特性影响树种燃烧性，如树木的形态、结构、生长发育特性、树种萌发能力等直接影响树种的燃烧性。此外，树种的生态学特性也是确定树种是易燃或是难燃的重要因素。一般情况下耐干旱，生长在干燥立地条件下的树种易燃；相反生长在潮湿立地条件下的树种难燃，因为这些树种体内含水量较高。一般情况下喜光树种易燃，耐荫树种难燃；在贫瘠立地条件下生长的树种易燃性高，在肥沃立地条件下的树种易燃性低。

物种对火适应不是指一次火烧，而是一系列的火状况，包括火强度、火频次和火烧季节。

火灾轮回期，或称火频次。一般火灾轮回期长的物种属于难燃，短的属于易燃，居中者为中等。

发生季节。一年长期发生火灾者为长火灾季节，属于易燃；相反火灾季节短者为难燃；介于两者之间为中等。

雨后复燃期。下大雨后可燃物类型复燃期越短者属易燃；相反雨后复燃期越长者为难燃。

火强度。一般火灾发生频繁，其火强度越弱；火灾发生不频繁者，火强度大。

火格局。火灾种类和火灾分布特点主要有两层：一是火灾发生所间隔的年限，二是火灾发生的种类。如：不发生火灾，少发生低强度地表火，频繁发生地表火，间隔几十年发生较严重地表火，间隔百年发生严重地表火，间隔百年发生严重树冠火，间隔数百年发生严重地表火或树冠火，间隔更长时间(千年)发生严重的地表火或树冠火。

一些物种休眠芽的存在也是对火的适应。这些芽长期存在并能像茎一样进行增粗生长，澳大利亚东南部森林区系中的许多物种就是如此，许多小桉树植物的基部膨大为木质块茎，在北美，相似的器官被称为基芽轮和根冠。在澳大利亚，木质块茎被认为是对火的适应。这种适应不仅发现于桉属植物，也在 Mytactae, Proteaceae, Epacridaceae 和 Compositae 及其他科属中发现。在北美，基芽轮被发现于桦木属、壳斗科栎属等。

乔、灌木适火能力取决于树皮的抗火能力。许多具有商业价值的成年桉树属于此类，这类树以前地下木质块茎上的芽在生长过程中失活。如果这些树木树皮上的休眠芽基死亡，并且干基上的形成层死亡，这些树木就会死亡。火后树木是否存活取决于茎和根连接处的芽是否存活，而这些芽是否存活取决于树皮特性和火行为，桉树的抗热能力是对火的一种适应。

3.4.2.2 火对策种

(1)澳大利亚几种植物对火的适应

①王桉(*Eucalyptus regnans*)　这种桉树生于澳大利亚东南最好的立地条件下，生长速度快，形成同龄林，下层群落高而密。这个种对火的反应由下列特点决定：(a)树皮对火作用敏感；(b)抽条能力弱；(c)种子在树上存贮时间短(2年)；(d)土壤中的种子寿命不长；(e)成株每4年一个种子丰年，每2年一个平年；(f)幼苗不耐荫；(g)初级幼年阶段15~20年；(h)最大寿命约400年；(i)理想条件下生长快速。

火烧在其林分中很少，一旦发生，强度就很高，桉树常被烧死，更新决定于树上的种子。在稀疏、光线充足的火后环境中，幼苗生长非常快，形成同龄林，超出下层木。如果种子开始产生之前再一次火烧，这个种可能消失。如果400年没有火烧，由于缺少更新，这个种可能灭绝。

这个种没有特别的对火适应的性状，但它的大面积繁殖明显决定于火。30~300年的火间隔期对于繁殖可能最合适，显然需考虑火强度，但其变化太大。应该强调的是：在某些地区，如易受霜害的沟谷，该种植物能无火更新。

②*Daviesia mimosoides*　这种灌木广泛分布在澳大利亚东南部森林和灌丛林中，能形成浓密的高2m的林分，增加灌丛火的危险性。在某些火状况下，它具有许多能使之繁殖的特点。这个种对火的反应特点由下列性质决定：(a)地下芽；(b)硬皮种子和土壤中的高储藏量；(c)成熟林分种子产量高；(d)种子萌发始于火后第二个生长季；(e)寿命约15年(变化较大)。

高强度火烧后可能通过埋藏芽进行营养繁殖。较强的火也能刺激土壤中的种子提高发芽率，增加群落密度，较轻的火可能无此效果。在生命周期的衰退阶段，火可能烧死营养株（与近缘种 *D. latifolia* 相比）。如果 15 年不发生火烧，更新决定于土壤种子库中软化的硬皮种子，种子库中的种子寿命虽然变化大，但可能超过个体产生种子的周期。

5～10 年周期性高强度的火烧可能有利于这个种的发展。在这个间隔期内，营养恢复明显，可燃物积累足够多，种子产量达到高峰，植株自然死亡，并对火敏感，土壤种子库中的种子量丰富。高强度火烧能促进发芽。这些有利于繁殖再生，是对火的适应。

③无脉金合欢（*Acaia aneura*）　这种灌木或称小乔木广泛分布，是澳大利亚干旱半干旱区有价值的饲料。这个种更新不受到较大重视，但在无火情况下，可零星繁殖。诸如修剪等干扰以后，不同地区这个种的恢复途径有很大变化，某些地区营养恢复可能明显。所以，在考虑对火的适应时，该种的分布区非常重要。在澳大利亚南部，这个种对火非常敏感。相对湿润年份种子零星生产，大多数种子坚硬，但火烧能刺激发芽。这个种寿命长，死亡不由火烧引起，而多因干旱和昆虫袭击等。

从对火状况适应的观点看，这个种似乎适应偶然的火烧（以破坏坚硬的种皮）。轻微的火烧能烧残营养体，但不能调节发芽，湿润条件也能刺激发芽。由于火烧等其他原因，某一地区可能无营养体，但土壤中可能有这个种的种子。

④扭黄茅（*Heteropogon contortur*）　多年生禾草，广泛分布在热带和亚热带地区，在澳大利亚昆士兰北部尤为普遍，占据小土丘 50～150m 范围。群落中伴生种常有 *Themeda australis*、孔颖草属（*Bothriochloa*）、三芒草属（*Aristida*）、画眉草属（*Eragrostis*）、虎尾草属（*Chloris*）和金须茅属（*Chrysopogon*），共同形成密禾草林（grassy forest）和疏林。每年干旱季节的火烧有利于扭黄茅属（*Heteropogon*）占优势，轻度放牧，至少在菅草属（*Themeda*）伴生的群落中，这种作用被加强。扭黄茅的耐火特点有：（a）植物已有的抗火能力；（b）火对发芽的促进作用；（c）遇湿吸涨变形行为（埋藏）；（d）火烧后种类的组成变少；（e）火后湿润季节产生种子。扭黄茅显然是一个适应每年干旱季节火烧的种类，但低频次火烧和非干旱季节火烧后其变化行为不清楚。

除了上述澳大利亚的几个物种外，像北美短叶松留在树上的迟开球果内的种子经过 75 年仍具生命力。火烧后球果开裂，释放种子，利于森林的更新。美国黑松、杰克松、中国的樟子松都具这种迟开性。

（2）我国东北主要树种对火的适应　东北林区仅乔木树种就有 100 余种。但是，分布最广，占比例较大的仅 10 余种（表 3-11）。从表 3-11 可以看出兴安落叶松等前 5 个树种的蓄积量占全区总蓄积量的 81.6%。因此，研究这些树种对火的适应特性，对于该区的林火管理具有重要意义。

①红松　红松是东北东部山地针阔混交林中主要代表种和优势种，除在局部地段形成纯林外，在大多数情况下经常与多种落叶阔叶和其他针叶树种混交形成以红松为主的针阔叶混交林。红松主要分布在我国长白山、老爷岭、张广才岭、完达山和小兴安岭的低山和中山地带。红松是珍贵的用材树种，以其优良的材质

表 3-11 东北林区几种主要树种所占的比例(蓄积)

(20 世纪 70 年代)

树 种	所占比例(蓄积)(%)	树 种	所占比例(蓄积)(%)
兴安落叶松	24.4	榆 树	3.5
红 松	20.1	冷 杉	3.2
白 桦	19.2	山 杨	2.9
蒙古栎	9.9	其他树种	7.7
云 杉	8.2	总 计	100.0

和多种用途而著称于世。因此,东北地区营造了一定面积的红松人工林。红松的枝、叶、木材和球果均含有大量的树脂,尤其是枯枝落叶,非常易燃,发球易燃树种。但是,由红松为主组成的森林随立地条件和混生阔叶树比例不同,燃烧性有很大差别。例如:人工红松林和柞椴红松林易发生地表火,也有发生树冠火的危险;云冷杉红松林一般不易发生火灾,但在干旱年份也能发生地表火,而且有发生树冠火的可能,但多为冲冠火。

②樟子松 樟子松仅在大兴安岭北部的阳坡呈不连续岛状分布,由于樟子松分布的坡度较陡,立地条件较干燥,火灾常常蔓延很快,并容易烧至树冠,引起树冠火。樟子松在低强度地表火过后,能刺激树皮增生,这样会使其抗火性加强。另外,樟子松球果具有迟开的特性,低强度火能促进其球果开裂,种子释放而萌发,这对于该种的火后更新很有利。

③云冷杉 云冷杉对火非常敏感,最怕火烧,其枝叶乃至树干都很容易燃烧。特别是臭冷杉,树皮下产生较多油包非常易燃。云冷杉的小枝、球果等均极易燃。它对火的适应是逃避到立地条件较湿的亚高山或沟谷。有人认为大兴安岭林区云冷杉之所以不能取代落叶松是因为火的作用。

④兴安落叶松 兴安落叶松主要分布在大兴安岭林区。落叶松的种子小(4.3mm×3.0mm)而轻(3.2~3.9g/1 000 粒),且具翅(4.5~9.2mm),易风播(风播距离 60~80m,最远达 200m),为落叶松创造了更多的更新机会;叶子细小(15~20mm×2~3mm)枯枝落叶排列紧密、潮湿。树皮厚是落叶松抗火性强的又一特征。而低强度火刺激次数越多树皮越厚,有的树皮厚单侧达 20cm 以上。有的树干火疤高达 4~5m,估计当时火的强度可达 4 800~7 500kW/m,如此高强度的火烧后落叶松未能致死,说明落叶松具有较强的抗火性;另外,在落叶松林有许多易燃可燃物多分布在地表,所以,一般只发生强度较低的地表火,较少发生高强度的树冠火。兴安落叶松是最抗火的树种之一。

⑤山杨和白桦 杨桦林是原始林火烧或砍伐后最先演替起来的次生林,其分布面积最大。干燥、疏松的枯枝落叶及易燃性杂草灌木较多,使杨桦林非常易燃。尤其是白桦的纸状树皮,含油量较多,非常易燃。但是种源丰富,种子小,传播距离远,易更新,以及具有较强的无性繁殖能力,是这两个树种对火适应的有效方式。

⑥蒙古栎　蒙古栎也是次生林的主要树种之一，主要分布在低山丘陵的阳坡或岗顶，立地条件干燥。干燥、疏松、卷曲的枯枝落叶非常易燃，林分常常被火烧毁。但是，该树种的无性繁殖能力极强，甚至树干被火烧掉，干基仍能大量萌发、抽条。

3.4.2.3　火对策种类型

抗火树种主要是指对林火具有较强抵抗能力的树种。抗火树种除树皮抗火外，主要是其枝叶的油脂含量低，而含水量大，因而抗火能力很强。耐火树种是指树木遭火烧后仍具有生存能力的树种。这种生存能力指火烧后的萌芽能力和树皮的保护性能，一般耐火树种具有较强的萌芽更新能力。

防火树种指既抗火又耐火的树种，防火树种一般选择当地生长的落叶较齐的阔叶树或常绿阔叶树。东北林区可选用的防火树种有：水曲柳、黄波罗、柳树、稠李、槭树、榆树等。中部和南方林区可选用的树种有：木荷、鳖蒴栲、乌墨、山白果、栓皮栎、桤木、漆树、苦槠、木棉、红锥、楠木、红花油茶、茴香树、珊瑚树、交让木等。南方防火林带多营造在山脊，土壤瘠薄，多选用木荷作为防火树种。

枝叶含油脂较多的树种容易燃烧，属易燃性树种。主要是其枝叶的油脂含量高，而含水量低，灰分含量低，因而抗火能力弱（易燃性高）。如多数的针叶林：油松、红松、侧柏、云南松、云冷杉。虽然有的树种火烧后生存能力很强是耐火树种，但不具有抵抗火的能力，不能作为防火树种，如樟树、檫树、油茶、桉树（它虽是阔叶树，但枝叶含油脂高，且它的树皮因更新脱落，且林下枯落物多，属易燃树种）等。

3.4.3　火对植物群落的影响

3.4.3.1　群落成层性与燃烧性的关系

群落的成层性指植物群落在垂直和水平方向上的不同配置。成层性是植物与植物之间、植物与环境之间的协调组合。群落成层性主要表现在垂直结构和水平结构两个方面。通常人们所讲的群落层次结构多指前者。在一个完整的森林群落中主要有乔木层、灌木层、草本层和地被物层等四个层次。群落的成层性除了群落自身外，还与气候、土壤等环境条件密切相关。在气候寒冷土壤瘠薄的环境条件下，群落层次简单，而在温暖湿润肥沃的立地条件下，群落层次结构复杂。

群落的成层性与其燃烧性有着密切关系。一方面层次多的群落阳光利用充分，光合作用加强，群落的生产力高，因此，可燃物的积累亦多。从这个意义上讲可燃物连续分布，如果是针叶林，一旦发生火灾容易形成树冠火。另一方面群落的成层性能影响群落内小气候的变化。层次多的群落透光性差，群落内湿度大，温度低，因而造成了不利于林火发生的环境条件。复杂的森林群落发生火灾的可能性较小，即使发生也不会形成较强烈的火灾。可是，如果火灾多次连续发生，将会使林内层次不断遭到破坏。然而不同森林群落的成层性对其燃烧性具有不同的作用。因此，多层异龄针叶林发生树冠火的可能性大；而成层性较好的针阔混交林和阔叶林则不易发生树冠火。所以，可根据森林群落的成层性与燃烧性的关系来开展生物防火。层间植物的存在与火的发生有着密切关系。层间植物也有易燃和不易燃两类。在我国北方层间植物对林火行为有很大影响。长节松萝和小白赤藓(树毛)附生在云、冷杉的枝干上，使针叶缺少光照而脱落，枝条形成枯枝，使林分发生树冠火的可能性增大。这些层间植物在阴湿的云冷杉林中一般不易燃烧，只有在特别干旱的条件下才容易着火，并且使地表火上升为树冠火。

3.4.3.2 火对群落年龄结构的影响

天然林群落多为异龄结构，但是高强度火烧后能导致同龄林的生成。这是因为，火烧后的迹地上最先侵入的是一些喜光树种，其种子小，易传播，而且生长快，竞争力强，常形成同龄或近似同龄的林分。这种同龄林在幼龄期，因与杂草混生在一起，所以非常容易着火，但是十几年生的幼龄密林具有较强的抗火性。如大兴安岭1987年的火后灾区调查发现，大火未能烧进密闭的白桦幼林。研究群落的年龄结构、郁闭度与群落抗火性的关系，是开展生物防火重要的前提条件。

3.4.3.3 火对树种组成的影响

任何一个森林群落都具有一定的植物种类组成。每种植物均要求一定的生态条件，并在群落中处于一定的位置和起着不同的作用。植物种类的多少很大程度上受环境条件的影响。环境的多样性能满足具有不同生态要求的树种的生存。高强度火烧或火的多次作用，将使群落的物种组成发生根本性的改变。如，根据东北林业大学的学者调查发现：大兴安岭落叶松林反复火烧后形成蒙古栎黑桦林，小兴安岭阔叶林强度火烧后形成蒙古栎林或软阔叶林等，均使群落主要种发生了改变。林下灌木有时发生种类改变，有时保持不变。又如，小兴安岭的榛子红松林火烧后形成榛子蒙古栎林；而陡坡绣线菊红松林反复火烧后常形成胡枝子丛或草原性植被。

3.4.3.4 火对群落更新方式的影响

对于稳定的森林群落更新，都是通过有性繁殖(种子)来完成的，而且稳定的森林群落种绝大多数不具备无性繁殖的特性。因此，这样的群落火烧后常被一些具有无性(多为喜光树种)更新能力的树种取代，形成能通过有性繁殖，又能进行无性更新的群落类型。如果火烧频率大，常形成只靠无性更新的萌生林。例如：榛子椴树红松林—反复火烧—榛子丛—自然恢复榛子蒙古栎林—反复火烧—萌生蒙古栎林。因此，有些群落反复火烧后由实生林变成了萌生林。

3.4.3.5 火对森林群落高度的影响

通常来讲，耐荫树种比喜光树种的林木高，例如红松、云杉、冷杉比山杨、白桦、蒙古栎等树种的林木高。实生的比萌生的要高。而火烧后针叶树被阔叶树所代替，实生树被萌生树代替。因此，火烧后群落的高度显著下降。

3.4.3.6 火对森林群落稳定性的影响

群落的稳定性与群落所处的演替阶段有着密切关系。对于喜光树种所组成的群落来讲，群落在演替初期和后期稳定性差，而演替中期比较稳定。演替初期由于竞争激烈,群落表现出不稳定性;而演替后期喜光的优势种逐渐消亡,其他树种(多为耐荫种)侵入,这时群落也表现出一定的不稳定性。但也有例外情况,如大兴安岭的兴安落叶松虽为喜光树种,但它能够完成自我更新。因此,它能够长期维持,群落演替后期表现出相对稳定性。这一点兴安落叶松与红松、云杉等耐荫树种相似。耐荫树种所组成的群落只在演替初期变化大,到中期属渐变过程,表现出一定的相对稳定性。然而,无论在演替的任何阶段进行火烧(强度火烧)都会使群落的稳定性下降。主要表现在植物(先锋树种)竞争激烈;植物种类减少,环境单一,同种竞争尤为激烈;抗干扰能力下降;火烧后演替起来的群落燃烧性增大。常形成火烧—易燃—火烧的恶性循环。但是,低强度的营林用火能增加群落的稳定性。

3.5 林火与野生动物

"城门失火,殃及池鱼。"森林失火自然会殃及野生动物。然而,林火并不总是对野生动物有害,许多野生动物需要火维持其栖息环境和食物来源。森林、野生动物、林火在森林生态系统中是相互依存的,它们只有协同进化,这个生态系统才能实现可持续发展。

3.5.1 林火对野生动物的影响

林火对野生动物的影响主要包括直接影响和间接影响两个方面,其伤害的程度和影响的大小主要决定于林火行为和野生动物的种类及生活习性。

3.5.1.1 林火对野生动物的直接影响

林火对野生动物的直接影响主要表现在伤害和致死两个方面。

林火对野生动物的伤害和致死的途径有很多,主要表现在:①火焰能直接烧伤或烧死动物。特别是对幼兽、小动物的威胁更大。幼兽由于行动不灵活,往往被火烧死或烧伤;小动物对森林的依赖性大,也容易遭到火的袭击。②高温辐射使野生动物致死、致伤。③高温气流和高温烟尘使野生动物致死、致伤。④有毒气体如一氧化碳等使野生动物致死、致伤。⑤烟雾影响野生动物的行动,造成死伤。

不同种类的野生动物因其避火能力不同,受火烧直接影响的程度会有很大的差异。高强度大面积的森林火灾,能使大部分动物烧伤致死,大型哺乳动物也不例外,包括大象。俄罗斯曾发生过一次森林火灾,燃烧面积超过 20 万 hm^2。这次大火使林中兽类和鸟类几乎都被烧死。野鸭本想从被烧着的林子所包围的水池中飞走,但由于烟雾笼罩,大多数都掉到火里。有很多琴鸡,当发现它们的时候,头还在苔藓里藏着,一旦触动它们,立即成了灰尘。在火灾区池塘内和小河内,鱼(小种鲟、白鲈等)也都由于水中缺氧而死亡,漂浮于水面上。我国四川阿坝地区若尔盖县阿卓乡,1972 年森林火灾后,在寻找肇事者的过程中,发现烧焦 3 头棕熊、9 头林麝、30 余只三马鸡。

对于某些昆虫，火烧对它们的致死主要取决于林火行为和它们所在的位置，在同一火场中，越接近植物顶端，其死亡数量越多。非洲稀树草原的调查结果表明：接近地表分布的昆虫(代表种类蟑螂)火烧死亡率为20%，植物中间分布的(代表种类螳螂)死亡率为60%，植物顶端分布的(代表种类蝗虫)死亡率为90%。主要原因是森林燃烧过程中，火焰总是向上，林木上、中、下层受火烧的强度有差异，昆虫的隐蔽条件也不同，所以它们的死亡率有很大的差异。

对于地面爬行动物来讲，火烧对它们的致死主要取决于土壤湿度和透气状况。如鼠类的致死温度为62℃。这一温度不算很高，且火烧土壤下层的温度很少能达到50~60℃。因此，多数情况下火烧对这些小的爬行动物的致死不是由于高温，而是由于窒息。这一点可以从完好无损的动物尸体得到证实。

对于鸟类，一般来说逃离火场的能力较强。但不同种类的鸟飞翔能力不同，同一种群在不同生长时期，其避火能力不同，受火烧的直接影响也不一样。比如，鸡形目鸟类因其飞翔能力弱，而比善飞的鸟类更难脱离危险。有些鸟类在产卵季节如果遇上大火，则产下的蛋和孵出的幼雏很容易被火直接烧死。

对于绝大多数大型哺乳动物，火烧很少能使其致死。因为大型哺乳动物(如鹿、狍子)具有很强的逃跑能力，能及时逃离火烧。大火来临时，野生动物能寻找林中空地避火，一般火烧很少使其死亡。

对于水生动物，火烧的直接影响力较小，一般火烧不会直接造成伤害，主要是间接影响。

3.5.1.2 林火对野生动物的间接影响

林火对野生动物的间接影响一般大于直接影响，间接影响主要包括三个方面：①改变野生动物的栖息环境；②改变野生动物的食源；③影响野生动物的种间关系。

(1) 改变栖息环境　栖息环境是野生动物赖以生存的场所，处于不断变化之中，并需要某些形式的维护，以适宜于更多的动物种群。历史上的自然火一直影响并长期维持着多样化的野生动物栖息环境。通过火烧改变野生动物的栖息环境，从而影响野生动物种类、种群数量及分布规律。森林中野生动物依赖森林提供隐蔽，一旦发生森林火灾，改变了这些野生动物的栖息环境，林中野生动物就得迁徙，否则它们要遭到天敌的危害。一般来说，火烧后个体大的动物种群数量显著减少，个体小的动物种群数量减少相对较少。这是因为大型动物遇到火烧时逃跑能力强，火烧后演替起来的植物矮小不利藏身。而小的动物虽然不易逃跑，但容易找到隐藏的地方躲藏起来，不致烧死。

林地过火后，土地变黑，增加了土壤的吸热能力；植被被烧掉，增加了土地的光照，土壤温度增加，土壤变得较干燥，风速增大，冬季积雪增加，火烧迹地灰烬很厚，空旷或者留下大量倒木、站杆，这些直接或间接地影响野生动物的种类、种群数量的分布。火烧迹地阳光充足，使一些喜荫的物种离开火烧迹地，而一些喜光种迁徙过来。如火烧一个月后，半数以上的蛛形纲、蟑螂、蟋蟀、步行虫这些喜荫的节肢动物不见了。相反，火中逃生飞走的喜光蝗虫类返回火烧迹地。火烧迹地较干燥，使喜干燥的蚂蚁数量增加，使喜潮湿的蚯蚓数量减少。火烧迹地光照和温度的增加，为鹌鹑提供了有利条件，而鸡禽却不喜欢这样的生境。火烧迹地风速较大，冬季阵阵冷风会大大增加鸟类和哺乳动物的热量消耗，不利于生存；夏季风则会使火烧迹地更凉爽、更适于鸟类栖息。火烧迹地被烧除的部分，有利于鸟类寻食。冬季火烧迹地积雪较厚不利于野生动物活动；夏季火烧迹地开阔，有利于野生动物休闲。火烧迹地灰烬很厚，妨碍麻雀和芦雀活动，而某些鸟类却喜欢在灰烬中沐浴，以除去身上的虱子、螨虫。而火烧迹地留下的大量倒木、站杆，可能妨碍大型野生动物的活动，却会吸引某些小型动物种类。枯木、站杆为啄木鸟提供了筑巢的场所。火是维持某些野生动物栖息地的一个重要因素，如山齿鹑和加利福利亚兀鹫等。

总之，火能改变许多野生动物的生存环境，对某些动物来说，火的作用是有利的，而对另一些动物可能不利。

(2) 改变食源　　火烧后食物种类、数量和质量的改变都会影响野生动物种类变化及种群数量分布。任何一种动物都以取食某种或某些种类的食物为主，即动物取食具有一定的专一性和局限性，即使杂食动物也只食某几种食物。例如，熊猫只食箭竹和嫩枝，松鼠只食松籽等。在加拿大大不列颠哥伦比亚的海湾公园，成熟针叶林火烧后，麋鹿的数量显著增加，而驯鹿的数量显著减少。其原因是火烧后演替起来的灌木和草本植物是麋鹿的很好食物，而破坏了驯鹿的冬季食物——生长在树上或地上的地衣。

① 可食植物种类组成和数量的变化　　火烧的直接结果是烧除了地表的易燃可燃物，使生物量在短期内明显降低。但火烧的另一重要结果是增加了植物的生产力，也就增加了野生动物的食源，这对草食动物是至关重要的。同时，对调节动物种内和种间关系也有重要意义。可食植物数量的增加可从不同植物种群生产力和生物量的变化中得到体现。

对草本植物来说，如果火烧不是太频繁、太严重或火烧时间不长，其生产力一般会增加，在荒漠的草本-灌丛地区，如果过度放牧而缺少火烧，则会由草本为优势而迅速变为以灌木为优势。有研究指出，某些地区火烧能减少多年生植物生产力，而提高 1 年生植物生产力。火烧后草本的生产力主要受火烧强度、火烧频度、火烈度等火行为因素及火烧后气象条件、火烧地区温度、火烧时间等因素的影响。火烧后的植被恢复一般会有一个高峰生产力时期，有的在火烧后一年，有的是两年或多年后，峰值出现的时间随各种因素(气象、位置、火烧前植被状况、火烧时间)的变化而变化。

对于某些木本植物来说，火烧会引起一些植物的死亡，特别是树冠火。但是火烧后对某些野生动物的生存条件会有很大改善。火烧的季节是值得研究的，对萌芽力不强的植物种类，火烧可在春天或秋天进行，因为此时土壤潮湿，火烧温度对根的破坏较小。火烧后木本植物生产力常常有大幅度提高。

火烧对植物种子的影响也关系到植被生产力的提高，植物种子对温度具有较强忍耐力，如果植物种子埋藏在土壤深层，即使强度火烧后，种子也不会失去生命力。对于地表火,因其强度小,土壤浅层的种子萌芽率常常增高。有时种子萌芽的幼苗因缺少光照,易受真菌侵害等原因,幼苗死亡率高,而在火烧后,林地光照充足,养分丰富,幼苗存活率高,提高了植被的生产力,对食草动物特别有利。有些植物的种子(乔木或灌木)成熟后不迅速下落,而在植物上寄存2~3年或更长时间,成为食种子动物的食物。火烧可以加速种子下落,减少动物的取食,使更多种子能够萌芽。

美国明尼苏达州东北部小苏福尔斯一场大火后,林中树木、高灌木、低矮灌木、草本四层的生物量,经过连续几年的测定,结果表明除草本层生物量经上升后又有所下降外(呈二次曲线),其余各层生物量均保持上升趋势(呈一次线性),总的生物量保持上升趋势。当然,这种上升随时间推移会趋于平衡,也可能上升一直持续到下一次发生火灾。

②食物质量的改变　火烧不仅改变食物的种类、改变食物的数量,而且能改变食物的质量,从而影响野生动物的生长。植物质量主要指单位面积上植被的营养价值,它决定于植被的生产力和单位植被营养成分的变化。火烧后植物的蛋白质、脂肪、纤维素及自由氮质都很丰富,尤其是火烧后食物的营养水平第一年最高。据测定,火烧后植物新萌发的枝条中蛋白质的含量比火烧前增加37%(5%~42%),磷酸含量增加7.8%。通过研究发现6年内食草动物数量呈上升趋势,而后又下降。

美国Leege(1969)在北爱尔兰对2种形式火烧两年后的嫩枝蛋白质含量进行了测定,并与控制情况下的火烧进行比较。结果表明,人为控制火烧使蛋白质含量偏低,而自然火烧后的蛋白质含量较高。因此火烧能使重新发育的枝条营养成分增加。但也是有些学者研究指出大多数灌木和乔木在火烧5年后蛋白质含量下降,而P、K、Ca、Mg等元素含量增加。当然,除不同年份(火烧后时间长短)具差异外,不同的植物种类营养成分也会有不同的变化。

火烧对食物质量的改善在我国很多牧场有广泛的应用,人们在牧区采用计划烧除的办法复壮草场、改善饲草可食性、提高草地生产力。当过度放牧,可食性草类因被反复啃食而减少,致使不可食草类大量增加,降低了草场质量。通过火烧则可清除不可食草类,有利于可食草的萌芽,大大提高草食动物食源的质量。

(3)改变种间关系　火烧改变了野生动物的生存环境,食源的种类、数量和质量。因此,动物的适应行为也随之发生变化,从而间接地影响野生动物种群之间的竞争、捕食和寄生关系。

①火烧能改变野生动物种间竞争关系。火烧前食物充足,栖息地适宜,某些种类的野生动物可同时生活在一起。但是火烧后食源减少,适宜的栖息地减少,生态位相近的动物为了取食和争夺有限的栖息地而发生竞争。在北美某地,火烧前麋鹿的数量不多,而黑尾鹿(产于北美西部)、驼鹿和大角羊数量却很多。虽然这些食草动物生活在相同的环境下,但竞争很少发生。然而,当大火烧过以后,草本植物及灌木丛生,这时麋鹿的种群数量显著增加,不得不侵犯其他有蹄类动物领地。麋鹿与驼鹿、大角羊主要争夺食物,而与黑尾鹿除了争夺食物还争

夺栖息地，在竞争中麋鹿常常是胜利者。因此，火烧后黑尾鹿、驼鹿和大角羊种群数量显著减少，而麋鹿的种群数量增加。

②火烧还能影响野生动物之间的捕食关系。在加拿大温哥华岛上有一种蓝松鸡生活在高山或亚高山的森林里，其捕食天敌是貂，而火烧或采伐以后，有些蓝松鸡就迁移到山下火烧迹地来生存，这时捕食它的是沼泽鹰、狐和浣熊，而这些天敌在高山和亚高山上却很少见。

③火烧能改变寄生关系，减少寄生生物对寄主的侵染，有利于某些动物的生存。蓝松鸡种群火烧后 5 年内和 12 年后，对其寄生生物的两次调查结果表明，寄生生物的种类和侵染频率均有所增加。其中两种新出现的寄生生物对蓝松鸡的危害严重。寄生生物的增加，与火烧后随时间的推移而出现的湿润环境有利于寄主的生存有关。

(4) 不同林火行为对动物间接影响的程度　不同的生境条件，火烧程度不同。不同火烧程度对生境以及动物的影响也不一样。火烧程度一般用火烧频度、火烧强度、火场面积等林火行为来描述。

①火烧频度　通常，火烧频繁的地区，火烧强度较小，火灾面积少。火烧频度较低的地区，火烧强度大，火场面积大。火烧频繁的地区动物对火的适应性较强，如草地火较森林火发生比较频繁，草地动物对火适应性较森林动物强。

强烈反复火烧会降低牧草、草本植物和灌木的产量，因而必然会影响野生动物的数量。然而有一些野生动物的生境需要靠周期性的火烧来维持。如美洲的山齿鹑，这种鸟不能穿过密集的灌丛，随着灌丛密集，这种鹑逐渐消失。周期性地烧除密集灌丛，这种鹑才能持续繁殖。美国的黑背牧林莺，这种鸟只能在早期演替阶段的北美短叶松林中筑巢繁殖，没有火烧则会缺少早期演替阶段的北美短叶松，这种鸟就会消失。澳洲的鼹喜欢藏身于木麻黄灌木丛中，这些木麻黄灌丛需要每隔 7 年火烧一次才能维持。

有些动物则喜欢成熟林。如驯鹿喜欢 50 年以上的成熟林，冬季驯鹿的食物构成大部分是青苔，频繁的林火或大范围林火，使青苔丧失，驯鹿的种群数量下降。美国的北部斑纹猫头鹰的种群可能受到成熟森林生境丧失的威胁，1990 年依据美国濒危物种法案，北部斑纹猫头鹰列为"受胁迫"种。

②火烧强度　低强度的林火(75～750kW/m)和中强度的火(750～3 500 kW/m)，对小型野生动物影响较大，但火烧后恢复很快，对大型动物影响不大，通常还有利大型动物的生长繁殖。只有高强度的火(>3 500kW/m)才对野生动物产生较大影响。

③火烧面积　火烧迹地大小对野生动物的影响很重要。有观察数据表明，如果被火烧除的灌木林地面积太大，一些野生动物不愿迁入，而一些动物喜欢在小面积火烧迹地及边缘活动，这是因为火将一些小型动物驱赶到火烧迹地边缘，也引来了他们的捕食者，在小面积火场活动的野生动物可以轻易退回未烧的森林中去。

在一定面积内若干个小规模的火烧迹地，比一场大规模的火烧迹地的边缘长度和密度要大。因此小规模的火烧迹地要比大规模的火烧迹地对野生动物有利。在温哥华岛上，小面积林火($80 \sim 120hm^2$)曾造成大量火烧迹地和未烧地带，鹿、蓝松鸡和驼鹿的数量比大面积的火烧迹地($>500hm^2$)数量多得多。南非的鹧鸪需要栖息由小块火烧迹地镶嵌构成的地区，火烧迹地太大鹧鸪的密度会下降。

有学者认为，在某种情况下，诸如火灾之类大规模的干扰，可能会对生态系统的演替有推动作用。

3.5.1.3 火烧后各种动物的变化

不同种类的野生动物受林火的影响程度不同。火烧后，不同野生动物的种群数量、年龄结构和生活习性等都会发生不同程度的改变。

(1) **无脊椎动物** 火烧对无脊椎动物的影响取决于林火类型、植物群落以及火烧迹地的特点。在火烧不是非常严重的地区，火的直接影响要比火烧后环境改变的影响小。

① 土壤动物 在火烧迹地，大量生活在枯枝落叶层中的土壤动物被火烧死或烤死，但并未改变物理状况的半分解层和腐殖质层中，仍有大量土壤动物生存。火烧迹地上土壤动物的数量无明显的变化规律。在杜香落叶树及其火烧迹地每平方米土壤动物的数量，未烧地为 5 万~15 万头，火烧迹地上少则几万头，多则 20 万头，变化无明显规律。土壤动物组成以土壤线虫占绝对优势，达 89% 以上，此外还有轮虫、熊虫、跳虫、螨类和双翅目幼虫。捕食性线虫体较大者，在火烧迹地上数量少；植物寄生线虫，在火烧迹地上数量也较少。火烧迹地土壤动物群落单纯，多样性指数降低。在美国南卡罗来那州的火炬松林，火烧后土壤动物减少 1/3。

火烧后蚯蚓种群数量显著减少。有调查表明针叶(火炬松)枯落层烧掉后土壤蚯蚓的数量减少 50%。这使本来在 A0 层数量不多的蚯蚓种群迅速减少。火烧对蚯蚓种群数量的影响主要取决于土壤的含水量。在美国的依里诺伊草原，在春季，火烧过后和未烧过的土壤湿度差不多，土壤中蚯蚓数量几乎相同。但是 4 月中旬到 5 月，未烧地段的含水量增加，而火烧迹地的含水量下降，而蚯蚓对湿度反应敏感。因此，在火烧后干燥的条件下，蚯蚓数量锐减。

火烧后蜗牛种群数量减少，美国明尼苏达州短叶松林火烧后至少 3 年内见不到蜗牛分布。在法国南部及在非洲曾经发现火烧后蜗牛和蛞蝓的种类锐减。

蜈蚣的种群火烧后也有下降趋势，有时减少高过 80%。蜘蛛，特别是生活在地下的种类，火烧后也明显减少，其下降幅度在 9%~31%。虽然，不同土壤使螨类动物数量变化很大，但是它在土壤动物中数量最多。北美短叶松林土壤中，未烧林地螨类数量占所有土壤无脊椎动物的 71%~93%，火烧林地占 30%~72%。火烧后 24h，7cm 以内土层的土壤动物减少 70% 以上，要恢复到火烧前的水平大约需要 3 年以上的时间。

② 昆虫类 火烧对蚁类的影响很小，因为蚁类有较强的抗高温和适应火烧后干燥环境的能力。另外，蚁类群居生活习性也是它们在火烧后迅速恢复的一个原因。

火烧后的草原蝗虫数量增加,除了大量的迁回者以外,火烧后日温高,新萌发的草鲜嫩等均为蝗虫大量繁殖创造了良好环境。在西双版那杨效东等(2001)报道过刀耕火种火烧前后土壤节肢动物的变化:(a)火烧使森林土壤节肢动物类群和个体数量显著减少,与林地相比,火烧后样地土壤节肢动物类群数降低28.57%,个体数量下降72.7%,其中小型类群蜱螨目、弹尾目、缨翅目、半翅目、双翅目下降幅度较高,约在80%;大中型类群膜翅目、鞘翅类数量减少相对较低,减幅在30%左右。表明刀耕火种火烧方式对不同生物类群的土壤节肢动物影响不同,大中型类群活动性强,在刀耕火种过程中通过迁移活动以躲避环境恶化,而小型类群活动相对较弱,火烧过程中可能大部分死亡。(b)火烧前,次生林中主要优势类群的蜱螨目和膜翅目。次要优势种群为弹尾目和鞘翅目,火烧后短期内(1天)土壤节肢动物群落优势类群的组成无明显变化,但绝对数量减少;这些生物类群所栖息的小生境发生较大变化。火烧前优势类群主要集中在地表凋落物层,火烧后主要分布在土壤层。膜翅目蚂蚁在火烧迹地地表残留物层中占有极高的数量比例,蜱螨目、原尾目和鞘翅目则在0~15cm土壤层中占较高比例。少数火烧迹地的缨翅目、半翅目、啮虫目、拟蝎目在火烧后消失。(c)火烧前,次生林土壤节肢动物类群及个体数的分布表现为凋落物层>A层>C层>B层。火烧后则呈现B层>A层>C层>地表残留物层的分布现象。(d)火烧前土壤节肢动物群落多样性指数为1.983,火烧后为1.716;火烧前凋落物层土壤节肢动物群落多样性指数为1.385,而土壤层为0.598;火烧后地表残留土壤节肢动物群落多样性指数为0.128,而土壤层为1.588。说明火烧过程中,由于动物类群从表层向土壤深层迁移,导致火烧后土壤层多样性指数增高。

在非洲草原,火烧对半翅目昆虫的影响主要取决于火烧的季节。冬季火烧后蟥类减少的数量比春季火烧要多。火烧后蟥类种群数量的恢复与时间成正相关。火烧没有使昆虫的种类减少,但是优势种发生了改变。火烧前占优势的喜荫昆虫,火烧后被喜光昆虫(蟥类)所取代。因此,可以说火烧维持了非洲稀树草原上蟥类种群平衡。

森林火烧后鞘翅目昆虫减少的数量比草原火要多,这是由于林火温度高于草原火所致。赖斯发现火烧后即刻调查鞘翅目昆虫,数量减少15%,而火烧后不久恢复到火烧前水平。而美国南部森林火烧后鞘翅目昆虫减少60%。明尼苏达州短叶松林火烧后3个月很少见鞘翅目昆虫分布。在平原,火烧后鞘翅目昆虫却有增加。频繁的火烧会加剧小蠹虫对林木的危害。火烧伤的林木常遭到山松大小蠹、花旗松毒蛾、西方松小蠹及红松脂小蠹等害虫的危害。朱健(1985)在陕西渭南地区调查,松林发生速进地表火,树干烧灼高度达1~2m,木质部被烧伤占28.7%的林分,受小蠹虫感染的立木达79.3%,靠近火烧迹地的林分立木受害率为38.3%。1987年5月6日大兴安岭特大森林火灾后,当年10月对塔河调查,蛀干害虫已侵入过火立木,其中有云杉小墨天牛〔*Monochamus sutor* (L.)〕,云杉大墨天牛〔*M. urussovi* (Fisch.)〕,落叶松八齿小蠹(*Ips subelongatus* Motsh.),平均被害株率为11.87%。针叶树重于阔叶树,桦树上几乎没有,虫口密度为0.54

头/100cm²。1987年大兴安岭特大火灾后，1988年出现了大量的狼夜蛾（*Ochroplcura* sp.），它们取食火烧木刚刚发出的嫩芽，其数量之多惊人，爬满林区公路，最多时每平方米达150多头，几乎使路人寸步难移。然而，火烧能够减少这些害虫的数量或限制其种群的大发生。例如，波缝重齿小蠹常喜欢生活在采伐剩余物中，并在那里过冬。若对采伐迹地进行火烧可显著减少小蠹虫种群数量。美国西部各州采用火烧使花旗松毒蛾大发生的可能性下降了53%，俄勒冈州中部下降85%，在大湖区各州采用火烧来控制槭叶蛾比杀虫剂效果要好（槭虫蛾的蛹在土壤中发育）。米勒（Miller，1978）也曾建议采用火烧控制脂松果球小蠹。采用火烧来控制鞘翅目害虫种群数量已取得成功。

在澳大利亚辐射松（*Pinus radiata*）林火烧后步甲和金龟子种群数量也明显减少，但是火烧后最先定居的仍然是这两种害虫。采用火烧来控制和减少害虫要选择好火烧时机，除此之外还要掌握害虫的发生规律，这样才能在其成虫之前消灭之。

(2) 爬行动物　火烧对爬行动物的影响研究较多的是蜥蜴和蛇。有研究表明，春季火烧后无论在火烧迹地还是在对照区，均有蜥蜴重新繁殖。蜥蜴逃避火的方法是钻进地下或躲藏在石头下面。火烧后蜥蜴的数量呈增加趋势。这可能是火烧后植物种类增多，食源丰富，环境更有利于蜥蜴生存。

蛇逃避火的方式与蜥蜴相似，在东南亚发现有三种蛇〔*Zamenis* 属、*Zaocys*（乌梢蛇属）、*Naja*（眼睛蛇属）〕和一种蜥蜴（*Vaianus* 属）常钻进白蚁的洞穴以逃避火的袭击。虽然蔓延速度较快的火能使部分蛇烧死或烧伤，但是，大部分蛇都能通过爬进各种洞穴而逃生。

(3) 鸟类　火烧通过改变生境而间接影响鸟类。由于灌丛或树木消失，对某些鸟类的生存会产生不利影响，然而，也有些鸟类却喜欢在火烧迹地生存。对于鸟类种群的直接火烧效应很大程度上依赖火烧季节和火强度。在休眠季节，一次相对轻度的火烧能够为地面觅食和灌丛觅食的鸟类大大增加食物资源并留下丰富的筑巢场地。中度火烧可能对地面觅食和灌丛中觅食的鸟类有相似的效果。但也将为啄木鸟、食虫鸟和猛禽产生更多的开放区，重度火烧将大大减少林栖鸟的多样性和数量。森林群落如果没有火或其他干扰力量，将会使鸟类生态位的多样性和负载能力降低。

Emlen（1970）在佛罗里达州的火烧和未烧的湿地松林对鸟的种类组成或种群进行了研究，他发现在火烧后5个月内被烧地和未烧地鸟类数量没有什么不同，这说明火对鸟没有直接影响。该地区火的频率高，树层因火烧的变化不大，主要的变化是下层裸地的剧烈增加。因此，火烧频率高的地区，鸟类的种类组成和数量变化不明显。

Rock 和 Lyndh（1970）用图表示了树冠火对繁殖鸟类的影响，他们从取食类型对鸟进行了划分。在松针和枝条上取食的种类，火烧后数量减少，火烧5年后在低枝和开阔地上取食者占优势。啄木鸟在火烧后更加常见，这与在死树上取食的昆虫增加有关，植被高度和组成变化对鸟类群落的影响是显著的，研究地区的

32种繁殖鸟中，28%只在火烧区可见，19%只在附近的成熟林中可见。火烧区的鸟类生物量较大，由一些体重较重的种类如金翼啄木鸟、山蓝鸟等组成，未烧区的大部分食物由依赖活松针的昆虫组成，体形小的种类在未烧区常见。

在一些火烧迹地，猛禽数量增多，这可能与猎物易于暴露（缺少隐蔽所）有关，火烧后的一些昆虫更容易被食虫鸟发现。

火能导致较大型鸟的稍微增多，80%的鸟对火无反应，对火反应程度最大的是草地和灌丛里生活的种类。在变动较大的环境下种群的稳定性表明许多鸟类能控制其种群而不受火的干扰。

①鸣禽类　McAdoo和Klebenow1978年发现，黄喉地莺、黄胸禽莺、特累儿食虫鸟和黄嘴杜鹃等鸟类需要彼此缠结的密灌丛作为理想的栖息地。夜莺在地面筑巢，需要相对少的灌丛掩盖。布鲁尔雀需要一些大的山艾植物筑巢，但不需要太浓密。丛山雀、灰绿捕蝇鸟、松鸟要求有林木，其易被火烧死，应该确保在一块火烧斑块内留有为筑巢和掩蔽用的足够灌丛和树木，这对在山艾－禾草和松－柏群落中保证鸟类的最大多样性是重要的。

在草地，灌丛的覆盖是有限的，而且火经常破坏鸣禽的筑巢生境。例如，在德克萨斯混合普列利，由于阿布露西枣（*Ziziphus obrusifolia*）的抑制，在6~7年内将大大减少鸣禽的筑巢区，主要受影响的种类是北美红雀、云雀、棕雀、沙漠鹩鹩、模仿鸟。幼密牧豆树对北美红雀、沙漠鹩鹩以及模仿鸟的筑巢是次要的，但在罗林平原，对布郎黄鹂、灰喉食虫鸟和铁尾食虫鸟则是关键的种类。

在德克萨斯东部，Michaelt和Thornburgh（1971）发现针阔叶林斑块状火烧后知更鸟剧烈增加。

科特蓝德苔莺是一种需要火烧才能生存的濒危鸣禽，它只在密执安州北部的一个135km宽，160km长的区域内繁殖。筑巢生境限于均质的短叶松（*Pinus banksiana*）纯林，易燃的短叶松需超过130hm^2，厚且贴地面的短叶松松枝，为不被察觉地进出提供了掩蔽，只有出现在密集的星散斑块上且高为1.5~5m的树才能提供这种巢贴地面的树枝掩蔽。科特蓝德苔莺的其他要求似乎是干燥、多孔的砂土和地面掩盖。因此，其鸟巢低于排水不良的地面将是致命的。地面覆盖必须是草本植物，地衣不能满足其要求。现代伐木作业和植树造林不能为科特蓝德苔莺创造理想的筑巢生境，因为采伐后的栖木树林参差不齐，而人工林区通常面积太小又不能满足苔莺的要求。密执安保护局和美国林务局已经设法留出为科特蓝德苔莺提供合适筑巢生境的森林区。

②水禽类　当水鸟被密集的湿地植物或延伸进沼泽的陆生植物所阻碍时，会离开沼泽地。Millert认为，火消灭了湿地杂草和不需要的植物，使可食用植物更易得到，为水鸟提供了更易接近食物的环境。火烧湿地减慢了柳属和桤木属植物向湿地侵入，使鸭类增加了巢窝。Ward（1968）观察到芦苇属的湿地火烧之后，鸭类巢居的频率增加了。Buckley（1958）在阿拉斯加也做了同样的调查，在那里，鸭类的密度从8.1只/km^{2}提高到12.8只/km^2。

早春火可以烧毁绿头鸭和丘鹬的窝和蛋，计划烧除开始的时间不应晚于4月

20日，那时野鸭和长尾凫正开始筑巢，琵嘴鸭、蓝翅鸭还有赤膀鸭的巢筑在火烧后生长起来的植物上。Vogl(1967)提到，一次火烧后5天，从7个烧焦的蛋里孵出4只小野鸭，当火彻底烧毁鸟类的巢时，它会筑新巢。巢的毁坏和后来的孵化明显地导致了鸟类总数量的增长，因为火烧迹地幼雏被冻死和被捕食的可能性更小。有报道，加拿大鹅从沼泽地野火中得益，蓝鹅从上年9月至翌年1月之间也被各种火造成的新火烧迹地吸引。因此消灭一切湿地的火烧是不妥的。

③加利福尼亚秃鹰　Cowells(1958)认为，加利福尼亚秃鹰是西半球最大的秃鹰之一，也是一种由于其生境中缺少火烧而处于濒临灭绝的鸟类。由于人类干扰，目前它只限于加利福尼亚沿海山地一个很小的区域，植被主要是小槲树丛林。火烧似乎是这种巨大秃鹰生存的重要因素。原因有二：①取食之后，这种鸟类需要一条很长的跑道以便在平静的气流中飞行，如果在小槲树丛林中没有火烧的开阔地，该鸟不得不在低地取食。Miller等1965的观察显示，秃鹰常常在吃饱之后，不能够飞行，只好在树上过夜而不能够飞到它们雏鸟身边，如果该鸟在强大上升气流的山中飞行，它们吃完后完成飞行可能没有困难，并能够飞到雏鸟身边；②很重要的理由是，腐肉食物营养充足(Cowells，1967)，正常情况下，比起大型家畜（牛、马和羊）来，这些鸟更愿意吃死的兔、松鼠和其他小型哺乳动物及鹿等。目前家畜腐肉比例大大增加，这可能减少了加利福尼亚秃鹰所需要的食物中钙的摄取量。理论上，这种秃鹰能够咽下所有的小骨骼。因此，可从小型哺乳动物身上得到充足的钙，但是从大型动物那里，由于不可能吃下大骨骼而造成钙缺乏症，但对于这一论述没有观察和实验证据。

尽管如此，加利福尼亚秃鹰残存者的衰退至今还是一个谜，而且有可能是种群低于30只个体(Verner，1978)。繁殖能力低于正常水平，且父母有效喂养雏鸟的筑巢区附近缺乏足够的食物资源，在小槲树林偶尔利用火烧会产生最大的边缘和草地。这将为啮齿动物和鹿增加几倍的生境。事实上，在人类活动相对自由的区域内，利用火烧能够解决相对的食物供应、潜在的食物钙需求和较长的起飞区要求等问题。

加利福尼亚秃鹰只有到8岁才能繁殖，它们的平均寿命是15年，事实上假如这可能的话，以仅仅30只个体且在理想条件下隔年仅孵化一只雏鸟的繁殖能力，要是没有自然的历史火烧作用，那么使该种群稳定的问题则是严重的甚至是不可能的。

④啄木鸟　一般情况下，啄木鸟在其栖息地范围内($80\sim400hm^2$)散布有10%老树成分的开阔森林中最繁盛。反复发生的自然火烧和小规模有控制的火烧是创造理想生境的因素。在蒙大拿，胸径大于50cm的老龄西部落叶松是弱冠啄木鸟优选的筑巢树，反复的自然火烧不仅为西部落叶松的更新创造了理想的条件，而且也促进了该树种耐火能力的提高，并能够生活700多年。事实上，对生活在西部的落叶松森林的啄木鸟来说，火烧能够很容易地维持理想的生境。

在恩格曼云杉—亚高山冷杉森林火烧后，啄木鸟可能增加50倍，在烧死的树木中寻找昆虫。北方三趾啄木鸟的密度增加最为显著，长绒毛啄木鸟增加最少，并且在3年内离开火烧区。Blankford(1955)发现，多毛啄木鸟、北方三趾啄木鸟和黑背三趾啄木鸟在库特内国家森林公园的花旗松林采伐或火烧后非常活跃，三趾啄木鸟在这个地区通常较稀少。

在东南部，Jackson(1979)发现，红顶啄木鸟筑巢树的平均年龄是火炬松76年，加勒比松95年，筑巢树的年龄范围是从34～131年，所有这些树都被火烧过。因此，对于维护红顶啄木鸟的生境，计划火烧是很重要的管理方法，经火烧而优选的食物包括昆虫幼体、蟑螂、蜈蚣和千足虫及蜘蛛。Ligon(1970)用真菌来限制这些食物资源，最后结论是树种和年龄的多样性在确保鸟类食物资源的多样性方面可能是重要的。

在加利福尼亚中部海岸山脉，栎啄木鸟主要以栎树叶片为食，它的饲料中平均23%为动物，77%为植物，在一次研究中，它的全部食物组成中栎树的叶片占53%。事实上，它们不仅依靠几种活栎树作为食物，而且也需要死树作为储藏栎树叶子的粮仓。这些粮仓通常是各种栎树及加利福尼亚梧桐和柳树，但是，防护林如松、红树和桉树也已被用作粮仓。这表明，萨王纳型植被中为了给啄木鸟提供死树偶尔进行几次火烧是有利的，而且还能留下更多的活栎树作为食物资源。

⑤山齿鹑　Stoddard(1931)研究了火烧对山齿鹑生境的影响。他认识到控制每年的火烧是保持掩蔽所的必要条件，未采伐区生境对山齿鹑不利，需要冬天火烧以刺激豆荚(山齿鹑的主要食物)的生长。但如果在春天火烧则会减少食物。火烧作为控制隐蔽所和食物的便利工具，并且他建议在山齿鹑食物生产力丰富的地区选择冬天进行火烧。Rosene(1969)指出最好的山齿鹑营巢生境应包括上一年的死草以用于掩蔽巢和筑巢，他建议以5～8m/s的风速逆风燃烧，可用来保持山齿鹑的生境。在多灌木的区域顺风火烧可用来重建山齿鹑生境，Dimmick(1971)报道火烧生境里孵化日期比未烧地区要晚。总之，应用于山齿鹑生境管理的火烧采用方式及火烧频度，依赖于生境的类型。对山齿鹑的研究是人工种群生境火烧的经典例子。

⑥鹤鹑　北美东南部地区对北美鹤鹑做了广泛的研究，并认为它是北美东南部地区的"火烧鸟"。鹤鹑在余烬未熄之前就占据火烧边缘，并在几分钟内填满过去需要几小时才能充满的嗉囊，原因是死昆虫和种子非常丰富。但对于鹤鹑来说，取食这段时间是一个危险的时刻。

北美鹤鹑很少离开其隐蔽所180m以外的地方取食。事实上，在东南部地区，每年的新烧区与2～4年的旧烧区(大约占整个地区的10%～20%)相间分布，能够为鹤鹑创造最适宜的生境。旧烧区和新烧区之间的平衡能提供昆虫和果实做夏季食物，并提供优良的筑巢生境和逃遁隐蔽物。

尽管鹤鹑数量能够通过种植隐蔽植物、栽培饲用植物以及农场形式的人工种群等手段使其增加，但就每只鸟的成本来说，控制火烧是最经济的方法。在东南部地区，火烧能够产生一种由裸地、豆科植物和孤立草丛组成的生境。草丛为鹤鹑提供了丰富的活动通道和3年后才消失的筑巢屏障。旧烧区太密，对筑巢没用。几乎所有的巢穴都设在蓝茎草草丛中。然而，灌木可能是一个限制因子，巢穴大多数在灌木覆盖不超过40%的地区，其平均覆盖率是14%。

豆科植物是鹌鹑的主要食物，在新烧区覆盖率可达20%，而在未烧区仅占少量，稗和雀稗也是火烧能促进生长的植物。这些种子生产者为鹌鹑提供了良好的冬季食物。然而鹌鹑的食物有很高的多样性，在佛罗里达塔拉哈西(Tallahassee)乔木研究站(Tall Timbers Research Station)，北美鹑嗉囊内记录到多达650种食物。

在无林群落或没有密集栖息木的灌木群落，上述结果不能运用到鹌鹑经营中，因为鹌鹑需要一些掩蔽物以便逃遁、越冬和游荡。所以很多火烧实例表明，火烧对其种群是有害的。在灌木稀少的普列利草原群落，鹌鹑种群数量将随着火烧而下降，5~6年后才能最终恢复到正常水平。在普列利内火烧留下15%的灌丛，且如果这些灌丛分布合适的话，将会创造一个理想的饲养地。

(4)哺乳动物　林火对哺乳动物的影响取决于生境的改变。美国黄石国家公园火烧后25年内哺乳动物的种类呈逐渐增多趋势，随着林分成熟，种类减少。

①啮齿类动物　啮齿动物在火烧中得以生存完全取决于对火烧的均匀性、火烧强度、火烈度和火烧持续时间以及火烧时动物在土壤表面的位置和运动能力。啮齿动物对火烧的反应还与植物有关，林鼠怕光，火烧后消失，而生活在地面的松鼠非常喜欢在全光下生存。因此采伐后火烧，林鼠数量显著增多，但是，生活在树上的松鼠由于缺少筑巢的树木而数量减少。

由于绝大多数啮齿动物生活在土表以下的洞穴中，火所释放的热量被很好地隔绝。但少数个体可能窒息。如林鼠那样运动缓慢，碰巧处在地面的动物可能被直接烧死。如果相对湿度小于22%，鼠类短期可耐受的温度高达63℃，但如果相对湿度高于65%，则当暴露于49℃的温度时会迅速死亡。鼠类在可燃物密度低和水分含量高的燃烧不完全地方存活量最大。

庄凯勋(2001)报道，1987年大兴安岭"5·6"特大森林火灾后，鼠类种群数量骤减，使迹地鼠类达到较低密度。1987~1990年过火林地鼠密度低于未过火林地，1992~1995年过火林地鼠类密度高于未过火地。火烧迹地鼠类优势种已由红背　转变为棕背　。这是由于原始的针叶林向次生杨桦林及沼泽过渡的结果。

火烧后小气候的改变能影响某些动物的分布，调查结果表明，火烧后红背田鼠消失，其原因是火烧后土温增加，因为这种田鼠喜欢在荫凉环境中生存。

鼹鼠是非常能适应火的，散布于旱生环境中的物种，火后其数量会立即下降50%~84%，但在草原，火烧后经过一个生长季它们即恢复正常，在灌丛和老森林中，火烧后经过一个生长季它们甚至有所增加。Gashwiler(1970)发现，在华盛顿中西部皆伐和火烧过的地区，原始林火烧后两年鼹鼠数量增加了8倍。

在皆伐区和火烧区没有发现道格拉斯松鼠或北方飞松鼠。同样，在阿拉斯加，森林皆伐使红松鼠减少，而且防护林的砍伐使松鼠从1.4只/hm² 减少到0.5只/hm²，但是地表火对美国黄松林中的树松鼠的影响极小。因为美国黄松是松鼠的主要食物资源，所以保护它可能非常有效。例如Patton(1975)发现阿博替松鼠在树龄为51~100年的美国黄松中数量最多，而且其鼠窝一般是在由一些大小相似、互相交织的一组树中发现。地松鼠火烧后其密度增加，Lowe在一场大火后的两年调查发现，金色地松鼠在中度火烧区增加了18倍，在重度火烧区内增加了8倍。Beck和Vogl发现，北方针阔叶林火烧后13年，地松鼠增加，哥伦比亚地松鼠在Selway-Bitterroor荒原的开阔草甸和火烧区数量非常多。

澳大利亚有两种负鼠种群是靠火来维持的。它们通常把巢穴建在火烧死的树木中，并以新萌发的枝条为其主要食物。因此，如果没有火的作用，这两种负鼠就会消失。

②鹿属动物　鹿属动物喜欢生活在火烧后6年内的火烧迹地，特别是火烧和未火烧林镶嵌的地段，因此1~2hm^{2}小面积火烧斑块作为鹿的栖息地最适宜。在加利福尼亚小面积火烧迹地上黑尾鹿的数量比大面积火烧迹地或密林里都多，而且雌鹿多，常发现许多幼鹿跟在其后，黑尾鹿种群数量显著增多，是由于火烧后食物增加，食物质量提高所至。根据海瑞格斯(Hendticks；1968)测定，成熟灌丛中有效食物含量为56kg/hm^2，蛋白质含量为6%，营养物质增加了240倍。因此，黑尾鹿在演替初期的火烧迹地的数量比火烧前增加了20倍，白尾鹿、马鹿有类似情况，驼鹿种群火烧后10年之间呈增加趋势，驼鹿的最好食物是火烧后萌发出来的柳、桦和杨等的抽条。幼树叶子的抗坏血酸、蛋白质及碳水化合物的含量都高。

3.5.2　野生动物对火的反应与影响

动物对火的反应非常灵敏，火来时或火到来之前就采取逃跑等方式进行躲避，不同的动物对火反应的敏感程度差异很大。因此，森林火灾对不同的动物危害程度是不一样的。

野生动物对火有不同的反应，有些野生动物有避火行为，有些野生动物有吸引反应；反过来，不同野生动物的生活习性对火的不同反应对林火行为又有不同的影响，有些生活习性和反应行为会增加林火的强度和蔓延速度，增加林分的燃烧性能，有些野生动物的生活习性和对火的反应又对防火或控制林火起到一定的帮助作用。因此，研究林火对野生动物的影响时，需要进一步研究野生动物对火的反应以及野生动物对火行为的影响。

3.5.2.1　野生动物对火的反应

(1)逃避行为　对动物来讲，在发生火灾时采取什么方式进行逃避，主要取决于林火的强度、蔓延速度及动物对火的熟悉程度等，逃跑是大多数动物逃避火灾的最佳方式。例如：1915年西伯利亚发生的大火持续了两个多月，发现松鼠、熊、麋鹿等动物横渡大江逃跑。有些动物不仅自己逃跑，而且还能带领同类逃跑。科麦克观察到美国有一种鼠具有很强的避火能力，一次火烧时，他发现一群鼠在火场前方时跑时停，停留时东张西望，其中还有只大鼠不停地发出叫声，他认为这群老鼠一定会被烧死，但是后来发现它们并没有死。因此，他推断老鼠时跑时停，东张西望可能是大鼠在辨别火蔓延的方向，大鼠叫是在通知小鼠跟随其后。原来认为大鼠叫是因为害怕才发出的，其实它在给同类传递信息。科麦克对这一现象非常感兴趣。他作了一个试验，在要进行火烧的地方设一定大小的围栏，然后在栏内下套捕鼠。火烧后再去栏内下套捕鼠。结果两次捕到的鼠的数量相同，因此他认为火烧没有使鼠致死，而且指出鼠的逃避方式是进入洞穴或石隙。

由于绝大多数野生动物有逃避行为，所以在大火中很少有野生动物被火烧死，它们主要从火烧间隙逃跑，免遭森林火灾的危害。如大兴安岭的"5·6"大火，当火烧进马林林场时，林场许多老年人、小孩和成人，还有一只狍子也与人同在一个水泡子避火，火过后狍子逃跑。此外，有些天鹅、大型水鸟，大火来临时，在浅水，沙滩散步，待大火过后，再飞离火场，这样来逃避火的袭击。

（2）吸引行为　火和烟雾不仅能烧死或窒息某些动物，而且有些动物会被火焰和烟雾所吸引，夜间火光能吸引蛾子的现象早为人们所熟悉，除了蛾子外，还有许多动物具有被火吸引的现象。

①火焰吸引　美国发现有两种蜻蜓（蓝蜻蜓、棕蜻蜓）火烧时常常扑向火焰而死。

②烟雾吸引　有些昆虫如烟蝇，当嗅到烟的气味时就循着烟的气味飞去。在美国、加拿大、新西兰、澳大利亚、阿根廷、英国等地发现了9种具有这种特性的烟蝇。有人认为昆虫所具有的这种特性与它们交配行为有关，烟雾流可以作为昆虫交配群移动的信号。

③热吸引　某些昆虫具有受热吸引的行为。例如，火甲虫、火球蚜常常受热的吸引而奔向火场，除了为火的热量吸引外，这些昆虫身上还具有感受红外线的器官，它们能感受到100~160km以外的森林火灾。科麦克认为昆虫的这种特性仍然与它们的交配行为有关，因为雌虫常把卵产在炭化木上。另外，还发现这种昆虫常常飞落在正在燃烧的树桩或树干上。

④食物吸引　许多鸟类特别是猛禽类具有不怕火和烟的特性，常常飞到正在着火的火场周围取食，其取食对象是那些由于怕火而逃避的小动物。这类猛禽在北美有83种，非洲有34种，澳大利亚有22种，其中有鹰、秃鹫、鸢、隼等种类。另外有些动物如雪兔、佛吉利白尾鹿和我国海南岛的坡鹿等，具有喜欢吃炭木灰的特性，它们常常寻找最近或刚刚烧过的火烧迹地，取食灰分或被火烧过的枝干等。有些食肉动物，如狮子、豺、猎豹等也常常在火场周围"狩猎"，等待捕食逃跑的动物（鹿、狍子等）。某些灵长目动物如猩猩、长臂猿等也常常来到刚刚烧过的迹地上寻找一些熟食（烧死的动物）。但是，它们从来不靠近营火，这说明它们具有一定的思维能力，营火周围常常有人类活动，它们认为不安全。有些野生动物喜欢在火烧后的热灰上打滚，杀死身上的吸血小动物。

3.5.2.2 野生动物对火行为的影响

林火影响野生动物种类及种群数量变化，然而野生动物是森林的重要部分，它们的存在对森林的生存发展有明显作用，野生动物的活动对林火发生以及火行为都具有一定的影响。

(1) 昆虫活动与林火的发生　害虫能使很多林木或大片森林死亡，因此，在虫害侵染过的地方留有大量的病腐木和枯立木，干燥后很容易燃烧，从而使森林可燃性增加。这种现象在加拿大东部的冷杉林和英格兰云杉林均发生过。20 世纪 80 年代初期，在美国俄勒冈南部松林地也发生过。虫害的侵染有时与病害有关，在美国成熟松林(80～160 年)，当林木遭受真菌侵染后，山松大小蠹种群数量显著增加，由于小蠹虫的大发生使林木大量死亡，容易导致火灾发生。

(2) 食草动物与森林燃烧性　有些食草动物像麋鹿、驼鹿等，在林中只食取某种植物，而不食其他植物，这样能改变森林的植物组成，从而间接影响林分的易燃性。如果林中的草食动物多，大量啃食草本植物，使易燃可燃性植物数量显著减少，降低了林分的可燃性。另外，林区放牧所形成的牧道可作为防火线。在林区，有些野生动物的行走小路，可以作为火烧防火线的依托条件，也可以作为扑火时点迎面火和火烧法的根据地。经常发现野生动物啃食植物的根系，形成较宽的自然生土带，能够起到阻火的效果。

(3) 啮齿类动物活动与雷击火　树木(包括果树)的结实有个特点，即树木顶端结实最多。例如，我们熟悉的红松不是整个树冠到处结实，而是果实分布在树的顶端。这样使那些以其球果为食的啮齿类动物(如松鼠)在取食时，不得不爬上树冠顶端。在取食过程中常使顶端枝条受伤或死亡，这样树冠顶端干枯的枝条容易导致雷击火的发生。据调查，在美国西部地区及加拿大的大部分地区均发现有由于啮齿类动物引起的火灾。

(4) 啮齿类动物活动与冲冠火　小兴安岭和长白山的阔叶红松林，秋后大量红松球果脱落在树干的四周，这些球果被松鼠啃食，留下大量球果鳞片，堆积在树干四周。一旦发生森林火灾，将会大大增加火的强度。如果四周有幼林，则容易形成冲冠火。

综上所述，了解野生动物对火的反应和对火行为影响的特点，有利于进一步用火保护野生动物。同时，也有利于防火、灭火和用火，以及对野生动物的经营和管理。

3.5.3　火与野生动物保护

随着人口的骤增、工业的发展、环境污染、水土流失、气候变化，世界上几乎每天都有物种灭绝，使人类感到危机。人们逐渐意识到，要想生存，必须保护自然，保护濒临灭绝的物种，从而纷纷建立了自然保护区，以保护人类赖以生存的环境条件，保护人类的朋友——野生动物和森林。世界只有一个地球，需要大家来维持，任何对环境的破坏、对野生动物的捕杀，都是对人类赖以生存的地球的破坏，全人类都应行动起来保护地球、保护野生动植物资源。

火作为一个活跃的生态因子，对某些野生动物的保护也有很大影响。火的作用具有两重性：一是高强度林火能破坏野生动物的栖息环境，对野生动物的保护产生不利影响；二是火烧能维持某些珍稀动物的生存环境，从而维持少数珍稀野生动物。

①东北虎 东北虎是我国一类保护动物，现存量少，据调查全国也不过几十只。温带红松阔叶林区是东北虎生存的适宜环境，人烟稀少的地方最适宜。但是，随着林区的开发建设，森林砍伐量大，火灾日趋严重，使东北虎适宜生存的原始森林所剩无几，现在东北虎已到濒临灭绝的边缘。因此严格控制红松阔叶林内发生火灾，减少砍伐等是保护东北虎的先决条件。

②紫貂 紫貂是东北三宝（人参、貂皮、鹿茸角）之一，紫貂在偃松林下栖息，偃松种子是其主要食物，偃松主要分布在大兴安岭的高山树木线下，与红松性质相类似，但不能直立，呈匍匐状。由于偃松分布在海拔较高、湿度大、火源少的地区，一般不易发生火灾。但是，遇到特别干旱的年份，偃松林不仅能够着火，而且常能形成地下火（因为偃松林下常有厚厚的苔藓层）。这时火的作用能直接威胁到紫貂的生存。

③大熊猫 大熊猫是我国特有的珍稀动物，有国宝之称。大熊猫主要分布在我国的西南地区海拔较高的竹林。箭竹叶子和嫩小枝是其主要的食物，如果竹林遭到火灾将影响大熊猫的生存。

④坡鹿 坡鹿是我国海南岛的特有种，但数量不多，需要很好地保护。坡鹿以稀树蒿草地为栖息地，为了改善它们的生存环境，进一步采用计划火烧，提高草原草质，以达到培养繁殖坡鹿的目的。

⑤驼鹿和麋鹿 有许多食草野生动物借助火改善食物以确保种群增长。例如美国黄石公园的驼鹿和麋鹿，是该地珍贵野生动物，为了保护它们的生存发展。美国花费几十年，对控制雷击火的发生进行研究，以维护驼鹿和麋鹿种群的发展，结果雷击火被控制，但种群数量没有增加，反而减少。原来是它们喜欢啃食的萌芽杨树枝条锐减，杨树长成大树使得饲料大减，因此，种群数量下降。后来在黄石公园局部地区，采取雷击火烧的办法改善环境，使大量杨树萌条产生，驼鹿和麋鹿种群数量逐渐增长。因此火对维持驼鹿和麋鹿的种群数量具有重要作用。

⑥松鸡 松鸡生活在北美短叶松林下，土壤为砂质土。幼树下垂的长枝所形成的环境是松鸡最适宜的栖息地。如果这种松林长期不发生火灾，幼树长大，成林郁闭，而且裸露的沙土被覆盖，这时松鸡种群显著下降，甚至消失。因此为了保护这种珍禽，必须每隔一段时期对松林进行火烧，以维持松鸡的生存环境，从而使得这种珍禽得到保护。

⑦大型鸣禽 在加拿大南部的短叶松林中有濒于灭绝的大型鸣禽，只分布在几十平方千米的范围内，这种鸟的栖息地为短叶松幼、中龄林，地面为沙土，中幼龄短叶松的下枝可以覆盖地面，鸟类可以隐藏在林内，躲避天敌的袭击。同时地面为沙土，这是大型鸣禽所需要的栖息地，加拿大为了保护这种大型鸣禽的生存环境，防止它们灭绝，采用相隔60~120年，实行中等强度以上计划火烧，因为短叶松的结实年龄为60~120年。采用中等强度以上火烧，使地面的枯枝落叶层烧净，沙土裸露，短叶松为迟开性球果，计划火烧后，能保证短叶松得以更新，形成幼林。确保大型鸣禽有良好的栖息地，维护该种得以生存和繁衍，为了

确保用火的强度，加拿大按照林火预报系统和火险天气指标进行火烧，确保计划火烧能够达到预期的目的，这是目前计划火烧维护濒于灭绝物种的较好实例。采用计划火烧维护濒于灭绝物种，将越来越受到重视。

⑧黑貂　加拿大森林中有一种野生动物——黑貂，它的栖息地为原始森林，它居住在大树洞内，但是它捕食的对象主要是次生林中的鼠类，因此它的分布地区为原始森林和火灾迹地上形成的次生林，白天在次生林地捕食鼠类，夜间返回原始林树洞中隐藏，既得到了丰富的食物，还可以隐藏在树洞中保证安全，不遭天敌的袭击。

另外，北美的森林中花脸猫头鹰也是隐居在原始林大树洞中，在次生林中觅食鼠类和其他动物，而这些次生林是依赖火来维持的。

⑨大角羊　Peek(1984)等人对大角羊和火的相互关系进行了研究。他们总结了英国哥伦比亚，美国爱达荷、蒙大拿等地区7个大角羊种群在历史上对火烧(包括野火和人为火)的反应情况及相关的植被情况。在这些研究区域里火烧后的植物演替变化不同，有的能迅速恢复火烧前的条件，如草地或灌丛；有的可能慢慢地使针叶树消失，森林变为灌丛草地生境。

大角羊的主要食物竞争者是家畜(人为禁放)，主要的死亡病因是肺线虫传染，如果在大角羊分布区有过度放牧家畜的现象，则额外进行火烧对大角羊没有益处。如果肺线虫病流行，大角羊对火烧后食物量增加的反应能力可能会受到限制。火烧频繁的地区，植物量的变化是短暂的，对大角羊没什么影响。火烧区域的积极作用在于使种群增加，当然在所有例子中，没有充分证据证明大角羊种群变化仅是对火的反应，因为火烧因子和其他限制因子的作用无法清楚划分。至少有四个重要的因子限制了大角羊种群，包括肺线虫，家畜过度放养导致分布区条件恶劣，分布区的低生产力(由于干旱和土壤贫瘠)和其他大型狩猎动物的竞争，所有这些因子可能都受到恶劣气候的影响。另外，捕食者亦可能是重要的限制因子。

7个种群的研究表明人为控制火不一定会使大角羊的种群增加，而且可能有负作用，其他限制因素的作用可能超过了火烧对食物生产量增加带来的益处，不过仍有证据表明，火烧能够减少肺线虫的感染，也有证据表明人为控制火配合有限制的放牧，可能会对大角羊有利。在火烧频繁的地区，管理用火对大角羊作用会很小。

如果能制定适当的计划并且考虑到火烧的承受者和其他限制因子，人为控制火在大角羊的管理中会成为有用的工具。若火烧范围太大或火烧不充分，则对食物资源的影响不大。而生境条件恶劣，重要的食物消失等会起负作用。同时，若火烧对别的动物如北美马鹿有利，也会对大角羊起负作用。火烧起负作用时，大角羊对其他限制因子的反应会更脆弱。因此，对大角羊进行人为控制必须制定完善的计划。

综上所述，利用火来维护物种的生存是可能的，但需要研究清楚这些物种所需要的环境及其他条件，确保用火安全，又不会过度破坏森林。在利用火维护物种生存的同时，还需要生物学家、林学家、野生动物学家和自然保护者共同努力，深入研究，来维护森林生态系统的平衡与发展。总之，在野生动物的保护中，人们更多的是利用人为控制火烧或称为人为控制火。这种应用有相当长的历史，尤其是在北美，计划火烧能使植物群落始终处于某种演替阶段，保持野生动物的生境，如食物资源、隐蔽所、筑巢地点和巢材等。

复习思考题

1. 火对土壤理化性质及土壤生物的影响。
2. 火烧对水分循环的影响与作用。
3. 森林燃烧所产生的有害物质及其对大气的影响。
4. 火对植物的影响及植物对火的适应包括哪几方面？
5. 阐述火对策种及种类。
6. 火对群落中树种的影响？
7. 为什么在自然条件下火会影响到树种的更新？
8. 试述火与群落稳定性之间的关系。
9. 简述火烧对野生动物的间接影响。
10. 简述野生动物对火的反应。
11. 火对野生动物的吸引表现在哪几个方面？
12. 简述野生动物对林火行为的影响。
13. 简要说明火对野生动物影响的两重性。

本章推荐阅读书目

森林防火. 郑焕能. 东北林业大学出版社，1994
林火生态. 郑焕能，胡海清，姚树人. 东北林业大学出版社，1992
草地火生态学研究进展. 周道玮. 吉林科学技术出版社，1995
植被火生态与植被火管理. 周道玮. 吉林科学技术出版社，1995
应用火生态. 郑焕能，满秀玲，薛煜编著. 东北林业大学出版社，1997
野生动物生态学. 陈化鹏，高中信主编. 东北林业大学出版社，2001
Fire Ecology. Wright H A. & Baily A W. New York：John Wiley & Sons Inc.，1982
Fire in Forestry. Craig Chandler, Phillip Cheney, Philip Thomas et al. New York：John Wiley & Sons Inc.，1983
Introduction to Wildland Fire. Stephen J. Pvne et al. New York：John Wiley & Sons Inc.，1996

第4章 林火与生态系统

【本章提要】 本章主要论述林火与森林演替的关系，火与景观、火与碳平衡、火干扰与生态平衡、以及火对不同森林生态系统的影响与作用。重点从景观水平上论述了火的作用与地位。

林火是生态系统干扰因子，火干扰与生态系统平衡有很大的关系。不同森林生态系统中火的影响和作用是不一样的。光合作用的有机物质和碳积累以及林火的碳释放是生态系统主要能量的输入和输出。生态系统是自然演替的一部分，而火对森林生态系统演替有一定的影响。生态系研究尺度由个体结构发展到林分水平、集水区水平、生物群落水平、生态交错区水平、景观水平。

4.1 林火对森林演替的影响

森林演替是指一个地段上一种森林被另一种森林所替代的过程，是森林内部各组成成分之间运动变化和发展的必然结果。演替存在于所有森林中，只不过替代的速度不同，在一个地段上，一种质态的森林被另一种质态的森林代替的过程是永远不会消失的。森林演替的实质是群落中优势树种发生明显改变，引起整个森林组成的变化过程。这种变化过程从总体上讲是物种生态对策的差异，是由于物种特性的不同所致；而任何一个物种在不同的生境条件下，其适应和竞争能力的发挥有很大的差别，物种特性是在一定生境条件下长期进化适应的结果。因此，生境是森林演替发生的重要外在条件，在生境的缓慢渐变过程中，优势树种的取代过程也是缓慢地进行的；而在干扰因素造成环境条件的突变中，演替的过程则是突然出现的。引起生境突然改变的自然干扰因子主要包括火灾、风灾、病虫害和动物危害等。

通常情况下，生态系统沿着一定的自然演替轨道发展。受干扰影响，生态系统的演替过程发生加速或倒退。火灾是森林历史中的主要事件，一直普遍存在于自然界中，人类有史以来，已广泛地利用火作为改变环境的强大动力。几千年来，世界绝大多数森林都遭到过火灾的干扰。早在20世纪初期，林学家和生态学家就开始意识到自然火干扰在森林植被演替中的作用。然而，火一直被认为是破坏生态系统，导致群落逆行演替的非自然因子。如果没有火灾的发生，各种森林从发育、生长、成熟一直到老化，经历不同的阶段，这个过程要经过几年或几十年的发展。一旦森林火灾发生，大片树林被毁灭。火灾过后，森林发育不得不从头开始，可以说火灾使森林的演替发生了倒退。一直到近30年来，人们才逐渐认识到自然火干扰在森林植被中的普遍性，以及在开创和维持森林、促进森林发育的重要性；即从另一层含义上，火灾促进了森林生态系统的演替，使一些本该淘汰的树种加速退化，促进新的树种发育。目前，人们对森林植被自然火干扰开展了广泛的研究，并认识到林火既能维持循环演替或导致逆行演替的发生，也可使演替长期停留在某个阶段。美国滨湖各州和加拿大的短叶松(*Pinus banksiana*)，一般需要林火来维持，只要几十年发生一次火灾，就能在同一地方更新，若不发生火灾，经过50~60年后，短叶松则被其他树种所更替。美国明尼苏达州西北部，广泛分布的同龄美洲赤松(*Pinus resinosa*)原始林，也是多次林火干扰之后发生的。松树和栎树能在世界各地许多森林中占优势，主要是由林火造成的。因此，林火干扰在森林演替中的作用，已越来越受到人们的关注。

4.1.1 原生演替

原生演替(primary succession)是指开始于原生裸地上的植物群落演替。原生裸地是指由于地层变动、冰川移动、流水沉积、风沙或洪水侵蚀以及人为活动等因素所造成的从来没有植被覆盖的地面。原生裸地上从来没有植物生长，或曾有过植被，但已被彻底消灭了，没有留下任何植物的繁殖体及其影响过的土壤。原生裸地上营养贫乏，生产力低下。原生演替包括从水生到中生(水分适中方向)和从旱生到中生两个系列。

由于原生演替是从极端条件下开始，向中生方向发展。因此，火干扰对次生演替的作用大，但在特殊的条件下也会引起原生演替。如两千多年前长白山的火山流，造成了原生裸地，火山爆发后形成的森林，即为火引起的原生演替群落。大面积火烧以后，发生了表层土壤侵蚀，母质层以上全部被冲失或塌方的地段，由冲积物质的沉积形成的地段等等，成为中生演替系列中原生演替的起点。如美国的红云杉，强烈的树冠火过后，在岩石上开始原生演替。火在原生演替中的作用表现在高强度的森林火灾对原有生态系统的毁灭作用。

4.1.2 次生演替

次生演替(secondary succession)是指发生在次生裸地上的植物群落演替。次生裸地是指那些原生植被已经被消灭，但土壤中还多少保存着原来的群落或原来群落的植物繁殖体。如火烧迹地、放牧草场、采伐迹地和撂荒地等。因此，次生演替速度比原生演替的速度快。近年来，关于次生演替的研究很多，火干扰引起的次生演替受到学者们的广泛关注。这方面的研究涉及植物生理、种群生态、生态系统分析和景观生态学等学科。许多演替模型应运而生，一些重要的演替模型专门用于处理火干扰后的次生演替。次生演替包括群落的退化和复生两个过程。

林火影响群落次生演替过程主要有以下四个方面的因素。

4.1.2.1 树种的组成或种源

森林经过火干扰后,火烧迹地上保存的树种及火烧迹地周围树种是决定演替的重要因素。有无种源,有什么种源,这些种源是否适合在火烧迹地上生长等问题,对次生演替的方向和进程都有影响。由于繁殖的迁移受到可动性、传播因子、传播距离和地形条件等几方面因素的限制,所以决定演替的树种组成不但是火烧后保存的树种,而且与迹地周围群落类型密切相关。种源不同影响迹地上的林木种类结构,火烧迹地上一般适合于喜光树种的生长,因其环境变化为极端条件,而一般耐荫树种则需要一个稳定的生态环境才适合生存。如果周围树种都是耐荫树种,其繁殖体到达迹地上也不会发芽,即使发芽也难以存活,这对群落恢复是非常不利的。

徐化成等对大兴安岭北部地区原始林火干扰历史做了研究,发现大兴安岭的老龄落叶松林树皮很厚、抗火性能强,群落的结构稀疏、树体高大、枝叶稀疏、侧枝短、自然整枝良好、乔木层冠高并与下部灌木冠层互不连接,所以,地面火不易发展为树冠火。因此,老龄落叶松林能与火烧迹地在空间上相邻,常常成为火干扰后的主要种源,是低强度火烧后演替进展的原动力。

4.1.2.2 生境条件

火烧后的生境条件也是决定演替方向的重要因素。由于火的作用,改变了原来的生境条件,造成火烧迹地所特有的生态环境。所有的植物种类都要受到这个生态环境新的选择。适应这种生态环境的植物种类就能生存,不适应的则要消失。因此,生存条件的变化幅度,决定了火烧迹地上演替后的植物种类结构。

4.1.2.3 林木的发育期

林木的发育期长短决定了不同树种在次生演替中的竞争能力的大小。如对大兴安岭地区主要树种落叶松和白桦进行比较,在火烧频繁条件下,落叶松竞争不过白桦(二者都是喜光植物)。这是因为落叶松发育时间长,萌发能力没有白桦强。而白桦成熟期短,萌发能力强,因此经过多次火烧的迹地上,白桦代替了落叶松。但是由于落叶松寿命长,在进展演替中,落叶松最终取代了白桦,成为地带性植物。

4.1.2.4 火强度的影响

火强度的不同,对林木破坏程度也不同,并且直接影响到林木的次生演替。火强度越大,越接近逆行演替,演替所需的时间也就越长。相反,火强度越小,恢复森林群落的次生演替所需的时间越短。另外,火的频率也能改变森林群落的演替过程,并且可表现出不同的演替阶段。

4.1.3 进展演替和逆行演替

进展演替(progressive succession)指的是从一个初始先锋群落开始,经过一系列演替阶段和连续体,最终朝成熟的稳定群落的发展过程。Odum(1969)和 Whittaker(1975)引用许多特征来描述典型的进展演替,如物种多样性增高、复杂度加大和生物量增加等。通常情况下,生态系统沿着自然的进展演替轨道发展。逆行演替(retrogressive succession)正好相反,它朝着物种组成简单、生产力低下以及生物量小的早期阶段发展。产生逆行演替的原因主要是外力的干扰或胁迫,如森林火灾、过度放牧等。林火干扰可以看作是对生态演替过程的再调节。

森林火灾后,群落的演替方向是进展演替还是逆行演替,决定于林火干扰的强度和森林群落的抗火性能。在次生演替过程中,森林火灾消失后,次生裸地上植物群落能否恢复进展演替的极限我们称为次生演替的弹性极限。一个地区的外界影响是否超过演替的弹性极限的主要标志是:①该地区的气候是否发生了根本改变,如该地区遭到外界干扰后气候条件没有发生根本变化,则植物群落还会沿进展方向演替,反之该地区经外界因素干扰后,气候条件发生了根本改变,即超过了弹性极限,一些气候相适应的树种则难以恢复,植被变化表现出来。另外,也可将历史上气候变化资料进行分析判断。②在局部地区如果土壤和植被类型发生根本变化,也说明外界影响超过弹性极限,群落也不会恢复进展演替。如我国大兴安岭林区兴安落叶松为当地典型的地带性植被,高强度森林火灾引起兴安落叶松林向白桦林逆行演替。低强度火烧可以维持良好的生态环境,促进森林生态系统的良性循环,使森林群落发生进展演替。在大兴安岭林区春季火烧草地,可以促进白桦林的更新,使草地变成白桦林,这是明显的进展演替。如果白桦林四周有兴安落叶松林,则可以在白桦树下进行低强度的火烧,烧除林地上的地被物,促进兴安落叶松林的更新,使兴安落叶松林取代白桦林,又可引起白桦林向兴安落叶松林的进展演替。另外一种火成演替的例子发生在小兴安岭的草地上,草地经过火烧会形成杨桦林,再经过火烧,该杨桦林转变为硬阔叶林,如果能够进行人工促进更新等措施,则可诱导进展演替为地带性顶级群落——阔叶红松林。

一般来说,演替都要经过干扰,比如我国的大兴安岭林区地处寒温带,水热条件差,植被单一,土壤瘠薄,属于生态脆弱带,正处于森林与森林—草原的过渡地段,系统一旦被破坏,则易向森林—草原化方向发展,而发生逆行演替。"5·6"大火对大兴安岭北部的森林生态系统的破坏是惨重的,许多地区已开始出现明显的逆行演替。对于大兴安岭山脉南部地区,原来有森林,若经过火灾反复破坏后,形成草原,而在草原上要恢复森林,也是非常困难的,演替方向也变成了典型的逆行演替。逆行演替在我国东北林区分布面积非常大,这无疑是森林火灾影响的结果。而且林火干扰的程度不同(决定于火的强度和频繁程度),可形成不同的演替阶段。

林火干扰超过演替弹性极限,发生逆行演替的另一个例子是土地沙化过程。强烈的森林大火在自然环境其他因子的协同作用影响下,如全球变暖、地下水位下降、气候干旱化等,地球表面许多草地、林地将不可避免地发生退化,而在人为干扰下,如过度放牧、过度森林砍伐,将会加速这种退化过程,可以说干扰促进了生态演替的过程。当然,通过合理的生态建设,如植树造林、封山育林、退耕还林、引水灌溉等，可以使其向反方向逆转，而变逆行演替为进展演替。

对于超过了演替弹性极限的林火干扰，我们更应该及时采取措施，对火烧迹地要进行封山育林、严禁放牧、要保护好母树、进行人工种草植树，有条件的地方可以进行飞播造林；火烧迹地的乔木和灌木未经一个多雨季节，应严格禁止采伐和樵采；要减少或停止人为破坏。从而加速森林恢复，以防止系统的进一步恶化和逆行演替，保证系统的正常恢复。

4.1.4 偏途演替

1943年Grren综述了火烧对美国东南部林区的植被影响，并第一次使用了火偏途顶极、火烧演替等概念。偏途演替(disclimax)是演替过程中，离开了原来的演替系列，朝另外的途径发展，且又具有一定的稳定性。造成偏途演替顶极的主要原因是人为活动(耕作、造林、长期放牧、长期割草)和其他干扰(如长期林火干扰)。如我国南方杉木人工林就是一个偏途顶极群落。小兴安岭的蒙古栎林，原来的气候条件下，演替顶极为红松阔叶林中的蒙古栎红松林，分布于低山山背，但是由于火灾的反复作用，使红松渐渐被淘汰，最后留下蒙古栎，使气候、土壤干旱，但是比较稳定，故为火成偏途演替顶极。这种蒙古栎林不容易恢复到阔叶红松林，其原因是：①土壤和植被类型发生了根本变化，这样地区生长的都是耐旱植被；②蒙古栎林的自身特点造成火灾周期性的发生，多代萌生蒙古栎林大量叶子干燥易燃，不易腐烂，幼林叶子不易脱落，非常容易引发火灾。所以，在这样的生境里即使有红松种源，也不易成活，生长的红松幼苗也会被烧死，这样就难以恢复红松阔叶林。

在东北林区，寒温带针叶林以及东北东部山地的温带针叶阔叶混交林，经常频繁发生森林火灾，其结果是，针叶林消失，其他阔叶林减少，只留下多代萌生的蒙古栎林，蒙古栎能够形成比较稳定的植物群落，不会再演替为针阔混交林，从而形成偏途顶极群落。造成这种偏途顶级蒙古栎群落的主要原因是林火长期频繁作用的结果。同时也与蒙古栎的生物学、生态学特性有关。①蒙古栎树皮厚、结构紧密，具有很强的抗火能力；②蒙古栎对火有较强的忍耐力。它的萌芽能力强，在任何年龄阶段都具有萌芽能力，而且还有连续多代萌芽能力；在火频繁的地区，它还能形成木疙瘩以保证繁衍；③在生态学特性方面，蒙古栎能忍耐干燥的立地条件，在干燥瘠薄的林地上生长能力比其他阔叶树强。因此，它能在反复火烧后愈来愈干燥的立地条件下生存下来；④蒙古栎在火灾频繁作用下形成多代萌生林，为灌丛状，幼叶冬季不脱落，常挂于树枝上，容易燃烧，加上林地上多生长一些耐干旱的禾本科和莎草科杂草，使林区成为一个火灾频度较高的森林类型。因此，在这种林区恢复针阔混交林是不容易的，只好以偏途顶极群落的形式存在。

4.1.5 火顶级

用火来维持的亚顶极群落(subclimax community)称为火的顶极群落。这种顶极群落并不是当地真正的顶极群落，而是由于构成这种群落的主要树种对火有很强的适应能力，在火的作用下，排除其他竞争对象，暂时成为非地带性植被，而一旦火的作用消除，仍会被当地的顶极群落所代替。因此，火顶极实质是亚演替顶极，并且不能离开火的作用。

比如，美国南部地区生长着许多速生的松林（火炬松、湿地松、加勒比松等），这些松林属于喜光树种。它们的经济价值高，在南方气候条件下生长迅速，尤其是幼年生长快，能够在 10~20 年培养成大径材，是当地的速生用材林。同时，这些松林树皮厚，结构紧密，抗火能力强，几厘米厚的树皮具有较好的抗火性，对中、弱度火烧有较强的抵抗力。

但是，该地区的地带性顶极群落为常绿阔叶林，如栎、核桃等，均属于耐荫树种。这些树种的经济价值较低，生长缓慢，树皮薄、结构不紧密，对火敏感，抗火能力差，只要遇到较弱的林火，林木地上部分就会烧死，但干基根蘖萌芽能力强，火烧后有较好的萌芽能力。在荒地上营造松林时，栎树、核桃等能在松林林冠下生长发育，当松林达到成熟时，由于林冠下部是耐荫阔叶树，直接影响松林的更新，因此栎树和核桃树种就替代了松林，这就是该林区天然演替的过程。

因此，在美国南部地区经营大径级松材时，常采用低强度林火控制林下硬阔叶树的生长，同时又给松林地增加大量灰分和营养元素，促使松林快速生长、发育、成材。一旦这种松林停止火烧，耐荫的阔叶树抑制松林的更新，逐渐取代松林形成小乔木状的硬阔叶林。依靠林火来维持树林的自我更新，就是火顶级群落的形成过程与原理的应用。

美国南部各州维护火顶极的具体做法是：在荒地采用南方松造林，当森林郁闭后，松林的平均胸径大于 6cm 时，就采用低强度火烧，火焰高度保持在 1m 以内，在冬、春两季用火安全期点烧，在点燃区四周开设 0.5~2m 的阻火带，或开生土带，每 2~3 年火烧一次，连续火烧的目的是①2~3 年烧一次，可以抑制其他树种侵入，控制耐荫阔叶树的发展；②相隔 2~3 年火烧一次，加速凋落物的分解，促进营养元素循环，从而促进林木生长发育；③由于不断进行低强度火烧，使林地可燃物大大减少，不易发生大的森林火灾；④间断性火烧，可以减少杂乱物和病虫害，改善林地卫生状况，有利林木生长发育；⑤林地不断火烧，可减少地被物，有利于松树更新，从而长期维持松林的存在与更新。

火烧顶级群落在美国南部各州的应用取得了较好的经济效果，培养了大量的大径级用材林。目前，在北美南部有许多生长快速的松类树种，向各大洲引种。我国的南方各省已引进湿地松、火炬松和加勒比松等，这些松树在我国南部生长良好，其生长速度不亚于原产地。为此，我国也可以在经营这些树种时，适当的采用火烧促进这些树种的快速生长，实现持续经营，为缓解我国木材需求的增长，尤其是为大径材培育的问题提供了较好途径。此外，我国南方生长迅速的松林是当地的亚顶极群落，抗火能力较强，可以利用火烧来培养大径级木材和维持亚顶极群落。

4.2 火与景观

4.2.1 林火对景观的影响

生态学对干扰的研究非常多,如火干扰、洪水干扰、风干扰等,但是干扰的概念却不统一。Forman 和 Godron 将干扰定义为显著地改变系统正常格局的事件。Forman(1995)又对干扰与胁迫的区别进行了分析,并认为在草地、针叶林或地中海类型的生态系统内每隔几年就发生一次的火灾不是干扰,而火则是一种干扰,他特别强调了干扰的间隔性和严重性。景观生态学中对干扰的研究是非常重视的,认为干扰是景观异质性的一个主要来源,它既改变景观格局,同时又受制约于景观格局。干扰的作用具有双重性:它既是生态系统内的一种建设性生态过程,具有维持系统稳定的作用;同时也是一种破坏性过程,使系统内的某些成分和格局发生变化。这种认识对于了解生态系统的运行机制是有利的,但同时也增加了人类处理干扰的难度。

林火属于离散干扰事件,它能使生态系统、群落或种群的结构遭到破坏,使资源、基质的有效性或使物理环境发生变化。林火干扰的生态影响还反映在对景观中各种自然因素的改变,例如森林火灾后,导致景观中局部地区光、水、能量、土壤养分的改变,进而导致微生态环境的变化,直接影响到地表植物对土壤中各种养分的吸收和利用,这样在一定时段内将会影响到土地覆被的变化。其次,林火干扰的结果还可以影响到土壤中的生物循环、水分循环、养分循环,进而促进景观格局的改变。林火干扰通过影响很多生物个体的死亡、生长和繁育,影响到种群和群落的结构特征,影响到群落的演替规律。从一定意义上来说,林火干扰是破坏因素,但从总的生物学意义来说,林火干扰也是一个建设因素,是维持和促进景观多样性和群落中物种多样性的必要前提。

4.2.1.1 林火对景观结构的影响

人们通过对林火的运用,对自然产生了较大的影响。从自然火灾到人为放火烧荒都严重地改变了景观的结构和形态。

(1) 对斑块结构的影响 斑块是指在外貌上与周围地区有所不同的一个非线性地表区域。我们可以从斑块的起源类型所占的百分比、斑块大小、斑块形状和斑块的密度来说明林火干扰对斑块结构的影响。

①斑块类型 根据起源不同,斑块可分为干扰斑块、残余斑块、环境资源斑块、引入斑块四类。

林火对斑块类型的影响必须从空间尺度加以考察,在生态系统内部,低强度的地表火过后,形成一个或多个火烧迹地,常常造成火烧干扰斑块。对于大面积的重、特大森林火灾,火灾蔓延很广,火烧迹地面积很大,如果火烧迹地中间有少数团状林分未烧到,这时我们将火烧迹地称为本底,而将这些残余的林分称为残余斑块。

对于环境资源斑块，由于它起源于环境的异质性，而林火能对环境产生一定的影响，所以，林火干扰对环境资源斑块有一定的破坏作用。如赵魁义等研究了"5·6"特大火灾对森林沼泽的影响，在大兴安岭林区沼泽森林属于典型的资源环境斑块，火灾过后沼泽的面积扩大，沼泽趋于干燥向非沼泽斑块转化。当然沼泽的变化趋势因沼泽所处地貌部位、地质、植被、火烧强度和火烧频度等因素的不同而不同。

林火干扰形成的斑块和本底之间是动态关系，斑块消失的速度很快，斑块的周转率很高，或者说他们的平均年龄（或平均存留时间）很低。林火干扰后形成的斑块与本底之间的生态交错区一般比较窄，它们之间的过渡是比较突然的。

②斑块大小　林火干扰形成斑块的大小，决定于林火行为和景观的空间格局。一般地由林火造成的干扰常造成大的空隙，大到几百、几千甚至几万公顷。林火干扰常形成粗粒结构，常是寒温带森林所特有。但在其他林区，亦有林火发生，如我国南方林区，由于森林景观的破碎化程度较高，林火形成的斑块一般面积较小。

③斑块形状　一般地，林火干扰形成的斑块形状是非常不规则的，但受人为因素的影响，如南方的计划烧除、炼山造林以及扑火过程中开设防火线等工作，使斑块的边缘变直，结果造成很多多边形的干扰斑块。

④斑块密度　天然景观中，斑块的密度中等，随着林火干扰的出现，斑块密度明显加大。这种趋势与斑块大小变化呈负相关。

(2) 对走廊、网络和本底的影响　走廊是指与本底有区别的一条带状土地。它主要包括防护林带、公路、铁路、河流等；按起源不同可将走廊分为干扰走廊、残余走廊、环境资源走廊和种植走廊等等。走廊相互交叉相连，则成为网络。走廊是能量流，物质流和物种流的通道。林火对走廊和网络的影响表现为直接影响和间接影响两个方面。直接影响表现在对走廊或网络的破坏上：如森林中带状采伐后，形成的干扰走廊中，易燃可燃物的载量非常大，其火险性极高，若不及时更新造林，容易发生大面积森林火灾，火烧面积过大，即会很快将这一干扰走廊消除；并对能量流、物质流和物种流产生影响，特大森林火灾对防火林带走廊也可造成毁灭性的打击。林火又可通过改变其他环境因子而间接地影响走廊，如森林火灾后，如果管理措施不当，必然导致大面积的水土流失和土壤侵蚀，林火干扰后，河川年径流量明显增加，火烧后森林对水分循环的调控能力减弱，径流的变化更加依赖于降雨。林火对河流走廊的影响可按短期和长期效应来分析评价。短期效应通过减少河流走廊边岸植被和增加河流沉积物而经常有害。河流边岸植被的消除，增加了河流边岸的侵蚀，减少了有效生境，升高了河水的温度等等，这些常常对水生动物是不利的。从火的长期作用来看，林火干扰后的次生演替，常常有利于河流走廊生态环境的改善，如火烧减少和消除了沿河溪生长的针叶树，并刺激落叶植被的增加，提供蔽荫，使原有森林群落向生产力更高的方向演替。当然，林火干扰对河流走廊的干扰，我们一般只强调火烧后河流中营养物质的富集以及河床淤积等等。

本底是景观中范围最广，连接度最高，并且在景观功能上起着优势作用的要素类型。小面积的火烧增加干扰斑块数量的同时，增加了本底的孔性，降低了本底的连通性。景观尺度上的大面积森林火灾，火烧迹地面积大，中间只有少数团状林分未烧到，这时的火烧迹地可称为本底，如"5·6"大火，火场面积达133万hm^2，其中过火林地面积114万hm^2，即为火烧迹地形成的本底。

4.2.1.2 林火对景观多样性的影响

景观多样性是指一个景观或景观之间在空间结构、功能机制和时间动态方面的异质性。高异质性的景观是由数量较多的小斑块构成，含有较多的边缘生境，适于边缘种的生长及动物的繁殖、觅食和栖息。它通常具有许多生态系统类型，而每种生态系统又有各自独特的生物区系或物种库。所以，景观总的物种多样性较高。

(1) **干扰与景观异质性** 景观异质性与干扰具有密切关系。在一定意义上，景观异质性可以说是不同时空尺度上频繁发生干扰的结果。每一次干扰都会使原来的景观单元发生某种程度的变化，在复杂多样、规模不一的干扰作用下，异质性的景观逐渐形成。Forman 和 Gordon 认为，干扰增强，景观异质性将增加，但在极强干扰下，将会导致更高或更低的景观异质性。而一般认为，低强度的干扰可以增加景观的异质性，而中高强度的干扰则会降低景观的异质性。例如山区的小规模森林火灾，可以形成一些新的小斑块，增加了山地景观的异质性，若森林火灾较大时，可能烧掉山区的森林、灌丛和草地，将大片山地变为均质的荒凉景观。干扰对景观的影响不仅仅决定于干扰的性质，在较大程度上还与景观性质有关，对干扰敏感的景观结构，在受到干扰时，受到的影响较大，而对干扰不敏感的景观结构，可能受到的影响较小。干扰可能导致景观异质性的增加或降低，反过来，景观异质性的变化同样会增强或减弱干扰在空间上的扩散与传播。

(2) **干扰与物种多样性** 干扰对物种的影响有利有弊，在研究干扰对物种多样性影响时，除了考虑干扰本身的性质外，还必须研究不同物种对各种干扰的反应，即物种对干扰的敏感性。同样干扰条件下，反应敏感的物种在较小的干扰时，即会发生明显变化，而反应不敏感的物种可能受到较小影响，只有在较强的干扰下，反应不敏感的生物群落才会受到影响。许多研究表明，适度干扰下生态系统具有较高的物种多样性，在较低和较高频率的干扰作用下，生态系统中的物种多样性均趋于下降。这是因为在适度干扰作用下，生境受到不断的干扰，一些新的物种或外来物种，尚未完成发育就又受到干扰，这样在群落中新的优势种始终不能形成，从而保持了较高的物种多样性。在频率较低的干扰条件下，由于生态系统的长期稳定发展，某些优势种会逐渐形成，而导致一些劣势种逐渐被淘汰，从而造成物种多样性下降。例如草地上的人畜践踏，就存在这种特征。干扰的影响是复杂的，因而要求在研究干扰时，必须从综合角度和更高层次出发，研究各种干扰事件的不同影响。研究表明，对自然干扰的人为干涉的结果往往适得其反，产生较多负面影响。例如适度的森林火灾，在较大程度上可以促进生物多样性，但由于森林火灾常常会对人类造成巨大经济损失，因此，常常受到人类的直接干涉。生产上，人们常常只注重火的人为属性，过分强调火的危害，企图杜绝林火的发生，这种做法将会造成更高的火险和未来更为严重的火灾。这种行为可以说是人类对自然干扰的人为再干扰，其结果不仅仅是导致生物多样性减少，同样会导致经济、社会、文化等人文景观多样性的减少。

（3）林火对景观多样性的影响　景观中斑块的形成大多数是由干扰引起的。低水平的干扰在增加生物多样性的同时，增加了景观的多样性，而超过一定限度后，干扰又会降低生物多样性，并降低景观的多样性。这种干扰包括自然的和人为的干扰，如暴风雨、闪电、虫害、砍伐、挖采、火灾等。森林火灾作为一种干扰对森林景观产生较大的影响：①高强度大面积的森林火灾可消除森林、灌丛、草地等嵌块体，产生比较均一的火烧迹地景观，降低景观多样性。②低强度小面积火烧或不均匀火烧通常在景观中建立较多的过火斑块增加景观的异质性和多样性。③火烧能加速景观要素之间物种的传播、养分的分布和能量的流动，增加物种多样性和生态系统多样性。

一般来说，在不受干扰时，景观的水平结构逐渐趋于均质化。适当的低强度火烧干扰，有利于提高景观的多样性，并促进景观的稳定性。

4.2.1.3　林火对景观动态的影响

景观动态包括景观的结构和功能随时间而发生的变化。这种变化既受自然因素的影响，也受人为因素的影响。景观动态过程有时比较缓慢，有时则表现为突发性的灾变。森林火灾对景观动态的影响一般表现为突发性的灾变。林火干扰对景观动态的影响，决定于林火大小级别。景观生态学中按照干扰作用力的强度不同分为四个等级：弱度、中度、强度、极度。它们对景观的生态反应分别产生四种结果：波动、可恢复、建立新的平衡和景观替代。

林火干扰与森林景观的破碎化关系密切。这种影响又比较复杂。主要有两种情况：①一些规模较小的林火可以导致景观破碎化，比如南方林区的小面积森林火灾，强度较小时在基质中形成小的斑块，导致景观结构的破碎化。②当火灾足够强大时，则导致景观的均质化而不是景观的进一步破碎化。这是因为在较大林火干扰条件下，景观中现存的各种异质性斑块将会遭到毁灭，整个区域形成一片火烧迹地，火灾过后的景观会成为一个较大的均匀基质。但这种干扰同时也破坏了原来所有景观系统的特征和生态功能，往往是人们所不期望发生的。林火干扰所形成的景观破碎化将直接影响到物种在生态系统中的生存和生物多样性。景观对干扰的反应存在一个阈值，只有在干扰规模和强度高于这个阈值时，景观格局才会发生质的变化，而在较小干扰作用下，干扰不会对景观稳定性产生影响。

4.2.1.4　林火对景观功能的影响

景观结构和景观功能是相互影响的，一般认为景观的结构决定其功能。景观功能是指不同景观要素之间的能量流、物质流和物种流。林火通过影响景观的结构进而影响其功能。林火对景观功能的影响主要表现在：①减少森林可燃物的积累，加速物质循环和能量流动的速度；②改变水流路径；③改变水流的物质成分；④造成土壤侵蚀；⑤改变动植物的运动格局；⑥通过破坏森林，造成大气污染，并增大当地近地层风速等等。

4.2.1.5 林火对景观格局的影响

一定地理区域的景观格局常决定于基质异质性、自然干扰和人类活动三个因子的影响。因此，景观格局常与干扰状况相应。如前所述，林火可改变景观斑块的大小、形状、数量及其在景观空间上的排列状况；同时也影响走廊、本底的特性。因此，林火对景观格局的影响是显而易见的。

在大兴安岭地区，在未加管理之前，火烧干扰是主要的干扰因子，火烧状况的特点是：火烧种类以地表火为主，少部分为树冠火；火烧强度以弱度为主；火烧轮回期3年左右（徐化成等，1997）。这样，景观格局的特点是：①大面积林地以兴安落叶松占优势，林火干扰频繁的地区出现白桦林。②林分年龄结构由代组成，每次火烧后发生一次年龄波。一个地点有记录的火疤表明，曾发生1~8次火，从而可形成1~8代林。概括地说，林分年龄结构可分为三大类：一代林、二代林和多代林。一代林是曾发生一次强度干扰的林分，老林分彻底毁灭，新一代同时发生。两代林曾发生过一次中度干扰，老林分部分被毁，新一代火后发生，两代差别明显。由2次以上弱度火干扰形成的林分，则形成多代林。③由于每次发生的火烧面积变化很大，所以林分大小也相应地有很大变化。再加上各次火烧的面积和边界很不一样，所以林分区别很复杂。

徐化成（1996）根据1995年航空照片，研究了大兴安岭北部地区原始林各种类型斑块的平均大小、变化范围，以及斑块大小类型的分配。其中火烧迹地斑块平均大小为40.8 hm^2，变化范围为1.0~680.0 hm^2。小于10 hm^{2}的小斑块有102块，占火烧迹地斑块总数的52%；中斑块（10~50 hm^2）65块，占34%；大斑块（50~100 hm^2）13块，占8%；超大斑块（100~200 hm^2）6块，占3%；巨斑块（>200 hm^2）6块，占3%。火烧迹地斑块数占总斑块数的12.9%，火烧迹地面积占总面积的15.37%，占林地总面积的17.7%。同一地区，根据1995年航空照片与1980年的航空照片相比较（后者代表原始林经开发的景观）火烧迹地的面积占总面积比例由15.37%下降为0.82%，火烧迹地斑块数由39.67块/km^{2}下降为5.69块/km^2，火烧迹地斑块平均大小由40.8 hm^{2}下降为14.34 hm^2。可以看到原始林区开发后，由于实行禁火政策，火灾面积有较明显的减少。这种火灾面积的下降究竟是好事还是坏事？根据邱扬（1994）在大兴安岭北部阿龙山的研究，火灾次数与该地区历次火灾平均强度呈线性负相关，即火灾次数多平均火强度就低，火灾次数少火强度就大。每次火灾的平均强度与蔓延面积，存在线性正相关，即火强度越大，蔓延面积越大。火灾次数与平均间隔期之间也呈线性关系，火烧次数越多，平均间隔期越短；间隔期短，平均火强度就小，蔓延面积就少；间隔期长，平均火强度就大，蔓延面积就大。实行禁火政策，火灾次数减少，火灾间隔期延长，就预示着发生高强度、大面积的火的可能性就越大，这可能是引发1987年"5·6"特大火灾的原因之一。

总之，林火干扰的性质和特征可以总结如下：①林火干扰对许多生态系统来说是一种常见的现象；②林火干扰的一个突出作用是导致景观中各类资源的改变和景观结构的重组；③林火干扰对生态环境的影响有利有弊，一方面决定于林火干扰本身的性质，另一方面取决于林火干扰作用的客体；④无论如何，林火干扰对人类活动来说，是一种不期望发生的事件。但由于适度的林火干扰具有较高的生态学价值，当森林景观的火灾受到抑制时，将给景观带来一连串的影响，景观的形状、Shannon 多样性指数和丰富度等立刻发生变化，分数维等其他指数以后依次变化(赵羿等，2001)。抑制火灾数十年后才能发现对景观结构的负面影响，因而要求在进行人类活动干涉时，必须从多方面加以考虑，慎重从事。

4.2.2 景观格局对林火的影响

景观格局一般指景观的空间格局，是指大小和形状不一的景观斑块在空间上的排列状况。景观的斑块性是景观格局最普遍的形式，它表现在不同尺度上。广义地讲，它包括景观组成单元的类型、数目以及空间分布与配置。例如，不同类型的斑块可在空间上呈随机型、均匀型或聚集型分布。景观格局是景观异质性的具体表现，同时又是包括干扰在内的各种生态过程在不同尺度上作用的结果。景观空间格局的形成、动态以及生态学过程是相互联系、相互影响的。空间格局影响生态学过程，如种群动态、动物行为、生物多样性、生态生理和生态系统过程等。因为格局与过程往往是相互联系的，我们可以通过建立两者的可靠关系，从空间格局出发，更好地理解生态学过程，深入了解干扰与格局的相互关系，不仅对界定人类活动的适宜方式和尺度有极大帮助，而且可以为人类进行景观格局的规划设计提供可靠的理论依据。

景观的不同格局是否会促进或延缓干扰在空间的扩散，决定于下列因素：①干扰的类型和尺度；②景观中各种斑块的空间分布格局；③各种景观元素的性质和对干扰的传播能力；④相邻斑块的相似程度。徐化成等在研究中国大兴安岭的火干扰时，发现林地中一个微小的溪沟对火在空间上的扩散起到显著的阻滞作用。

林火干扰影响景观的格局，反过来，景观格局对林火的发生、发展和蔓延也有一定的影响。如防火林带、防火线及河、路等天然防火屏障，使针叶纯林发生隔离，大大增加了其抗火的能力。但从景观生态学的角度进行各种景观格局对林火、洪水等自然干扰抗性的研究，尚有许多空白，有待于进一步的发展和深化。

4.2.2.1 斑块格局对林火的影响

斑块的格局是指斑块在空间上的分布、位置和排列。就两个景观中的斑块来说，如果斑块的起源、大小、形状和数量都相同，是否就意味着两个景观对林火影响的能力相同呢？不是。除上述这些指标外，他们在空间上的位置及其排列方式则可能是随机的、规则的或聚积的，它们的不同空间格局对林火的发生、发展和蔓延有着十分重要的意义。

对于景观中的火源多发区斑块，如人口活动频繁的区域，是人为火源多发区，我国黑龙江的大兴安岭、内蒙古的呼伦贝尔盟和新疆的阿尔泰山地区则是雷击火火源相当严重，尤其是大兴安岭和呼伦贝尔盟林区。如果这些多火源的森林斑块在景观中被其他斑块或走廊隔离，则林火即使发生，也难以扩散成大面积的森林火灾，如果此斑块邻近是其他森林斑块，且隔离度小，则林火很容易发生蔓延。

对于以森林为本底，农田和其他土地类型为斑块的林区，即森林的面积相对较大，森林的连通性好的林区，斑块的格局及其密度也影响林火的发生和发展。在我国东北林区和西南林区，这些农田斑块在景观中的密度相对较小，大面积的重、特大森林火灾时有发生。而我国中南地区，农用地斑块密度相对较大，不利于林火的蔓延，所以南方林区森林火灾的特点为火灾次数多，但大面积的重、特大森林火灾相对较少，当然，这种林火特殊的差异与当地的气候条件是相适应的。

4.2.2.2 网状景观格局对林火的影响

网状景观的特点是在景观中相互交叉。网状景观格局是指不同类型、不同数量的走廊在空间上的分布与组配。溪流及溪流两侧的林木形成走廊、防火线和防火林带、公路和铁路形成的走廊对森林火灾都具有阻隔作用。若这些走廊的密度较大，对森林火灾的阻隔较强。这些走廊的阻火效果与这些廊道的宽度、位置、走向、结构有关。而某些干扰走廊(如风倒木形成的走廊)，残余走廊(如皆伐地遗留的走廊)，环境资源走廊(如条形沟塘草甸)，它们具有增加 1/2 的森林火灾危险性和加速森林火灾蔓延的可能性。上述各种不同类型走廊在空间分布上和数量上可形成极为复杂的组配，它们在景观生态学中的意义，还有待进一步研究。特别是我国各地都营造了大量的防火林带，它在景观生态学中的意义，具有重要的研究价值。

4.2.2.3 景观的异质性对林火的影响

景观的异质性越高，斑块的数量越多，生态系统类型也就越丰富，生物多样性越高。分析景观的异质性，主要从景观水平的年龄结构、组成结构和粒级结构三个方面进行。景观多样性越高，景观的稳定性就越大，对各种干扰的抵抗力也越强。景观的异质性可以抑制各种干扰的发生和发展。例如，在自然景观中，异质的景观可以降低林火的蔓延速度，森林中生物防火隔离带的设置以及避免营造大面积针叶纯林都是这种认识的具体表现。在人工经营的森林中，多数是大面积采用速生的有价值的同一树种。这种大面积纯林化的景观格局，尽管从短期看，经济上是有利的，但从长期看，有很大的弊病。这种景观格局，除降低了动植物种的多样性和森林景观抵抗病虫害的能力外，还严重降低了森林抵抗林火干扰的能力。

4.3 火与碳平衡

由于大量使用化石燃料，大规模砍伐森林，致使大气中 CO_2 含量由过去 100 年间的 $270mL/m^3$ 上升到今天的 $345mL/m^3$；按这一增长速度，到 21 世纪中期将达 $660mL/m^3$，这种由于大气 CO_2 浓度增加导致的温室效应和全球气候变暖趋势导致的生态后果已引起全世界的关注。

碳素不仅是活跃的环境因素，而且是绿色植物的重要组成部分。森林在生长过程中，通过光合作用吸收大量 CO_2，固定、储存于植被和土壤中。在这种意义上，森林是大气中 CO_2 的"汇"。森林植被通过呼吸作用与大气交换碳，当受到人类或自然干扰（如全部砍伐、火灾或转向其他非林业利用）时，不仅使其失去固定大气中 CO_2 的作用，而且将其储存的碳素还原为 CO_2 重新返回大气，成为大气中 CO_2 的"源"。森林是陆地生态系统的主体，不仅生产率高，产量多，且是重复多年生长的可再生系统，累积了大量生物量，所以在地气系统 CO_2 气体交换过程中，森林起着重要作用。一旦由于火灾使森林资源遭受破坏，这一作用势必削弱甚至消失。

4.3.1 林火释放碳量的估计

4.3.1.1 世界森林火灾概况

根据联合国粮农组织（FAO）和欧洲经济委员会（EEC）共同出版的刊物《国际森林火灾新闻》，20 世纪 80 年代以来，世界上有统计的森林火灾每年约 25.5 万次，年均危害的森林或其他林地面积约 636.7 万 hm^2。该数据还未包括未作林火统计的一些国家（如东南亚、非洲的一些国家），实际的森林火灾次数和面积要远远高出上述数据，其燃烧面积约占全世界每年森林消失面积 2 000 万 hm^2 的一半，占全球森林总面积的 0.2% ~ 0.3%。

由于气候变化的影响，近年来世界范围大火不断。1980 年以来，北美的森林火灾呈上升趋势。1983 ~ 1994 年间，加拿大年均火灾次数 9 412 次，年过火面积达 1 704 156.3 hm^2，相当于年采伐面积的 3 倍，年用于防火、灭火的经费达 5 亿加元，相当于全加林业管理费的 23%，出现了历史上火灾最严重的 2 个年份（1989 年、1994 年）；此间，美国的森林火灾次数和过火面积亦分别高达 72 442 次和 1 230 065 hm^2，尤其是 1994 年，美国的森林火灾出现一新的高峰，火灾次数和面积分别达到 74 479 次和 1 640 238 hm^2，扑火费用超过 7 亿美元。

1993 年，位于地中海地区的希腊创造了其林火史上的纪录，在防火季（3 ~ 10 月）发生林火 2 417 起，47 000hm^2 林地被烧；同年，俄罗斯的野外火灾次数亦高达 14 509 起，过火面积 719 400 hm^2；波兰 1992 年 9 305 起野火中，有 20% 是林火，损失森林 37 000 hm^2；阿根廷大火使草原变干，1993 年冬（6 ~ 9 月）西南部约 10 万 hm^2 林地被付之一炬，5 000hm^2 稀树草原也被烧殆尽，引起本区生态环境的恶化。

应当指出的是，20 世纪 90 年代后期随着长期干旱的到来，火灾从非洲东移，从北南移，从欧亚大陆转向海岛地区——东南亚，使数百万公顷热带林被破坏，严重损害这一地区乃至全球的生态平衡。1987 年中国大兴安岭"5·6"特大森林火灾、1988 年美国黄石公园大火以及 1987 年和 1991 年的加里曼丹火灾，引起了国际社会的广泛关注和对森林火灾给人类和环境带来不利影响的重视。尤其是始于 1997 年 6 月底，延续了 10 个月的印度尼西亚大火，已造成了巨大的灾难。据印度尼西亚环保组织统计资料，这场火灾使191.4万hm^2的热带雨林受害，森林燃烧所产生的烟雾CO_2和粉尘影响了从东到西长达3 200km，覆盖了原东盟七国约上亿人口的广大地区，约3 000万人健康受到严重影响。据初步统计，这场火灾造成的经济损失高达60亿美元。

4.3.1.2 我国森林火灾概况

根据第六次全国森林资源清查资料，我国现有森林面积17 491万hm^2，活立木总蓄积量136.18亿m^3，森林蓄积量124.56亿m^3，森林覆盖率为18.21%，相当于世界平均水平的61.52%，比世界平均水平低10.39%；全国人均占有森林面积为0.132hm^2，相当于世界人均面积的22%；人均蓄积量为9.421m^3，只有世界人均蓄积量64.627m^3的14.58%。与上一次全国森林资源清查结果相比，森林面积、蓄积量继续保持双增长，林木生长量大于消耗量。相应地，我国各类天然草原3.93亿hm^2，约占国土面积的41.7%，人均占有草地0.33 hm^2，为世界人均面积的一半。

由于我国的地理位置、气候条件、森林资源分布和社会经济情况的综合影响，使我国的森林火灾具有不同的特点。据统计，1950~1997年间，全国共发生森林火灾67.6万次，平均年发生森林火灾1.43万次，平均年受害面积森林82.2万hm^2，年均森林受害率为0.63%，约为世界年均森林火灾受害率的2~3倍。有些地方因火灾受害的森林面积超过了同期更新造林面积，由于扑火每年动员约150万人，年扑火费用达80万~1 000万元。

2002年，我国共发生森林火灾7 527起，其中森林火警4 450起，一般火灾3 046起，重大火灾24起，特大火灾7起；受害森林面积47 630 hm^2，森林火灾受害率为0.03%；因森林火灾伤亡98人。与前三年年均值相比，森林火灾次数上升了27.5%，受害森林面积和人员伤亡分别下降了19.8%和55.3%。2002年，共发生草原火灾448起。其中，草原火警366起，一般草原火灾76起，重大、特大草原火灾各3起，受害草原面积6.2万hm^2，烧伤1人，烧死(伤)牲畜31头(只)。森林(草原)火灾形势依然很严峻。因此，我们目前面临的一个重要课题就是如何更好地了解世界，尤其是中国森林火灾的特点、趋势，加强和完善森林火灾预防、扑救体系，保护好现有森林，确保国土安全和林业可持续发展。

4.3.1.3 我国森林火灾释放碳量的估算

（1）陆地生态系统的碳分布 陆地生态系统，同时也是一个巨型碳库。据估算，全球陆地生态系统总贮碳量约2 500Gt($1Gt = 10^9t$)，其中植被碳贮量约500Gt，1m以下土壤碳贮量约2 000Gt。陆地生态系统碳贮量是大气碳库的3倍，其存在及变化在全球碳循环和大气二氧化碳浓度变化中起着非常重要的作用。

据估计，近百年来由于各种人类活动而注入到大气中的CO_2每年大约有30亿t，而且它们的排放速度逐年在增长。除了CO_2之外，大气中增长最快的温室气体还有CH_4和N_2O等。还有一些气体，如俗称氟里昂一类的气体，本来在大气中是不存在的，是最近几十年人类制造出来的新的温室气体。这些温室气体含量的增加可以明显地改变地球大气的能量收支。根据最粗略的估计，假如将大气

中的 CO_2 浓度增加 2 倍,在其他条件不变的情况下,将使每平方米的地面放出的热量减少 4 W,这部分多余热量可以使地表增温 1.2 ℃。如果加上大气中许多其他过程的影响,最佳估计是地面增温 2.5 ℃,这就是温室气体含量变化所引起的增温效果,称为"增强温室效应"。实际上,温室气体进入大气之后,将参与一系列的复杂气候过程,其增温效果可以通过更为精确的气候模式估算得到。瑞典化学家阿列纽斯,早在 1896 年就计算了温室气体浓度增加的增温效应。根据他的计算,CO_2 含量增加 2 倍,地球平均温度将升高 5~6 ℃,这个结果与近年来许多复杂的气候模式计算的结果竟然相差不远。

我国陆地生态系统植被总碳贮量为 13.33Gt,土壤总碳贮量为 82.65Gt,分别占全球植被和土壤碳贮量的 3% 和 4%;平均植被和土壤碳密度分别为 1.47kg/m^2 和 9.17kg/m^2。受气候、植被和土壤类型等因素影响,我国陆地生态系统碳贮量区域差异明显,整体呈东南暖湿区大于西北干旱区的趋势,与气候和植被的空间分布相一致。

(2)林火释放碳量估算 植被燃烧包括森林、草原、农田、土地清理和土地用途变化引起的火灾,直接排放 CO_2、CO、CH_4、多碳烃、NO 和 CH_3Cl 等,而森林火灾是其中最重要的组成部分。实际上,森林、草原植物的光化学反应方程为:

$$6CO_2 + 12H_2O \xrightarrow[\text{叶绿体}]{\text{光能}} C_6H_{12}O_6 + 6O_2 + 6H_2O$$

由上述方程可见,植物光合作用形成 1 个分子的碳水化合物($C_6H_{12}O_6$),需 6 个分子的 CO_2,利用 673kcal[①] 太阳能。因此,光合作用吸收 1g 的 CO_2 所固定的能量,进而可以得到光合作用在植物体内积累 1g 碳素(C)所需能量。

$$I_c = I \times (CO_2/C) = 2\,550 \times (44/12) \approx 9\,435 \text{ cal/g}$$

式中:I_c 为碳素积累耗热,即在植物体内积累 1g 碳素可固定太阳能 9 435cal。

反之,根据不同类型森林火灾所释放的能量,亦即火灾实际所消耗的有效可燃物量,即可估算每年林火的释放碳量。

田晓瑞等根据 1991~2000 年的森林火灾统计数据和生物量研究结果,计算出我国因森林火灾每年释放温室气体 CO_2、CH_4 的数量。研究认为按 2000 年的数值计算,森林火灾所导致的两种气体的排放分别占我国总排放量的 2.7%~3.9% 和 3.3%~4.7%。

采用森林火灾统计数据,各地森林的平均地上生物量数据,结合不同植被带的燃烧效率,计算出森林火灾消耗的生物量,之后按照反应关系,依次得到总释放碳量及 CO_2、CO 等气体释放量。计算结果显示,1991~2000 年我国森林火灾共消耗森林地上生物量 49.97~70.51Tg(1Tg=100 万 t),年均消耗森林地上生物量 5~7Tg,直接排放碳 20.24~28.56Tg,CO_2 和 CH_4 释放量分别为 74.2~

---

① cal(卡)=4.184J。

104.7Tg 和 1.797~2.536Tg，排放烟雾颗粒物 0.999~1.410Tg。我国森林生物量的消耗主要由寒温带森林火灾造成，占全国的 63.8%~67.9%。森林火灾后，土壤呼吸与分解加快，剩余可燃物也会逐渐分解，森林生产力下降，一般要 20~30 年才能恢复原有水平。此外，火烧还会造成土壤氮的释放，使大气中 NO 和 N_2O 水平增加；并影响地表反射率，改变土壤蒸发与地表径流，进而影响生态系统水分循环。因此，以森林火灾为主的植被火烧，已成为全球环境变化的一个驱动力。

4.3.2 火在森林生态系统碳平衡中的作用

尽管森林在涵养水源、防止水土流失、调节气候等方面都有无可替代的作用，但在大量消化二氧化碳的能力上，人们不能太乐观。缅因州鲍登大学的科学家对火炬松的研究发现，在二氧化碳浓度较高的环境里，落叶分解并释放出二氧化碳的速度也更快。树木吸收的碳有一半储藏在树叶中，树叶掉落后有的迅速分解、重新向大气中释放出 CO_2，有的缓慢被土壤吸收。由于 CO_2 本身浓度的升高或森林火灾的作用，树叶分解速度加快，将使森林本身的碳沉降能力大打折扣。

大量研究表明，森林遭受破坏可以引起 CO_2、CH_4 等气体含量的增加。作为全球碳循环中的一个巨大的碳库，虽然今天的森林覆盖面积只有历史时期水平的一半左右，但它们仍是储存碳的主要场所。如今，我们砍伐森林所造成的损失远远不只是影响了碳的储存，同时也影响到碳的循环。当森林被砍伐后，导致的一系列环境变化使森林与碳的关系变得更为复杂，这方面的研究开展很少。区别于其他物质的循环，林火在森林生态系统碳平衡中的作用可初步概括为以下方面：

①高强度森林火灾燃烧使大量重型可燃物受热分解，森林生态系统趋于崩溃，促进了 CO_2、CH_4 的大量释放，降低森林减缓大气中 CO_2 浓度增加的功能；

②由于树木吸收的碳几乎有一半储藏在树叶、凋落叶中，森林经中、低强度火灾或计划火烧后，林地枯落物迅速分解，向大气中释放出 CO_2 的速度增加；

③高、中强度火烧破坏森林生态系统结构和功能，林木长势减弱，引起系统生产力下降，降低森林固碳能力；

④火烧前几年，林地生物现存量下降，同样导致森林固碳能力降低；

⑤林火能够加速地被物分解，尤其能促进高纬度、高海拔地区林地地被物分解；林火还能提高地温，加速微生物活动，二者共同作用，增加了林地 CO_2 释放量；

⑥某些火成树种形成的生态系统，经火烧后能够提高林地生产力，有时生产力可提高 1~5 倍，但生物量变幅不大，且这类生态系统所占比例少；

⑦对某些森林生态系统而言，低强度林火能够促进物质循环，改善生长、发育条件，从而促进林木生长，增加生态系统的固碳能力。

综上所述，只要是林火，均会增加生态系统向大气中 CO_2 排放量，并且火后生态系统的生产力都受到不同程度的削弱。因此，林火能够降低森林固碳能力，增加 CO_2 向大气中的排放量。如果生态系统能在火烧后得到恢复，甚至在组成、结构和功能方面更为合理、完善，CO_2 中的碳将通过光合作用从大气中返回生物圈，但毕竟需要时间，其他气体则不能。目前研究表明，这些燃烧产物对大气有短期和长期影响。正如前面论述的，我国因森林火灾每年直接释放温室气体 CO_2、CH_4 的数量分别占我国总排放量的 2.7%～3.9% 和 3.3%～4.7%。若考虑计划烧除、森林火灾的间接影响，其 CO_2、CH_4 等气体的排放量相当可观。防止和减少森林火灾，尤其是森林大火，不仅仅是保护森林资源的需要，同时也是减少温室气体排放量、保护地球环境的要求。

4.4 火干扰与生态平衡

森林生态系统是陆地生态系统，它的物种组成最多、层次结构最复杂、下垫面空间最高、生物数量最大。它也是基因资源最丰富的再生资源的生态系统。火长期存在于森林生态系统中，并经常不断对其发生作用。火对植物组织、生物个体、种群、森林群落以及森林生态系统等的不同水平层次结构有着重要影响。

4.4.1 火对森林生态系统的破坏作用

森林生态系统总是在不断地由简单到复杂、由低级到高级发展。它们是从平衡到不平衡，又从不平衡向平衡方向发展。一个成熟的生态系统其结构与功能趋于相对稳定，即相对动态平衡，该生态系统的能量与物质交换收支接近相等，生态系统对外来干扰(火灾、病虫害等)具有自我调节、自我控制的功能。

火是一个自然因素，从生态系统形成以来、火就一直参与生态系统的演变，并不断推动生态系统的发展。火能破坏又能维护森林生态平衡。它在生态系统中的作用有两重性。

一是火能够破坏森林生态系统平衡，严重时促使森林生态系统崩溃；二是火又能维护森林生态系统的平衡，关键取决于火行为的特点。在以下几种情况下，火能破坏森林生态系统平衡。

4.4.1.1 高强度森林火灾

当森林生态系统发生大面积高强度森林火灾时，会破坏生态平衡，甚至使整个生态系统崩溃。如 1987 年 5 月 6 日在大兴安岭北部林区发生的特大森林火灾，火烧林地面积达 133 万 hm^2。其中，最严重火烧区林木死亡率在 70%～100%，占整个火场面积的 46%；中等严重地区林木死亡率在 30%～60% 之间，多达 1/3 左右；未被烧伤区仅占 20%。这些火烧迹地再恢复到烧前的状态，需要上百年，甚至更长的时间。

4.4.1.2 森林火灾次数频繁

虽然森林火灾强度不大，但森林火灾次数频繁。由于火灾干扰频繁，连续不断地破坏森林结构和其更新层，不断影响森林的正常生长和发育，从而影响森林生态系统的结构、功能和自我维持力，久而久之，影响到森林生态系统的恢复进程，也破坏了森林生态系统的平衡。我国大面积次生林由于火灾频繁，使森林不断发生次生演替，使珍贵阔叶林逐渐被低价值、低质量森林所代替。大兴安岭东南部次生林由多代萌生蒙古栎林和黑桦林所代替就是一个例证。

4.4.1.3　森林火灾的恶性循环

当森林生态系统遭受火灾危害时，虽然整个森林未遭受严重破坏，但林木被火烧后生长势衰退，为林地上出现虫害或其他灾害创造了条件，进而又加速了林木死亡过程。所以经常在火烧迹地上看到火灾第一年林木死亡率不高，随后几年死亡率剧增，加上受伤林木再度遭受病害而加速其死亡，导致林地上易燃可燃物大量增加，导致火灾的恶性循环，严重影响森林生态系统平衡。华山松林中出现的火灾—林木死亡—火灾，即属上述情况。

林火除了有破坏森林生态平衡的一个方面，还有维护森林生态平衡的作用。主要包括：森林发生低强度火。因为这种火释放能量小，森林生态系统通过自我调节和自我恢复，又能迅速达到新的平衡。不仅如此，有时这种低强度火对减少森林内可燃物的积累、防治病虫害和其他灾害有利，有利于森林更新。因此，这种火不仅不会破坏生态平衡，还能维护生态平衡，有利于森林生态系统的发展。

小面积火灾虽然火强度大，但火烧面积不大。由于环境、种源都在森林的影响下，因此这类火对于森林生态系统的影响不大，容易促使森林尽快恢复。

计划火烧和控制性用火。这种火是在人为控制有计划、有目的、有步骤地用火，并要达到预期经营目的，取得一定经济效益。因此，这类有计划火烧能够维护森林生态平衡。

4.4.2　火的作用是否有利于维护生态平衡的判断标准

4.4.2.1　火烧后树种能否维持自我更新

如果火烧后组成森林的主要树种仍能维持更新，那么这种火的作用能维护生态平衡。北美短叶松球果为迟开球果，火灾后球果才能开裂、下种、更新。虽然整个短叶松林被火烧毁，然而迟开球果可开裂播种，林地上短叶松幼苗仍能茁壮成长，亦即能维持自我更新。火对树种更新的影响还与林分发育阶段有关，短叶松大量结实是在 60~150 年之间，如果火灾发生在这段时间，则有利于树种的自我更新，维护生态平衡。如果火灾发生在小于 60 年或大于 150 年，由于林木不结实，因此火灾则会干扰、破坏生态平衡，短叶松将被其他树种所更替。又如我国大兴安岭林区的樟子松，本身含有大量树脂和挥发油，枝叶极易燃烧，分布的立地条件是向阳山坡中上部；同时，大兴安岭火灾频繁，又有一定数量自然火源，樟子松能在大兴安岭北部林区存在主要有两个原因，一是樟子松球果为迟开球果；二是北部林区火灾轮回期为 110~120 年，而樟子松在 70~200 年大量结实，因此在北部林区（伊勒呼里山以北的地区）有樟子松林天然分布。相反，在大兴安岭中部，火灾轮回期 30~40 年，南部为 15~20 年，因此这些地方无樟子松林自然分布。

4.4.2.2　火烧后森林植物群落的演替

如果火烧后是进展演替，则有利于维护生态平衡。相反地，如果火烧破坏了生态系统的结构，主要树种被次要树种所取代，实生林被萌生林所代替，则破坏了生态系统的相对稳定。在自然界中，火烧后两种演替时有发生。如在我国大兴安岭林区兴安落叶松林被强烈火烧后，落叶松林被白桦林所取代；再度遭受火灾袭击，白桦林被蒙古栎黑桦林所取代；严重反复火烧后出现多代萌生蒙古栎黑桦林，更严重的出现草原化植物群落，属逆行演替系列。有时火烧后也会出现进展演替，如春季火灾会使草甸子或荒草坡出现白桦林，又如秋季火灾后，在白桦林四周会有兴安落叶松更新，在白桦林下也有落叶松更新，逐渐形成落叶松白桦林直至演替为兴安落叶松林。这种现象在大兴安岭林区的火烧迹地也是屡见不鲜的。因此，只要掌握好用火季节和时间、用火技术和方法，就有可能将火作为工具和手段，控制森林植物群落的演替方向，以维护森林生态平衡。

4.4.2.3　火烧后植物多样性变化

种的多样性随着生态条件而变化，一般情况下，生态条件愈好，种的多样性愈高。相反，生态条件差，种的多样性则减少。森林火灾会明显影响种的多样性，这主要取决于火行为的特点。如20世纪50年代大兴安岭火烧清理红松林采伐迹地，迹地上只生长两种植物——地钱和葫芦藓，这是因为强烈火烧破坏了环境、影响土壤氮素所致。如果是小面积低强度火则可保持原有环境，使原有植物继续生长。除此以外，还有一些喜光种在透光的环境下生长发育，因而使这种火烧迹地上种的多样性增加。如在秦岭林区火烧迹地上，浆果类植物（悬钩子）、禾本科植物大量增加。因此，从火烧后种的多样性上可以反应出火是有利于生态平衡还是破坏生态平衡的。

4.4.2.4　火烧后生态系统的稳定性

维护森林系统的稳定依赖于系统的抵抗力和忍耐力。美国加利福尼亚州北美世界爷（巨红杉）火烧不进去，证明该林分有较强的抗火能力。世界上还有许多松林，具有较强的抗火能力，因为它们都有较厚的能隔热的树皮。某些落叶松树皮厚可达20cm，使得成熟林木可以抵抗中等强度以上的火灾。杜香越橘落叶松林有许多火烧伤疤树，按烧伤部位计算，高达4~5m，估计当时火焰强度在4 800~7 500W/m，说明兴安落叶松可以抵抗高强度火。1987年大兴安岭特大森林火灾时火强度可超过10MW/m，仍保留许多活的林木，充分说明兴安落叶松具有较强的抗火能力，所在群落也具有较强的忍受力。美国加利福尼亚州的常绿灌木对火具有较强忍受力，可在较短时期内很快恢复。在我国，许多栎林也具有较强的萌芽能力，如蒙古栎、槲辽东栎、高山栎林等，再加上无性繁殖与有性繁殖交替进行，可以很快占领空间，不断扩大该种群的分布区。另外，有些栎树本身能忍受干旱、贫瘠等立地条件，所以火烧后，能很快恢复。群落的抵抗力与忍受力有时表现在不同的森林群落中，也有可能在同一群落中。世界各地的松、栎林分布，与火灾有密切关系，其中群落的稳定性是重要原因之一。

4.4.2.5　火烧后生态系统自我调节能力变化

森林生态系统遭受内外干扰时有自我控制和自我调节的功能。如果干扰超过系统自我调节的能力就会使系统失去平衡，反之亦然。生态系统自我调节能力有以下几种。

(1) 生态系统内和系统之间的调节　某些种群或群落系统是靠火来维持和调节的。美国黄石国家森林公园经过几十年的努力，基本上控制了雷电火的发生，但却使稀有的大角鹿种群数量明显减少。当取消对火的控制，任雷电火自然发生，又使大角鹿种群得以恢复。大兴安岭林区的落叶松林也是由火来维持的，通常称为火顶极。但是，该区的南部，由于火的频繁作用，超出了落叶松群落系统的自我调节能力，致使落叶松林消失，由蒙古栎、黑桦等低价值、低生产力树种取代。另外，火能调节病虫种群的消长。当森林遭到病虫害时，采用火烧可以控制和减少病虫种群的增长，有利于维持系统的平衡与稳定。但是，在森林火灾，特别是大火灾后，病虫种群数量大增，由于病虫的影响，加速了森林的死亡，这又为森林火灾的发生准备了良好的条件，从而形成了火灾—虫害的恶性循环，超出了生态系统的自我调节能力，使系统失去平衡。

(2) 生态系统内功能之间的调节　火作用于系统后，系统的功能要发生改变。常绿针叶林着火后许多针叶被烧焦而脱落。火烧后叶子的数量显著减少，光合面积缩小，降低了森林生产力。但是，火烧后萌发的叶子的叶绿素含量显著增加，加强光合速率，弥补了由于火烧叶量减少而引起的光合速率下降。但是，系统这种自我调节的能力是有限的，特别是当火的作用强烈时（烧死或重伤），系统的自我调节功能不但消失，而且会失去平衡甚至崩溃。在人工樟子松林，经过较强地表火烧，许多常绿针叶树被火烧焦，大大降低了光合作用。火烧后新长出针叶内的叶绿素含量增加，而且火烧伤愈严重，叶绿素的含量增加愈多。这充分说明火作用后，樟子松人工林生态系统具有自我调节功能。

(3) 生态系统的自我调节能力取决于释放能量和火行为　生态系统的自我调节能力取决于释放能量的大小，也就是取决于火行为的大小，一般情况下，火灾强度小，释放能量少，生态系统容易进行自我调节，因此能维护生态系统的平衡。如果遇到较强烈大火，释放能量过大，引起生态系统内生物混乱，破坏系统内环境，生态系统失去平衡。因此，营林火一般用低强度火。

(4) 生态系统的自我调节能力取决于系统的结构、功能　结构越复杂，其信息量愈多，食物链与食物网愈丰富，抵抗外界干扰能力愈强。结构良好、功能完善的原始林一般不发生火灾，就是发生火灾，也不会使生态系统遭受毁灭性破坏。

4.5　不同森林生态系统中火的影响与作用

4.5.1　全球主要生态系统火的影响与作用

植被的分布与年平均气温及年平均降水量有着密切关系。在此基础上科平（Koppen，1900）将全球植被划分为10个类型。在林火管理过程中，不仅要掌握植被类型的分布特点，更重要的是要了解可燃物的负荷量及其潜在的火行为。森林中枯枝落叶的积累与冬夏季温度有关。有人根据最冷 3 个月的平均气温划分了 6 个冬季气候等级(表 4-1)。从表中可以看出,越是寒冷地区,地被枯枝落叶积累越多。但是,极地地区由于气候过于寒冷(最热 3 个月的平均气温小于 7℃),没有植被分布。全年湿度的分布可用桑斯维特(Thorthwaite,1948)的蒸散指数来划分(表 4-2)。其中蒸散指数采用下式计算:

$$M = (PR) - F \tag{4-1}$$

式中:M 为月湿度指数;P 为月降水总量(cm);R 为月降水日数;F 为蒸散因子。其中蒸散因子用下式求得:

$$\ln F = 1/12(0.14T0.89 \cdot L) \tag{4-2}$$

式中:T 为月平均气温(℃);L 为月平均日长度(h)。

表 4-1 冬季气候等级与地被枯枝落叶积累情况

寒冷等级	最冷 3 个月的平均温度(℃)	枯枝落叶积累
无霜	>16	无
微冷	10~15.9	很少
冷	4.5~9.9	少
短期寒冷	-1~4.4	中等
长期寒冷	-7~-1.1	多
非常寒冷	<-7	很多
极地	<7*	无

表 4-2 干旱等级与林内下层密度及枯枝落叶的分解速度

干旱等级	ΣM	林下层密度	枯枝落叶层分解速度
很湿	>500	密	快
湿	251~500	中等	中等
干	11~250	稀少	慢
很干	<11	极少(不能着火)	—

当月平均气温≤0℃时,蒸散指数和月湿度指数均取 0。当月湿度指数为负值,蒸散超过水分输入时,这样的月份就有发生森林火灾的可能。因此,根据月湿度指数可以确定火灾季节的长度。月湿度指数出现负值的月份越多,火灾季节越长;月湿度指数无负值出现,就没有火灾季节。当月湿度指数出现负值的月数为 1~4 时称其为短火灾季,5~12 时为长火灾季。一年中任意一天发生森林火灾的可能性可采用下式进行计算:

$$P_M = -0.25(P_0 - P_{M-1}) \quad P_0 > P_{M-1} \tag{4-3}$$

式中:P_M 为在 M 月任意一天着火的概率;P_0 为在 M 月任意一天着火的条件概率;P_{M-1} 为在 $M-1$ 月(M 前一月)任意一天着火的概率。

$$P_0 = 1 - \left\{ \frac{[D + (0.394R)]/N}{0.00412L \times 10^{0.0308T}} \right\} \qquad (4\text{-}4)$$

式中：D 为在 M 月降水量 $\geq 0.25\text{cm}$ 的日数；R 为月降水或降雪总量（cm）；L 为日平均长度（h）；N 为该月份的日数。

由于计算是从一年中最湿月开始的，P_{M-1} 的值大于 P_{M_0}。在运算过程中 P_0，P_M 及 P_{M-1} 可能会出现负值，但是没有实际意义。因此，负值均以 0 来代替。在没有风的条件下，火行为可用火强度和蔓延速度等来估算〔式(4-5)至式(4-7)〕。这样就得出了燃烧指标与火行为的关系（表4-3）。

$$B = IS/60 \qquad (4\text{-}5)$$

式中：B 为燃烧指数；I 为强度组分；S 为蔓延组分。

$$I = (110 - 1.373H) - (20.4 - 0.054T) \qquad (4\text{-}6)$$

式中：H 为相对湿度指数；T 为月平均最高气温（℃）。

$$S = 124 \times 10 - 0.0142H \qquad (4\text{-}7)$$

式中：H 为 $100 \times (100.0308D/100.0308T)$；$D$ 为月平均露点温度，℃。

表4-3 燃烧指标与火行为的关系

燃烧指标	火 行 为
1~19	仅发生蔓延缓慢的火
20~39	仅发生地表火
40~59	快速火，有时能波及树冠
60~79	高能量快速火、飞火，经常烧至树冠
≥80	可能发生树冠火

因此，根据已有的气象资料能够分析出世界各地潜在的森林火灾特点。下面重点介绍世界各地主要植被类型的火灾特点。

4.5.1.1 北方林

从北纬50°至北极圈附近的北方林，分别占全世界针叶林和森林面积的3/4和1/3。北方林区在气候上可明显分为两个季节，即漫长寒冷的冬季和短暂的夏季。最冷月平均气温为 $-6 \sim -50$℃，最热月为 $16 \sim 17$℃。无霜期不超过120天。在年平均气温低于零摄氏度的地区常有永冻层分布。尽管年降水量很低（250~600mm），但由于蒸发量小，而不表现为缺水。在土层1m深处土壤含水量基本上保持长年不变。因此，在排水不良的地段，土壤常常很湿，由苔藓或沼泽植被所覆盖。

该区的主要森林，如云杉林、松林、落叶松林及冷杉林等，均"产生于火"，因为没有火的作用这些顶极群落很难完成自我更新。比较湿润地区的火灾轮回期（火周期）大约为200~250年，火常发生在较干旱的年份，并且火烧严重，过火面积大。如1951年夏季，西伯利亚一次森林火灾过火面积达1 425万 hm^2，是至今全世界过火面积最大的一次森林火灾。在高强度火烧地区，活立木常常被烧死，由演替起来的同龄林所代替。在比较干旱的地区，火灾轮回期可缩短至40~65年，在火灾发生后很少出现所有的树木都致死，这样火烧后又可形成异龄林，如桦木—松树混交林，云杉—崖柏—落叶松混交林等。如果火的作用只限于自然火（雷击火等）而不是人为火，则某些"火成森林"会占据某些立地类型。这种现象在北方林南缘地区较为普遍，具有代表性的是北美短叶松和美国海崖松，它们的成熟球果具有迟开特性。因此，这些树种种子的释放需要在火的作用下才能够完成。

火对于维持黑云杉、美洲山杨及纸皮桦在加拿大和美国的阿拉斯加地区的生存具有很大的作用。北方林区火灾的频繁发生是由于该地区降水量小和火灾季节（5~9月）日照时间长，藓类可燃物的易燃性大（如驯鹿藓）及雷击频繁，特别是所谓的"干雷暴"的发生而引起的。

极地荒漠长年被冰雪覆盖，其上的植被仅限于稀疏的地衣和苔藓及零星分布的草本植物，可燃物稀少而且不连续，因此无论天气条件怎样都不能使火灾发生和蔓延。

冻原分布于北半球北方林以北的广大地区。在火灾气候上冻原包括林学家们常划分的泰加林的北部，其界限为云杉及其他针叶矮曲林。这些矮曲林在火行为上与其北部毗连的灌木相似，而与森林却有很大的差异。冻原的永冻层接近地表，夏季潮湿，正常年份一般不发生火灾。但是，在特别干旱的年份也能发生大面积火灾。一旦发生火灾，危害却非常严重，因为地衣冻原火烧后至少需要一个世纪才能恢复到能够维护驯鹿种群生存的水平。根据植物组成可将冻原分为如下几个亚类：

(1) 灌丛 接近高纬度树木线，高度低于2m的落叶灌木。石楠属及矮木本植物(30~50cm)。这些植物多具有窄而厚的叶子。

(2) 沼泽 多为禾本科、莎草科和灯芯草科植物。

(3) 地衣苔原 几乎全部为苔藓地衣植物所覆盖。

针叶林常分布在高纬度和高海拔地区。在大陆性气候地区，火灾季节短却严重，几乎每年都发生大面积的森林火灾，特别是在美国的阿拉斯加、加拿大及俄罗斯的西伯利亚，火灾甚为严重。虽然林冠下层下木下草稀少，但林地枯枝落叶积累多，是发生火灾的策源地。

泰加林是分布最北的森林。在北美，泰加林的主要树种是云杉。其中在土壤排水较好的立地分布着白云杉，并成为这种立地条件下的顶极群落。而在排水不良的立地上分布着黑云杉，并成为白云杉的火灾亚顶极。在欧亚大陆泰加林的组成树种为云杉、落叶松、松属、冷杉及崖柏等，有由单一树种组成的纯林，也有由这些针叶树组成的混交林。通常，暗针叶林（云杉、冷杉、崖柏等）多分布在土层厚、排水不良的地段，而明亮泰加林（松、落叶松）多分布在砂质土壤上。正如在冻原地带一样，泰加林区亦有永冻层，而且与火有着密切关系。一旦火烧以后，光照加强，加之黑色物质大量吸收长波辐射，使永冻层下降，林木面临严重风折的危险。因此，在泰加林区，即使比较轻的火灾也常常使整个林分全部毁灭。由于可燃物积累缓慢，加之永冻层的湿润环境，使得泰加林区自然火周期很长，美国阿拉斯加地区的火周期为206年。火烧后植被的恢复主要取决于火的强度。在严重火烧区，特别是在干旱季节，厚厚的有机质层全部被火烧掉的地方，演替常常回到灌丛阶段，针叶林的恢复需几十年，甚至近百年。在树冠虽然被烧毁，但土壤没有完全破坏的火烧迹地，杨、桦会通过无性繁殖首先演替起来，而后被针叶树逐渐取而代之。针叶树的种源来自火烧前地下种库和毗连地区的种子雨。在轻度火烧，甚至树冠还没有完全烧毁的地方，针叶树通过种子进行更新通常是很快的，因为此时的条件比较适宜更新。

4.5.1.2 温带林

全球的温带林主要分布在以下一些地区：整个西欧及高加索山脉及乌拉尔山脉；北美的温带地区，从北方林的南缘一直到大西洋沿岸、墨西哥湾及太平洋沿岸；南美的巴塔哥尼亚、安第斯山脉、智利南部等地的部分地区；新西兰及澳大利亚大部；日本大部及整个亚洲大陆的东部。温带林分布广，植被类型多，因此只能分区叙述植被特点及火的影响和作用。

（1）欧洲　在欧洲，温带林在沿海地区的分布范围为北纬40°~55°，而在俄罗斯大陆仅分布到北纬50°。气候特点是冬季短而温和（1月平均气温为-5~5℃），春秋两季漫长，冷热交替进行。降水量在500~1 000mm之间，虽然海洋性气候地区的冬季及大陆性气候地区的夏季雨量充沛，但是，由于夏季多云天气多，蒸发量少，冬季低温等特点，使得本区没有明显的干季。在这种气候条件下，土壤几乎长年保持湿润，火灾季节为春秋两季，仅在特别干旱的年份才会发生严重的火灾。欧洲温带林的火灾发生率为167次/$10^6 hm^2$，每次火灾面积为0.97hm^2，火灾轮回期超过6 000年。在经营管理水平较高的法国和德国，每次火灾面积小于0.5hm^2。

欧洲温带林主要由山毛榉和栎类组成。欧洲水青冈占据整个西欧海洋性气候区的平原、低平原及低山地区，并与欧洲栎、欧洲鹅耳枥及欧洲赤松等组成镶嵌植被。火灾常发生在短暂的秋季（此时叶子刚凋落）或树木放叶前的春季。

欧洲大陆的温带欧石南植被类型是过度放牧和频繁的火烧而形成的。在干旱条件下，欧石南属植物燃烧强烈，许多种类同地中海灌丛一样对火具有较强的适应能力。爱尔兰在整个欧洲温带林区中森林分布比较少，而石楠植物分布较多，但是，它在整个欧洲火灾发生率最高（380次/$10^6 hm^2$），也是每次火灾面积最大（4hm^2）的地区。

（2）北美　在北美，温带林的分布东至东海岸，西至西海岸，北部与北方林接壤，南至热带雨林和热带荒漠，其植物种类是欧洲温带林所不能比拟的。本区的东部以落叶阔叶林为主，降水量为750~2 000mm。夏季高温、高湿而漫长，北部地区冬季严寒，但持续时间较夏季短。北部地区年极端低温为-20~-30℃，南部地区为0℃；北部地区的1月气温为-10~0℃，南部>10℃。雷击火是本区最悠久的自然火源，平均每年发生雷击火1 370多次。在美国东部，秋季是其主要火灾季节，而春季只有在特别干旱的年份才表现为短暂的火灾季节。

北美温带森林自然火发生的频率比北方林高。在北部地区火灾间隔期为 10~25 年，而在南部地区为 2~5 年；火在针叶林及针阔混交林内的发生频率比在纯阔叶林内高。在整个北美温带林内火灾以地表火为主，为数不多的树冠火仅发生在针叶林内。但是近些年来，由于过度的采伐及火灾控制能力的提高，使林地可燃物大量积累而导致树冠火经常发生。

（3）南美 在南半球，温带林的分布范围为北纬 35°~50°。南半球的温带林与北半球的温带林有显著差异。北半球的温带林多以大陆性气候为主，并大面积连续分布，而南半球的温带林以海洋性气候为主，并多呈小面积岛屿状分布。在南美，温带林及其植被主要分布在智利南部及阿根廷的安第斯山脉。主要气候特点是降水量大，年降水量达 1 000~3 500mm。但是，温度变化幅度小，平均最高气温为 10~17℃，平均最低气温为 5~7℃（有些高山地带可能会降到 0℃ 以下）。这个植被带属于针阔混交林带。除了北部边缘地区有暂短的火灾季节外，其余大部分地区没有火灾季节。南美温带林的主要组成树种是南方假山毛榉（一种常绿乔木，其高度常在 45m 以上）和南洋杉。典型的森林非常茂密，林木平均高在 40m 以上，密闭的林下使人难以通过。在智利的中部及阿根廷的安第斯山脉也能发生火灾，但是次数很少。

（4）澳大利亚和新西兰 在澳大利亚，近 70% 的森林为桉树林。从干热的内地平原到高山地区分布有 500 多种桉树。澳大利亚的温带林区主要为降水量大于 600mm 的地区。热带林主要分布在北昆士兰的 Cape York Peninsula Northern Territory 的 Arnhem land 及西澳大利亚的 Kimberleys。

畜牧业是澳大利亚的基础产业。火常常被当做一种工具用来清理干枯、不可食用的草。每年火烧面积均超过 5 万 hm^2。虽然火灾的发生率很低，常在 2 次/$10^6 hm^2$，但每次火烧面积达 $400hm^2$。根据林下层的特点，可将桉树林分为两大主要类型——湿润型和干旱型。湿润桉树林的优势木常超过 30m，下层生长着耐湿润的林下植物，如棕榈、雨林灌等。典型的林分密闭、异龄，高度可超过 70m。1939 年的一次森林火灾使这一地区的 2 万 hm^2 的桉树林全部毁灭。在以后的 25 年中，火灾发生率为 66 次/$10^6 hm^2$，平均每次火灾面积 $353hm^2$，火灾轮回期为 43 年。温带林不能忍受如此短的火灾间隔期，因此，采用林内计划火烧来降低火灾的强度和每次火灾面积。

干旱桉树林广泛分布于澳大利亚，下木为草质灌木，林分较稀疏，林内杂草较多。常常采用林内计划火烧来预防炎热夏季的大火灾。

在澳大利亚及新西兰引进大量的北美针叶树（主要为辐射松），并广泛营造成林。这些人工针叶林的火灾问题十分突出。

4.5.1.3 地中海森林

地中海植被类型在五大洲均有分布，而且各有特点。其主要分布区为南部欧洲、地中海附近的近东和北非，北美的加利福尼亚，南非部分地区以及南澳大利亚西部、中部等，所有这些地区均靠近海洋。地中海森林生态系统对林火管理者来讲具有不寻常的重要性，这些地区的火灾间隔期为 15~35 年。一方面在此期间内，森林能够积累大量的可燃物，能支持大火灾的发生；另一方面，每一代土地所有者均具有经历火灾的机会。在火周期短的地方火烧不严重，而在火周期较长的地方火烧常常很严重。

(1) 地中海盆地地区　在地中海附近的所有国家可以说是一个大的生态系统，均受地中海气候的影响。这一地区每年被火烧掉的森林大约为 20 万 hm^2。现在自然火发生很少，其火灾面积仅占总火灾面积的 2%。森林群落的主要优势种有 40 种，亚优势种 50 种，每个特定种的不同生长阶段和成熟阶段对火具有不同的适应机制。这样频繁的夏、秋季火烧对圣栎和胭脂虫栎的抽条（根基部萌发的新植株）有非常不利的影响，而同样的火在春季和冬季却影响很小。

有些地中海植物种通过地下繁殖体来适应火灾的频繁发生，如球茎、根茎、瘤茎等。这些植物有阿福花、蜜蜂兰和多枝短柄草等，其中后者在火灾季节的任何时刻都不会受到很大的影响。也有一些植物种能够通过增加皮厚来抵抗和适应火灾，如木栓栎。

针叶林在整个地中海地区均有分布。在最热的地方以地中海松和卡拉布里亚松为主。地中海松的高度为 10~25m，而卡拉布里亚松常高于 20m。地中海松可分布到地中海盆地的西部至希腊，而卡拉布里亚松仅分布在安纳托利亚（土耳其的亚洲部分）、叙利亚及爱琴海岛。另外，海岸松、意大利五针松、欧洲黑松、阿特拉斯雪松、黎巴嫩雪松、塞浦路斯雪松、冷杉等在本区不同地方也有分布。

硬叶林（革质林）常由一些栎属树种组成，如圣栎、木栓栎和巴勒士登栎，这些树种的叶子不凋落。在地中海北部一些国家，圣栎能从海岸边一直分布到海拔 900~1 000m 高的高山。而在北非、西班牙南部、意大利南部及希腊等地，圣栎在海拔小于 400m 的地区很少出现，而在海拔 1 500~1 800m 高的地区却广泛分布。木栓栎在地中海西部亦有分布，一直可延伸到西班牙和葡萄牙，东部延伸到原南斯拉夫的达尔马提亚（Dalmatia）地区。这个种对生态条件的要求比圣栎严格，而且林分密度很小，常见的是开阔的疏林。

在地中海地区的温带及较凉爽的地带均有落叶林分布。其中巴勒士登栎广泛分布于加泰罗尼亚至希腊，特别是以地中海的北部边缘为多。现在，该地区的大部分林地由于过度采伐和放牧，已经形成了只有少数生长不良的稀疏林木的林地，群落高为 3m 左右。

在地中海国家，每次火灾面积的大小及火间隔期主要取决于对森林火灾的控制能力，而可燃物积累或气候条件次之（表4-4）。

(2) 加利福尼亚　加利福尼亚南部原始林面积很小，通常分布在北坡。主要的常绿阔叶树种有：黄鳞栎、禾叶栎、熊果、黄叶桉、加州杨梅；针叶树种有：辐射松、萨金特氏柏、大果柏。这些树种大多数能够通过干基抽条来适应火灾，而有些树种具有其他对火的适应方式。例如，萨金特氏柏具有球果迟开的特性，其树上种子的释放需要火的加热作用才能够完成。

表 4-4　地中海盆地一些国家的平均每次火灾面积　　　　　　　　　　hm²

国家	平均每次火灾面积	国家	平均每次火灾面积
阿尔及利亚	37.1	意大利	11.9
塞浦路斯	13.0	葡萄牙	57.2
法　国	13.2	西班牙	41.5
希　腊	79.0	土耳其	38.5
以色列	4.2	原南斯拉夫	12.4

在南加利福尼亚，中型的常绿灌木丛（北美艾灌）是其主要植被型之一。这些常绿灌木大约有 40 多种，与森林树种有明显的差异，大多是以下各属的植物，如熊果属、腺喉木属和栎属等。这些灌丛隔一定时期就被火烧一次，但火烧后能通过根蘖而更新。可以说在这一地区常绿灌丛是由火来维持的。而在南坡，由于非常干旱，这类灌丛表现为顶极群落。

早在印第安人定居以前，火在加利福尼亚南部的作用一直是很重要的。但是，随着人口的增加，火发生的频度加大。南加利福尼亚的火灾间隔期为 15～50 年，有些老防火员已经在同一地点扑救过两次火。

（3）智利中部地区　智利中部地区其植被分布区的立地条件变化很大，基本上可分为极干旱、干旱、半干旱、半湿润、湿润及极湿 6 种类型。其中后面 5 种类型条件下的植被有足够的可燃物，能够支持火灾的发生。在本区的南部地区，由于火的经常发生及放牧强度的加大，使得开阔的硬叶林变成了刺状灌丛，进而被灌木状的草原所取代。在智利，96%（面积占 93%）的火灾发生在南纬 33°～42°的中部地区，但是智利每次的火灾面积较小，仅为 10.2hm²（地中海地区为 31hm²，南加利福尼亚地区为 219hm²）。这一地区的火灾间隔期为 272 年。如此长的火灾间隔期完全可使当地的森林得到保护。但是，在智利 75 万 hm² 的人工辐射松林中，火灾发生次数及火灾面积均在上升，火灾间隔期已缩短至 166 年，这个时间已达到该树种能否维持的临界值。

（4）南非　南非好望角地区的植被由很多种类的硬叶灌木所组成，通常称其为硬叶灌丛。这种硬叶灌丛的特点是，帚灯草科的种类为绝对种，亦常常为优势种或亚优势种。通常把这种硬叶灌木林按其分布的生境分为三类：沿岸、高山及干旱硬叶灌木林。硬叶灌木林常常需要定期火烧来维持其物种的多样性等特点。同时，这种易燃的灌木林可通过火烧来扩大其分布面积，这也是其对火的一种适应。

在南非的整个东海岸，营造了大约 500 万 hm² 国有或私有人工林，其目的是为了生产更多的纸浆材和木材，对其火灾的控制是这里森林经营的主要任务之一。平均每年火烧面积 3 600hm²，但是，在火灾严重的年份（如 1980 年）其火烧面积要高出几倍。

（5）南澳大利亚　南澳大利亚受来自南纬 11°～44°的陆地气候的影响。虽然从北部的热带及亚热带到南方的温带及寒温带气候差异悬殊，但其植被的结构和植物种类组成却非常相似。除了热带、温带雨林和疏林外，其他所有的群落均与火有密切的关系，而且林地有丰富的可燃物。在冬季干旱月份到来之时，火灾常常发生。

温带雨林密闭，树高10~30m，树蕨常超过2m，草本植物稀少，这些林分只有在特别干旱的时期发生火灾。湿润的硬叶林林木较疏，高达30~50m，林下常有2~3层高10m左右的耐荫下木层，树蕨高2m，蕨类、苔藓等较丰富，林内积累了大量的可燃物，在干旱季节到来时容易干燥，并能发生高强度的火灾，这类林分易为火灾所毁灭。这也正是这种林分对火的一种适应，因为这种林分的更新需要高强度的火烧才能够完成。如果没有火的作用，这种林分常为温带雨林所取代。虽然林木能被高强度的火烧致死，但这种林分还是对火具有一定的抵抗力。因此，当地人民常常对成熟林分进行计划火烧，以减少其可燃物的积累。

桉树的更新对火具有很强的适应能力。如果火的强度大，幼苗的更新非常好；如果火的强度小，只烧毁树木的叶子而树木本身没有死亡，这时会有大量的萌发枝条产生。为了在火灾比较严重的环境条件下生存，桉树从幼苗开始直到能够结实为止的这一时期需要自我保护。共有3种保护方式：一是高强度火烧后烧掉了大量可燃物，减少了再次发生树冠火的可能性；其次是蒴果生长在叶子的下面，即使发生树冠火，热流接触到蒴果时其温度也会下降很多；另外，蒴果本身具有木质的外壳，而且被含水分较多的生活组织所保护，因此，其抗火能力很强。

4.5.2 我国不同生态系统中火的影响与作用

我国的森林生态系统类型多样，而这些生态系统的气候、植被，以及森林火灾特点和影响均不相同，因此，所采用的林火管理方法不尽相同。现就影响我国自然条件的因素和不同生态系统森林火灾特点、影响及林火管理对策分别叙述如下。

4.5.2.1 影响我国植被分布的自然条件

（1）纬度　我国位于北半球，横跨49个纬度。以秦岭、淮河为界，以北为温带、寒温带气候，以南为亚热带和热带气候。植被从南至北分别为热带雨林与季雨林、亚热带常绿阔叶林、暖温带落叶阔叶林、温带针阔混交林和寒温带针叶林。土壤也依次为砖红壤、红壤、黄壤、棕壤、暗棕壤、棕色森林土等。这主要是由于纬度不同，太阳光照射角不一样，因此地面受热量也是极不相同的，所以形成了不同的地带性土壤。

（2）经度　我国东部临海，西部处在内陆，并由喜马拉雅山阻挡了来自印度洋的水汽。因此，经度的变化直接影响降水的多寡，我国东部为海洋性气候，西部则为大陆性气候。

在温带，植被随着经度变化依次为森林、草原、荒漠。在亚热带，由于青藏高原的突起，植被随经度变化为森林、高山草甸、高山草原和高山荒漠，形成了鲜明的经度带。

(3) 海拔高度　我国为多山国家，海拔在 500m 以上的山地约占国土面积的 86%，海拔在 500m 以下的平原仅占 14%。由于地形起伏变化，影响到各地水热条件的明显变化，海拔每升高 100m，气温则平均下降 0.6℃，相当于水平向北推进 100km。所以在赤道附近海拔在 5 000m 以上的高山地带常年积雪，相当于北极圈地带的气候。同时，随着海拔不断升高，空气湿度也相应增大，风速亦不断加强。

随着纬度、经度和海拔高度的变化，气候、植被和土壤变化也很大，从而也影响到经济发展和人口分布。综合这一系列变化，形成各种不同的生态系统及不同的林火特点。如我国南方森林火灾出现在旱季或春冬两季，北方森林火灾则出现在春秋两季；而新疆的森林火灾则出现在夏季。我国南方多发生地表火和局部树冠火，一般不发生地下火，然而在北方则发生地表火、树冠火，有时还发生地下火。在小兴安岭北部和大兴安岭林区的局部地区还可以发生越冬火。在我国，南方多为农业生产用火不慎引起森林火灾；北方则为林业用火或工业用火引起森林火灾；西部主要是牧业用火不慎引起森林火灾。在我国的森林火灾中，自然火源占 1% 左右，但在阿尔泰林区和大兴安岭林区，自然火源比例却达 36%。

4.5.2.2　寒温带针叶林区

寒温带针叶林区位于我国的最北端，北以黑龙江为界，东以嫩江与小兴安岭接壤，西与呼伦贝尔草原相连，南到阿尔山附近。

该区包括了大兴安岭全部林区。其自然特点属于大陆性气候，全年平均气温为 -2℃，极端最低气温可达 -53.3℃，属于我国的高寒地区。冬季长达 7~9 个月，生长期为 70~110 天，年积温为 1 100~1 700℃，全年降水在 300~400mm 之间，为半湿润区和半干旱区。春季干旱期长，风大，为森林火灾危险季节。该林区植被为明亮针叶林（即以兴安落叶松为主的针叶林）。由于生长期短，春季 5、6 月间有一定数量的雷击火，且该地区地广人稀，交通不便，林火控制能力薄弱，是我国森林火险最高的林区。

兴安落叶松为该地区地带性植被。除云杉外，大部分树种为喜光树种。该区气候寒冷，森林多为单层林，林木稀疏，加之兴安落叶松树冠稀疏，林下阳光比较充足，因此林下喜光杂草滋生，形成了大兴安岭易燃植被，再加上大部分的喜光阔叶树，尤其是耐瘠薄干旱的黑桦、蒙古栎大量分布，这就更加提高了森林的燃烧性。

大兴安岭海拔 600m 以下是兴安落叶松为主的针阔混交林，600~1 000m 是兴安叶落松为主的针叶混交林，在 1 000m 以上为兴安落叶松、岳桦和偃松形成的稀疏曲干林三条垂直带。火灾季节依次为针阔混交林，最晚为曲干林。第三带为大面积次生林区，火灾发生最为严重，为重点火险区。

大兴安岭地形为低山丘陵，最高山峰奥科里堆山位于贝尔赤河中游右岸，海拔 1 520m。由于地势比较平缓，山体浑圆，山间有较宽的沟谷，形成大面积沟塘草甸，是该林区最易燃烧的地段。

(1) 森林火灾特点　大兴安岭为我国重点火险区，虽然每年平均森林火灾发生次数仅有几十次，约占全国森林火灾发生次数的0.4%，但平均每年森林火灾面积则为全国之冠，约占森林火灾总面积的41%，每年平均过火面积高达十几万至百万公顷，平均每次火灾过火面积高达数千公顷，是我国过火面积最大的林区。该林区森林火灾季节为春季3~7月上旬，秋季9月中旬至10月下旬。遇到夏季干旱年份，夏季也可能发生火灾。防火戒严期是春季4月下旬至6月下旬，个别夏秋干旱年份的10月份也是火灾发生季节。大兴安岭自然火源主要在5~6月，约占自然火源的90%以上，主要是雷击火。该林区自然火源占总火源数的20%左右，过火面积仅占总过火面积1/50；大部分森林火灾是人为火源引起的。由于森林易燃、气候干旱、地广人稀，对林火控制能力薄弱等原因，容易发生大火和特大森林火灾。

(2) 森林燃烧性　该林区的植被按燃烧难易可分为以下类型：

难燃类型有沿河朝鲜柳林、甜杨林、平地落叶松林。落叶松林包括杜香落叶松林、泥炭杜香落叶松林、溪旁落叶松林、藓类偃松落叶松林（分布于亚高山处）、云杉林及落叶松云杉林。

可燃、蔓延中等的类型有灌木林（主要有柴桦和榛丛、绣线菊）、白桦林、山杨林、坡地落叶松林（包括草类落叶松林、杜鹃落叶松林和蒙古栎落叶松林）、山地樟子松林和落叶松樟子松林。

易燃、蔓延快的类型有草甸子（包括塔头苔草、小叶章）、各类迹地（包括火烧迹地和采伐迹地）、大量风倒木区、蒙古栎黑桦林、沙地樟子松林与人工樟子松林。

(3) 主要树种对火的适应性　大兴安岭林区的森林都残存火烧痕迹，充分说明早在人类进入该林区之前，自然火源就不断作用和影响森林，因此该林区被保留的林木对火灾都有一定的适应能力，也说明大兴安岭森林能承受一定程度的自然火灾。该林区火烧迹地上也出现许多自然更新的树种，说明火对该林区森林的形成和发展起到了一定的推动作用。但是由于人为火源不断增多，从而加重了该林区森林对火灾的负荷，使该林区森林生态的平衡遭到破坏。在大兴安岭林区南部出现大面积次生林，有的蜕变为草原化植被，这不能不说是森林火灾带来的灾难。因此在经营森林资源时，对火的作用和影响必须引起高度重视，既要控制它的有害方面，又要充分发挥它的有益方面。

兴安落叶松是该林区的主要树种，它对火有较强的抵抗能力，幼小的兴安落叶松抗火能力弱，但在天然林40年后树皮增厚，有一定抗火能力，并随着年龄的增长，抗火能力不断增强。在幼年（10年以前），树种有萌发能力，火烧后树皮增厚。此外，有些成熟林木可以抵抗7 000~8 000kW/m强度的林火。同时，密集林冠下的落叶松针叶，由于密实度大，不易燃，故有人选择兴安落叶松为防火林带树种，但其小枝、干枝则易燃。秋季火灾后，有利于落叶松下种更新。该树种年龄在80~200年之间，抗火及结实能力均强，在此期间发生低强度林火有利于该树种的发展。

该林区北部山地的部分向阳山坡分布有樟子松林，樟子松幼年不抗火，树龄在60年以后才有一定抗火能力。其球果二年成熟，但有迟开裂的特性，一般情况下球果成熟后1～3年内不开裂，但遇到火灾，球果则能很快开裂而传播种子。所以，在樟子松火烧迹地上有许多幼苗。樟子松具有经火烧刺激使树皮增厚的特性，所以它的年龄愈大抗火能力愈强，在80～200年具有较强的繁殖能力，不易被火淘汰。樟子松虽然是易燃树种，而且又分布在干旱立地，但不被火灾所毁灭，就是这个道理。同时，火还有利于它的更新和扩大其分布区域。

云杉林在大兴岭东北部分布有两个种：一种是红皮云杉，主要分布在呼玛河谷的低湿地；另一个种是鱼鳞云杉，主要分布在海拔800m以上的亚高山区，如塔河县蒙克山一带，是由于这一带空气湿度大而生存下来的。云杉是该林区针叶树中抗火能力较差的树种，然而由于红皮云杉分布在水湿的立地条件上，加上它是常绿叶树，树冠层深厚，阳光难以射入，林下有隔热的苔藓覆盖，春季化冻晚，因此春季森林火灾不容易烧入。1987年春季的大火中，惟有云杉林躲过了火烧而保存下来。目前在许多云杉林中很难发现火灾痕迹，也只有在极其干旱的秋季才有发生火灾的危险。因此，云杉林要经几百年才有可能发生一次火灾。该林区的云杉是沿河谷由东向西不断进展的树种，并非是森林火灾作用的结果。

白桦是分布于该林区的主要阔叶树种。白桦种子有翅，飞散距离远，可达1～2km。其幼苗能忍受比较恶劣的环境，一般为先锋树种。它的树皮和小枝均含有油脂，易燃；其大树皮薄容易剥裂，非常易燃，容易形成树干火。但密集郁闭的中幼林却有隔火功能。在比较干旱的低山丘陵，由于土壤干旱而瘠薄，白桦被黑桦所取代，在亚高山处白桦则被岳桦所取代。山杨在大兴安岭林区也有分布，主要分布在向阳山窝处，由于它的抗寒能力差，其分布受到限制。

蒙古栎在大兴安岭东、西坡的低山陵均有分布，但随着海拔的升高，蒙古栎的分布受到限制，海拔在600m以上一般很少有分布。蒙古栎的耐火和抗火能力均强，又能忍耐干旱与瘠薄。同时，它还具有很强的萌芽能力，火灾后有利于它的扩展。它经常与黑桦并存，火灾后往往构成黑桦蒙古栎林。这是与东部山地不同的特点。

(4) 演替　火演替在该林区屡见不鲜，并呈现空间差异。在北部原生林中，是兴安落叶松火后被白桦所代替，因为白桦种子轻而有翅，可以随风远距离飘移，易占据火烧迹地；二是原有落叶松林中白桦的地上部分被烧死，地下部分或基部又可萌发，形成白桦萌芽林。大火后看到火烧迹地有许多地方形成白桦萌芽林，随后兴安落叶松又侵入，形成白桦落叶松混交林。由于落叶松寿命长，最终又被落叶松反更替，形成兴安落叶松林。在东部地区兴安落叶松火烧后形成白桦林，再反复火烧形成黑桦蒙古栎林。因为黑桦和蒙古栎较白桦更耐火，也更耐瘠薄干旱，所以多次火灾后白桦被淘汰，只好让位于更耐火、耐干旱的黑桦和多代萌生的蒙古栎林。如果继续遭受火灾，就有可能变为草原化植被。当形成黑桦蒙古栎林时，要恢复落叶松林就比较困难了。这是因为形成黑桦蒙古栎林后这里已形成了比较干旱的环境条件，不利于兴安落叶松的生长。在该林区南部地势较高，与草原相接，无蒙古栎分布。兴安落叶松遭受火灾后，被白桦林所更替，多次火灾破坏形成草原化植被。此时恢复兴安落叶松林就更加困难了。大兴岭南部山地的向阳山坡无林现象，就是森林火灾加速了草原化的结果。因此，要在这些地区防止森林退化，首先要控制森林火灾的发生。

(5) 火管理　该林区长期受到火的作用和影响，许多树种和植物对火有一定适应能力，所以恰当用火对该地区森林经营是有利的，这是用火的有利方面。但是该地区比较干旱，加上该地区土层浅，一般山坡土层厚度只有20cm，如果用火过于频繁或用火不当，就会影响该林区的生态平衡。所以必须充分认识火的两重性，化火害为火利，才能搞好林火管理。林火管理大致有以下几个方面内容。

该林区是我国重点火险区，全国40%的过火面积分布在该林区。平均每次火灾面积超过特大森林火灾的范围，因此应进一步加强林火控制能力，特别是进一步控制特大森林火灾的发生。

以火防火是该林区经常采用的措施，如火烧防火线(铁路、公路两侧)和火烧沟塘草甸子，最好3~5年烧一次，以便降低可燃物载量，又可以阻火。林内计划火烧可以降低可燃物的积累，但应该慎重，间隔期应长，火强度也应低。同时要绝对控制水土流失，以提高森林涵养水源的能力。该林区兴安落叶松在火烧迹地更新良好，在有条件(母树)的地方，可以采用火烧促进落叶松和白桦更新，迅速提高森林覆盖率，提高森林的涵养水源作用，以维护森林生态平衡。同时，可对采伐迹地剩余物和抚育采伐剩余物进行清理，可以在冬、夏季利用火烧清理林地。这既有利于安全防火，又有利于森林更新，改善森林环境，防止病虫害发生。

大兴安岭林区有许多野果资源，各种药用和能制作香料的野生植物也有待进一步开发利用。如何采用野外用火进一步提高这些植物资源的产量和质量，有待进一步研究总结。

大兴安岭林区有一定数量的野生动物资源，特别是食草动物，如驼鹿、马鹿和狍子等。有计划地火烧沟塘草甸和改造次生林，改善栖息地和饲料条件有利于它们的繁殖，以扩大野生动物资源，有利于该林区多种经营和综合经营。此外，还有许多方面的用火都有待进一步总结经验。

4.5.2.3　温带针阔混交林区

温带针阔混交林区为东北东部山地林区，西以嫩江为界与大兴安岭接壤，北以黑龙江为界，东部以乌苏里江、图们江、鸭绿江为界，南部至安沈线与辽东半岛接壤。其范围包括黑龙江省、吉林省和辽宁省。境内有小兴安岭、张广才岭、完达山、长白山林区。

该林区气候比较温湿，为海洋性气候。全年平均气温2~4℃，年积温1700~2500℃，冬季达5~6个月之久，年降水量600~1000mm，为湿润区，年生长期120~150天。该地区也是阔叶红松林区，五营以北为北方红松林，红松林内混有较多云杉和冷杉，构成针叶红松林；牡丹江苇河以北为典型红松林，其特征是红松与各种阔叶树(蒙古栎、水曲柳、榆、椴、色木槭等)混生；牡丹江以南为南方红松林，是混有沙松的鹅耳枥红松林，由于大量采伐、火灾和人为破坏，大部分已形成次生林或人工林。

该林区地形起伏变化较大，最高海拔2 700m（长白山主峰）。长白山林区1 100m以下为阔叶红松林，1 100~1 800m为云冷杉，1 800~2 100m为曲干林或岳桦林，2 100m以上为高山草甸。在长汀大秃顶子，海拔900m以下为阔叶红松林，900~1 500m为暗针叶林，1 500~1 650m为高山曲干林或偃松林。小兴安岭朗乡大青山700m以下为阔叶红松林，700~1 050m为暗针叶林，1 050~1 150m为曲干林。该林区地带土壤为暗棕色森林土。

(1) **森林火灾特点** 该林区森林火灾次数不多，占全国总次数的3.9%，平均每年发生森林火灾几百次，其过火面积较大，约占全国森林过火面积8%左右，年过火面积多达几十万公顷，平均每次森林火灾面积已达到重大森林火范围。北部的黑河地区和东北部的完达山区及个别少雨区（长白山西坡、延边地区），有时发生重大森林火灾或特大森林火灾。

该林区森林火灾多分布在春秋两季，春季火灾较为严重，个别夏季干旱年份也可能发生森林火灾。该林区横跨9个纬度，北纬40°~45°为2、3月火灾带；北纬45°~49°为3月火灾带。秋季火灾则由北向南推进。

(2) **森林燃烧性** 该林区气候湿润又为阔叶红松林，森林火灾过火面积较大兴安岭林区显著减少，但由于人口较多，火灾次数明显增多。阔叶红松林燃烧性，一是随立地条件而变化，即干燥立地条件下易燃。二是与混有阔叶树的比例有关，针叶树愈多愈易燃。相反，阔叶树比重大则难燃。此外，次生林、人工林火灾比原生林火灾更为严重，森林燃烧性分以下几种类型。

难燃、蔓延缓慢类型：硬阔叶林多分布在阴坡潮湿或水湿地，包括水曲柳、黄波罗、核桃楸和它们的混交林以及春榆林，人工落叶松林（郁闭），沼泽沿溪落叶松林，风桦水曲柳春榆红松林，谷地冷杉云杉林与亚高山冷杉云杉林。

可燃、蔓延中等类型：灌木林（榛丛）、杨桦林（山杨、白桦林）、杂木林（杨、桦、柳、椴，每种组成不多于3成）、草类落叶松林（包括塔头落叶松林和坡地落叶松林）以及山脊陡坡红松林等。

易燃、蔓延快类型：小叶章、苔草塔头草甸、荒草坡地、采伐迹地、火烧迹地、风折木、风倒木、择伐迹地、栎林和人工松林（包括樟子松林、红松林和油松林等）。

(3) **主要树种对火的适应** 该林区气候较温湿，树种较大兴岭林区明显增多，但树种对火的适应能力差异较大，火灾的痕迹也不明显。现将该林区几个主要树种对火的适应分别叙述如下。

红松是该林区地带性树种，其球果大，种子包在果鳞内不易脱落和散播，主要依赖动物传播。红松种子有厚壳，能忍受一定高温，埋在土壤和枯枝落叶层下，有一定抗火能力，在地下种子库中保存几年仍有生命力。一般经过地表火之后种子仍有萌发能力，而且经过高温处理能够催化种子发芽。红松幼苗幼树的抗火能力弱，容易被火烧死，只有长成小径木后才有一定的抗火能力。红松有两个树皮型（粗皮型和细皮型），一般粗皮型抗火能力比细皮型强。红松的地上部分被烧死后就没有萌发能力，故遇到高强度火或频繁火灾容易被淘汰。

落叶松该林区有兴安落叶松和长白落叶松，前者较后者更能抗火。落叶松在山地易被红松排挤。其原因：一是红松比落叶松更耐荫；二是红松寿命更长，因此落叶松被红松所排挤。但在谷地、低湿地和草甸子上落叶松能生长，而红松则不能生长。另外，还有大量落叶松生长在石龙岗上（即火山流岩区），而红松则不适宜在该地段生长。生存在火烧迹地上的落叶松是先锋树种，以后又被红松反更替。

云杉和冷杉其生态特性相近似，属于耐荫树种，多分布在窄山谷、小溪旁或亚高山空气湿度大的地段。云、冷杉林树冠深厚，林下多生长苔藓，林内阴湿，由于树干与树枝均长有树毛（小白齿藓），在极干旱年份容易引起树冠火。这些林木的树干及枝叶都含有挥发性油，易燃。但由于它们都生长在潮湿的立地条件下，又因其枝叶密度大，难燃，所以只有干旱年代才有发生火灾的可能。但云、冷杉本身对火敏感，抗火性差。

综上所述，针叶树抗火能力由强到弱依次排列如下：兴安落叶松—长白落叶松—红松—红皮云杉—鱼鳞云杉—沙松（云杉）—臭松（冷杉）。

硬阔叶树（水曲柳、核桃楸、黄波罗、春榆）大都分布在沟谷、河岸及阴湿缓坡立地条件上，它们都属于不易燃的树种，均有一定程度的抗火能力。其中水曲柳、黄波罗和榆树均能在火烧迹地上良好更新。除核桃楸叶大不适宜做防火树种外，其他树种均为良好的防火林带树种。这些树种的落叶经过一个冬季雪水的浸泡，其密实度增大，不易燃烧。它们的种子经过地表火的高温处理，起到了催芽作用，有利于种子萌发。此外它们的根均有较强的萌发能力，水曲柳幼林高度达到3m以上，经过低中强度的火烧后，能加速其生长。原因一是地温增加，二是林地肥力提高，以上两条均可促进林木生长。火烧能刺激黄波罗树皮增厚，提高其药用价值。

该林区的桦木林有白桦、风桦、黑桦和岳桦等树种，其生态特性各有差异，仅风桦为中性，其他为喜光树种。岳桦分布在亚高山地区，风桦也能分布在暗针叶林中，黑桦主要分布在干燥山地。桦树皮含有挥发油，易燃。其抗火顺序为黑桦—白桦—风桦—岳桦。它们的种子小且有翅，易飞散，可以较远距离传播。常为火烧迹地的先锋树种，幼年能忍耐极端生态条件，有时与山杨混生。山杨为喜光树种，也是火烧迹地常见的先锋树种。它年年大量结实，种有絮，可随风飘移1~2km，种子接触土壤易发芽，能忍耐极端环境。山杨有强烈的根蘖能力，火烧后阳光直射林地，促使山杨大量根蘖。深厚的腐殖质土有利于山杨串根，但经过多次火烧则不利于山杨根蘖（因为此时土壤板结），山杨则让位蒙古栎。

该林区的栎林有蒙古栎、槲栎和辽东栎等树种。这些栎树大都生长在比较干旱的立地条件上，属喜光树种。冬季枯叶不脱落，叶大，革质，干枯后卷曲，孔隙度大，易干燥，极易燃烧。但栎类均具有强烈的萌发能力，能忍耐干旱与瘠薄土壤，属于抗火性强，但又易燃的类型。

（4）演替 该林区地带性植被为阔叶红松林。针叶树含有松脂和挥发性油，易燃，同时又无萌发能力，易保留。因此，遭受多次火灾易灭绝。而阔叶树具有较好的萌发能力，但经火灾多次干扰，只能使一些具有强烈萌发能力和耐干旱、瘠薄的树种保留下来。因此，该地区遭受森林火灾强烈干扰后，其演替趋势如下：

阔叶红松林 $\xrightarrow{\text{多次火灾}}$ 阔叶林 $\xrightarrow{\text{多次火灾}}$ 蒙古栎林 $\xrightarrow{\text{多次火灾}}$ 多代萌生林 $\xrightarrow{\text{多次火灾}}$ 草坡荒山

这是该林区火干扰演替的总趋势。但随着立地条件不同有以下几种演替方式：在干旱立地条件下，包括山脊陡坡和阳坡为：

蒙古栎红松林 $\xrightarrow{\text{火灾}}$ 蒙古栎林 $\xrightarrow{\text{多次火灾}}$ 萌生蒙古栎林 $\xrightarrow{\text{火灾}}$ 草坡

在荫湿立地条件下：

谷地红松林 $\xrightarrow{\text{火灾}}$ 水曲柳榆树林 $\xrightarrow{\text{火灾}}$ 萌生水曲柳林 $\xrightarrow{\text{多次火灾}}$ 草甸子

在中性立地条件下(多次火灾立地条件变干所致)：

阔叶红松林 $\xrightarrow{\text{火灾}}$ 杂木林(阔叶林) $\xrightarrow{\text{火灾}}$ 蒙古栎林

阔叶红松林 $\xrightarrow{\text{火灾}}$ 山杨林 $\xrightarrow{\text{火灾}}$ 荒草坡

(5) 火管理　该林区为我国森林防火重点区之一，其森林防火网化建设较好，如吉林和伊春林区。但是该林区有些重点火险区，如与大兴安岭林区接壤的黑河地区，完达山的虎林、密山和延边等均为重点火险区，应加强其控制能力。

以火防火，如火烧防火线，利用安全期火烧沟塘和林内计划火烧，在佳木斯市已大面积开展，并有效地控制了森林火灾。

该林区原为我国的北大荒，现有许多国有农场，农业生产用火也比较频繁，如烧荒烧垦、火烧秸秆以及其他农业用火。因此，管好用火，也是做好该林区防火工作的重要方面之一。

本林区有许多次生林，可利用计划火烧加速次生林改造和培育，不断提高次生林质量，使火成为营林的工具和手段。此外，该林区有大面积荒山和宜林地，如在飞机播种前采用计划火烧，则可提高飞播质量，使种子容易接触土壤尽快发芽生长。

4.5.2.4　暖温带落叶阔叶林区

暖温带落叶阔叶林区位于我国华北地区，南以北纬32°30′(秦岭、伏牛山、淮河)为界；东临海洋；西到甘肃天水；北到北纬42°30′从沈阳至丹东一线(包括辽宁省的辽东半岛)以南，包括河北、山西、天津、北京、山东、河南、陕西(大部分)、甘肃东部(天水地区)。

该林区气候特点是夏季湿润，冬季寒冷、干燥，东部为海洋性气候，西部为大陆性气候。东部湿润，西部干燥。全年降水量为600~1 000mm。由东向西依次为：湿润区、半湿润区、半干旱区。全年积温2 500~4 500℃，生长期长，土壤为棕色森林土和褐土。该地区森林多为次生林和人工林。植被以落叶阔叶林为主，有栎林(辽东栎、槲栎、蒙古栎、栓皮栎和麻栎)和以杨、柳、桦、槭、榆组成的阔叶林。在沿海一带有栽种的赤松；在山地有油松、华山松、白皮松、侧柏、桧；在亚高山地带有华北落叶松、云杉和冷杉等。该林区山地起伏，如可将小五台山林区的恒山分为三个垂直带，1400m以下为落叶阔叶林带，优势树种为栎类，次优势树种为油松；1400~2500m为针叶林带（云杉、冷杉），在该带上部以华北落叶松为主；2500m以上为亚高山草甸带。秦岭以太白山为代表，海拔高3767m，可分为4个垂直带。第一带海拔1500~2200m为松栎林带，主要树种为油松、华山松、锐齿栎等；第二带海拔2200~2800m为红桦冷杉林带，主要树种有红桦、冷杉，并混生有云杉、华山松等；第三带海拔在2800~3400m，为太白落叶松林带；第四带海拔3400m以上，为高山草甸带。

（1）森林火灾特点　该林区森林火灾次数和过火面积均在全国八大区中平均数以下。每年火灾次数700~800次，占全国的4.5%左右；而过火面积更少，每年过火面积仅占全国的2%左右，平均每次火灾面积数十公顷，为全国各区最少，有利于控制林火。该林区火灾主要分布在2~4月，秋、冬、春季均能发生火灾，但夏季与雨季一般不发生火灾。

（2）森林燃烧性　该林区森林遭到多次破坏，原始森林极少，仅在各地高山地带残存少量原始林，其他多为次生林和大量油松人工林。次生林和人工油松林虽然易燃，但因森林分散破碎，交通方便，人口多，很少发生大面积森林火灾。可燃物按其燃烧性大致可划分为以下三大类：

难燃、蔓延缓慢类型：潮湿阔叶林、落叶松林、针阔混交林和云冷杉林。

可燃、蔓延中等类型：灌木林、杨桦林、杂木林和华山松为主的针叶混交林（包括云杉和冷杉）。

易燃、蔓延快的类型：草本群落、易燃灌木、各类迹地、栎林（辽东栎、槲栎、麻栎、栓皮栎等）、侧柏、油松林。

该地区可燃物类型在森林燃烧环网上的分布列表2-17。

（3）主要树种对火的适应　油松为本地区的主要针叶树种，其枝叶和木材均含有松脂和挥发油，生长在比较干旱的立地条件上，易燃。油松为喜光树种，地表火有利于种子发芽生长，火烧后能促进地下种子库种子发芽生长。其幼苗幼树不抗火，当生长到7~8年后，因树皮较厚而有一定抗火能力。随年龄增长，抗火能力增强。

华山松也是该林区又一分布较广的针叶树种，其分布的海拔高度较油松高，喜欢生长在较为湿润的山坡，抗火能力不如油松。幼年时对火敏感，只有到成熟时，才具有一定的抗火能力。华山松的特性接近于红松。

侧柏是该林区分布较广的第三种针叶树，主要分布在碱性石灰岩山地上，枝叶含有大量挥发油，易燃，生长比较缓慢，植株矮小且稀疏，有发生树冠火的危险。栎树主要有辽东栎、蒙古栎、槲栎、栓皮栎和麻栎等。

该林区的北部多为辽东栎、槲栎和蒙古栎所占据；南部多分布有栓皮栎和麻栎。这些树种均喜光，比较耐干燥瘠薄土壤，幼年期冬季枯叶不脱落，非常易燃，但对火有较强的忍受能力，表现为遭受火灾后有较强的萌发能力，经过多次火灾，能形成多代萌芽林，长期维持该群落的存在和发展，成为荒山的主要植被，阔叶树还有杨、桦、榆、槭和白蜡树等，有的树种种子小而轻，每年大量结实，可占领空旷地和火烧迹地，也有的阔叶树具有较强的萌芽能力，火烧后利用根蘖和根株萌芽，以维持该群落的生存，火对有的种子具有高温催芽作用，可借以繁殖后代。但这些阔叶树的耐火能力均不及栎树，经过多次反复火烧，最终还是让位于栎树。

(4) 演替　该林区为中华民族的发祥地，历代王朝多在此处建都。森林经过多次破坏和干扰，多形成残败次生林，原始林保存极少，且分布在高海拔地区。森林演替依海拔高低可分两类：一类是在高海拔山地针叶林，其中包括落叶松林、冷杉林、云杉林和华山松林以及它们的混交林。经过火灾和破坏，演替为桦木林、山杨林以及杨、桦林，再遭多次反复火灾或破坏形成亚高山灌丛。另一类是海拔较低的落叶阔叶林，经过火烧或其他方式破坏，形成油松林或油松栎树混交林，再遭多次干扰，形成栎林或多代萌生栎林，再反复干扰，形成灌木草坡。

(5) 火管理　该地区有许多名胜古迹，五岳就有四岳分布在该区，还有五台山和黄帝陵，其中有许多千年以上的古树和名树，这些都是珍奇国宝。因此要搞好防火，保护好这些名胜古迹。

华北地区荒山坡多，应加速绿化，可采用飞播发展油松。为了提高飞播质量，在安全用火期有效控制计划火烧，使飞播种子直接接触土壤，提高种子发芽率，促进幼树生长。该林区有大面积次生林，在有条件的情况下，可采用小面积计划火烧加速森林恢复，提高森林经营水平和森林质量。

4.5.2.5　东亚热带常绿阔叶林区

该林区南从北回归线(23°30′)开始，北至北纬32°30′，横跨9个纬度。北以秦岭、淮河为界；东至东海；西至广西百色、贵州毕节以东，包括长江中下游广大地区(江苏、浙江、江西、安徽、湖北、湖南、福建、以及广东、广西、贵州、重庆和四川等大部分地区)。该林区气候炎热湿润，年积温4 500～7 500℃，降水量1 000～3 000mm，全年生长期300多天。为我国人口众多、物产丰富的经济繁荣区。该林区为我国亚热带常绿阔叶林区，又可详细区分为北、中、南三个亚区。常绿阔叶树有壳斗科、樟科、金缕梅科、山茶科和大戟科等；针叶树种有马尾松、杉木、铁杉等，高海拔处有华山松和黄山松等。

该林区多为低山丘陵，森林垂直分布以三处为代表：一是神农架，海拔3 052m。2 300～3 000m为暗针叶林带，有巴山冷杉、冷杉、桦、槭等；1 600～2 300m为针叶落叶阔叶林带，有华山松林、红桦林、山毛榉林、锐齿栎林、巴山松林；200～1 600m为常绿阔叶落叶林带，有枹树、栓皮栎、青冈、铁橡树、黄栌矮林等。二是武夷山，海拔2 000m。1 700m以上为中山草甸、灌丛草地；1 300～1 700m为黄山松林；1 300m以下为常绿阔叶林带，以苦槠、木荷为主，还有巴尾松、杉木和竹类等。三是桂北南岭林区，海拔2 000m。1 500～2 000m为混生有常绿的落叶阔叶矮林带；800～1 400m为常绿落叶阔叶混交林带；800m以下为常绿阔叶林带。

(1) **森林火灾特点** 该林区人烟稠密，交通方便，火源多为农业用火。森林火灾次数占全国总数的一半，每年达上万次，过火面积约占全国的 1/4，平均每年过火面积在 1.3 万 hm^2 左右，但平均每次过火面积为 $1.3hm^2$ 左右，为全国最低数。其主要原因是林区分散，人口多，交通方便，发生火灾容易扑灭。该地区火灾季节主要在冬春两季；夏季伏旱也有发生火灾的可能。森林火灾发展趋势从东向西推进，从南向北推进，主要与温度和降水有关。

(2) **森林燃烧性** 该林区地带性植被为常绿阔叶林，一般属于难燃类型，但由于森林遭到多次破坏，形成残败次生林或为大量人工针叶林，由此提高了该林区森林燃烧性。现将该林区不同森林燃烧性叙述如下。

难燃、蔓延缓慢类型：竹林、常绿阔叶林、水杉、池杉、水松林、冷杉、黄杉、杉木等；可燃、蔓延中等类型：灌木林、落叶常绿混交林、针阔混交林、针叶混交林、松杉混交林。易燃、蔓延快类型：草本群落、铁芒蕨类、林中空地、各类迹地、易燃阔叶林、桉树林、马尾杉、黄山松、侧柏林。

各种可燃物类型在森林燃烧环网上的分布见表 2-19。

(3) **主要树种对火的适应**

①马尾松 马尾松的针叶枝干和木材都含有大量松脂，又多分布在干燥瘠薄的立地条件上，所以非常易燃。其幼苗、幼树对火敏感，但林龄在 10 年后有一定抗火能力，成熟林抗火能力较强，幼中龄林易发生树冠火。在马尾松林中如果混有常绿阔叶树，则可提高林分的难燃程度。在比较肥沃湿润的土壤上生长的马尾松，其易燃程度也有所降低。在火烧迹地上，马尾松种子易接触土壤，有利于更新。南方有些地方在马尾松成熟林中采脂，当树脂产量减少时，则利用火烧刺激，促使其多产松脂，这样既提高松脂产量，又有利伐前更新。

水杉、落羽杉、池杉都生长在潮湿或水湿立地条件上，主要分布在北亚热带地区，落叶短小、枯枝落叶密实度大，虽然也含有挥发性油（枝叶），但属于难燃树种，生长较迅速，可作为防火林带树种，既能阻火、涵养水源，又能保持水土，还是较好的用材树种。

②杉木、柳杉和黄杉 它们都有一定耐荫性，喜欢生长在潮湿肥沃土壤上。树冠深厚，林内阴暗，林下可燃物数量较马尾松少，一般情况下不易发生火灾，生长快，为南方用材树种，但在干旱季节也易燃，有时发生树冠火。一般在南方多采用炼山方法扦插杉木，这样不但可以清除杂灌木，也可减少病虫害，而且还能增加土壤肥力，有利于杉木生长，但由于南方雨水多，有时会产生水土流失，所以在炼山时，不宜选择坡度过大的地段，火烧面积也不应过大，以便更好地维护杉木生长的良好环境。

③竹类 竹类多分布在低山丘陵和河滩低地，喜欢温湿的立地条件。有些竹类如淡竹、刚竹还可分布在微碱性的土壤和沿海一带。竹类分蘖密集，一般难燃，但在立地条件干旱而瘠薄的土壤上生长不良，并有大量枯死植株，因而提高了竹林的燃烧性。有时竹子开花，尤其是竹林大面积开花，将会造成大量竹子枯死，从而增加其燃烧性。如果适当增加肥力，改良土壤性质，将会抑制竹子开

花。对竹林中枯死的植株及时加以清理，也会有效地提高竹林的难燃性。

常绿阔叶林是该林区的地带性植被，种类繁多。生长良好的常绿阔叶林是难燃类型，但不同树种其燃烧性也有明显差异，如木荷和红花木荷是较好的防火林带树种，福建、广东、广西等省和自治区均将其作为防火林带树种，发挥了较大的阻火效果。在常绿阔叶林中还有一些含有挥发性油的树种，其燃烧性要高些，如樟树等，需要加以研究。此外，在抗火性、对火的适应能力和对各种火生态的研究方面，也需要我们开展更多的研究。

(4) 演替　该林区树种复杂，种类繁多，遭受火灾及人为破坏频繁，所以原始林极少，仅在高山陡坡有少量残留，一旦遭到破坏就形成次生林或人工马尾松林，有的则形成次生灌丛，其演替途径：

① 常绿阔叶林 $\xrightarrow{\text{火灾、破坏}}$ 次生阔叶林 $\xrightarrow{\text{火灾、破坏}}$ 灌木铁芒萁禾草群落

② 常绿阔叶林 $\xrightarrow{\text{火灾、破坏}}$ 混生马尾松或杉木阔叶混交林 $\xrightarrow{\text{火灾、破坏}}$ 马尾松林 $\xrightarrow{\text{火灾、破坏}}$ 灌木草木群落

(5) 火管理　该林区有许多名山风景林区，如黄山、九华山、庐山、峨眉山等。应该加强名山和自然保护区的林火管理，以便更好地保护这些地区的自然资源。

该林区长期以来(近千年)有炼山造林的经验，人们对过去炼山造林的优劣有许多争论，但总体而言，小面积炼山造林利多弊少，大面积炼山或坡度过陡炼山，容易造成水土流失，带来不利影响。此外，该林区农业生产用火不慎引起火灾也是主要火源，应进一步加强管理，以有效控制林火发生。

该林区引种许多外来树种，如湿地松、加勒比松、火炬松等。这些树种生长迅速，但多为喜光树种，它们的树皮较厚，抗火性强，可以采用计划火烧法维持这些树种的更新。

此外，该林区马尾松易发生松毛虫害，在中龄林以上的林分可以采用计划火烧，这样不但可以抑制松毛虫危害，而且还有利于马尾松的生长发育。

本林区有些地区在马尾松割脂后几年淌脂量减少，此时可采用计划火烧，刺激马尾松淌脂，增加松脂产量，同时也有利于马尾松伐前更新，一举两得。

4.5.2.6　西亚热带常绿阔叶林区

西亚热带常绿阔叶林区东以贵州毕节与广西百色一带为界，北至四川大渡河、安宁河、雅砻江流域，西至西藏察隅，南至云南文山、红河、思茅、澜沧江北部，包括云南省大部分、广西百色、贵州西南部和四川的西南部及西藏的东部。与东部不同，东部林区以马尾松林、杉木林为主，该区则以云南松和思茅松为代表。

本区气候夏季酷暑、冬天温和，年温差较小。例如，代表城市昆明，又称为春城，四季如春，干湿季分明，5~9月为雨季，降水量占全年降水量的85%；10月至翌年4月为干季，降水量仅占全年降水量的15%，全年蒸发量大于降水量，与东部区有明显的差异。

该林区土壤主要为酸性红壤，高海拔山地为黄壤。

该林区地形复杂，地带性植被为常绿阔叶林，以青冈和栲属为主，针叶树有云南松、细叶云南松、思茅松等(在南部)。其植被垂直带谱分明：最下部为常绿阔叶林，包括云南松林。由下向上依次为含有铁杉的落叶林—高山松林—云杉、冷杉林—亚高山灌丛—高山稀疏草甸灌丛。

(1) 林火灾特点　该林区处于云贵高原，为半湿润区，加上云南松林极易燃、交通不便多发生火灾。气候有干湿季之分，所以森林火灾季节主要在干季10月至翌年4月，最严重的在1~3月。该林区火灾次数多，有些年份竟为全国之冠，次数超过全国总次数一半。该林区为我国重点火险区，如川西南的甘孜地区、贵州西南、广西河池和百色地区均为各省(自治区)重点火险区。该林区每年发生火灾次数占全国总次数的27%强，每年平均发生火灾4 000多次；平均每年过火面积20万 hm^2 左右，平均每次过火面积超过40hm^2，因此无论次数和过火面积均为我国重点火险区，应重点预防。

(2) 森林燃烧性　该林区的林型主要为半湿润常绿阔叶林，以青冈和栲属常绿阔叶林为代表。针叶林有云南松、思茅松林，它们分布较广，而且均为易燃林分。该林区的可燃物按森林燃烧性可分三类。

难燃、蔓延缓慢类型：竹类林，常绿阔叶林，常绿针阔叶林，铁杉、云杉、冷杉混交林。

可燃、蔓延中等类型：灌木林、落叶阔叶林、常绿落叶阔叶混交林、针阔叶混交林和针叶混交林。

易燃、蔓延快类型：草本蕨类群落、易燃灌丛、各类迹地、栎林、云南松和细叶云南松林、思茅松林。

(3) 主要树种对火的适应　该林区气候在干季干旱，为半湿润区，火源多，火灾危害严重，特别是与云南松有关。林地易燃，但林木抗火能力强。在火烧迹地易飞籽成林。现将该林区几个主要树种对火的适应性分别叙述如下。

①云南松　云南松是该林区分布最广泛的针叶树种，在海拔1 000~3 500m的范围内均有分布。该树种的叶、枝、干含有挥发油与树脂，易燃，尤其在比较稀疏的云南松林下多生长草本植物，在干季更易燃，林下生长较多的灌木，在比较肥沃湿润的立地条件下混生有常绿阔叶林，其易燃性则下降。云南松树皮较厚，对火有一定抗性，3~5年生幼林高达2.5~3.5m时就有一定抗火能力。随着年龄增长，其抗火性不断增强。单层成熟林(30~40年)一般遇到中等强度的火，对其影响不大，所以，在云南广泛采用计划火烧减少可燃物积累。该树种在火烧迹地易飞籽成林，更新良好，同时它又是极喜光树种，生长速度较快，并且有耐干旱和瘠薄土壤的生长特性，成为先锋树种，在该林区得以广泛分布。充分说明该树种对火的适应能力很强。在该林区还有一些其他松类，如细叶云南松、思茅松和华山松，它们都是喜光树种，虽然分布地理位置有所不同，但都有一定的抗火能力，强弱依次为：云南松—细叶云南松—思茅松—高山松。

②大果红杉　它与云杉、冷杉的分布高度相同，也是喜光树种，林下更新不

良，但在林缘更新良好。该树种树干尖削度大，生长比较缓慢，其树皮较厚，有较强的抗火能力，因此火灾后，云、冷杉往往被大果红杉所更替。

③铁杉　铁杉在该林区有广泛分布，但分布零散，面积较小。在林下常与华山松、落叶阔叶树(色木槭、杨、桦等)混生，它喜欢生长在立地条件比较好的地段，林下阴暗，整枝不良，生长较快，材质好，一般不易着火。该树种对火比较敏感，不抗火，但其落叶密实度大，又因多生长在沟边潮湿地，不易燃烧。一旦发生火灾，有可能形成树冠火。它对火的适应性与云杉、冷杉近似，火灾后易被高山栎林所代替。

④高山栎　高山栎分布在常绿阔叶林带之上，常与高山松、华山松混生或单独成林。它是常绿栎类，为喜光树种，多分布在阳坡，但在半阴坡生长良好。其树皮厚，具有一定抗火能力，同时它具有强烈的萌发能力，又能忍耐干旱瘠薄土壤，经过火灾或多次反复破坏，可以形成灌丛状矮林，以维护该树种生存，所以在阳坡有时只分布惟一能够保存下来的高山栎。

(4) 演替　该林区海拔高差大，垂直带谱比较明显，因此不同地带遭受火灾或破坏后，森林演替有显著差异。基带为常绿阔叶林区，以青冈、栲属为主，经过火烧或破坏形成云南松常绿阔叶林，再破坏形成云南松林，反复破坏形成草木灌丛群落。

上一带为针叶阔叶混交林，有高山松或针叶混交林，华山松、铁杉、高山松林或针阔混交林或为松栎林带。经过火灾或破坏，针叶树比例减少，再经火烧或破坏变为阔叶林，再经火烧、破坏变为高山栎林，再经多次反复破坏形成萌生灌丛状栎林，再经反复破坏则形成灌丛草本群落。

再上带为云杉林，其林中空地或林带边缘为大果红杉，经过火烧，云杉、冷杉减少或死亡，被红杉所更替。因为红杉喜光，树皮厚，抗火抗风，有利于更新。

另一种情况：冷杉、云杉林经过火灾或破坏，为桦木所更替，再遭受多次破坏，则形成灌木草本群落。

(5) 火管理　该区属森林火灾次数和面积都比较多的林区，也是我国重点火险区。因此，应对该林区的重点火险区严加管理，提高对林火的控制能力，使森林火灾次数和面积下降。

该林区火源主要是农业生产用火，因此应加强对这类火源的管理，同时应不断改进农业生产措施，有效控制农业生产用火，推行科学种田，提高农作物产量和山区人民的生活水平。该林区分布有大量云南松，应对云南松林进行计划火烧，这样不但可以减少林内可燃物的积累，防止森林发生较强烈的大火，而且还有利于促进云南松更新，提高森林覆盖率，维持森林生态平衡。

4.5.2.7　热带季雨林区

热带季雨林区分布在我国最南部，北以北回归线(23°30′)为起点，在云南境内可延至北纬25°，在西藏境内可上升到北纬28°~29°之间，其原因与地形有关。南至曾母暗沙群岛，东起东经123°附近的台湾省，西至东经85°的西藏南部亚东、聂拉木附近。东西横越经度38°，包括台湾省大部分，海南、广东、广西、云南和西藏等省（自治区）南部，以及东沙群岛、西沙群岛、南沙群岛。

该区气候炎热，年平均气温20~22℃，年积温7 500~9 000℃以上，植物全年生长。降水1 500~5 000mm，多集中在4~10月。该区多台风，多暴雨，土壤为砖红壤、山地红壤、山地黄壤等。

该区地带性植物被为热带雨林和季雨林，主要是常绿阔叶林，群落层次复杂，层外植物多，有板根、气根。热带雨林分布在我国台湾南部、海南岛东南部、云南南部和西藏东南部。热带季雨林在我国季风地区广泛分布，其中以海南岛北部和西南部的面积最大。每年5~10月的降水占全年降水的80%。干季雨量少，地面蒸发强烈。在这种气候条件下发育的热带季雨林是以喜光耐旱的热带落叶树种为主，并且有明显的季节变化。

山地则具有垂直带植被类型，有平地的季雨林、雨林、山地的雨林、常绿阔叶林及针叶林等，有东部地区偏湿性的类型和西部地区偏干性的类型。东部偏湿润区600m以下为半常绿季雨林，局部有湿润雨林、落叶季雨林等类型；600~1 500为山地雨林和山顶矮林。1 500m以上为针阔混交林和常绿落叶阔叶混交林，3 000m以上为冷、云杉林，再上为高山灌丛和高山草甸。西部区域1 000m以下的河谷盆地或迎风坡面（西藏）有季雨林、半常绿季雨林和各种灌丛、草丛等热带植被类型。1 000m以上山地上有山地雨林，个别有山顶矮林；从1 800m以上开始，在中山、高山山地上（主要在西藏）出现温性针叶林和局部的落叶阔叶林、寒温性针叶林，以及高山灌丛和高山草甸等类型。

（1）森林火灾特点　该林区的热带雨林和山地雨林一般不发生森林火灾，火灾只发生在干季的季雨林内。遇雨该林区火源管理不严，其中以海南为例，森林火灾发生次数较多，占全国总次数的4%左右，平均每年发生大约500多起，其过火面积占全国面积的2.5%左右，平均每年过火面积在2万hm²以上。平均每次森林火灾面积接近40hm²。该林区森林火灾主要发生在干季，火源多为上坟、旅游所致。

（2）森林燃烧性　该林区为热带季雨林与雨林。气候湿润区为雨林、山地季雨林和常绿阔叶林，一般为不燃或难燃类型，但一些热带草原、稀树草原及多次破坏的次生林和灌丛，则非常易燃，再加上有部分海南松林和南亚松林，它们也比较易燃。现将该林区可燃物类型和易燃程度分别叙述如下。

不燃、难燃，蔓延极慢和缓慢类型：红树林、热带雨林、山地雨林、山顶矮雨林、季雨林和云杉、冷杉林。

可燃、蔓延中等类型：木麻黄林、灌木丛、落叶阔叶林、针阔混交林、温性针叶林和针叶混交林。

易燃、蔓延快的类型：热带草原、稀树草原、桉树林、海南松林和南亚松林，以及引种的外来松林。

（3）主要树种对火的适应　海南松针叶五针一束，其枝、叶、干和木材均含有松脂和油类，多生长在低山丘陵比较干燥的地段，为喜光树种。树皮厚，有较强的抗火能力，为荒山主要造林树种。幼年生长迅速，能形成大径级材。林下少有灌木，多为禾本科草类。

此外，该林区还引种许多外来树种，如湿地松、加勒比松、火炬松等。这些树种均具有生长迅速和有一定抗火能力的特点，可快速形成大径级用材林。

（4）演替　该林区地带性植被为热带雨林和季雨林，一般不燃或难燃类型；或遭受反复破坏或火灾，可形成海南松林。海南松林能维持百年以上，以后林内则多生长常绿阔叶树，这时又不利于海南松更新，所以就被常绿阔叶林所更替。如果森林遭到多次反复破坏或火灾，则易形成稀树草原，再破坏成为热带草原，再遭强烈破坏，还有可能形成沙地。

（5）火管理　该火源管理难度较大，除有大量农业用火外，上坟、烧纸、祭祖、燃蜡、放爆竹到处可见。所以，要开展防火工作，首先要提高群众对山火的认识，搞好宣传，做到森林防火家喻户晓，人人皆知。此外还应提高旅游人员对防火的认识，保护好旅游资源。

该林区虽然处在热带，年降水量大，但是干季比较长，也具有明显的火灾季节。该林区有的地区已经形成稀树草原，如再继续遭到火灾破坏，就有可能形成沙漠，难以恢复植被，应提高警惕，避免环境恶化。

该林区有海南松林和一些外来针叶树，如湿地松、火炬松、加勒比松，均易形成大径材，可以采用计划火烧法，以保证针叶树的更新和生长生育。

4.5.2.8　温带荒漠植被区

温带荒漠植被区包括新疆的准噶尔盆地与塔里木盆地，青海的柴达木盆地，甘肃与宁夏北部的阿拉善高原，以及内蒙古自治区的鄂尔多斯台地的西端。整个地区以沙漠和戈壁为主，气候极端干燥，冷热变化剧烈，风大沙多，年降水量一般小于200mm，气温年较差和日较差也是我国最大的地区。荒漠植被主要由一些极端旱生的小乔木、灌木、半灌木和草本植物所组成，如梭梭、沙拐枣、柽柳、胡杨、泡刺、沙蒿、苔草等。由于一系列山体的出现，在山坡上也分布着一系列随高度而规律变化的植被垂直带，从而也丰富了荒漠地区的植被。

本区域内有着一系列巨大的山系：天山、昆仑山、祁连山、阿尔金山等。它们使单调而贫乏的荒漠地区内出现了丰茂的森林灌丛，如草甸、金色的草原和绚丽多彩的高山植被，极大地丰富了荒漠地区植被的多样性和植物区系组成的复杂性。因此，在荒漠区域内不仅具有独特的荒漠植被，而且几乎包括了北半球温带所有的植被类型，这都是由于隆起的山地所形成的多样生态环境以及特殊的植被发展的结果。

本区域大致具有如下的山地植被垂直类型。

山地荒漠带：又可分为山地盐柴类小半灌木荒漠亚带和山地蒿类荒漠亚带，后者通常出现于黄土状物质覆盖的山地。

山地草原带：又可分为山地荒漠草原、山地典型草原和山地草甸草原三个亚带。

山地寒温性针叶林带或山地森林草原带，仅局部出现山地落叶阔叶林带。

亚高山灌丛、草甸带。

高山草甸与垫状植被带或高寒草原带。

高寒荒漠带。

高山亚冰雪稀疏植被带。

(1) 森林火灾特点 该地区的基带植被为温带荒漠，植被稀疏，一般不易发生火灾，火灾次数占全国总数不到1%，平均每年可发生150次左右，平均每年过火面积可占全国总过火面积的2%，可超过2万hm^2。由于森林多分布在天山、昆仑山、祁连山、阿尔泰山一带地形起伏的高地，控制火灾的能力薄弱，因此过火面积的百分比大于火灾次数一倍。此外，平均每次过火面积高达150hm^2，已达到重大火灾面积，充分说明在该地区迅速提高对林火的控制能力的必要性。

该地区主要是牧业用火不慎引起火灾。此外，该林区尚存在部分自然火源——雷击火。火灾季节主要集中在夏季4~10月，因为高山森林积雪融化晚，夏季气温高时积雪才开始融化，这时可燃物干燥易燃。又因为该地区夏季雨量小，又有部分自然火源，故夏季多发生火灾。该地区森林多分布在阴坡，阳坡多为草本群落。除草本外，暗针叶林为冷杉林和云杉林。此外，还有落叶松和西伯利亚红松，这些原生林自然整枝不良，容易发生火灾，并有发生树冠火的可能。

该地区针叶树种除落叶松和西伯利亚红松有一定抗火能力外，其余暗针叶树种对火敏感，一般发生火灾后，可被杨桦所更替；植被再遭火灾反复破坏，可形成灌木草本群落。一般反更替期长，也比较困难，故应严格控制发生森林火灾。

(2) 火管理 该地区森林多分布在几大山系，应严格控制，抓好重点林区防火。此外应加强自然火源和牧区生产用火管理，以维护生态平衡，促进环境的良性循环。因此，增强对现有林分的防火保护就显得十分重要。

该地区大多数森林对火非常敏感，加上气候干燥，一旦发生森林火灾，破坏性强，森林难以恢复。因此，该地区的防火工作极为重要。该地区一切用火都应十分慎重，一般情况不适宜用火，以免发生火灾危害。

4.5.2.9 青藏高原高寒植被区

青藏高原大致位于北纬28°~37°之间，约跨9°，东经75°~103°，约占28°。

由于高原达到了对流层一半以上的高度，且处在亚热带的纬度范围，使高原上出现了一些独特的高原植被类型，如特殊的高寒嵩草草甸、高寒草原与高寒荒漠等，形成了独立的高原植被体系。

该区气候特点为强度大陆性气候，干旱少雨，日温差大，大部分地区年平均气温在5.8~3.7℃之间，高原内部的广大区域基本上都处于0℃以下，月平均气温≤0℃的月份长达5~8个月。本区气候的干、湿季和冷、暖变化分明，干冷季长(10月至翌年5月)，暖、温季短(6~9月)；风大，冰雹多。森林分布在高原的东南部地势稍低处，一般海拔3 000~4 000m(河谷最低处约2 000m)，距孟加拉湾较近，是高原上首先受惠于西南季风的区域，因而气候温暖湿润。在河谷侧坡上发育着以森林为代表的山地垂直带植被，基带在高原东侧川西、滇北和西藏雅鲁藏布与易贡河交汇处的通麦谷地，为亚热带温性常绿阔叶林，但分布面积最大的是针阔叶混交林和寒温性针叶林。

(1) 森林火灾特点　该林区森林火灾多分布在东南部的高山峡谷，森林火灾次数是全国各大区中最少的，仅占全国总数的 0.2% 左右，平均每年发生林火 40 次左右，平均每年过火面积仅占全国总过面积的 0.4% 左右，每年平均过火面积 4 000hm² 左右，平均每次过火面积在 100hm² 左右。因为是高山峡谷，所以难以控制火灾。

在针叶林中发生的林火，由于林火控制能力薄弱，过火面积仍然较大。该地区森林火灾主要集中在干季(9月至翌年4月)，雨季一般不发生森林火灾。由于地形的影响，火灾主要发生在暖温性针叶林和寒冷性针叶林，再加上高山峡谷，交通不便，一般发生森林火灾不易扑救。因此，森林火灾面积大，难以有效控制，有时形成树冠火，森林损失比较严重。这里分布的针叶林，除高山松有一定抗火能力外，其他针叶(云杉、冷杉和铁杉等)对火都是十分敏感的，再加上高山峡谷，交通不便，给扑火带来极大困难。由此可见，应加强该地区林火的管理，首先要使林区各族人民从思想上重视森林防火，严格控制和管理各种火源，以便大大减少林火发生。此外，应加强航空防火、灭火能力，做到及时发现、及时扑灭，力争"打早、打小、打了"，减少损失。

该地区森林火灾引起森林更替也是随森林垂直分布带不同而有明显差异的。海拔 3 000～4 000m 处为冷杉林和云杉林，经过火灾或破坏，冷杉、云杉消失，被落叶阔叶树(桦木)所更替，再反复破坏或火灾，被灌木所更替。在海拔较低的针叶混交林内，有铁杉、高山松等针叶树，遭受火灾或破坏，铁杉消失，形成高山松林；再遭多次破坏，被落叶阔叶林或灌木丛更替；再遭破坏，则形成灌木草本植物群落。

(2) 火管理　应加强该林区火源管理，迅速提高控制林火能力；加强航空护林灭火，进一步防止林火发生，使损失减少到最低限度。

提高全林区人民群众对火的认识，在野外不用火，尤其干季用火更要特别慎重，以防发生森林火灾。

复习思考题

1. 火顶极及火对森林演替的影响。
2. 林火对景观的影响。
3. 火烧对碳平衡的影响与作用。
4. 火对森林生态系统平衡的影响与作用。
5. 世界及我国不同森林生态系统火的影响与作用。

本章推荐阅读书目

森林燃烧能量学. 骆介禹. 东北林业大学出版社, 1992
林火生态. 郑焕能, 胡海清, 姚树人编著. 东北林业大学出版社, 1992

第5章　森林火灾预防

【**本章提要**】本章主要介绍林火行政管理、林火预报、林火监测、林火通讯和林火阻隔建设等内容。林火行政管理主要介绍机构设置、宣传教育、林火管理法律法规和火源管理等内容，林火预报主要介绍林火预报的概念、发展历史、研究方法和国内外的预报方法，林火监测主要介绍林火监测的常用方法，林火通讯介绍了林火通讯的原理和常用方法，林火阻隔介绍了林火阻隔体系的构成和建设方法。

森林火灾预防是林火管理的重要组成部分，森林火灾预防工作的主要任务是通过各种林火管理措施，减少森林火灾的发生和降低森林火灾造成的损失。森林火灾预防一般包括森林防火行政管理、林火预测预报、林火监测、林火通讯和林火阻隔等内容。

5.1　林火行政管理

林火行政管理是林火行政管理机构根据有关法律赋予的职责，通过宣传，提高公民的森林防火意识，同时依法进行火源管理，减少森林火灾的发生所开展的行政行为。本节主要介绍林火行政管理的组织机构、森林防火宣传教育方法、林火管理的有关法律和火源管理等内容。

5.1.1　组织机构

不同国家的林火管理机构因国情和经济制度不同而有所差异，不同的时期设置也有所变化。我国林火行政管理在不同历史时期变化较大。下面介绍的是目前我国的林火管理行政机构的设置。

由于我国目前的林火管理机构是以防火为主，故机构名称还沿用"森林防火"一词。我国《森林防火条例》规定，森林防火工作实行各级人民政府行政领导负责制，各级人民政府要把森林防火工作列为重要任务，实行统一领导、综合防治。国家和地方各级人民政府设立森林防火指挥部，由政府主要领导或主管领导任指挥部总指挥，有关部门和当地驻军领导为指挥部副总指挥、成员。森林防指挥部是同级人民政府的森林防火指挥机构，负责本行政区的森林防火工作。县级以上森林防火指挥部在林业行政主管部门设立办公室，办公室是森林防火指挥部的办事部门，配备专职干部，负责森林防火的日常工作。

因此，我国目前的森林防火机构从上到下可分为国家、省、市、县等层次，在国家层次上，在国家林业局内设有国家林业局森林防火办公室，负责协调、指导全国的森林防火工作，目前和森林公安局合在一起。一些省（自治区、直辖市）的林业行政主管机关内设有独立的森林防火办公室，另外一些省（自治区、直辖市）的将森林防火与森林公安合在一起。市、县的林火行政管理机构与省（自治区、直辖市）相似。

在国有森工企业和国营林场中也设有相应的林火管理机构，如黑龙江省森工总局及其所属的林业局和林业局下面的林场都设有林火管理机构。在森工企业，从总局、林业管理局、林业局、林场都设有森林防火指挥部和办公室，专门负责林火行政管理。在国营林场层次，一般也设有森林指挥部和防火办或配备专门的森林防火工作人员。

另外，根据需要，经过批准，可设立森林防火检查站、航空护林站和边境、边界森林防火联防站。在重点林区，驻有森林警察部队，建立专业扑火队。有林单位和林区的基层单位，配备专职护林员。

5.1.2 宣传教育

森林防火宣传教育工作的目的是提高公众的森林防火意识、了解森林防火常识、增强森林防火的自觉性。在林区，特别是防火季节，对进入林区的人员加强森林防火宣传是必需的。

森林防火宣传教育从各地实际出发，以野外火源管理为中心，紧密结合各项森林防火工作进行。主要内容包括：①森林火灾的危险性、危害性；②森林防火的各种规章制度，包括党和国家关于森林防火的方针、政策、法律及各地方有关森林防火的规章制度；③林火预防和扑救林火的基本知识；④森林防火的先进型和火灾肇事的典型案例。

森林防火的宣传教育要做到经常、广泛、深入，被群众喜闻乐见，必须采取多种手段、多种形式进行。例如，发表具有权威性的文件、通知、命令，如政府发布的森林防火命令、指示，领导发表的关于森林防火的讲话、文章；利用广播、电视、报刊等新闻媒体开展森林防火宣传教育，具有及时性、广泛性的特点；在交通要道和重点林区建立森林防火宣传牌、匾、碑等，具有持久性；印制森林防火宣传单、宣传函、宣传手册，举行森林防火知识竞赛，出动宣传车，开展森林防火宣传日、宣传周活动等，具有群众性；进入森林防火戒严期，悬挂森林火险等级旗和防火警示旗，具有针对性。许多地区还从少儿抓起，在小学开设森林防火教育课程，通过小学生给家长写信的形式宣传防火，提高防火的自觉性。

5.1.3 依法治火

森林防火工作本质上是抢险救灾活动，这一特点要求林火行政管理具有法定的权威性，依法治火十分重要。1984 年制订的《森林防火条例》给森林防火工作以法律的保障，对我国的森林防火工作的发展起到巨大的促进作用，为适应新形势的需要，有关部门对《森林防火条例》进行了修正。

依法治火，就是使森林防火工作有法可依，并依据法律手段加强对森林防火工作的管理。为此，要坚定树立法制观念，改变过去单纯用行政手段抓防火而不重视法律手段在森林防火工作中的调控作用的思想，告诫群众防火期进山烧荒、野炊、吸烟等活动是违法的，从而提高他们的法律意识，加强防火的自觉性。同时不断完善法律法规，以适应不断发展变化的形势。同时加强执法力度，加大火灾案件查处力度，做到见火就查、违章就罚、犯罪就抓，决不姑息迁就，通过法律的威慑力，促进森林防火工作的开展。

5.1.4 火源管理

火源管理主要针对各种火源，通过各种管理手段，减少森林火灾火源，降低林火发生的可能性。由于我国 95% 以上的森林火灾是由人为火源引起的，火源管理的主要对象是人为火源。为管好火源，必须做到：

认清形势，在发展社会主义市场经济的新形势下，人为火源明显增多。开垦耕地，开发农田烧荒，入林从事副业生产、旅游、狩猎、野炊等；野外吸烟，上坟烧纸等屡禁不止；故意纵火也值得引起警惕。

落实责任，采用签订责任状、防火公约、树立责任标牌等形式，把火源管理的责任落实到人头、林地。一般采取领导包片、单位包块、护林员包点。加强火源管理的责任心，严格检查，杜绝一切火种入山，消除火灾隐患。

抓住重点，进一步完善火源管理制度，有针对性强化火源管理力度。火源管理的重点时期是防火戒严期和节假日，火源管理的重点部位是高火险地域、旅游景点、保护区、边境。火源管理的重点是进入林区的外来人员、小孩和痴呆人员。

齐抓共管，火源管理是社会性、群众性很强的工作，必须齐抓共管，群防群治。各有关部门要在当地政府的领导下积极抓好以火源管理为主要内容的各项防火措施的落实。在发挥专业人员、专业队伍的同时，发动群众实行联防联包，自觉地做到"上山不带火，野外不吸烟"。

火源管理方法很多，下面对目前我国常用的技术方法进行介绍。

5.1.4.1 火源分布图和林火发生图的绘制

火源分布图的制定应根据当地 10~20 年的森林火灾资料分别林业局、林场和一定面积为单位绘制，目前一些地方还在使用纸面图表，今后应逐渐过渡到利用地理信息系统来建立绘制地区的森林火灾历史资料库，分别不同年代绘制火源分布图，在具体火源管理中，根据要求进行参考。在具体绘制方法上，无论采用何种工具，或依哪一级单位绘制，都一定要换算成相等面积万公顷或 10 万 hm^2 来计算，然后找出该林区的几种主要火源，依据不同火源，按林场、林业局或一定面积计算火源平均出现的次数，然后按次数多少划分不同火源出现等级。火源出现等级可以用不同颜色表示，例如，一级为红色、二级为浅红色、三级淡黄、四级黄色、五级为绿色。级别多少可以自定。绘制更详细的火源分布图，需按月份划分，而且一定要有足够数量的火源资料。采用相同办法也可绘制林火发生图。从火源分布图与林火发生图上，可以一目了然地掌握火源分布范围和林火发生的地理分布，以此为依据采取相应措施，有效管理和控制林火发生。

5.1.4.2　火源目标管理

目标管理是现代化经济管理的一种方法，它可以用于火源目标管理，实施后能取得明显效果。首先应制定火源控制的总目标。例如要求使该林区火源总次数下降多少，然后按照各种不同火源分别制定林火下降目标，再依据下降的目标制定相应的保证措施。采用火源目标管理，可使各级管理人员目标明确，措施得力，有条不紊地实现目标。因此，采用火源目标管理是一种有效地控制火源的方法。

5.1.4.3　火源区管理

为了更好控制和管理火源，应划分火源管理区。火源管理区可作为火源管理的单位，同时也可以作为防火、灭火单位。划分火源管理区应考虑：①火源种类和火源数量；②交通状况、地形复杂程度；③村屯、居民点分布特点；④森林燃烧性。

火源管理区一般可分为三类。一类区为火源种类复杂，数量和次数超过了该地区火源数量的平均数，交通不发达，地形复杂，森林燃烧性高的林分比较多，村屯、居民点分散、数量多，火源难以管理；二类区火源种类一般，数量为该地区平均水平，交通中等，地形不复杂，村屯、居民点比较集中，火源比较好管理；三类区火源简单，数量较少，低于该地区平均水平，交通发达或比较发达，地形不复杂，森林燃烧性低的林分较多，村屯、居民点集中，火源容易管理。

火源管理区应以县或林业局为划分单位，然后按林场或乡划分不同等级的火源管理区，再按不同等级制定相应的火源管理、防火和灭火措施。

5.1.4.4　严格控制火源

在林区进入防火季节，要严防闲杂人员进山，在防火季节应实行持证入山制度，以加强对入山人员的管理。在进山的主要路口设立森林防火检查站，依法对进山人员进行火源检查，防止火种进山。严格禁止在野外吸烟和野外弄火。不发放入山狩猎证，禁止在野外狩猎。在防火关键时期，林区严禁一切生产用火和野外作业用火。对铁路弯道、坡道和山洞等容易发生火灾的地段，要加强巡护和瞭望，以防森林火灾发生。

5.2　林火预报

林火预报是林火管理工作中的重要环节，通过林火预报，可以掌握未来的火险形势，使森林火灾预防工作更加有的放矢。

5.2.1 林火预报的概念和类型

5.2.1.1 林火预报的概念

林火预报指通过测定和计算某些自然和人为因素来预估林火发生的可能性、林火发生后的火行为指标和森林火灾控制的难易程度。其中用来估算林火发生可能性和火行为等的因素包括气象要素、可燃物因子、环境因子等，林火发生的可能性通过火险等级、着火概率等表现出来，火行为一般包括蔓延速度、林火强度等指标。

5.2.1.2 林火预报类型

林火预报一般可分为火险天气预报、林火发生预报和林火行为预报三种类型。三种林火预报类型所考虑的因子的大致模式为：

气象要素→火险天气预报

气象要素 + 植被条件(可燃物) + 火源→林火发生预报

气象要素 + 植被条件 + 地形条件→林火行为预报

(1) 火险天气预报　主要根据能反应天气干湿程度的气象因子来预报火险天气等级。选择的气象因子通常有气温、相对湿度、降水、风速、连旱天数等。它不考虑火源情况，仅仅预报天气条件能否引起森林火灾的可能性。

(2) 林火发生预报　根据林火发生的三个条件，综合考虑气象因素(气温、相对湿度、降水、风速、连旱天数等)、可燃物状况(干湿程度、载量、易燃性等)和火源条件(火源种类和时空格局等)来预报林火发生的可能性。

(3) 火行为预报　在充分考虑天气条件和可燃物状况的基础上，还要考虑地形(坡向、坡位、坡度、海拔高度等)的影响，预报林火发生后火蔓延速度、火强度等一些火行为指标。

5.2.2 林火预报的研究方法

林火预报方法是具有强烈尺度效应的，不同地区、不同尺度上开发的方法所采用的预报因子和预报手段是不同的。为阐明此问题，首先回顾以下林火预报的研究发展过程，然后对常用的预报因子和研究方法做一介绍。

5.2.2.1 林火预报研究发展过程

林火预报的历史发展历经近百年，可分为20世纪90年代前的阶段和20世纪90年代以后的发展阶段。这两个阶段的主要区分点是计算机技术，特别是图像处理和GIS技术在林火预测预报中的普及应用。具体发展过程介绍如下：

(1) 20世纪90年代前的林火预报发展历程　美国的道鲍思(Dubois)于1914年在美国林业局集刊(Us Forest Service Bulletin)上发表了《加利福尼亚系统森林防火》(*Systematic Fire Prediction in California Forests*)，这是最早的林火预报方法。文章中提取了关于林火预测预报的概念，并论述了关于林火预报的气象要素。但道鲍思仅局限于概念性和一般的描述，没有提出具体的测定和预报火险方法。与此同时，俄罗斯有人采用桧柏枝条和木棒来预估林火发生的可能性。1925 年，加拿大的莱特(J. G. Wright)提出用空气相对湿度来预估林火发生，并以相对湿度 50% 为界限，小于 50% 就有发生林火的可能。这种方法于 1928 年得到加拿大政府承认。

在美国，系统地开展林火预测研究工作是从 1925 年开始的。代表人物是吉思波恩(H. T. Gisborne)。他于 1928 年和 1936 年发表过很有分量的文章，提出用多因子预报林火的方法，并于 1933 年研制出精致的"火险尺"，用五个因子联合表示火险影响的综合作用，成为各国火险尺研制的鼻祖。

20 世纪 40 年代，苏联以聂斯切洛夫为代表，提出了综合指标法，利用每日最高气温和水汽饱和差乘积的累积值来估计森林的易燃程度。日本富山久尚提出了实效湿度法，利用空气湿度与可燃物含水率之间的关系，通过逐日空气相对湿度来判断火险高低。

以上所提到的各国虽然采用的方法不尽相同，但原理是一致的，预报的结果都是一些定性的火险天气特征，属于单纯的火险天气预报。

50~60 年代研究林火预测预报的国家越来越多，研究的水平也不断提高，其中发展较快是美国、加拿大、澳大利亚和前苏联等国。美国于 1972 年，以狄明(J. E. Deeming)为代表发表了美国国家火险等级系统(NFDRS)，并于 1978 年做了进一步修正。美国是第一个研制出能在全国范围内推广使用的国家林火预报系统的国家。该系统的研制持续了 30 年的时间。在 1940 年就提出了有关方案，1958 年研究计划正式通过并开始工作，1961 年系统结构研究完成，1964 年发表系统手册，1965 年在全国推广使用该系统。以后几年，研究人员通过不断的野外试验对系统进行改进，于 1972 年发表美国国家火险等级系统。1978 年做过一次修订，但结构和原理并未改变，仍以 1972 年的为基准。美国国家火险等级系统包括"着火""蔓延"和"燃烧"三个指标，三个指标的综合为"火负荷"指标，反映总的控火的难易程度和任务量。美国的国家火险等级预报系统既能做火险预报，又能做林火发生预报，还能做火行为预报，代表了林火预报的最高水平。

进入 80 年代，美国在林火行为预报方面又有新的突破。"BEHAVE"火行为预报和可燃物模型系统出现，全部以计算机软件形式提供给用户，具有功能强、应用简便的特点。该系统由两大部分组成。第一部分为可燃物模型子系统，提供用户两个软件包，一个是 NEWMDL，用于建模后的调试和修正。第二部分称为 BURN 子系统，有 FIRE1 和 FIRE2 两个软件包。用户可根据自己已建立的可燃物模型，用 FIRE1 和 FIRE2 进行火行为预报，也可用于火场扑救计算，是扑火指挥决策的可靠依据，输出的参数有：不同坡度、坡向条件下的风向、风速，林火蔓延速度，单位面积上火场释放的能量，反应强度，火场不同时刻的面积、周边长，最大飞火速度，为指挥人员选择扑火方式以及调配扑火力量提供咨询。

美国国家火险等级预报系统问世不久，以瓦格那(C. E. van Wagner)为代表的加拿大科学家于 1974 年发表了"加拿大火险天气指标系统"，成为加拿大全国应用的火险预报系统，该系统是在大量点火试验和天气资料的基础上，从可燃物含水率平衡理论出发，通过一系列推导、计算，最后以火险天气指标(FWI)来进行火险预报。

1987年，加拿大集中四家主要林火研究单位共同发表了加拿大森林火险等级(Canadian Forest Fire Danger Rating System)。包括三部分：火险天气指标系统、火行为预报系统、林火发生预报系统。

澳大利亚林火预报开始于20世纪60年代，是以大量野外点火试验为基础。主要代表人物是迈克阿瑟(A. G. McArthur)，于1966年研究出了用于林火预报的森林火险尺和用于草地火预报的草地火险尺。70年代做过修订，增强了火行为预报功能，现在一直延用。

前苏联一直使用的预报方法主要是将综合指标法作了一些改进，基本原理没有什么太大变化。但在70年代，有些林学家根据立地条件类型的原理，结合聂氏综合指标法研究了几种预报方法。值得一提的是，1979年苏联出版了《大面积森林火灾》一书，对火行为和火灾后果的预测提出了具有理论意义的模型和计算方法，但这些方法尚未推广应用。

我国的林火预报工作起步较晚年，1995年才开始。林火预报系统在前苏联、美、日等国林火预报系统的基础上，结合我国情况研制的。如"综合指标法"、"风速补正综合指标法"、"双指标法"和"火险尺法"等。1978年以后，我国林火预测预报研究进展比较快，已由单纯的火险天气预报向林火发生预报和潜在火行为预报发展，并提出和开始研究全国性的林火预测预报系统，特别是从1988年国家森林防火灭火研究开发基金项目启动以来，已有林火预报课题通过技术鉴定，都达到了较高水平。

(2) 20世纪90年代以后的林火预测预报研究　20世纪90年代开始，计算机技术取得了重大进展，微机性能及运算速度大幅度提高，存储容量增大，使得GIS技术日益普及。连同网络和多媒体技术的普及、通讯技术的发展、卫星技术在林火监测中的应用等使林火预测预报的水平发生了根本的变化，从而使林火测报向前迈进了很大的一步。主要体现在两类林火预测预报系统的出现：①实时预报系统，如澳大利亚的实时林火测报系统，该系统能够根据火场的实际发展情况的反馈，动态调整预报系统的参数，以提高准确度。②基于GIS平台的预报系统，如加拿大的SPATIALFIRE、美国的BEHAVEPLUS、FARSITE等。这些系统基本原理上并不比20世纪90年代前的更先进，但利用GIS技术，更好地处理了可燃物的空间分布、地形对林火的影响等，这是以前难以做到的。

我国在这些方面也做了大量的研究工作，20世纪90年代的国家林火信息管理系统等都是属于这类系统。

5.2.2.2　林火预报因子

林火预报因子多种多样。但按其性质(随时间变化规律)可划分为稳定因子、半稳定因子和变化因子三种类型。

(1) 稳定因子　指随时间变化，不随地点变化，对林火预报起长期作用的环境因素。主要包括气候区、地形条件、土壤条件。

①气候区 对某一地区来讲，其气候是相对稳定的。例如，东北气候区，冬季寒冷干燥，夏季高温多湿等基本保持不变，特别年份除外。气候区反映某一区域的水热条件和植被分布，进而影响天气条件和可燃物分布。在同一气候区内火险天气出现的季节和持续时间长短基本一致。

②地形 在大的气候区内，地形是地质变迁的结果，其变化要用地质年代来度量，比较缓慢，在短期内基本保持不变。但是，作为地形因素的坡向、坡位、坡度和海拔高度等对林火的发生发展有直接影响。因此，在林火预报时，特别是在进行林火行为预报时，是必须要考虑的因子。

③土壤 在某一区域，土壤条件在短期内是基本保持不变的，具有相对稳定性。土壤含水率直接影响地被物层可燃物的湿度。因此，有人用土壤的干湿程度来预报火险的高低。例如，澳大利亚的火险预报尺就是根据降水量和最高气温来决定土壤的干旱度，用以预报火险。法国也是以土壤含水率大小来确定森林地被物的干旱指标，对火险做出预报的。

(2) 半稳定因子 指随时间变化，随地点变化不明显的相对稳定的环境因子。半稳定因子主要包括火源、大气能见度、可燃物特征等。

①火源 火源既是固定因素，又是不固定因素。在一般情况下，某一地区常规火源可以看做是固定的。例如，雷击火、机车喷漏火、上坟烧纸等都属于相对稳定的火源；而吸烟、野外弄火、故意纵火等火源都非常不固定。随着一个地区经济的发展和生产方式的改变，火源种类和出现的频度也在不断发生变化。例如，迷信用火曾近乎绝迹，现又有抬头之势；随着森林旅游事业的发展，林区旅游人员增多，由此而引发森林火灾亦呈上升趋势等。

②大气能见度 能见度是指人肉眼所能看到的最远距离。空气中的烟尘、薄雾、飘尘等都能降低大气能见度。在某一地区某一季节的大气能见度是相对稳定的。在早期的林火预报中有人应用过大气能见度这一气象指标，现在几乎没有人考虑这一指标。但是，大气能见度对于林火探测和航空护林非常重要。因此，在森林防火实践中应给予足够重视。

③可燃物特征 森林可燃物是林火预报必须考虑的要素之一，它是一种相对稳定的因子。例如，同一地段上的可燃物(类型、种类、数量等)如果没有外来干扰，年际之间的变化很小，具有一定的动态变化规律。

(3) 变化因子 指随时间和地点时刻发生变化的环境因素。林火预报变化因子是林火预报的最主要的因子，可以通过观测和计算直接输入到林火预报系统中。林火预报变化因子主要包括可燃物含水率、风速、空气温度、相对湿度、降水量、连旱天数、雷电活动等。

①可燃物含水率 可燃物含水率大小决定森林燃烧的难易程度和蔓延快慢。可燃物含水率是判断林火能否发生、发生后蔓延速度和火强度大小及扑火难易最重要的预报因子。特别是可燃物着火含水率、蔓延含水率等都具有重要的预报意义。

②风 风速的大小对森林的发生发展具有非常大的影响。俗语称"火借风势，

风助火威"。这充分说明风因子对林火影响的程度。在火险和林火发生预报中，常把风速作为间接因子考虑对可燃物含水率的影响；而在火行为预报中，风是决定火蔓延速度、火强度及火场扩展面积大小最重要的指标。

③空气温度 气温是林火预报的直接因子，一直受到重视。空气温度直接影响土壤温度和可燃物自身温度，进而影响可燃物的干湿程度；另一方面气温可以通过对湿度的影响作用于可燃物，改变可燃物的物理性质，使火险程度提高。另外，气温对林火蔓延和林火扑救都有很大影响。

④湿度 空气湿度是林火预报采用的诸多气象要素中又一非常重要的因子，它直接影响可燃物的燃烧性。对林火发生和林火行为等均有重要影响。因此，空气相对湿度几乎是所有林火预报必须考虑的要素。

⑤降水 降水量大小和持续时间长短决定了可燃物含水率的大小。因此，降水亦是火险预报、火发生预报和火行为预报的重要因子。在具体的林火预报中，考虑较多的是降水量和降水持续时间两个因子。

⑥连旱天数 连旱天数指连续无降水的天数。连旱天数直接影响可燃物含水率变化，进而影响火险等级的高低。

⑦雷电活动 雷电活动是预报雷击火发生的重要指标。对于雷电活动进行预报要求技术较高。但是，世界上许多国家，包括我国在内，都在积极进行雷击火预报与监测，以减少雷击火的发生和损失。

5.2.2.3 林火预报研究方法

林火预报系统的研究是一项复杂的系统工程，一个完善的林火预报系统，是林学家、数学家、物理学家、计算机专家和气象学家等共同的研究结果。以下分别介绍林火预报中涉及的学科基础和基本研究方法。

(1) 林火预报的学科基础

①气象学 气象学一直是林火预测预报的基础。早期林火预报就是以单纯的火险天气预报为主的，现今预报方法仍离不开气象要素。关键是选择什么样的气象要素，怎样选择以及各气象要素在林火预报中的作用。另外，气象观测台站的分布、格局、观测手段都将影响到林火预报的精度。

我国的林火预报研究工作之所以进展迟缓，其中重要的一点就是主要林区气象观测网密度太小，且分布不合理，不能如实反应出山地条件下气象的变化。

②数学 数学是林火预报研究的重要工具，特别是定量的研究，更离不开数学和统计学。多数国家的现有预报系统大部分是以数学模型为理论基础的。通过模型来反应林火发生条件、林火行为与气象要素及其他环境因素之间的关系，找出规律。作为预报系统的关键构件，与其相应的统计学方法在林火发生预报中也得到应用。利用林火发生概率来做林火发生预报的方法国内外都已出现，目前常用的有判别分析、罗辑斯蒂(Logistic)回归和泊松(Passion)，拟合等方法。

③物理学 物理学，特别是热力学和动力学在研究林火行为预报时非常重要。林火预报比较发达的国家，如美国、加拿大和澳大利亚，进行了大量室内和室外燃烧试验，模拟林火，从中探讨林火蔓延规律以及与环境条件的关系。目前

美国、加拿大都建立起专门用于林火蔓延研究的林火实验室,力求通过物理学方法来揭开森林燃烧与蔓延机制。我国目前也初步具备开展类似研究的能力。

④其他学科和技术　遥感技术、空间和航空技术、计算机技术,特别是 GIS 技术,在林火预测预报中发挥越来越大的作用。这些新技术的引进,使林火预测预报逐步走向现代化的道路。目前美国、加拿大、澳大利亚等科技发达的国家已基本上解决了气象遥感、图像信息传输计算机处理等环节,真正使林火预测预报达到了适时、快速、准确。

植物学、生态学、土壤学等生物学科也是研究林火预报十分重要的学科。这主要是从森林可燃物的角度出发的。可燃物的分布规律、组成、燃烧特性和能量释放都是林火预报,特别是火行为预报必须考虑的问题。

（2）林火预报的研究方法　林火预报的研究方法与林火预报类型密切相关,研究方法决定林火预报的类型。每种研究方法都有其特定的理论基础和原理。常见的林火预报的研究方法有:

①利用火灾历史资料进行林火预报研究　利用火灾历史资料,通过统计学的方法找出林火发生发展规律,这是最简单的一种研究方法。该方法只需对过去林火发生的天气条件、地区、时间、次数、火因、火烧面积等进行统计分析,即可对林火发生的可能性进行预估。其预报的准确程度与资料的可靠性、采用的分析手段、主导因子的筛选和预报范围等都有密切关系。一般来说,这种方法预报的精度较低,其原因有如下两方面:一是林火发生现场当时的气象条件与气象台（站）所测定的天气因子观测值不一定相符,有一定的出入。火灾现场大部分在林区山地,受山地条件的影响形成局部小气候。而气象台站大部分设在县、局级城镇,属于开阔地带,其预报的气象参数与火灾现场有差别是随机的,没有系统性,不能用统计方法自身修正。二是这种方法掺杂许多人为因素,如火灾出现的次数和受灾程度受人为影响,森林防火工作抓得好,措施得当,火灾发生就少些。相反,在同样的气候条件下,如人为措施不当,火灾面积可能就比较大。

②利用可燃含水率与气象要素之间的关系进行林火预报研究　这种方法的基本原理是通过某些主要可燃物类型含水率的变化,推算森林燃烧性。可燃物含水量是林火是否能发生的直接因素。而可燃物本身含水率的变化又是多气象要素作用综合反应的结果。基于这一原理,各国学者为了提高林火预报的准确性,花很大力气研究可燃物含水率变化与气象要素的关系,总结规律,应用到自己的预报系统。最初人们用一根简单的木棍在野外连续实测其含水率的变化。测定要求在不同的天气条件下进行,从晴→棍(干)→阴天→棍(湿)→干,这一系列过程,同时测定各种气象要素,找出二者之间的关系,依此进行预报。野外测定虽然比较实际,但受测定手段等制约,精度总是有限的。后来人们又把这一实验转到室内,在实验室内模拟出各种气象要素变化的组合,测定木棍及其他种类可燃物的含水率变化,从中总结规律用于火险预报。目前,美国国家火险等级系统就是基于可燃物的水分变化,特别是水汽两相湿度的交换过程、变化规律、热量的输送及传播,通过纯粹的数学、物理推导计算而产生的。因此美国对可燃物含水率变

化与林火预报的研究是比较透彻的。具体体现在构造的两个物理参数上，这两参数是平衡点可燃物含水率(EMC)和时滞(timelag)。用这两个参数把气象要素与不同大小级别的可燃物含水率联系起来，输入系统中，应用起来很方便，并可取得定量参数。加拿大火险天气指标系统也引用了 EMC 的概念，不同种类可燃物含水率以湿度码的形式来体现其与气象要素的关系。

③利用点火试验进行林火预报研究　这种方法也叫以火报火。在进行火险预报和火行为预报时，只凭理论标准是不准的，必须经过大量的点火试验。点火试验要求在不同气象条件下，针对不同可燃物种类进行，通过试验得出可燃物引燃条件、林火蔓延及能量释放等参数。目前，加拿大和澳大利亚已进行大量点火试验，并通过统计方法建立模型进行火行为预报。加拿大进行的点火试验火强度较小，大部分地表火持续时间为2min左右。虽然规模较小，但仍表明在不同天气和可燃物温度条件下火行为的变化规律。而澳大利亚所进行的800多次点火试验火强度很大，有些试验火强度超过大火指标，而且持续时间较长，有的长达2h之久。由此而总结出的规律用于火行为预报更切合实际，利用点火试验进行火行为预报，其输出指标具有坚实的外场资料，澳大利亚系统能定量地预报出林火强度、火焰长度、飞火距离等火行为参数。

④综合法进行林火预报研究　这是一种选用尽可能多参数进行综合预报的方法。是把前面的三个方法结合起来，利用可燃物含水率与气象要素之间的关系，引入火源因素和点火试验结果来预报火险天气等级、林火发生率、林火行为特点等指标，并通过电子计算机辅助决策系统派遣扑火力量，决定扑火战略。这种方法实际上是引入了系统工程的原理。目前世界各国都在向此方向发展。

⑤利用林火模型进行林火预报研究　这种方法属于纯粹的物理数学过程，需要坚实的数学、物理学基础。根据已知热力学和动力学原理，用数学或电子计算机模拟各种林火的动态方程，再到野外通过试验进行修正。美国北方林火实验室曾开展此项研究。

总的来说，林火预测预报的发展是由单因子到多因子；其原理是由简单到复杂，但应用起来却趋于简化，由火险天气预报到林火发生预报和火行为预报，由分散到全国统一，由定性到定量，不断臻于完善。但就其研究技术而言，在数学手段上并没有太大的进展，在物理基础上也没有出现明显超越前人成就的成果，但在计算手段上，由于计算机性能的飞速提高和普及，已经出现了明显的改观，特别是 GIS 技术的应用，结合一些遥感技术，使复杂的计算成为可能，为林火预测预报的应用提供了广阔的天地。

5.2.3　国内外林火预报方法介绍

林火预报的研究工作开展近百年，各国研究出来的预报方法有100多种，下面选择一些经典的预报方法介绍，其中一些是火险等级预报，一些是火行为预报，一些在现在看来相对简单，一些还在不断完善之中，但从中可以了解到林火预报的基本方法。总的来说，林火行为预报还是处于不断完善中的。

5.2.3.1 综合指标法及风速补正综合指标法

该预报方法是前苏联聂斯切洛夫教授在前苏联欧洲北部平原地区进行一系列试验后所得出的火险预报方法。

原理：某一地区无雨期愈长，气温愈高，空气愈干燥，地被物湿度也愈小，而森林燃烧性愈大，容易发生火灾。因此，根据无雨期间的水汽饱和差、气温和降水量的综合影响来估计森林燃烧性，并制定出相应的指标来划分火险天气等级。综合指标的计算：

$$P = \sum_{i=1}^{n} t_i d_i \qquad (5\text{-}1)$$

式中：P 为综合指标，量纲为1；t_i 为空气温度（℃）；d_i 为水汽饱和差（Pa）；n 为降雨后连旱天数。

综合指标是雪融化后，从气温0℃开始积累计算，每天13:00时测定气温和水汽饱和差，同时要根据当天降水量多少加以修正。如果当日降水量超过2mm时，则取消以前积累的综合指标。降水量大于5mm时，既要取消以前的积累综合指标，同时还要将降雨后5天内计算的综合指标数减去1/4，然后再累积得出综合指标（表5-1）。

表 5-1 综合指标法火险等级

火险等级	综合指标值	危险程度
Ⅰ级	<300	没危险
Ⅱ级	300~500	很少危险
Ⅲ级	500~1 000	中等危险
Ⅳ级	1 000~4 000	高度危险
Ⅴ级	>4 000	极度危险

此法简单，容易操作，应用广泛。但在我国东北地区应用也存在一些缺点。

此法没有考虑到森林本身的特点。如在干燥与沼泽的松林内，虽然综合指标相同，但火灾危险性并不一样。另外，因可燃物种类的不同，其火灾危险性也存在明显差异。

气温在0℃以下就无法利用此法来计算综合指标。如我国东北秋季防火期，往往由于寒潮侵入，13:00气温常在0℃以下。

在长期无雨的情况下，地被物（枯枝落叶等）的含水率变化不单纯是随着干旱日数的增加而递减，仍受雾、露等湿度的影响。

该方法没有考虑到风的作用。风对地被物的着火与蔓延都有很大影响。在密林中风速小，但在林中空地、采伐迹地、火烧迹地、空旷地和疏林地等的风速则较大，与可燃物的干燥关系很大，这些无林地常是火灾的发源地。在一般情况下，风速愈大，可燃物愈干燥，火灾危险性也就愈高。

原中国科学院林业土壤研究所（现为中国科学院沈阳应用生态研究所）在东

北伊春林区，应用综合指标法进行火险天气预报试验时，考虑了风对火蔓延的影响，增加了风的更正值，形成风速补正综合指标法，用更正后的指标来表示燃烧和火灾蔓延的关系，这样较符合实际。

风速补正综合指标法是在综合指标法的基础上加一个风速参数，火险等级的划分也进行了调整。基本适合我国东北地区。

$$D = b \sum_{i=1}^{n} t_i d_i \tag{5-2}$$

式中：D 为风速补正综合指标；b 为风速参数；t_i、d_i、n 为与综合指标法中意义相同。风速参数可由表 5-2 得到。

表 5-2 风速补正综合指标法风速参数

风 级	1	2	3	4	5	6
风速（m/s）	0~1.5	1.6~3.3	3.4~5.4	5.5~7.9	8.0~10.7	>10.8
风速参数	0.33	0.59	1.00	1.53	2.13	2.73

火险等级的划分见表 5-3。此法数据是在无林地的条件下测定的，而综合指标法是在林内测定的，所以两者综合指标不同。

表 5-3 风速补正综合指标法火险等级

火险等级	综合指标值	危险程度
Ⅰ级	<150	没有危险
Ⅱ级	151~300	很少危险
Ⅲ级	301~500	中度危险
Ⅳ级	501~1 000	高度危险
Ⅴ级	>1 000	极度危险

注：此火灾危险天气等级适用于小兴安岭林区。

5.2.3.2 实效湿度法

可燃物易燃程度取决于可燃物含水率的大小，而可燃物含水量的大小又与空气湿度有着密切关系。当可燃物含水量大于空气湿度时，可燃物的水分就向外逸出，反之，则吸收。因此，空气中湿度的大小直接影响到可燃物所含水分的多少，它们之间往往是趋向于相对平衡。但是，在判断空气湿度对木材含水量的影响时，仅用当日的湿度是不够的，必须考虑到前几天湿度的变化，根据我国东北小兴安岭林区实验证明，前一天湿度对木材含水量的影响，只有当天的一半。其计算公式如下：

$$R = (1-\alpha)(\alpha^0 h_0 + \alpha^1 h_1 + \alpha^2 h_2 + \cdots + \alpha^n h_n) \tag{5-3}$$

式中：R 为实效湿度(%)；h_0 为当日平均相对湿度(%)；h_1 为前一天平均相对湿度(%)；h_2 为前 2 天平均相对湿度(%)；h_n 为前 n 天平均相对湿度

(%);α 为系数，一般为 0.5。按式(5-3)计算结果可查表 5-4。

表 5-4 实效湿度与火险等级

等级	燃烧特性	实效湿度(%)
I	不易燃	>60
II	可燃	51~60
III	易燃	41~50
IV	最易燃	30~40
V	剧烈燃烧	<30

5.2.3.3 双指标法

森林燃烧包括两个阶段，着火(点燃)和蔓延。森林火灾的危险性应以森林的着火程度和蔓延程度来决定。经过试验证明，森林枯枝落叶层的干燥程度是影响着火的重要因素，而每日地被物含水率的变化与空气最小湿度和最高温度有关。因此，可以用每日最小相对湿度和最高温度来确定着火指标。而火灾从蔓延到成灾又与最大风速和实效湿度有关。因此，可以用最大风速和实效湿度来确定林火蔓延指标。然后根据两个指标的综合来确定火险等级。

$$I_1 = A_1 e^{-B_1 H} \quad (5-4)$$

式中：I_1 为第一着火危险度；A_1 为常数；B_1 为减弱系数；H 为最小湿度(%)。

$$I_2 = A_2 T B_2 + C_1 \quad (5-5)$$

式中：I_2 为第二着火危险度；A_2、B_2、C_1 为常数；T 为最高气温，℃。

$$S_1 = A_3 e^{-B_3 R} \quad (5-6)$$

式中：S_1 为第一蔓延危险度；A_3 为常数；B_3 为减弱系数；R 为实效湿度(%)。

$$S_2 = A_4 V B_4 + C_2 \quad (5-7)$$

式中：S_2 为第二蔓延危险度；A_4、B_4、C_2 为常数；V 为最大风速(m/s)。由式(5-4)和式(5-5)相加得着火指标(I)，由式(5-6)和式(5-7)相加得蔓延指标(S)。

$$I = I_1 + I_2 = A_1 e^{-B_1 H} + A_2 T B_2 + C_1 \quad (5-8)$$

$$S = S_1 + S_2 = A_3 e^{-B_3 R} + A_4 V B_4 + C_2 \quad (5-9)$$

利用式(5-8)和式(5-9)计算着火指标和蔓延指标并不难，关键是如何确定几个系数，应根据不同地区的情况利用回归方程得出。表 5-5 是在东北地区适用的计算着火指标的系数。根据计算得出的着火指标和蔓延指标可以确定火险等级与防火对策。

表 5-5　双指标法着火指标系数

指标	A_1	A_2	B_1	B_2	C_1
大兴安岭	2.25	0.002 5	-0.058	1.830	0.36
小兴安岭	2.06	0.001 0	-0.043	1.909	0.56
长白山	2.90	0.069 0	-0.044	0.808	0.50

5.2.3.4　加拿大国家火险天气指标系统

加拿大火险天气指标系统(Canadian Forest Fire Weather Index,缩写为 FWI)是加拿大森林火险等级系统(CFFDRS)的组成成分之一,是针对加拿大标准的针叶林可燃物类型,平缓地形条件下,以指标值来预报潜在的火灾危险。FWI 系统的初稿于 1969 年形成并发表,1970 年研究出用于预报的表格,1976 年系统以法定计量单位公布于众,1978 年进一步进行了修订。目前见到的 FWI 系统文献(第四稿)于 1984 年完成,1985 年完成了系统计算的数学方程和计算机程序,系统的技术进展和数学处理说明主要源于 1974 年版,1987 年做过少量修订。该指标系统比前面的林火预报复杂,是比较完善的火险天气预报系统。

(1) FWI 的基本原理　加拿大火险天气指标系统是在三方面的基础资料(气象因子,可燃物含水率计算,小型野外点火试验)的基础上,以数学分析同野外试验相结合的方法研制出的经验火险预报系统。系统以中午相对湿度、气温、风速和前 24h 降水量为 4 个基本输入变量,以 3 个湿度码来反映不同可燃物含水率,以 3 个输出指标反映着火难易程度和蔓延速度以及能量释放速度。

(2) FWI 系统的基本结构　加拿大火险天气指标系统由六部分组成:3 个基本码、2 个中间指标和 1 个最终指标。其各部分组成的关系见图 5-1。

3 个初始组合(1,2,3),即 3 个湿度码,反映 3 种不同变干速度的可燃物的含水率。2 个中间组合(4,5),分别反映蔓延速度和燃烧可能消耗的可燃物量。系统只需输入每天中午的空气温度、相对湿度、风速和前 24h 降水量的观测值即可运行。

事实上,系统提供了计算各种码和指标的一系列数学表达式,便于计算处理。火险天气指标虽然根据中午气象读数计算而得,但实际代表每日 14:00~16:00 的最高火险。这是因为中午天气读数与细小可燃物含水率密切相关,而野外点火试验也是在 14:00~16:00 进行的。

还应说明的是,3 种湿度码的数值(表 5-6)并不是 3 种相对应可燃物的含水率,而是由可燃物含水率决定的量纲为 1 的物理量,二者呈函数关系。

(3) 计算方法　细小可燃物湿度码($FFMC$)。细小可燃物湿度码反映的是林中细小可燃物和表层枯落物含水率的变化。其代表的可燃物为枯枝落叶层 1~2cm 厚,负荷量为 5t/hm^2 左右。1984 年版用式(5-10)计算:

$$F = \frac{59.5(250 - m)}{147.2 + m} \tag{5-10}$$

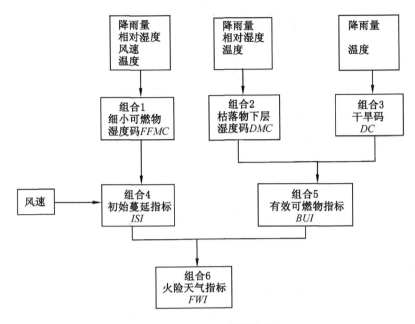

图 5-1 FWI 系统结构图

表 5-6 3 种湿度码性质比较

湿度码	时滞天数 (d)	持水能力 (mm)	所需气象参数	标准可燃物床深度(cm)	标准可燃物负荷量(kg/m²)
FFMC	2/3	0.6	T, H, W, r	0.25	0.25
DMC	12	15	T, H, r, mo	7	5
DC	52	100	T, r, mo	18	25

注：T——温度；H——相对湿度；W——风速；r——降雨；mo——月份。

$$m = \frac{147.2(101 - F)}{59.5 + F} \qquad (5-11)$$

式中：F 为细小可燃物湿度码；m 为细小可燃物含水率。

由式(5-11)可以看出，FFMC 是由细小可燃物含水率计算得出的。实践中，细小可燃物含水率的变化是从两个方向进行的，一个是由湿逐渐变干的过程；另一个是由干逐渐变湿的过程。因此，FFMC 也应从这两个方向进行计算。在干旱状态下首先计算细小可燃物对数干旱率 K 值。

$$K = K_0 \times 0.581 e^{0.0365T}$$

$$K_0 = 0.424 \left[1 - \left(\frac{H}{100}\right)^{1.7}\right] + 0.0694 W^{0.5} \left[1 - \left(\frac{H}{100}\right)^8\right]$$

式中：K 为对数干旱率(lg m/d)；K_0 为 K 的中间值；H 为中午空气相对湿度(%)；W 为中午风速(km/h)；T 为中午空气温度(℃)。

同理，在变湿状态下 K 的中间值 K_0 可由下式计算：

$$K_0 = 0.424\left[1 - \left(100 - \frac{H}{100}\right)^{1.7}\right] + 0.0694W^{0.5}\left[1 - \left(100 - \frac{H}{100}\right)^8\right]$$

在计算细小可燃物含水率时还用到另一个变量——平衡点可燃物含水率 E。

$$E = aH^b + ce^{(H-100)/d}$$

式中：a，b，c，d 为常数。

在干时状态下，E 采用下式计算：

$$E_d = 0.942H^{0.679} + 11e^{(H-100)/10} + 0.18(21.1 - T)(1 - e^{-0.115H})$$

在变湿状态下：

$$E_W = 0.618H^{0.753} + 10e^{(H-100)/10} + 0.18(21.1 - T)(1 - e^{-0.115H})$$

最后就可以计算细小可燃物含水率：

$$m = E_d + (m_0 - E_d) \times 10 - K_d$$

式中：m_0 为前一天细小可燃物含水率。

如果 m_0 小于 E_W，则由下式计算：

$$m = E_W - (E_W - m_0) \times 10 - K^w$$

发生降雨后应对细小可燃物含水率进行降雨修正，才能得出准确的 FFMC。主要采用如下方程：

$$m/r = Ce^{-b/(250-m_0)}(1 - e^{-a/r})$$

$$m/rm = 42.5e^{-100/(251-m_0)}(1 - e^{-6.93/rf})$$

式中：m 为由于降雨而增加的可燃物含水率；a，b，c 为常数；rf 为林内净降雨量；r_0 为在空旷地观测的降雨量。

枯落物下层湿度码（DMC）。它反映的是半分解、比较松散的枯落物下层可燃物含水率，其负荷量大约为 $5kg/m^2$。这一层对空气湿度反映比较迟缓，变干或变湿速率较慢，需长时期的干旱或降水才能看到含水率的变化。

DMC 采用下式计算：

$$P = C[\lg(M_{max} - E - \lg(M - E)]$$

式中：C 为常数；P 为 DMC 的值；M 为该层的可燃物含水率；E 为平衡点可燃物含水率。经过进一步研究确定了 M_{max} 为 300，E 为 20，此时计算方程为：

$$P = 244.72 - 43.43\ln(M - 20)$$

同样，DMC 也是和变干变湿两个方向来计算的。

降雨状态：考虑到降雨的影响，有效降雨量是函数：

$$r_e = 0.92r_0 - 1.27 \qquad r_0 > 1.5$$

此时该层可燃物的含水率为：

$$M_r = M_0 + 1000r_e(48.77 + br_e)$$

式中：r_e 为有效降雨量；r_0 为总降雨量；M_0 为前期该层可燃物含水率；M_r 为降雨后该层可燃物含水率；系数 b 可由前期该层可燃物含水率湿度码 P_0 确定。

$$b = 100/(0.5 + 0.3P_0) \qquad P_0 \leq 33$$
$$b = 14 - 1.3\ln P_0 \qquad 33 < P_0 \leq 65$$
$$b = 6.2\ln P_0 - 17.2 \qquad P_0 > 65$$

干旱状态：在干旱状态下 DMC 值是由两个公式生成表来查算的，其中 K 为对数干旱率，与温度、相对湿度和日照长度呈函数关系。

$$K = 1.894(T + 1.1)(100 - H)L_e \times 10^{-6}$$

式中：L_e 为经验的昼长因子。不同月份的值可从表 5-7 中查得，而干旱状态下的 DMC 为：

$$P = P_0(\text{或 } P_k) + 100K$$

表 5-7　DMC 昼长因子

月份	1	2	3	4	5	6	7	8	9	10	11	12
L_e 值	6.5	7.5	9.0	12.8	13.9	13.9	12.4	10.9	9.4	8.0	7.0	6.0

干旱码（DC）。干旱码反映的是深层可燃物的含水率。这一层是土壤表层 10~20cm，结构比较紧密，负荷量约为 25kg/m²。含水量变化迟缓，往往随季节变化。最初设计时以土壤水分状况来表示，通过研究得出其水分损失按指数关系变化，所以也很适用于代表粗大可燃物，如倒木等。干旱码 DC 以水分当量计算：

$$D = 400\ln(800/Q)$$

式中：D 为干旱码；Q 为水分当量（800 为水分饱和；0 为干旱状态）。

降雨状态：在计算 DC 时，降雨量首先要缩减为有效降水 r_d，再与已有水分当量 Q_0 相加而得到雨后的水分当量 Q：

$$r_d = 0.83^{r_0} - 1.27 \qquad r_0 > 2.8$$

$$Q_r = Q_0 + 3.937 r_d$$

干旱状态：DC 的每天干旱天气增加值，实际上代表可能的蒸发量 V，它是用一个取决于中午温度和季节的经验公式计算的：

$$V = 0.36(T + 2.8) + L_f$$

季节调整值 L_f 依月份不同而不同，其值见表 5-8。为方便起见，将 V 值的一半加到前几天的干旱码 D_0 中（或下雨时加到 D_r 上），因此，每日 DC 值的计算方法如下：

$$D = D_0(\text{或 } D_r) + 0.5V$$

表 5-8　干旱指标昼长调整值 L_f

月份	11~3	4	5	6	7	8	9	10
L_f	-1.6	0.9	3.8	5.8	6.4	5.0	2.4	0.4

初始蔓延指标（ISI）。ISI 是加拿大火险天气系统的一个中间指标，由细小可燃物湿度码和风速共同决定，反映在可燃物数量不变的情况下林火蔓延的速度。ISI 的计算由细小可燃物函数和风函数的结合来实现。

$$f(W) = e^{0.05039W}$$

$$f(F) = (91.9e^{-0.1386m})[1 + m^{5.31}/(4.93 \times 10^7)]$$

$$R = 0.208f(W)f(F)$$

式中：$f(W)$ 为 ISI 的风速函数；$f(F)$ 为 ISI 的细小可燃物函数；R 为初始蔓延指标。

有效可燃物指标（BUI）。有效可燃物指标是枯落物下层湿度码（DMC）和干旱码（DC）的结合，反映可燃物对燃烧蔓延的有效性。它既能提供 DC 一个有限的变化权重，又能保持 DMC 的作用，特别是当 DMC 接近 0 时，DC 不影响每天的火险状况。BUI 采用下式计算：

$$U = 0.8PD/(P + 0.4D) \qquad P \leq 0.4D$$

式中：U 为有效可燃物指标；P 为枯落物下层湿度码（DMC）；D 为干旱码（DC）。

火险天气指标（FWI）。火险天气指标（FWI）是初始蔓延指标和有效可燃物指标的组合，反映火线强度和能量释放程度，也是 FWI 系统的最终指标。

FWI 的计算由三步来完成：

首先计算干旱函数

$$f(D) = 1\,000/(25 + 108.64e^{-0.023U}) \qquad U > 80$$

然后计算火险天气的中间形式：

$$B = 0.1Rf(D)$$

火险天气指标的最后形式为：

$$\ln S = 2.72(0.434\ln B)^{0.647}$$

该式的 B 值小于 1 时，它的对数是负数，无法取分数次幂，在这种情况下，S 可以简单地等于 B。

(4) FWI 的计算系统　下面是火险天气指标计算的所有方程式、符号及意义、计算步骤的总结。

气象参数：

I 为中午气温（℃）；

H 为中午相对湿度（%）；

W 为中午风速（km/h）；

r_0 为林外降雨日观测值（mm）；

r_f 为计算 FFMC 的有效降雨；

r_e 为计算 DMC 的有效降雨；

r_d 为计算 DC 的有效降雨；

细小可燃物湿度码（FFMC）：

m_0 为前一天细小可燃物含水率；

m_r 为雨后细小可燃物含水率；

m 为干旱状态细小可燃物含水率；

E_d 为干旱状态细小可燃物平衡点含水率；

E_w 为变湿状态细小可燃物平衡点含水率；

K_0 为计算 K_d 的中间变量；

K_d 为对数干旱率，用于计算 $FFMC$(lgm/d)；

K_l 为计算 K_w 的中间变量；

K_w 为对数变湿率(lgm/d)；

F_0 为前一天的细小可燃物湿度码($FFMC$)；

F 为当天的细小可燃物湿度码($FFMC$)。

枯落物下层湿度码(DMC)：

M_0 为前一天枯落物层含水率；

M_r 为雨后枯落物层含水率；

M 为干旱状态枯落物层含水率；

K 为 DMC 对数干旱率(lgm/d)；

L_e 为 DMC 有效日照长(h)；

B 为雨后 DMC 变化斜率；

P_0 为前一天的 DMC；

P_r 为雨后计算的 DMC；

P 为湿度码(DMC)。

干旱码(DC)：

Q 为干旱码水分当量(0.254mm)；

Q_0 为前一天干旱码水分当量；

Q_r 为雨后水分量；

V 为潜在蒸发量(水分 0.254mm/d)；

L_f 为 DC 昼长调整；

D_0 为前一天的 DC；

D_r 为雨后 DC；

D 为干旱码(DC)。

火行为指标(ISI, BUI, FWI)：

$f(W)$ 为风速函数；

$f(F)$ 为细小可燃物函数；

$f(d)$ 为枯落物层含水率函数；

R 为初始蔓延指标(ISI)；

U 为有效可燃物指标(BUI)；

B 为火险天气指标中间形式；

S 为火险天气指标最终形式。

计算 $FFMCR$ 方程：

$$M_0 = 147.2(101 - F_0)/(59.5 + F_0) \tag{1}$$

$$Rf = rb - 0.5 \tag{2}$$

$$Mr = m_0 + 42.5_{rf}[e^{-100/(251-m_0)}](1 - e^{-6.93rf}) \quad m_0 \leq 150 \tag{3a}$$

$$M_r = m_0 + 42.5_{rf}[e^{-100/(251-m_0)}](1 - e^{-6.93rf}) +$$

$$0.0015(m-150)^2 rf^{0.5} \quad m_0 > 150 \quad (3b)$$

$$E_d = 0.942 H^{0.679} + 11 e^{(H-100)/10} + 0.18(21.1 - T)(1 - e^{-0.115H}) \quad (4)$$

$$E_W = 0.618 H^{0.753} + 10 e^{(H-100)/10} + 0.18(21.1 - T)(1 - e^{-0.115H}) \quad (5)$$

$$K_0 = 0.424[1 - (100 - H/100)^{1.7}] + 0.0694 W^{0.5}[1 - (100 - H/100)^8] \quad (6a)$$

$$K_d = K_0 \times 0.581 e^{0.0365T} \quad (6b)$$

$$K_1 = 0.424[1 - (100 - H/100)^{1.7}] + 0.0694 W^{0.5}[1 - (100 - H/100)^8] \quad (7a)$$

$$K_w = K_1 \times 0.581 e^{0.0365T} \quad (7b)$$

$$m = E_d + (m_0 - E_d) \times 10 - K_d \quad (8)$$

$$m = E_W - (E_W - m_0) \times 10 - K_w \quad (9)$$

$$F = 59.5(250 - m)/(142.7 + m) \quad (10)$$

$FFMC$ 的计算过程：

① 设前一天的 F 为 F_0。

② 用方程(1)以 F_0 计算 m_0。

③ a. 如果 $r_0 > 0.5$，用方程(2)计算 rf。

b. 如果 $m_0 \leq 150$，使用方程(3a)。

c. 然后，设 m_r 为新的 m_0。

④ 用方程(4)计算 E_d。

⑤ a. 如果 $m_0 > E_d$，用方程(6a)和(6b)计算 K_d。

b. 用方程(8)计算 m。

⑥ 如果 $m_0 < E_d$，用方程(5)计算 E_w。

⑦ 如果 $m_0 < E_w$，用方程(7)和(7b)计算 K_w。

⑧ 如果 $E_d \geq m_0 \geq E_w$，则 $m = m_0$。

⑨ 用方程(10)计算当天的 FMC，即 F。

使用以上方程计算时应注意两个问题：

① 方程(3a)或(3b)，必须在 $r_0 \leq 0.5$ mm 时才能使用。

② m 的上限是 250，当用方程(3a)或用(3b)计算出的 $mr > 250$ 时，令 $mr = 250$。

计算 DMC 的过程：

$$r_e = 0.92 r_0 - 1.27 \quad r_0 > 1.5 \quad (11)$$

$$M_0 = 20 + e^{(5.6438 - P_0/43.43)} \quad (12)$$

$$b = 100/(0.5 + 0.3 P_0) \quad P_0 \leq 33 \quad (13a)$$

$$b = 14 - 1.3 \ln P_0 \quad 33 < P_0 \leq 65 \quad (13b)$$

$$b = 6.2 \ln P_0 - 17.2 \quad P_0 > 65 \quad (13c)$$

$$M_r = M_0 + 1000 r_e (48.77 + b r_e) \quad (14)$$

$$P_r = 244.72 - 43.43 \ln(M_r - 20) \quad (15)$$

$$K = 1.894(T + 1.1)(100 - H)L_e \times 10^{-6} \tag{16}$$
$$P = P_0(\text{或} P_r) + 100K \tag{17}$$

DMC 的计算过程：

① 设前一天的 P 为 P_0。

② a. 如果 $r_0 > 1.5$，用方程(11)计算 re。
   b. 用方程式(12)以 P_0 计算 M_0。
   c. 用方程式(13a)、(13b)、(13c)之一计算 b。
   d. 用方程(14)计算 M_r。
   e. 用方程(15)将 M_r 转化成 P_r，然后命 P_r 为 P_0。

③ 查表得 L_e。

④ 用方程(16)计算 K。

⑤ 用方程(17)计算 P，即当日的 DMC。

计算时应注意以下三个问题：

① 方程(11)、(12)、(13)、(14)、(15)、只有当 $r_0 > 1.5$ 时才能应用。

② P_r 不能小于0，当计算结果小于0时，可按0处理。

③ 用方程(15)计算的 T 值不能小于 -1.1，如果 $T < -1.1$，可令 $T = -1.1$。

计算 DC 的方程：

$$r_e = 0.83r_0 - 1.27 \quad r_0 > 2.8 \tag{18}$$
$$Q_0 = 800e^{-D_0/400} \tag{19}$$
$$Q_r = Q_0 + 3.937r_d \tag{20}$$
$$D = 400\ln(800/Q) \tag{21}$$
$$V = 0.36(T + 2.8) + L_f \tag{22}$$
$$D = D_0(\text{或} D_r) + 0.5V \tag{23}$$

计算 DC 的过程：

① 设前一天的 D 为 D_0。

② a. 如果 $r_0 > 2.8$，用方程(18)计算 r_d。
   b. 用方程(19)以 D_0 计算 Q_0。
   c. 用方程(20)计算 Q_r。
   d. 用方程(21)将 Q_r 转换成 D_r 为新的 D_0。

③ 查表得 L_f。

④ 用方程(22)计算 V。

⑤ 用方程(23)以 D_0 或 D_r 计算出 D（D 为当天的 DC）。

计算时应注意如下四点：

① 方程(18)、(19)、(20)、(21)必须在 $r_0 > 2.8$ 时能应用。

② D_r 理论上讲不能为负数，如计算结果为负值可令其为0。

③ 用方程(22)计算得出的 T 值不能小于 -2.8，如果计算得 $T < -2.8$，则令 $T = -2.8$。

④ V 值也不能为负数，如果方程(22)计算的结果为负值，可令 $V = 0$。

ISI 的计算方程：

$$f(W) = e^{0.05039W} \tag{24}$$

$$f(F) = 91.9e^{-0.1386m}[1 + m^{5.31}/(4.93 \times 10^7)] \tag{25}$$

$$R = 0.208f(W)f(F) \tag{26}$$

BUI 的计算方程：

$$U = 0.8PD/(P + 0.4D) \quad P \leq 0.4D \tag{27a}$$

$$U = P - [1 - 0.8D/(P + 0.4D)][0.92 + (0.0114P)^{1.7}] \tag{27b}$$

FWI 的计算方程：

$$F(D) = 0.626U^{0.809} + 2U \leq 80 \tag{28a}$$

$$f(D) = 1\,000/(25 + 108.64e^{-0.023U}) \quad U > 80 \tag{28b}$$

$$B = 0.1Rf(D) \tag{29}$$

$$\ln S = 2.72(0.434 \ln B)^{0.647} \quad B > 1 \tag{30a}$$

$$S = B \quad B \leq 1 \tag{30b}$$

ISI、BUI 和 FWI 的计算过程：

① 用方程(24)和(25)计算 $f(W)$ 和 $f(F)$。

② 用方程(26)计算出 R(即当天的初始蔓延指标 ISI)。

③ 如果 $P \leq 0.4D$，用方程(27a)计算出 U；如果 $P > 0.4D$，用方程(27b)计算出 U(U 为当天的 BUI)。

④ 如果 $U \leq 80$，用方程(28a)计算 $f(D)$；如果 $U > 80$，用方程(28b)计算 $f(D)$。

⑤ 用方程(29)计算 B。

⑥ 如果 $B > 1$，用方程(30a)计算 S；如果 $B \leq 1$，可根据方程(30b)令 $S = B$(S 为当天的 FWI)。

5.2.3.5 美国国家火险等级系统(NFDRS)

美国国家火险等级系统是目前世界上最先进的林火预报系统之一。从20世纪20年代开始研究林火预报至今，美国一直处于世界领先地位。美国于1972年研制出国家级火险预报系统，在全国得到广泛应用。1978年对系统进行了修正，使其进一步完善。美国 NFDRS 由两大部分组成，一部分是关于系统的原理和结构，另一部分是关于系统各分量和指标的计算。在此着重介绍一下 NFDRS 的原理和结构。

(1) 美国国家火险等级系统基本原理　美国国家火险等级系统以对水汽交换、热量传输等物理问题的研究和分析为基础。在研究火险天气时，主要根据水汽扩散物理研究中的理论推导，气象资料和实验室分析(很少或者说没有外场研究)来计算不同种类可燃物的含水率变化规律，以着火组分(IC)来反映易燃程度。在研究火行为时，依赖于罗森迈尔的蔓延模型，这种模型也是根据纯粹的物理设计和数学推导，以及室内控制条件下燃烧试验结果而建立的，以蔓延组分和能量释放组分来体现。林火发生预报是以火源和着火条件(IC)决定的，分为人为火和雷击火两种形式预报。美国 NFDRS 有如下几个特点：

只有预报初发火的潜在特征,并没考虑树冠火和飞火形成的问题,这些将放在进一步的火行为研究中去解决。

系统所提供的有关火发生和火行为指标只能对制定林火管理和扑火策略提供参考。

系统提供的有关火险程度的参数只是相对而言。

火险指标的阈值是根据研究最坏火险天气而定的。而在一天中是在火险最高时段进行气象因子测定,并且观测点应设在南坡中部尽量开阔的地带。

因此可以总结为:NFDRS 并不能预报每一场火是怎样表现的(由其他子系统来完成),而只是为林火管理提供短期防火规划指南。但可以预报在某一预报区内,某一时段内可能出现的林火行为大致情况。

(2) 美国国家火险等级系统结构 美国国家火险等级系统主要以 4 个输出指标形式为防火组织做防火计划和组织扑火提供依据。这 4 种指标为:人为火发生指标($MCOI$)、雷击火发生指标(LOI)、燃烧指标(BI)和火负荷指标(FLI)。

人为火发生指标($MCOI$)是由人为火险(MCR)预报区内人为火火源情况和着火组分决定的表示林火发生的概率;雷击火发生指标是由雷击火险(LR)和着火组分决定的雷击火发生概率。这两个林火发生指标都可以预报某一地区可能发生林火的数量。

燃烧指标(BI)是由蔓延组分和能量释放组分决定的,表示在火锋区林火蔓延速度和能量释放给控制火造成的难度。燃烧指标 BI 与火头范围的火焰长度呈线性关系。

由控制某一场火的难易程度指标 BI 与由 $MCOI$ 和 LOI 决定的林火发生次数相结合,即为某一地区控制火的总任务,用火负荷指标表示(FLI)。火负荷指标是美国国家火险等级系统的最终输出结果,是火险天气、着火可能性和火行为特征的综合。

人为火险级、雷击火险级、人为火发生指标、雷击火发生指标、着火火险级(IC)和火负荷量指标的取值都为 0~100。而蔓延组分、能量释放组分和燃烧指标取值没有固定的上限。

(3) 系统各部分组成

①气象因子 气象因子是 NFDRS 进行各种组分和指标计算和预报的基础资料。因此要求至少在火险期到来前 10 天进行观测记录,具体因子为:气象台站编号,气象台站海拔高,干球和湿球温度,雷电活动水平,风速、风向,降水种类、数量、持续时间,24h 最高和最低温度,24h 最高和最低湿度。

②可燃物 美国国家火险等级系统对可燃物的处理十分严格。首先确定了 20 个可燃物模型,用以代表全美国不同类型的可燃物。各个州和地区在进行林火预报时,第一个要选定代表该地区的可燃物类型。系统提供了非常方便的可燃物模型检索表。选定模型后还应确定预报单位所在的气候区。系统将全美国划分为 4 个气候区,以表示不同气候区的干旱程度。美国系统的可燃物种类是根据对大气湿度和降水的反应速度来划分,其中 1 000h 时滞可燃物的含水率变化规律

与活可燃物近似,死可燃物的含水率主要受大气中湿度和降水的影响。因此,可用气象要素计算得出。活可燃物主要是指正在生长的植物体,可划分为两大类:草本植物和灌木。草本植物还可以进一步划分 1 年生和多年生两大类。

③火行为组分　在进行火行为预报时,NFDRS 需要计算两个中间组分:蔓延组分和能量释放组分。蔓延组分是以罗森迈尔的林火蔓延模型为基础来计算的。在蔓延组分计算中,坡度级和可燃物模型被认为是恒定的,而主要影响蔓延组分的是风速、活可燃物含水率和死可燃物中 1h、10h 和 100h 时滞的含水率。能量释放组分可以预估火锋部分单位面积上可能释放的能量。能量释放组分取决于可燃物负荷量、密实度、颗粒大小、燃烧热和矿质含量。而每天能量释放组分的变化主要是由可燃物含水率决定的(包括 1 000h 时滞可燃物)。

④林火发生指标　为了更好地预报和控制火,防火组织不仅要了解可能的火行为特征,而且要知道管辖区内林火可能发生的次数。在美国 NFDRS 中,人为发生指标和雷击火发生指标主要是用来预报林火发生的可能性和次数。这两个指标是根据可燃物的易燃性和引火物出现情况来定。着火组分是着火难易程度的体现,而雷击火险(LR)和人为火险(MCR)反映两种火源的频度。着火组分(IC):死细小可燃物含水量可由空气相对湿度和温度来决定,死细小可燃物温度是由云量来决定的。雷击火险(LR):由雷电活动水平、雷击火险尺度参数与着火组分相结合来做雷击火发生预报。人为火险(MCR):人为火险是进行人为火发生预报的关键,需单独根据不同地区来计算。系统提供了详细的人为火险计算方法,基本上分两部分。第一步要分析历史气象和火灾发生资料,确定人为火源种类,决定不同火源所占比重,计算人为火险尺度系数;第二步包括计算每种火源在一周内出现的频率,然后计算人为火险 MCR。

⑤火负荷量指标(FLI)　火灾负荷指标是美国国家火险等级系统的最终指标,可为大区(州或国有林业局)提供诸如人力派遣、地面和空中扑火方式及工具的选择等决策参考。

(4) 系统计算和火险等级　系统计算有两种,一种是借助于各类因素来查算各种分量和指标,系统具有完整的用户手册;另一种是借助于电子计算机。

美国系统并没有制定出全国通用的火险等级划分,而是以各种指标的形式来做扑火决策。在实际应用中可根据燃烧指标与火线强度和火焰长度来说明火险及控火难易级别。

5.3　林火监测

林火监测的主要目的就是为了及时发现火情,是实现"打早、打小、打了"的第一步。

林火监测通常分为四个空间层次,即地面巡护、瞭望台定点观测、空中飞机巡护和卫星监测。

5.3.1 地面巡护

地面巡护一般由护林员、森林警察等专业人员执行。巡护方式主要有步行、骑自行车、骑马、骑摩托车、乘摩托艇、汽船等。地面巡护其主要任务有：进行森林防火宣传，清查和控制非法入山人员；依法检查和监督防火规章制度执行情况；及时发现报告火情并积极组织扑救。

5.3.2 瞭望台(塔)观测

利用瞭望台(塔)登高望远来发现火情，确定火场位置，并及时报告。这是我国南北方林区主要的林火监测手段。

5.3.2.1 瞭望台(塔)的建设

瞭望台建设包括瞭望台的规划设计、瞭望台的种类和设备、瞭望台的条件和配备等。

(1) 瞭望台的规划设计　瞭望台(塔)是一个林区永久性的观察设施。所以，要十分重视建台前的规划设计和评价工作。瞭望台规划设计总的原则是增大观测的覆盖面，减少盲区。制定规划设计时，要认真作好以下几个方面的工作：

①瞭望区选择　在森林面积大、人口较少的林区，不可能进行全面瞭望，这就需要进行瞭望区的选择。瞭望区主要是根据各地块的火灾出现密度、火源多少、森林火险等级高低来确定。一般是选择火灾经常出现、森林火险等级较高、火源多的地块作为瞭望区。或者，以此作为初始瞭望区，以后逐步向外扩展。瞭望区一般位于村屯附近和道路网密集的地区。

②瞭望台分布密度的确定　人的视野半径一般为1 350m，肉眼可看见5km以外的独立小屋。在瞭望台上用望远镜，可以清晰地观察20～30km处的烟火。目前，瞭望台都配备望远镜，观察半径可达20km。即使有太阳光的影响(观察半径背光为25km，逆光为10km，两个瞭望台之间的不间断观察距离也可达3 540km。瞭望台上如果配备有红外线探火仪，其扫描半径为20～30km。在山区，由于地形的影响，盲区面积增大，两塔之间的距离往往要小于40km。一般来说，北方地势平缓，瞭望台可15～25km设置一个，南方地势陡峭、复杂，可10～15km设置一个。

③瞭望台台址选择和高度确定　在瞭望区内，根据瞭望台密度确定瞭望台的数量和分布。一般是在地形图上找出若干个山顶和山脊，再根据交通特点、水源条件和瞭望要求的高度，权衡利弊，最后做出最佳台址选择，同时确定瞭望台的建造高度。平坦地区瞭望台高度要超过当地成过熟林最大高度2m以上；丘陵或漫岗上，可建造得低一些；山区制高点上，视野广阔，也可不设台架只建造房屋和观测平台。总的原则是：瞭望台尽量选择较高的山顶或地段，设计较低的瞭望台高度，以增加瞭望面积，降低成本。

④瞭望台的结构和种类　瞭望台有木质、金属和砖石三种结构。建立永久性瞭望台，一般采用金属和砖石结构。瞭望台在外形上可分为座塔式和直梯式

两种。

(2) 瞭望台的设备

①瞭望观测设备　望远镜(40倍、10倍)、林火定向定位仪、地形图。

②通讯报警设备　有线电话、短波无线电台和超短波无线电对讲机、太阳能电源或风力发电机。

③扑火工具　二号工具、铁锹、斧头或其他灭火工具。

气象要素观测设备：便携式综合气象观测箱或其他气象观测设备。

(3) 瞭望员的配备和条件　每个瞭望台一般要配备瞭望员3~4人。瞭望员的主要任务是观察火情和报警以及气象观测等。要很好承担上述工作，出色完成任务。必须具备下列条件：①身体健康，有良好的视力、旺盛的体力和精力。②有较强的工作能力。具备通讯和防火的业务知识，工作责任心强，能正确使用并维护好瞭望台的仪器设备，加强瞭望台之间的联系和合作，较好地完成林火探测工作。

5.3.2.2　瞭望台(塔)火情观测方法

在瞭望台上通常根据烟的态势和颜色等大致可判断林火的种类和距离。

在北方林区可根据烟团的动态可判断火灾的距离。烟团生起不浮动为远距离火，其距离约在20 km以上；烟团升高，顶部浮动为中等距离，约15~20 km；烟团下部浮动为近距离，约10~15 km；烟团向上一股股浮动为最近距离，约5 km以内。同时根据烟雾的颜色可判断火势和种类。白色断续的烟为弱火；黑色加白色的烟为一般火势；黄色很浓的烟为强火；红色很浓的烟为猛火。另外，黑烟升起，风大为上山火；白烟升起为下山火；黄烟升起为草塘火；烟色浅灰或发白为地表火；烟色黑或深暗多数为树冠火；烟色稍稍发绿可能是地下火。

在南方林区可根据烟的浓淡、粗细、色泽、动态等可判断火灾的各种情况。一般生产用火烟色较淡，火灾烟色较浓。生产用火烟团较细，火灾烟团较粗。生产用火烟团慢慢上升，火灾烟团直冲。未扑灭的山火烟团上冲，扑灭了的山火烟团保持相对静止。近距离山火，烟团冲动，能见到热气流影响烟团摆动，且火的烟色明朗；远距离的山火，烟团凝聚，火的烟色迷朦。天气久晴，火灾烟色清淡；而久雨放晴，火灾烟色则较浓。松林起火，烟呈浓黄色；杉木林起火，烟呈灰黑色；灌木林起火，烟呈深黄色；茅草山起火，烟呈淡灰色。晚上生产用火，红光低而宽；而火灾，红光宽而高。

南北方林区在瞭望台上监测火情的情况可以互相参考。

5.3.2.3　火场定位方法

在瞭望台上主要用交会法来确定森林火灾的方位和距离。交会法需要由2~3个瞭望台共同来完成。具体做法是：在发现火情后，邻近两个瞭望台同时用罗盘仪观测起火地点，记录各自观测的方位，相互通报对方，并报告防火指挥部。防火指挥部根据测定的方位角，在地形图上就可以确定森林火灾发生的地点。目前，一些先进的技术和手段已应用到瞭望台上，如红外探测仪、电视探测和林火定位仪等。

5.3.3 航空巡护

航空巡护就是利用飞机沿一定的航线在林区上空巡逻，观测火情并及时报告基地和防火指挥部。

5.3.3.1 航护机型

我国的航空巡护工作主要在东北、内蒙古和西南重点林区开展，所用机型主要为运五、运十二和小松鼠直升机等。

5.3.3.2 巡护航线的时间选择

飞机巡护分为一般巡护和特殊巡护。正常情况下多采用一般巡护，包括巡逻报警，侦察火场等飞行。特殊巡护包括循环巡护飞行，直升机载人巡护飞行和升高瞭望等。航空巡护须选择最佳航线和最佳巡护时间。

巡护航线是指巡护飞机在一定区域上空的飞行路线。应根据当地森林火灾特点和火险，机动灵活地选择最佳航线，以提高火情发现率。选择航线的依据有两点，一是抓住关键地段和重点火险区，使航线在火险较大的地域通过；二是尽可能增加巡护面积。巡护面积的大小，主要取决于航线的长度、形状和飞行高度及能见度。而对某一地点看护时间的长短，则主要取决于飞机的巡航速度和能见度。在一定飞行高度范围内，飞行高度(D)与水平能见距离(H)的关系为：

$$D = 2\sqrt{H}$$

林火的发生和发展有一定的规律性，巡护飞行必须抓住有利时机，适时进行安排。一是加强关键时期，特别是防火戒严期的巡护飞行；二是加强12:00~15:00的巡护飞行；三是加强高火险天气的巡护飞行。

5.3.3.3 火情与火场观察

飞机进入航线后，飞行观察员必须集中精力，细心瞭望观察，正确判断，做到有火及时发现。巡护观察时，火情发生的主要迹象有以下几种：

无风天气，地面冲起很高一片烟雾；

有风天气，远处出现一条斜带状的烟雾；

无云天空，突然发现一片白云横挂空中，而下部有烟雾连接地面；

风较大，但能见度尚好的天气，突然发现霾层；

干旱天气，突然发现蘑菇云。

巡护飞行发现火情后，观察员应立即判断火场的概略位置，并前往观察处理。如果火场在国境线我侧10km范围内，必须请示上级批准后再去观察；如同时发现多起林火，应本着先重点、后一般的原则逐一观察处理。

火场观察的主要内容包括：确定火场的准确位置；勾绘火区图；观察火势和火的发展方向；判断火场风向、风力；判别火灾种类和主要被害树种；估算火场面积。

5.3.4 卫星林火监测

应用气象卫星进行林火监测具有监测范围广、准确度高等优点，既可用于宏观的林火早期发现，也可用于对重大森林火灾的发展蔓延情况进行连续的跟踪监测，制作林火态势图，过火面积的概略统计，火灾损失的初步估算及地面植被的恢复情况监测、森林火险等级预报和森林资源的宏观监测等工作。

5.3.4.1 监测原理

通常用于森林火灾监测的是美国 TIROS-N（即 NOAA）系列气象卫星。由一颗上午轨道卫星和一颗下午轨道卫星组成一个双星系统。目前在轨上工作的是 NOAA-12 和 NOAA-14 两颗卫星。NOAA 属近极轨太阳同步卫星，轨道平均高度为 833km，轨道倾角为 98.9°，周期约为 102min，每天约有 14.2 条轨道。每条轨道的平均扫描宽度约 2 700km，两条相邻轨道的间距为经差 15°。连续的 3 条轨道就可覆盖我国全国一遍，一昼夜两颗卫星可以至少覆盖全球任一地区 4 次以上。其星载甚高分辨辐射仪获取的甚高分辨率数字化云图（AVHRR），其星下点地面几何分辨率为 1.1 km，相当于 121 hm^2。

AVHRR 的第 3 通道是波长为 3.55~3.93μm 的热红外线，对温度（特别是 600℃ 以上的高温）比较敏感，该通道的噪声等效温差为 0.12℃。森林火灾的火焰温度一般远在 600℃ 以上，在波长为 3~5μm 红外线的波段上有较强的辐射，而其背景的林地植被的地表温度一般仅有 20~30℃，甚至更低，与火焰有较大的反差，在图像上可清晰地显示出来。在白天利用通道 3 为红色、以 2、1 两个可见光通道为绿色和蓝色的伪彩色合成的图像上，既可以清晰地显示地表的地理特征和植被信息。在卫星图像上森林等植被表示为略带白色的绿色到深绿色，海水通常显示为紫红色，江河湖泊的淡水则以蓝色显示，沙漠和裸地以棕黄色表示，林火等热异常点则明显地表现为亮红色，林火所带的浓烟在图像上表现为深蓝色，且可以明确地指示出风向，过火后的火烧迹地为暗红色。即使在漆黑夜晚，卫星几乎收不到来自地面的可见光，但依地面目标本身温度而发现的红外线仍可以正常被卫星所接收到。在用（AVHRR）红外 4、5 通道取代可见光 1、2 通道合成的图像上仍依稀可辨遍布部分地面的地物信息，而林火仍可明显地显示为亮红色。只要天气晴朗就可以在彩色的卫星图像上清晰地显示火情信息。因此，应用气象卫星进行林火监测是一种既可用于林火的早期发现，也可用于对林火的发展蔓延情况进行连续的跟踪监测，还可用于过火面积及损失估算；应用（AVHRR）的 4、5 通道可以较好地提取地表的温度、湿度等信息，可为森林火险天气预报提供部分地面实况信息；应用（AVHRR）的 1、2 通道可以较好地提取地面的植被指数，以进行宏观的森林资源监测和火灾后地面植被的恢复情况监测等。

5.3.4.2 卫星林火监测的准确度

卫星林火监测的几何定位精确度受 NOAA 卫星姿态和分辨率的限制。应用 NOAA 的精轨根数计算的像元坐标精度通常在几千米至十几千米之间，不能满足林火监测的实际定位要求，必须在图像处理软件中通过地标定位等处理，使得在控制范围内或控制点附近一般能达到一个像元左右（在星下点附近相当于 1.1 km）。通常系统采用的定位方法有：①应用一个在星下点附近，选取单个地标点，对图像进行平移处理的一点定位。②应用在星下点附近选取的 3 个以上地标点进行图像的平移和旋转的三点定位。③在无法进行上述两种定位时利用地理信息于图像上明显地物、地貌相匹配的辅助定位。

由于森林火灾的火焰温度较高,所释放出大量的热量能将周围空气烤热,使卫星上的甚高分辨辐射仪探测出来,因而系统可发现火灾面积小于1个像元的火点。有时卫星能准确测报出面积仅几十亩(1亩=667m^2)或几亩的林火。因此,AVHRR对热异常有亚像元发现能力。但是,这也造成了卫星图像上反映的林火面积常常较实际过火面积大。在火场面积较小时这种效应尤为明显。其数学关系为:面积误差与火点像元数的倒数成正比,与像元到星下点的距离成正比。

5.3.4.3 全国卫星林火监测信息网

目前,我国在建的全国卫星林火监测信息网,包括基本可覆盖全国的三个卫星监测中心,30个省(自治区、直辖市)和100个重点地(市)防火办公室及森林警察总队、航空护林中心(总站)的137个远程终端。国家林业局防火办公室和全国各省、自治区、直辖市及重点地市防火指挥部的远程终端均可直接调用监测图像等林火信息。

5.4 林火通讯

森林防火工作中,通讯是不可缺少的重要环节。在林火监测和防火指挥工作中极其重要。充分利用和完善通讯的方法和技术,提高我国的林火管理水平。随着科学技术的进步,通讯技术发展十分迅速。近年来,一些新技术不断应用在通讯上。例如,卫星通讯、微波通讯、图像传真和光纤通讯等。通讯新技术的应用逐渐改变了森林防火通讯的落后面貌,有力地促进了森林防火工作的发展。在边远的林区,瞭望台、外站、机降点之间以及与森林防火指挥部之间,通讯网络能及时传递天气资料和火情信息,为森林防火指挥部及时掌握天气状况和火发生的位置(及火情变化情况)提供决策信息,进而快速组织扑火力量及时扑灭火灾,做到"打早、打小、打了",减少火灾损失。

5.4.1 通讯基础知识

通讯(communication)是把有价值的信息或消息从一个地方传递到另一个地方去。最简单的是人力通讯。随着科学技术的进步和社会的发展,目前有:采用电信号(或光信号)通过电讯槽(或光信道)来传递各种信息的近代通讯系统。根据传递信息的线路或媒质不同,通讯系统又分为利用导线(或光纤、光缆)完成信息传送的有线通讯和利用无线电波(或光波)在空间传播来完成信息传送的无线通讯两类。

5.4.1.1 通讯系统的组成

一个完整的通讯系统由信源、信宿、发端设备、收端设备、信道及噪声源等几部分组成(图5-2)。

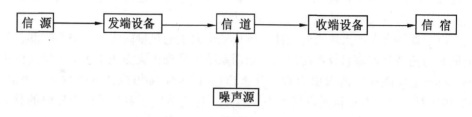

图 5-2 通讯系统示意图（郑焕能等，1992）

（1）**信源和信宿** 所谓的信源和信宿指的是发出与接收的带有信息的信号。这个信号可以是人工发出的和人工接收的，也可以是由自动装置发出的和接收的。既可以是模拟信号，也可以是数字信号。

模拟信号 是指随时间变化的量，如声音、图像。在模拟信号中频谱和动态范围是两个重要的特征量。频谱是指信号随时间变化的速度范围，即频谱范围。例如，电话信号的频谱为300~3 000Hz，黑白电视为30~1 000MHz。动态范围是信号强度变化范围，如电话信号的动态范围为40dB，黑白电视图像则为20dB。

数字信号指的是随时间离散（不连续）变化的量。例如，电报、图像、图形、数据等。通讯中常用的方法是借助二进制（二电平制）信号对数字信号进行编码携带信息的。"二进制"是"1"和"0"这二个元素组合在一起输字进行编码的，如"5803"可以表示为：0101，1000，0000，0011。一个数字要用4个二元制元素来表示。在数字通讯中，一个二元制元素称作1字节，因一个汉字用4个数字表示，就要用16个二元制元素组合，所以一个汉字为16个字节。运用数字通讯的优点是抗干扰性强，并能与计算机连网。在当代林火生态管理中，数字通讯是非常重要的内容。

（2）**发端设备和收端设备** 收、发端设备是通讯系统中的关键部分，它包括调制器、解调器、发射机、接收机、天线、记录器、计算机等。设备的种类还取决于信源、信道的特点。发端、收端设备的主要作用：①将非电量与电量相互转换。如把声音、图像转变成电信号——基带电信号，以及把电信号还原成原来的声音和图像。②把模拟信号和数字信号相互转换，如自动遥测森林火险要素就要将模拟量变成数字量。③用基带电信号对载波进行"调制"和"解调"，使其能有效地完成对信号的传输与接收等。

（3）**信道** 信道是信息从发射机传至接收机的物理通道，是传输信号的媒质。信道可分为有线信道和无线信道。有线信道是指电话线、电缆、光纤等。无线信道则是大地、大气层、电离层和宇宙空间。

（4）**噪声与噪声源** 噪声是指在信号传递过程中出现的原来信息中没有的、任何不希望的信号。噪声可出现在通讯系统的任何部分，产生噪声的部分称为噪声源。任何通讯系统都要考虑噪声源的影响，雷电引起的天电和工业电磁波的干扰，以及其他通讯邻频产生的干扰。比较噪声源引起的干扰大小，在模拟信号传输中体现为"信噪比"的大小。数字信号传输过程中受噪声影响比模拟信号小。

5.4.1.2 频段与信号的传播

通讯信号的传输方式有：电能以电磁波辐射的形式向空间传输，电能通过导线传输或通过含放大器的线路传输。不同的传输方式则要选用不同的频率范围。可供通讯选用的整个频率范围称为通讯频谱，而按电能传播性能划分的若干频率范围，则称为频段。

（1）频段的划分 根据通用的国际标准，可将频谱划分若干个频段类型（见表5-9）。

表5-9 电磁波频谱分类表

波段名称		频率范围 （Hz）	波长范围 （m）	频段名称	应用范围（举例）
极长波		30 ~ 300	1 000M ~ 10 000M	极低频 ELF	部分乐器和话音频率
		300 ~ 3 000	100M ~ 1 000M	音频 VF	话音频率的主要部分
超长波		3k ~ 30k	10M ~ 100M	甚低频 VLF	海岸潜艇通讯，海上导航
长波		30k ~ 300k	1M ~ 10M	低频 LF	大气层、地下岩层通讯，海上导航
中波		300k ~ 1 500k	200k ~ 1M	中频 MF	广播，海上导航
短波		1.5M ~ 30M	10k ~ 200k	高频 HF	远距离短波通讯，短波广播
超短波	米波	30M ~ 300M	1k ~ 10k	甚高频 VFIF	电离层散射通讯，人造电离层通讯，对大气层内、外的飞行体通讯
	分米波	300M ~ 3 000M	0.1k ~ 1k	超高频 UHF	中、小容量微波中继通讯及对流层散射通讯，分米波的高端也称为微波
微波	厘米波	3G ~ 30G	0.01k ~ 0.1k	特高频 SHF	大容量微波中继通讯及数字通讯、卫星通讯
	毫米波	30G ~ 300G	0.001k ~ 0.01k	极高频 EHF	再入大气层时的通讯、波导通讯
激光		1 000G 以上	0.000 3k 以下		大气激光通讯、光纤通讯

资料来源：郑焕能，1994，《森林防火》。

从表5-9看出，在通讯中电磁波的载频对其传播效果有着重要影响。所以，不同的频段适应于不同形式的通讯。

①极低频和音频频段 极低频（ELF）频段含有乐器和人类声音产生的许多频率；音频（VF）频段包含了人类声音能谱的主要部分。

②甚低频和低频频段 甚低频（VLF）和低频（LF）频段最初使用于无线电话。由于产生此波长的辐射必须使用巨大的天线，所以现在主要适用于特殊用途的现

代通讯系统，例如，远程导航等。

③中频和高频频段　中频(MF)和高频(HF)频段主要用于商业调幅广播，也用于短波通讯和业余无线电通讯。这两个频段的电磁波表现出能被大气反射大的重要特性。当电磁波到达电离层时，便被反射回地球，并能多次反射。所以，在这些频段中，发射机可把信息发送到很远的地方(甚至全球)。这种情况在高频频段显得格外突出。其缺点是对电离层依赖性大，电离层的变化影响其稳性。

④甚高频和超高频频段　对于甚高频(VHF)频段和超高频段(UHF)的电磁辐射来说，电离层反射很小，所以电离层的影响一般不重要。利用这些频段进行的通讯往往是短程视距通讯。所谓视距通讯，就是接收机和发射机都必须处于彼此可见的直线上传递信号。在接收机和发射机之间有建筑物或不平坦的地势，会影响其传播，特别是超高频的传播。这些频段多用于移动式通讯、电视和调频广播。

⑤微波　高于1 000MHz的任何频率都叫做微波频率。微波一般用于雷达、宽带通讯、卫星通讯等。微波频段的特点之一是电磁波辐射可以汇集成很窄的能量束，这使其可以十分有效地利用发射机能量以减少通讯系统间的干扰。若用天线发射厘米波和毫米波，则十分方便，因为天线可以做得很小。不足之处是由于波长很短，易受气候(特别是雨)的影响。

(2) 电波的传播　无线信道是大地、大气层、电离层、宇宙空间。所以无线电波的传播有地波、空间波和天波三种方式。

①地波　沿着地球表面传播的无线电波称为地波。其地波的缺点是：(a)地面导电性差，吸收电波能量。(b)地面弯曲产生绕射损失能量。由于这两点造成地波传播距离短；地波的优点是：地面电性质较稳定。所以，地波传播稳定可靠，不受时间、季节因素影响，通讯质量高。电磁波在地面传播时，频率越小，地面吸收越小，绕射损失越小，传播距离增大。反之，传播距离变短。所以，较短频率(音频、甚低频、低频、中频)可采用地波方式传播。

②空间波　在大气层或宇宙空间中直线传播的无线电波称为空间波。这种传播也叫视距传播。由于地形地势等限制，一般这种方式传播距离为几十千米。为了增加距离，必须设立中继站或利用卫星传递。空间波传输通讯有干扰小、信号稳定、通讯可靠、频带宽、设备轻便等优点。而我们在森林防火中应用较多的有：超短波电台、无线电对讲机等，就是利用空间波的传播。

③天波　通过大气层中电离层反射而传播的无线电波称为天波或电离层波。电离层是指大气层中平流层之上(60km以上)大气处于电离状态的区域。电离层对传播的短波吸收很少，而大部分被反射；对长波吸收很大；对超短波来说，它能穿透电离层，而不被反射。电离层的电子密度越大，反射能力越强。因此，天波均用在短波和中波的传输上。天波传输通讯的缺点是：(a)吸收损耗，电子密度越大，电波频率越低，吸收越多；(b)电离层电子密度有昼夜季节变化，通讯质量不稳定。天波的优点是：电离层离地很高，通过它反射，通讯距离远，甚至绕地球环行。一般短波电台采用天波传输信号。

5.4.1.3 通讯业务中的常用术语

(1) 单工和双工　单工和双工是超短波无线电台的工作方式。单工是指电台收信和发信不能同时间进行，只能交替工作。使用频率同频或异频；双工是指电台收信和发信可在两个频率上同时进行。超短波电台的工作方式有三种：单工同频、单工异频和双工异频。单工同频电台具有带宽增益、抗干扰性强、体积小、音质清晰、路网开设容易等优点，适于在扑火中应用。而单工异频、双工异频，通话效率高，易实现中继通讯，但有体积大、耗电量大、横向联络不方便等缺点，适于运用在防火指挥中的固定台站间的通讯。

(2) 单边带和双边带　单边带和双边带是调幅无线电发射技术。通过基带电讯号调制后所形成的载波波形见图5-3。它有上下二个边带。单边带是只发射一个边带，而另一边带和载频受到抑制，信号能不失真的传输。双边带是发射两个边带。单边带电台与双边带电台比较，有节省功率、频带窄、失真小、频率准确、稳定性高等优点，并可进行多路通讯，因此，适于国家、省级防火指挥中心在短波通讯、微波通讯和卫星通讯中应用。

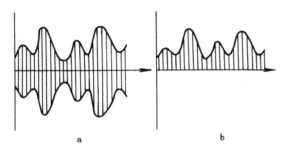

图5-3　调制后的载波波形
a. 双边带　b. 单边带

(3) 调制与解调　在电台的收发过程中，基带电信号是指需要传输的信息信号；载波是携带基带电信号的高频振荡波（正弦波或脉冲波），它的作用是运载电信号。载波可用下式表示：

$$U(t) = A\cos(w_t + \Phi) \tag{5-12}$$

式中：$U(t)$为载波电压值(V)；A为载波振幅(V)；w为载波角频率；Φ为载波初相位。

所谓调制就是采取一定的方位，使载波中振幅A或频率w随基带电信号呈有规律的变化。这种变化可携带信息在模拟信号中，载波振幅A随基带电信号作相应变化而频率不变为幅度调制，形成调幅波(AM)，一般应用在短波电台；载波频率w随基带信号作相应变化而幅度不变称为频率调制，形成调频波(FM)，一般应用在超短波电台；对载波初相位进行调制，可形成调相波(PM)。这三种调制方式在收音机、电台、电视广泛应用。在数字信号中，只有两个不同的电压电平或电流电平，即导通"1"和"0"。传输的基带信号是离散信号。在数字信号中调制方式有两种：变化数字信号的脉冲宽度或脉冲持续时间来携带信息的方法称为数字信号的脉冲宽度调制(PWM)或脉冲持续时间调制(PDM)借助二进制（二电平制)信号对数字信号进行编码来携带信息,称为脉冲编码调制(PCM)。

解调是调制的相反过程。在接收机中,它从传输的信号(调制的载波信号)取出基带信号。在调频系统的接收机,用调频鉴定器将频率变化还原成电压电平的变化;在调幅系统中,则用调幅解调器来恢复原来的幅度变化。通过解调,输出传递的信号。在通讯系统中可通过模/数转换器(A/D)和数/模转换器(D/A),进行模拟信号和数字信号之间的转换。

(4) 传输率和误码率 传输率是数字信号传输的速率,即每秒传输的符号数,单位是比特每秒(bps)。在目前的森林防火工作中使用的数字通讯,传输速率一般为100~9 600bps。误码率是在数字信号传输过程中,由于噪声源的影响,符号传错的比率。误码率一般与传输率有关,传输率越高,误码率增大。在通讯中,误码率不能高于1/10 000。

(5) 多路复用 多路复用又称为多路传输,是指在同一信道上,同时传递多个信息的信息传递方式。多路复用的方式有三种,即频分、时分和码分。在模拟通讯系统中,将系统的总频带划分为若干频段,分配给各路信号传输,不重叠,不干扰,这称为频分多路复用;在数字通讯系统中,按时间顺序分为几段,每段称为一个"时隙",分给几路,让信息依次占用时隙,这称为时分多路复用;码分多路通讯是利用各路信号的码型结构的正交性而实现的多路通讯方式。

5.4.2 森林防火通讯

森林防火通讯主要有两种基本方式,即无线通讯和有线通讯。无线通讯根据无线电波的波长和频率可分为短波通讯、超短波通讯和微波通讯。根据信道中继方式又可划分为气球通讯、卫星通讯、地面中继接力通讯等。根据传递的信息形式可分为声音、数字、图表文字等。

5.4.2.1 森林防火通讯的种类

(1) 有线电话 有线电话是林火管理工作中最早应用的最基本的通讯手段。有线电话通讯有设备简单、使用方便等特点。在我国,林区防火电话线路已有 1×10^7 km基本上可以沟通市、县、镇、局各级森林防火指挥部之间的联系,今后仍会是林火生态管理工作中(林火监测)的重要通讯手段,有线电话通讯的缺点是完全受线路的制约。在林区基层(如林场、瞭望台、机降点等)之间,线路架设困难或根本无法架设线路。而且林区线路容易发生故障而中断通讯,这对及时传递火情消息有重要影响,往往因此造成不可估量的损失。所以,有线电话在传递防火信息上,具有一定的局限性。

(2) 短波通讯 短波通讯是森林防火中应用较早的一种通讯方式。这种通讯方式主要是借助于电离层反射进行传播,有设备简单、成本低廉、机动灵活、通讯距离远、信道不易摧毁等优点。缺点是受电离层影响大。所以掌握电离层的变化规律,采用相应的频率,才能保证可靠的通讯质量。大兴安岭林区已基本上形成短波通讯网络,有固定日频和夜频,保证了各瞭望台与外站等野外工作点之间的相互联系,并可把林火信息直接传递到局、市、省、中央各级森林防火指挥部。

(3) 超短波通讯　超短波通讯近年来在森林防火工作中应用得越来越普遍。优点是设备轻，功耗小，通讯质量好。但由于其传播方式是直线传播(视距传播)，所以受地形、地物影响较大，传播距离较短，一般只有几十千米远，必须建立中继站才能增加传递距离。这种通讯方式特别适用于平原林区和山峦起伏不大的小面积林区。对讲机体积小，质量轻，便于随身携带进行流动通讯。目前应用较广。

(4) 微波接力通讯　微波通讯是一种比较先进的通讯手段，目前，在各国都发展迅速，它与卫星通讯、超短波通讯相辅相成，覆盖面积大，并可与计算机联网。微波通讯具有频带宽、传输量大、方向性好、噪声不积累等特点，可传递电视、话务、数据等信息。采用数字编码传输技术，微波传输信号质量高，通讯质量好。因微波也属直线传播，故受地形影响大，一般传输距离为 50~60km。因此，必须建立微波中继站接力传递。每隔 50km 左右必须设一个接力站，将接收到的微波信号加以放大，再送至下一站，可将信息送到几千千米外。这种通讯方式称为微波接力通讯或微波中继通讯。

(5) 卫星通讯　在微波通讯中，以同步地球卫星作为中继站，通过卫星传输信息，称为卫星通讯。卫星通讯是通讯技术现代化的重要标志。它与短波、电缆及微波中继等相比，具有通讯距远、覆盖范围广、通讯容量大、可靠灵活(无论近距离和远距离、固定目标和活动目标、海陆空等通讯方式都可采用)、总成本低、见效快等优点。卫星通讯网已在全世界得到了广泛应用。特别对于幅员辽阔的国家，卫星通讯网能把整个国土联系在一起。通讯卫星位于 1 000km 以上的高空，可通过它进行全国范围内的通讯。这样，在林火的预防和扑救中可借助于卫星通讯(internet、手机)。例如：通过地理信息系统 GIS(Geographic Information System)，提前将我国主要林区的植被类型(可燃物类型)、地形、道路、河流、人口等情况输入到计算机中去，即可得到三维空间图。一旦某地发生林火，即可通过计算机找到火灾地点，若火灾现场配有录像设施，便可将火场的动态变化，及时传送到火灾指挥中心，为指挥中心灭火调配人力、物力及选择灭火路线，提供决策信息。如今欧洲和美国、澳大利亚等发达国家，均已建立了该系统；我国的北京、浙江、广东也建立了该系统。卫星通讯系统的缺点是需要成本较高、技术较复杂的地面接收站和相应的配套设施。

(6) 图像通讯　图像通讯是一种把图像通过信道从一地传输到另一地的通讯技术。使通讯更加直观、逼真，效果更好。图像通讯最常见的是电视，除此之外，还有图像传真、静态图像通信和可视数据传输等。图像传真是应用扫描技术把固定图像(包括文字、图表)以记录形式打印出来的一种通讯技术，其分辨力较低，完成时间较长。如在 1987 年大兴安岭地区"5·6"大火期间传输的气象卫星拍摄的火场图像。静态图像通讯采用频带压缩，把图面信息用高速存入、低速读出的方法在电话线上或窄带电台上传输，如飞机红外林火图像的传输。可视数据传输是以现有电话线，利用电视接收机显示，在计算机管理数据库与用户之间沟通文字和图表资料的一种传输方式。图像通讯在现代森林防火工作中有广泛的应用前景。在东欧的一些国家,如波兰,早在20世纪70年代已建起林区的录像监控系统。如今北京房山地区、河北省的雾灵山自然保护区等地,均已建起林区的录像监控系统。

5.4.2.2 森林防火通讯网络

森林防火通讯网络是利用现有有线电话和无线电话及微波中继线,在林区不同的点位交织成通讯网络,以完成森林防火信息传递、火情报警、调度指挥等任务。

(1)网络的构成 通讯网络构成方法有两种,即辐射网、节点网。

①辐射网 辐射状通讯网由一个主台和若干个附属台构成,多级配置即形成辐射网络,又称纵式网络。每一级中附属台要听从主台指挥,如图5-4。辐射网络一般由固定台构成。在特殊情况下,如扑火,可增设移动电台加入固定台组成的通讯网络。网络中通讯,采用人工接力的传递方式。辐射网通讯适合于中央、省(自治区)、地、县(区、局)、林场各级森林防火部门之间的指令和信息传递,该网络具有开设容易、易管理、设备简单、保密性强等优点。采用的通讯仪器有:有线电话、短波电台、超短波电台,远距离还需要有微波中继干线。

图 5-4 两级辐射网络示意图

■为一线网主台 ●为一级网附属台二级网主台 ○为二级网附属台

(资料来源:郑焕能,1994,《森林防火》)

②节点网 节点网是节点电台(固定电台)构成的一种网络形通讯网络,又称横式网络。每一个节点电台覆盖一定区域,又称区域网。在网内允许有固定式、移动式电台存在。这种网络节点之间都可以相互联络,并为网内移动台转传信息和指令。该网络的优点是有很大的灵活性和较高的工作效率,任何一个电台中断,都不影响网络的功能。通讯仪器有短波电台和超短波电台。节点网适合于林业局内各林场防火办、外站、森警驻勤点、瞭望台之间的通讯组网,同时也适用于大型扑火现场通讯。

(2)网络通讯的联络方式 网络的通讯联络方式分为三种,即纵式、横式和纵横式。纵式通讯方式只允许主台与附属台之间的相互联络,是辐射网络的工作方式,通常用于指挥。横式通讯方式是网内各台均可相互联络,是节点网络的联络方式,一般用于各观测点、外站等之间的信息传递。纵横式通讯方式是主台同属台、属台与属台之间均可相互联络。通讯网络是辐射网和节点网的合成,即在节点网基础上,增加主台或中心台。这种网络功能全面、灵活、兼有上述两种网络的优点,故在实际中应用较广。

无线通讯特别适宜在森林防火中应用。但必须根据林区的地理环境、地势地貌、面积大小，以及财力、物力等条件，进行综合考虑，再结合短波、超短波、微波通讯的特点，因地制宜，选择适于本地区防火通讯方式科学地组网。

(3) 网络工作规则　通讯网络是多个电台构成，并有多个人在同时工作。所以，要求报务员掌握一定方法，并按照网络工作的操作规则，才能使通讯网络畅通，使其在防火和灭火中发挥其功能。

收话与发话。收话和发话是报务员要掌握的最基本的技能。收话是把其他电台传到本台的通话内容准确记录下来，并及时递交指挥员。收话时要按照通话要求和通话记录纸的格式一一登记，注明收话时间、传话台号、传话人姓名、收话人姓名，内容要听清抄准，字体准确工整。发话是把指令、信息、资料用语言方式传向另一个电台。发送话稿时，通常发两遍。发话速度要根据对方抄收能力而定。发话时要作到准确无误，尤其是时间、地点、名称、数字的发送，声音要求平稳均匀、清楚流利，要有通话稿，避免漏发。森林防火工作中多数使用单工电台，通话时只能处于收话或发话一种工作状态。所以，使用人员要熟练掌握单工电台的使用，以保证通讯的畅通。

主台和属台。在无线通讯网络中，一般基层电台为属台，而上一线电台则为主台。属台接受主台的领导。处于多级网络中电台具有主台和属台两种属性，对上级电台来说为属台，对下级电台来说则为主台。主台要同多个属台进行联络。所以，根据扑火指挥的需要和网络的特点，在收发话文时，必须遵守先急后缓、先主后次和全面兼顾的原则，时刻掌握各属台和动向，既要突出重点，又要照顾到各属台的需要，合理协调。属台是网络中的节点电台，承担上传下达的任务。无论哪一个属台联络不好，都会影响全网的工作。所以，属台要遵守组织纪律，服从主台指挥，以保证全网畅通，圆满完成通讯任务。

通播话和转话。通播话和转话是通讯网络中的传话方式。通播话是主台向其所属电台下传指令、传递文件的一种传话方式。通播话又可分定时通播和不定时通播两种。定时通播是在规定时间呼叫 1~3min 后不要属台回答即发话；不定时通播时间，通话时要求与属台沟通后发话。转话是在较远距离通讯时人工接力传话方式。网络内各电台都要密切协作，积极为其他电台转话。转话方法有两种，即先收后转和边收边转(接力转话)。转话时要说明替谁转和转给谁。

(4) 联络前的准备工作

①检查机器的工作状态。如各个旋纽、开关位置是否正确；频率是否准确；机器、天线及附件有无故障；电源工作是否正常等。

②与其他电台的联络方法。如呼号、频率、联络时间、工作关系、各台任务等。

③调整频率的清晰度。侦听规定频率附近的信号分布状况，尽量将发信频率调到规定范围内干扰最小的位置。

④整理好待发话稿，并做好收话准备。

⑤准备好照相器材，以便夜间工作时使用，并做好灯火管制的准备工作。

⑥在固定联络时间，应提前开机守听。

越级联络和加入友邻网是遇到紧急情况或临时任务时采用的临时工作状态。越级联络通常在话文内容重要、时间较紧情况下实施。联络方法：在已知频率情况下，使用短波电台调整频率直接进行远距离呼叫。报话员应沉着、积极设法沟通联络，将话文发出。加入友邻网是在临时工作需要的情况下实施。方法是离开本网，使用友邻网频率。这需要了解友邻网的情况，积极与友邻网电台配合，很好完成通话任务。离开本网前应通知自己的联络对象，工作结束后回本网要及时沟通联络。

5.4.2.3 森林灭火现场的移动通讯

森林防火中的移动通讯是在监测和林火扑救过程中通讯联络的重要手段。通讯器材多采用超短波电台(对讲机)，辅以短波电台或移动电话(可根据火场通讯接受情况来定)。在扑火中，随时反映火场动态，确保各级扑火指挥指令通畅。现场通讯对林火控制有着举足轻重的作用。许多国家的扑火实践证明，火场通讯的好坏，直接关系到扑火方法能否及时实施和火灾损失的大小。因此，森林灭火现场是组建森林防火通讯网络中的重要环节。

(1) 扑火现场通讯区域的构成　扑火现场通讯区域构成的基本要求是要覆盖整个现场。为了保证每个角落的通讯联络，扑火现场通讯区域构成的基本要求是要覆盖整个现场。与网络区域构成有关的因素有：电台的覆盖半径和网络的组成形状，这直接关系到话务密度的大小。由于电台覆盖半径与电台的功率大小有关，所以网络形状分为三角形、四边形、六边形三种。具体布局可根据现场地形、火场形状灵活采用。通讯区域构成在实际工作中可分为带状和大平面两种类型。

① 带状工作区域组网　这种组网形式一般用于火场区域比较狭窄的情况下，使用强方向性的定向天线组成网络区域，电台网络按纵向排列。而整个通讯系统网络由许多细长的通讯区域连接组成。这种带状扑火工作区域是使用区域网来实现火场通讯的。每个区域网是网络中的"基层"单位，增设主台，沟通区域网之间的联络。区域网内使用相同频率，机动灵活。适合中小型火场通讯组网。带状区域网络中的指挥信息是由各区域网主台接力传递的。带状组网的缺点是，一个区域网的主台发生故障，将影响部分电台的工作。

② 大平面工作区域组网　火场大多数形状是椭圆形，所以通讯组网要用大平面工作区域。根据地形条件，可采用三角型、四边型、六边型的网络形状。其网络构成通常是多级辐射状。一般火场用一线网即可，而大、中型火场或花脸火场可采用多级组网。在大平面区域组网中，电台采用单工异频机，主台与属台、属台与属台之间都可以通话，便于联络。应该注意的是，因扑火现场呼叫的随时性，容易产生碰撞现象而造成通信阻塞。要严格管理，统一安排频率，才能保证通话畅通。

(2) 移动无线电台(MSS)的越区转换　当林火发生后，火场形状和蔓延速度及方向受当地当时的气象因子和地形条件的影响，燃烧区域极不规则，因此，在扑火时，造成无线电台台址移动频繁。移动电台(MSS)有时与基地电台(BSS)的距离拉大，使得通讯信号减弱或中断，给扑火通讯带来问题和困难。所以，要认真研究和解决好网路中移动电台的越区转换问题，如根据火场的变化情况，科学地配置电台的功率，调整好信号的交叠区域，保持一定深度，确保火场通讯的畅通。在扑火现场越区转换有按地理位置切换和通讯质量比较切换两种方法。

①按地理位置切换　当持有移动电台的人，对扑火区域比较熟悉，并能够准确测定基地(节点)电台所在位置的时候，可在原联络的电台和前进方向的电台两个信号覆盖交叠区域的适当地点进行转隶切换，如图5-5。在不熟悉地区扑火情况或各电台位置不明的情况下不能采用这种方法切换。

②信号质量比较切换法　在电台(MSS)移动过程中，当与原联络电台的通讯质量下降到规定值时，应采用转换隶属关系的方法，使移动电台(MSS)适时地转入通讯质量高的区域工作。

如果在多区交叠处(AnBnC)，我们应根据移动电台的前进方向，测试出高质量的通讯区域，即进行切换。在扑火通讯中，无论需要哪一种转隶切换，移动电台都必须征得转隶的双方基地电台(BSS)的同意，否则不能转换。为保证扑火现场通讯网络正常工作，应尽量建立直通网，以避开越区转换问题。

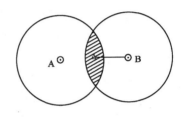

图5-5　移动电台越区转换示意图
△为移动电台　⊙为节点电台

(3) 森林扑火现场电台的设置　在森林扑火现场使用的大多是超短波(FM)电台，其传播方式是直射波，由于受周围环境(气候、地形)影响较大。有时场强形成明显谷点。在谷点，即使距离在覆盖半径内，也测不到对方信号。因此，扑火现场电台的位置设在何处十分重要。

①基地电台和火场指挥部电台　基地电台和火场指挥部电台一般位置相对固定，但距离火场较近(一般不大于10km)。为增大电台的覆盖面积，减少谷点，应选择障碍物少、地势较高、且能够直视火场的地点架设无线电台。同时，可将红旗当作标志，以利于火场各移动电台确定方位和距离。

②火场移动电台(MSS)　在山区扑火，地形复杂，应派经验丰富、技术水平较高的同志担任现场移动电台的服务工作。移动电台在与上级电台通讯中，必须充分利用FM电台的特性，恰到好处地使用无线电台。在复杂的地理环境中，选择较高的地点通话，最好能直观基地电台，从而保障扑火现场通讯的畅通无阻。

(4) 火场规模与通讯网络建设　由于林火发生的时间和气候条件不同，发现的早晚也不一样，使得火场规模也不同。火场面积可大可小，甚至跨越地区、省乃至国界，所以扑火通讯网络的组建差异较大。

①小火场通讯组网(一级组网)　当森林过火面积小于100hm^2，我们称作小火场。这类火场因发现得早，火烧面积较小，火势较易控制。通常本县(市、镇、局、场)用自己的力量能够扑灭，不需要外援。小火场的通讯组网形式应以本级平时使用的无线电通讯网为基础，临时架设火场指挥台、车载台和手持机，构成火场通讯枢纽，对上可加入到本级通讯网络，对下可指挥移动电台工作，完成扑

火指挥任务。利用平时网组织小火场通讯的优点是：(a)可加入平时网，各台互相熟悉，配合默契，忙而不乱；(b)可用手持机设移动通讯网，简便易行，携带方便，机动灵活；(c)火场网与平时网只通过指挥台沟通，上下不混，中间无阻。

②大火场通讯组网(二级组网)　当森林过火面积在 100~1 000hm² 时称为大火场。该类火场因发现较晚、火势猛，小火已酿成大火，难以控制，本县(地区)已无力扑救，需要毗邻单位、外系统或军队增援扑火，需要省、市、县级有关单位领导组成的前线联合指挥部统一指挥。大火场的通讯组网形式，是建立在小火场通讯组网的基础上，可在火场前线指挥部增设 1~2 部短波电台，与省、市指挥部、航站及有关部门建立联系。用超短波和短波电台相结合，组成大火场前线指挥部的通讯枢纽，担负火场对上对下及对各方面的通讯联络，统一指挥，有效地完成扑灭大火的通讯工作。

③特大火场通讯组网(多级组网)　当森林过火面积超过 1 000hm² 时称为特大火场。这种火场一般火势凶猛，林地火烧面积大，有时甚至跨过省界甚至国界，这就需要全省各行各业、当地驻军和外省(或邻国政府)有关部门的大力配合，积极扑救。火场前线指挥部对交通运输、物资供应、扑火调度实行统一指挥，最大限度地减少火灾损失。特大火场通讯组网的形式可按火场组网方式实施，但因火场面积大，参加扑火人员多、单位多，因而要根据实际情况增加电台、频率、网络的数量组建多级网络。这要求主台机器的频段要宽，功能强大，才能完成对所有参战单位自带电台的联络。

5.5　林火阻隔

为了防止林火的无限蔓延，将道路、河流、防火林带、防火线等相互联结，形成对林火的阻隔，我们把它叫做林火阻隔。因为利用上述措施能将大片的林区分成若干小片；一旦林火发生时，可将火场局限在一定范围内，起到阻火的作用。利用天然或人工开设的、在地面形成一定长度和宽度的、有阻火作用的屏障，即为森林防火阻隔带。

5.5.1　阻隔带

林火阻隔带分自然、人工和复合三种类型。

自然阻隔带指林、牧区的河流、道路、农田形成的阻隔带。

人工阻隔带指通过人工开设的阻隔带，包括生物和非生物两类。生物阻隔带有两种。林分阻隔带：利用原始林中最抗火的群落、次生林中具有抗火能力的阔叶树、人工林中的落叶松建立的阻隔；作物阻隔带：利用种植农作物、中草药等建立的阻隔带；非生物阻隔带：利用火烧，翻耕生土带等技术措施开设的阻隔带。

复合阻隔带指利用自然阻隔带的条件，加上其他人工技术措施的阻隔带。例如：公路、铁路一侧或两侧采用营造抗火树种或火烧加宽开设的公路、铁路阻隔带等。

森林防火阻隔带设置的原则、选择阻隔带的位置，要充分利用林区自然条件。可利用河流、沟塘、铁路、森铁、公路、集材道、林区城镇和村屯周围的裸露地面、林地与农田和草场毗连地段。也应考虑难燃林分、火险程度和主风方向的影响程度。必须在造林设计中规划好防火阻隔带。在新造的林地中，要根据山形地势留出防火阻隔带。阻隔位置不宜设在从山麓到山脊方向垂直的地段。造林留下的大面积树种镶嵌种植，即落叶松、红松、樟子松镶嵌种植或针叶林与杨桦蒙古栎天然次生林镶嵌。这两种类型中的落叶松和阔叶树是难燃树种，自然形成生物阻隔带，必须在阻隔网络充分利用。

(1) 道路网　不仅隔火，更是交通运输，搞防火机械化不可缺少的，路网密度也是衡量一个林区营林水平的标准，外国十分重视修建林区道路，北欧 6~8m/hm^2，日本 17m/hm^2，前联邦德国每公顷几十米，美国有的州达 170m/hm^2。黑龙江省森工系统平均 2m/hm^2，带岭林业局最高为 5m/hm^2。路网密度多大，才能满足森林防火最低需要？具体的计算是 5km×5km 的网络，路长 10km，即 4m/hm^2。在保证 50km/h 的车速和非异常气象条件下，可能做到"有火不成灾"。路网密度计算见表 5-10。

表 5-10　路网密度计算

格网状况(km)	格网面积(km^2)	路长(km)	路网密度(m/hm^2)
1×1	1	2	20
2×2	4	4	10
3×3	9	6	6.7
4×4	16	8	5
5×5	25	10	4
10×10	100	20	2

资料来源：北京林业大学，1989，《森林防火实用教材》。

假想起火点距扑火队的直线距离 40km（折线距离 55km），5km 的网格路线，乘车 64min 到达 53.3km 处，还剩 1.7km 到火场，约步行 0.5h（即乘车加步行共耗时近 100min），对火开始扑救，气象正常（3~4 级风），100min，火场延烧 5 000~10 000m^2，火场周长 250~400m，20 人 0.5h 可以控制。考虑到在扑救过程中，火场继续蔓延部分，预计在 1h 内可以全部扑灭。

带岭林业局已经做到有火不成灾，除了行政组织措施和摩托队搞好之外，就是路网已达 5m/hm^2，他们说只要专业人员不失职和天气正常，在辖区内任何地方起火都可以 40min 到达火场，一个小时内将火打灭。

(2) 防火林带　是生物防火工程的一部分，用阻火树种营造宽 30m 以上的林带，或者在营造大片针叶林的同时，每隔一定距离营造宽 30m 以上的阔叶林带。从营林的全局出发，如果能够针、阔隔带造林不仅有利于防火，还有利于病虫防治。营造防火林带既对防火有利，又是一项永久性工程，还可增加林木资源，应该大力提倡。目前，黑龙江省多用密植落叶松的办法营造防火林带，5年郁闭后，林冠下不再生杂草而起阻火作用。

(3) 防火线　顾名思义，防火线起阻隔林火和减少可燃物作用，开设方法常用机耕、火烧、割打、药剂灭除、爆破等，开设地段多为林缘、边界、树屯库房周围，道路河流两侧以及在大片林区内部连接河流、道路形成封闭网络。防火线宽度根据需要因地而异，一般不少于30m，火险大和"风口"部位要增宽到100~200m，火险不大的平缓林区公路两侧为防止柴油车喷火引燃杂草，在边沟外侧也要清除1m以上宽度的细小可燃物，质量标准是"用火点不着"，真正起到阻火作用。

5.5.2　绿色防火

5.5.2.1　绿色防火的概念

绿色防火指利用绿色植物（主要包括乔木、灌木及草本植物），通过营林、造林、补植、引进等措施来减少林内可燃物的积累，改变火环境，增强林分自身的难燃性和抗火性，同时能阻隔或抑制林火蔓延。这种利用绿色植物通过各种经营措施，使其能够减少林火发生，阻隔或抑制林火蔓延的防火途径即谓"绿色防火"。在某种意义上，绿色防火亦可称为生物防火。

5.5.2.2　绿色防火发展史

绿色防火（生物防火），早在20世纪30年代苏联在欧洲部分地区进行森林防火规划设计时，提出在针叶林或针阔叶混交林中营造阔叶防火林带，控制树冠火的蔓延和扩展。在40~50年代，日本曾研究行道树与公园阔叶树的分布与控制都市火灾的关系。60年代苏联和东欧等国选择抗火树种营造防火林带。70~80年代欧洲南部与美国关岛等地区，开始种植耐火植物带和阔叶树防火林带，控制森林火灾的扩展与蔓延。到80年代后半期，英国人工筛选几种新的微生物，能使枯草快速变为肥料，从而取代常规秋季计划火烧。

我国开展绿色防火比世界主要国家要晚些。新中国成立后南方有些国有林场，为了明确场界，在边界山脊营造阔叶树，后来发现这些阔叶树界标带具有一定阻火作用。在20世纪60年代我国南方有人提出以阔叶树防火林带取代铲草皮开设防火线，认为防火林带既能保持水土，又能防火，还能提高林地生产力，一举多得。80年代我国南方大面积营造防火林带，不断扩大阻隔网，有效地控制了森林火灾蔓延。并采用多种方法选择防火树种，有的采用现场点火的方法，试验防火林带的控火能力。1986年有人提出我国应开展生物与生物工程防火。之后，绿色防火向纵深方向发展，从而深入探讨防火林带的阻火机理。在北方提出了兴安落叶松可作为良好防火树种，从而改变了过去认为针叶树不能作为防火树种的片面认识。南方逐渐采用微生物减少可燃物的积累，提高森林的阻火能力。显然，生物工程防火已成为21世纪的发展方向。

目前，我国的绿色防火发展很不平衡，北方地区缓慢，南方各地区发展得较快。他们在林缘、山脚、田边、道路两侧营造各种类型的防火林带和耐火植物带。有乔木带、灌木带、乔灌混交带等。福建发展得更快，到1992年底，全省已有各种类型的防火林带2.5万km，他们逐渐从国营林场单位发展到集体林区；由零星分散的林带形成了闭合网络；由单一树种结构发展到多层次、多功能的综合防火体系。广东经过验收合格的防火林带有2.6万km。广西有1.15万km（不完全统计）。南方各省的防火林带建设到目前已经形成了一定的规模。目前我国的绿色防火已走在世界的前列。北方林区这项工作发展得较慢，最近几年开始对落叶松的阻火性能进行研究，以落叶松林改为阻火林，而对防火林带的性能、防火树种的筛选工作正在逐渐深入开展。

5.5.2.3 绿色防火的特点

（1）**有效性** 森林可燃物和适宜的火环境是森林火灾发生的物质基础。不同森林可燃物的燃烧性有很大差异，有易燃的、可燃的，也有难燃的。其中，易燃可燃物是最危险的，最容易引起火灾和维持火的连续蔓延。如林区的林间草地、草甸，多为禾本科、莎草科、菊科等草本植物，干枯后甚易燃，常常是火灾的策源地；再如林间空地、疏林地、荒山荒地等易杂草灌木丛生，易燃性大，常常引发火灾。为了防止火灾发生，其措施之一是减少森林中这些易燃可燃物数量。绿色防火措施可以实现这一目的。通过抗火、耐火植物引进，不仅可以减少易燃物积累，而且可以改变森林环境（火环境），使森林本身具有难燃性和抗火性，从而能有效地减少林火发生，阻隔或抑制林火蔓延。例如在南方林区由于山田交错，森林与农耕区、各村庄居民点之间相互镶嵌，人为火源多而复杂，只要遇上高火险天气，就有发生火灾的危险。除了加强林火管理以外，通过建设和完善防火林带网络，既可阻隔农耕区引发的火源，又可控制森林火灾的蔓延，把火灾控制在初发阶段。即使发生森林火灾，也可以把火灾面积控制在最小范围。如福建省尤溪、漳平等县的木荷防火带曾多次阻隔火灾。广西扶绥县红荷木林带11次有效地阻隔界外山火，闽北杉木林下套种砂仁，覆盖率达90％以上，地表非常潮湿，极难引燃。

（2）**持久性** 利用树木及其所组成的林分（带）自身的难燃性和抗火性来防治火灾，一旦具有防火作用，其发挥作用时间就能持续很长。例如，东北林区的落叶松防火林带的防火作用至少能持续30～40年，这是其他任何防火措施所不及的。灌木防火林带除见效快以外，亦能维持较长时间的防火作用。草本植物、栽培植物防火带与人类的经营活动密不可分，只要经营活动不停止，其发挥防火作用仍继续。如利用黄芪、油菜、小麦等野生经济植物和栽培作物建立绿色防火带，只要人们在带上从事其经营活动，防火带就能持久地起防火作用。

（3）**经济性** 选择具有经济利用价值（用材、食用、药用等）的植物（野生和栽培植物）建立绿色防火带，在发挥其防火作用的同时，还可取得一定的经济效益。据调查，内蒙古呼盟有些地区在防火线上种植小麦产量在4 500kg/hm² 以上，种植油菜可产油菜籽2 250kg/hm²，经济效益十分可观。对于每年进行收获的绿色防火线，其经营的植物不一定耐火或抗火，因为在防火期到来时，这些植物已收获，留下的"农田"即可作为良好的防火线。在防火线上种植农作物，秋季收获后即可作为防火线,直到春防经营活动开始,周而复始地发挥防火线作用。绿色防火的持久性不仅能够减少由于森林火灾而带来的直接经济损失,而且能够减少用于防火、灭火所需要的巨大投资。绿色防火的重要意义不仅在于减少森林火灾损失,而且它能够充分利用土地生产力,发展了林区的多种经济,增加了经济收入。1km 木荷防火林带,到成林主伐期,可产木材 90m^3,林带的枯枝落叶还可改良土壤,提高土壤肥力。山脚田边营造果树防火林带,避免了农民为增加农田光照每年在山边田头开辟荒地带,减少地力、劳力浪费。生土带防火时效短,一年不维修即失效,维修 1km 需投资 300 元以上。

(4) 社会意义　随着森林可采资源的不断减少,林区"两危"日趋严重,极大地影响了林区人民的生产和生活。目前,我国正在实施天然林保护工程,面临林业产业结构调整和下岗人员分流。而绿色防火工程可增加林区的就业机会,活跃林区经济,缓解林区"两危",改善林区人民生活。因此,绿色防火工程的开展具有重要的社会效益。

(5) 生态意义　绿色防火措施能够调解森林结构,增加物种的多样性,从而增加森林生态系统的稳定性;绿色防火线的建立,可以绿化、美化、净化人类赖以生存的生态环境。防火林带的建设,把山脊上的防火线、田边、路边、山脚下的空地都利用起来,提高了森林覆盖率,能保持水土,净化、美化环境,还具有经济效益,体现出森林的综合效益,多种功能。总之,绿色防火不仅是有效、持久、经济的防火措施,而且具有重要的生态和环境意义,是现代森林防火的发展方向。

5.5.2.4　绿色防火机理

(1) 森林可燃物燃烧性的差异　所有的生物都是有机体,也就是说是可燃物,都能够着火燃烧。生物有机体燃烧是绝对的,能阻火是相对的,是有条件的。

不同森林可燃物的燃烧性有很大差异。植物种类不同,有易燃的,不易燃的和难燃的差别。由燃烧性不同的生物个体组成的森林群落其燃烧性亦有所不同。比如,易燃烧植物与易燃烧植物组成的森林就非常易燃;而难燃植物与难燃植物组成的森林群落就构成了难燃群落。易燃植物和难燃植物构成的植物群落,其燃烧性大小主要取决于易燃或难燃成分的比例。

可燃物的燃烧性主要取决于其理化性质。包括:抽提物、纤维素(包括纤维素和半纤维素)、灰分等物质的含量及热值(发热量)、含水率等大小。抽提物、纤维素含量越多,热值越大,可燃物燃烧性愈高;相反,灰分含量和含水率愈大,可燃物越难燃,抗火与耐火性愈强。绿色防火就是利用可燃物燃烧性之间的差异,以难燃的类型取代易燃类型,从而达到预防和控制火灾的目的。

(2) 森林环境的差异　森林火灾多数发生在荒山、荒地、林间空地、草地等地段,这些地段一般多喜光杂草,在防火季节易干枯,易燃,而且蔓延快,常引起森林火灾。如果将这些地段尽快造林,由于森林覆盖,环境就会发生变化。林内光照少,不利喜光杂草丛生,同时气温低,湿度增大,林内风速小,可燃物湿度相应增大，不容易着火。

火环境是森林燃烧的重要条件，而林内小气候则是火环境的重要因素。表5-11说明，不同林分的日平均相对湿度、最小湿度都以火力楠纯林最高，混交林次之，杉木纯林最小；而日均气温、最高气温、日均光照强度都以杉木纯林最高，混交林次之，火力楠纯林最低。因此，从三种林分构成的小气候特点来看，易燃性以杉木纯林最大，混交林次之，火力楠纯林最小。

表 5-11 不同林分的小气候特征值

林分类型	杉木纯林	杉木火力楠混交林	火力楠纯林
日均气温(℃)	28.7	38.2	27.2
最高气温(℃)	32.9	31.4	31.1
日均湿度(%)	88	91	93
最小湿度(%)	80	86	86.5
光照强度(lx)	9 510	5 230	3 800

林分郁闭度影响林内小气候，影响可燃物的种类和数量，进而影响森林燃烧性。例如，我国大兴安岭林区的兴安落叶松林郁闭度差异很大，其燃烧性差异亦很大。郁闭度为0.4~0.5类型的林分，林下喜光杂草和易燃灌木多，林内小气候变化大，林内易燃可燃物容易变干，火险程度高。郁闭度为0.6~0.7的林分，林下喜光杂草和易燃灌木明显减少，但凋落物的数量明显增多，林内小气候较稳定，火险程度有所降低。郁闭度0.7以上的林分，林下几无喜光杂草和灌木，大量凋落物形成地毯状，林内小气候稳定，不仅火险程度低，而且有较好的阻火能力，是大兴安岭地区较好的天然阻火林。

(3) 种间关系　利用物种之间的相互关系，降低森林燃烧性。如营造针阔混交林，改变纯针叶林的易燃性，提高整个林分的抗火性能，同时还有的物种能起到抑制杂草生长的作用，减少林下可燃物，提高林分的阻火性能。

混交林树种间通过生物、生物物理和生物化学的相互作用，形成复杂的种间关系，发挥出混交效应。从阻火作用分析，由于树种隔离，难燃的抑制易燃的树种；从火环境分析，混交林内温度低，湿度大，降低燃烧性。针阔混交可增加凋落物，且分解速度快，并有利于各种土壤微生物的繁衍，提高分解速率，减少林下可燃物的积累，增强林分抗火性能。

有人对杉木火力楠混交林的燃烧性进行研究后发现，杉木火力楠混交林的林内日均相对湿度、地被物平均含水率、林分贮水量分别比杉木纯林高3%、7.66%、46.8%，易燃危险可燃物的数量和能量林分生物量与总潜在能量的比率分别比杉木纯林小8.5%、3.96%。火力楠的着火温度比杉木高27℃，具有较强的抗火性能。因此，火力楠混交林能够降低林分的燃烧性。

(4) 物种对火的适应　东北林区的旱生植物，在春季防火期内，先开花生长，体内有大量水分，不易燃烧，防火期结束则此类植物随之枯萎。生活在大兴安岭溪旁的云杉林，其本身为易燃植物，由于长期生活在水湿的立地条件下，而对其生境产生适应，在深厚的树冠下生长有大量藓类，阳光不能直射到林地，藓类又起隔热的作用，使林地化冻晚。1987 年"5·6"大火，林火未能烧入其林内，此类林分免遭了林火的毁坏而保存下来就是佐证。

上述诸多因素的相互作用、相互影响，是影响生物阻火的重要原因。生物防火是有条件的。生物阻火林带随着树种组成的不同，林带结构、立地条件以及天气条件的差异，其本身的阻火能力大小也不相同。可燃物是森林燃烧的物质基础，绿色防火的机理就是不断调节可燃物的类型、结构、状态和可燃物的数量，降低其燃烧性。

5.5.2.5 防火树种的选择

防火树种指能作为营造防火林带的树种。树种防火性能的好坏主要取决于树种的燃烧性、抗火性和耐火性（对火的适应性）。有些树种耐火性强，但抗火性不一定强。例如，桉树和樟树萌芽力强，火烧后易萌发，是耐火树种；但是它们易燃，不抗火。相反，有些树种虽然抗火性很强，但不耐火。例如，夹竹桃，枝叶茂密常绿，具有很强的抗火能力，但因其树皮薄，火烧后，常整株枯死，不是耐火树种。有些树种既具有较强的抗火性，又具有一定的耐火性。例如，大部分槠栲类和木兰科树种。但是，这些树种生长缓慢，育苗和造林技术要求较高，亦不宜作为防火林带树种。

(1) 防火树种选择的依据

①植物的燃烧性　燃烧性是指不同可燃物着火蔓延的难易程度，一般可分为易燃、可燃和难燃的三类。可燃物的燃烧性主要取决于其理化性质（如抽提物含量、纤维素含量、热值、灰分含量和含水率等）。选择时应根据燃烧难易和速度快慢等因素综合评价。植物体中抽提物和纤维素等物质含量越高，热值越大，越易燃，着火后易蔓延；相反，灰分物质含量越多，含水率越大，越不易燃，着火后蔓延迟缓。因此，在防火树种（植物）选择时，应选择那些体内难燃成分多的植物。

②植物的抗火性　植物的抗火性主要指植物抵抗火烧的能力。主要表现在皮厚、结构紧密、甚至坚硬、含水率大等方面，一旦遭受火烧，皮下形成层不易受到伤害，具有抵抗火烧的能力。植物的抗火性是由其生物学特性所决定的。因此，在选择防火树种（植物）是应尽量选择那些皮厚、结构紧密和含水率大的种类。

③植物的耐火性　植物的耐火性主要指火烧以后植物的恢复能力。植物的耐火性亦可为植物对火的适应性。主要表现在火烧后植物的更新能力，特别是无性更新能力的大小。火烧后能迅速通过萌芽等方式更新，说明树种具有较强的耐火性。植物的耐火性随种类不同而有很大差异。

④植物的生物学和生态学特性　植物的生物学和生态学特性，如形态结构，树冠疏密，叶子质地、树皮厚薄、自然整枝、萌芽力、耐荫性、耐湿性等都影响植物的抗火性和耐火性。应选择难燃、抗火、常绿、树冠浓密、适应性强、生长

快的作为防火树种。另外，还应考虑种源丰富、栽植容易、成活率高、速生等树种特性。

(2) 防火树种的选择方法

①形态判断　根据树种的形态判断树种是否抗火或耐火。树种是常绿还是落叶，树皮的厚薄，枝条的粗细度，树形的紧凑性，萌芽特性，适应性等，推断树种的耐火性和抗火性以及作为防火树种的可能性。对当地主要树种的防火性和造林学特性有较全面的了解，尽可能挖掘当地树种作为防火树种。

②火烧测试法　为了检验一个树种的抗火性，可以直接进行点烧，测定燃烧时间、火焰高度、蔓延速度，树种被害状况及再生能力等。这种方法需要几次重复，并应在防火季节内进行。如果不需要观察树木的再生能力，可以将树或主枝砍下，插植在某处进行火烧。砍下的树或枝，必须立即试验。试验时还要记录树高、冠幅、地位、质量、当时的气温、湿度和风速等。本法的优点是可靠性大，缺点是不方便，工作量大。

③火场植被调查法　从历年的火场植被调查中判断，树种的抗火性和耐火性。此法的优点是简单易行、就地取材、容易掌握。缺点是火行为和火环境往往不是很清楚。所调查的耐火或抗火树种，可以作为进一步研究的基础。

④实验测定法　在火场调查的基础上，对备选树种进行室内分析，主要研究对火最敏感的树木的枯落叶、树皮、小枝和叶片。测定的指标有含水率、疏密度、粗细、树叶的厚薄和质地、表面积/体积比；挥发性物质含量、发热量、灰分物质的含量、燃点等。根据测定的数值来判定树种的防火性。这个方法使对树木的防火性研究从定性进入定量，可靠性大大提高。

⑤综合评判法　陈存及等(1988)应用模糊数学的方法，对树种的燃烧性(含水率、含脂量、挥发油含量、二氧化硅、灰分、着火温度、热值和燃烧速度)，生物学特性(叶片厚度、叶面积指数、树皮厚度、树冠结构、自然整枝状况)和造林学特性(种苗来源、造林技术、更新能力、适应性)进行综合评价，划分等级。在此基础上进行多目标决策，建立防火树种选择综合评价的数学模型。此法全面、客观、可靠性大。但权重分配带有一定的主观性。

植物阻火层次分析法　郑焕能等提出植物阻火层次分析法。影响生物燃烧性可以划分四个层次：一是可燃物阻火性；二是树种阻火性；三是林分阻火性；四是可燃物类型(生态系统)的阻火性。生物阻火层次分析法，是一种植物防火的研究方法。利用该法，对树种可燃物的理化性质进行分析比较，依据树种生物学特性和生态学特性，选择防火树种，可对不同组成、结构的树种的阻火能力进行定量评估；可对林区的主要可燃物类型，进行火性状分析，对不同可燃物的燃烧性进行排序，划分不同可燃物类型的火险等级。

(3) 我国防火林带可供选择的树种

①北方林区

乔木：水曲柳、核桃楸、黄波罗、杨树、柳树、椴树、榆树、槭树、稠李、落叶松等。

灌木：忍冬、卫矛、接骨木、白丁香等。

②南方林区

乔木：木荷、冬青、山白果、火力楠、大叶相思、栓皮栎、交让木、珊瑚树、茴香树、苦槠、米槠、构树、青栲、红楠、红锥、红芪油茶、桤木、鳖蒴栲、闽粤栲、杨梅、青冈栎、竹柏等。

灌木：油茶、鸭脚木、柃木、九节木、茶树等。

5.5.2.6 绿色防火主要技术措施

(1) 防火树种、灌木、草本及栽培植物的选择与培育 根据植物的理化性质、生物学及生态学特性等对火的适应，选择出一些耐火抗火能力强的树种、灌木及草本植物。目前，我国已完成了全国生物防火林带规划，并初步确定了一些防火树种，如南方的木荷、火力楠、苦槠、桤木、杨梅；东北的落叶松、水曲柳、黄波罗、核桃楸、钻天柳、甜杨、毛赤杨等；防火灌木，如茶树、柑橘、红瑞木、暴马子、稠李、山丁子、蒿柳等。

(2) 迹地造林 采伐迹地、火烧迹地、荒山荒地等常常是灌木、杂草丛生，易燃性很大，是森林火灾的策源地。如不及时造林，火灾隐患很大。造林时要适当选择那些燃烧性低，耐火、抗火性强，且具有一定经济利用价值的树种或灌木与目的树种混交、块状混交或条状混交。从造林一开始不仅考虑其将来的经济利用，而且要考虑到将来的森林防火。

(3) 林中空地、疏林地等抗火耐火树种、灌木的引进 林中空地、疏林地等林木稀疏，空地或林下生长的茂密的易燃性杂草或灌木，很容易发生森林火灾，或一旦发生火灾极易连续蔓延。因此，在这些地段引进一些难燃、抗火、耐火树种、灌木，可以改变森林的易燃结构，减少易燃可燃物的积累，增强林分自身的难燃性和抗火性；同时，在发生火灾后能抑制或延缓火灾蔓延。

(4) 现有次生林改造防火林带(分) 次生林多林冠稀疏，林下杂草灌木较多，林分易燃性高。这类次生林如再采伐或火烧，林相进一步破坏，易燃性随之增高，火灾隐患大，易发生森林火灾，而且一旦发生火灾难以扑救。对于这些近居民区的易燃次性林，可通过改造，增加其林分自身的难燃性和抗火性；改造方式可在林内、林缘按一定规格营造抗火耐火性强的树种或灌木；或在林缘建立经济植物、作物防火带，一方面增强了林分的难燃性和抗火性；另一方面，所建立的绿色防火带能有效地阻隔或抑制林火相互蔓延，为扑火创造时间，使发生的火不会酿成火灾。

(5) 现存人工林的抗火抚育 随着森林大规模的开发利用，人工林面积与日俱增。人工幼林多容易着火，而且多为大面积针叶纯林，一旦着火常常形成树冠火。对这些林分除了进行整枝、抚育伐、卫生伐等措施，清除部分林内可燃物外，还要在林内引进阔叶树，或在人工林周围营造防火树种，实现林内或林间混交，这样可减少易燃物的积累，间断易燃可燃物的连续分布，增强林分的抗火性，从而达到抑制林火蔓延，减少大面积森林火灾发生之目的。

(6) 营造绿色防火线 选择适宜的防火树种，在林缘、铁路、公路两侧、林区村镇周围等营造防火林带。防火树种一般要求生长快,树叶茂密,含水量大,这样才能起到绿色防火线的作用,能有效地阻隔林火,特别是树冠木。上述地段亦可营造灌木防火带,或乔、灌混合型防火林带。另外,还可建立野生经济植物、栽培植物、作物带等。

(7) 建立结构合理的林农间作防火体系　我国有很多林农交错区,而这些地区由于人类活动频繁,常引起森林火灾。因此,林区的林缘,道路两侧,宜农的林间空地,开垦的防火线等地种植粮食、油料、蔬菜或其他经济作物;或种植具有开发利用价值的野生食用、药用植物,这不仅有利于活跃林区经济,增加就业机会,缓解林区"两危",而且这些地段均可作为良好的防火线,能有效地阻隔林火蔓延。可谓一举多得。

5.5.2.7　防火林带的营造技术

(1) 营建防火林带网络

①设计原则　防火林带布局一要遵循整体优化原则,做到总体规划,分期实施,形成逐级控制,高效多功能的"闭合圈";二要坚持区域分异,因地制宜,分类指导,适地适树原则;三要坚持生态经济原则,防火和经济效益兼顾,以较少的投入获得最好的效果。

②网络等级和区划　防火林带的网络不宜做统一规定,就该根据当地的总体规划设计,统一规定阻火网络(阻隔系统),采用封闭的原理,使森林火灾的发生发展控制在一定的范围之内,把火灾损失降到最小。可以以县为总体,以乡(镇)、林场为一个网络区,通过林带网将行政区、林权界区、经营者有机地结合起来,还要包括天然的障碍物(道路、河流)等。根据不同林区、山区的特点来拟定网眼的大小,有计划有步骤地实施。

有人曾提出:重点林区以县(林业局)为一级网络区,控制受灾面积在1 000hm^2以内的重大森林火灾;乡(林场)为二级网络分区,控制受灾面积在100hm^2以内的一般森林火灾;三级为网络小区,受灾面积控制在10~50hm^2以内。

③防火林带类型与配置　按照1995年8月林业部颁布的《林业部关于编制＜全国生物防火林带工程建设规划＞有关问题的通知》的规定,防火林带的类型按功能分为主林带和副林带。主林带为火灾控制带,副林带为小区分割带。按经营类型分为培育提高型(对原有防火林带采取措施提高其质量和效能而建成的防火林带)、改建型(宜林土带改建成的防火林带,新规划的林带为有林地而通过伐掉非目的树种的措施改造培育的防火林带)、新建型(在宜林荒山新造林形成的防火林带、风景防火林带和其他防火林带等)。按设置的位置可分为山脊林带、山脚田边林带、林内林带、林缘林带、道路林带、居民点周围林带、溪渠林带等。

防火林带宽度以满足阻隔林火蔓延为原则,一般不应小于当地成熟林木的最大树高。主林带宽度一般为20~30m,在容易发生大的森林火灾的东北、内蒙古林区,可增宽至100m。副林带宽度一般为15~20m。陡坡和狭谷地段应适当加宽。

根据林地条件，防护要求等，本着因地制宜和适地适树的原则，防火林带应布设于下列地区：各森林经营单元（林场、经营区等）林缘、集中建筑群落（居民点、工业区等）的周围和优质林分的分界处；边防、行政区界、道路两侧和田林交界处；有明显阻隔林火的山脊、沟谷和坡面；适于耐火树种生长的地方。

（2）防火林带的结构　防火林带的结构包括水平结构和垂直结构，其主要功能有三个方面：遮荫、截火和降风。防火林带网络结构决定了网络的功能，只有网络结构最优化才能最有效地阻隔林火蔓延。因此，防火林带规划布局、宽度、树种组成、配置、层次结构，网络面积大小都要服从于网络结构整体优化这一基本原则。并使网络构成面积大小不等的多级系统逐级控制的闭合圈。

防火林带的垂直结构是指林带树冠在垂直空间的分布格式。一般有单层结构、复层结构与多层结构三种类型。林带的垂直结构状态影响到阻火能力。目前的防火林带多数为单一树种组成的单层结构纯林，在一定程度上削弱了阻隔林火的功能。因此，应充分考虑林带所处的位置所起的作用来选择树种组成和垂直结构。

防火林带的结构也不宜统一模式，而要根据各地区的地理条件、气候类型和林分情况采取有本地特点的结构。不应该用模式来套，采取一刀切的办法。

（3）防火林带的营造技术

①树种选择　防火林带营造得好坏，能不能稳定持续地发挥作用与树种选择直接相关。营造防火林带时要妥善处理防火树种与被防护树种的关系，乔木与灌木的关系，混交林带与纯林带的关系。正确选择适宜本地生长的、枝叶茂密，生长迅速，郁闭快且耐火性能强的树种。比如在南方崇山峻岭、人烟稀少的山区选择高大常绿乔木树种为主；中低山区在发展乔木树种的同时适当经营油茶、杨梅、酸枣、茶叶；在低山和丘陵地区集约经营有目的培育果树经济林。

②树种配置　为了使防火林带具有理想的结构和断面形状，可依据树种的生物学特性对林带进行合理的配置。营造的防火林带通常以单一树种为主，但在特定环境中因害设防，采用混交。混交方式有带状混交和块状混交等。山脚田边经济林木尽量采取混交套种方式。混交方式有利于形成紧密型的树冠垂直结构，例如，木荷带两侧各种较耐荫的杨梅，可使林带两侧树冠形成立体分布，增强抗御火灾的能力。

③营建方法　分人工植苗造林和天然阔叶林改造两种。人工植苗造林按常规造林方法。天然阔叶林是通过抚育间伐和卫生伐，使林带形成多树种层次的紧密结构，通常是利用山顶山脊（山帽）残存的阔叶林，经过抚育改造后加以封山育林。林中空地密度不够则加以补栽补种。

④林带密度　根据防火林带的类型，树种组成，树种生物学特性和立地条件确定。合理的密度可提高防火性能和充分利用土地。根据我国南方经验，防火林带的栽植密度比用材林略密，比防护林略稀；副带比主带密；生长慢的树种比生长快的树种密。在同一条林带，中间密度小，两边密度大。南方部分防火树种林分的适宜密度见表5-12。

表 5-12　南方部分防火树种造防火林带的适宜株行距和密度（杨长职）

树种	株行距 (m)	密度 (株数/km²)	树种	株行距 (m)	密度 (株数/km²)
木荷	5×6、5×5	3 450~4 140	油茶	7×7	2 100
竹柏	6×6	2 280	杨梅	10×10	1 035
青冈栎	6×6	2 800	金橘	3×3、10×10	1 035
相思树	3×5、3×3	6 900~11 505	棕榈	5×5	4 140
火力楠	5×6、5×5	3 450~4 140	柑橘	10×10	1 035
闽粤栲	6×6	2 800	柿树	10×10	1 035
杨梅	7×7	1 830	茶树		75 000
青钩锊	6×6	2 880			

⑤造林整地　防火林带造林一般沿山脊、山坡、山脚田边延伸，线长面窄，林地分散，地况复杂，有的地段是杂草丛生；有的地段是现有林；有的是岩石裸露，土层较薄，不能采取炼山清理，比较费时费工。山脚田边杂草较多，可采取分散堆烧。

⑥整地规格因地域和树种而异　我国南方部分树种的整地标准一般为穴长×宽×深为 60cm×40cm×40cm；果树通常为穴长×宽×深为 100cm×100cm×60cm。对于果树林带来讲，为确保果树郁闭后既不影响粮食作物生长和收成，又不遗留荒芜地段，在靠山垅田的边行应留一定的距离。

⑦栽植要求　要严格按照造林技术规程进行造林，保证质量。要抓紧有利的造林季节，及时造林，且要保证良种壮苗上山。采用穴植法时，要做到苗正根舒，栽植深度适宜，打紧踏实。

(4) 防火林带的科学管理　新建的防火林带加强抚育管理是保证快速见效的关键。我国南方早在 20 世纪 70 年代着手营造防火林带，有一部分已郁闭成林，发挥了防火效益。然而，部分由于规划设计不当或缺乏科学抚育管理，致使林带防火价值不大。因此，在合理设置防火林带的同时，加强集约经营管理是十分必要的。

①郁闭前的抚育　为了使防火林带尽早郁闭，造林后应逐年进行幼林抚育。

补植：造林检查后凡保存率低于 95%，并且苗木分布不均匀的地段都应在造林后第二年进行补植。

促进生长：造林当年的抚育对苗木的成活及生长影响颇大。苗木在栽植后处于缓苗阶段，此时苗木若再生不出大量的新根，则会在放叶后至高生长初期很快枯死。除利用高活力苗木、造林时仔细整地外，造林后要立即进行土壤管理（扩穴、培土、灌水和除草），创造根系生长的土壤环境条件（通气良好、湿润、地温较高）。土壤水分状况直接影响造林初期根再生和后期苗木生长。研究证实，在正常条件下水分逆境影响苗木生长量的 80%~90%。所以同时，加强土壤水分管理，尤其是在干旱年份，是十分必要的。

多种经营：林带在郁闭前，其内光照充足，杂草繁生。在有条件的地段可开展林农间作，以充分利用土壤及气候资源，抑制杂草优势，增加林带的多种经济效益。

林带保护：林带保护主要是预防病虫和火灾的危害。其中，预防火灾是林带保护的重点。林带防火主要措施是在阻火林带的内侧开设防护带（种植农作物、药材或果类等）和清除林带内杂草。

②郁闭后的抚育　林带郁闭后应落实专人分段管理，并监测其防火效能。成林后要及时修枝、清除死枝和枯死木，每年在防火季到来之前应清除林下杂灌木和草类。

③林带的更新　当林带的主要树种进入衰老期，防火效益显著下降以及林木达到成材标准，需要采伐利用时，都应因地制宜，适时更新。

营造防火林带是件不容易的事，且林带的设置多布局在山脊、山坡、山冲等环境恶劣的地段，应当使林带保证有较长的受益年限，不要轻易采伐。

防火林带的更新应逐步进行，先衰老的先更新，确保防火林带在老龄林伐后新龄林长起之前的防火功能不致间断。

5.5.2.8　改造现有林为阻火林

（1）改造现有林为阻火林的意义　我国许多林区交通不发达，阻火林尚未建立，改现有林为阻火林对有效地控制森林火灾蔓延具有十分重要的意义。具体表现在以下几个方面：

可提高现有林的阻火、抗火性能，使现有林免遭森林火灾的危害。

不断扩大森林覆盖率，有利于开展森林立体经营和综合经营，有利于发展生态林业。

有利于发挥植物资源和树种繁多的优势，充分发挥自然力，提高生物防火的功效。

有利于实现"预防为主，积极消灭"的森林防火方针。因为这一项加强森林防火的基础工作，阻隔网的建立有利于控制森林火灾的蔓延和扩展。

有利于发挥我国劳动力丰富的特点，大力开展生物防火，改造现有林为阻火林，符合我国国情，是一条具有我国森林防火特点的道路，对山区脱贫致富，繁荣经济和森林防火工作的深入开展有利。

（2）改现有林为阻火林的措施

①改现有林为阻火林的林分应具备的条件　由难燃又具有一定抗火和耐火能力的树种组成；具有0.7以上的郁闭度；林中站杆、倒木、杂乱物少；林地易燃杂草和灌木较少。

②改现有林为阻火林的主要措施

清理林地。对被选为阻火林带的林内的站杆、倒木、风折木、大枝桠和林内杂乱物应及时清除运出，也可在用火安全季节在林中空地上点烧。

清除易燃杂草和灌木。在阻火林带内生长的易燃杂草和灌木是较危险的引火物，如不及时铲除，就会降低阻火林带的阻火能力。铲除的方法很多，如在非防火期进行火烧、喷洒化学除草剂、人工打割或机械进行翻耕均可。

抚育伐。在阻火林带内应伐掉易燃树种，在密集树群中应进行抚育采伐，伐掉生长落后的病虫害木、濒死木，改善阻火林的生长环境，促进保留木迅速生长，以提高林分的阻火功能。

补播补植。在比较稀疏的现有林中，应及时补播补植，提高森林郁闭度；或增加地带性顶极树种的比例，保持森林稳定性；其次在现有林中选植一些难燃植物，最理想的是种植既阻火又有一定经济收入的植物。

阻火林带的保护。应选择一些既耐火又有收益的灌木和植物，栽植在阻火林内，保护现有阻火林，同时能控制易燃性杂草的侵入。

总之，上述改造现有林为阻火林的措施应根据林网不同来选择，这将会促进林区综合阻火林网的尽快实现。现有林改为阻火林后根据现有林的情况而进行。为此，应先对不同类型现有林进行典型设计，然后进行实施。

(3) 改造不同现有林为阻火林的方法　我国现有林有三类：一类是原始林和过伐林；二类是次生林；三类是人工林。

原始林和过伐林区的现有林的特点是：地处偏远林区，人烟稀少、交通不便，林下有大量杂乱物，森林郁闭度大，一般不易发生火灾，而一旦发生就容易酿成特大火灾。在可能的情况下将这类现有林改为阻火林。具体地说，应着重进行林地清理，将大量杂乱物从林内清理出来，就去除大量危险可燃物，又改善林内卫生状况。其次应及时更新，增加密度，增加森林阻火能力。但是，在原始林地区进行现有林改造防火林难度较大，应量力而行。

在大面积次生林区，由于林相稀疏，多易发生火灾。在改为阻火林时，应及时清除林中空地上的易燃杂草和灌木，同时不断补种阻火树种，增加密度，改善次生林的结构和组成，形成良好的森林环境，增强大面积次生林的阻火能力。

在大面积人工林，包括果树林和特种经济林，应加强森林抚育，及时清除濒死木，生长落后木和病虫害木，调节森林结构，减少可燃物积累，提高林分阻火能力。此外，在易燃人工林两侧建立生物阻火带，以保护人工林免遭森林火灾危害。对果树林和特种经济林，加强林地管理，清除杂草，及时施肥，促进生长发育，提高阻火能力。

5.5.2.9　绿色防火中存在及亟待解决的问题

(1) 认识问题　关于绿色防火措施，通过国内外，特别是我国南方木荷防火林带，东北的落叶松防火林带，内蒙古呼伦贝尔盟的经济作物防火带等均证明，绿色防火是一项切实可行的防火措施。但是，至今仍有相当一部分人认为"什么林子都着火"。的确，在特定的条件下，任何森林都可能着火，何况"火大无湿柴"。而我们讲的绿色防火是利用植物燃烧性之间的差异，并通过各种经营措施使其能够减少林火发生，阻隔或抑制林火蔓延。因此，对绿色防火的有效性不可持怀疑态度。另有人认为绿色防火确是一项有效的防火措施，但遗憾的是见效太慢。甚至有人讲"在我们的有生之年也许不会见到效果"。绿色防火有些的确周期比较长。比如东北的落叶松防火林带，其发挥防火作用至少在 15 年以后，而在此之前林带不仅不能防火，而且幼林本身易燃，还需要防止火灾。但是，林带一旦具有防火功能，其发挥防火效能的时间将会持续很久，至少 30～40 年。而且有些绿色防火措施并不需要较长时间才能发挥作用。比如现有林改造防火林带或抗火林分，防火灌木带，经济植物、作物栽培防火带等均可在短期内见效。因此，开展绿色防火亦要消除见效慢的思想。

（2）实施问题　绿色防火从某种意义上讲并不是单纯的林、农经营活动，而是一项系统工程。它涉及多学科、多部门。因此，绿色防火实施必须解决如下几个问题：

①营林部门与防火部门的横向联合　绿色防火防火措施中的营林、造林、补植等活动均由营林部门负责，防火部门只负责预防和扑救火灾，两者不相衔接。因此，要开展绿色防火必须营林与防火部门"联合办公"，即现在的营林措施和将来的造林、营林规划方案必须由营林和防火部门共同研究制定，并由防火部门负责监督执行，这样绿色防火才能落到实处。

②林业与农业的横向联合　林、农交错区是火灾多发区，也是开展绿色防火的有利地区。但是，两者如不密切配合，不仅绿色防火搞不好，就是火灾问题亦不易解决，即农业生产活动常常引起森林火灾；森林防火亦影响当地的农业生产活动。相反，林业、农业如配合默契，不仅能大大减少农业生产活动而引起的森林火灾，而且绿色防火亦能顺利地开展。因此，靠近森林的农田的经营活动必须在林业（防火）部门的监督指导下进行。特别是林缘防火线，林间开垦的防火线、近林农业等所种植的作物种类和经营方式，必须与绿色防火相符合。比如，在这些地段最好经营些地上部分全部回收的作物，如小麦、大豆、蔬菜、药材等，而且不宜种植玉米等高秆作物。

③生产部门与科研部门的横向联合　绿色防火的规划方案和实施需要有科研单位参加。因此绿色防火涉及混交林，耕作的重茬、迎茬，各种植物的病虫害转主寄生等一系列问题，只有在科研人员的指导下方能很好地完成。

④绿色防火要求集约经营程度较高　过去林业单一的木材生产，农业单一的粮食生产的粗放经营已不适应现代集约经营的生产方式。而绿色防火正是在这种集约经营基础上方能进行。随着林区，林区多种经营、立体开发等集约经营水平较高的生产经营将日趋完善。人们认识也逐渐由"大木头"转向"小山货"等林副产品经营。因此，在这种形式下开展绿色防火有其物质基础。

5.5.3　黑色防火

5.5.3.1　黑色防火概念

黑色防火指人们为了减少森林可燃物积累、降低森林燃烧性或为了开设防火线等而进行的林内外计划烧除。因为火烧后地段呈黑色，且具有防火功能，故形象地称其谓"黑色防火"。

5.5.3.2　黑色防火的特点

（1）有效性　在防火期前选择适当的点烧时机和点烧条件，在林内外进行计划烧除，一方面能减少可燃物的积累，降低森林燃烧性；另一方面，火烧过的地方可作为良好的防火线或阻火林，实践证明，黑色防火确是十分有效的防火措施。

（2）速效性　利用火烧开设防火线或搞林内计划烧除，其防火功能见效快，且效果好。火烧过的地方当时即可作为防火线。但从某种意义上，黑色防火缺乏持久性。春季利用火烧开设的防火线，只能在春防期间发挥作用，到秋季就会失去防火功能，或防火效果大大下降。这恰恰与绿色防火互补。因此，研究如何利用黑色防火与绿色防火这种互补性，充分发挥两种措施长处，避其短处。

（3）经济性　实践证明，利用火烧开设防火线比利用机耕、割打、化除等方法均优越。一是速度快，二是经济。利用火烧防火线费用较其他方法开设防火线降低至几十之一，甚至上百之一，真可谓"经济实惠"。

（4）生态影响　定期林计划火烧，除减少可燃物积累，降低森林燃烧性，具有良好的防火功能外，从另一角度讲，火烧加速凋落物的分解，增加了土壤养分，有利于森林的生长发育，从而维持森林生态系统的平衡与稳定，有其重要的生态意义。但是，无论林内计划火烧，还是林外火烧防火线，都要根据植被类型、立地条件等研究其用火间隔期。决不可以每年都进行火烧，这样会改变森林环境，使其朝干旱的方向发展，对今后的森林更新与演替均不利。因此，对于黑色防火来讲，首先要掌握其安全用火技术，另外还要研究用火间隔期、用火时期（机），避免给森林生态系统，乃至人类的生存环境造成不良影响。

5.5.3.3　黑色防火措施

（1）火烧防火线　在铁路、公路两侧，村屯、居民点及临时作业点等周围，点烧一定宽度的隔离带，防止机车爆瓦、清炉，汽车喷火，扔烟头等引起火灾，阻隔火的蔓延。一般防火线的宽度在 50m 以上，才能起到阻隔火蔓延的作用。

（2）火烧沟塘草甸　在东北和内蒙古林区多分布有"沟塘草甸"（草本沼泽），宽几十米到几千米，面积很大。在大兴安岭林区约占其总面积的 20%。此类沟塘多为易燃的禾本科和莎草科植物，易发生火灾，是森林火灾的策源地。着火后蔓延速度很快，林区人常称其为"草塘火"。因此，常在低火险时期进行计划烧除。一方面清除了火灾隐患；另一方面火烧过的沟塘可作为良好的防火线，能有效地阻隔火的蔓延。

烧除沟塘常在以下几个安全期进行。

春融安全期。春季雪融化一块，点烧一块；秋末冬初第一、二次降雪后有转温的时段，有些地块雪融化，有些还存在积雪，点烧已融化的地段。此法亦谓跟雪点烧，非常安全。

霜后安全期。秋季第一次降霜后 3 天左右，沟塘杂草枯黄即可点烧。此时林下杂草仍呈绿色，火不会烧入林内。但是，为了确保安全，可在雨后或午后安全期用火。

霜前安全期。在夏末秋初，大约 8 月下旬至 9 月上旬，沟塘杂草仍呈绿色。此时对具有大量"老草母子"积累的沟塘可进行点烧。火不仅能烧掉"老草母子"，而且还能烧除正在生长的杂草。而且火不会上山，绝对安全。这种点烧只适用于当年未烧的沟塘。点烧时间不宜过早，否则会有新的杂草滋生，不利于翌年的防火。

(3) 烧除采伐剩余物　森林采伐、抚育间伐、清林等将大量的剩余物堆放或散落采伐迹地或林内。采伐剩余物是森林火灾的隐患，常采用火烧的方法清除。

堆清。在采伐迹地或抚育间伐林内，常将剩余物堆放在伐根或远离保留木的地方，堆的大小约为长 2m，宽 1m，高 0.6m，每公顷约 150~200 堆。通常在冬季点烧。一方面绝对安全；另一方面树木处在休眠状态，不易受到伤害。

带状清理。将采伐剩余物横山带状堆积，宽 1~2m，高 0.6m，长度不限。比堆积省力，在东北林区广泛应用。堆放时应尽量将小枝桠放在下面，大枝桠放在上面，有利于燃烧彻底。常在冬季点烧。

全面点烧。在皆伐的迹地上，为了节省开支，对枝桠不进行堆放呈自然散布状态。在夏季干枯后即进行点烧，亦可在秋防后期进行。我国南方的炼山多为此种烧除方式。

(4) 林内计划烧除　采用火烧的办法减少林内可燃物积累，不仅能降低森林自身的燃烧性，减少林火发生；而且还能阻隔或减缓林火蔓延。近几年来，我国东北和西南林区广泛开展林内计划烧除，并取得了良好的效果。林内计划火烧对降低易燃林分的火险非常有效，如东北林区的蒙古栎林、杨桦林、樟子松人工林等；西南林区的云南松林、思茅松林、栎林等。

5.5.3.4　黑色防火存在问题

(1) 认识问题　目前许多人对计划火烧还缺乏足够认识。特别是一些行政部门的领导，惟恐跑火而对用火持怀疑态度。某些不科学的用火经常导致森林火灾，更增加了林火管理部门的戒心。

(2) 科学性问题　计划烧除具有严谨的科学性。科学安全地用火才是计划烧除。而有些人或生产单位对计划火烧的科学性认识不足，或还尚未掌握用火的科学和技术就进行火烧或大面积烧除。多数计划火烧跑火都是由这种原因造成的，这不是"防火"、"用火"，而是"放火"。

(3) 管理问题　计划烧除是一项科学、严肃的工作，除了有用火的人员外，还必须有严格的管理程序，可以说计划火烧亦是一项系统工程，任何一个环节出问题，都将导致用火失败，甚至与用火背道而驰。

(4) 人员培训问题　目前真正能够从事计划烧除的人员并不多。打火经验丰富的人不一定能够从事计划烧除，用火过程中跑火现象也屡见不鲜。其原因是用火人还没能掌握科学用火。因此，重点培养一些真正能够从事用火的专业人员是必要的。

复习思考题

1. 林火行政管理的内容有哪些？

2. 林火预报的概念和类型。
3. 林火预报的研究方法有哪些？
4. 林火监测的方法有哪些？
5. 绿色防火与黑色防火的概念、特点、措施及存在问题。

本章推荐阅读书目

林火预测预报．邸雪颖，王宏良．东北林业大学出版社，1993
森林防火．郑焕能．东北林业大学出版社，1994

第 6 章　林火扑救

【**本章提要**】本章主要阐述扑救森林火灾的原理与方式方法。森林灭火可分为直接灭火和间接灭火两大类。具体方法包括飞机灭火、机械灭火、人工灭火、以火灭火、爆破灭火、化学灭火和人工增雨灭火等。

森林火灾扑救是森林防火工作的重要方面。《中华人民共和国森林法》第十七条规定："地方各级人民政府应当切实做好森林火灾的预防和扑救工作，发生森林火灾，必须立即组织当地军民和有关部门扑救。"《森林防火条例》第二十二条规定："任何单位和个人一旦发现森林火灾，必须立即扑救，并及时向当地人民政府或者森林防火指挥部报告。当地人民政府或者森林防火指挥部接到报告后，必须立即组织当地军民扑救，同时逐级上报省级森林防火指挥部或者林业主管部门。"根据上述规定，扑救森林火灾是各级人民政府和人民群众义不容辞的责任。因此，在我国一旦发生森林火灾都要积极进行扑救。

6.1　灭火原理与方式

灭火方式主要分为飞机灭火、机械灭火、以火灭火、人工灭火、爆破灭火、化学灭火、人工增雨灭火等。

6.1.1　灭火原理

6.1.1.1　燃烧三角形与灭火

森林燃烧必须具备三个要素，即可燃物、助燃物(氧气)和一定的热量。这三者构成了森林燃烧三角，如果彻底破坏其中任何一个要素，火三角就被破坏，燃烧就会停止。

森林燃烧的形成必须是火三角中的三个要素同时存在，缺一不可。而灭火最基本的原理就是彻底破坏火三角中的任何一个要素，就可以将火扑灭。

6.1.1.2　灭火的基本方法

(1) 冷却法　使用水泵、直升机吊桶作业、飞机洒水作业、喷化学药剂等手段，向火焰喷洒降温，使林火得到冷却，降低热量，破坏火三角中的热量这一要素，达到灭火的目的。

(2) 隔氧法　林火发生后，灭火人员沿着火线用铁锹或推土机向火线覆盖土，隔离燃烧三角中的氧气这一要素，使林火发展蔓延速度减慢或停止，达到灭火的目的。

(3) 隔离法　灭火人员利用工具、推土机开设隔离带或利用天然屏障为依托，点烧迎面火，破坏可燃物这一要素，达到灭火的目的。

6.1.2　飞机灭火

飞机灭火，是指利用固定翼飞机和直升机进行的各种灭火手段。它包括空中指挥、索降灭火、吊桶灭火、机降灭火和飞机化学灭火等。

6.1.2.1　空中指挥

空中指挥，是指挥员乘机侦察火场，制定灭火计划、布兵、指挥灭火的全过程。

在进行空中观察时，空中指挥员利用飞机飞行的高度和速度对火场进行全面、快速的观察和指挥。空中观察的目的是为了侦察火场全面情况，了解火场态势和火场周围环境，制定具体的布兵方案和灭火计划。空中观察具有观察火场情况全面、准确、迅速等特点。

(1) 空中指挥员的主要工作
① 确定火场位置。
② 侦察火场全面情况，掌握火场发展趋势。
③ 选择和确定降落点的位置及数量。(a) 降落点应选择在比较开阔的地带。(b) 直升机降落场地的最小面积为 60m×40m。(c) 火场面积大，火线距离长时，降落点的数量要相应增加。(d) 在保证人身安全的前提下，降落点应尽量靠近火线，这样有利于灭火、清理火场和发现复燃火。通常情况，机降灭火时的降落点与火线距离应不少于 300m。(e) 选择降落点时，要充分考虑扑火队伍的生活用水和烧柴等问题。(f) 布兵时，要充分考虑扑火队员的自身安全。(g) 各降落点之间的距离不宜过大，这个距离应以各队之间在 5h 内能够会合为最佳距离。
④ 制定机降灭火方案。
⑤ 确定布兵次序及实施布兵。
⑥ 适时进行兵力调整。
⑦ 做好各项指挥记录。
⑧ 及时向上级汇报灭火情况。
⑨ 检查验收火场。
⑩ 组织撤离火场。

(2) 空中观察的方法
① 确定火场概略位置　发现火情后，空中指挥员首先要记下发现火情的时间，并参照火场附近的点状、线状、面状的明显地标，或利用 GPS 判断火场的概略位置。如果火场的概略位置在国境线我方 10km 范围内，必须请示上级批准后

才可进行观察;如果同时发现多个火场,应本着先重点,后一般的原则逐个处理,这时要荒火后于林火,次生林火后于原始林火。

②确定火场精确位置 确认火情后,应立即参照航线上的明显地标,确定飞机的精确位置,并指令机长改航飞向火场。飞机改航时,应记下从改航点飞向火场的航向和时间,将新航向与原航向、偏流比较,并参照地标,画出改航点至火场的新航线。同时,要对正地图,对照地面,做到"远看山头,近看河流、城镇、道路,判断清楚",利用较远或明显的地标来引伸辨认出较近或不明显的地标,边飞边向前观察和搜索辨认地标,随时掌握飞机位置。当飞机到达火场上空或侧上方时,根据火场与地标的相对位置关系或利用GPS判断出火场的精确位置,并以火场中心为基准,用红色"X"符号标示在地图上(火场位置要用经纬度标示清楚)。然后,指令飞机在火场上空盘旋飞行,采取由远到近,由近到远的观察方法,反复观察对照实际地标和地图上的地标,对已定的火场精确位置进行校对。检查火场附近的实际地标与图上所标火场位置附近的地标是否相吻合。如果火场周围没有明显地标,应指令飞机飞向离火场较远的明显大地标,然后再次飞往火场进行搜索定位。也可根据改航后的时间、地速、航向、偏流,在图上画出航迹,按飞行距离初定火场位置,再根据火场附近的小地标确定火场精确位置。

③高空观察 确定火场的精确位置后,在能见度好的条件下,指令机长保持或提高飞行高度,增加视野内明显地标的数量,绕火场飞行,进行高空观察。(a)勾绘火区图:根据火场边缘和火场周围的地标位置关系,采用等分河流、山坡线的方法,利用图上等高线确定火场边缘。其中火线、火点、火头等有焰部分用红线、红点、红箭头标绘,无焰冒烟部分用蓝色标绘,已熄灭的火线用黑色标绘。起火点应特别注记。(b)观察火势,确定火场发展方向:火强度通常分为低强度、中强度和高强度三个等级。低强度火焰高度在1.5m以下,中强度火焰高度为1.5~3m,高强度火焰高度在3m以上。确定火场发展方向,主要以火头的蔓延方向为依据。火头在向前蔓延时,火焰会向火场外弯曲,烟雾会向火场外移动。(c)判定火场风向、风速:判定火场风向,主要依据观测烟雾飘移的方向。如烟雾向东飘移,说明火场风向是西风,向西南飘移,火场的风向为东北风。还可以根据火场附近的河流、湖泊的水纹,树木的摇摆方向来测定风向。判断风速,主要观测烟柱的倾斜度。烟柱的倾斜线与垂直线的夹角为11°时,火场的风为1~2级;如果烟柱倾斜达到22°,火场的风为3级;如果达到33°,风为4级,即每级之间相差11°。(d)补标地图:观察完火场周围的情况后,要在地图上补充图上没有标绘的道路、铁路、输电线路、居民区等,为灭火组织指挥提供参考资料。

④低空观察 高空观察结束后,要指令机长降低飞行高度,进行低空观察。低空观察的高度一般以能保证飞行安全和观察清楚为目的。低空观察的主要内容:(a)辨别林火种类(地表火的辨别:从空中观察,能看到地面枯枝落叶层、草类在燃烧,烟呈灰色,烟量较大。树冠火的辨别:从空中观察,会看到火在树干和树冠上燃烧,烟呈黑色,往往形成烟柱,风力小时,烟柱可高达1 000m以

上。地下火的辨别：从空中观察，类似于低强度地表火，烟量少。初发阶段的地下火，烟从整个火场上冒出。从空中观察地下火时，看不到火焰，只能看到烟）。(b)观察火场是否有扑火人员及其装备情况。(c)观察火场附近是否有机降条件及机降场地的数量，并标在地图上。

飞行高度与能见度距离关系见表6-1。

表6-1　飞行高度与能见度距离关系

飞行高度(m)	500	1 000	1 500	2 000
能见度距离(km)	25	37	48	60

(3)制定灭火作战方案　制定灭火作战方案时，在考虑火场各种因素的同时，还要重点考虑以下六个方面：参战人数和各降落点的人数；降落点的数量及位置；火场所需的灭火装备；火场布兵的次序；灭火所需的时间；应急措施及预备队。

(4)部署兵力　根据火线周长、林火强度来确定降落点的数量和所需的参战人数；根据风向、风速，决定重点用兵地段；根据不同的地形采取不同的战术；根据林火种类，确定灭火战略和灭火装备。

(5)机降布兵时，要向地面指挥员交代的有关事宜　灭火方向及重点用兵方位；灭火进度；灭火方式；接应队伍和带队人的姓名；本架次降落地的坐标；完成任务的时限。

(6)做好各项指挥记录　各队的机降时间；各队的机降位置；各降落点的人数及整个火场投入的总人数；各降落点的带队人姓名、职务、单位等；各部的任务及预定完成时限；各降落点装备的数量、种类、状态以及燃料情况等；各部的给养情况。

(7)及时向上级汇报情况

火场情况：火场面积；火场发展趋势；火场环境；火场发展速度；

兵力部署情况：各部的位置、人数及装备情况；各降落点的人数；火场投入的总人数；

灭火进度：各降落点的灭火进度；整个火场的灭火进度及形势；

未来天气形势。

(8)机降灭火布兵次序　布兵时，应遵循先火头后火尾，先草塘后林地，先重点后一般的布兵原则，通常采取一点突破或多点突破，分兵合围的战术。

一点突破、分兵合围战术，一般使用在小火场或在找不到更多合适的降落点时。多点突破、分兵合围战术主要用在大火场或机降条件较好的火场。分兵合围，是指各部机降到地面后，突破火线，兵分两路(特殊情况除外)沿火线扑打与友邻队伍会合或打到指挥员指定的位置。绝不允许未经请示半路撤兵。

①机降布兵次序　在通常情况下，要采取先火头后火尾的布兵次序，目的是要有效地控制火场面积。因为火头是整个火场蔓延速度最快的部位，火头蔓延的

速度越快，火场面积扩大得就越迅速。为此，控制火头是整个灭火中的关键所在，也是减少森林损失的重要一环。所以，要求空中指挥员在火场布兵时，一般情况下一定要遵循先火头后火尾的原则。

②在火场附近有草塘时的布兵次序　先从草塘布兵，然后再向林地布兵。这是因为：第一，草塘中绝大部分可燃物属于细小可燃物，其燃烧速度快于其他类型可燃物；第二，草塘中的可燃物接受日照时间长，比较干燥，火的蔓延速度快；第三，草塘与林地相比，空气流通好，助燃作用明显。这样，草塘火的蔓延速度快于林内的火，火顺草塘蔓延后，会沿着草塘的两侧山坡迅速向山上蔓延，形成冲火，迅速扩大火场面积。为此，布兵时要做到先草塘后林地。

③先重点后一般的布兵次序　每个火场都存在着重点部位或重点保护区域。因此，布兵时空中指挥员一定要根据火场周围的环境，分清轻重缓急，重点用兵，做到先重点后一般。

④大风天气的布兵次序　布兵时，如遇到五级以上的大风天气，必须抓住一切有利时机，运用机动灵活的战略战术先从火尾开始布兵，力争在当天对整个火场形成一次性全线合围。这是因为，这时如果直接先向火头布兵，可能会被火头突破防线，造成扑火队伍再去追赶火头的被动局面。这样，既消耗战斗员体力，难以赶上火头，贻误战机，又会给扑火队伍造成危险。如果向火头两翼布兵太晚，就不能完成当天对火场全线合围的任务；如果太早，火场可能会发生新的变化，也会造成灭火方案的失败。因此，在这种气象条件下，布兵时应先火尾再两翼，最后为火头。这样做的目的是为了使扑火队伍机降后能迅速投入扑火。布兵时，要根据火线的长度、扑火力量和火的强度来决定各部之间的灭火距离。沿火尾和两翼布兵后，机降到地面的队伍应沿火线以最快的速度灭火。空中指挥员应把战斗力强、作风过硬、能攻善战的队伍最后投到火头前方一定距离处。向火头布兵的最佳时间是太阳落山前的 $2 \sim 3h$。如果这段时间风力仍然很大，就应根据火头的蔓延速度，把扑火队伍投到火头前方一定距离处。扑火队伍到达指定地点后，要暂时休息，做好灭火前的一切准备工作，等到太阳落山、气温下降、风力减低、相对湿度增高、火势减弱、火头接近扑火队伍时，抓住这一有利战机，主动出击，一举歼灭火头。当火头前方有可利用的自然依托条件时，可先向依托物附近投兵，并向地面指挥员交待清楚任务和目的。地面指挥员一定要按照空中指挥员的意图组织扑火队伍迅速展开，利用依托采取火攻灭火战术，点放迎面火来增加依托的安全系数达到灭火的目的。扑火队伍将火头扑灭后，应兵分两路，沿火场两翼向火尾方向灭火，直到与友邻队伍会合，实现多点突破、分兵合围的战略目的。

⑤有阻挡条件时的布兵次序　如果火头前方有能够有效地阻挡火头的自然依托条件时，如河流、湖泊、沼泽地、大面积的耕地等，可采取先火尾后两翼的次序布兵，放弃火头。

布兵全部结束后，空中指挥员要对火场进行再次观察。主要观察内容：火场面积的变化；火势的变化；火场蔓延趋势；火场形状的变化。

根据火场的变化，空中指挥员要考虑是否对火场的兵力进行调整，或向火场增援兵力。

（9）火场发生特殊情况时的应急措施　火场发生特殊情况时，空中指挥员要及时采取应急补救措施。

通常情况，空中指挥员应及时通过电台指挥和了解火场情况，以便掌握火场态势。如果在夜间接到火场某处火势失去控制的报告，应及时在图上标定位置，分析火场的发展趋势，并给机场发次日天明后的飞行预报，落实次日早上的增援队伍。如果没有预备队或兵力不足时，也可对火场参战队伍作出调整。计划制定后，要及时通知将要参战的扑火队伍做好准备工作，并要求务必在 8:00 前完成新的扑火任务。在实施补救措施时，一定要向失控火线一次投足兵力，争取一次成功。

（10）做好火场的后勤保障工作　空中指挥员要根据指挥记录及时向扑火队伍运送给养、机具、燃料等，并负责接回重伤、病员。给养的供给应为 3 天一次，灭火机具和灭火燃料应及时保障供给。

（11）检查验收火场　林火被扑灭后，空中指挥员要乘机对火场进行检查验收。如发现问题应及时通知地面扑火队伍进行处理。

（12）组织撤离火场　指挥员接到火场各部的告捷电报后，应根据火场各段的实际情况并考虑风向、风速等实际因素，向各部提出不同的清理要求。

扑火队伍提出撤离火场要求时，指挥员要对火线进行检查验收，可确保不复燃时才可同意撤离火场。

如果个别地段存在危险，应命令该段扑火队伍限期彻底清理，并指出危险地段的位置。

撤离火场时的次序应是：按照布兵的先后次序接回，在接回扑火队伍前，应事先电报通知该扑火队伍做好撤离准备。

6.1.2.2　索降灭火

索降灭火，是指利用直升飞机空中悬停，使用索降器材把人和灭火装备迅速从飞机上送到地面的一种灭火方法。它能够弥补机降灭火的不足，主要用于扑救没有机降场地、交通不便的偏远林区的林火。

（1）特点

①接近火场快　索降灭火主要用于交通条件差和没有机降条件的火场，在这种地形条件下利用索降布兵，灭火人员可以迅速接近火线进行灭火。

②机动性强　(a)对小火场及初发阶段的林火可采取索降直接灭火。(b)火场面积大，索降队伍不能独立完成灭火任务时，索降队员可以先期到达火场开设直升机降落场，为扑火队伍进入火场创造机降条件。(c)火场面积大、地形复杂时，可在不能进行机降的地带进行索降，配合机降灭火。(d)大火场的特殊地域发生复燃火，因受地形影响不能进行机降，地面队伍又不能及时赶到发生复燃火的地域时，可利用索降对其采取必要的措施。

③受地形影响小　机降灭火对野外机降条件要求较高，面积、坡度、地理环

境等对机降都会产生较大的影响。而索降灭火受地形影响较小，在地形条件较复杂的情况下仍能进行索降作业。

(2) 主要任务　对小火场和林火初发阶段的火场采取快速有效的灭火手段；大火场，可以为大部队迅速进入火场进行机降灭火创造条件；配合地面扑火队伍灭火；配合机降灭火。

(3) 主要使用范围　用于扑救偏远、无路、林密、火场周围没有机降条件的林火；用于完成特殊地形和其他特殊条件下的突击性任务。

(4) 索降灭火的具体运用

①观察员　(a) 必须经过索降训练并能娴熟地掌握索降程序；(b) 检查索降设备，严格把关，一旦发现索降设备存有不安全因素，要立即停止索降作业和索上作业；(c) 实施索降作业和索上作业时，要系好安全带，确保安全；(d) 注意收听和观察索降队员随时做出的手势信号及报告的索降作业情况；(e) 熟练掌握规定的手势信号，对索降队员做出的手势信号能做出正确的判断，以保证索降队员的安全。

②索降队员　(a) 必须经过严格训练，能娴熟掌握索降程序及索降灭火基本知识；(b) 要听从观察员、机械员的指挥。没有观察员、机械员的指令，不许靠近机门，以确保飞机空中悬停平稳及防止人员落机；(c) 1号索降队员着陆后，要注意观察其他队员的索降过程，发现问题要及时报告或做出正确的手势信号，并负责解脱货袋索钩；(d) 必须熟练掌握和遵守规定的手势信号并能正确地做出手势动作；(e) 索上作业时，要与悬停的飞机保持相对垂直，并挂好索钩，避免起吊时因摆动过大，造成意外伤亡。

③索降在林火初发阶段及小火场的运用　(a) 索降灭火通常用于小火场和林火初发阶段，因此，索降灭火特别强调一个快字。这就要求索降队员平时要加强训练，特别是在防期内要做好一切索降灭火准备工作，做到一声令下，能够迅速出动；(b) 直升机到达火场后，指挥员要选择好索降点，把索降队员及必要的灭火装备安全地降送到地面。在进行索降作业时，直升机悬停的高度一般为60m左右，索降场地林窗面积通常为10m×10m；(c) 参战人员索降到地面之后，要迅速投入扑火。这是因为，火场面积、火势随着林火燃烧时间的增加会发生不可预测的变化，这就要求在进行索降灭火时，要牢牢抓住林火初发阶段和火场面积小这一有利战机，做到速战速决。

④索降在大火场的运用　在大火场使用索降灭火时，索降队伍的主要任务不是直接进行灭火，而是为扑火队创造机降条件。在没有实施机降灭火条件的大火场，要根据火场所需扑火力量及突破口的数量，在火场周围选择相应数量的索降点，然后派索降队员前往开设直升机降落场地，为扑火队伍顺利实施机降灭火创造条件。开设直升机降落场地的最小面积要求为40m×60m。

⑤索降与机降配合作战　在进行机降灭火时，火场有些火线因受地形条件和其他因素的影响，不能进行机降作业，如不及时采取应急措施就会对整个火场的扑救造成不利影响。在这种情况下，索降可以配合机降进行灭火。在进行索降作

业时，要根据火线长度，沿火线多处索降。索降队伍在特殊地段火线扑火时要与机降灭火的队伍会合。

⑥索降配合扑打复燃火　在大风天气，离宿营地较远又没有机降条件的位置突然发生复燃火，地面扑火队伍不能及时赶到复燃的火线迅速扑灭时，最好的办法就是采取索降配合扑火。因为只有索降这一手段才能把扑火队伍及时地直接送到发生复燃的火线，把复燃火消灭在初发阶段。

⑦索降配合清理火线　在大火场或特大火场扑灭明火后，关键是要彻底清理火线。但是由于火场面积太大，战线太长，火场的清理难度很大。这时，索降队伍可配合清理火线。主要任务是对特殊地段和没有直升机降落场地又不能采取其他空运灭火手段的火线进行索降作业，配合地面扑火队伍进行清理火线。

⑧撤离火场　索降队伍在撤离火场时应做到以下两点：(a)整个火场被扑灭后，在保证火场不能复燃的前提下，经请示上级同意，方可撤离火场；(b)开设一块不小于 40m×60m 的直升机降落场地，为撤离火场做好准备。

(5) 技术要求

①开设机降场地的技术要求　(a)根据《中华人民共和国民航飞行条例》中有关直升飞机在野外降落及起飞时的场地坡度条件的相关规定，机降场地应选择地势平坦、坡度小于 5° 的开阔地带；(b)开设直升机野外机降场地的规格应不小于 40m×60m，伐根不高于 10cm，树高大于 25m 时，机降场地应不小于 60m×100m，长度方向要与沟塘走向相同；(c)机降场地附近不允许有吊挂木，以保证直升飞机及扑火人员安全。

②索降场地标准　(a)索降及索上场地林窗面积不小于 10m×10m，以免索降索上作业时由于人员摆动而碰撞树干和树冠，造成人员伤亡或索降设备损坏；(b)索降场地的坡度不大于 40°。严禁在悬崖峭壁上进行索降、索上作业；(c)索降场地应选择在火场风向的上方或侧方，避开林火对索降队员的威胁。

③索降对气象条件的要求　(a)索降作业时的最大风速不得超过 8m/s；(b)索降作业时的能见度应不小于 10km；(c)索降作业时的气温不得超过 30℃。

④索降场地与火线的距离：(a)索降场地与顺风火线的距离不少于 800m；(b)索降场地与侧风火线的距离不少于 500m；(c)索降场地与逆风火线的距离不少于 400m。

(6) 紧急情况处理　在索降、索上过程中，索降设备一旦出现故障，可采取飞机原地升高的措施将索降、索上中的人员挂悬超过树高 20m，缓缓飞到附近能够进行机降的场地，将人安全降至地面。索降队员落地后，要迅速解脱索钩或割断绳索，向飞机左前方撤离。

在索降过程中或索降到地面后，索降队员受伤或发生人身安全问题时，在保证索降队员人身安全的前提下，可通过索上的方法采取营救措施。

(7) 注意事项　第一次执行索降灭火或索降训练任务的直升飞机，必须经过本场悬吊 150kg 沙袋，检验索降设备的安全可靠性，以确保索降作业的安全。

执行索降灭火或索降训练任务的直升飞机，应留有 20% 的载重余地，以确保飞行安全。

除极特殊情况外，不准飞机带吊挂悬人员从一个索降场地飞到另一个索降场地作业。

6.1.2.3 直升机吊桶灭火

直升机吊桶灭火，是指利用直升飞机外挂特制的吊桶载水或化学药剂直接向火头、火线喷洒或向地面设置的吊桶水箱注水的一种灭火方法。

(1) 直升机吊桶作业的特点

①喷洒准确。利用直升机吊桶灭火，要比用固定翼飞机向火场洒水或进行化学灭火的准确性好，同时还能够提高水和化学药剂的利用率。

②机动性强。直升机吊桶作业可以单独扑灭初发阶段的林火和小火场，也可以配合地面扑火队灭火。同时，还可以为地面扑火队运水注入吊桶水箱，进行直接灭火和间接灭火，并能为在火场进行灭火的扑火队伍提供生活用水。

③对水源的条件要求低。水深度在 1m 以上，水面宽度在 2m 以上的河流、湖泊、池塘都可以作为吊桶作业的水源。如果火场周围没有上述的水源条件时，也可以在小溪、沼泽等地挖深 1m、宽 2m 以上的水坑作为吊桶作业的水源。

④成本低。直升机吊桶作业主要以洒水灭火为主，为此，灭火的成本要比化学灭火成本低很多。

(2) 吊桶作业灭火方法 根据火场面积的大小、火势的强弱、林火的种类、火场的能见度以及其他因素来确定作业方法，吊桶作业灭火主要分为两种，一是直接灭火，二是间接灭火。

①直接灭火 直接灭火就是用直升飞机吊桶载水或化学灭火药剂直接喷洒在火头、火线或林火蔓延前方的可燃物上，起到阻火、灭火的作用。用直升机吊桶作业实施灭火时，要根据火场的面积、形状，火线长度，林火类型、位置、强度等诸多因素来确定所要采取的吊桶作业灭火技术。通常，要根据每一段火线的具体情况，采取相应的喷洒技术实施灭火。常用的喷洒技术主要有：(a)点状喷洒技术。点状喷洒技术是指直升机悬停在火点上空向地面洒水的一种技术。主要用于扑救小面积飞火、火点、火线附近的单株树冠火和清理火场以及为设在地面的吊桶水箱注水等。喷洒方法：直升机吊桶载水后，找到地面指挥员所示的目标，在目标上空适当的高度悬停，将水一次性向目标喷洒。(b)带状喷洒技术。带状喷洒技术，是指直升机沿火线直线飞行洒水的一种技术。主要用于扑救火场的火翼、火尾以及低强度的火线。喷洒方法：在火强度高时，要相对降低飞机的飞行速度，沿火线边飞行边进行洒水。在扑救低强度火时，要相对提高飞机的飞行速度进行灭火。(c)弧状喷洒技术。弧状喷洒技术，是指直升机沿弧形火线飞行洒水灭火的一种技术，主要用于扑救火头和火场上较大的凸出部位的火线；喷洒方法中，飞机对火头和火场上凸出的部位实施灭火时，要沿着火线的弧形飞行灭火，同时要相对地降低飞机的飞行速度。(d)条状喷洒技术。条状喷洒技术，是指在带状喷洒的基础上再次进行并列喷洒的一种技术，主要用于阻止和控制高强度的火头和高强度的火线继续蔓延。喷洒方法：飞机在火头及火线前方合适的位

置进行条状喷洒，阻止林火继续蔓延或降低林火强度，为地面扑火队伍灭火创造条件。在进行条状喷洒时，要从内向外并列喷洒。(e)块状喷洒技术。块状喷洒技术，是指对某一地块实施全面洒水作业的一种技术。主要用于扑救超出点状喷洒面积的飞火。喷洒方法：飞机对火场上出现的飞火进行全面的喷洒。在实施直升机吊桶作业时，要在能够保证飞机安全的前提下，尽量降低飞机的飞行高度，以便提高喷洒的准确性和提高水或化学药剂的灭火效益。

②间接灭火 间接灭火就是直升机离开火线建立阻火线拦截林火，控制林火或为地面的吊桶水箱注水配合地面扑火的灭火方法。(a)配合地面灭火。直升机吊桶作业配合地面间接灭火时，如果火场烟大、能见度差，可在火头和高强度火线前方建立阻火线拦截火头，控制过火面积。使用化学药剂灭火效果更佳。(b)为地面灭火供水。直升机吊桶作业为地面扑火队伍运水配合灭火时，在地面扑火的各部要在自己的火线附近选择一块比较平坦的开阔地带，架设吊桶水箱，并在水箱旁设立明显的标记为直升机显示目标，以便直升机能够准确迅速地找到吊桶水箱的位置。一架直升机可同时向几个设在不同位置的吊桶水箱供水。地面的扑火队伍可在水箱旁架设水泵灭火，也可为水枪供水灭火。(c)为地面生活供水。在火场周围没有饮用水时，可利用直升机吊桶作业为扑火队伍提供生活用水。

(3)吊桶及水箱的容量 米—8直升机吊桶容量在1 500～2 000kg之间；松鼠、直—9、贝尔-212等直升机的吊桶容量在700～1 000kg之间。

6.1.2.4 机降灭火

机降灭火，是指利用直升机能够野外起飞与降落的特点，将灭火人员、机具和装备及时送往火场对火场实施合围，组织指挥灭火并在灭火过程中，不间断地进行兵力调整和调动兵力组织灭火的方法。

(1)特点

①到达火场快，利于抓住战机。扑救林火要求"兵贵神速"，快速到达火场，抓住一切有利战机实施灭火。这主要是因为林火燃烧时间的长短与森林资源的损失和火场的过火面积成正比，森林燃烧时间越长，森林资源的损失及火场的过火面积就越大。通常情况下，火场的面积越大，火线的长度就越长，扑救的难度也就越大。因此，林火发生后，要求扑火队伍要尽快地接近火场实施灭火，以便控制火场面积的扩大，减少森林资源的损失。同时为速战速决创造有利条件。机降灭火是目前我国在森林灭火中向火场运兵速度最快的方法之一。

②空中观察，利于部署兵力。指挥员可以在火场上空对火场进行详细观察，掌握火场全面情况，分清轻重缓急，利用直升机能够垂直起飞、降落的特点把灭火人员直接投放到火场最佳的灭火位置，实施兵力部署。因此，利用直升机进行兵力部署实施灭火，是目前在森林灭火中最理想的布兵方法之一。

③机动性强，利于兵力调整。在组织指挥森林灭火时，指挥员根据火场各种情况的变化，要适时对火场的兵力部署进行调整。这样，有利于机动灵活地采取各种灭火战术和对特殊地段、难段、险段采取必要的手段。因此，利用直升机进行兵力调整是最有效的方法之一。

④减少体力消耗，利于保持战斗力。在扑救林火中实施机降灭火时，可以将扑火队伍迅速、准确地运送到火场所需要的灭火位置，接近火场实施灭火。因此，实施机降灭火是减少扑火人员体力消耗和保持战斗力的最佳方法之一。

(2) 机降灭火存在的不足　受气温、风速、云层等影响较大；受火场能见度的影响较大；受海拔高度的影响较大；受时间的影响较大；受地形的影响较大。

(3) 主要应用范围　交通不便的林区火场；人烟稀少的偏远林区火场；初发阶段的林火及小面积火场；因某种原因扑火人员不能迅速到达的火场。

(4) 灭火方法

①侦察火情　扑火指挥员在实施机降灭火前，要对火场进行侦察，准确掌握火场的全面情况。主要侦察内容包括：火场面积；火场形状；林火种类；可燃物的载量、分布及类型；火场风向、风速；火场地形；火场蔓延方向；火场发展趋势；林火强度；火头的数量及位置；直升机降落场的位置及数量；火场周围的环境。

②向火场布兵　在向火场布兵时，要根据火场的各种因素制定布兵的次序。通常情况下，各降落点的人数以35人左右为宜。

③实施灭火　各部机降到地面后，要迅速组织实施灭火。组织实施灭火的步骤：选择营地；接近火场；突破火线；分兵合围；前打后清；会合立标；回头清理；看守火场；撤离火场。

④配合灭火　(a)机降与索降配合灭火：在进行机降灭火时，如果火场个别地段不能实施机降灭火时，就应与索降配合灭火，向没有机降条件的地段实施索降灭火。在没有机降条件的大火场，要通过实施索降，为机降灭火开设直升机降落场地，为实施机降灭火创造条件。(b)机降与地面配合灭火：在扑救重大或特大森林火灾时，如果交通方便，可直接从地面上人，在远离公路、铁路的地域实施机降灭火，配合地面队伍作战。(c)机降与化学灭火配合灭火：在火场面积大、交通条件差又有飞机化学灭火条件的火场，也可进行机降与飞机化学灭火相互配合灭火。在这种情况下，机降灭火主要用于森林郁闭度大的地段，而对森林郁闭度小的地段及草塘应实施飞机化学灭火。

⑤兵力调整　(a)在扑救重大或特大森林火灾时，当火场的某段火线被扑灭后，可对其进行兵力调整，留下少部分兵力看守火线而抽调大部分兵力增援其他火线。(b)当火场某段出现险情时，可从各部抽调部分兵力对火场出现的险段实施有效的补救措施。

⑥转场扑火　当一个火场被扑灭后，又出现新的火场时，可进行转场灭火。转场灭火时，要做好各项保障工作：给养保障；灭火机具及装备的保障；灭火油料的保障。

(5) 注意事项

①机降位置与火线的距离。机降位置距顺风火线不少于700m；机降位置距侧风火线不少于400m；机降位置距逆风火线不少于300m；机降点附近有河流时，应选择靠近火线一侧机降；机降点附近有公路、铁路时，应选择没有火的一

侧机降。

②各降落点之间的距离。在通常情况下，各降落点之间的距离应在5h内能够相互会合为最佳距离，在扑打高强度火线及火头时，要相应地缩短距离。

③布兵次序。通常情况下，应遵循先难后易，即先火头，再火翼，最后是火尾的原则。在大风天气下，应改为先易后难，即先火尾，再火翼，最后是火头。

6.1.3 化学灭火

化学灭火，是使用化学药剂来扑灭林火或阻滞林火蔓延的一种方法。它比用水灭火的效果高 5~10 倍，特别是在人烟稀少、交通不便的偏远林区，利用飞机喷洒化学药剂进行灭火或阻火效果更明显。

6.1.3.1 化学灭火理论

（1）覆盖理论　有些化学物质能够在可燃物上形成一种不透热的覆盖层，使可燃物与空气隔绝。还有一些化学药剂，受热后覆盖在可燃物上，能控制可燃性气体和挥发性物质的释放，抑制燃烧。

（2）热吸收理论　有些化学物质，如无机盐类等在受热分解时，能够吸收大量的热量，使热量下降到可燃物燃点以下，使其停止燃烧。

（3）稀释气体理论　有些化学药剂受热后放出难燃性气体或不燃气体，能稀释可燃物热解时放出的可燃性气体降低其浓度，从而使燃烧减缓或停止。

（4）化学阻燃理论　有些化学药剂受热后能直接改变可燃物的热解反应。能使可燃物纤维完全脱水，使可燃性气体和焦油等全部挥发，最后变成碳，使燃烧作用降低。

（5）卤化物灭火机理　这类化合物对燃烧反应有抑制作用，能中断燃烧过程中的链锁反应。

6.1.3.2 化学灭火剂的种类

根据化学灭火剂喷洒后的有效期，可分为短效和长效两种灭火剂。

（1）短效灭火剂　短效灭火剂一般指药剂喷洒后不能长期粘附在可燃物上，经不住雨水冲洗、高温蒸发，不能长期保持有效阻火作用的为短效灭火剂。

（2）长效灭火剂　长效灭火剂是指药剂喷洒后，能牢固地粘附在可燃物上，长时间保持有效阻火作用，当水分蒸发后，仍然有明显阻火效果的为长效灭火剂。

6.1.3.3 化学灭火剂的成分

主剂：主剂是起主要灭火或阻火作用的药剂，主要以磷酸铵、硫酸铵和水氯镁石等为主。

助剂：主要起增强和提高主剂阻灭火的效能。

湿润剂：能起到降低水的表面张力，增加水的浸润和铺展力。

黏稠剂：增强灭火剂的黏度和粘着力，减少流失和飘散的化学药剂。

防腐剂：是指防止和减少灭火剂对金属的腐蚀和自身腐败成分的药剂。

着色剂：是在灭火剂中加入的染料，便于识别喷洒过的药带，以利药带的衔接。

6.1.3.4 常用化学灭火剂的组成及配制方法

（1）704型森林化学灭火剂　704型化学灭火剂的组成成分（按质量百分比）磷酸铵肥29%；尿素4%；水玻璃1.3%；洗衣粉2%；重铬酸钾0.25%；酸性大红0.1%；水63.35%。

704型化学灭火剂的配制方法：①配方中除水和水玻璃外，各成分按比例混合粉碎，并在60℃以下干燥4h，呈浅红色粉末，粒度40~60目，为避免吸潮应用塑料袋包装；②配药罐中加入所需量的大部分水，按需量称出袋装混合药剂，在搅拌的作用下，慢慢加入配药罐中，使其充分溶解；③用大桶称出所需量的水玻璃，用剩余量的水稀释，在搅拌作用下倒入配药罐中备用。

（2）75型森林化学灭火剂　75型化学灭火剂的组成成分（按质量百分比）硫酸铵28%；磷酸铵肥9.3%；膨润土4.7%；磷酸三钠0.9%；洗衣粉0.9%；酸性大红0.1%；水56.1%。

75型化学灭火剂的配制方法：①配药前首先应将配药罐洗刷干净；②在配药罐中加入所需量的水，将所需量的膨润土在搅拌的作用下慢慢加入，浸泡过夜；③在浸泡过夜的膨润土泥浆中，加入所需量的磷酸三钠，充分搅拌均匀后，分别加入所需量的磷酸铵肥、硫酸铵、洗衣粉、酸性大红搅拌溶解备用。

（3）82-3型森林化学灭火剂　82-3型化学灭火剂的组成成分（按质量百分比）水氯镁石53.3%；硫酸铵3%；膨润土3%；洗衣粉1%；酸性大红0.1%；重铬酸钾0.25%；水39.35%。

82-3型化学灭火剂的配制方法：灭火剂各种成分准备好后，必须严格按以下顺序配制：水→洗衣粉→膨润土→硫酸铵→水氯镁石→酸性大红→重铬酸钾。在药罐中加入所需量的水、洗衣粉，稍加搅拌后，加入膨润土，继续搅拌10~15min，再加入硫酸铵，再搅拌作用下使其呈黏稠状后，加入水氯镁石和酸性大红、重铬酸钾，搅拌至全部溶解，即可使用。

6.1.4 机械灭火

机械灭火，是指利用重型灭火机械对林火采取的直接灭火和间接灭火的各种手段。

6.1.4.1 森林消防车灭火

（1）森林消防车技术性能　森林消防车的主要技术性能：①履带式水陆两用；②爬坡32°、侧斜25°；③水2t；④最小吸水时间5min；⑤射水距离：最大射水距离30m，1~2级风时顺风32m，逆风20m，侧风30m；⑥射水时间：用10mm口径水枪射水15min，用6mm口径水枪射水25min；⑦最佳灭火距离8~15m；⑧有效灭火距离：低强度火线4 000m、中强度火线3 000m、高强度火线2 000m。

森林消防车除以上的技术性能外，还可以停在水源边吸水，接水带直接灭火和间接灭火。在铺设水带进行灭火时，如需要增加输水距离，可以通过串联消防车的方法解决，需要增加水量时，可以通过并联消防车的方法解决，同时需要增加水量、水压继续延长灭火距离时，可以采取并串联消防车的方法来实现。采取以上各种方法时，可参照利用水泵扑救地下火中的架设水泵方法实施。

（2）消防车灭火特点　灭火进度快；机动性强；安全。

（3）单车直接灭火

①扑救高强度火　使用单车扑救火焰高度在 3m 以上高强度火时，消防车要位于火线外侧 10～15m 处沿火线行驶，同时使用两支 10mm 口径水枪，一支向侧前方火线射水，另一支向侧面火线射水。同时派少量扑火人员沿火线随车跟进，扑打余火和清理火线。

②扑救中强度火　在扑救火焰高度 1.5～3m 的中强度火时，消防车要位于火线外侧 8～10m 处沿火线行驶，使用一支 6mm 口径水枪向侧前方火线射水，用另一支 6mm 口径水枪向侧面火线射水，车后要有扑打组和清理组配合灭火。

③扑救低强度火　在扑救火焰高度在 1.5m 以下的低强度火时，消防车在突破火线后压着火线行驶的同时，使用一支 6mm 口径水枪向车的正前方火线射水，另一支水枪换上雾状喷头向车后被压过的火线喷水。扑打组和清理组要跟在车后扑打余火和清理火线。在无水的情况下，消防车对低强度火线可直接碾压进行灭火。在碾压火线灭火时，左右两条履带要交替使用。

（4）双车配合交替跟进直接灭火

①顶风灭火　双车顶风灭火时，前车要位于火线外侧 10m 左右处沿火线行驶，同时使用 10mm 口径水枪向侧前方火线射水，用 6mm 口径水枪向侧面火线射水。后车要与前车保持 15～20m 的距离，压着前车扑灭的火线跟进，安装一个雾状喷头向车后被压过的火线洒水，清理火线。当前车需要加水时，后车要迅速接替前车灭火。前车加满水后迅速返回火线接替碾压火线和清理火线跟进，等待再次交替灭火。

②顺风灭火　双车顺风灭火时，前车从突破火线处压着火线向前行驶，用一支 10mm 口径水枪向火线射水，用一支 6mm 口径水枪向车后被扑灭的火线射水。后车要与前车保持 15～20m 的距离压着前车扑灭的火线跟进，当前车需要加水时，后车要迅速接替灭火。前车返回火线后，继续压着被扑灭的火线跟进，并做好接替灭火的准备。

（5）三车配合相互穿插交替直接灭火

①三车配合相互穿插灭火　三车配合相互穿插灭火，主要用于车辆顶风行驶灭火时，为了加快灭火进度，应采取相互穿插的方式灭火。第一台车在火线外侧适当的位置沿火线行驶，用两支 10mm 口径水枪向侧前方和侧面火线射水；第二台车在后从火线内迅速插到第一台车的前方 50m 左右处，突破火线冲到火线外侧，用与第一台车相同的方法沿火线顶风灭火。第一台车在迅速扑灭与第二台车之间的火线后，从火线内迅速插到第二台前方 50m 左右处，突破火线，冲到火线外侧，继续向前灭火。第三台车在后面用履带压着被扑灭的火线跟进，用一支 6mm 口径水枪扑打余火和清理火线。当前面相互穿插灭火的车辆有需要加水的

车辆时，要迅速接替穿插灭火。加满水的车辆返回后要接替碾压火线，扑打余火和清理火线，随时准备再次接替穿插灭火。

②三车配合相互交替灭火　三车配合相互交替灭火，主要用于车辆顺风灭火时。这时，第一台车要位于火线外侧10~15m处沿火线行驶，用两支10mm口径水枪同时向侧前方和侧面火线射水；第二台车接近火线与前车保持15~20m的距离行驶，用一支6mm口径水枪扑打余火；第三台车压着被扑灭的火线与第二台车保持15~20m的距离行驶。当第一台车需要加水时，第二台车要迅速接替第一台车灭火，第三台车接替第二台车灭火。第一台车返回火线后，压着被扑灭的火线跟进，等待再次实施交替灭火。

(6) 间接灭火　森林消防车可以在火焰高、强度大、烟大、车辆及扑火人员无法接近的火线进行间接灭火。

①碾压阻火线阻隔灭火　在利用森林消防车实施阻隔灭火时，如果没有水，消防车可在林火蔓延前方合适的位置，横向碾压可燃物，左右碾压翻出生土或压出水分，然后，烧除隔离带内的零星可燃物。当隔离带内的可燃物被烧除后，再沿隔离带的内侧边缘点放迎面火。

②压倒可燃物阻隔灭火　碾压可燃物时间来不及时，可利用消防车快速往返压倒可燃物，使被压倒的可燃物的宽度达到2m以上。在被压倒的可燃物内侧0.5~1m的位置，沿被压倒的可燃物向前点放迎面火；当点放的迎面火烧成双线接近被压倒的可燃物时，扑火组要跟进点火组扑灭外线火；清理组要跟进扑打组进行清理；看护组要看护阻火线，一旦阻火线内出现明火要坚决扑灭。

③水浇可燃物阻隔灭火　在有水的条件下，消防车可在林火蔓延前方选择有利地形，横向压倒可燃物的同时，向被压倒的可燃物上浇水。点火组要紧跟在消防车后，在被压倒的可燃物内侧边缘点放迎面火；扑火组要在阻火线外侧跟进点火组扑灭进入阻火线的火；清理组要清理火线边缘。

④建立喷灌带阻隔灭火　利用喷灌带进行阻隔林火时，消防车要在林火蔓延方向前方合适的位置选择水源，把消防车停在水源边上，用水泵吸水并横向铺设水带，在每个水带的连接处安装一个"水贼"，在"水贼"的出水口上接一条细水带和一个转动喷头，然后把细水带和转动喷头用木棍立起固定，把水带端头用断水钳封闭水带，增加水带内的水压。每条水带的长度为30m，每个转动喷头的工作半径为15m，这样在林火蔓延前方就有了一条宽30m的喷灌带（降雨带），这条喷灌带将有效地阻隔林火蔓延。根据需要，还可以并列铺设多条水带来加宽喷灌带的宽度。

⑤直接点火扑灭外线火　对高强度林火进行消防车阻隔灭火时，如果水源方便，可以在林火蔓延前方选择有利地带采取直接点放迎面火。当点放的迎面火分成内外两条火线时，利用消防车的水枪沿火线扑灭外线，使点放的内侧火线烧向林火，达到阻火和灭火的目的。

6.1.4.2 利用推土机灭火

推土机灭火，就是利用推土机开设隔离带，阻止林火继续蔓延的一种灭火方法。推土机开设隔离带时,其开设路线应选择树龄级小的疏林地。

(1) 各组人员的主要任务

指挥员:负责组织指挥和实施开设推土机阻火线的全部行动。

定位员:主要负责选择开设路线,并沿选择的路线做出明显的标记,以便推土机手沿标记开设隔离带。

开路组:主要负责清除开设路线上的障碍物。

推土机组:主要负责开设隔离带。

点火组:主要负责点放迎面火。

清理组:主要负责清理隔离带内的各种隐患。

守护组:主要任务是巡察、守护点火后的隔离带,防止跑火。

(2) 组织实施

①选定路线 在开设推土机隔离带时,首先应由定位员选择好开设路线,开设路线要尽量避开密林和大树,并沿开设路线做出明显的标记,以便推土机手沿着标记开设隔离带。

②清除障碍 在定位员选择好开设路线后,开路组要沿着标记清除开设路线上的障碍物,为推土机组顺利开设隔离带创造有利条件。

③开设隔离带 推土机组在开路组清除障碍后,要沿着标记开设隔离带。开设隔离带时,推土机要大小搭配成组,小机在前,大机在后,把要清除的一切可燃物全部推到隔离带的外侧,防止点火后增加火强度,出现飞火,越过隔离带造成跑火,同时减轻守护难度。开设隔离带的宽度要根据林火种类、林火强度、可燃物的载量、风向风速和地形情况而定。

④组织清理 在推土机组开设隔离带后,清理组要清理隔离带内的一切可燃物,以免点火时火通过这些可燃物烧到隔离带的外侧,造成跑火。实施点火后,清理组要对隔离带的内侧边缘进行再次清理。

⑤组织点火 隔离带的开设完成之后,经指挥员检查合格,再组织点火组进行点火。点火时,要沿着隔离带内侧边缘点火,烧除隔离带与火场之间的可燃物,形成一个无可燃物区域,达到阻火和灭火的目的。组织点火时,也可以根据火场实际情况和开设隔离带的速度,进行分段点烧。

⑥守护 实施点烧后,要对隔离带进行守护。守护的时间要根据当时的天气、可燃物、地形及火场的实际情况而定。

(3) 注意事项

①在组织推土机进行阻隔时,要开设推土机安全避险区。当受到大火威胁时,将推土机迅速撤到避险区内避险。

②开设隔离带时,一定要把所需清除的可燃物全部用推土机推到隔离带的外侧。

③在开设隔离带中,大火突然向隔离带方向快速袭来时,点火组要迅速沿隔离带内侧点放迎面火,以便保护隔离带内的人员及机械设备的安全。

6.1.5 以火灭火

以火灭火，是在火线前方一定的位置，通过用人工点烧方法烧出一条火线，在人为控制下使这条火线向火场烧去，留下一条隔离带，从而达到控制火场扑灭林火的一种方法。

在众多灭火手段中，以火灭火是行之有效的灭火手段之一，它不仅可以用于阻截急进树冠火或急进地表火，使燃烧区前方的可燃物烧掉，加宽防火隔离带，也可以改变林火的蔓延方向，减缓林火的蔓延速度。

6.1.5.1 以火灭火的特点

灭火速度快、灭火效果好、省时、省力、安全。

6.1.5.2 以火灭火的适用范围

用直接灭火法难以扑救的高强度地表火或树冠火；林密、可燃物载量大，灭火人员无法实施直接灭火的地段；有可利用的自然依托，如铁路、公路、河流等；在没有可利用的自然依托时，可开设人工阻火线作为依托；在可燃物载量少的地段采取直接点火，扑灭外线火。

在灭火实战中，要根据可燃物因素、气象条件和地形条件采取不同的点火方法。

6.1.5.3 以火灭火的点火方法

(1) 带状点烧方法　带状点烧方法是指以控制线作为依托，在控制线的内侧沿与控制线平行的方向，连续点烧的一种方法。它是最常用的一种以火灭火的点烧方法，具有安全、点烧速度快、灭火效果好等特点，主要在控制线（如河流、湖泊、公路、铁路等）条件好的情况下使用。

具体实施时，可三人一组交替进行点烧。点烧时，第一名点火手在控制线内侧适当的位置沿控制线向前点烧，第二名点火手要迅速到第一名点火手前方 5~10m 处向前点烧，第三名点火手迅速到第二名点火手前方 5~10m 处向前点烧。当第一名点火手点烧到第二名点火手点烧的起始点后，要迅速再到第三名点火手前方 5~10m 处沿控制线继续点烧，直至完成预定的点烧任务。

(2) 梯状点烧方法　梯状点烧方法是指以控制线作为依托，在控制线内侧由外向里在不同位置上分别进行点烧，使点烧形状呈阶梯状的一种点烧技术。梯状点烧方法主要在控制线不够宽、风向风速对点烧不利，但又需在短时间内烧出较宽隔离带的地段采用。

点烧时，第一名点火手要在控制线内侧距控制线一定距离处沿控制线方向先行平行点烧。当第一名点火手点烧出 10~15m 的火线后，第二名点火手在控制线与点烧出的火线之间靠近火线的一侧继续进行平行点烧，其他点火手以此进行点烧。

具体点烧时，要结合火场实际情况，根据预点烧隔离带的宽度来确定点火手的数量。另外，在点烧过程中，要随时调整各点火手间的前后距离，勿使前后距离过大。

(3) 垂直点烧方法　垂直点烧方法是指在控制线内侧一定距离处，由几名点火手同时或交替向控制线方向进行纵向点烧的一种技术。它主要适用于可燃物载量较小，控制线条件好的情况。

具体点烧时，各点火手应间隔 5~10m 位于控制线内侧 10~15m 处，交替向控制线方向进行纵向点烧。点烧距离较长或需要在短时间内完成点烧任务时，可采取：对进点烧，即从控制线的两端沿控制线进行相向点烧；分进点烧，即在控制线的一点向两侧相背点烧；多点分进点烧，即在控制线的各点向两侧进行点烧。

(4) 直角梳状点烧方法　直角梳状点烧方法是垂直点烧方法的一种变形。它适用于可燃物载量特别少，控制条件好的情况。垂直点烧过程中，各点火手应间隔 5~10m 位于控制线内侧 10~15m 处，交替向控制线方向进行纵向点烧。当点火手将火点烧到控制线一端时，点火手需要根据风向同时向左或右进行直角点烧，即先直点再平点，最终使各火线相连，火线呈"梳状"。

(5) 封闭式点烧方法　封闭式点烧方法是指在控制线内侧沿控制线平行方向逐层点烧的一种技术，属于多层带状点烧方法。它适用于可燃物载量大，控制线条件差，地形条件不利和风速大的情况。

采用此方法时，首先要在控制线上确定点烧起点及点烧终点。然后，由起点向终点进行平行点烧，即进行带状点烧，这条带称为封闭带。当烧出的封闭带与控制线间有一定宽度后，根据该宽度确定点烧第二条封闭带的点烧位置，其他封闭带的点烧方法以此类推。这样，通过点烧多条封闭带逐步加宽隔离带，从而达到阻火和灭火的目的。封闭带的点烧数量视火场具体条件而定。

6.1.5.4　以火灭火应注意的几个问题

以火灭火虽然是一种好的灭火方法，但它的技术要求高且带有一定的危险性。因此，在采用时须注意以下事项：

采用以火灭火方法时，各灭火组应协同灭火。除组织点火组外，还应组织扑打组、清理组及看护组。

在利用公路、铁路等控制线作为依托时，要在点烧前对桥梁和涵洞下的可燃物采取必要的防护措施，防止点火后火从桥梁、涵洞跑出。

当可燃物条件不利时，例如幼林、针叶异龄林、森林可燃物密集且载量大时，一定要集中足够的扑火力量，尽可能把点烧火的强度控制在可以控制的范围内。

依托在坡上时，一定要从上向下分多层次点烧，以防点烧时火越过依托造成冲火跑火。

6.1.6　人工灭火

人工灭火，是指利用自然依托和手持工具扑救林火的一种灭火方法。

6.1.6.1　利用自然依托灭火

在扑救林火中，如果在林火蔓延前方有可利用的自然依托如河流、公路、铁路、小溪等时，应沿着依托内侧边缘点放迎面火，烧除依托和林火之间的可燃物，使林火蔓延前方出现一条有一定宽度的无可燃物区域，阻止林火继续蔓延。当林火被阻隔后，应组织扑火人员扑打两个火翼，直到与在两翼实施灭火的队伍会合或将火全部扑灭为止。在实施点火阻隔时，应根据依托的条件，火场风向、风速、可燃物载量及地形因素，采取各种不同的点火方法。

6.1.6.2 利用手工具灭火

利用手工具灭火，就是组织人力开设手工具阻火线，以此为依托点放迎面火，达到拦截林火的目的。主要用于扑救火头、高强度火翼、林密灭火人员无法接近的火线和不利于采取直接灭火方法的地表火。

指挥员要根据火场的实际情况确定开设阻火线的长度、路线和地点。同时，还要依据林火的蔓延速度和当时的条件来确定开设阻火线的速度及阻火线与林火的距离。

手工具灭火特点：实施方法简单；开设速度快；灭火效果好；安全。

所需工具：油锯；点火器；标记带；锹、耙、斧；灭火机；水枪。

(1) 手工具灭火程序

①确定手工具灭火线与林火的距离　计算林火的蔓延速度；计算开设阻火线所需时间；确定阻火线的位置。

②确定开设阻火线的路线　指挥员要实地勘察路线；标绘地图；系标记带。在确定阻火线的路线时，要选择少石、疏林、沙土地、可燃物载量小及枯立木、倒木少的地带，以便开设阻火线时降低难度，加快开设速度。

③划分任务　指挥员要根据开设阻火线的长度、难易程度、工具的数量及参战兵力，把阻火线分成若干段，划分到各单位。

④明确责任　指挥员划分任务后，一定要明确各单位的主要任务，提出各段完成阻火线的时限和具体要求。

(2) 开设隔离带方法

①清除障碍　开设阻火线时，首先由油锯手带领开路组，沿标记路线伐倒和清除妨碍开设阻火线的障碍物。清除的障碍物要放到将要开设的阻火线外侧，防止点火后增加火强度，造成跑火。

②开设简易带　在可燃物载量小的地段开设阻火线时，要在开设阻火线的内侧 0.5~1m 处挖坑取土，沿开设路线铺设一条 30cm 宽、3~5cm 厚的简易生土带。如果时间允许，将生土带踩实效果更好。

③开设加强带　在可燃物载量大的地段开设阻火线时，清除可燃物后，要挖一锹深一锹宽的生土沟并砍断树根，把挖出的土覆盖在靠近阻火线外侧的可燃物上。

(3) 实施灭火

①组织检查　指挥员在各部完成开设任务后，要亲自检查阻火线的开设质量是否合格，对不合乎要求的地段令其在最短时间内进行补救。

②分组分工　在阻火线完成后，要重新组成点火组、扑打组和清理组。通常

情况下,点火组与扑打组的兵力比例为1:10,清理组的人员数量可根据具体情况而定。

③组织点火 点火时,要紧靠阻火线内侧边缘沿阻火线点火,点火速度不能过快,要做到安全、可靠,火不能越过阻火线为标准。

④各组跟进 在点火组沿阻火线实施点火时,扑打组在阻火线的外侧紧紧跟进,坚决扑灭一切越过阻火线的火。清理组紧紧跟进扑打组,认真、彻底清理点烧过的阻火线和扑打组扑灭的火线。看护组要跟进清理组看护阻火线和被扑灭的火线。

⑤组织清理 完成点火任务后,将阻火线的清理任务要重新划分到各单位负责清理,确保阻火线的安全。

⑥看守 当点放的迎面火与林火相遇后,如果阻火线的两端与自然依托、防火线、旧火烧迹地等相接时,灭火人员应就地看守,巡察火线。当阻火线的两端不与自然依托、防火线、旧火烧迹地等相接时,要把阻火线彻底清理之后,兵分两路,沿两个火翼继续扑火。

(4) 注意事项 点火时,如有火越过阻火线,扑打组要迅速扑打。这时点火组要立即停止点火,等待扑打组扑灭越过阻火线的火之后再继续点火。

点火的速度不能过快,要与扑打组保持合适的距离。

点火时一定要沿阻火线内侧边缘点火。

6.1.7 爆破灭火

扑救森林火灾中,爆破灭火是一种十分有效的灭火方法之一。爆破灭火中最常用的方法是使用索状炸药实施灭火,它不受林火种类的限制。

6.1.7.1 索状炸药的技术性能

索状炸药的爆破速度为 6 000m/s,单根长度为 100m,可多根连接使用,单根爆破宽度为 1.92~2.2m。

除以上特性外,索状炸药还具有抗枪击、抗摩擦、抗碾压、抗撞击、抗高空坠落和抗火烧等特点,因此,是一种比较理想的灭火装备。

6.1.7.2 使用索状炸药的灭火方法

(1)扑救地表火时的使用方法 在扑救地表火过程中,如遇到高强度火头,扑火人员无法接近实施灭火时,可在火头前方合适的位置铺设索状炸药,实施引爆,炸出1.92~2.2m宽的阻火线后,沿阻火线的内侧边缘点放迎面火,造成阻火线和火头之间出现一个无可燃物区域来达到扑灭火头的目的。

在扑救地表火中,如遇重大弯曲度火线时,可在弯曲的火线之间铺设索状炸药炸出阻火线,并烧除阻火线内的可燃物取直火线。

在拦截火头时,可在火头前方一定的距离外,先选择有利的地形,横向铺设索状炸药实施爆破,开设阻火线并在阻火线内侧点放迎面火拦截火头。

(2)扑救树冠火时的使用方法 在所需开设隔离带的位置利用索状炸药,炸倒隔离带内的所有树木,具体方法是在树的根部缠绕3~5圈索状炸药引爆,就会炸倒几十厘米粗的树木。

在森林郁闭度小的地带，利用索状炸药开设隔离带实施灭火。

(3) 扑救地下火时的使用方法　在使用索状炸药扑救地下火时，可在燃烧的火线外侧合适的位置直接铺设索状炸药进行引爆，开设阻火线。然后，在对阻火线进行简单的清理后，沿阻火线内侧边缘点火烧除阻火线内侧的可燃物，达到灭火的目的。在用索状炸药开设阻火线的过程中，如遇到腐质层的厚度超过 40cm 时，应先在腐质层开一条小沟后，把索状炸药放入沟内引爆，以提高效果。根据腐质层的厚度，可进行重复爆破来加宽和加深阻火线的宽度和深度，也可利用索状炸药炸倒或炸断。

(4) 清理火场时的使用方法　在清理火场时，可利用索状炸药炸倒火线边缘正在燃烧的树木及枯立木，可炸断横在火线上的倒木，也可在火线边缘实施爆破清理火线。

6.2　林火扑救方法

林火扑救中，主要针对地表火、树冠火和地下火三种不同类型的林火采取不同的扑救方法和利用不同灭火装备实施的灭火手段。

6.2.1　地表火扑救方法

地表火是指燃烧地表可燃物的林火。在各类林火中，地表火的发生率最高可占 90% 以上。按其蔓延速度，地表火可划分为两种类型，即急进地表火和稳进地表火。

(1) 急进地表火　主要发生在近期天气较干旱、温度较高、风力在四级以上的天气条件下，多发生在宽大的草塘、疏林地和丘陵山区，火场形状多为长条形和椭圆形。其特点是：火强度高，烟雾大，蔓延速度快，火场烟雾很快被风吹散，很难形成对流柱。急进地表火的蔓延速度为 $4\sim 8km/h$，火从林地瞬间而过。因此，在燃烧条件不充足的地方不发生燃烧，常常出现"花脸"，对林木的危害较轻，经一次过火，成壮林死亡率在 24% 以内。急进地表火很容易造成重大或特大森林火灾，扑救困难。

(2) 稳进地表火　发生稳进地表火的条件与发生急进地表火的条件相反，近期降水量正常或偏多，温度正常或偏低，风小，这种林火多发生在四级风以下的天气。其特点是：火强度低，燃烧速度慢，大火场火头常出现对流柱，火场形状多为环形。稳进地表火燃烧充分对森林的破坏性较大，经一次过火，成壮林死亡率达 40% 左右，蔓延速度在 4km/h 以下，容易扑救。

6.2.1.1　轻型灭火机具灭火

轻型灭火机具灭火，是指利用灭火机、水枪、二号工具等进行灭火。

(1) 顺风扑打低强度火　顺风扑打火焰高度 1.5m 以下的低强度火时，可组织四个灭火机手沿火线顺风灭火。灭火时，一号灭火机手向前行进的同时把火线边缘和火焰根部的细小可燃物吹进火线的内侧,灭火手与火线的距离为1.5m左右;二号灭火机手要位于一号灭火手后2m处,与火线的距离为1m左右,吹走正在燃烧的细小可燃物,这时火的强度会明显降低,三号灭火手要对明显降低强度的火线进行彻底消灭;三号灭火手与二号灭火手的前后距离为2m,与火线的距离为0.5m左右;四号灭火手在后面扑打余火并对火线进行巩固性灭火,防止火线复燃。

(2) 逆风扑打低强度火 逆风扑打火焰高度1.5m以下的低强度火时,一号灭火手从突破火线处一侧沿火线向前灭火,灭火机的风桶与火线成45°角,这时二号灭火手要迅速到一号灭火手前方5~10m处与一号灭火手同样的灭火方法向前灭火,三号灭火手要迅速到二号灭火手前方5~10m处向前灭火。每一个灭火手将自己与前方灭火手之间的火线明火扑灭后,要迅速到最前方的灭火手前方5~10m处继续灭火,灭火手之间要相互交替向前灭火。在灭火组和清理组之间,要有一个灭火手扑打余火,并对火线进行巩固性灭火。

(3) 扑打中强度火 扑打火焰高度在1.5~2m的中强度火时,一号灭火手要用灭火机的最大风力沿火线灭火,二、三号灭火手要迅速到一号灭火手前方5~10m处,二号灭火手回头灭火,迅速与一号灭火手会合,三号灭火手向前灭火。当一、二号灭火手会合后,要迅速到三号灭火手前方5~10m处灭火,一号灭火手回头灭火与三号灭火手迅速会合,这时二号灭火手要向前灭火,依次交替灭火。四号灭火手要跟在后面扑打余火,并沿火线进行巩固性灭火,必要时替换其他灭火手。

(4) 多机配合扑打中强度火 扑打火焰高度在2~2.5m的中强度火时,可采取多机配合扑火,集中三台灭火机沿火线向前灭火的同时,三个灭火手要做到:同步、合力、同点。同步是指同样的灭火速度,合力是指同时使用多台灭火机来增加风力,同点是指几台灭火机同时吹在同一点上。后面留一个灭火机手扑打余火并沿火线进行巩固性灭火。在灭火机和兵力充足时,可组织几个灭火组进行交替扑火。

(5) 灭火机与水枪配合扑打中强度火 扑打火焰高度在2.5~3m的中强度火时,可组织3~4台灭火机和两支水枪配合扑火。首先,由水枪手顺火线向火的底部射水2~3次后,要迅速撤离火线。这时,3名灭火手要抓住火强度降低的有利战机迅速接近火线向前灭火,当扑灭一段火线后,火强度再次增高时灭火手要迅速撤离火线。水枪手再次射水,灭火手再次灭火,依次交替进行灭火。四号灭火手在后面扑打余火,并对火线进行巩固性灭火,必要时替换其他灭火手。

(6) 扑打下山火 扑打下山火时,为了加快灭火进度,在由山上向山下沿火线扑打的同时,还应派部分兵力由山下向山上灭火。当山上和山下的队伍对进灭火时,还可派兵力在火线的腰部突破火线,兵分两路灭火,分别与在山上和在山下灭火的队伍会合。可根据火线的具体情况采取各种不同的灭火方法。

为了迅速有效地控制和扑灭下山火,对火翼采取灭火措施的同时,应及时派人控制和消灭下山火的底线明火,防止底线明火进入草塘或燃烧到山根后形成新的上山火，迅速扩大火场面积。

（7）扑打上山火　扑打上山火时，为了保证灭火安全和迅速扑灭上山火，可沿火线向山上灭火的同时，派部分兵力到火翼的上方一定的距离突破火线兵分两路灭火。向山下沿火线灭火的队伍与向山上灭火的队伍会合后，要同时到另一支向山上灭火队伍的前方适当的距离再次突破火线灭火。但这一距离要根据火焰高度而定，火焰的高度越高，这一距离就应越小。兵力及灭火装备充足时，可组织多个灭火组将火线分成若干段，由各灭火组沿火线分别在不同的位置突破火线，兵分两路迅速向山上、山下分别灭火，与在两侧灭火的队伍迅速会合。但绝不允许由山上向山下正面迎火头灭火，而要从上山火的侧翼接近火线灭火。当无法控制上山火的火头时，可在火翼追赶火头扑打，等到火头越过山头变成下山火时，采用扑打下山火的方法，把火头消灭在下山阶段。

6.2.1.2　森林消防车配合灭火

森林消防车参加灭火时，要充分发挥森林消防车突击性强、机动性大、灭火效果好的优势，把消防车用在关键地段、重点部位，主要承担突击性任务。具体组织灭火方法可按组织森林消防车灭火的方法实施。

6.2.1.3　地、空配合灭火

在火场面积大、森林郁闭度小，条件允许的情况下，可采取地、空配合灭火模式。地、空配合灭火时，固定翼飞机主要担负化学灭火任务，直升机主要承担吊桶灭火任务。飞机配合地面队伍灭火时，主要对火头、飞火、重点部位、险段、难段及草塘等关键部位火线进行"空中打击"，以便有力地支援地面队伍灭火。具体方法可按飞机灭火的方法实施。

在扑救林火中，如果火头的蔓延速度快于灭火进度时，可采取各种方法拦截火头的蔓延。拦截火头的方法有：利用自然依托拦截；利用森林消防车拦截；利用手工具开设阻火线拦截；利用推土机开设阻火线拦截；选择有利地带直接点放迎面火扑灭外线火拦截；飞机喷洒药带拦截；建立水泵喷灌带拦截；利用索状炸药开设阻火线拦截。

6.2.2　树冠火扑救方法

树冠火，是指由地表火上升至树冠燃烧，并能沿树冠蔓延和扩展的林火。树冠火多发生在干旱、高温、大风天气条件下的针叶林内，其特点是：立体燃烧火强度大，蔓延速度快，对森林的破坏严重，经一次过火，成壮林死亡率在90%以上。按树冠火的蔓延速度，可划分为急进树冠火和稳进树冠火两种，按其燃烧特征又可划分为连续型树冠火和间歇型树冠火。

急进树冠火（狂燃火），在强风的作用下，火焰在树冠上跳跃式蔓延，其蔓延速度为 $8\sim25km/h$，扑救困难；稳进树冠火（遍燃火）的蔓延速度为 $5\sim8km/h$。

连续型树冠火能够在树冠上连续蔓延，而间歇型树冠火在森林郁闭度小或遇到耐火树种时降至地表燃烧，当森林郁闭度大时又上升至树冠燃烧。

6.2.2.1　扑救方法

（1）利用自然依托扑救树冠火　在自然依托内侧伐倒树木点放迎面火灭火。

伐倒树木的宽度应根据自然依托的宽度而定，依托宽度及伐倒树木的宽相加应达到50m以上。

（2）伐倒树木扑救树冠火　在没有可利用的灭火自然依托时，可以伐倒树木灭火。采取此方法灭火时，伐倒树木的宽度要达到50m以上。然后，用飞机或森林消防车向这条隔离带内喷洒化学药剂或水，如果条件允许也可在隔离带内建立喷灌带。伐倒树木的方法主要有两种，一是用油锯伐倒树木，二是用索状炸药炸倒树木。

（3）用推土机扑救树冠火　在有条件的火场，可以用推土机开设隔离带灭火。开设隔离带的方法，可按推土机扑救地下火和用推土机阻隔灭火的方法组织和实施。

（4）点地表火扑救树冠火　在没有其他灭火条件时，选择森林郁闭度小，适合开设手工具阻火线的地带，开设一条手工具阻火线，然后等到日落后，再沿手工具灭火线内侧点放地表火。

（5）选择疏林地扑救树冠火　在树冠火蔓延前方选择疏林地或大草塘灭火，在这种条件下可采取以下几种方法灭火：

当树冠火在夜间到达疏林地，火下降到地表变为地表火时，按扑救地表火的方法进行灭火。如有水泵或森林消防车，也可在白天灭火。

建立各种阻火线灭火：建立推土机阻火线灭火；建立手工具阻火线灭火；利用索状炸药开设阻火线灭火；利用森林消防车开设阻火线灭火；利用水泵阻火线灭火；飞机喷洒化学药剂阻火线灭火。

6.2.2.2　注意事项

时刻观察，防止发生飞火和火爆；抓住和利用一切可利用的时机和条件灭火；时刻观察周围环境和火势；点放迎面火的时机，要选择在夜间进行；在实施各种间接灭火手段时，应建立避险区。

6.2.3　地下火扑救方法

地下火的蔓延速度虽然缓慢，但扑救十分困难。扑救地下火除人工开设隔离沟灭火外，还可利用森林消防车、水泵、人工增雨、推土机和索状炸药等进行灭火。

6.2.3.1　利用森林消防车扑救地下火

目前，用于扑救地下火的森林消防车主要有两种：我国生产的804森林消防车和经改装的NA-140森林消防车。

（1）森林消防车的主要性能

①804森林消防车　最高车速为55km/h，载水量为1.5~2t，爬坡32°，侧斜25°，最大行程450km，水陆两用。

②NA-140森林消防车　最高车速为55km/h，载水量为1.5~2t，爬坡45°，侧斜35°，最大行程500km，水陆两用。

（2）用森林消防车实施灭火　在地形平均坡度小于35°，取水工作半径小于

5km 的火场或火场的部分区域，可利用森林消防车对地下火进行灭火作业。在实施灭火作业时，森林消防车要沿火线外侧向腐殖层下垂直注水。操作时，水枪手应在森林消防车的侧后方，跟进徒步呈"Z"字形向腐殖层下注水灭火。此时，森林消防车的行驶速度应控制在 2km/h 以下。

6.2.3.2 利用水泵扑救地下火

水泵灭火，是在火场附近的水源架设水泵，向火场铺设水带，并用水枪喷水灭火的一种方法。

(1) 水泵的主要技术性能　单泵输水距离随地形坡度而变化，坡度在15°以下时可输水 3 000m 左右，坡度在15°~30°时可输水 2 500m 左右，坡度在30°以上时可输水 2 000m 左右，单泵输水量为 18t/h 左右。

(2) 用水泵实施灭火　火场内、外的水源与火线的距离不超过 2.5km，地形的坡度在45°以下时，可利用水泵扑救地下火。如果火场面积较大，可在火场的不同方位多找几处水源，架设水泵，向火场铺设涂胶水带接上"Y"型分水器，然后在"Y"型分水器的两个出水口上分别接上渗水带和水枪。使用渗水带的目的是防止水带接近火场时被火烧坏漏水。两个水枪手在火线上要兵分两路，向不同的方向沿火线外侧向腐殖层下呈"Z"字形注水，对火场实施合围。当与对进灭火的队伍会合后，应将两支队伍的水带末端相互连接在一起，并在每根水带的连接处安装喷灌头，使整个水带线形成一条喷灌的"降雨带"，为扑灭的火线增加水分，确保被扑灭的火线不发生复燃火；当对进灭火的队伍不是用水泵灭火时，应在自己的水带末端用断水钳卡住水带使其不漏水，然后，在每根水带的连接处安装喷灌头；当火线较长，火场离水源较远，水压及水量不足时，可利用不同架设水泵的方法加以解决。

(3) 水泵的架设方法及用途

①单泵架设(图 6-1)　主要用于小火场、水源近和初发阶段的火场。可在小溪、河流、小水泡子、湖泊、沼泽等水源边缘架设一台水泵向火场输水灭火。

图 6-1　单泵架设示意

②接力泵架设(图 6-2)　主要用于大火场或距水源远的中小火场。输水距离长及水压不足时，可根据需要在铺设的水带线合适的位置上加架水泵，来增加水的压力和输水距离。通常情况下，在一条水带线的不同位置上，可同时架设 3~5 个水泵进行接力输水。

图 6-2　接力泵架设示意

③并联泵架设(图6-3) 主要用于输水量不足时,在同一水源或两个不同水源各架设一台水泵,用一个"Y"型分水器把两台水泵的输水带连接在一起,把水输入到主输水带,增加输水量。

图6-3 并联泵架设示意

④并联接力泵架设(图6-4) 主要用于输水距离远,水压与水量同时不足时。可在架设并联泵的基础上,在水带线的不同位置架设若干个水泵进行接力输水。

图6-4 并联接力泵架设示意

当水泵的输水距离达到极限距离后,可为森林消防车和各种背负式水枪加水,也可通过水带变径的方法继续增加输水距离。

6.2.3.3 利用推土机扑救地下火

在交通及地形条件允许的火场,可使用推土机扑救地下火。在使用推土机实施阻隔灭火时,首先应有定位员在火线外侧选择开设阻火线路线。选择路线时,要避开密林和大树,并沿选择的路线做出明显的标记,以便推土机手沿标记的路线开设阻火线。开设阻火线时,推土机要大小搭配使用,小机在前,大机在后,前后配合开设阻火线,并把所有的可燃物全部清除到阻火线的外侧,以防在完成开设任务后,沿阻火线点放迎面火时增加火线边缘的火强度,延长燃烧时间,出现"飞火"越过阻火线造成跑火。利用推土机开设阻火线时,其宽度应不少于3m,深度要达到泥炭层以下。

完成阻火线的开设任务后,指挥员要及时对阻火线进行检查,清除各种隐患。然后组织点火手沿阻火线内侧边缘点放迎面火,烧除阻火线与火场之间的可燃物,使阻火线与火场之间出现一个无可燃物的区域,从而实现灭火的目的。组织点火手进行点烧时,可根据火场的实际情况和开设阻火线的进程,进行分段点烧迎面火。

6.2.3.4 人工扑救地下火

人工扑救地下火时,要调动足够的兵力对火场形成重兵合围,在火线外侧围绕火场挖出一条1.5m左右宽度的隔离带,深度要挖到土层,彻底清除可燃物,切不可把泥炭层当作黑土层,把挖出的可燃物全部放到隔离带的外侧。在开设隔离带时,不能留有"空地",挖出隔离带后,要沿隔离带的内侧点放迎面火烧除未燃物。

在兵力不足时，可暂时放弃火场的次要一线，集中优势兵力在火场的主要一线开设隔离带，完成主要一线的隔离带后，再把兵力调到次要的一线进行灭火。

以上各种灭火技术，可在火场单独使用，在地形条件较复杂的大火场可根据火场的实际情况，采取多种灭火技术合成灭火。

另外，利用索状炸药扑救地下火也是目前在我国扑救地下火中速度最快，效果最好的方法之一。在使用索状炸药扑救地下火时，可按照爆破灭火中扑救地下火时的使用方法实施。

6.3　扑火组织指挥

扑火组织指挥的根本目的就是在于统一意志，统一行动，是最大限度地发挥扑火队伍的战斗力，确保实现"打早、打小、打了"的扑火原则，把森林损失降到最低限度，有效地保护森林资源、生态环境和人民生命财产安全。其主要任务是遵循灭火的根本目的、战略思想、灭火原则和上级的指示、命令，并对火场进行侦察，判断情况，拟定灭火方案，下达指令，调动部队组织协同，保障供给和督促检查。

6.3.1　扑火原则

扑火原则是我国森林防火工作者在50多年的扑火中积累的丰富经验的总结，它对扑火组织指挥及安全扑火等方面起着极其重要的作用。扑救森林火灾是一项十分危险、艰巨、复杂的任务，各级指挥员在扑火中会遇到各种复杂、危险情况。为了能使各级指挥员在错综复杂的情况下，保证扑火安全，并能迅速扑灭森林火灾，必须坚持扑火原则。扑火总的原则是"打早、打小、打了"。

（1）速战速决　速战速决是整个灭火原则中的核心部分，能否实现速战速决关键取决于各级指挥员能否抓住有利的灭火战机。

扑火的有利战机：林火初发阶段；风力小、火势弱时；有阻挡条件的火；逆风火；下山火；烧到林缘湿洼地带的火；利于灭火的天气；早晚及夜间的火；燃烧在植被稀少或沙石裸露地带的火；燃烧在阴坡零星积雪地带的火；可燃物载量少、火焰高度在1.5m以下的火。

速战速决的必要条件：只有扑火战机，而不能牢牢抓住和充分利用战机，也不能取得很好的扑火效果。林火的强度和蔓延速度均随着时间的变化而变化。为此，各级指挥员在指挥扑火时，一定要抓住每一个有利的扑火战机，合理地指挥扑火队伍，才能在最短的时间内消灭森林火灾，实现速战速决的目的。要达到速战速决，应有以下七个方面条件作保证：先进的侦察手段；畅通无阻的通讯网络；精干得力的指挥系统；快速灵活的交通工具；训练有素的扑火队伍；行之有效的扑火装备；可靠有力的后勤保障。

（2）因地制宜　在扑火作战中，火线指挥员要根据火线的变化（火势变化、地形因素、可燃物因素和气象因素）可交替使用间接灭火和直接灭火及其他各种不同的灭火方法。如：原准备采取以火攻的灭火手段来扑灭的某段火线，但由于风向或风力的变化，有利于采取直接灭火措施时，为了减少森林损失，应果断地改变灭火方法，并根据各种灭火方法实施时的具体要求随时调整兵力。反过来，原准备采取直接扑打的火线，因发生某种变化有利于间接灭火时，也应及时的改变灭火方式。

（3）"四先、两保"　指挥扑火时，为了迅速有效地扑灭林火，各级指挥员都必须坚持"四先"、"两保"的原则。

①先打火头　火头在整个火场中蔓延速度最快、火强度最大、火焰最高，对森林的破坏也最严重。因此，一个大火场，只有先把火头扑灭，才能有效地控制和扑灭整个火场。

②先打草塘火　林间的草塘是林火的"快速通道"，所以林火在草塘中发展速度十分迅速，如顺风，要比林内火的蔓延速度快很多。火头顺草塘燃烧过后，草塘中的两个火翼将迅速向两侧的山上蔓延形成冲火，能够迅速扩大火场面积。草塘是林火发展中的险段，只有先将险段扑灭，才有可能使整个火场转危为安，才有可能取得灭火的全胜。

③先打明火　在扑救地表火和树冠火时，必须组织力量先将明火彻底消灭，控制火势发展，然后再清理火场彻底扑灭暗火。

④先打外线火　由于林内可燃物比林外可燃物含水率高，另外林外的风速比林内高，因而林外火的蔓延速度快于林内火的蔓延速度。有时林外的火已经发展到几千米以外，而林内的火还在缓慢燃烧，这样很容易形成内线火和外线火。如果先进入或误入内线灭火而不先控制外线火，就会使整个扑火计划遭到失败。

⑤保证会合　扑救林火时，各部之间都必须在火线实现会合。各部之间是否能够在火线按时会合是直接关系到整个灭火计划成败的关键所在。只有实现各部之间的会合，才能保证对整个火场的全线合围，才能取得扑灭明火阶段的胜利。因此，在森林灭火中一定要做到坚决会合。

⑥保证不复燃　在扑救林火中，扑灭明火是一项非常重要的任务。将明火扑灭后，清理火场，保证不复燃也同样重要，否则，会造成火场复燃，甚至造成更为严重的后果。为此，明火扑灭后，一定要认真清理火线，保证不复燃。

（4）集中兵力　在小火场扑火时，一般应集中 1/3 或 1/2 的扑火力量从火头的两翼接近火线进行灭火。

在林火初发阶段，应集中优势兵力，一鼓作气，迅速扑灭林火。

在扑火的关键地段、关键时刻（当火刚越过隔离带或阻火线将要形成新的火区时），应集中优势兵力，聚而歼之。

对于可一举歼灭的低强度火线，要集中优势兵力全力扑灭。

在火场面积大、火势猛、兵力不足时，应集中优势兵力首先控制火场的主要火线，暂时放弃火场的次要火线。次要火线要等待兵力增援或控制主要火线后，再进行兵力调整，从而使火场局部的兵力形成绝对优势。

明火扑灭后，如发生复燃火，一定要集中优势兵力坚决扑灭。

(5) 化整为零　在火势弱、火线长、林火蔓延速度慢、火强度低时，清理火线应采用化整为零的原则。

在火势弱、火线长时，应把扑火队化整为零，采用长线分段或短线分段的方法，对整个火场形成全线合围进行扑打。

扑打火翼时，如果火势不强，也可化整为零。

扑打火尾时，因其火势弱、蔓延速度慢，也可化整为零使用兵力进行扑打，防止风向发生变化使火尾变成火头或火翼。

清理火场时，要化整为零使用扑火力量，按清理要求全面展开，确保火线不复燃。

(6) 抓关键、保重点

①抓关键　指抓住和解决灭火中的主要矛盾，扑火时首先要控制和消灭火头或关键部位的火线。火头是林火蔓延的关键部分。因此，控制火头是灭火中的关键，只有迅速扑灭或有效控制火头，才能消灭林火。因此，扑救林火时，必须树立先控制和消灭火头的战略思想。

②保重点　是以保护主要森林资源和重点目标安全为目的所采取的扑火行动。为了实现对重点区域和重点目标的保护，扑救林火时，必须根据火场实际情况相应地使用有效灭火方法，对重点目标、重点区域加以保护。

(7) 打烧结合　打烧结合指在实地灭火中，本着能打则打，不能打则烧的原则，以打为主，以烧为辅，打烧结合。

捕捉战机、以打为主。直接灭火是扑火中的主要手段。在实际扑火中必须体现以打为主的原则，要根据火场实地的气象、地形、可燃物和火势等情况，分析是否能够采取直接灭火手段，只要有利于直接灭火，指挥员就应调动灭火力量扑火。在无法直接扑打或不利于直接扑火的条件下，应采取以火灭火或其他的间接灭火方法。

采取"烧"的时机与条件。扑救林火时，"烧"也是不可缺少的灭火方法之一。当无法采取直接灭火手段或有利于以火灭火时，就要考虑采取"烧"的手段。因此，在扑救林火中不能忽视这种方法。在以下情况下可采取"烧"的手段：火强度大、蔓延速度快、扑火队员无法接近火线时；在扑救连续型树冠火，无法采取直接灭火手段时；在火场附近如有可利用的地形时，应采取间接扑火手段，利用依托点放迎面火；当火势威胁重点区域或重点目标（如林间村屯、仓库、油库、贮木场、自然保护区、珍贵树种林等）时；拦截火头时，可在火头前方选择有利地形，采取以火灭火方法拦截火头；遇到双舌形火线时，可在火的两个舌部顶端点火，把两个舌形火线连接起来，扑灭外线火；遇到锯齿形火线时，应在锯齿形火线外侧点火，把火线取直，然后再扑灭外线火；遇到大弯曲度火线时，要在两条最近的火线之间点火，把两条火线连接在一起，再扑灭外线火；难清地段的火。在难清地段外侧选择较好清理地带点火扑灭外线火，使难清地段变成内线火。

(8) 协同作战　协同作战是取得整个火场灭火全胜、速胜的一条十分重要的扑火原则。坚持协同作战、积极主动是取得灭火胜利的一项重要保证。

为更有效地保护森林资源，保证灭火的胜利，扑救林火时，必须树立全局观念，积极主动地与友邻队伍协同扑火，争取扑火的速胜、全胜。在协同扑火的过程中，要坚决克服本位主义，以积极主动的态度，最快的速度进行扑火，为实现速战速决创造条件。

6.3.2 扑火指挥程序

扑火指挥程序，就是指扑救林火时的前后动作程序。实战中，扑火的整个过程大体分为 9 个步骤。它们对于火场的某一部位来说是相互联系、环环相扣的，而对整个火场的所有部位来说，并不是同步的，特别是在大火场中更是如此。所以，作为火场指挥员，必须很好地掌握灭火程序，否则，指挥员的行动就无所遵循。特别是在扑救大面积森林火灾时，更应该牢记以下 9 个步骤。

(1) 制定方案　一是扑火预案；二是扑火初期方案；三是扑火实施方案。这些方案都是组织实施扑火的依据，但任何方案都不是一成不变的，还要根据火场的变化加以修订。

(2) 调用扑火力量　指挥员在按照扑火方案，把各扑火队伍部署到火场的各部位时，指挥员要切记扑火力量的多少一定要适当，既不能搞人海战术，也不能搞"滚雪球"和"加油式"。指挥员向下级布置任务要明确，指令要清楚，要保护扑火队伍的战斗力，不能毫无意义地进行调整。

调整兵力时应注意以下几个问题：掌握火情要准确；调整兵力要及时合理；确保重点目标安全；不影响扑火全局。

(3) 消灭明火　这是扑救林火过程中最紧张、最激烈，火势变化最多，需要思想高度集中的时期。一切行动都要围绕着火而动，直到把整个火场控制为止。

(4) 控制火场　控制火场是指所有的扑火队伍在火线不同的位置扑灭明火相互会合为止。

(5) 清理火线　清理火线，主要是清理火线边缘的残火、暗火、枯立木、倒木、采伐木、伐根等。

(6) 看守火场　看守火场是扑救林火的收尾工作，是完成灭火任务的最后保证。一场林火被扑灭后，经过多次的清理、检查，对火场进行看守。看守火场的关键是"看"而不是"守"。"看"就是在看守火场过程中，看守人员携带清理工具，沿被扑灭的火线边缘不断地进行检查清理，发现问题及时处理。看守火场的时间应视火场具体情况而定，在干旱和气象条件不利的情况下，看守火场的时间要达到 72h。

(7) 验收火场　撤离火场前，火场指挥员要对整个火场进行检查验收。验收火场时，火场最高指挥员要亲自或指派专人进行检查验收，其标准是要达到"三无"，即无火、无烟、无汽，并要做好各项记录。验收记录要交给火场所在的县级森林防火指挥部存档备查。

(8) 撤离火场　撤离火场时，扑火人员容易产生急于撤离火场的急躁情绪。

因此，这时注意力分散，往往容易发生各种事故。这一时期，指挥员更要提高警惕，认真组织，做好撤离工作。

（9）再次准备　扑火队从火场撤回后，各级指挥员要迅速组织扑火人员，做好下次扑火的各项准备工作，在森林防火戒严期尤为重要。

再次准备的内容：维修保养灭火机具；修补个人装备；补充灭火油料；补充给养。

6.3.3　扑火指挥体系

组织指挥体系是由平时森林防火组织管理体系和扑火临时组织指挥体系构成。

6.3.3.1　平时森林防火组织管理体系

我国平时森林防火组织体系分为以下五个层次：国家森林防火总指挥部，设在国家林业主管部门（国家林业局）；县（局）级以上森林防火指挥部设办公室，配备专职干部，负责日常工作；

6.3.3.2　扑火临时组织体系

当发生森林火灾以后，当地森林防火指挥部就要立即委派一定的扑火指挥员和一定工作人员，赴火场组织扑火工作。这些指挥员和工作人员为了有效地指挥，在火场组成了一定的组织体系。这个组织体系随着火场的出现而产生，随着火场的消失而解散，所以把它称为扑火临时组织指挥体系。

这个扑火临时组织指挥体系也是可变的。它是随着火场的大小，扑火力量的多少和主要扑火指挥员的决策组成的。一般分为：火场总前指、分前指、一线指挥部。

6.3.4　扑火指挥员

精通指挥艺术的指挥员，决不能穷兵好战或只夸夸其谈，而要善于审时度势，勤于思考，抓住战机，用好战术，在具体实战中能够化难为易，以最小的扑火举动夺取最大的战果。举动小，战果却最大，无疑是一对矛盾。在组织指挥灭火中要解决这一对矛盾，指挥员就得常攻其易胜，不攻其难胜。对于难胜之火，应该通过谋略的巧妙运用，促进火场情况的变化，以收到化难为易的效果。

6.3.4.1　指挥员的职责

各级指挥员总的职责是制定扑火方案，指挥、调动扑火队伍利用有效的灭火装备，在能够保证人员和装备安全的前提下，对林火实施"打早、打小、打了"，把火灾损失降到最低限度。具体有以下6个方面：掌握火情变化；制定灭火方案；调用扑火队伍；协调灭火行动；确保人员和装备安全；运用科学手段，以最小代价换取最大效益。

6.3.4.2　指挥员的权力

扑火时，指挥员要完成其职责，必须有相应的权力做保证。指挥员有以下权力：确定灭火力量和灭火战术、技术；依据灭火方案，调动所属扑火队伍；在紧急情况下，可以调动火场附近的扑火力量协同灭火；根据灭火需要，可以确定是否建立前线指挥部；在扑火过程中，有权代表本级组织行使表彰和执行纪律的权力。

6.3.4.3 指挥员的素质

指挥员是森林灭火中的核心，所有的灭火计划和方案，都要由指挥员来制定和实施，因此，指挥员的素质关系到灭火行动的胜败。

指挥员的指挥才能是由指挥员本身的素质，对森林防、灭火工作的了解，对林火行为的熟知程度和对地形、地物的掌握以及对森林灭火战略战术、技术的运用等5个方面构成的。因此，一名合格的指挥员应具备以下几个方面的素质：

在思想上，要对森林灭火这项艰苦的事业有高度的责任感；

在知识上，必须十分熟悉和掌握与森林灭火相关的知识；

在技术上，不但要具有丰富的实战经验和指挥经验，而且要经过专业训练，具备多方面的能力；

在心理上，要勇敢、果断、主动、灵活，具有科学分析、判断、运筹、谋划的思维方法；

在身体上，要有健康的体魄，适应森林灭火的需要。

6.3.4.4 指挥员的能力

(1) 观察能力　观察能力的高低，直接反映指挥员对林火行为变化的敏锐程度。指挥员良好的观察能力，主要表现在以下几个方面：观察必须全面；观察必须准确；观察必须迅速；观察必须和分析结合起来；观察必须善于联想。影响观察的不利因素很多，主要切忌主观性和片面性，不要带着框子去观察，不要先入为主，不要以局部代替全局。

(2) 判断能力　指挥员的判断能力，是谋略水平高低的度量计。正确的判断不仅能反映客观事物的真实情况，而且能由此制定正确的决策，能动地改变客观事物。所以，判断突出体现了思维的能动性特点。另一方面，错误的判断也必然造成错误的决策，导致行动的失败。指挥员良好的判断能力具有以下表现：判断的可靠性；判断的时效性；判断的独立性；判断的灵活性；判断的坚定性；判断的准确性。判断过程是指挥员思维活动的过程，很容易受到本人情绪、意志等各种心理因素的影响。情绪稳定、意志坚强是判断能力得以良好发挥的有利条件。像愤怒、狂喜、惊恐、忧伤等不良心理因素都会使判断能力下降。

(3) 决断能力　指挥员必须具有临机处置各种情况的决断能力。火场态势瞬息万变，火情错综复杂，上级的命令、指示、火情的信息，扑火队的行动，纷纷涌入指挥员的大脑。时间就是优势，就是胜利，机不可失，时不再来，这就要求指挥员下定决心果断采取有效措施，否则，就会贻误战机，失去主动权。

(4) 应变能力　应变能力是指挥员临场处置各种意外情况的能力。火场是动态的，随时都在发生着变化。为此，要求指挥员在火场上做到随机应变。能应变则胜，不能应变则败。指挥员应变时应做到以下几点：应变贵在有备；应变贵在迅速；应变贵在扬长避短；应变贵在控制之中。

(5) 表达能力 "将令不明,罪在将帅"。将令必须简明扼要,即:通俗易懂,干净利落,形象深刻。指挥员的表达能力主要表现在以下 3 个方面:语言表达;书面表达;动作表达。

(6) 指挥能力 指挥能力是观察、判断、决断、应变、表达和交际能力的综合体现。所谓指挥能力,就是指挥员对所属扑火队伍的行动进行组织领导的能力。组织指挥能力具体表现在以下几个方面:制定正确的灭火行动方案,指令、目的明确,运筹周密,决策果断;建立精干有力的指挥机构,指挥部忙而不乱,井然有序;调用扑火队伍,充分发挥各部的特点和作用;有效地使用人力、物力、财力,讲究灭火效益,用小的代价换取大的战果;把握和控制各参战队伍的行动。

6.3.5 扑火队伍

目前,我们国家扑火队伍主要分为:武警森林部队、专业扑火队、半专业扑火队、群众义务扑火队。

武警森林部队是一支以防火、灭火,保护国家森林资源为主业的武装力量。受武警总部和国家林业局双重领导,主要部署在我国的黑龙江、吉林、内蒙古、四川、云南、新疆和西藏等省、自治区。

专业扑火队是重点林区成立的长年从事森林防火工作的队伍。防期进行巡护、检查、扑救林火。

半专业扑火队是在防火期内成立的从事森林防火工作的队伍。平时从事日常工作,防期集中起来,从事防火、灭火工作。

群众扑火队是当发生森林火灾以后,根据火场需要临时动员或自发投入扑火工作中去的群众组织。

6.4 常用灭火机具及装备

常用灭火机具主要有手工具、灭火机、水枪、点火器、灭火器、油锯和飞机等。

6.4.1 手工具

常用的灭火手工具主要有二号工具、斧子、铁锹、手锯等。

二号扑火工具是用汽车废旧外轮胎,割去外层,用里层剪成长 80~100cm,宽 2~3cm,厚 0.12cm 的胶皮条 20~30 根,用铆钉或铁丝固定在 1.5m 长,3cm 左右粗的木棒或硬塑料管材上即成。它用于直接灭火,对弱强度地表火很有效。它轻便灵活、坚固耐用、价格低廉、制作简单。

斧子有双刃斧和单刃斧,也有大斧、小斧之分。斧子常用于间接灭火,如开设防火带、开辟行军道路、清理火场、开设直升飞机临时降落场地等。

铁锹是扑救林火的必备工具,可用于土埋灭火,消灭地下火、清理火场、开设防火隔离带等。

铁镐也是扑救林火常用工具之一,有尖嘴镐、扁开镐等,常用于清理火场、开设防火隔离带等。

砍刀是火场上常用工具。它虽不是直接灭火工具,但可以用于开辟行军道路,使灭火人员顺利通行。还可用于火场上割取树枝、灌木丛、杂草和清理火场。

手锯是扑火常用的工具。灭火时,主要用于清理火场。

灭火耙主要用于开设隔离带和清理火场。

6.4.2 灭火机具

常用的灭火机具主要有风力灭火机、点火器、灭火器、水枪、油锯等。

6.4.2.1 风力灭火机

风力灭火机具有风力强、易操作、能挎、能提、耗油少等优点,目前是灭火中的主要工具之一。

风力灭火机主要由 IE52F 汽油机、离心式风机、背带、把手及多种附件组成。风机由风筒、叶轮、机壳、风罩组成。

风力灭火机主要分为三个部分。灭火部分:离心式风机和风筒组成;汽油机部分:IE52F 汽油机;操纵部分:背带、前后把手、油门拉线、板机等。

风力灭火机型号 CFZ-20(6mF-5)型:手提式多用机,净重 11 kg,外型尺寸(长、宽、高)870mm×310mm×380mm,风速 20~22m/s,燃油箱容积 1.3L,发动机型号 IE52F(单缸 2 冲程风冷汽油机),发动机总排量 85mm,缸径 52mm,冲程 40mm,实际压缩比 8:1,最大功率 3 677.5W,7 000r/min,燃油 70 号以上汽油与 10 号车用机油按容积比 20:1 混合。

6.4.2.2 点火器

点火器主要用于火烧防火线,点放迎面火,点火自救等,这是扑火队伍不可缺少的工具。主要有以下几种:

(1) PH-1 型滴油式点火器

①构造　由油桶、油管、手把、开关、点火杆和点火头组成。

②燃料　可使用混合油,70% 左右的柴油加 30% 左右的汽油,也可以使用纯汽油。

③原理和使用方法　加油后,打开油门开关,用明火点燃。由于油桶位于油管上方,油可缓慢流出,保证点烧用油。当点火人员向前走时,点火头贴近地面可燃物点出一条火线。

④注意事项　不使用时要拧紧油桶盖,确保油桶封闭,使用时可把盖拧松。使用前一定要检查有无漏油的地方。漏油往往是啮合部没有拧紧或垫片损坏、丢失所造成的,应及时更换后再用。

(2) 17 型点火器

①构造和原理　17 型点火器是根据 17 型喷雾器改装而成,由油箱、油管和

喷头三部分构成。汽、柴油倒入油箱后，借助传动机的工作，使汽室内充满汽、柴油。由于压力增大，而使汽柴油通过油管流入喷枪，喷火头上加制点火芯，点火人员背在身后用明火点着火芯即可使用。

②技术性能　外型尺寸 350mm×200mm×450mm；点火器自重 4.6kg；油箱容量 17kg；喷口直径 0.5mm、0.7mm、0.9mm 三种；工作压力 3~4kg，可喷 1~2m；油量消耗，每点烧 1km 耗油量为 3kg；工作效率，17kg 混合油可连续工作 4h，可烧防火线 5~6km。

(3) SID-1 型手提增压点火器

①构造　该点火器是手助调压贮气结构点火器，由贮油桶、打气筒、点火杆和点头组成。

②技术性能　质量 1.49kg；油桶容量 2L；喷射距离 2.5m。

③特点　可连续喷射，具有火焰强，喷射距离大，节省燃油，效果好，操作简单，体积轻等特点。

④使用方法　使用时，贮油桶加入容积 3/4 的燃油，向桶内打压，打开燃油开关，即可点火。

(4) BZD-1 型喷注式点火器

①构造　由枪体、喷头及供液附件三部分组成。

②性能　质量 0.57kg；油桶容量 5~15L；喷射距离 7~8m。

③特点　射程远，不怕风，安全，不回火，油量可调整，轻便灵活。

④原理　工作原理是靠往复真空泵。在操作时，扳动活动手柄，使活动在阔尼龙管体内作往复运动，行程为 50mm，使管内形成真空，燃油冲开过油阀球，通过输油管吸入枪体，当活动阀返回时，压力骤然上升，在压力作用下，过油阀球将进油孔关闭，燃油只能通过出油阀喷射出去。

6.4.2.3　灭火器

(1) SM-Q 型化学灭火器(俄压式灭火器)

①构造和原理　该灭火器，是利用从 3 个并联的合金钢密封桶中的二氧化碳蒸发而产生的压力，将化学药剂喷出达到灭火的目的。

②技术性能　自重 10kg；装药 10kg；喷射距离 12~14m。喷射时间长短因喷嘴直径大小而异，可以一次喷射，也可以进行点射。

③缺点　重量较大，携带不便，在没有水源的地方，难以发挥作用。

(2) SM-B 型自压式灭火器

①构造　由桶体、喷枪、支架、管道、压力盒等五部分组成。

②原理　该灭火器的喷射动力是利用容器中化学药剂(草酸和小苏打)与水混合后产生的压力，将灭火药剂喷出。

③技术性能　自重 5kg；装药 14kg；体积 340mm×170mm×500mm；喷嘴直径 4mm 和 2mm；射程 8~12m。

(3) M-17 型灭火器

①工作原理　药液经水阀进入汽室内，代理助传动机构的工作，使汽室内充

满汽体，药液与汽体增大压力，迫使药液流向喷枪，从喷头喷出。

②性能 外型尺寸 350mm×200mm×450mm；净重 4.6kg；油箱容积 17kg；工作压力 8kg。

③药液配制 尿素 4%(0.7kg)；磷酸铵 29%(5kg)；水 65%(11kg)；洗衣粉 2%(3kg)。

④工作效率 喷雾状连续工作 30min。

(4)MFPg 型喷粉灭火器 该灭火器内装干粉火火剂，以特制发射药为动力，背负式、轻便灵活，容易操纵，电点火发射，可反复使用。它由干粉钢瓶、输粉管和干粉枪三部组成。

以磷酸铵盐为主剂的干粉灭火剂，喷射到火场在高温作用下，立即产生化学分解吸热反应，分解出氨气和水蒸气，冲淡空气中氧的含量，阻止可燃物燃烧，由于吸热能降低可燃物温度，最终产生五氧化磷，覆盖燃烧物表面，阻止燃烧。

6.4.2.4 水枪

目前，我国常用的是 SF—88 型灭火水枪。

(1)构造 SF—88 型灭火水枪由装勺、过滤网、背包、水袋、胶管、喷枪六部分构成。

(2)性能 装水 18kg；喷枪重 0.39kg；灭火水枪重 1.6kg；平射距离 12~16m；喷口直径 2.5~4mm。

6.4.3 飞机

用于森林防火、灭火的飞机分为直升机和固定翼飞机两大种类。

6.4.3.1 直升机

直升机具有垂直升降的特点，并能在较复杂的地形条件和气象条件下进行飞行，适航性较高。直升机主要是由发动机、机身、主桨翼、尾桨翼和起落架五个主要部分组成。

机身：它的作用是将直升机的各个部分组成一体，使直升机呈现出较好的流线型。

主桨翼：主桨翼安装于机身的上方，由发动机驱动在水平方向上产生升力，当升力大于直升机全重时，直升机垂直上升；小于全重时，垂直下降；等于全重时，在空中悬停。改变自动倾斜器使主桨翼旋转面倾斜，可使直升机向前后左右或任意方向移动。

尾桨翼：尾桨翼的作用是消除主桨翼旋转时产生的致使直升机倾斜的反作用力，并控制飞行方向。

起落架：直升机的起落架安置通常采用后三点轮式或采用双雪橇式起落架。

发动机：采用涡轮螺旋桨发动机。

(1)米-8 型直升机(俄) 主要性能如下：

最大时速：230km/h　　　　　　　平均耗油量：750L/h

巡航速度：210km/h　　　　　　　最大航程：标 550km

经济速度：180km/h　　　　　　　　续航时间：标 3h
空重：7 250kg　　　　　　　　　　实用升限：4 000m
最大商载：4 000kg　　　　　　　　着陆场最小面积：60m×40m
最大携油量：标 2 785L，辅 1 870L

(2) 米-171 型直升机（俄）　该机是米-8 型直升机的改进型。有两大一小发动机，不用启动电源车，自行启动，配有机载气象雷达，发动机总功率大于米-8 型直升机，飞行成本略高于米-8，其他性能与其相似。

(3) 直-9 型直升机　该机是哈尔滨飞机制造公司引进法国宇航公司海豚Ⅱ SA365 型直升机的专利技术生产的，具有 20 世纪 80 年代先进水平的双发直升机。其主要性能如下：

最大时速：324km/h　　　　　　　最大携油量：标 1 140L
巡航速度：260km/h　　　　　　　平均油耗：1kg/km
经济速度：230km/h　　　　　　　最大航程：标 860 km
空重：1 975kg　　　　　　　　　 实用升限：6 000m
最大起飞全重：4 000kg　　　　　 着陆场：30m×30m
最大商载：1 700kg

该机巡航速度快、航程远、上升率大、耗油小，涵道尾桨翼有利于飞行安全。

(4) 贝尔-212 型直升机（美）　主要性能如下：

最大时速：241km/h　　　　　　　最大起飞全重：5 030kg
巡航速度：160km/h　　　　　　　最大航程：450kg
最大商载：1 000kg　　　　　　　 续航时间：4h
最大携油量：1 080kg　　　　　　 实用升限：6 000m
平均油耗：270kg/h

(5) 小松鼠直升机（法）　主要性能如下：

最大时速：287km/h　　　　　　　最大起飞全重：2 100kg
巡航速度：220kg/h　　　　　　　最大航程：620km
最大商载：800kg　　　　　　　　 续航时间：3h
最大携油量：423kg　　　　　　　 实用升限：6 000m
平均油耗：132kg/h

直升机主要用于机降灭火、索降灭火、吊桶灭火、化学灭火。它能够充分发挥空中优势，做到发现早、报警快、扑救及时、机动灵活、效率高，特别是在交通不便的大面积原始林区、偏远林区效果更为明显。同时，直升机也用于巡护、空中指挥等。

6.4.3.2　固定翼飞机

固定翼飞机主要由发动机、机身、机翼、尾翼、起落架等 5 个部分组成。固定翼飞机的主要用途是巡护、侦察火情、空运灭火物资、化学灭火和人工增雨等。我国常用的固定翼机型及性能见表 6-2。

表 6-2　我国常用固定翼飞机的主要技术性能

主要性能	机　型		
	运-5	运-11	运-12
机长(m)	12.4	12	14.86
机高(m)	5.35	4.64	5.58
旋翼直径(m)	18.18	17	17.24
最大起飞质量(kg)	5 250	3 500	5 000
最大商载(kg)	1 200	1 250	1 700
载客量(人)	7~12	8	17
最大速度(km/h)	255	265	328
巡航速度(km/h)	220	200	250
实用升限(m)	4 500	3 950	7 000
最大航程(km)	1 360	900	1 440
起飞滑跑距离(m)	153	196	234
着陆滑跑距离(m)	173	155	219
要求跑道长度(m)	500×30	500×30	500×30
百千米耗油量(kg)	118	55	72

6.5　扑火安全

林火是在开放系统中发生、发展和变化的,它时刻都受气象、地形、可燃物三大自然因素的影响,随着自然因素的变化,火行为必然会发生变化,扑火中稍有不慎就会造成人员伤亡。为此,扑火安全是各级参加扑火人员必须认真对待和高度重视的头等大事。

6.5.1　伤亡原因与危险环境

(1)伤亡原因　缺乏对火行为特征的了解,不能准确地分析、判断和预测火行为的变化;缺乏实战经验,遇事过于紧张,不能沉着、冷静地处理紧急情况;缺乏火场避险常识,顺风逃生、迎风扑打火头、在草塘及灌木丛中避火、对地形条件认识不清向山上逃生等;对小火掉以轻心、麻痹大意,安全意识淡化,不做任何准备而发生伤亡;在枯立木较多的区域扑火时,被火烧木及枯立木等砸伤;没有受过扑火训练的人因受到火场产生的轰鸣声和浓烟、高温的危害而引起极度恐惧,惊慌失措,乱跑乱串而造成伤亡。

(2)危险环境　恶劣的气象条件、不利的地形环境和可燃物的因素,三者相互作用,相互影响会构成各种危险环境。

①恶劣的天气条件　通常,每天的10:00~16:00时段,风大物燥,气温高、

相对湿度低、风向风速易变、火场烟尘大、能见度低，是扑救森林大火极其不利的危险时段。

②陡坡　陡坡会自然地改变林火行为，尤其是林火的蔓延速度随着坡度的增加，火焰由垂直向前发展而改变为水平向前发展，会提高热辐射的传播效果，火场上空会形成对流柱，产生高温使林冠层和上坡可燃物加速预热，同时，浓烟为受热气体上升到树冠提供良好的条件。因此，越过山顶直接迎火扑打林火或沿山坡向上逃生是极其危险的。

③窄山脊线　窄山脊线（拱脊）是危险地带，因受热辐射和热对流的影响，温度极高，非常危险。如果脊线附近着火，其林火行为瞬息万变，很难预测。

④狭窄草塘沟及岩石裂缝　狭窄草塘沟及岩石裂缝会改变林火行为，易产生飞火，容易造成扑火人员被大火包围等情况发生。

⑤窄谷　当窄谷通风状况不良，火势发展缓慢时，会产生大量烟尘并在谷内内转沉积，有大量的一氧化碳形成。随着时间的推移，林火对两侧陡坡上的植被进行预热，热量会逐步积累。一旦风势发生变化，烟尘内转消失，火势突变会形成爆发火和火爆。如果灭火人员处于其中极难生还。

⑥单口山谷　只有一个进出口的山谷，俗称葫芦峪，即三面环山。单口山谷的作用如同排烟管道，为强烈的上升气流提供通道，因此，很容易产生爆发火。

⑦破碎特征地形　破碎特征的地形（一般指凸起的山岩），由于其特殊的地形条件，往往产生强烈的空气涡流。火在涡流的作用下，容易产生许多分散的、方向飘忽不定的火头，极易使扑火人员被大火围困。

⑧鞍状山谷　鞍状山谷受山风循环变化的影响，风向不定，是火行为不稳定而又十分活跃的地域。若主风方向与鞍状山谷平行，必将产生强度高、蔓延速度快的林火，是林火快速发展而没有阻力影响的十分危险的地域。

⑨合并地形　岩石裂缝、鞍状山谷和破碎特征的地形是林火蔓延阻力最小的通道，若三种地形条件和陡坡同时存在于一处时，会使垂直向前发展的火焰向水平方向向前发展蔓延，导致受热空气的传播速率增加，火行为突变，易发生伤亡。

6.5.2　事故预防

事故预防工作主要分为两个部分，一是平时的预防工作，二是火场预防工作。

(1) 平时预防工作　加强教育提高安全意识，制定行之有效的规章制度；学习火行为知识，掌握火的特性，提高对火行为变化的分析判断能力；进行必要的火场模拟避险训练，提高自我保护能力；提高心理素质，消除恐惧心理效应。

(2) 火场预防工作　时刻注意火场气象、地形、可燃物的变化；时刻掌握火情变化，做到了如指掌；遇事不慌，保持清醒的头脑，采取必要措施；注意可能发生危险的地域和环节；必要时安排扑火队伍的进出路线；指挥员的指示、命令要明确、通俗易懂；指挥员要牢牢地控制队伍的行动；要始终保持通信联络畅通。

(3) 火场脱险 扑火人员一旦被大火围困受到大火的袭击时，要果断决策，迅速采取正确的方法进行解围；在没有避险的有利地形时，可点顺风火并迅速进入新烧出的火烧迹地避险解围；在附近有可利用的小溪、小道时，应在依托的下风地段点火解围。在利用公路、铁路、河流等进行点火解围时，应在依托的上风地段点火解围。在点火时间来不及，附近有河流、小溪、无植被或植被稀少的地域，可用水浸湿衣物蒙住头部，两手放在胸前卧倒解围。当发现大火袭来，人力无法控制时，如果时间允许可迅速转移到安全地带避险。

6.5.3 迷山自救

迷山是进入林区迷失方向，既不能到达目的地，也不能返回出发地。在扑救林火时，因远离城乡、林场、公路、铁路，稍有不慎，就有迷山的危险，甚至还会造成人员伤亡。

迷山事故的发生多是因为思想麻痹大意，过于自信造成的。因此，一定要提高警惕，防止发生迷山。但是一旦发生了迷山，不要过于紧张，要沉着、冷静，要有坚强的毅力和信心，采取自救，保存生命。

6.5.3.1 迷山初期自救

当发现自己迷失方向时，如果是在火烧迹地内，始终朝着一个方向走，就会走到火线边缘上去，然后，再沿火线走就可以找到灭火的队伍；如果不是在火烧迹地内，要立即停止前进，但是不要过于紧张、害怕，要沉着冷静，找个地方休息一下，有意识地放松自己，使紧张的心情平静下来，然后再想办法。

计算一下自己走出的时间和路程，到高处查看一下，周围的山形、地势或火场的烟雾，然后分析、判断自己走过的路线是否正确，如果正确可继续前进。不正确时，如能按原路返回，就要养足精神，立即返回，不能按原路返回，就要先住下来再想新的办法和出路。住下时，要注意防寒、防雨、防雪，必要时可搭临时窝棚。

在没有把握返回驻地时，千万不可着急乱闯、乱走，这样会给救生带来更大的困难和危险。因此，当自己没有把握返回时，在一个地方住上几天也是非常必要的，这是一种救生的好办法。如果这时还在林内，就要找一个开阔地带点起篝火等待救援，同时还可以采取下列办法：

如果有枪，可鸣枪报警，但不准随意鸣枪。鸣枪时，最好是选择在山顶向天空鸣枪。不要在山谷内鸣枪，防止回音给寻找人员造成错觉。

夜间，要在高山顶上点火报警。用火时，在注意安全的同时，要注意观察四周是否有火光，如果有火光应向火光方向行进。

白天要注意是否有飞机巡护或有飞机盘旋找人。如有，要迅速点火报警，在来不及点火时，也可用小镜利用太阳光反射照向飞机驾驶仓，引起机组人员的注意。

妥善保管火柴、打火机等，防止受潮及丢失。

6.5.3.2 迷山后期自救

迷山人员经过三天还找不到出路时，绝不能心灰意冷、悲观失望，一定要有信心，顽强奋斗，保存生命，靠自己的智慧、胆量和力量寻找生路。

（1）判明方向　迷山三天后还不能从森林中走出来时，说明还没能判明方向。在没有指北针和 GPS 的情况下，判明方向可采取以下方法。

①时针辨向法　在有太阳的情况下，把手表放平，时针对准太阳，在时针和十二点的中间，即是南方。以此为起点，顺时针方向每隔 15min 就是一个方向。使用这个方法辨向，春、夏、秋、冬各有变化，要注意纠正误差。

②看树辨向法　看树辨向时，以看孤树为准，枝桠多、大、长、生长茂盛，多数长枝所指的方向是正南，与此相反一侧枝桠少，而又短的一面是正北。没有孤树时，在林间空地边缘多看几棵树也可。

③树轮辨向法　主要是看伐区林缘树墩上的年轮，树的年轮宽的一面是正南，树轮密的一面是北。

④北极星辨向法　在晴朗的夜间，北极星辨向法是最快、最简单的辨向方法。北极星辨向法有两种，一是先找到大熊星座（勺子星），从勺子星的勺把向前数到第六颗星即天极星，然后目测天极星和第七颗星天旋星的距离，向前大约 5 倍远的天空有一颗和它们同等亮度的星，就是北极星，这个方向是北方。二是先找到大熊星座对面的仙后星座，它是由五颗较亮的星组成的，这五颗星中的中间一颗星前方与大熊星座之间的星为北极星。

（2）摆脱险境　方向判明后，有时可能突然来了灵感，清楚了来路和去向，这时恐慌、紧张的心情变得振奋起来，可以立即摆脱困境。但是有的人虽然判明了方向，可是还搞不清楚出发地的位置和自己所在地的方位。这时应采取以下方法摆脱险境：

回忆自己走过来的方向，特别是横越过的铁路、公路的方向，把这个方向判明后就可以朝这个方向走去。在人烟密集和交通发达的林区，只要定准一个方向走就一定会遇到村屯、林场、工段和公路、铁路等。

如果穿山越岭没有把握时，可以顺河流走。顺河往上游走，地势越来越高，不是分水岭就是分山岭；顺河往下游走，地势越来越低，必然是小河流入大河。这时要根据平时掌握的情况来决定是往上游走还是往下游走。一般情况，河流的下游人烟较多，是我们选择的方向。

边走边听，主要是听火车和汽车的鸣笛声以及森林消防车在林内行驶时的发动机声音和风力灭火机的声音。在林区特别是清晨声音会传得很远，几十千米以外都可听到，这时可以朝有声音的方向走，但是一定要冷静，慎重判断，千万不可把方向判断错。

行进时，要注意观察巡护飞机，注意听寻找队伍或其他人员在林内活动的声音，遇上观察、巡护飞机时要立即找一个开阔地带点火报警，并注意安全。听到有人叫喊或鸣枪时要立即做出反应，如无能力喊出声音，可鸣枪或点火报警。

复习思考题

1. 在扑救林火中，是否有必要同时彻底地破坏燃烧三角中的三个要素。
2. 空中指挥员应如何确定火场的精确位置。
3. 在什么情况下应采取索降灭火这一手段？
4. 机降灭火和索降灭火的最大区别是什么？
5. 直升机吊桶灭火时，有哪些喷洒技术？其用途是什么？
6. 机降灭火有哪些特点？
7. 如何组织森林消防车实施灭火？
8. 利用推土机开设隔离带时，应把清除的可燃物放在隔离带的内侧，还是外侧？为什么？
9. 以火灭火时，有哪些不同的点火方法。
10. 扑救树冠火时，应注意哪些事项？
11. 扑救地下火的方法，有多少种？
12. 扑火指挥员应抓住哪些扑火有利战机？
13. 扑火指挥员在什么情况下可采取火烧的手段进行灭火。
14. 扑火指挥员的指挥能力是有哪些组成的？
15. 扑救森林火灾时出现伤亡的主要原因是什么？危险环境主要有哪些？
16. 当扑火人员被大火围困，受到林火的袭击时，应如何解围？
17. 扑火人员在森林中迷失方向时，应如何判明方向？

本章推荐阅读书目

林火行为研究. 朴金波. 黑龙江科学技术出版社，2002
森林部队灭火作战组织指挥. 朴金波. 黑龙江科学技术出版社，2002
林火原理与扑救. 朴金波. 东北林业大学出版社，1991
中国航空护林. 郑林玉，任国祥. 中国林业出版社，1994
森林火灾扑救与指挥. 林业部森林防火办公室. 中国林业出版社，1996
林火管理. 郑焕能，居思德. 东北林业大学出版社，1988

第7章 火的应用

【本章提要】 本章重点介绍了用火的理论基础，火在用火防火、森林经营管理、维护森林生态系统、防治病虫害、刀耕火种、改良草场等林业、农业和牧业中的应用，并对用火的条件和技术做了简要的介绍。

尽管火的两重性是用火的重要依据，但人们对此认识得还不是十分清楚。所以，目前及今后相当长的一段时期内，用火本身就是一把"双刃剑"。不分时间、地点，不考虑条件，不深入研究其规律，不讲究科学的用火，只能适得其反。本章没有在各部分分别强调这个问题，在此提醒读者，实践中一定要一分为二地对待用火，既不要夸大火的作用，也不要抹杀火的影响。

7.1 用火的理论基础

7.1.1 火的两重性

理论上，森林防火只着眼于林火有害的一面，是一点论，它视林火为最凶恶的敌人，想方设法防止林火的发生，森林内一旦起火，哪怕是非常小的火也是不能容忍的。显然，这是不正确的。因为，林火的发生并非都能发展成为森林火灾，要成为森林火灾是有一定条件的。林火也非全部都有害，这要看林火的性质和发展趋势，以及人们对林火的控制和引导。早在人类出现以前，火就已经客观地存在，如雷击火使森林发生周期性的火烧，便是作为非常重要的一个生态因子参与了森林的发生和演替。人类出现之后，由最初对火的恐惧，到保存火种而使用火，经历了一个长期而痛苦的过程。据我国考古学家的考证，在山西省发现原始人180万年以前就与火发生关系的遗址；我国北京猿人在50万~60万年以前用火和保存火种的证据，早已被世界公认。人类在生产实践活动中逐步学会了用火驱兽打猎，烧林开荒种地，用火煮熟食等等，正是由于火的使用，才使得人类脱离原始类群，进化到现代人类。因此，火的利用成为人类进步的第一座里程碑。

到了文明社会的人类，对火在陆地生态系统中，特别是在森林生态系统中的作用和地位的认识，也是经过多次反复的。在相当长的时间内，对林火的恐惧心理占据了上风，直到上世纪初，人们对林火的两重性才有了初步的认识，在 1910 年，北美开始采用控制火烧来烧除采伐剩余物；1912 年，加拿大在温哥华林区全面推广这种火烧方法；在 1966 年，美国规定火烧的面积还只有 1.7 万 hm^2，到 1970 年就超过了 100 万 hm^2，5 年内规定火烧面积增加近 60 倍；澳大利亚近年来的规定火烧面积也在 100 万 hm^2/年左右；我国南方的炼山造林，虽有近千年的历史，但以前多属"刀耕火种"这一原始经营方式的延续。我国的营林安全用火直到 20 世纪 50 年代才得到发展。1953 年在东北黑龙江省西部林区采取火烧沟塘草甸来防止山火的蔓延，后来逐渐在大小兴安岭、内蒙古等林区广泛推广应用。1975 年，云南省盘江林区开始在林内进行规定火烧；1984 年，黑龙江省汤原林区也开始进行林内规定火烧，面积达 $667hm^2$ 以上，效果较好。

目前，世界各国对营林安全用火非常重视，已在广泛进行深入试验研究。人们已经充分认识到：林火不仅具有有害的一面，而且具有有益的一面。单纯的防火是被动的，只有"防"和"用"结合，才是积极主动的且最为有效的措施。

火的两重性，特别是火的有益性促使森林防火学者和生态学者的高度重视，1972 年，在美国召开了"环境中的火"研讨会，并出版了 *Fire in Environment Symposium* 一书。1974 年，Kozolowski 等人出版了 *Fire and Ecosystem*。1975 年，Gill 综述了火烧对澳大利亚植被的影响，并给出了火生态的理论框架。到了上世纪 80 年代中后期，火生态已成为一个独立的学科分支。1980 年，Wright 等编著的 *Fire Ecology* 的出版，标志着火生态学的形成。1983 年由美国、澳大利亚、英国、法国和加拿大五国生态学家合作出版的 *Fire in Forestry*，内容涉及到火对森林生态系统影响的各个领域。此后，学科的交叉和渗透，使火在生态系统中对生物、人类和社会的影响等诸多领域的研究进一步展开，发表了大量的学术论文，推动了火生态学理论和方法日臻完善和丰富。为火的应用提供了坚实的理论基础。

7.1.2 用火条件和火行为的可控性

森林火灾是失去人为控制的一种灾害，具有突发性和复杂性，从森林可燃物、燃烧的条件、火环境、着火后的火行为等方面而言又具有难控性。而用火则不同，用火的许多条件都是可控的，比如用火区域和范围、用火时间的确定，可燃物负荷量和可燃物湿度的人工处理，用火天气条件的选择，点火时机和用火技术的合理把握，预期火行为的控制等都是可以根据用火的目的事先设计好，并按这种设计实施的。换言之，把火作为一种工具来使用，是可操作的。

7.1.3 火是一种快捷、高效、经济的工具

在用火的许多领域，火只是人们用来达到某种经营目的的工具，如清除林下枯枝落叶，减少森林可燃物积累，降低森林燃烧性，以及清除沟塘里的草甸营造防火隔离带或防火线等经营活动，通常的方法有火烧、人工或机械收获(割)。比较而言，人工收获(割)用工多，速度慢，成本高，效果也不佳；机械收获

（割）速度比人工快，效果也比人工好一些，但需要较多的机械设备，成本更高；而用火烧则是多快好省的一种方法。

总之，火的利用，就是要利用火有利的一面，把火作为一个有力的工具，把火看成是生态系统中非常重要的一个生态因子，从生态观点和经济利益出发，通过对火行为的深入研究，掌握利用其特性主动创造火烧的有利条件，合理地利用火这一廉价的工具为生产和其他各种人类经营活动服务，化火害为火利，为人类服务。

7.1.4 营林安全用火

营林安全用火是指在人为控制下，在指定的地点有计划有目的地进行安全用火，并达到预期的经营目的和效果，成为森林经营的一种措施和手段。

营林安全用火的方式有两种：一是计划火烧，二是控制火烧。

计划火烧，又称规定火烧或计划烧除，是在规定的地区内，利用一定强度的火来烧除森林可燃物或其他植被，以满足该地区的造林、森林经营、野生动物管理、环境卫生和降低森林燃烧性等方面的要求。计划烧除中火的强度有一定限度，一般都比较低，其火强度通常不超过 $350\sim700kW/m$。由于计划火烧是用一系列移动火点烧地被物或活的植被，因此，它是移动的火。这种火由于强度较低，烟是散布和飘移的，不产生对流烟柱，对森林环境不会产生不良影响，有利于维护森林生态系统的稳定和发展。

控制火烧指在一定的控制地段，将大量中度和重度的死可燃物集中烧除称为控制火烧。控制火烧只限于采伐迹地的采伐剩余物或林内可燃物移出林外的烧除。为了尽可能烧除全部剩余物和清理物，保证迹地更新或造林，一般都采用集中烧除，如固定堆积火烧或带状火烧。这种火的强度很大，火的持续时间长，能产生小体积的对流烟柱。因此，控制火烧的火强度有时可能高于一般森林火灾的火强度。控制火烧对森林小环境短期内有一定影响，但它能够彻底清除林内杂乱物，特别是皆伐迹地，经过控制火烧后，将大量的采伐剩余物在短时间内分解掉归还于土壤，为迹地更新创造了有利条件。经过抚育采伐后的剩余物，根据森林防火的要求，不应成堆地堆放在林内，应移到林外，在适当的季节，适当的地块尽早采用控制火烧将其烧掉，以免经过抚育后的林分遭受火灾的危害。

营林安全用火与森林火灾的区别：

定义上的区别。森林火灾是失去人为控制的森林燃烧现象，火在森林中自由燃烧、蔓延和扩展；营林安全用火则是在人为的控制下，有计划有目的地用火，并达到预期的目的和取得一定的生态、经济效果。

释放能量的速率不同。森林火灾是突然爆发式地大量释放能量，破坏森林生态的稳定，使森林生态系统内的生物因子和生态因子发生混乱，长期不能恢复。营林安全用火则是在一定生态条件下进行的，即使是高能量的控制火烧，也是在人为控制下，将森林经营作业区内分散的采伐剩余物或林内杂乱物集中在一起烧除，不会破坏生态系统的稳定和发展，而是起到加速能量流动和物质循环的作用。

两者的后果不同。森林火灾能破坏森林结构和影响森林的正常生长发育,并给人类带来一定的损失。营林安全用火则能为森林的生长发育创造有利条件,是经营森林的工具和手段,给人类带来经济效益。

7.2 火在林业中的应用

7.2.1 用火防火

(1)减少森林可燃物积累,降低森林燃烧性 森林生态系统中,地表可燃物主要来自凋落物,凋落物分季节性或全年不断脱落两类,温带落叶林的凋落物几乎全是在秋季凋落,据测算,温带常绿针叶林和温带落叶混交林平均每年每公顷地上凋落物量(干重,下同)约8.5t,该区域由于枯枝落叶的分解速度很慢,凋落物可保留10~17年,林下死可燃物的积累速度很快,每公顷地上凋落物积累量可达30t。在我国北方,调查结果与此基本一致:东北的阔叶红松林平均每年每公顷地上凋落物量约5.8t,年最高凋落物量达7.8t;西藏波密地区的林芝云杉天然林平均每公顷地上凋落物量累积达34.4t;祁连山北坡藓类云杉林平均每公顷地上凋落物量累积高达42.8t;而黑龙江21年生人工落叶松林平均每公顷地上凋落物量累积已达29.9t。我国南方,森林防火季节也正是凋落物的多发季节,热带季雨林的凋落物多发生在干季的初期,热带常绿阔叶林全年均有凋落物,但在稍干月份里出现小的峰值。例如,海南岛尖峰岭热带季雨林凋落物层贮量为5.1t/hm^2;湖南省会同生态定位站17年生杉木林平均每年每公顷地上凋落物量为4.5t。

森林可燃物是林火发生的物质基础,林冠下地表死可燃物又是最危险的森林可燃物,这一部分森林可燃物积累的多少,不仅直接影响林火的发生,而且与林火发生后的火强度密切相关。通常,可燃物每增加1倍,一旦发生火灾后,其火强度则可提高4倍左右。一般而言,如果可燃物负荷量低于2.5t/hm^{2}时,即使被点燃,也难维持其在林下蔓延和扩展。因此,减少森林地表可燃物的积累,降低森林燃烧性成为森林防火工作的重要组成部分。

在林内进行营林安全用火,能有效地减少森林可燃物的积累。王金锡等(1993年)在云南松林内进行了计划烧除试验,结果表明通过较小强度的火烧均能显著减少森林可燃物的积累(表7-1和表7-2)。

在林下以减少森林可燃物的积累,降低森林燃烧性为目的的用火,一般可每隔若干年进行一次。马志贵等对云南松计划烧除后林地危险可燃物积累动态进行了研究。结果表明,计划烧除后1年内,林地危险可燃物贮量即可达到2.93t/hm^2,以后每年产生1.6t/hm^{2}危险可燃物的同时,净积累量逐渐增加,到烧后的第8年开始,林地危险可燃物净累积量动态曲线以渐进线形状向林地内危险可燃物6t/hm^{2}的现实贮量接近。如果将可燃物负荷量低于2.5t/hm^{2}时视为一个安全阈

表 7-1　四川省西康磨盘林区云南松林内计划烧除的火行为一览表

标准地号	火蔓延速度(m/min)	火焰高度(m)	火强度(kW/m)
2	0.77	0.50	122.94
3	1.20	0.90	252.45
4	0.50	0.40	39.74
6	0.49	0.30	21.70
7	2.09	1.30	454.39
8	1.63	1.00	327.24
9	0.19	0.40	46.68
10	0.82	0.50	84.93

表 7-2　四川省西康磨盘林区云南松林内计划烧除前后可燃物统计

标准地号	烧前生物量(t/hm²)				烧后生物量(t/hm²)				烧失量(t/hm²)				烧失率(%)
	未分解叶	未分解枝	半分解叶	合计	未分解叶	未分解枝	半分解叶	合计	未分解叶	未分解枝	半分解叶	合计	
2	5.08	2.74	—	7.82	1.09	1.41	—	2.50	3.99	1.33	—	5.32	68.03
3	6.59	2.50	—	9.09	1.32	0.76	—	2.08	5.27	1.74	—	7.01	77.12
4	2.66	1.70	—	4.36	0.84	0.88	—	1.72	1.82	0.82	—	2.64	60.55
6	4.33	0.85	5.34	10.52	2.89	0.79	5.34	9.02	1.44	0.06	0.00	1.50	14.26
7	4.30	1.97	6.47	12.74	0.00	1.53	3.00	4.53	4.30	0.44	3.47	8.21	64.44
8	5.31	0.88	7.27	13.46	1.94	0.49	3.25	5.68	3.37	0.39	4.02	7.78	57.80
9	5.23	0.17	6.70	12.10	0.93	0.00	1.56	2.49	4.30	0.17	5.14	9.61	79.42
10	1.73	1.20	2.43	5.36	0.38	0.30	0.83	1.51	1.35	0.90	1.60	3.85	71.83

值,该实验 1 年后的林内危险可燃物的积累就超过了这个阈值,8 年后已超过这个阈值 3 倍多,其火灾危险已经非常高。火烧的间隔期受很多因素的影响,应根据林内细小可燃物的负荷量来确定。例如,桉树异龄林,细小可燃物的积累很快,2 年内可达到未烧除林分可燃物负荷量的 75%,在火烧后第 4 年,实施计划火烧的林分与未进行火烧的林分无明显差别(达 20t/hm²),应每隔 2 年或 4 年进行一次火烧。人工林如 20 年以上生的樟子松林和 15 年以上生的落叶松林也应每隔 3~5 年进行一次计划火烧,以达到降低火险的目的。

　　用火的效果除了明显地降低森林火险,而且实践证明一旦发生森林火灾,由于可燃物量较少,火势也较弱,容易扑救。例如,黑龙江省东方红林业局 1990年大面积实行营林安全用火,使当年森林火险降低 20%;七台河市大面积推广营林安全用火使当年森林火险降低 35%;十八站林业局 1989 年对几乎所有的沟塘草甸进行计划烧除,使森林火险降低 25%;1990 年鹤北林业局大规模采用营林安全用火后,春季防火期连火情都没有发生,一年的正常防火经费节约 20 多万元。

(2) 开设防火线　火烧防火线在我国东北和内蒙古林区较为普遍采用，目前多用于沟塘防火线和林缘防火线的开设。与采割法、机耕法、化学除草法和爆破法等开设防火线的方法相比较，火烧法是一种多快好省的好方法。但是，如果掌握不好，不分时间，不分地点，不负责任地任意点烧，将会适得其反，容易跑火引起森林火灾。成功的火烧防火线具有如下优点：

① 速度快　伊春乌敏河林区 20 世纪 80 年代末至 90 年代初的 9 年中火烧逾 2 560hm² 草塘，若用人工刀割，按每公顷 10 个工日计算共需要 2 万多个工日，相当于 1 000 人工作 20 多天，而火烧则只用了 22 个人 4 天共计 88 个工日便完成了。

另据云南省清水江林业局护林办的张文兴统计，人工铲除 1km 的防火线（15m 宽）需要 36 个劳动工日。计划烧除同样长的防火线半个工日都不到，其速度之快，效率之高由此可见一斑。

② 成本低　1973 年，乌敏河林区火烧防火线逾 8 720hm²，支出费用 3 195 元，折合每公顷 0.38 元；1979 年火烧防火线 2 560hm²，成本是 0.315 元/hm²，按当时的价格折算，若用人工刀割，其成本为 25.4 元/hm²，是火烧防火线成本的 80 倍。

另据有关部门初步统计（1993 年），点烧 1hm² 防火线平均不到 0.6 元钱，其投入只相当于人工铲除防火线的 1/20（国有林场人工铲除防火线的投资每公顷需要 66~99 元，是火烧防火线的 110~165 倍）。

③ 效果好，效益大　人工刀割（铲）的防火线，留茬再低，搂得再细，地上总还要残存一些可燃物，一旦出现火源，就有发生火情火灾的可能。用火烧的办法，则可彻底消除地表可燃物，根除了火灾发生的隐患。

火烧防火线不仅效果好，而且效益也非常明显，下面两个例子充分表明了这一点。

例 1. 云南省红河自治州自 1987 年实施计划烧除以来，森林火灾逐年下降，特别是 1988~1990 年 3 年跨出了三大步：1988 年森林受害率为 0.27%，1989 年森林受害率下降到 0.052%，1990 年森林受害率又下降到 0.027%，与 1988 年相比森林受害率减少了 10 倍。

例 2. 黑龙江省七台河市所辖林区 1984~1991 年开展营林安全用火，累计点烧面积达 5 万 hm² 以上。从火灾档案资料表明，没有开展营林安全用火的前 8 年（1976~1983 年）与开展营林安全用火的后 8 年（1984~1991 年）相比，火灾总报次数由 137 次降到 34 次，年均由 17.1 次降到 4.3 次，过火面积由 2 947.9hm² 降到 101.6hm²，年均过火面积由 371.9hm² 降到 12.7hm²。火灾损失总额由 427.40 万元降到 27.33 万元，年均损失额由 53.43 万元降到 3.42 万元。即用火前火灾的损失是用火后火灾损失的 17 倍，伤亡人数则由 7 人减到 1 人。

火烧森林防火隔离带，特别是在林内开设森林防火隔离带，同火烧防火线具有类似的功效。1994 年山东崂山用火烧法建立森林防火隔离带，平均每公顷费用为69元，而使用化学除草和人工割草每公顷则需要210元，是火烧法费用的3倍。

(3) 维护生物防火带用火　　目前，世界上许多国家都很重视防火林带的建设，东南亚、北欧和中欧各国在这方面的研究和应用较早。20世纪80年代末，苏联、中国和日本等国也开始了防火林带的建设。据不完全统计，"九五"期间，我国共新造防火林带39.8万km，在我国南方部分省、自治区有100多个国营林场初步形成了防火林网，并且已发挥了显著的防火效益。如防火林带建设开展较早的福建省，1999年每公顷林地的防火林带密度达13.3m，居全国首位。

然而，作为林区森林防火重要设施之一的防火林带，在每年的森林防火期到来之前，林业部门都要组织大量的人力、物力和财力，对防火林带进行全面的维修，以恢复或增强其防火效果。由于防火林带一般多设置在山脊山顶，分布偏远，不论是人工铲修，还是应用化学除草技术维修防火林带，费时费工，工人的劳动强度大，成本都较高，并且维护的效果也不是非常理想。西江林业局在1994~1996年分别对人工铲修和化学除草进行了试验，1994年人工铲修1km的防火线需要606.2元，1995年第1次使用化学除草维修防火线的成本是305元/km，1996年第2次使用化学除草维修防火线的成本是264.3元/km。同前述用火的成本相比较，可以看出，以维护生物防火林带，提高生物防火林带阻火性能为目的的用火具有广阔的应用前景。

7.2.2　在森林经营管理领域的应用

(1) 改善造林条件，提高造林质量，提高造林成活率和保存率　　在我国南方，造林前进行炼山已有悠久的历史和丰富的经验。如闽北有"火不上山，不能插杉"的经验。尤其是在营造杉木林和竹林时，采用炼山改善造林条件的做法较为普遍。

造林前炼山主要是可以减少病虫害，清除杂草、灌木和造林地内的杂乱物，改善造林条件，其效果可以与人工翻耕、松土锄草和施药的效果相类似，而且炼山的成本会更低。另外，造林前炼山还有一个更为重要的目的，是为了增加土壤中的矿质养分，如Ca、K、Mg、Fe等。根据有关资料，炼山后短期内可溶性元素可增加到炼山前的2~8倍，但土壤中氮含量则明显降低。

另据杨玉盛等(1987年)对福建省发育于花岗岩上的山地红壤3种主要采伐迹地炼山后表层(0~10cm)土壤的pH值进行定位研究表明：炼山后3种迹地土壤pH值均有不同程度的提高，其中松杂混交林(杂木林)采伐迹地可燃物数量较多，火烧强度大，炼山后0~10cm表层土壤的pH值改变相对较小，仅提高0.14个单位，详见表7-3。

在我国南方红壤区，森林土壤速效磷含量相当低，往往成为林木生长的限制因子之一。炼山后由于土壤pH值的增加，森林土壤中的铁和铝的活性降低，使得与铁和铝结合的磷释放出来，同时减少了铅和锰的毒性，增加了土壤中速效磷的浓度，有利于人工幼林的生长。杨玉盛等于1987年对炼山后营造的杉木人工

表 7-3　山地红壤 3 种主要采伐迹地炼山后土壤 pH 值变化

采伐迹地类型	0~10cm 土层土壤 pH 值	
	炼山前	炼山后
松杂混交林	4.54	4.68
杉 木 林	4.62	5.02
马尾松林	4.50	4.72

林进行了调查，炼山前表层土壤（0~10cm）的速效磷为 3.05mg/kg，炼山后升高到 5.55mg/kg，这有利于杉木幼树的生长，炼山的 1 年生杉木平均树高和平均地径比不炼山的分别大 18cm 和 0.28cm。

（2）清理林内下木、杂草，防止或减少其与林木的竞争——起透光伐的作用　在不破坏林地土壤表层又能防止下木和杂草与林木的竞争方面，营林安全用火是非常廉价而有效的措施之一，它比人工割锄和化学除草都更省工、简单、廉价而有效。例如，在黑龙江省十八站林业局、东方红林业局和合江等地，春季进行营林安全用火后，森林返青展叶比对照区提前 10~15 天，等于延长了森林生长期。同时，火烧在清理林内下木、杂草，防止或减少其与林木竞争的同时，也有一定的施肥作用，从调查样地发现，营林安全用火后的林木，不论在径级、根长和树高上都比对照区有所增加。并且，营林安全用火后幼苗幼树保留株数都符合森林抚育规程的规定，一般每公顷都在 3 300 株以上。可见，营林安全用火是一种促进清理林内下木、杂草，防止或减少其与林木竞争的好办法。

（3）抑制次生树种，维护目的树种的生长——起除伐的作用　森林培育中的除伐是人工伐除次要树种，减少次要树种与目的树种的竞争，以便维护目的树种的生长发育。用火同样可以起到这样的作用，因为不同树种的抗火性有一定的差异，特别是当那些经济价值低，生态价值较小的次要树种的抗火性较弱，而经济价值高，生态价值高的目的树种的抗火性较强时，便可用火来维护目的树种的生存，起到除伐的作用。例如，美国南部地区经常用火抑制壳斗科和胡桃科等硬阔叶树种的生长，来促进生长迅速的南方松的生长发育。

（4）清除林内站杆、倒木和病腐木，改善林内卫生状况——起卫生伐的作用　清除林内站杆、倒木和病腐木，改善林内卫生状况这一措施具有卫生伐的含义。目前我国在这方面所做的工作不多。在实际操作中，可以将林内站杆、倒木和病腐木这些可燃物置于安全地带浇上燃烧油点烧。例如，可以将站杆伐倒截断后，搬到就近的林中空地或林外安全地带进行点烧。如果站杆本身距离四周树冠就较远，点燃后的树干火不会波及四周树木的安全，也可直接点烧。在林内浇燃油点烧清除站杆、倒木和病腐木等粗大可燃物时，四周一定要做一些必要的处理，如清理四周的易燃物，用水在四周浇出环形阻火带（包括树冠部分），或者用化学灭火剂营造环形阻火带等，以防跑火。

（5）营林安全用火在特定的林分内可起到疏伐的作用　疏伐是在林木分级的基础上进行的一种森林抚育措施，在林木竞争激烈，自然分化剧烈（明显）的林分，可以用火烧的办法起到弱度疏伐的作用。特别是那些被压木和濒死木无利用价值时，通过营林安全用火，可以淘汰生长不良的被压木和濒死木，以促进保留木的更快速生长发育。而且不必像疏伐那样投入较多的资金，可以大大节约森林经营的经费。

据张文兴报道，在密度大，平均树高 6m 以下的林分内实施计划烧除，被烧死的基本上是Ⅴ级木，而在同等林分条件下的自然火烧死的林木比率高达 95%，Ⅰ级木、Ⅱ级木均能被烧死，Ⅲ级木、Ⅳ级木和Ⅴ级木几乎全部被烧死，详见表 7-4。由此可见，计划烧除不同于自然火，是可以达到人们预期的目的。

表 7-4　计划烧除前后林分状况比较

火类型	火烧前林分状况				火烧后林分状况						烧死木类型
	株数（株/hm²）	郁闭度	平均高（m）	平均胸径（cm）	存活林木（株/hm²）	烧死林木（株/hm²）	死亡率（%）	烧死木平均高（m）	烧死木平均胸径（cm）	郁闭度	
计划火烧	8 700	0.9	6.6	6.0	6 299	2 401	27.5	3.6	3.0	0.8	Ⅴ级木
自然火	6 450	0.8	5.7	6.0	321	6 134	95.5	5.7	6.0	—	Ⅱ级木以下

（6）火烧清理采伐迹地　采伐是森林经营过程中非常重要的一种经营方式，采伐方式有皆伐和间伐两类。不论是皆伐还是间伐，都有大量没有被利用的采伐剩余物丢弃在采伐迹地上。目前普遍采用将这些采伐剩余物堆积在林下，让其自然腐烂的清林措施。这些大量存在于采伐迹地上，特别是存在于林下的间伐剩余物，不仅为病虫害的繁衍滋生提供了场所，而且增加了林内危险可燃物的数量，使森林火险急剧增高。根据对 1987 年 "5·6" 特大森林火灾调查表明，凡是存有采伐剩余物的抚育场所，烧死烧伤的林木严重。因此，对采伐剩余物进行火烧处理是必要的。

火烧清理采伐迹地一般有如下 3 种方法：

①堆积火烧法　应用这种方法，适宜在非火灾季节或与采伐同时进行。根据我国东北和内蒙古地区的试验表明，每年 7~8 月或冬季进行火烧为宜。火烧的堆宽 2m，高不超过 1m，堆间距离为 2.5~3m，每公顷 150~200 堆，并且要避开母树下种的范围，选择无风或者阴凉的天气进行。

②全面火烧法　这种方法在加拿大和美国使用较多，仅限于皆伐迹地上使用。在山地条件下，可采用直升飞机投掷 "燃烧胶囊" 点火，先从山顶开始点火，让火从山的上部往山下蔓延，形成下山火，其蔓延速度慢，燃烧较为彻底，容易控制。待火烧到山坡的 1/3 左右时，再开始从山下投掷 "燃烧胶囊"，使火从山下往山上蔓延，形成上山火，以提高点烧的效率。当上山火和下山火两个火头在山坡的中下部位相碰后，上升的动能使火势减弱甚至熄灭，不容易造成跑火。通常情况下，一架飞机能同时点烧 2 个伐区，每小时可点烧 600hm² 左右的皆伐迹地，效率之高由此可见一斑。

③带状火烧法　这种方法的效果介于全面火烧法和堆状火烧法之间。具体的

做法是，将采伐剩余物堆成带状进行火烧，其要求的气象条件与堆集火烧法相同。

(7) 作为次生林改造的一种措施和手段　在我国北方广大林区，针叶林被过量采伐或者被火灾等破坏后，以杨树和桦树等为先锋树种的次生林大量出现，为以后针叶林的恢复创造了条件。随着人类对森林不合理的干涉以及自然干扰的加剧，我国北方杨桦次生林的比例不断加大。但由于自然和人为等多种因素的影响，这些次生林中残破林占有相当大的比例。从理论上讲，杨桦次生林处在不稳定的演替阶段，最终将可能会被针叶林所取代。但在实际中，如果这些残破林不能得到及时合理的抚育和改造，最终所占据这些地域的将可能不是针叶林，而可能是灌丛、草地，甚至是荒山荒地。所以，对这些次生林的改造应引起有关部门的足够重视。

黑龙江省森林保护研究所的王刚等在饶河县境内的建三江农管局胜利农场的残破杨桦林中，对使用营林安全用火改造次生林进行试验，此次试验共设 4 块样地，其中 1、2、3 号为不同程度的火烧样地，4 号为对照样地。用火的火行为以及用火效果详见表 7-5 和表 7-6。

表 7-5　胜利农场杨桦林内各火烧样地火行为统计表

样地号	蔓延速度 (m/min)	火焰高度 (m)	火线宽度 (m)	火线强度 (kW/m)	地表可燃物 消耗量(%)	过火面积比率 (%)
1	8～10	1.4～1.6	0.4～0.6	588～768	70	100
2	5～6	1.0～1.5	0.3～0.5	300～675	55	85
3	2～3	0.6～0.8	0.3～0.5	108～192	35	64

表 7-6　胜利农场杨桦林内各样地幼苗在高度和径级上的分配　　株/hm^2

样地	幼苗高度(cm)							幼苗径级(cm)						
	≤30	31～50	51～100	101～150	151～200	≥201	合计	0.4	0.8	1.2	1.6	2.0	≥2.1	合计
1	742	2 436	3 892	1 789	755	18	9 632	2 496	3 427	2 320	945	261	183	9 632
2	729	4 270	2 086	833	87	17	8 022	3 748	3 127	1 042	55	50	—	8 022
3	623	1 981	417	65	29	10	3 125	1 983	976	63	62	41	—	3 125
对照	464	1 668	186	95	64	27	2 504	2 193	186	93	32	—	—	2 504

火烧后，1 号样地幼苗株数为 9 632 株/hm^2，达到良好更新等级，其中有 8 000 株以上是当年更新的，同火烧前比较，每公顷净增加 7 457 株，比对照样地多 7 128 株/hm^2。2 号样地也净增加近 6 000 株/hm^2，达到中等更新等级，比对照样地多 5 518 株/hm^2。即使是火烧强度最小的 3 号样地，幼苗也比对照样地多 621 株/hm^2。

火烧后不仅幼苗在数量上有不同程度的增加，频度也有明显增加。1、2、3 号样地的幼苗总频度分别为：88.9%、79.2% 和 70.8%，而对照样地幼苗的频度只有48.1%。

调查表明，试验样地增加的幼苗主要是萌生苗，而实生苗增加的数量与对照样地差别不大。这是由于杨桦树本身有较强的萌蘖能力，火烧后，根部受到火烧的热能刺激造成创伤，使受伤处的细胞产生生长素。同时，由于内源生长素的极性运输，使创伤处的生长素含量比其他部分高，激活一些合成酶的活性，促进RNA和蛋白质的合成，进而使细胞加快分裂，形成愈伤组织，这种活跃状态的组织发育成芽原基，芽原基受到植物体内生理生化变化的诱发和环境条件的影响最终发育成萌生苗。正是杨桦树等树种较强的萌蘖能力，为火烧改造次生林提供了有利的条件。

7.2.3 在维护森林生态系统稳定方面的应用

(1) 促进死地被物、有机物的迅速分解，加速养分循环 死地被物分解的速度，直接影响森林生态系统内部的养分循环进程，不同的森林生态系统，其养分循环的速度差异是很大的，特别是在我国北方干冷立地条件下生长的阴暗针叶林（云杉、冷杉林等），由于有机物分解缓慢，往往形成较厚的枯枝落叶层和粗腐殖质层，尽管在这些枯枝落叶和粗腐殖质中潜藏着大量的养分，但不易被林木吸收利用。在这些林分内进行安全用火，能加速死地被物的分解，加速养分循环，提高土壤肥力，改善林木生长环境，加快林木的生长发育速度。黑龙江省森林保护研究所的王立夫等，1989年3月17日在通河县华子山林场进行对比试验，用1 000kW/m以下的火强度点烧，地面可燃物烧除率达80%，地表没有留下"花脸"的情况。1989年4月27日，按常规方法，随机选择兴安落叶松幼苗，以每公顷4 400株的密度造林，在当年5～8月的4个月生长季内，对火烧试验区和对照区分别进行2次人工割草抚育。并于1989年9月29日对试验地和对照区土壤养分及林木生长状况进行了调查，结果详见表7-7和表7-8。

表7-7　通河县华子山林场火烧区与对照区速效养分比较表　　mg/100g 土

项　　目	水解氮	速效磷	速效钾	有机质(%)
火烧区	33.92	1.34	57.71	10.94
对照区	25.74	0.55	34.60	7.51
增加率(%)	31.78	143.64	66.79	45.67

表7-8　通河县华子山林场火烧区与对照区林木生长状况的比较

指　　标	与对照区比较增加值(mm)	与对照区比较增加的百分率(%)
树　高	49.9	15
有主干茎	24.1	39
无主干茎	17.3	24
根　长	12.6	7
地　茎	0.4	9

可以看出，火烧区的速效养分 N、P、K 和有机质均有不同程度的增加，提高最大的速效磷比对照区高出近 1.5 倍，提高幅度最小的水解氮也增加了 31.78%。从林木的生长情况看，火烧区均超过了对照区，特别是火烧区的平均根长比对照区长 12.6mm，为造林保存率的提高创造了条件，而树高和地径均比对照区的生长幅度大，表明火烧区土壤肥力的增加，以及地面覆盖的灰烬使土壤表层温度增加，对幼树生长起到了促进作用。

(2) 火烧促进天然更新　火烧后的更新方式主要有两种：一是萌生树种的萌芽(蘖)更新，火烧刺激使本来具有较强萌生能力的枝条或根蘖萌发为新的植株，这类更新方式多以杨桦等先锋树种最为常见。另一种更新方式是各种成熟林内的实生苗更新，一些成熟林内，在林下枯枝落叶层以及土壤层中埋藏着大量的林木种子，有些是由于得不到足够的水分不能萌发，有些是由于温度达不到其萌发温度而被"冷藏"，有些是由于受枯枝落叶层或土壤中某些物质的抑制，也有些种子虽然能萌发，但由于受到枯枝落叶或草根盘结层的阻挡，不能很快地接触到土壤而死亡。适度的火烧改变了长期"被压迫"的种子萌发的不利条件，消除了种子萌发的限制因子，使被压迫的种子解放出来。例如，在亚高山草类新疆落叶松林、亚高山苔草新疆落叶松林、高山拂子茅新疆落叶松林等几种林型中，火烧后，由于林火烧掉了紧密的草根盘结层，增加了土壤肥力，提高了土壤温度，为喜光的新疆落叶松提供了良好的生境条件，在这几种林型的火烧迹地上天然更新都比较好(表 7-9)。

表 7-9　新疆哈密林区新疆落叶松林火烧迹地天然更新情况

地点	原林分组成	坡向	坡度(°)	平均年龄(a)	株数(株/hm²)	更新评定
32 林班 5 小班	10 落	N	5	6	51 530	良好
1 林班 5 小班	10 落	NE	27	3	48 846	良好
98 林班 6 小班	10 落	N	36	7	23 077	良好
11 林班 1 小班	10 落	NE	14	6	41 000	良好
28 林班 3 小班	10 落	NE	14	5	2 000	不良

此外，也有一些树种具有种子晚熟、球果迟开、果皮或种皮质地致密坚硬或者其他保存种子生命力的机制，火烧则有利于这些树种种子的释放，促使种子萌发。例如扭叶松、短叶松、沙松和黑松等，这类更新幼苗的数量与在火烧中幸存下来的具有生命力种子的数量成正比。

(3) 火烧与森林演替　大多数中、高强度的火，包括每隔几十年至数百年才有可能发生一次的严重树冠火，由于所有植被彻底被摧毁，地表上大多数可燃物和大量的树冠被烧毁，火灾后出现整个林分的更新及更替，林分的树种组成有可能完全改变。多数情况下，由于原生群落遭到火灾的破坏而发生次生演替。例如，原始的天山云杉林的更新过程除少量林窗直接更新外，几乎都是中、高强度林火(天然火)发生后，毁灭了上层的天山云杉成过熟林，首先演替为由杨桦等树种为主的阔叶次生林(杂木林)，然后在杂木林中孕育着云杉幼苗，成长壮大后又淘汰了杂木，恢复了固有天山云杉的面貌。也有少数的林分遭到中、高强度的火烧后发生的是原生演替，这是由于火灾破坏程度太大，以致于原来的植被及其植被下的土壤也不复存在，形成了类似原生裸地的条件。研究表明，在长白山的植被就是两千多年前的一次火山爆发后经原生演替而来，美国的红云杉，也是在强烈树冠火发生后，在近乎原生裸地上演替而成的。

林火在森林演替史中所起的作用不容忽视，有些森林群落甚至可以被视为是火成型的森林群落。例如，林火在天山森林的发展史上很普遍，几乎所有的林场都有着面积大小不一的几十年内的火烧迹地。据新疆多年的森林调查表明，几乎每个森林调查样地中的土壤剖面或深或浅的层次中都会发现木炭碎块。天山云杉生命期极长，可达400年以上，在此数百年的岁月内，总有机会遭受林火，也总有机会由演替而更新，这种更新类似于循环更新。当云杉种源丰富，又处于较荫蔽的中、小地形条件下时，火烧后的天山云杉的更新演替过程甚至可以不经过杨桦等先锋树种的演替阶段，直接出现新一代的云杉幼林。新疆农业大学乌鲁木齐南山实习林场3林班6小班一块面积约 $3hm^2$ 的天山云杉幼林，便是在火烧迹地上直接天然更新起来的。该林分火烧前属于中生草类天山云杉林，位于海拔2 250m的中山带上部，平均坡度10°，坡向WN，地形稍凹陷，20世纪30年代末遭受火烧后，残存有少量的云杉母树，起到了天然下种的作用，加上南侧和西南侧有良好的云杉林墙，四周和迹地上并无阔叶树混生，天然更新起来的天山云杉纯林密度极大，火烧迹地天然更新40多年后，每公顷的株数仍达7 000～30 000株，并处于强烈分化和自然稀疏的过程中。这片幼林中有团状分布的密集幼树群，也有连成大片而中间夹杂着 $300m^2$ 以下小空地的均匀幼树，这些小空地是幼苗稀疏过程中最终被草本植物占据的遗迹。这一景观在天山云杉林区实属少见。

林火在天然红松林的演替中同样起着重要的作用。1990～1992年期间，葛剑平等曾在小兴安岭林场的3、10、12、13、16、17、19、22、23、28林班内，各设1块20m×20m的样地进行调查，在各样地中均发现了不同年代的木炭。进一步研究表明，火干扰对天然红松林的结构和演替起着重要的作用。在火干扰后，整个林分的水平结构是一个由不同树种组成和不同红松径级结构的树木群团构成的镶嵌体，各树木群团的演替趋势不同。在火干扰较重的地点，喜光阔叶林占优势，在阔叶树下更新着大量的红松小树。在火干扰较轻的地点，耐荫性阔叶树种占优势，并有大径阶红松。火干扰轻微的地点，大径阶的红松占优势。

种种实例表明，把握好用火的条件和用火技术，人工干预森林的演替过程是有可能的，是值得尝试的。

(4) 调节森林生态系统的能流和物流　森林生态系统的和谐与稳定，重要的标志之一就是能流和物流的收支接近平衡。若输入大于输出，系统内部物质库存将逐渐增加，生物量不断提高，生物种群及个体数量相应增加，系统趋于稳定。如果输入小于输出，则系统内部库存量逐渐减少，某些生物种群迁出或消亡，使系统失调甚至最后崩溃。

林火能加速或间断森林生态系统的物质转化和能量流动。但是，这种加速或间断是否有利于生态系统的和谐与稳定，主要看火作用的性质。加速不一定有利，间断不一定无利。高强度的火能毁灭几乎所有生物，一方面使生物链（网）解体，能流受阻，另一方面将生态系统所贮存的大量能量在短时间内释放，加速了物质转化。但这种间断和加速都使系统的输出大于输入，不利于生态系统的和谐与稳定。相反如果对正在受病虫侵害的林分施以火烧处理，烧掉了地表枯枝落叶层，不仅加速了物质循环速度，有利于林木生长发育，而且烧掉了病虫害滋生蔓延的基地，阻断了部分能流，改变了食物链（网）结构，有效地防治了病虫害的危害。从而有利于森林生态系统的和谐与稳定。

通常，低强度或小面积的林火不会使森林生态系统的能流和物流受阻，而且能加速养分循环和能量的合理流动，有利于森林的生长发育，有利于森林生态系统的和谐与稳定。

（5）丰富森林生态系统的物种多样性　生态学上的物种多样性由 Fisher, Corbet 和 Williams（1943 年）首先提出，已成为现代生态学维护和追求的目标。物种多样性能够表述生物群落和生态系统的结构复杂性。Fister 等首次使用的物种多样性，指的是群落中物种的数目和每一个物种的个体数目。后来不同的学者赋予它不同的含义，但目前生态学家趋向把多样性理解为："群落中种群和（其个体分配）均匀度综合起来的一个单一统计量"。如果一个群落由很多物种组成，且各组成物种的个体数目比较均匀，此种群的多样性指数则高，反之则低。

高强度的火作用于森林生态系统，不仅烧毁了大量的物种，而且破坏了森林环境的多样性，从而使物种的多样性明显减少。如美国红杉林发生高强度森林火灾后，地表上几乎所有的生物消亡，从而发生近乎从裸地开始的原生演替。相反，有时林火的作用不仅没有使森林生态系统的物种多样性减少，反而使其有所增加。这种林火多是小面积或者是较低强度的火，小的林火没有烧毁原有的物种，而且增加了环境多样性，使一些新的植物种类得以侵入，一些新的动物迁入，从而增加了森林生态系统物种的多样性。例如，草类新疆落叶松林经低强度火烧后，出现了杨、桦、落叶松和云杉幼苗侵入的现象，丰富了这一类型植物群落火烧迹地上乔木树种的种类。

（6）提高森林生态系统的稳定性　任何一个生态系统，最重要的特性之一就是它的固有稳定性。Oriams（1975 年）指出，稳定性的概念通常是指系统保持平衡点或干扰后恢复到平衡状态的趋势。

不同种类的林火，不同强度的林火，施于森林生态系统不同压力的作用时，森林生态系统的稳定性将作出不同的反应。从系统的恒定性看，林火必然会影响到物种数量、群落生活型结构、自然环境特点等；从系统的持续性看，林火可以使群落中长期占优势的种群失去优势甚至消失；从系统的惯性和抗性看，对抗火性强的树种，频繁的林火使其抗火性更强，对抗火性弱的树种，则毁灭了系统抵制或维持原有结构和功能免受外界破坏的能力；从系统的弹性看，高强度的林火会使系统恢复和继续运行的能力丧失，低、中强度的火有利于自我更新，增强了系统的伸缩性，新系统的伸缩性较原有系统高。因此，低、中强度林火的合理使用有利于森林生态系统稳定性的提高。

7.2.4 在控制森林病虫害和鼠害方面的应用

(1) 病害防治　森林病害是指病原生物或不良的气象、土壤等非生物因素使林木在生理、组织和形态上发生的病理变化，导致林木生长不良，产量、质量下降，甚至引起林木整株枯死或大片森林的衰败，造成经济上的损失和生态条件的恶化。引起林木致病的原因简称病原。病原的种类很多，大致可分为生物性病原和非生物性病原两类。

生物性病原是指以林木为取食对象的寄生生物。主要包括真菌、细菌、病毒、类菌质体、寄生性种子植物，以及线虫、藻类和螨类等。非生物性病原包括不适于林木正常生活的水分、温度、光照、营养物质、空气组成等一系列因素。各种植物对于不良因素的抗逆性或感受性各不相同，易于遭受侵袭的称为感病植物，对于寄生生物来说则称为寄主。

寄生植物、病原和环境条件三者之间的相互关系是植物病害发生发展的基础。对这三者影响最大的便是地表的枯枝落叶层，因为生病的脱落叶、果和病死的枝条等仍然带有病原物，例如落叶松早期落叶病、松赤枯病、松落针病、油桐黑斑病等叶部和果实病害，以及松枯枝病、杨树腐烂病等枝干病害，枯枝落叶层成为这些病原物越冬的最好场所。同时，枯枝落叶层还混生着一些病害的转主寄主，如云杉球果锈病以稠李或鹿蹄草等植物为转主寄主，一枝黄花和紫菀等菊科植物则是松针锈病的转主寄主。

清除侵染来源是防治森林病害的重要措施之一。在森林病害较严重的区域实施计划火烧，效果非常理想。

(2) 虫害防治　计划火烧对烧除枯枝落叶层、杂草丛、灌木丛或树干基部越冬的虫茧和幼虫有显著的效果，从而使来年的林木受害程度减轻。李伟云曾经把每笼装有 20 头思茅松毛虫的虫笼挂于郁闭度为 0.4 和 0.6，平均高 7.1m，平均胸径 15.8cm 的滇油杉林的不同高度上(0.5m，1.0m，1.5m，2.0m，2.5m，3.0m)，进行计划火烧后，各高度松毛虫幼虫的死亡率达 100%。陈英林等(1990年)在 20 年生油杉人工林进行火烧防治松毛虫试验，该林地树木受害率达 100%，平均每株油杉有虫 86 头，幼虫下树越冬率为 55.2%，火烧后，有虫株率下降到 42.3%，平均每株油杉有虫数下降到 6.1 头，下树幼虫烧死率 77.6%。

对枯死木上的蛀干害虫如小蠹虫等害虫，采用常规的方法很难根治，实施控制火烧是根治小蠹虫侵害的有力措施之一。通常在火烧前将受害树木先伐倒截断，有时也可直接对立木或者对伐倒木先喷洒一些燃烧油，然后再点燃，将蛀干性害虫虫源彻底消灭。

(3) 鼠害防治　美国华盛顿州曾在 1 块 400hm^2 的皆伐迹地上利用直升飞机进行控制火烧，经过火烧后调查，火烧迹地上的鼠类比火烧前减少 60%。

据报道，我国 1988 年森林病虫鼠害相当严重，造成的经济损失超过当年森林火灾损失的12倍。过去在防治上多采用药物，这对环境以及野生动物危害很大，成本又高。因此，采用火烧来防治病虫鼠害投入极微，效果也很好，值得推广。

7.2.5 在改善野生动物的居住、生存、繁衍条件和饲料方面的应用

在野生动物筑窝繁殖期以外的时间，低强度地表火可产生半裸式动物栖息地，还可以促进动物喜食植物的生长。例如，在美国东南部，低强度地表火烧后，豆科植物数量明显增加，而豆科植物则是鹌鹑和火鸡喜欢的食物。

任何一种能烧死木本阔叶树种枝梢的烧除，均可以促进萌芽树种萌发出更多的嫩芽、幼枝。对食草动物来说，这些嫩芽无疑比原来的老树的枝叶更为鲜美可口，并且更加容易获得。在美国东部和南部森林草原地带，便采用了火烧来促进树木萌发出大量幼芽嫩枝，供鹿食用。在美国西部的灌木林狩猎区，也时常通过火烧促进树木萌芽，供鹿和麋鹿食用。

森林，是野生动物最主要的栖息地，是野生动物赖以取食、栖息、生存和繁衍的场所。随着人们对森林的干预越来越强烈，天然林提供野生动物丰富的食物结构越来越单一，提供的较为隐蔽的居住、繁衍场所也越来越少，使得野生动物的种类越来越少，即使是幸存的野生动物，其种群数量也是越来越少。因此，利用低强度火烧可以促进萌芽(萌蘖)树种萌发出更多的嫩芽和嫩枝，增加林下局部区域的隐蔽性这一特点，来改善野生动物的居住、生存、繁衍条件，是可以考虑的，值得进一步研究。

7.3 火在农牧业中的应用

农业的出现，使人类的祖先告别了"穴居野处"、"茹毛饮血"的愚昧时代，正式步入了文明时代。人类文明的初期，农业的发展是以毁坏森林为代价的，人们用火将一部分森林和草原开垦为农业用地，促进了农业的发展，促进了人类文明的进步，火的使用在人类文明和农业发展历史过程中功不可没。尽管刀耕火种、烧荒等用火方式的确也带来许多问题，但是，火在现代农业中的应用是否已经完成其历史使命，现在下结论为时尚早。客观地总结用火的经验教训，屏弃不良的用火习惯，开拓新的用火途径，促进现代农牧业的发展，是防火工作者不可推卸的责任。

7.3.1 火在农业中的应用

(1) 刀耕火种　刀耕火种形成距今有1万多年的历史，是在人类定向采集植物—火烧清理—驯化植物过程中最终产生的一种生产方式。随着人类对火耕控制和定居能力的加强，刀耕火种逐渐成为欧、亚、非和南美洲等地史前普遍使用的土地利用方式并得以长期保存与发展。至今，刀耕火种仍然广泛存在于全球热带、亚热带地区，我国南方一些少数民族地区，刀耕火种的农业生产模式得以保

留，特别是滇西南和缅甸、老挝、越南相邻一带。持久的生命力在一定程度上表明，刀耕火种具备其存在的深远的历史意义和生态价值。客观的历史观有助于我们真正意义上复原刀耕火种的面貌，应用生态的观点将带领我们客观地分析刀耕火种存在之基础。近年来国内外有关研究已注意到了以上两点，一些学者强调评判刀耕火种农业经济效益和生态效益时应注意其"历史概念"的含义，不能以现代的标准衡量人类社会早期的生产方式。也有一些学者重点阐述了刀耕火种演变过程中"以生态作用最为显著"的观点。

有人将刀耕火种描绘为"一把刀，一把火"。这当然流于简单化，但足见"火"在刀耕火种中的重要性。也正是这种简单化的描述，使一些人认定刀耕火种是原始、落后，甚至破坏生态的生产方式。他们认为，由于烧地后在短时间内土壤的养分含量增加，中和了土壤酸度，可以消除危害作物的病虫害，减少了作物生长过程中杂草的萌生，但是，刀耕火种对自然环境和生物资源的破坏是严重的：①大面积热带雨林被毁于刀火之下，导致了大量的生物资源丧失，生态环境出现异常变化。②反复的轮耕火烧造成了土壤种子库结构及成分的改变，耐火烧的小灌木和草本植物种类增加，植被的次生演替向着偏途方向发展。③烧后一段时间内几乎无地被物，土壤裸露，造成大量的土壤流失。④这一生产方式生产力低下，造成了大量的资源浪费。

我国先秦时便有"烈山泽而焚之"之类的记述，唐宋后，南方山地民族"烧山焚林"的记述则不绝于史册。这容易给人一种假象，似乎刀耕火种民族居住的山区山火漫山遍野，经年不熄。若果真如此，历经数千百年，这些地区早已变成荒山秃岭，甚至是焦土了。然而，事实却是，这些少数民族生活的地区往往是森林覆盖绿很高的地区。例如，我国云南省的基诺族是传承刀耕火种的少数民族之一，直到20世纪50年代，基诺山区森林覆盖率仍在65%以上。由此，产生了另一种观点，认为这种看似落后甚至破坏生态的生产方式，在一定的条件下具有维护生态和谐的作用。这种观点把"火"看成森林生态系统中一个重要的生态因子，从自然的角度看，火实际上是森林演替的作用者，对森林生态系统的能量流和养分循环产生重要影响。刀耕火种中的"烧"大多属于林火中的地表火类型，而且是轻度地表火(这得益于对刀耕火种人为的制度管理)，其砍伐树枝、灌木、下木等堆放再烧，用火强度一般在350~700kW/m，属于低强度火，并且是在人为控制下燃烧，通常不会带来破坏生态环境的严重后果，相反，这种人为控制下的燃烧，对养分释放和森林的天然更新大有益处。从火烧对林地土壤温度的影响看，由于刀耕火种多在植被复萌前湿冷的季节进行，尽管点烧时土壤表层温度可高达1 000~1 004℃，但热量向下穿透深度有限，火烧后使有机质增加、土壤温度提高、有害生物减少，有利于种植作物生长。

从历史和生态的角度看，刀耕火种是有条件的：①适度开垦，科学用火。严格控制火耕的区域和面积，根据规划顺序逐块砍烧林地，科学用火，不断改进用火技术。②采用有序地垦休循环制。增加休耕时间，加强农林轮作化，缩短耕种期。对休闲地加强保护，以人工造林和自然更新相结合，促进恢复速度。③把刀耕火种和农林复合系统科学地结合起来。在不改变林地性质的前提下，把"火"作为工具，将传统的刀耕火种和现代的农林复合系统科学地结合到一起，在生态和谐的前提下，获取最大的经济效益和生态效益。

(2) 生物质燃料　生物质是指由植物光合作用直接产生或间接衍生的所有物质。生物质能是地球上最普遍的一种可再生能源，量大面广，开发利用潜力巨大。自从人类发现火，便开始使用这种能源，至今全世界仍有 15 亿以上的人口在使用着这种原始的生物质能源。尤其在发展中国家，木材、作物秸秆等几乎是农村燃料的主要依靠。我国是一个生物质能源耗用大国，除一小部分人口使用了沼气、水煤气等洁净生物质燃料之外，大部分仍然是采用低利用率的直接燃烧，尽管这种农村能源结构在一个相当长的时期内不会发生改变，但洁净能源的使用是今后生物质能源开发利用的大趋势。

①生物质燃料的直接燃烧　由于直接燃烧在相当长的一个时期内仍然是农村利用生物质能源的主要方式，为了尽可能提高生物质燃料的利用率，生物质燃料在燃烧过程中的一些特点值得注意，并且应该根据这些特点对燃烧的灶具做相应的改造。

生物质燃料的密度小，结构比较松散，挥发性成分含量高，在 250℃ 时热分解开始，在 325℃ 时就已经十分活跃，350℃ 时挥发性成分能析出 80%。因此，挥发性成分析出的时间较短，若空气供应不当，有机挥发性成分不容易被燃尽，常以黑色或浓黄色的烟雾排出。所以在设计燃烧灶时必须有足够的容积和一定的拦火，以便有一定的燃烧空间和燃烧时间。

挥发性成分逐渐析出和烧完后，燃料的剩余物为疏松的焦炭，气流运动会将一部分炭粒裹入烟道，形成黑絮。所以，应保持烟道的通畅，以便使灶内燃料充分燃烧，保证燃烧的效率。

挥发性成分烧完后，焦炭燃烧将受到灰烬包裹和空气进入量减少的影响，妨碍了焦炭的继续燃烧，造成灰烬中残留较多的炭。为促进焦炭的充分燃烧，应适当加以捅火和炉膛通风。

②生物质的气化与液化　据推算，生物质向人类提供了世界能源消耗总量的 15%，仅次于石油、煤炭和天然气。我国利用的生物质能占农村能源消耗的 70% 左右，我国每年仅农作物秸秆产量就达 6.5 亿 t，其中，约 50% 用作肥料和饲料，30% 用作燃料和工业原料，还有约 20% 的秸秆没有得到有效利用。在经济发达的农村和一些城市郊区，由于燃料结构的改变，以及化肥的广泛使用，秸秆的剩余量甚至高达 70%~80%，以致于在一些地区由于大面积焚烧秸秆而严重影响机场、铁路和高速公路等公共交通设施的正常运营，造成新的安全隐患，甚至污染环境。为此，国家环保总局、农业部、财政部、铁道部、交通部、民航总局等 6 个部门，于 1999 年 4 月联合分布了《秸秆禁烧和综合利用管理办法》。2000 年 4 月 9 日，九届人大常委会修订通过的《大气污染防治法》对秸秆禁烧及其法律责任做出了明确规定。大力推广沼气应用技术和生物质气化液化技术成为未来生物质能开发利用的方向。

沼气是农村能源"多能互补"的一个重要方面。目前我国农村已建成的各种沼气池近 500 万座,产生的沼气相当于 70 万 t 标准煤。1 个 5 口之家建 1 个 6~8m² 的沼气池,日均产气 1.5~2.0m³,可满足一日三餐的炊事用能,晚上还可以点沼气灯照明。沼-厕-厩三结合的沼气池,不仅可以提供优质的燃气,而且有利于农村改变环境和室内外卫生,减少疾病的发生,还可以为农林牧业提供大量的优质有机肥料,改良土壤有机质构成,提高农林牧产品质量。

生物质原料气化和液化技术的开发利用越来越广泛,生产的可燃气,可用于锅炉、供热,以及更广泛地应用于燃气轮机发电。发展中国家的农村和发达国家的边远地区,化石燃料生产的电价很高,并且这些地区大多没有电网,没有中心供暖系统,当然更缺乏资金。但另一方面,这些落后地区往往生物质能源非常丰富,却得不到有效利用。针对这种情况,很多国家开发了小型气化液化技术,以适应这些边远落后地区的需要。如美国环保局投资生产的 CLEM 气化器热电联合生产系统,其设计装机容量只有 1MW,所有设备只需要 1 个 12m×43m 大小的厂房,原料为木材边料、树枝等。欧洲许多国家都有小型气化器系统用于发电和供热,装机容量在 10kW~10MW。我国的小型气化器系统则主要用于炊事、照明和取暖。

③生物质原料快速裂化技术　世界各国生物质气化液化技术已比较成熟,正在逐渐推广和应用。但是,快速裂化技术即使是在发达的欧美国家也属于高新技术,还处在试验和示范阶段。生物质快速裂化技术(biomass flash pyrolysis)有很多优点,最主要的是生产的裂化油可以贮藏和长距离运输。因此,裂化油的生产和应用(如供热和发电)在时空上可以分离,这是直接燃烧和气化技术无法比拟的。例如,裂化油可以在边远地区生产,那里有廉价生物质原料和劳动力,然后将能量密度大、容积小的液态裂化油从偏远的农村运到城镇或人口聚集区使用(发电、取暖、炊事等)。另有文献报道,用裂化油还可以生产附加值很高的化学药品、食品调料、添加剂、化学肥料、杀虫剂、除草剂、树脂、合成柴油和汽油等。

④生物质能应用技术的能量转化效率　以上几种生物质能转化技术的能量转化效率和各自的生物燃料产品,详见表 7-10。

表 7-10　生物质能的转化效率和生物燃料产品

方　式	技术种类	效率(%)	产　品
直接燃烧	蒸汽发电	40~50	电能
	热电共用	70~90	电能与热能
液化	化学液化气化	80~90	液体与气体燃料
	化学液化	25~80	液体燃料
	生物液化	70~90	液体燃料
气化	化学气化	60~90	气体燃料
	生物气化	60~85	气体燃料
热裂化		70~90	气体、液体、固体

(3) 二氧化碳施肥　CO_2 是植物进行光合作用、制造有机物的主要原料之一。自然条件下 CO_2 的供应是充足的，但是，在温室或塑料大棚内，由于与室外空气交换不畅，在白天植物光合作用旺盛时，常常出现 CO_2 气体浓度亏缺，致使植物的光合作用强度减弱。

温室或塑料大棚中 CO_2 的来源主要是土壤中有机物的分解和植物的呼吸作用，1992 年 11 月 4 日，中国农业大学就黄瓜温室的 CO_2 浓度做了测定。夜间，CO_2 浓度高于室外（一般为 300~350ml/m³），可达 600~650ml/m³。8:40 左右，CO_2 浓度虽然有所降低，但还在 600ml/m³ 左右。9:00 后 CO_2 浓度迅速降低，至 10:40 降为 200ml/m³，尽管随后进行自然通风，但此时光合作用已迅速增强，至正午光合作用达到最大值时，CO_2 浓度却降到 150ml/m³，在这种 CO_2 浓度下，植物的光合作用几乎停止，发生严重的 CO_2 "饥饿"现象。实际上，为使温室的黄瓜高产稳产，温室内应保持的 CO_2 浓度白天为 1 000~1 200ml/m³，靠外界补充是远远不够的。其他蔬菜生产也是如此，据报道，温室或塑料大棚内，由于 CO_2 饥饿使蔬菜减产的幅度可达 23%~36%。所以，保护地（日光温室、塑料大棚及中小拱棚等）内补充 CO_2 势在必行。

近年来，CO_2 施肥已逐渐成为增加保护地蔬菜产量的重要手段。荷兰、比利时、丹麦、德国、美国和日本等国，早在 20 世纪 50 年代就开始了温室内施用 CO_2 气体肥，效果十分明显。我国从 20 世纪 70 年代初开始试用。目前，使用比较普遍的 CO_2 肥源有：①施用 CO_2 制成品，如压缩 CO_2 气体、干冰等。②化学方法产生 CO_2，如碳酸氢盐加硫酸，碳酸盐加盐酸等。③用 CO_2 发生器燃烧天然气、煤油、丙烷、酒精等。④燃烧作物秸秆（或微生物分解）产生 CO_2，起到 CO_2 施肥的作用。在我国现有的经济条件下，只能选择成本低、使用方便的 CO_2 施肥方法，采用化学方法虽然成本不高，但只适用小面积的生产。虽然我国一些大城市已引进荷兰、以色列等国的温室直接配置了 CO_2 发生器，但由于肥源昂贵，使发生器的使用处于半停滞状态。于是，利用作物秸秆来提高温室内 CO_2 浓度逐步引起了重视。此法简便，燃料来源可因地制宜进行选择，但不易控制 CO_2 浓度，并常有 CO 和 SO_2 等有害气体产生。

(4) 在防寒害、霜冻、病虫害等方面的应用　熏烟法是目前防御寒害、霜冻最广泛应用的一种方法。熏烟时，释放大量的烟粒，形成的烟幕和云层具有类似的作用，可以阻挡地面长波辐射，增加大气逆辐射，减少地面有效辐射的损失，降低地面降温的幅度。在形成烟幕的同时，又生成很多吸湿性微粒，可以促使水汽凝结，放出潜热，增加近地层气温。试验表明，熏烟一般能提高气温 1~2℃。熏烟的方法有平地堆草、窑式和坑式烟堆等，也可以采用活动炉子。烟堆燃料可就地取材。烟堆的大小和多少随寒害、霜冻的可能强度和持续时间而定。为了有效地预防寒害和霜冻，必须适时点燃烟堆。当温度接近植物能忍受的临界温度时即开始点燃，先点上风方向的烟堆，再点其他方向的烟堆。第 2 天，日出后熏烟还要继续一段时间才能停止。目前，国内外已逐渐采用化学药剂发烟防寒防霜冻，这种方法比单纯燃烧柴草经济省工，而且效果也很好。但应注意使用的原料不仅要价廉效显，更要对人、动植物无毒害，对环境无污染。

近年来，保护地蔬菜、花卉生产，以及果树、树木育苗在各地发展很快。由于保护地内环境比较密闭，温湿度比较高，且轮作比较困难，导致病虫害发生严重，应用烟熏剂防治保护地病虫害则是近年来推广的一项新技术，其效果优于喷粉和喷雾。

常用的烟熏剂有：①速克灵烟熏剂。有效成分含量为10%，主要用于防治黄瓜、番茄、茄子、辣椒、韭菜等蔬菜的灰霉病，黄瓜、番茄、辣椒、芹菜等蔬菜的菌核病，番茄的叶霉病等病害。每公顷每次用量3 000~4 500g，每隔7~10天熏一次，根据病情连熏2~3次。②百菌清烟熏剂。有效成分含量有45%和10%两种，主要用于防治黄瓜霜霉病、灰霉病、炭疽病、白粉病、叶斑病，番茄早疫病、晚疫病、灰霉病、叶霉病、白粉病，辣椒菌核病，韭菜灰霉病，芹菜斑枯病、叶斑病等病害。用法同速克灵烟熏剂。③杀虫烟熏剂。22%敌敌畏烟熏剂，每公顷每次用量4 500g。杀瓜蚜烟熏剂、10%敌敌畏烟熏剂、10%灭蚜烟熏剂和10%氯戊菊酯烟熏剂，均为每公顷每次用量6 000~7 500g，每隔5~7天熏一次，根据病情连熏2~3次。

目前，花卉、果树、苗木等病虫害的防治，如疫病、霜酶病、立枯病、灰霉病、猝倒病、菌核病、炭疽病、蚜虫、白虱病等病虫害的防治，主要使用百菌清、速可灵、克菌灵、扑海因、杀毒矾、疫霜净、噻菌灵、灭蚜烟熏剂等。

7.3.2 火在牧业中的应用

火在草原生态系统中是最活跃的一个生态因子之一，北美的许多生态学家认为，植物对火就像其他限制因子一样，进化为不同的适应型，可划分成依赖火的、耐火的或适应火的植物种。大量的证据表明，同木本植物为主的森林生态系统相比，草原生态系统对火的依赖性和适应性更强。这一点从森林火灾发生后所产生的后果得到说明：火灾后，一些树种消失，森林被破坏甚至退化为草地。相反，火灾后，不仅草本植物的种类增加，而且许多草本植物很快"复生"，甚至比火烧前生长更加茂盛。所以，在草原生态系统中使用好"火"这个工具是非常重要的。

我国是世界上畜牧业资源最丰富的国家之一。草地面积约占国土总面积的40%，总面积约4亿hm^2，可概括地分为：北方草原、南方草山草坡，滩涂，草地3部分。在这广阔的领域内，由于受地形、气候、土壤、基质、水分等自然条件的影响，以及由植被所决定的草地的经济价值和人类生产活动的影响，根据3级分类原则，可进一步将我国的草地划分为19类。其中，疏林草原类、草甸草原类、干旱草原类、荒漠草原类、山地草丛类、灌丛草原类和沼泽草甸类分布最广，构成了我国最主要的牧业基地。仅从这几类草原生态系统来看就不难发现，火在不同草原生态系统中的生态作用是不同的。这也就要求我们在不同条件下采取不同的火管理措施。例如，在干旱草原和荒漠草原应该限制火的发生和存在，主要的措施应该是防火；而在疏林草原、草甸草原、山地草丛、灌丛草原和沼泽草甸则可有条件地使用火,特别是在高(山)寒(冷)草原可以将计划火烧作为草地经营的一种手段和工具。

实施计划火烧的目的因草地类型和草地管理目标的不同而不同,主要有以下几个方面:消除非适口性植物;促进优质牧草的生长;复壮嫩(幼)灌木枝条;控制非理想植物侵入或发展,促进理想牧草定居生长;改良土壤和牧场;控制病虫害和鼠害等。

(1) 火烧与草原土壤 在高寒山区,由于低温抑制了土壤有机质的分解,使土壤有机质和全氮、全磷含量较高,但速效养分含量较低,致使高寒草原上的牧草因长期养分供应不足而生长不良。火烧加速了有机质的分解和氮的挥发损失,使土壤有机质和全氮明显减少,但速效氮和速效磷却大幅度提高,特别是磷在高达450℃以上才部分挥发损失,火烧加速了有机磷的转化,反而使土壤中的全磷浓度和速效磷浓度均迅速增大。李政海等在内蒙古锡林河南岸草原的试验结果表明,火烧3年后草地的有机质仅为未烧草地的48%,但土壤速效氮和速效磷分别提高了46%和169%。速效养分的大幅度提高,弥补了有机质和全氮的损失,加大了有效养分的供应,加上火烧后土壤温度的提高,使火烧迹地的土壤肥力水平明显提高。

高温使土壤有机质迅速分解和氮的挥发损失而含量减少,但随着火烧后植被的恢复,土壤中枯枝落叶残根的积累,土壤有机质和全氮含量在短期内又很快开始增加,3~4年后,土壤速效养分含量又明显减少,牧草产量也急剧下降。

(2) 火烧与草原植物群落结构 火对不同生活型植物的影响不同,对某些种群的生长发育起促进作用的同时,对另外一些种群的生长发育则可能起抑制作用,进而影响或改变草原植物群落的结构。由于此方面的研究较少,这里以羊草草原植物群落为例,就火对构成该群落的几个种群的影响做简要介绍。

羊草是一种喜氮的根茎型地下芽植物,是羊草草原占优势的禾草。由于其更新芽位于地表以下不易被烧伤,加之火烧使地表养分状况改善,所以,火烧对羊草的生长具有显著的促进作用。未经火烧的对照区,羊草的产量为30~50g/m^2,火烧区羊草的产量最高达到156.18g/m^2。

大针茅也是羊草草原典型群落和退化群落的优势种群之一。与羊草不同,火烧对大针茅有明显的抑制作用。未烧的大针茅地上生物量为30~50g/m^2,而火烧后只有10~30g/m^2。这是由于大针茅是一种密丛禾草,属地面芽植物,火烧对地面芽造成损伤之故。

葱属植物通常是典型羊草草原群落的伴生植物,为地下芽植物,与羊草和大针茅等优势植物相比,它在对水分和养分的竞争中都处于次要地位。火烧对其生长未造成明显影响。

火烧对菊科植物生长有明显的抑制作用。在羊草草原典型群落中,菊科植物以麻花头、变蒿等地面芽植物为主,在羊草草原的退化群落中,则以变蒿和地上芽植物冷蒿为主。火烧对地上芽植物的破坏更大,对冷蒿的抑制,有利于促进禾草类的生长,可提高草场的总生产力对牧业生产是有利的。

由于火烧加快了土壤有机质的分解，增加了土壤中有效氮的含量，部分抵消了因火烧损失的氮，在生长季中后期的产量高峰期内，可促进豆科草类的生长（灌木小叶锦鸡儿除外），使豆科植物的产草量提高。

(3) 火烧与草原牧草产量和质量　由于受草原群落组成、群落结构、种群对火的反应、草原的生境条件、用火的方式、火行为等诸多因素的影响，火烧对草场产量的影响比较复杂，既有增产的、减产的试验数据，也有对产量影响不大的报道。例如，Wright 等(1979 年)、Terrence 等(1992 年)认为火烧可提高牧草产量。李政海等(1994 年)火烧前后羊草草场的总产量基本上保持稳定。周道玮等(1999 年)试验结果表明，草原春季火烧后，由于当年降水充分，火烧地植物群落产量提高，第二年降水不足，火烧地植物群落产量低于未烧地。Ewing等(1988 年)、Bidwell 等(1990 年)也指出，不同的群落类型，不同的植物种类在不同的生境条件下对火烧的反应各异。

然而，在火烧可以提高牧草质量方面，取得了较一致的结果。火烧后，牧草干物质中的粗脂肪、粗蛋白质、无氮浸出物等含量增高，粗纤维、灰分等含量降低(马道贵等，1997 年；刘芳等，2001 年)，提高了牧草的有效营养成分。

同时，豆科植物又是牲畜爱吃的牧草，增强了牧草的适口性和营养价值(Lloyd，1971 年)。火烧还可延长牧草的生长发育期，周禾等(1997 年)的试验表明，火烧区比未烧区延迟枯黄 15 天左右。

(4) 火烧与草原牧草繁殖　种子是植物适应不良环境条件而保持继续生存的繁殖器官，它比其他繁殖体更加耐寒冷、干旱等严酷条件。土壤中种子库的库存量、种子的存活状态及其在经受各种外界因子影响后的发芽能力，直接影响草原植物群落的组成、结构与演替方向。火烧所产生的高温对草原植物种子活性物质的刺激作用，可以改变种子的化学或机械组成，不仅可以提高种子的发芽率，也能提高种子的发芽势，火烧后，当年生种子的千粒重也有所提高，用火作为工具进行草原管理，有利于草原植物进行有性更新和复壮。例如，蓝丛冰草(*Agropyron spicatum*)、爱达荷羊茅(*Festuca idahoensis*)、哥伦比亚针茅(*Stipa columbiana*)、红狐茅(*Festuca rubra*)、无芒雀麦(*Bromus inernis*)、多年生黑麦草(*Lolium perenne*)等牧草都已经取得了不少通过火烧提高种子产量的经验。

火烧可以提高分蘖植物的分蘖密度，例如，大须芒草(*Andropogon gerardii*)、黄假高粱(*Sorghastrum nutans*)等，有利于牧草的分蘖繁殖。

7.4　用火技术

7.4.1　用火条件

7.4.1.1　用火的时间

从理论上讲，只要有足够的人力控制，一年四季都可以用火，但考虑到用火的目的、安全性、效果、对火的控制难易程度，以及投入人力、物力和财力的规模等，在一个地区便不是一年四季都能用火。一年中，甚至在某一天的特定时间内用火才有可能达到最佳的用火效果。一般而言，用火多选用既能保证安全效果，又能达到用火目的的最佳时节。

(1) 春季安全期　从雪融开始到完全融化止。这段时间内绝大部分植物尚处在休眠状态，只有少数开始萌动。雪融之初，受"春旱"(我国北方)风及升温的影响，林外草地及林缘草本植物上覆盖的积雪先行融化，这部分可燃物先行变干，随后向林中空地及林内地表植物挺进，待到林下积雪全部融化时，林外和林缘的草本植物大部分已开始萌动，变绿。所以，抓紧这个"时间差"，在防火期尚未到来之前随着雪融化的趋势，融化一块点烧一块，由林外和林缘向林内推进，由林内空地向四周扩展，俗称"跟雪烧"。由于周围有雪作为依托，不易跑火，所以，该段时间是安全的。

(2) 夏末安全期　该安全期只适用于点烧积累了多年的干草踏头草甸，但不能连年点烧。因为踏头上积累的干草较少时就不能使火游动。点烧时间大致为8月中旬至9月上旬(大兴安岭林区)，植被物候为菊科植物开花期。此时踏头上部的苔草虽处于生长季节，呈绿色，但是，如果几天不下雨，踏头下部积累的老草易干燥，可点燃并将上部生长的绿色苔草一并烧掉。当火烧到山脚时，由于植被湿度大，火会自动熄灭。注意，在无干草的踏头草甸，不适于这种安全期。

(3) 秋季霜后安全期　在第1次降霜后到连续降霜，此时的植被物候特征为五花山至黄褐色山，沟塘草甸的杂草和林缘的植被经连续霜打后脱水干枯易燃，而林下的草本植物由于林冠阻截霜降，仍处在生长期，体内的含水量较高不易燃。这段时间很短，大约10天。一旦林下草本植物也枯黄时，点燃就易跑火，造成火灾。

(4) 冬季　正常年份，从第1次降雪到第2次降雪间隔时间较长，且第1次降雪量通常较少或很快便化完。在2次降雪的间隔期内会出现升温，使可燃物干燥，林内出现短暂的有利于用火的时机，即"雪后阳春期"。当然，如果第1场大雪降得太晚，地已经封冻，气温太低，积雪不能融化，就找不到计划烧除的时机了。但是，即使是积雪的冬季，如果配合皆伐对采伐剩余物进行控制火烧，其点烧时机还是很多的。对皆伐剩余物进行控制火烧，最好能在即将降大雪之前完成，以便降雪能将燃烧的灰烬覆盖住，以利于翌年春季的迹地更新，防止燃烧的灰烬被吹散而使迹地裸露，以免迹地退化造成更新困难。

7.4.1.2　用火的天气条件

(1) 风　在安全期内进行的用火，由于有雪、含水量较大的活可燃物、防火隔离带等作依托，对风力的要求不是太严格。但是，风力太大也潜伏着跑火的危险。生产中，用火一般要求4级风(5.5～7.9m/s)以内进行，在2.0～4.0m/s(介于2、3级风之间)最为合适。完全无风虽然安全，但不利于用火的工作效率。

(2) 温度　气温较高的地方，比潮湿和气温较低地方的可燃物燃烧起来要快得多。春秋季节，气温在-5～-10℃，林内5cm深处的土壤温度在0～5℃时，适于点烧。而夏季则应在10～20℃的气温下进行点烧。

(3) 空气相对湿度　进行计划火烧时，必须考虑到相对湿度对细小可燃物含水量的影响，如果相对湿度低于 50% 达 1h 或数小时之久，细小可燃物含水量则将小于 30%，此时的细小可燃物将燃烧得很快，并且火强度也较大。

(4) 降雨和降雪　春秋两季，应在降水后 2~5 天内进行点烧，而夏季则应在降水后 2~7 天内进行点烧。

大量开始融化前的积雪，是春季融雪安全期进行物候点烧的主要依据，如果头年冬季降雪量少，春季林地没有积雪，就不能进行春烧。一般年份，在我国北方的冬季林地内都会有积雪，2~3 月又有间歇降雪，很容易找到几次最佳点烧时机。秋冬的"雪后阳春期"也是能找到的。

7.4.1.3　用火的可燃物湿度指标

可燃物含水量越低，燃烧越快。Match(1967 年)发现，可以用火柴点着含水量为 30% 的旱雀麦(*Bromus tectoru*)。美国农业部林务局"防火线手册"(1975 年)指出，在含水量超过 15% 的可燃物层上，火蔓延速度相当慢；然而，当可燃物含水量下降到 15% 以下时，则火的蔓延速率增长得非常快；当可燃物含水量介于 5%~10% 时，火蔓延速度便增加 3 倍；当含水量在 7% 以下时，在特定的风速下，可燃物含水量每降低 2%，枯枝落叶上点烧的火蔓延速度便提高 1 倍。

假定空气相对湿度保持不变，可燃物含水量从 7% 降低到 5%，就等于气温提高 17℃ 的作用效果。假定气温保持不变的话，可燃物含水量从 7% 降低到 5%，就相当于相对湿度下降 15%~20% 的效果。

活可燃物的含水量(指直径为 0.3cm 的嫩枝含水量)低于 60% 时，计划烧除对于灌木林地是危险的。当活可燃物的含水量从 70% 起开始上升，则点烧越来越困难。而在活可燃物含水量高于 85% 或 90% 时，灌木也只能在做了碾压或喷洒灭草剂处理后点烧才能燃烧。

可燃物的总量也是影响用火成败的因素之一。Norum(1977 年)提议，直径 < 7.6cm 的可燃物少于 $10t/hm^2$ 时，应在含水量为 10%~12% 时点烧；当可利用可燃物为 10~20t/hm^2 时，应在含水量为 12%~15% 时点烧；当可利用可燃物为 20~25t/hm^2 时，应在含水量为 15%~17% 时点烧。

7.4.1.4　用火的火行为(技术)指标

(1) 蔓延速度　一般应控制在 1~5m/min(线速度)，在较干旱的条件下，则应控制在 1~3m/min。蔓延速度一般小于 $1km^2/h$ 为宜。

(2) 火强度　用火强度的高低受可燃物含水量、天气条件、地形、用火目的、用火类型等多种因素的支配，一般要求在 75~750kW/m，即使是皆伐剩余物的控制火烧，其火强度也应控制在 10 000kW/m 以下。

(3) 火焰高度　用火中，人工针叶林下的火焰高度一般不超过 1m，次生林内的火烧，火焰高度有时可能超过 2m，这时应加以控制。一般而言，安全用火的平均火焰高度应控制在 1~1.5m，最大不超过 2m(皆伐剩余物的控制火烧不在此范围)。

(4) 熏黑高度　树种不同，对熏黑高度的要求也不同，一般情况下，计划烧除应将熏黑高度控制在 8~10m 以下。有时也用烧焦高度(也称炭化高度)代替熏黑高度,炭化高度是指树干上方被烧焦了的树皮所留下的痕迹距离地面的高度。一般情况下,林内计划火烧的平均炭化高度不超过 50cm。

(5) 用火的持续时间　用火的时间与火蔓延速度,以及可利用的有利于点烧的时段有关。一般要求 1 次用火要在 10h 内完成,这样有利于对火的控制。如果需要烧的地块过大,可以分成几个小的地块分别(分几次或者分几天)点烧。

7.4.2　点火方法

7.4.2.1　点逆风火

点火前应以公路、小径、生土带、小溪和其他防火障作为基线。假如风向由西向东吹,则在区域的东边缘点火,使火迎着风燃烧,便称为点逆风火。这是一种燃烧速度最慢,需要花费时间最长的点火模式。通常,火蔓延速度只有 20~60m/h,但燃烧比较彻底,在计划火烧中这是最容易控制、最安全的一种点火方式。

为了提高用火效率,通常在一个区域中开设若干条内部线,分成几个带同时点烧,带与带之间的间隔一般为 100~200m。

点逆风火的适用条件和特点为:①适用于重型可燃物。②可用于小径级材、幼林及树高 3.5~4.5m 以下的林地。③在短时间内能点燃较大面积(几个带同时点烧)。④需要开设内部控制线,点烧造价较高。⑤要求风向稳定,适合风速为 1.7~4.5m/s 以下。

7.4.2.2　点顺风火

点火前要开设基线和周围线,首先要依基线烧出一条较宽的安全带。然后沿着与风向垂直的方向在距离安全带(与安全带相对)一定距离处点一条与安全带平行的火线,使火顺风向朝着安全带处燃烧,烧至安全带处火熄灭。生产中为提高点烧效率,常采用带状顺风火的方式:按照距离安全带的远近,由近向远进行点火,往往是第 1 条(距离安全带最近的一个小区域)刚刚烧出,便开始点第 2 条与安全带平行的火线。这样,第 1 条首先到达安全带处而熄灭,第 2 条到达第 1 条火线烧过的区域也熄灭,依次类推。这样更便于控制,以防跑火。

带的间距取决于林分密度、森林类型、可燃物的分布、数量及预期效果等。通常点火线之间应有 20~60m 的间隔。在小面积地块上,可燃物分布均匀而数量少时,顺风火可以全面展开,不需要分带。

点顺风火的适用条件和特点为:①冬天应用此方法较多,要求气温 -6~10℃。②除了极粗大的可燃物外,在大部分可燃物中均可采用。③适用于中等到大径级林木的林分。④在短时间内可燃烧较大的面积,燃烧速度快。⑤一般是在相对湿度为 40%~60%,可燃物含水量为 10%~20% 时采用。⑥要求一定的风速,一般要求 1.7~4.5m/s 以下。⑦生土带较少,费用较低。⑧比较灵活,可随风向的变化而加以调整。⑨点火前要有安全控制线。

7.4.2.3　点侧风火

点侧风火之前需要先烧出一条安全带,然后在安全带上垂直分成若干条带,同时进行逆风点火（各条带上与安全带相对方向点火），与点逆风火不同的是：侧风火是沿着一条条与风向平行的平行线朝安全带蔓延。

点侧风火的适用条件和特点为：①适用于轻型可燃物和中型可燃物，可燃物量应少于 18.8t/hm^2。②要求风向稳定。③适用于中等到大径级林木的林分。④点烧速度介于逆风火和顺风火之间。⑤需要少量生土带。⑥最好有扑火队员的协助，随时注意风向的变化，以防万一。

7.4.2.4 中心点火法

一般可应用于平坦地和20°以下的坡地。首先在火烧区选定的一个中心点位上点火，当燃烧产生一个活动性的对流柱时，再在其边缘按同心圆、螺丝形或其他合适的形状一圈圈地点火，这些火会合后被吸向中心的高温区，然后很缓慢地再向外缘蔓延。这种点火模式在火区中心能产生强空气对流，引起高强度向内蔓延的燃烧，很安全，不易跑火（但应防飞火）。点火起始点及随后一系列点火位置应根据地形和火烧区域的形状来确定，火烧图形可能是呈"回纹状"或山形斜纹及环状等各种形状。

7.4.2.5 棋盘式点火

在相等间隔点位上迅速地连续点火，用火区域由围棋点位状的火点组成，间隔点火是让各个点的火相互靠拢并连成一片燃烧，而不是让它们单独蔓延。此法为澳大利亚所创，已成为该国的主要火烧技术。

棋盘式点火的适用条件和特点为：①适用于均匀、轻型或中型的可燃物类型。②适用于风速小和风向不定的条件。③在中等到大径级林木的林分，或在开阔地和火烧促进迹地更新的情况下使用效果最好。④如果火点之间的间距不当，就可能产生高能量火。⑤可快速点火，例如，用飞机投掷燃烧胶囊。⑥不需要开设内部生土带，费用低。⑦点火前四周要有安全控制线。

7.4.2.6 点V形火

这是山地条件下最常用的一种火烧法。沿排水沟进行点火，呈弦月形或V形。可将逆风火引下山脊或坡面，使其燃烧慢而稳定。点V形火可单独使用，也可与其他点火技术配合使用。

7.4.3 用火程序

7.4.3.1 用火的决策

用火决策是用火程序的第1步，也是不可缺少的关键步骤。火烧的目的以及对立地条件的具体分析是决定使用火的最好依据。它应该包括以下一些要素：

明确具体的目的。

定性及定量表示的预期效益。

预期费用，例如业务费，按比例分配的各种管理费和公共关系费用，对立地条件、生产能力的影响以及对外界环境的影响所需要支付的补偿费用等。

限制因素，如法律法规、公众意见是否认可或许可等。

替换性，如果同其他可能达到同一目的的手段进行比较分析，用火这种措施是否是最优？是否是最佳选择？

制定用火规范与方案。一旦经过多方论证证明用火是最佳选择，就要认真细致地制定出用火规范和具体的实施方案，并做好经费预算。

7.4.3.2 用火前的准备

这是必不可少的一个环节。通知与用火有关部门及人员：监督、管理、操作人员，有关职能部门及公众等。在即将开始烧除区，提前作一些准备工作：防火线、可燃物的处理及类似工作，设备的准备，气象站点的建立，人员的培训等等。

（1）用火地段的踏查　了解用火地段的地形、地貌、道路、防火障、可燃物分布、供水地点远近、点烧林（区）班的位置、有问题的区域等。

（2）确定用火规模　点烧的目的影响着点烧的规模，同时，点烧规模也应该视下列情况而定：立地条件（特别是地形）、根据点烧目的所确定的烧除面积大小、可作为防火隔离带的现有屏障及分布、适宜该区域的点火方法、现有的用火力量（包括为防止跑火而配备的灭火人员）、用火时间（特别是适宜于安全用火的工作时间）等。

（3）确定火烧的轮廓　整个火烧区应基本上呈规则形状，不能伸入到不应该火烧的区域。要事先预判点火后的蔓延方向，火烧区周界线应尽可能沿着沟谷等有利地形条件呈现。

（4）开设外围防火线　充分考虑点火后的火焰长度、高度和热辐射距离，以及会不会产生飞火等可能出现的意外。开设有充分宽度的外围防火线，并充分利用现有的防火障，特别是天然屏障如公路、小径、小溪、河流、水湿地等，若天然屏障的宽度不够，可按照当地最快捷最有效的方法加宽这些防火屏障，以防跑火。

是开设简易的防火线，还是开设生土带，则应根据用火目的、用火的规模和用火的强度等来确定。

（5）火烧区内的准备工作　用火区域较大时，点火前应开设内部防火线，即将大的区域化整为零。同时，在火烧前应对火烧区域内的可燃物进行必要的处理，以确保有效地燃烧和便于控制。例如，在林下实施计划火烧时，应充分估计到火焰的高度，事先将低垂的乔木枝条以及距离地面较近的枯枝做必要的人工修剪；林下灌木密集易燃的区域可用人工或割灌机割除；老的采伐迹地上原有的采伐剩余物堆，在实施火烧前移出林外或平铺撒开；林内的藤本攀缘植物在火烧前应予摘除；火烧区的幼树群周围开设一定宽度的阻火带以防其受害等。

（6）掌握用火时段的天气　对用火日的各气象因子进行预测（有气象部门协助完成），符合点烧条件时才能点烧。在气象因子中风是最难预测准确的，但它又是安全用火中至关重要的一个因子，切不可忽视。

（7）设施和人员　对人力及设备做好计划和准备，以便在需要时招之即来。应准备好气象观测仪器，水源及有关设备，点火工具和燃料，扑火物资（水、化学药剂等）及扑火工具设备，所需的点火、观测、记录、通讯联络人员以及扑火人员等。若使用飞机点火或控制火烧，还应对飞机的起落场地和飞行通道做必要的规划和准备。

7.4.3.3 实施

利用最后时刻，核实天气预报记录，观察现场天气状况，若各方面的条件具备，就可开始点烧。

点烧过程中按计划使用点火设备，严格执行操作规程和火烧程序，密切监视，不留隐患，自始至终准备着应对突发事件，随时准备扑灭防火线以外的火，特别是下风处的零星飞火，做好用火期间的有关记录，随时保持与有关部门的联系，特别是与森林防火的上级主管部门的联系。

烧除完成后，及时、实事求是地向上级主管部门通报完成情况。

7.4.3.4 用火后的调查与评价

用火后，对用火的效果应该进行细致的调查、认真的分析和评价，特别是对用火是否达到预期的目的等方面。用火后的调查与评价主要包括如下几个方面：

(1) 分析用火是否达到预期的目的和效果　如果林内计划火烧是为了降低森林燃烧性，在用火后就需要重点对用火前后地表可燃物载量进行分析比较，比较火烧前后地表可燃物总量，地表易燃、可燃和难燃可燃物各部分在火烧中的消耗量，火烧的均匀度等。

(2) 火烧工作完成情况是否合格　例如，火烧沟塘草甸时，火烧面积（过火面积）超过70%，并且没有出现连续未烧地段，可视为点烧合格，否则需要补烧。

再如，火烧铁路、公路两侧的防火线时，要求火烧面积在90%以上方视为合格。否则需要补烧，即不合格。

所以，用火工作的完成情况是否合格，要视用火的目的而定。

(3) 对林木危害和林木生长发育的影响　安全用火是森林经营的一种手段和工具，其主要目的是保护森林资源和促进林木生长发育，提高林分的生产力。所以，用火过程中烧伤烧死的林木株数越少越好。当然，完全不损伤林木是不可能的。因此，在用火的实践过程中，应不断地总结，把对林木的危害降低到最低限度。

(4) 火烧后的生态效应调查与分析　火作为一个生态因子，用火后，不论是短期还是长期，这一生态因子的作用效果都会以其特定的方式表现出来。因此，火烧后定期在标准地内进行主要生态因子的调查分析是很必要的。例如调查分析用火对土壤、森林小环境、植被和野生动物的影响等。

(5) 核算实际成本和经济效果、总结用火的经验教训　对实际开支进行核算，对用火的经济效益进行调查分析与评价。

如火烧前的计划是否正确合理，点烧方法是否恰当，有无跑火现象，有无意外事故的发生，取得了哪些今后可以借鉴的经验等。认真总结用火的经验教训，提出今后用火工作应注意的事项和改进措施等。

复习思考题

1. 基本概念

营林安全用火　　计划火烧　　点逆风火　　点顺风火
点侧风火　　　　中心点火　　棋盘式点火　点V形火

2. 营林安全用火与森林火灾有什么区别？
3. 你如何看待历史悠久的"刀耕火种"和"炼山"？是应该大力推广、保持现状还是禁止？有没有比这三种都更可取的办法？
4. 你如何看待用火是把"双刃剑"的观点？
5. 谈谈安全用火的发展方向。

本章推荐阅读书目

绿色技术及其应用. 顾国维. 同济大学出版社，1999

林火管理知识问答. 金可参，居恩德等. 黑龙江科学技术出版社，1990

森林生态学. 李景文. 中国林业出版社，1994

Forest Fire: Control and Use. Brown A A., Kenneth P D. McGraw-Hill Book Company, 1973

第8章 林火评价

【**本章提要**】本章主要介绍了森林火灾调查的目的意义、组织领导和基本原则；阐述了现场调查和现场勘察概念、对象、主要内容、步骤方法。论述了火灾痕迹与物证的提取、火灾调查文书的编写及过火面积与损失调查等。

森林火灾扑灭以后，有关单位或部门应该及时组织人力，对起火的时间、地点、原因、肇事者、受害面积和蓄积、扑救情况、物资消耗、投入的人力、人身伤亡情况，其他经济损失以及对自然生态环境的影响等方面进行调查，以便摸索规律，吸取经验教训，进一步搞好森林防火工作。每次森林火灾调查结束以后，还要追求肇事者的责任，根据受害程度，积极制定出恢复森林的措施，搞好对火烧迹地的经营利用，以便尽快恢复森林。

8.1 火灾调查概述

在森林火灾发生以后，应进行火因调查，这是一项极其重要的、严肃的工作。做好这项工作一方面可以弄清是什么火源引起的，以便今后采取措施加强这方面的预防工作；另一方面可以研究火因，根据火因，侦破火灾以及探索林火规律。有些林区在林火发生后没有进行认真细致的火因调查，把有些查不清的火因划入不明火源或干脆列入非法入山人员搞副业弄火、雷击起火等，这是不负责任的。发生森林火灾就必然有火源，就必须调查火因。当然调查火因是一项十分艰巨的工作，特别是火烧迹地面积很大的情况下，要找出起火点，查清火因，是不容易的。而且火烧迹地由于火的破坏、扑救过程中人为的破坏，要查清火因是不容易的，如果还受到风、雨等自然因子的干扰，就更增加了火因调查的难度。

在火因调查时，如果能较早地发现起火点，着火原因是比较容易查清的。如果不明显，应分析判断，逐项排除不可能的着火因素，使火因逐步缩小，以便最后确定起火原因。例如：在某一林区发生火灾时，经调查研究，当时没有闪电，就可以排除雷击火；如附近没有铁路，就不是机车喷漏火；如火灾是发生在机械难以到达的地方，就可以排除机械跑火。这样逐项排除不可能的因素，使火因的范围越来越小，有利于正确确定起火的原因。

火灾调查实行三不放过的原则，即：坚持事故原因没有查清不放过；事故责任者和职工群众没有受到教育不放过；没有落实防范措施不放过。

8.1.1 火灾调查的目的、意义和内容

查明火灾原因，查清火灾所造成的经济损失和人员伤亡情况，依据法律对事故责任者或犯罪分子作出处理，并为研究火灾发生规律，预防和扑救火灾提供科学依据，从而使人类更有成效地同火灾做斗争。

积累资料，找出症结，采取针对性措施，促进防范工作的落实；为改进灭火工作提供素材和经验；为依法追究火灾责任者的责任提供事实依据；可以有力地打击纵火犯罪；为防火部门提供研究方向；为国家提供精确的、时效性强的火灾情报和统计资料；为制定中期对策和长期的对策进行服务。

火灾调查的内容：起火原因；人员伤亡情况和伤亡原因；火灾损失。

8.1.2 火灾调查的组织领导

(1) 火灾调查的组织分工　《中华人民共和国消防条例》规定："消防工作由公安机关实施监督""人民解放军、国有森林、矿井地下部分的消防工作，由其主管部门实施监督，公安机关协助"。

我国目前主要由森林防火部门负责扑救指挥工作，森林公安部门负责火案侦破工作。

(2) 火灾调查人员的职权　有权要求相关单位派人参加调查工作；有权要求相关单位和有关人员提供必要的资料；有权对相关人员进行询问；有权检查和提取火场痕迹物证或采取应急措施(必要时依法对人身进行检查)。

(3) 火灾调查人员的素质

①政治素质　应属于国家的执法人员，必须具有高度的思想觉悟，坚决执行党的路线、方针、政策，要有高度的事业心和责任感，要有一种百折不挠，勇于吃苦的精神。

②文化素质　包括一定的专业知识、语言知识、逻辑知识、心理学知识、笔录知识等。

③专业知识　包括现场拍照、绘画制图、痕迹鉴别、访问方式及笔录技巧等。

(4) 火灾调查的组织领导　火灾调查是一项政策性、技术性、时效性很强的工作，必须统一指挥、专人承办、严肃地对待。

8.1.3 森林火灾调查的基本原则

火灾调查的政策性、法制性很强，调查人员在工作中必须坚持党委和政府的领导，执行党的路线，发扬实事求是的思想作风，坚持依法办事。

(1) 党委和政府的领导　坚持党委和政府的领导是搞好火因调查工作的根本

保证。有时候火灾原因比较隐蔽，情况复杂，涉及面广，要及时查明火因，就必须争取有关部门的支持，调动各方面的力量，统一指挥，统一部署，统一行动，才能保证调查工作的顺利开展。

(2) **群众路线** 群众路线是中国共产党一切工作的根本路线，也是火灾调查的一项基本原则。他们最熟悉起火现场的内部情况和周围情况，而且往往是最先发现者和扑救者。调查人员要查清火灾原因，既要靠群众提供线索，又要靠他们去甄别人证、物证。

(3) **实事求是** 实事求是是中国共产党的思想路线，也是火案调查人员的行为准则，火因调查是一项极其严肃的工作，鉴定结论的正确与否，将直接影响到对责任者或犯罪分子处理是否得当，影响到据此结论采取的防火措施是否合理。因此，调查人员在调查处理火灾原因时，必须坚持实事求是的思想路线，坚决杜绝主观主义、经验主义和形而上学的作风。对客观事实不夸大、不缩小、不轻信口供，不主观臆断，发扬踏实细致的工作作风和百折不挠的求实精神，全面收集证据，直到把真相全部弄清，得出经得起历史检验的结论。

(4) **依法办事** 火灾调查人员在调查阶段和处理阶段负有法律责任。因此必须加强法制观念，严格执行国家的法律、法规，按照法律程序办事，作到有法必依、执法必严、违法必究。

8.1.4 火灾原因分类

(1) **放火** 放火是指行为人为了达到一定的违法犯罪目的，在明知自己的行为会发生火灾的情况下，希望或放任火灾发生的行为。精神病人在不能辨认或不能控制自己的行为时的放火除外。放火是一种犯罪，而且属于故意犯罪。

放火的动机和目的表现为：为获取钱财；为掩盖其他罪行；泄愤；为了显能而形成的偶发性放火；精神病放火。

(2) **失火** 失火是指行为人应当预见自己的行为可能引起火灾，因为疏忽大意没有预见，或者已经预见但过于自信，或轻信能够避免，以至发生火灾。

失火造成重大经济损失，则构成过失犯罪（主要指人们在生活中用火不慎，以及在生产中用火跑火引起火灾）。

(3) **意外火灾** 意外火灾是指由于不可抗拒或不能预见的原因所引起的火灾。

它包括两方面的含义：一是人们在生产和生活过程中，虽然造成了火灾的事实，但是对火灾的发生不能预见，而且根据实际情况也不可能预见；二是不可抗拒的自然灾害引起的火灾。如地震、海啸、雷击等不可抗拒的力量引起的火灾。

8.2 火灾现场

8.2.1 火灾现场概述

8.2.1.1 火灾现场的概念

火灾现场是指发生火灾的具体地点和具有与火灾有关痕迹、物证的一切场所。

每一场火灾的发生都必然会与一定的时间、空间和一定的人、物、事发生联系，结成一定的因果关系；必然会引起客观环境的变化。这些与火灾事件相关联的地点、人、物、事关系的总和，就构成了火灾现场。

8.2.1.2 火灾现场的分类

按火灾现场形成之后有无变动，可将现场分为原始现场和变动现场。

原始现场就是火灾发生后到现场勘查前，没有遭到人为破坏或重大的自然力破坏的现场（火灾的痕迹物证比较真实、客观，比较有利于火灾原因的分析）。

变动现场就是火灾发生后由于人为的或自然的原因，部分或全部地改变了现场的原始状态（使火因调查人员失去本来可以得到的痕迹与物证，这是最常见的现场）。

根据现场的真实情况，可将现场分为伪造现场和伪装现场。

伪造现场是指与火灾责任有关联的人有意布置的假现场。原因有二：一是犯罪分子掩盖其盗窃或贪污、杀人等犯罪行为，伪造火灾现场以销毁证据，转移调查人员的视线；二是故意伪造现场以陷害他人，进行陷害、报复、泄愤。

伪装现场是指火灾发生以后，当事人为逃避责任，有意对火灾现场进行某些改变的现场。如把放火伪装成为失火或把失火伪装成意外事故等。

8.2.1.3 火灾现场保护

火灾现场保护的目的是为了做好火灾现场勘查，提取痕迹物证，侦破火案。范围应当包括被火烧到的全部场所及与火灾原因有关的一切地点。但是遇到下列情况时应当扩大现场保护范围：起火点位置未能确定、爆炸现场以及可能存在多起火点的情况。

火灾现场保护的要求：要及时严密地保护现场；接到报警后，应该迅速组织勘查力量前往火灾现场；治安保卫人员及义务消防组织都有责任保护火灾现场；扑灭火灾也应视为保护火灾现场的重要组成部分。

现场保护中的应急措施：在火灾调查中要注意着火的方向，风向的变化，人要站在上风处，不要站在低洼处。注意观察周围的火势情况、防止死灰复燃等。

8.2.2 火灾现场调查

火灾现场调查主要是火调人员向有关联的人了解火灾发生过程，发现线索、收集证据的工作，是火灾调查工作的一个必要手段，也是依靠群众查明火灾原因的有效方法。

8.2.2.1 火灾现场调查的对象

最先发现起火的人；报警的人；起火时在现场的人；最先到达火场扑救的人；熟悉火场周围情况的人；起火单位的各级有关领导；起火前最后离开起火部位的人；其他有关人员。

8.2.2.2 火灾现场调查的主要内容

(1) 对最先发现起火的人和报警人的调查访问　着重调查访问发现起火的时间，最初起火的部位，能够证实起火时间和起火部位的依据；发现起火的详细经过（在什么情况下发现起火的，起火前有什么征兆等）；发现后火场变化的情况，火势蔓延方向、火焰的烟雾和颜色等；是否发现可疑的人；报警的时间和在什么情况下报的警。

(2) 询问最先到达火场扑救的人　到场时火灾发展的形势和特点；火势蔓延和扑灭的过程；扑救过程中是否发现了可疑对象、痕迹和可疑的人；起火点附近在扑救过程中是否经过破坏，原来的状态怎么样；采用何种方法扑灭火灾，作用如何。

(3) 对起火时在场的人员和最后离开火场的人员主要了解的内容　离开起火部位之前，本人或他人是否吸烟、动用了明火，本人具体作业或活动内容及具体活动部位；离开时，火源处理情况；其他在场人员的活动位置及内容，何时何因离去，来此目的，具体活动内容及来往时间；最后离开起火地点的具体时间，有无证人；对火灾原因的见解及依据。

(4) 向熟悉火场情况的人主要了解的内容　地形、林权、作业情况，生产设备运转情况等。

(5) 向火灾责任者和火灾受害人主要了解的内容　有无因本人生产、生活用火等疏忽大意或违反安全操作规程引起火灾的可能。火灾当时，当事人在何处、何位置、做什么，火灾前后的行动；对于受害人，还要了解他的关系圈，考虑有无因仇或纠纷等引起的火灾。

(6) 向现场周围的群众了解的主要内容　起火当时和起火前后，耳闻目睹的有关情况；群众对火的各种反映、议论、情绪及其他活动；当事人的有关情况。如政治、经济、家庭和社会关系，火灾前后的行为表现等；当地地理环境特点，社会风土人情、人员来往情况。

(7) 向受灾单位领导了解的主要内容　安全制度的执行情况；生产中有无火灾隐患；以往火灾情况。

8.2.2.3 火灾现场调查的方法和要求

火灾现场调查的方法：围绕中心，拟定提纲；问话全面，不留死角（何时、何地、何事、何人、何故、何手段、何结果等）；讲究讲话的艺术和策略。

现场调查的要求做到"及时、全面、细致、客观、合法"。

8.2.2.4 验证证言

由于主客观因素的影响，证人在提供证言时，往往有证言与实际情况不符的情况。出现这种现象的原因有二：一是证人故意隐瞒事实真相，做了伪证；二是证人主观上愿意讲出事实真相，而且确认自己讲的是真话，但其陈述与实际情况往往不符。

证人在做伪证时，有很多复杂因素，通常有下列因素：第一，证人与火灾责任者有恩仇利害关系，从而作出包庇或陷害责任者的证言；第二，证人受火灾责任者或第三者的欺骗、贿赂或威胁、恐吓等；第三，证人本身与火灾有一定的牵连，为推卸责任，故意提供假情况，转移目标；或提供一些无关紧要的细节，隐瞒不利于自己的关键问题；第四，证人动机不纯，为表现自己，讨好领导达到某种目的，把自己当成知情者，有意夸大事实或无中生有地提供假证；第五，证人胆小怕事。

除了做伪证外，证人证言的可靠程度还取决于证人对客观事实表达和接受的程度。任何人对客观的反映，都有一个不是因本人意志决定的准确程度。一方面，证人的感觉器官是否健全，观察事物和理解事物的能力如何，接受事实的心理状态等；另一方面，还取决于客观事实的明显程度，事实发生的地点与证人的远近，光线的明暗，气候的好坏等。

对证人证言的审查：审查证人的年龄、性别、职业和个人成分，以判断他认识分析能力；审查证人发现起火的时间和他当时的位置与行动，以判断所供证言是否符合客观事实；审查报警人的报警动机，报警前后的时间、位置和行动；审查证人感知、观察火场当时的条件；审查证人的身体和生理状况（记忆力、理解力是否正常等）；审查证言来源，是证人亲自看到的，还是听嫌疑人讲的，还是纯属道听途说；审查提供证言的过程，是证人主动提出的，还是在反复追问下被迫提供的；审查证人与责任者或嫌疑人之间的关系；审查证人的一贯表现和证言中的具体内容情节，分析是否符合客观事物发展规律；审查证人前后几次证言，各个证人证言之间是否有矛盾。

对证人证言的验证：主要包括审查证人的年龄、性别和职业；审查证人和火灾责任的关系；审查火灾发现人发现起火时的情景（当时在何时、何处）；审查第一到达火场的灭火指挥员的证言。

8.2.3 火灾现场勘查

火灾的发生、发展有其一定的规律，掌握火灾发生、发展蔓延的规律和特点，对查明火灾原因至关重要。火灾现场勘查就是从认识火灾形成的基本过程入手，以火灾现场不同部位的燃烧状态和痕迹为依据，首选确定起火部位和起火点，然后提取痕迹物证来对照当事人和有关人员的访问笔录，研究和分析他们之间的相互关系，达到对火灾原因准确定论。

8.2.3.1 火灾现场勘查概述

（1）现场勘查的概念　火灾现场不仅指发生火灾的具体场所，而且包括与起火有关的所有人、物、事等。火灾现场勘查是指森林火灾调查部门，在法律允许的范围内，使用科学手段和各种调查方法，对火灾有关的场所、物品、人和能够为确定火灾原因作为证据的一切对象所进行的实地勘查，并通过现场分析做出火灾结论的系统调查工作。

（2）火灾现场勘查的目的、任务

①火灾现场勘查主要目的是为了搜集证据，查明火灾原因，确定事故性质。

②现场勘查是围绕查明火灾原因展开的，所以，现场勘查的基本任务是搜集起火原因的证据。围绕着收集证据，主要的是必须认真弄清如下情况：火场方位及地形地貌状况；火灾蔓延和烟熏状况；火场残留物的状况；起火物及其位置和灾前使用情况；爆炸中心，冲击波破坏的范围和程度、面积、质量、分布点、方向、距离等；人员伤亡的位置及数量；消防设施的效能及其他情况。

群众对火灾起因的反映也必须通过实地勘查来验证，火场上遗留的有关痕迹、物证更要通过实地勘查才能获取。所以，现场勘查的成功与否是查明原因的关键。实践证明，凡是现场勘查成功的，就能及时提供有价值的材料，用以正确分析判断火灾原因和事故性质。相反，痕迹、物证未及时发现或未及时提取，时过境迁，就会给火灾原因的认定带来难度。

（3）火灾现场勘查的基本要求

①要先了解情况再进现场。接到去火场进行勘查的命令后应注意收集资料，了解起火单位的基本情况，火灾时间、起火部位、燃烧物质等，了解火灾当时的气象条件，当接近火场途中应观察火势、火焰的高度及颜色、烟的气味颜色、运动方向等。

火场勘查人员应该在接警后及时赶赴现场，对于正在扑救的火灾现场，在进行上述一些有关准备的同时，选择便于观察整个火场的地点进行观察。尽可能地观察了解火势及蔓延情况、了解整个扑救过程及其他一些情况。并做好记录。

尽管火场千差万别，勘验方法也不尽相同，但是无论对于何种火场，在进行实地勘验之前都必须向有关人员进行调查，了解可能的起火原因、起火点的位置、起火点的物质和火灾发展变化情况等。应当在充分掌握现场有关情况后，再进行实地勘查。

②对知情火场、可简化程序的火灾现场，采取不同的勘查方法和步骤。起火点明确，原因清楚的火灾现场，只需到现场验证情况和提取物证，即可会同有关人员进入现场、笔录、拍照和绘图，简捷地达到目的。

③确定勘查顺序。火灾现场勘查顺序，应以现场所处的环境和痕迹、物证的分布情况为依据，通常的勘查顺序先从上风方向开始，根据现场情况分片分段地进行勘查。现场范围较大，或者呈长方形，环境十分复杂，为搜寻痕迹、物证，特别是微小的物证，可以分片分段进行勘查。如在风力作用下形成的条形火场，可以从逆风方向的燃烧终止线开始勘查；多起火点的火场，勘查可从各个起火点分段进行，或者逐个进行。对于纵火现场，现场上的痕迹反映清楚犯罪分子行走线路容易辨别，或经过访问，即可沿着犯罪分子在现场上行走的路线勘查。

④注意保存现场。由于客观原因，影响火场勘查效果和质量，或因情况复杂，一时难以弄清细节的，应该保存好现场，有些火场由于生产、生活的需要而

变动现场的，应在勘查和记录后进行。

⑤记录与勘查同步进行。为了真实客观地反映整个火场情况，以利于火场勘查，因此在火灾现场勘查过程中自始至终都离不开笔录、绘图和照相。照相和录像是记录现场的一种有效手段。在火灾扑救或火场具体勘查中，可以通过照相和录像记录火场的详细情况，即使火场因需要变动，也可进行分析。勘查中除拍照、录像外，可同时采用现场笔录、制图等方法，对火场进行定量描述，以便对火场情况的反映更全面更具体。

8.2.3.2 火灾现场勘查前的准备工作

实地勘验是通过各种技术手段，准确地掌握发生火灾的场所及周围的环境，以及时了解火灾发生发展过程和发掘火灾证据的工作。因此，它是整个现场勘验的中心环节。为确定火灾性质，查明起火原因提供线索和依据。为了使实地勘验工作能及时细致地进行，必须做好现场勘查前的准备工作。

(1) 平时准备 现场勘查人员应学习有关森林消防方面的专业知识，以适应不同火场勘查的需要。此外，还应努力提高制图和照相等专业技能。配备必要的勘查工具。如火灾现场勘查箱，照相器材，录音、录像设备等。要保证仪器及工具处于完好状态，做到经常检查，有故障及时修理或调换。另外，如手电筒、胶卷这类常用的物品一定要准备好。为了安全，应配备好必要的防护用品。车辆通讯联络工具也要保证好用、畅通，以便迅速出动。

(2) 临场准备 火场勘查人员到达现场后，首先应当在统一指挥下，抓紧做好实地勘验的准备工作。同保护现场的负责人取得联系，了解现场保护工作进行的情况，如发现问题，应迅速采取补救措施。向起火单位或发现人、报警人、现场保护人了解火灾发生发展的简要过程及有关情况，以及火灾发生后，现场人员的进出情况。现场工作即使有专门的现场访问组进行访问，实地勘查也必须先了解火灾大致情况后，才能进入现场实地勘验。根据现场情况的需要，邀请有关方面的专家和熟悉现场情况的人参加。现场勘查人员应当及时到达火灾现场，在做好实地勘查准备工作的同时，用各种技术手段，对火灾情况、现场的基本情况从不同的角度和位置进行记录。如条件许可，可进入现场内部观察火灾情况，为实地勘查工作打好基础。火灾扑救后立即进行实地勘验。

8.2.3.3 火灾现场勘查的步骤

火场的实地勘查，主要是为了找到起火点和有关火灾原因的证据，因为每次火灾的起火原因不同，加上森林植被、地形地势、天气条件等不同，造成燃烧破坏程度不同，火灾现场存在很大差异。因此不能采用统一的模式勘查现场，必须根据不同的火场，采用符合客观实际需要的各种方法。但复杂火场的勘查，一般要采取分步的方法进行勘查。

(1) 环境勘查 环境勘查是火灾调查人员在现场外围或周围对火场的观察，以确定起火范围。通过对火场环境的勘查，可以发现、判断痕迹及物证，核对与火场环境有关的陈述，在观察的基础上拟定勘查范围和确定勘查顺序。

环境勘查的目的是明确火场方位与道路等的关系；确定有无外来火源引燃成

灾的可能；确定起火范围有时还能发现起火部位和起火点；确定下步勘查范围。

环境勘查并不是只对火灾现场周围环境的观察，应尽可能地对整个火场进行观察。

对火灾外部观察的主要内容有：道路、林中空地是否留有可疑人出入的痕迹。包括手印、脚印、引火物残体痕迹等，以判断有无放火的可能；火场周围的农地与火场的距离，当时的风向，有无烧荒；若雷击火灾，应辨明雷击点，及其与起火范围之间的关系。

从火场周围向火场观察。这种观察应注重从整个火灾现场的被烧范围、被烧情况，有否存在可疑痕迹，燃烧剩余物的倒塌方式等方面入手。通过这些观察，使勘查人员对整个火灾现场轮廓有个初步了解，以利于进一步有针对性地展开勘查。

环境勘查必须由现场勘查负责人率领所有参加实地勘查的人员，在火场周围进行巡视，必要时可用望远镜观察。观察的程序是先上后下，先外后内，发现可疑痕迹、物证，及时拍照并可以将实物取下。

（2）初步勘查 又称静态勘查。是指在不触动现场物体和不变动物体原来位置的情况下所进行的一种勘查。

①初步勘查的目的 核定环境勘查的初步结论；结合当事人或有关人员提供的起火前各种物体位置，设备状况以及火源、热流、电源等情况进行印证勘查；查清蔓延路线，确定起火部位。根据火场特点和痕迹，合理解释火源的来龙去脉，重点找出蔓延路线特点，确定火场中心。

②初步勘查的内容 现场有无放火痕迹；不同方向的燃烧终止线；树干上存在的烟熏痕迹位置及形状；火源、热源的位置及状态。多数火灾现场，通过以上内容的观察能够判断火势蔓延的路线，并初步确定起火部位和下步勘查重点。

③初步勘查的做法 从火灾现场内部站在可以观察到整个火灾现场的制高点，对整个火灾现场进行全面的巡视。观察整个火灾现场残留的状态，并搜寻一条可以在火灾现场中巡行的信道。沿着选择的信道，对火灾现场仍按从上到下，由远及近地全面观察，对重点部位，可疑点反复观察，观察整体蔓延情况。现实中的火灾发生与发展都是千变万化的，因此在寻找蔓延路线时也应视具体情况作具体的分析和判断。只有仔细发现蔓延的痕迹特征，才能客观分析，进而再找到起火点。也可根据现场访问提供的线索，对可能的起火点的位置，进行勘查验证。

④初步勘查的注意事项 在每一个观察点，勘查人员应知道自己所处观察位置和方向；从不同的方向仔细观察现场被烧情况；凡是现场中遗留的一些物体，即使是一根烟头、一块烧残的木板，熔化了的金属片，掉落的电线等，都应注意保存好，切忌轻率地处置，以利于火灾调查人员对其进行分析判断；物体要结合原来的状况进行分析；勘查中要索取火场起火前设备及其他有关资料，便于对照分析，在灭火过程中移动的物体，应尽可能的复原；初步勘查是在保证整个火灾现场不变动的情况下进行，保证其原始状态；注意发现特点。火灾现场上存在的

特征一般是与火灾发展蔓延的规律分不开的。

(3) 详细勘查　详细勘查又称动态勘查，是指对初步勘查过程中所发现的痕迹物证，在不破坏的原则下，可进行挖掘、翻动、勘验和收集。详细观察研究火场上有关物体的表面颜色、烟痕、裂纹、灰烬，测量记录有关物体的位置，未烧完的木材炭化程度等。同时还可运用现场勘查的技术手段，进行照相、录像、录音、确定大小，采用各种仪器、技术手段发现和收集痕迹物证。在进行详细勘查时，应该把注意力集中在发现不易看见的物证和痕迹上，并把各种痕迹物证联系起来进行比较分析，详细推究它各自的形成原因，找出与火灾之间的因果关系。

① 详细勘查的目的　主要是核实初步勘查的结果，进一步确定起火部位；解决初步勘查中存在的疑点找出起火点；验证访问中获得的有关起火物，起火点的情况；确定专项勘查对象。

② 详细勘查的主要内容　可燃物烧毁状态。主要是根据可燃物的位置、数量、燃烧性能、燃烧痕迹，分析其受热或燃烧的方向。根据燃烧炭化程度或烧损程度，分析其燃烧蔓延的过程。根据树干熏黑痕迹判断。一般树干的背风面熏痕较高。根据被火烧的灌木枝条弯曲的方向判断。活灌木的枝条被烧会变软，并向顺风方向弯曲。根据草本植物炭化物倾斜的方向判断。草本植物炭化物一般顺风倾斜。根据石头等不燃物留下的痕迹判断。搜集现场残存的发火物证。人员烧死、烧伤情况，死者姿态，伤者遇难前行动判断。

③ 详细勘查的做法　详细勘查是对初步确定的起火部位进一步核实认定及对起火部位的勘验。初步勘查是静止观察，详细勘查则是动手进行检测和收集证据。初步勘查得出的结论要通过详细勘查来检验。

观察法是勘查人员通过对火场的仔细了解观察，获得火场中某些客体的(痕迹、物证)的感性认识和理性认识。

详细勘查中的比对法是指对现场中所有部位进行比较，不同部位或相同部位的痕迹、物证进行比较，火场中存在的普遍现象与特殊现象相比较。通过对不同部位的分析比较，找到不同部位存在的不同特征，以利于分析火灾蔓延过程，进而确定起火部位和起火点。

逐层勘查对火灾现场上燃烧残留物的堆层由上到下逐层剥离，观察每一层物体的烧损程度和烧毁状态。剥离中要注意搜集物证和记录每层的情况。这种勘验方法完全破坏了堆层的原始状态，因此在具体实施过程中必须做到认真仔细，以免物证尚未提取，现场就被变动。

全面扒掘就是对需要详细勘查，且范围比较大，只知起火点大致方位，但又缺乏足够的证据证明确切起火点位置的火场采用的一种方式。根据火灾现场具体情形可分别采取围攻扒掘和分段扒掘，或一面推进的方式。不管哪种扒掘形式，都应采用层层剥离的方法。

在扒掘火灾现场时，应注意几个问题：

准确确定扒掘范围。火灾现场面积一般很大，但是能够表明起火原因的痕迹、物证，一般都集中在一个地点或一个地段。其余大部分是起火后，火焰蔓延而被燃烧，这些地方可能存在有关蔓延的痕迹，但是不容易发现能够证明火灾原因的痕迹和物证。因而需要进行全面扒掘。扒掘的范围，根据起火物所在的位置及其分布情况而决定的。这些痕迹一般集中在起火部位或起火点，因此扒掘范围应确定在起火部位及其周围，且这个范围不宜太大，以免浪费时间，也不宜过小，以免遗漏痕迹。

明确挖掘目标，确定寻找对象。在勘查时如果缺乏明确的目标，则会失去方向，影响勘查的速度。挖掘的目标通常是起火点、引火物、发火物、致火痕迹以及与火灾原因有关的其他物品、痕迹，对不同的火场，应该有不同的重点和目标。这些重点和目标需根据调查访问及初步勘查后经过分析和验证后而定。

做到耐心、细致。扒掘过程，特别是在接近起火部位时，必须做到三细，即细扒、细看、细闻。应该使用双手或用铁丝制成的小扒子仔细扒掘，禁止使用锹、镐等工具扒掘起火部位。扒掘中发现堆积层中有较大的物体及长形对象时，不能搬动或拉出，以免搅乱层次，待清除周围堆积物后再仔细观察，检验得出结论后将其指出，而后继续扒掘。发现可疑物质应细心察看、嗅闻，辨别其种类、用途。若遇某些不能辨认的可疑物质，应及时送去化验。

注意物品与痕迹的原始位置和方向。

发现物证不要急于采取。发现有关的痕迹和物证，在做好记录和照相后，应保留在原来的位置上，且保持原来的方向、倾斜度等。总之，使之保留原来的状态，对它周围的"小环境"也要保留好，以待分析现场用，切不能随意处理。因为火灾现场实地勘验，特别是起火点及起火原因的判断，往往需要进行反复勘验才能确定。对一个具体痕迹、物证，只有充分搞清了它的形成过程、特征及其证明作用时，才能按一般收取物证的方法采取。关于起火点和起火原因的证据，必须在实地勘查结束后方能提取，有的时候需要邀请证人、当事人和起火单位代表过目，统一结论后再提取。

初步勘查和详细勘查是现场实地勘查的两个步骤。在实地勘查中往往是同时或交替进行的，不能简单地认为初步勘查与详细勘查是孤立的两个阶段。倘若对任何一个痕迹、物证都要按部就班地分阶段勘查，这样不仅会浪费时间和人力，而且还可能破坏痕迹和物证，给勘查工作带来损失。

(4) 专项勘查　在火灾现场找到发火物、发热体及其可以供给火源能量的物体和物质时，就需要对这些具体对象进行专项勘查。根据它的性能、用途、使用和存放状态、变化特征分析因什么发生故障，什么原因造成火灾的。

进行专项勘查的一般有：各种引火物，如烟头、油瓶残体等，根据物品特征分析它的来源；电气线路，有无短路点和过负荷现象。应根据其特有痕迹，分析短路和过负荷原因；用电设备有无过热现象及内部故障，分析过热和故障的原因；机械设备，寻找有无摩擦痕迹，分析造成摩擦的原因；自燃物质的特性及自燃条件；雷击痕迹。

8.2.3.4　实地勘查的善后处理

(1) 对需要保存的现场处理　经勘查小组研究讨论，对个别火情重大、情况复杂的现场，因主客观条件的限制，一次不能勘查清楚的，需要对某些关键部位或疑难问题继续或重新勘查时，在一定时期内可以保留。根据需要采取以下几种保留方法：全场保留，即将全部现场封闭；局部保留，即将现场中有疑点的需继续勘查的某一部分保护；将某些痕迹、物证保存在原地。凡是确定要继续保留的现场必须妥善加以安排，并指定专人看管，不得使其遭受破坏。

(2) 对不需要保留的现场处理　现场勘查后，如果认为现场勘查事实基本查清，毋须继续保留时，经现场勘查负责人确定，可通知单位进行清理。勘查中借用的工具及其他物品应如数交还原主。

(3) 实物证据要妥善保存　提取的实物证据要妥善保存，某些收取的物证应如数交还物主，具有典型意义的物证还应注意保存。

8.3　火灾痕迹与物证

8.3.1　火灾痕迹与物证概述

8.3.1.1　火灾痕迹物证的概念

火灾痕迹物证是指证明火灾发生原委和经过的一切痕迹和物品。它应包括由于火灾的发生和发展而使火场上原有物品产生的一切变化和变动。痕迹本意应该是物体与物体相互接触，由于力的作用留在物体上的一种印痕。痕迹本身属于物证，但是有别于可以独立存在的实体物证。由于痕迹不能独立存在，它必须依附于一定的物体上，那么这个带有某种痕迹的物体就应称为物证。其所以称为物证，就是因为在这个物体上面存在具有某种证明作用的痕迹。因此在火场勘查中通常合称为痕迹物证。

8.3.1.2　火灾痕迹与物证的形成

火灾痕迹物证的形成，除了证明起火原因的那部分痕迹物证外，其余都是火灾作用的结果。这种火灾作用有直接的和间接的：直接作用有火烧、辐射、烟熏等；间接作用有因烧毁物造成的倒塌、碰砸等。

证明起火原因的那部分痕迹物证，有的是人为的，有的是自然形成的。

从各种痕迹形成机理看，由于火灾作用形式不同，形成痕迹物证的原物品的物理、化学性质也就不同，在火灾中有的主要是发生化学方面的变化，有的主要发生物理方面的变化，也有的兼而有之。各种痕迹物证的形成和遗留都有其一般的规律性和特殊性，而研究其形成规律，尤其是它的特殊性，是解决火灾现场问题的关键。

8.3.1.3　痕迹与物证的证明作用

物证是以它的存在情况、形状、质量、特性等来证明火灾事实的。

火场的各种痕迹物证，根据不同的形成及遗留过程和特征，可直接或间接地证明火灾发生的时间、起火点位置及起火原因、扩大的过程、蔓延路线、火灾危害结果和火灾责任等。某些痕迹物证兼有两种或两种以上的证明作用。

应该注意的是那些能够证明蔓延路线、起火点位置以及起火原因的痕迹物证。通过这些痕迹物证，就可以逐步向起火点逼近进而查明起火原因。

就一种痕迹物证来说，它可能有某种证明作用，但是这种证明作用并不是在任何火场都能予以体现的。例如烟熏痕迹在某个火场上能证明起火点，而在另一个火场，则不一定能形成具有那种形状和特征的烟熏痕迹，也就不能证明起火点。另外，一种痕迹可能有几种证明作用，这是对许多火场概括的结果。但在一个火场，通常只能起到一种证明作用，有时甚至没有任何证明作用，而没有证明作用也就不能成为这个火场的物证了。

依靠某一种痕迹就证明某个事实，有时也是很不可靠的，在利用痕迹物证证明过程中，必须利用多种痕迹物证及其他火灾证据共同证明一个问题，才能保证证明结果的可靠性，几种证据证明内容一致，那么这个地方先起火就确定无疑了。森林火灾也是一样。

在火场上还可能发现两种痕迹，或者某种痕迹与其他证据所证明的事实相反。这两种不相同的事实不可能同时成立，这只能说明其中一个证据有假，或是对这些痕迹还没有完全正确的认识。这时应反复认真研究它们的形成过程和主要特征，最终合理解释这种特殊情况。或者再设法寻找新的证据，对比各种证据，证明证据作用的共同部分，综合分析作出结论。

有的痕迹物证能够对初步判断和某些情况给予否定，这本身也是一种证明作用，因为它揭示了假象和判断中的错误，因此实地勘验中尤其要注意对这种证据的发现和研究。

8.3.1.4 痕迹物证的提取

火灾痕迹物证的发现和寻找，须根据不同的火场采取不同的步骤。无论何种火场，在实地勘验，寻找痕迹物证之前，都必须向有关人员了解起火原因、起火点，以及起火点的物质燃烧发展变化的情况。在充分把握了现场情况以后，再进入现场实地采样取证，以做到心中有数，明确搜寻目标。

提取火场痕迹物证的方式主要有笔录、照相、绘图和实物提取四种。实际工作中这几种方法要结合进行。例如要在现场上提取一个实物证据，则要在现场笔录中说明这个物证在现场中所处的具体位置，包括这个物证与参照物的距离，物证朝向、特征等。同时从物证不同侧面拍照，记录外观形象，确定其在现场的位置。在绘图中也要确切地体现物证的位置及与其他物证的相互联系。某些细小痕迹，需用放大拍照或特写绘图予以记录和描述。只有进行了上述工作以后才能够将物证取下。另外在笔录中还应注明实物证据的提取时间、气象条件、提取方法及提取人等。

火场痕迹物证按其形态分为固态、液态、气态三种。有时气态物证被吸附于固体，溶解于液体物质中，有的液态物质浸润在纤维物质、腐殖质层或泥土中。

火灾经常提取的物证主要是固体实物。如火柴、烟头、电热器具、短路电线、与起火有关的开关，自燃物质的炭化结块，浸有油质的泥土、木块，带有摩擦痕的机件、有故障的阀门，爆炸容器的残片、爆炸物质的残留物、喷溅物、分解产物、被烧的布匹、纸张残片及灰烬等。

对于比较坚固的固体物证，在拍照、记录后可直接用手拿取。如果怀疑是放火工具用品时，除了不要碰破外，还应避免留下自己的手印和破坏上面原有的指纹。此时，应带上手套或垫上干净的纸 拿其夹角棱处取下，并妥善保存。

对于液体物证可用干净的取样瓶装取，在条件许可的情况下，应用欲取液体把取样瓶冲洗两遍。

浸润在木板、棉织物等纤维材料以及泥土里的液体，须连同固体物品一并收取。样品要放在广口玻璃瓶或者其他能密封的容器内，以防止其挥发。

对于弥散在空气中的气体物证要用专门的气体收集器收集。在没有这种专用收集器的情况下，也可自制一些简易设备，如采用大号注射器或者洗耳球上插一段玻璃管代替。在用其吸收样品液体后，将一胶帽封严注射器吸入口，或用小号橡皮塞塞住短玻璃管的吸入口。若大量采取，则可以准备一个气囊和一只皮老虎，将气囊压瘪，再用皮老虎反复吸入，充入皮囊封住气口。

对于被吸附于固体，溶解于液体中的气体物证，连其固体或液体一并收取。

火场上所提取的任何物证都要仔细包装。除在勘查笔录中有所说明外，还应在包装外表贴上物证试样标签，注明名称、提取的火场、时间、具体位置和提取人等。

在火场发现的物证中，需要进一步分析和鉴定的，应尽量保持它的原有状态。在条件允许时，应在火场原位置保留，暂不要移动，以备复验和深入分析。对于试样类的物证尽量取双份，以备复验。

8.3.1.5 物证检验

物证检验是指对现场勘验中发现并收集的各种痕迹物证的审查、分析、检验和鉴定。物证检验的目的是根据这种物质的本质特征，分析它的形成条件以及与火灾过程的联系，从而确定其对火灾的证明程度。

大部分痕迹物证，如火灾发展情况，损失破坏情况，起火部位，起火点和起火原因方面的物证，都由专门的、有丰富现场经验的消防专业人员在现场进行检验和鉴定。限于技术水平和设备条件限制，有些物证需要送到专门的检验部门进行检验才能起到证明作用。即便如此，这些需要送达专门的检验部门进行检验的物证，也需经过火场勘验人员的初步鉴定。

对于一些疑难的火灾现场，在火灾原因难以确定或者几种起火因素同时存在，不易排除的情况下，为了解决某些专门技术性问题，应当指派、聘请具有专业知识和技术的人进行鉴定。对于需要仪器设备进行化验、分析鉴定的痕迹物证，最好在现场将其维持原始状态，指派和聘请鉴定人到现场实地分析鉴定。

在临场鉴定中，对任何一个具体部位和某一具体物证进行勘验时，也应该按照先静观后动手，先拍照后提取，先外表后内部，先目视后静观，先下面后上面，先重点后一般的原则进行。

火灾痕迹，物证的检验和鉴定一般有如下几种方法，即化学分析鉴定，物理分析鉴定、模拟试验、直观鉴定和法医鉴定。

(1) 化学分析鉴定　这是以测定火场残留物的化学组成及化学性质为主要目的的一种鉴定。

火场物证的化学分析鉴定主要有以下内容：

分析起火点残留物是否含有可燃性、易燃性、自燃性气体、液体或固体的成分，测定含有什么具体物质。测定混合物中各种物质的含量。测定某种物质的热稳定性，氧化温度。测定某种物质的闪点、自燃点。测试某一物质的自燃条件（通常用热谱分析）。

通过以上的分析可以达到两个目的：一是根据残留物及产物分析火场原存在的是什么物质，有无危险性，在什么条件下造成的火灾。二是根据火场某些物质是否发生化学反应及反应程度来判断火场温度。根据分析原理，对火场物证的化学分析鉴定主要有化学分析和仪器分析两种方法。

仪器分析的优点是操作简单、迅速、灵敏度高，能够准确地检出试样的微量和痕量成分。

有的火灾现场，特别是起火部位，由于燃烧比较彻底，现场提取的物证所含被测组分往往是微量的，不易搞清是什么物质，这种情况下用仪器分析法就可能得到鉴定。对于吸附于固体物质的微量气体，浸润在泥土里的微量液体，分离后利用仪器分析方法可很快测知其组分。

(2) 物理分析鉴定　物理分析鉴定是对物质物理特性的测定。如对火后材料的力学性能测定，金相分析、断面、表面分析、磁性和导电性的测定等。

物理分析鉴定中的金相分析、力学性能测定需在实验室进行，剩磁检测、炭化导电测量可在临场应用，断面及表面分析根据分析对象可分别在现场和实验室进行。

(3) 模拟试验　模拟试验不只是检验火场痕迹物证的一种手段，而且是验证起火原因及有关证言真实性的一种方法。

模拟试验虽然有其针对性，但它毕竟不是起火的客观事实，而是人为主观进行的。火灾本身有很大的偶然性，是许多因素集合在一起才引起的。应当看到，模拟试验的条件尽管和起火条件十分相近，有时也可能使起火过程再现，但有时会起到反证作用。因此不能以试验成功与否作为火灾结论的惟一依据，要结合其他证据统一认定。

模拟试验解决的问题是由具体火灾现场勘查的实际需要决定的。一般有：

某种火源能否引起某种物质起火；某种火源距某种物质多远距离能够引起火灾；某种火源引燃某种物质需要多长时间；在什么条件（温度、湿度、遇酸、遇碱、混入杂质等）下某种物质能够自燃；某种物质燃烧时出现什么现象（焰色、烟色、火焰高度等）；某种物质在某种燃烧条件下遗留什么样的残留物及其他痕迹；检验证人证言的真实性。

模拟试验应当尽量在原来起火点进行，如果不具备在原地试验的条件，可另选相似条件的地点或在实验室进行。

(4) 直观鉴定　直观鉴定是具有鉴定资格的人根据自己的知识、经验，用感观直接或用简单仪表对物证的鉴定。直观鉴定一般是在缺乏测量分析仪器或无法进行测量分析以及不必要仪器测量分析情况下进行。具有这种鉴定资格的人应该是：

公安消防部门从事火场勘查和物证检验的专门人员有丰富现场经验的其他公安消防人员；受公安机关委托、聘请的科研人员和工程技术人员；其他具有鉴定能力的人。

直观鉴定一般在现场进行。

(5) 法医检验　这是法医专业技术的检验，通过法医鉴定结论我们可以分析死、伤者与火灾的关系，以便判断火灾性质及火灾原因。

与火灾责任有利害关系的人不能参与上述任何一种鉴定。机关、企业、事业单位和人民团体不能作为鉴定人。

8.3.1.6　物证的后处理

各种物证经有关方面的专家和部门鉴定，作出结论并在火灾事故处理完毕后，可予撤消、废弃或归还原主。

有的火灾案件需要司法部门处理，则在调查终止后，持有关物证和案卷一并移送人民检察院。

对于鉴定有分歧的物证应当保存至鉴定结论统一时为止。

对于具有典型意义的实物证据和各种痕迹，森林消防机关的火场勘查人员应当保存或复制以备总结经验。

8.3.2　烟熏痕迹

8.3.2.1　烟熏概念

烟熏痕迹主要是指燃烧过程中产生的游离炭附着在物体表面或侵入物体孔隙中的一种状态形象。

烟的主要成分是炭微粒，有的情况下也含有少量的燃烧物分解出来的液态产物或气体成分。根据燃烧成分不同，烟中还可能含有一些非燃性的固体氧化物。

烟粒子的直径一般在 $0.01 \sim 50 \mu m$ 之间。

烟气的温度在刚离开火焰时可达 1 000℃。

烟熏程度的大小与可燃物的种类、数量、状态以及引火源、通风条件、燃烧温度等因素有关。例如在 450~500℃ 时，聚脂发烟量为木材发烟量的 10 倍；木材在 400℃ 时，发烟量最大，超过 550℃ 时发烟量只为 400℃ 时发烟量的 1/4。

8.3.2.2　烟熏痕迹的证明作用

(1) 起火点　一般情况下，火灾并不是立即扩展的。经过一段时间的阴燃，就会在起火点附近的物体上留下比较浓厚和均匀的烟痕。根据烟熏痕迹的浓密和均匀程度及其烟熏痕迹的位置则可以大致确定起火点。最典型的起火点烟熏痕迹呈倒三角形，即"V"形痕迹。例如，将烟头扔至纸篓、拖把、扫帚等物具中，经阴燃起火，就会留下明显的"V"形痕迹。

(2) 起火特征　根据各种火灾起火时的特点和起火点留下的痕迹特征，可分为阴燃起火、明燃起火和爆炸起火三种起火形式。不同起火形式的现场具有不同的特点。其中阴燃起火的主要特征之一是烟熏明显，明燃起火和爆炸起火一般烟熏较少。

(3) 燃烧物　一般的可燃物质，主要是植物纤维类，一开始就被明火点燃，很少形成浓密的烟痕。在下雨的前后以及地表火和树冠火，其烟色的浓淡都有所不同。

(4) 燃烧时间　可根据不同烟熏的厚度、密度及牢度相对比较燃烧时间。某处的烟熏尽管浓密，如果容易擦掉，说明火灾时间并不长，如果不易擦掉，说明火灾经过时间较长。

(5) 开关原始状态　在勘查火灾现场时，为了查明电器线路是否通电，就要检验电器电源线插头是否插入插座，或者线路刀型开关是否闭合。但是由于火灾的破坏作用，和在扑救过程中或火灾后的人为行动，常造成原来插入插座的插头脱落及刀型开关手柄被人拉下，这就不能以现存的状态来确定在火灾当时的通断情况。这时只要检查插头片上和插座片内侧有无烟熏痕迹就能初步确定。如果有烟熏，说明火灾当时插头确没有插入插座，如果上述位置的痕迹比插头、插座其他部分的烟痕明显稀少淡薄，甚至没有烟痕，则说明这个插头在火灾当时是插在插座上的。同理可以判断刀型开关在火灾情况下是否闭合。

(6) 玻璃破坏原因　被烟熏火烤而炸裂的玻璃，往往在一面附有一定厚度的烟灰层，若碎片落到地面上。这些玻璃碎片不可能都以相同的一面落下就位。肯定有一部分碎片以烟熏的一面朝下，另一部分碎片以烟熏一面朝上。收集这些碎片，拼接在一起，烟迹均匀、连续，起火前被打碎的玻璃，落地后没有烟痕，即使在以后的火灾作用下，表面上附有烟痕，也只是限于朝上的那一面有，贴地的那一面不能再附上烟痕。而且由于被烟熏前，碎块已经分散落地，或者个别碎块跌落，将碎块拼接，烟痕一定不均匀，不连续。通过拼接比较，破坏原因就一目了然。

(7) 证明火场原始状态　勘验火场时，如果怀疑某件物品在火灾后被人移动过，通过这件物品表面因触摸破坏的烟痕、浮灰，或者移动这个物品，看它下面的对象表面上有无清晰的烟尘轮廓就可以得出结论。如果一件物品在火灾后被人从火场拿走，或者一个对象从外部移入火灾现场，都可以用相同方法进行判定。

8.3.2.3　烟熏痕迹的固定与采取

烟熏痕迹一般用拍照固定，必要时以火场制图和火场笔录辅助说明。

采取的样品连同载体(脱脂棉、带有烟痕的火场物体)一并放入广口瓶密封保存，以备检验。

8.3.3　木材燃烧痕迹

8.3.3.1　木材与燃烧有关的基本特征

在林区最常见的是木材，其化学组成主要是纤维素、木质素、少量糖、脂类和无机成分。构成木材的元素主要有碳、氢、氧，还有少量的氮和其他元素。干燥木材主要元素的百分比为：碳50%，氢6.2%，氧43%；含水率13%的木材各元素的百分比为：碳43.5%，氢5.2%，氧38.3%。木材通常是根据密度进行分类的，密度即单位体积木材的质量。密度小于450kg/m³的为软杂木，密度大于150kg/m³的为硬杂木。

木材的密度对燃烧特性和燃烧痕迹有重要影响。随着木材密度增加，其闪点、自燃点增高，燃烧速度减慢，而炭化率、炭化裂纹变小。

8.3.3.2 木材燃烧痕迹的形成及种类

木材的燃烧痕迹都是高温作用下形成的。但是由于热源的形成不同，则有不同的形成过程和表现不同的特征。

(1) 明火燃烧痕迹　这是木材最常见的燃烧痕迹，木材在明火高温作用下，很快分解出可燃性气体发生明火燃烧。由于外界明火和木材本身明火作用，表面火焰按着向上、周围、向下的顺序很快蔓延，暂时没有着火的部分在火焰作用下进一步分解出可燃性气体，并发生炭化。同时表面的炭化层也发生气、固两种燃烧反应，因为明火燃烧快，燃烧后的特征是炭化层薄，除紧靠地面的一面外，表面都有燃烧迹象，若燃烧时间长，烧后炭化层裂纹就比较宽深，呈现出大块的波浪状的痕迹。

(2) 辐射着火痕迹　木材在热源辐射下，经过干燥、热分解、炭化，受辐射面出现几个热点。由某几个热点先行无焰燃烧，进而也发生明火。这种辐射着火痕迹的特点是，炭化层厚，炭化层龟裂严重，表面具有光泽，裂纹随温度升高而变短。木材辐射炭化痕迹对指明火灾蔓延方向具有重要意义。

(3) 受热自燃痕迹　这种自燃痕迹可以插入烟囱壁内的木材或靠近烟道裂缝的木构件为例。它们所受到的热气流作用，温度既低于明火又低于一般辐射，需要经过很长时间的热分解、炭化过程才能发生明火燃烧，发出明火后逐渐将附近其他可燃物引燃。由于其所需的特殊环境，这种木材较长的热分解和炭化过程的特征很可能被保存下来。其特征是炭化层深，有不同程度的炭化区，按传热方向将木材剖开，可依次出现炭化坑，黑色的炭化层，发黄的焦化层等。

(4) 低温燃烧痕迹　低温燃烧痕迹是指木材接触温度较低的金属（如100～280℃的工艺蒸汽管线等），在不易散热的条件下，经过相当长时间后发生的燃烧。其实也是一种受热自燃，但是由于温度低，其热分解、炭化的时间更长，发生有焰燃烧更晚，其特征和受热自燃痕迹差不多，炭化层平坦，呈小裂纹。

(5) 干馏着火痕迹　这是指木材在干燥室内，由于失控产生高温，在没有空气的情况下，木材发生一般的热分解，而且发生热裂解反应，析出木焦油等气体成分，若再遇空气进入，便立即从开口处窜出烟火。这样干馏着火痕迹的特征是炭化程度大，炭化层厚而均匀，一般可在炭化木材的下部发现以木焦油为主的黑色黏稠液体。

(6) 电弧灼烧痕迹　这是由于电弧的温度大大超过木材的自燃点，从而使木材燃烧形成痕迹。激烈电弧将使木材很快燃烧，如果是电弧灼烧后没有出现明火或者产生火焰后很快熄灭则灼烧处炭化层浅，与非炭化部分界线分明。较弱的电弧，一般不能使平滑的大块木材灼烧，但是较长时间的断续或连续电弧都可以使木材灼烧炭化，在电弧的作用点，木材形成一个不规则的小坑，炭化层较浅，与非炭化部分界线也很明显。

在电弧作用下可使炭化的木材发生石墨化。石墨化的炭表面具有光泽，并有导电性，但是木材在长时间高温火焰作用下也会石墨化。

(7) 炽热体灼烧痕迹 这是指热焊渣、高温固体以及通电发热的灯泡或电烙铁等接触木材使其灼烧的痕迹。这种痕迹由于其形成过程中，供热体温度高，但没有明火，因此炭化非常明显。根据炽热体温度不同，炭化层有薄有厚，但都有明显的炭化坑，甚至穿洞。

8.3.3.3 木材燃烧痕迹的证明作用

大部分的木材燃烧痕迹可用来证明火场温度和燃烧时间，有的能直接证明起火点和起火原因。

(1) 蔓延速度 大部分火灾都是通过火焰向四周及上方发展蔓延的。由于火焰没有固体热源，热容量大，如果火流很快通过，不能使木材炭化很深，因此火场上木材烧焦后的表面特征表明了火流的大小及速度。

炭化层薄，炭化与非炭化部分界限分明，说明火势强，蔓延快；炭化层较厚，炭化与非炭化部分有明显的过渡区，表明火势小，蔓延速度小。垂直板件烧成"V"型缺口，开口小，说明向上蔓延快，开口大说明向上蔓延慢。

(2) 蔓延方向 根据相同木材构件烧余部分进行判断。火场上残留的木头，由于燃烧的次序不同，则会按火灾蔓延方向形成先短后长的迹象。

根据相邻树木同一树木不同面的炭化程度进行判断，炭化层厚的一个或一面首先受火焰作用。

被火烧成斜茬的头，其斜茬这面为迎火面。

木材半腰烧得特别重，说明它面对强烈的辐射源，或者强大的火流迅速通过。不同点木材的烧损，其炭化情况也不同时，应注意木材种类对燃烧特性的影响。

(3) 火场温度 木材100℃开始蒸发水分，150～250℃热分解加剧，表面开始不同程度的炭化；260℃达到危险温度，表面出现黑色；360℃产生明显炭化花纹；360～420℃达到自燃，在400℃以上炭化层出现规则的龟裂纹。随着温度的升高，大裂纹的形态及长短可以相对比较不同点的火场温度。

(4) 起火点及起火原因 木材加工厂的锯末炭化大片，那么它的几何中心或其炭化最深处是起火点。

如果在火场上发现木间壁、木货架、木栅栏一类的木制品被烧成"V"字形大豁口，或烧成大斜面，这个"V"字形或大斜面最低点很可能就是起火点。

在木板上发现一部分炭化较深，深度比较均匀，并且具有像液体自燃面那样的轮廓，原来较凹的部分炭化更深，炭化区与没炭化区的界限分明，说明上面洒过易燃液体，很可能是放火。

至于发现了木材的炭化坑及其附近的炽热体的残骸，或者炭化坑附近有产生电弧的电器，则可能与起火原因一起得到证明。

另外，像竹子、橡胶、胶木等固体可燃物的燃烧痕迹也具有与木材燃烧痕迹相似的某些特征和证明作用。因此可以根据它们的燃烧痕迹，参照木材燃烧痕迹的证明内容及方法来分析火场。

其中竹子燃烧痕迹除利用烧损程度来判定火势蔓延方向外，还可利用其弯曲方向判定火势蔓延方向，其弓起的一面是火焰来向。

8.3.4 液体燃烧痕迹

火场现场发现的液体燃烧痕迹一般主要用来证明起火原因，常见的经常发生火灾的易燃液体主要是石油炼制后的油品。如汽油、煤油、柴油等。

8.3.4.1 液体燃烧痕迹的特征

发现以下几种特征之一，均可认为发生过液体燃烧，但有的液体燃烧根本不留任何痕迹，或者产生的有限痕迹又被火灾所消灭。

(1) 燃烧轮廓　在均匀材质平面上的燃烧轮廓，如果易燃液体在材质均匀的、各处疏密程度一致的水平面上燃烧，无论是可燃物水平面的被烧痕迹，还是不燃物水平面上所留下的痕迹，都呈现液体自燃面的轮廓，形成一种清晰的表现结炭燃烧图形。如地板，只要经过仔细清扫和擦拭，很容易发现具有这种轮廓的炭化区。若是水泥地面，无论是水泥，还是水磨石，甚至包括大理石。由于液体燃烧最后余留下来的重质成分会分解出游离炭以及液体具有渗透性，烧余的残渣和少量炭粒会牢固地附在地面上。虽然这种地面不会燃烧，但是也会留下与周围地面没有浸到液体的部分有明显界限的燃烧痕迹。只要将火场上的废墟除掉、扫除浮灰、清扫、抹净、晾干，这种印痕就会清晰地显现。这种痕迹是比较牢固的，一般的清扫和冲洗不会将其消除。但这只限于汽油、煤油、柴油等一类液体。而对于酒精、乙醚等易燃体，由于其挥发性强、含碳量相对比较小，在燃烧时，全部蒸发到空气中而燃尽，在水泥地面等不燃性材料的平面上，不易留下这种液体燃烧的轮廓。

(2) 木板的褪色和轻微碳化　由于液体蒸发汽化，木板表面上易燃液体不大可能被加热到那种液体的沸点以上，只有最后将要燃尽时，木板表面温度才得以瞬时提高(没有液体吸收蒸发热了)。若木板很严密、液体不能渗透到木质内部和木板底下，则木板很少被点燃，但是可以普遍造成木板表面褪色和轻微炭化，这种褪色和轻微炭化部分的外形和上面介绍的燃烧轮廓一致。当木板上发现了褪色和轻微炭化的轮廓时，比如发现炭化坑、炭化洞更能说明是发生过液体燃烧。但是，并不是只有液体才能造成这种褪色和轻微炭化的轮廓，和前面一样，几张报纸或者一件腈纶衣服，在木板上发生燃烧，也会使木板轻微炭化或者变色、褪色。

(3) 低位燃烧　火灾都是趋向往上发展的，其次是水平横向蔓延，很少往下部蔓延，所以火场上低处靠近地面的可燃物容易保留下来。如果木板发生燃烧，经判定不是炭火块或火团掉落下来，而且也没有放过其他炽热的物体，就可能是易燃液体造成的。由于液体的流动性，往往在一般火灾不易烧到的低处位置发生燃烧。

(4) 烧坑、烧洞　由于液体的渗透性和纤维物质的浸润性，如果易燃液体被倒在上面发生燃烧，则可能烧成一个坑或一个洞。液体容易渗入木质内部，造成较深的烧坑。

(5) 呈现木材纹理　如果易燃液体洒在水平放置的木材上，由于木材本来就存在着纹理，其中疏松的地方容易渗入液体，因此燃烧以后，这疏松的部分烧的就比较深，会使木材留下清晰的凸凹炭化木材纹理。

(6) 人体烧伤　许多纵火者或倒、涂汽油时，并不了解汽油的挥发性。因此汽油被点燃时，自己往往被烧伤。如果使用过量的汽油等易挥发的易燃液体，大量的可燃蒸汽聚集挥发，可发生爆燃或爆炸式着火，而纵火者身上或手上沾了汽油，往往会将衣服烧毁或皮肤烧脱。若在火场找到"人皮手套"或"人皮面罩"，说明肯定有人因摆弄液体燃料而着火，或者因为生产发生了某种故障，使操作者手上、身上沾上了油，在火灾发生时，使皮肤整块整齐地烧脱。

8.3.4.2　液体燃烧痕迹的检测和采取

(1) 嗅觉感知　易燃液体很容易被吸到木质材料中去，火灾扑灭以后，易燃液体往往留在部分燃烧过的材料中。因此延续一段时间也能检测出易燃液体的气化物来，甚至已经过了几天，用鼻子一嗅就可以判定是否使用过易燃液体。

液体燃烧痕迹的发现，除了利用上面介绍的液体燃烧痕迹特征(位置、轮廓等)外，还可以通过嗅觉感知，当残留在火场上的易燃液体大部分已挥发，不易嗅到时，可用专门的仪器检测。

(2) 采样选送　为了准确地弄清火场发生燃烧的是什么液体，必须采样送检验单位进行气相色谱分析。从火场上提取浸有怀疑液体的棉布、泥土等。还可以利用各种大气采样器，气泡吸收管以及自制的简陋工具，如皮老虎和气囊等，在检测位置收集气体作为检材送检。有时可以采取残留在容器里的液体试样。

8.3.5　雷击形迹

8.3.5.1　雷击及其破坏作用

(1) 雷的分类　雷是一种大气中的放电现象，其最长放电时间一般为0.13s，放电电流可达几十到几百千安，电弧温度可达几千摄氏度以上。

雷击的种类有不同的分法。

① 按放电现象分类　可以分成空中雷和落地雷。空中雷是云层与云层之间或云层与大气之间的放电；落地雷是云层与大地或地上物体之间的放电。落地雷占雷电总数的10%，一般造成火灾及其他危害的主要是落地雷，但是空中雷击也能造成航空器的爆炸和火灾。一架大型的航空器，它本身就好比一个金属制的雷云，因此极易放电被雷云放电击中。当然航空器都采取了防止这种危害的有效措施。

② 按雷电形状分类　可分成线状雷、带状雷、链形雷、球形雷。

③按破坏形式分类　可分为直击雷、感应雷和雷电波侵入。

直击雷一般是雷云与地面凸出物之间的电场强度达到空气的击穿强度时的放电。它与感应雷有本质的区别。

感应雷是由于静电感应形成电磁感应使另外物体产生高压并产生放电的现象。它不是雷云直接放电的结果。感应雷有以下两种情况：

静电感应：雷云接近地面时，在凸出物体顶部感应大量感应电荷，在雷云放电后，凸出物顶部的电荷失去约束，这个感应出来的电荷以雷电波的形式高速传播或对附近接地体放电。

电磁感应：发生雷击时，雷电流在雷电信道周围空间产生迅速变化的磁场，在附近导体上感应出很高的电压而产生放电。同时，附近铁磁对象被不同程度磁化，当雷电流通过以后，这种磁性还有某种程度的保留，称为剩磁。

各种雷击的引燃破坏作用大小顺序为直击雷、雷电波侵入、电磁感应、静电感应。

(2) 雷击的热效应及破坏作用

①引燃效应　雷电放电时的温度很高，能致使可燃物燃烧。在有易燃易爆气体、蒸汽及可燃性粉尘的场所，雷电引起的火花会导致爆炸事故。即使在非易燃易爆场所，只要有可燃物存在于雷电信道上，均可引起燃烧。在高纬度地区，经常引起森林火灾，至于雷电击穿民房起火更是屡见不鲜。

②热效应　雷电信道与金属接触处能使金属熔化，熔化深度可达 0.35~1.55mm 深。遭受雷击时，输电线路或输电线路的避雷线有时会被烧断为数股；混凝土构件的表层也可被烧熔化和变色；砖石表层也会被烧熔化。

③机械效应　由于雷电温度很高，具有巨大的能量。可使物体中的水分迅速汽化，并且使水蒸气及物体中原来含有的空气剧烈膨胀，因而表现出强大的机械破坏力，击中树木及建筑物会受到严重破坏，而且雷击对象越潮湿，破坏越剧烈。这是由于水分汽化膨胀做功的结果。

以上三种效应，实际上都是由于高温作用而产生，只是表现效果不同而已。

④生理效应　雷击中人或动物时，有的被雷电击毙者外表没有外伤，但解剖尸体后会发现心脏和脑子麻痹是其致命原因，类似触电死亡特征。

⑤静电感应作用　雷击对地面放电的先导阶段，在建筑物铁屋顶部感应出电荷，电位升高，可能发生与附近金属物之间的放电。这种由于静电感应而产生的电压，可以打穿数十厘米的空气间隙。说明这个感应电压可达数百万伏。这对易燃、易爆场所和贮存易燃物的仓库是十分危险的。

⑥电磁感应作用　由于雷击电流的迅速变化，在周围空间形成强大的电磁场，而使处于电磁场中的导体感应产生强大的电动势，尽管金属物有可靠的接地设施，雷击时，在金属物体之间仍会有火花出现。

⑦雷电波作用　直击于配电线路的雷电，沿着电线以电磁波的形式传入建筑内，该雷电波可以使 1m 长的空气间隙放电，击穿电气绝缘设备，导致易燃、易爆物品的燃烧、爆炸。沿架空线路侵入的雷电波，在电力系统雷害事故中约

占 70%。

8.3.5.2 雷击痕迹的检验

有的雷击痕迹比较容易发现，比如建筑物的破坏、木材的劈裂、雷击穿洞以及尸体等。它们既易被发现，又易被辨认，这类痕迹可直观鉴定。但对于金属熔痕、短路点等破坏不严重的落雷处则不易发现，如遇雷击痕迹不明显的火场，应首先访问群众，让目睹者指出雷击的方向、区域和落雷点。如果没有人发现，则可按地形特点和地面设施情况寻找雷击痕迹：

(1) 根据地形寻找　雷击起火一般发生在以下这些地方：土壤电阻率较小的地方；不良导体和不良导体的交界区；有金属矿床的地区、河岸、地下水出口处，山坡与稻田接壤的地方。

(2) 根据地面设施寻找　空旷地区的孤立建筑物，如田野里的水泵房；建筑物高耸物及尖形屋顶，如水塔、烟囱、旗杆等；烟囱热气柱，工厂排废气管道等；金属屋顶、地下金属管道、内有大量金属设备的工厂、仓库；大树、天线、输电线路。

如果发现了某些雷击痕迹需要确认为雷击痕迹，可以进行金相检验、中性化检验和剩磁检验等。

8.4　火灾现场分析

火灾发生后，火灾现场勘查人员要按照实地勘查的步骤和办法，认真细致地对火灾现场进行勘查，掌握火场情况。并利用勘查所获得的痕迹、物证对火场进行全面分析，以确定火灾性质、起火特征、起火时间、起火部位和起火点，进而查清火因。

8.4.1　火灾现场分析概述

8.4.1.1　火灾现场分析的概念

现场分析是指对已发生火灾的现场事实和与此相关的环境、条件、情况进行的分析研究工作。现场分析的目的是为了深入勘查现场指明方向，最终为确定起火原因做出正确结论。

8.4.1.2　火灾现场分析的种类

在整个火灾现场勘查中，始终围绕弄清起火原因这个中心。火灾现场分析根据其时间、内容，一般分随时分析、阶段分析、结论分析三种。

(1) 随时分析　火灾现场的分析研究应贯穿于整个火场勘查工作的始终。每一个环节，每一个步骤都离不开分析研究。就每一个现场，都要分析确定勘查顺序，就每一个物证和痕迹都要分析其形成这种特征的原因，它与整个火场有什么联系等，这个分析过程通常称之为随时分析。

(2) 阶段分析　现场勘查进行到一定程度，为了交流情况，纠正勘查工作中的某些偏向，重新确定勘查重点而进行的分析研究称为阶段分析。

(3) 结论分析　这是对火灾最后的综合分析,在现场勘查基本结束后,组织全体勘查人员并聘请有关技术人员,对火场情况进行研究分析,把勘查检验和调查访问所收集的材料以及有关试验,鉴定材料进行综合分析推理判断,以便全面正确地认识火灾现场,最后得出定论。

8.4.1.3　火灾现场分析的内容

在现场勘查中,根据不同的实际情况,要进行随时随地分析各个阶段分析及最后的结论分析。不同阶段其分析的内容也不同,在这里所述的主要是现场勘查基本结束时的综合分析的内容。

(1) 火灾性质。根据现场材料,分析确定火灾的性质,究竟是属于放火起火或是失火。

(2) 起火特征。根据现场勘查中掌握的痕迹、物证及火场存在的特征,分析确定起火的过程,是明燃起火,明火点燃起火,还是爆炸,爆燃起火。

上述分析内容一般在对现场初步勘查后进行,属阶段分析,以确定下一步勘查方向,划定调查范围。

(3) 起火时间。

(4) 起火部位和起火点。

(5) 起火原因。

8.4.1.4　火灾现场分析的基本要求

(1) 从实际出发、尊重客观事实　分析火灾现场的物质基础和条件是现场上客观存在的事实,因此要求在现场分析之前全面了解现场情况,详细掌握现场有关材料。分析现场要区别在勘验、访问中获得各种材料的真伪。

(2) 既要重视现场中的各种现象,又要抓住火灾本质性问题　火灾的本质性问题是指能够说明火灾发生、发展和起火原因的有关事实。火灾现场上各种现象的呈现形式千差万别、错综复杂,某些个别现象和细小的痕迹,说不定能反映火灾的本质问题。因此在分析火灾现场时要重视每一个现象,应把一些细小的,看似孤立的痕迹物证相互联系起来,进行认真细致的分析,研究与火灾本质有关的问题。

某木材加工厂仓库发生特大火灾,建筑物烧毁塌落,货位烧损严重,当时从室内看不出火灾蔓延的痕迹,而在库房墙外发现石灰堆,紧靠石灰堆的板条抹灰墙的木立柱被烧严重。现场中遗留下来的一个逾20cm高的烧残木桩,呈现出外侧比内侧烧得严重,木柱中心到外侧完全炭化。这是表示蔓延方向的痕迹,是起火点的本质特征。

(3) 具体问题具体分析　既要掌握火灾燃烧的一般规律,又要从具体的火灾现场的实际出发,具体情况具体分析。

某一次性筷子加工厂发生一起大火,据多名当班工人回忆,火是从一楼通风管道上烧起来的,后经过访问和勘查,此处并不存在火源,后经仔细查实,才弄清火是从二楼气割钢管位熔渣掉落在通风管道敷垫上造成的。既然起火点不存在火源,那火怎么会烧起来的,这是特殊性,抓住这一特殊性,然后进行仔细勘查分析，才得出正确的定论。

（4）抓住重点、兼顾其他　在开始分析火灾原因时，往往不能只判断为一种可能性，而有两种或两种以上的可能性。在这种情况下，既要分析可能性大的因素，又要兼顾可能性小的因素，把可能性大的因素事先为重点进行重点分析，一旦发现重点确定不准，就迅速灵活地改正，不致顾此失彼。在火灾现场分析时，要防止不抓主要矛盾，面面俱到；又要防止只抓重点，忽略一般。

8.4.1.5　火灾现场分析的基本方法

在具体进行火灾现场分析时可采用多种形式，常用的有排除法、归纳法和演绎法等。

排除法在逻辑学上又称"剩余法"，实际上是选言推理与假言推理的结合运用。

对事件某一问题有关的几个方面情况，一一加以研究，审查它们是否都指向一个问题，从而得出一个无可辩驳的结论。这种方法我们称之为归纳法。例如从起火时间、起火地点、起火物质、起火特征及烧毁的对象都说明是故意行为，那就可以作出肯定是放火的判断。

针对某一假设，逐步深入地提出一系列事实材料，从纵的方面证明这个假设现实的必然性，这种方法我们称之为演绎法。

8.4.2　分析火灾性质和起火特征

8.4.2.1　分析火灾性质

在进行现场勘查时，往往在初步勘查后，先要分析确定火场的火灾性质，进而在一定范围内，有方向性地开展调查研究。放火、失火和自然起火，尤其是放火和自然起火都各有自己的特征。在火灾现场勘查的初期阶段，应同时考虑这三种火灾的可能性，随着勘查工作的深入，应当逐渐掌握火灾情况，确定下一步勘查重点。

放火、自然起火两种火灾发生的特征较容易识别，因此在分析火灾性质时，宜先从放火、自然起火这两种角度入手。如果能排除这两种火灾的可能性，当然是属于失火。

（1）放火的分析与判明　放火火灾现场具有许多有别于失火和自然起火现场的特征。例如从火场起火点的数量、位置，有无外来的引火物、物品缺少、火场尸体及群众的反映都可以作为确定放火依据（"放火火灾现场的勘查"在后面讲述）。

（2）自然起火的分析与判明　自然起火一般包括自燃、雷击起火以及其他由于自然力而引起的火灾。

分析判明，自然火灾主要是起火点必须具备自燃性物质，且具备自燃的客观条件和具有自燃起火的特征。

上面的火灾性质分类只是为了方便查明火灾原因而进行的分类方法，它与火灾责任性质不同。

如由于自燃引起的火灾，就燃烧原理和过程而言，属于自然火灾，但是按火灾责任来说，就不完全属于自燃起火。如果管理这类物品的部门或个人由于知识技术水平的限制，不知道这类物品具有自燃的危险性，或管理这类物品的部门、个人，虽知道这类物品具有自燃的危险性，但存有侥幸心理，麻痹大意，没有采取相应的防止自燃的措施而发生自然火灾，则应属于失火。

(3) 失火的分析与判明　人们应当预见自己的行为可能引起火灾，因为疏忽大意没有预见，或者已经预见但过于自信，轻信能够避免，以致发生火灾，如生活、生产中没有遵守安全操作规程而发生的火灾，都属于失火。我们在火灾现场勘查中可根据单位各项制度和管理情况等是否符合要求及火灾现场提取的痕迹物证来判明是否属于失火。

有些狡猾的罪犯放火时会利用失火、自燃起火的某些特征来制造失火假像，以假像掩盖自己的罪行。例如把烟头、燃着的碎布等火源藏在能被引燃的自燃物的堆垛中进行放火，以诱使人们做出自燃起火的判断。因此，在现场勘查中要仔细发现，收集具有不同特征的各种痕迹、残留物，并进行深入的社会调查，进行全面的科学的辩证的分析，以得出正确的结论。

8.4.2.2　分析起火特征

这里所述的起火特征是指火源与燃烧物质接触后，到刚起火时，或者自燃性物质从开始发热到出现明火时的一段时间内的燃烧特点。不同的可燃物质，或者在不同的火源作用下有不同的起火特征。

(1) 阴燃起火　这种起火形式从着火源接触可燃物开始，到起明火为止要经历一段时间的阴燃过程，其经历时间从几十分钟到几个小时，甚至十几个小时。

这种起火形式在现场上有以下几个比较明显的特征：燃烧烟熏痕迹明显；有一个以起火点为中心的炭化区，由于燃烧物质和环境条件不同，炭化区可有大有小，有浅有深，但都明显可见；发生明火前，有白气冒出，有异味、接着冒浓烟。

发生阴燃起火的情况有以下三种：由弱火源缓慢引燃可燃物。主要是由非明火着火源，即人们通常称之为死火、暗火及温度不太高的炽热体，如香烟、烟囱火星、热煤渣、热柴炭、炉火烘烤与直接或间接将可燃物引燃而造成的火灾。

各种火源引燃不易发生明火燃烧的物质，如锯末、胶木、捆紧的棉麻及它们的制品，地下火等，经过缓慢升温氧化才能发出明火。

植物产品，没有植物或动物油的棉丝、油布等物质的自燃。

(2) 明火引燃　指事先物质在明火作用下迅速发生燃烧的一种起火形式。其特征是烟熏比较轻，甚至没有烟熏，现场烧得比较均匀、火点处炭化区小，往往难于辨认，但有较为明显的蔓延现象。这种起火形式的火灾应从蔓延迹象来寻找起火点，从小孩玩火、用火不慎、电气设备短路、坏人用明火放火等方面去追查火灾原因。

(3) 爆炸起火　这是由于各种物质爆炸、爆燃或设备爆炸，放出的热能将周围可燃物或将设备引燃造成火灾的一种起火形式。这种起火形式的特征是：来势凶猛、破坏力强、人员死亡多，机器设备和建筑物往往被摧毁，爆炸中心和火场中心比较明显。

8.4.3 分析判定起火时间和起火点

8.4.3.1 分析判定起火时间

起火时间是火灾结论之一。一般应是火场分析首先进行的内容，但是有的火灾现场不能首先确定较确切的起火时间，可在分析火灾原因之后，再分析或推理出起火时间。

起火时间主要根据现场访问获得的材料以及现场发现的能够证明起火时间的各种痕迹、物证来判断。具体的分析、判断可以根据以下几个方面进行：根据发现人、报警人及周围群众反映的情况分析确定；根据天气条件、地形条件综合考虑确定起火时间；根据火灾发展程度确定起火时间；根据树种的耐火情况及其在火场被烧程度，判定起火时间；根据燃烧速度推论起火时间；根据起火物质所受的辐射强度推算起火时间。

8.4.3.2 分析判定起火部位和起火点

（1）分析判明起火部位和起火点的基本方法　根据群众提供的情况分析判断起火部位和起火点；根据燃烧现象确定起火部位和起火点；根据蔓延痕迹判断起火部位和起火点；根据引火物所在位置确定起火部位和起火点；根据火灾现场上发现的尸体姿态判明起火部位和起火点；对起火部位和起火点的验证。

（2）根据引火物所在位置确定起火部位和起火点　尚未成灾或者烧毁不太严重的火灾，往往保留比较完整的引火物或发火物。在烧损比较严重的火场上，有时也会发现引火物的残体、碎片或灰烬。这些物品在现场上的所在位置，或者在着火前的所在位置，一般就是起火点。

利用引火物判明起火部位和起火点时，必须查明以下两点：这些物品是否火场原有；火灾发生后，这些物品是否被人移动。

这些物体若并非现场原有，则有可能是放火，若着火后被人移动过，显然不能以现场中其被移动后的位置作为起火点。

（3）根据燃烧现象确定起火部位和起火点　火灾初起时的烟雾动向，火焰和烟雾的颜色、气味，燃烧发出的响声等都可能成为判明起火部位的重要依据。如果勘查人员没有观察到这些情况，应当向目睹起火的人及先行赶到的扑救人员了解这方面的情况以作为分析依据。

根据火焰蔓延的方向以及烟雾冒出的先后次序进行判断；不同物质在燃烧时产生不同颜色的火焰与烟雾，不同的气味和响声；根据火焰的色泽亮度判断起火部位。

（4）野外常用确定起火点的方法　询问报案人最早发现冒烟起火，火势燃烧最旺、最亮的地方在哪里？其可以视为起火点。

询问知情人火灾发生时是否有雷电，雷电只向山的高处冲击，起火点往往在山顶。如有陨石坠落，则陨石坑极有可能是起火点。

森林火灾案件现场树木上烟熏痕迹的逆端，一般指向起火点方向，烟熏痕迹或草木灰一般顺风排列，迎风处一般燃烧较重。能结合火灾现场风向的变化情况进行具体分析，准确度更高。

火灾现场可燃物质燃烧后倒塌方向，一般指向起火点方向，特别是风力较弱时，粗大树木的倒向，更具有说服力。

现场上有易燃液体或油迹的部位，可考虑为起火点。

现场有坟墓，坟墓前有新鲜贡品、有燃烧不完全的冥钞、冥衣、冥器、香头、蜡烛头等物质，应重点考虑为起火点。

现场上有火柴杆、香烟头、香烟盒、食品包装物等标志人类活动的新鲜物品时，其活动点，可考虑为起火点。

林内其他地方可燃物很少，某处有大量的可燃物质，突然起火，可考虑为起火点。注意在自然界，可燃物温度升高达到燃点而引起自燃的情况是十分少见的，这也可作为人为纵火的一个证据来用。

拖拉机、汽车等可能产生火花或高温的交通工具通过后，火灾发生，则道路旁燃烧最严重的地方，可考虑为起火点。

现场上树木燃烧、炭化、爆裂相对严重的一侧，可考虑为起火点。

8.4.4 分析判定起火原因

通过勘查的不断深入，至此已确定了起火部位和起火点。要在此点上找到真正的火灾原因，一般通过对此点上火源、起火物及条件三个因素进行分析研究。

8.4.4.1 火源

火源本身并不是一种有形的物体，它不同于发热设备或发火物体。所以火源只能是构成起火的原因，能够证明火源的物体一般有：高温物体，火种（烟头、火柴、爆炸残壳），植物堆垛中形成的炭化块，化学危险品烧剩的包装品，带有自燃火源（如雷击）造成痕迹的物体等。

找到这些发热设备和发火物，有时也不应立即因此而判定起火原因，要结合现场其他情况分析这个发火物在火灾前是否发热或发火；它发热的温度及发火能量能否造成它附近的物品着火，这种热量和火经过怎样的途径，用何种方式成为火源的，总之必须分析查明发热、发火物体与火源的本质联系，才能以这些发火、发热物体作为起火原因的证据。

（1）分析发火、发热物体的使用状态　经过火灾现场的勘查，在查明了起火部位和起火点后，要确定起火原因，还需根据起火点上存在何种发火、发热物体、起火前是否呈使用状态进行分析，只有产生发火、发热的物体才能成为火源。在实地勘查中，还经常遇到起火点处有几种发火或发热物体，碰到这种情况，一定要认真观察，并结合以往发生过的情况，仔细分析，正确判明真正的火因。

（2）分析点火能量　在分析判明火灾原因时，虽掌握了起火点处火源在火灾里的使用状态，但还要分析其能量大小是否能点燃旁边的可燃物，只有点火能量足够高时，方能成为点火源。

能否成为一种火源应从以下几方面考虑：能否供给足够的点火能量；温度能否达到或超过被点燃物的自燃点；单位时间释放的能量。某一火源能量以缓慢的速度释放。这种能量大部分散失在空气中，被点燃物不能在内部积聚能量，经过燃烧的几个阶段，就不能成为火源。

(3) 微弱火源（烟头）的分析 香烟在自燃状态下平均燃烧速度为 3mm/min，普通过滤嘴 70mm 长的香烟，约 23min 烧完。风速 1m/s，并且风向与燃烧方向一致时，燃烧速度最大。风速在超过 3m/s 时容易熄灭。

燃着的香烟表面温度为 200~300℃，中心温度可达 700~800℃。燃着的香烟具有的温度和能量足以成为疏松纤维物质（如碎布、棉线、被褥、刨花、草垫、锯末等）的着火源。

在分析确定由香烟引起的火灾时，要审查以下内容：有无吸烟行为，是吸烟还是点烟，烟头和火柴扔向何处；附近是否有能被香烟点燃的可燃物；吸烟行为和起火时间、地点是否一致。

8.4.4.2 起火物

在现场勘查中，除对起火部位的火源进行分析外，还应对起火部位存在的起火物进行勘查分析。且必须根据起火物存放的位置、数量与火源结合起来进行分析。一种火源能引燃这种可燃物，不一定能引燃另一种可燃物。同样，就相同的火源，对同种可燃物，但因储存、位置、数量不同，也会呈现燃与不燃两种情况。因此，在勘查中，需认真细致地加以分析区别。

8.4.4.3 起火环境条件

相同的火源和起火物，也会因环境条件不同而出现起火的快慢或燃与不燃等情况。这里所指的环境条件是指当时场所的温度、湿度、通风等因素。因此，在分析火源和起火物的同时，还要与当时环境条件结合起来进行分析。

总之，我们在找到起火部位后，不能主观臆断盲目下达结论，还必须认真根据该场所存在的火源、起火物及环境条件进行综合分析，以得出科学的结论，正确地认定火灾原因。

8.5 火灾调查文书

火灾调查文书是专指各级公安机关设立的消防监督机构在行使国家赋予的火灾原因调查职权过程中制作的法律文书。火灾调查文书具有公安法律文书的基本性质，同时，作为专门用于火灾原因调查中的各种文书，它具有行政强制性和一定的政策性，还具有制作格式的规范性和语言的准确性、术语性。火灾调查文书是确定火灾事故原因和性质，依据法律对事故的责任者或犯罪分子给予定案处理的重要凭证。消防案件的查办，从受理到询问、调查、取证、处理申诉和诉讼等各个环节，都要制作消防法律文书，火灾调查文书就是消防行政执法过程的重要凭证之一。

8.5.1 火灾现场访问笔录

8.5.1.1 火灾现场访问笔录的作用

火灾现场访问笔录是消防监督活动中的一种重要书面文字材料，是消防监督人员的发问和被访问人所做回答的文字记载，是具有法律效能的文书。此外，它还是我们研究问题和总结经验教训，检查办案质量的证据。它能够帮助消防监督机关和人员及时准确地查明火灾原因。

8.5.1.2 火灾现场访问笔录的写作要求

撰写访问笔录时，要首先了解被访问人的基本情况。包括访问地点、访问的开始时间、被访问人的姓名、性别、年龄、籍贯、住址、民族、职业、所在单位、文化程度、家庭情况等内容。其次，要客观、全面、准确、真实地将被访问人对案情所做陈述、访问问题及时地记录下来。访问方式和过程要符合法律程序。访问调查人不得少于2人。调查访问时间要及时，在正式取证前，应当和蔼、严肃地交待政府有关的政策，使其既不产生厌倦情绪，又要认真出证。

制作的访问笔录要能长期保存。访问笔录不但是一种重要的法律文书，而且还将作为案件材料保存若干年。因此制作笔录要使用钢笔或毛笔书写，使用碳素或蓝黑墨水，严禁使用圆珠笔、铅笔书写。

访问结束时应将访问笔录交与被访问人查看，没有阅读能力的应向其宣读，如有遗漏或记录有误，允许本人补充或更正。如不属于记录有误而属于被访问人陈述矛盾，妄图借机更改，则不准修改，并交与被访问人在笔录上写明"以上笔录我已看过（或向我宣读过），记录无误"的规范用语，然后签名、捺手印。

记录人应有一定的文化程度，掌握汉语语法知识，防止在记录过程中出现错字、别字和用词不当等错误，而影响笔录中的实质内容。

8.5.2 火灾现场勘查记录

火灾现场勘查记录包括火灾现场勘查笔录、火灾现场照相、火灾现场绘图三部分。它是研究起火原因的重要依据，也是处理火灾责任者的证据之一。

一份客观、全面、完整的火灾现场勘查记录不仅能使没有参加现场勘查的人员，对现场获得一个正确的概念，而且可恢复现场原状，起到分析案情、解决某一问题的证据作用。

8.5.2.1 火灾现场勘查笔录

火灾现场勘查笔录是司法文书的种类之一，是按照诉讼程序处理火灾事故具有法律效力的一种书面材料。火灾现场勘查笔录不仅是研究起火原因的重要证据，同时也是处理火灾责任者的重要证据。它是火灾现场的客观反映，勘查基本结束时必须制作现场笔录。

现场勘查笔录应该详尽地记载勘查所见的有关火灾案件内容的全部情况，客观地记录下勘查的过程。

(1) 现场勘查笔录的内容结构

①绪论部分　主要写明火灾发生和发现起火的时间、地点，接到报警的时间，报警人的姓名、性别、年龄、职业、单位及地址和所述关于火灾发生、发现的经过情况；现场勘查人员和负责人的姓名、职务，现场见证人和现场保护人的姓名、职业；人员伤亡情况；勘验工作开始和结束的时间、勘验的程序和当时的气象条件等。

②叙述事实部分　包括火灾现场的单位名称、具体地点，市、区（县）、乡（镇）、林场，林班等，说明起火部位的所在方位。起火点处的情况，烧毁炭化轻重程度，起火点及周围勘验所见火灾蔓延方向，火灾现场上所发现起火物证、残留物证及痕迹物证的情况，现场上的反常情况。

③结尾部分　主要说明在现场提取痕迹、物证的名称、数量和体积、物品上的标记，拍摄现场照相的种类和数字。勘查现场的负责人、工作人员及见证人签名。

(2) 制作现场笔录的注意事项　现场勘查笔录应该详尽地记载勘查所见的主要情况，不要描述那些对分析火灾原因没有意义的事物。要实事求是，保证笔录的客观性。词语要确切，通俗易懂。不能用模棱两可的词句，如"左右"、"较近"、"旁边"等。反复勘查的现场，每次都应有补充笔录。时间、地点、数目要写得具体准确，不能马虎。例如：起火时间是1994年12月24日20时14分，就不能简单写成12月24日，更不能写成12月下旬。进行尸体外表检验、物证检验、调查实验等，都应单独制作笔录，并由主持人、检验人、见证人签名，并在勘查笔录中扼要说明。

8.5.2.2　火灾现场照相

森林火灾案件现场照相就是指利用现代化的影像手段按照法律要求，及时、客观、准确、系统地将发生森林火灾案件的地点和遗留与森林火灾案件有关的证据所在位置、环境状况、现场特征等，准确无误地给以记录的一种影像技术。

火灾现场照相是在采用普通照相技术的基础上，参照刑事现场照相的方法，结合火灾现场的特点，适应火灾原因调查工作和火灾痕迹物证鉴定工作的需要而建立的。

通过照相的方法，真实地记录火灾现场的客观事实，为分析研究火灾性质、确定火灾原因提供依据和形象资料，为追究火灾责任和惩治犯罪者提供证据。

为了全面系统、真实客观地反映火灾现场，现场拍照工作应该有计划、按步骤进行，这样，才能有条不紊，避免盲目性。火灾调查工作人员要树立常备不懈的思想，保证现场勘查器材、照相器材随时能用。在接到报警和赶赴火场的途中，尽快做好照相准备工作。

到达火场后，及时向有关人员简要了解起火原因、报警时间、首先起火部位、燃烧的主要物品等火场情况，在外围观察火焰颜色、火势大小、火灾蔓延方向、火灾扑救情况，并进行拍照。

(1) 森林火灾案件现场的特点　森林火灾案件现场照相不同于别的刑事案

件。现场照相主要表现在以下几个方面:

森林火灾案件现场照相所获得的资料不仅为侦查破案提供线索和证据,也是评估火灾损失、总结灭火经验、研究林火预报、宣传森林防火的宝贵资料。因此,森林火灾案件现场照相既要考虑侦查破案的需要,也要考虑森林防火工作的需要。

森林火灾案件初期案件性质往往不易确定。发现森林火灾后的首要问题是如何控制火情,扑灭林火。案件调查随后才能展开,最早也只能跟扑灭林火同时进行,并受到扑灭林火工作的限制。而火场现场当时的风向、风力和火势,何处最先起火或冒烟,火焰与烟雾的颜色等等情况,对分析案情,认定案件性质起着非常重要的作用。因此森林火灾案件现场照相人员到达现场后,如果林火仍在燃烧,应迅速、及时拍摄,力争准确、完整地按照刑事案件的要求记录下火场的燃烧情况,与后期拍摄的资料衔接形成一套完整的火场照片卷宗。为随后展开的调查工作提供第一手资料。

森林火灾案件现场照相的重点部位与其他案件的重点部位差异很大。其他案件的重点部位主要是反映与犯罪有关的重要物体的状况以及痕迹、物证的位置、分布规律等,而这仅仅是森林火灾案件现场重点部位照相的一部分内容,燃烧物质的燃烧程度、燃烧形状,燃烧物之间的关系,也是森林火灾案件现场重点部位照相的主要内容。

(2) 森林火灾案件现场照相应解决的问题　森林火灾案件现场照相,首要目的是为研究案件性质,分析作案动机、过程和手段等提供直观资料;为检验、鉴定提供材料;为侦查、起诉、审判提供证据。其次,才是为评估火灾损失、总结灭火经验、研究林火预报等用途提供资料。刑事案件对现场照相的要求比较客观、细致、全面。故未定性的森林火灾案件,现场照相都应按刑事案件现场照相的要求进行拍摄,并有所侧重,应可同时满足刑事案件侦破和其他用途对照相资料的需要。

森林火灾案件现场照相应解决以下几个问题:

熟悉火场特点。刑事技术人员到达火场后,应及时了解火场的有关起火时间、当时的风向及火势情况,如果林火仍在燃烧,应迅速、及时拍摄火场状况。照相卷宗应能反映出火的前进方向、速度,森林火灾类型,可燃物种类,可燃物分布格局等情况。

确定上山线路,拍摄其状态。虽因森林是个半封闭系统,森林火灾案件现场的出入口不是很好确定,但对森林火灾案件现场出入口的勘验、检查,是森林火灾案件现场调查的第一步,以确定在火灾发生时各部位的状态,是否有人由此进出,寻找犯罪嫌疑人进入现场的方法和遗留的相应痕迹、物证。故其作用非常重要,一定要全面客观拍摄记录现场出入口状态。

纵观全局,对可能存在的起火点进行拍摄。起火点,即森林火灾案件现场上可燃物质最先开始燃烧的地点。能否准确确定起火点直接关系到能否正确判断起火原因和发现放火遗留的痕迹物品,对确定森林火灾性质和侦破火案具有直接影响，是森林火灾案件现场照相的重要内容之一。

抢拍痕迹、物证。森林火灾案件现场的痕迹、物证，由于灭火、救助等紧急措施的实施以及日晒雨淋等自然因素的影响，痕迹、物证往往容易遭到不同程度的破坏，甚至灭失，故应及时拍摄保全。所拍摄的照片要能反映痕迹、物证的位置、细节特征，要保证清晰、完整、不变形。森林火灾案件现场痕迹、物证的拍摄主要是以人类遗留物及人类活动痕迹为对象，并要兼顾自然火源的拍摄。

8.5.2.3 森林火灾案件现场照相内容

森林火灾案件现场的拍摄内容，依据照片资料所起的作用可分为两大类：一类是对森林火灾案件现场所处位置进行拍摄；另一类是对现场遗留与犯罪或者与火灾责任事故有关的痕迹、物证进行拍摄。依据对各部分拍摄目的与要求的不同，可把森林火灾案件现场拍摄的内容分为四个部分。

（1）森林火灾案件现场方位照相　它是以反映森林火灾案件现场所在的地理位置、环境为拍摄对象的一种照相。

森林火灾案件现场的存在，必有时间和地点，凡是与森林火灾案件相关的现场周围景物、坡向、道路、环境特点、气候、单位名称，用以确定现场方向、位置的标志物，以及现场与周围环境的关系，重要景物的分布规律等，都应列为现场方位拍摄的对象。使没有到过现场的人看过照片后，能对现场周围的环境有一个比较全面的认识，并能够依照片确定现场位置。

拍摄森林火灾案件现场方位照片时应注意以下几个问题：

首先是拍摄位置的选择。由于森林火灾案件现场涉及范围大，地形复杂多样，并常常有树木的遮挡。拍摄点应选择在海拔较高、距离较远的位置，这样有利于拍摄现场全貌，表现现场所处位置和环境特点。如果现场海拔较高、坡度较大，无制高点可寻，设备又不能满足要求，在低海拔处能观察清楚现场全貌，也可在低海拔处拍摄。拍摄时如果受地形条件的限制，用标准镜头一次不能完成，可采用小广角镜头或回转连续拍摄法进行拍摄。

其次是清楚标志物与现场的联系。现场方位照相要尽可能把现场周围有标志性意义的永久性物体摄入，如输电设备、通信设备、水塔、瞭望塔、有特色的山顶、桥梁、单位名称等等。如果现场周围没有标志性永久物，地形地貌又比较雷同时，可拍摄完现场全貌后，拍摄林相图或小比例尺地形图进行说明。

拍摄过程中要注意尽量把森林火灾案件现场中心，或对分析火灾案件有重要意义的景物，以及显示现场方位的永久性标志物，安排在画面的前景、或醒目的部位；对与现场有关联的一般景物，可安排在画面的次要位置上，以便突出主体。

再次是要注意照相用光。森林火灾案件现场场面比较大，树多林密，地形高低起伏，为使光照均匀，避免产生过大的阴影，要尽量采用顺光或前侧光进行拍摄。

还要注意观察火灾现场天气的变化。发生森林火灾时的天气条件是组织扑救、推断火势发展方向、判断案件性质、预估火灾损失的重要依据。拍摄时，为客观真实地反映发案时的气候，应尽量利用当时的条件进行。夜间火灾现场可充分利用火光、月光进行拍摄；雨雪天气要使用较高的快门速度和黄色滤色镜来拍摄，防止雨点、雪花形成线状景象，提高结像质量；大风天气可适当放慢快门速度或拍摄大树弯曲的程度，以反映风力、风向。为了弥补天气不好对影像质量的影响，应在光线条件转好时进行补拍，并将拍摄的照片贴在一起，以便对照比较，相互印证。

最后要明确现场方位。现场方位照相要反映现场所处的方向位置，在拍摄前应用罗盘仪明确现场方位及拍摄方向，以便在后期森林火灾案件现场照片卷宗制作过程中用方向标志标明。方向标志可在卷宗上直接用各种形式的箭头表示，也可在印放照片时，通过暗室特技手段加在现场方位照片上。

（2）森林火灾案件现场概貌照相 它是以反映火灾现场的整体状况为拍摄对象的一种照相。

它应反映出火灾现场的全貌和现场各个部分与起火点之间的关系，火灾燃烧的过程，火灾现场内部的空间结构，可燃物种类，可燃物分布格局，犯罪嫌疑人的出入口、起火点状态，痕迹、物证的分布规律及其相互关系。

拍摄森林火灾案件现场概貌照片时应注意以下几个问题：

火灾现场概貌照相要求反映火灾现场的原始面貌。这就说明火灾现场概貌照相应该在第一时间进行，至少要在火灾现场调查展开之前完成。火灾现场概貌照相，一般照一两张照片是不能反映火灾现场全貌，需按照火灾燃烧顺序的地段、山坡、山头，分组有系统地一一拍摄，切忌杂乱无章地盲目乱拍。在案情不明之前，火灾现场摄影人员一定要遵循"宁多勿少"的原则，对可拍可不拍的对象，一定要拍摄，不要漏拍，否则易造成无法弥补的损失。

拍摄位置一般以选择在较高的地点为宜，但距离不能太远，以采用中景表现手法为好，要注意不能让主要拍摄对象被前景物遮挡或物与物在同一摄影轴上出现重叠现象。拍摄时尽可能用标准镜头拍摄，不用或少用小广角镜头，防止影像变形。

森林内可燃物质燃烧的部位、性质和危害程度是判断森林火灾类型的主要依据。因此在进行森林火灾案件现场概貌照相时，应对火势的燃烧情况进行重点拍摄。应先拍地下，再拍地上，然后拍树冠，尤其要注意地下、地表和树冠三者之间的联系。

充分利用景深和超焦距。森林火灾案件现场概貌照相，要求在同一画面内的景物结像必须清晰，但森林火灾案件现场拍摄范围较大，且距离相对较近，要满足要求只能充分利用景深和超焦距这些摄影技术手段。也就是多采用小光圈、对超焦点距离调焦。

为了防止森林火灾案件现场照相影像变形，对能产生影像变形的拍摄方法或因素，应严格控制与矫正。一般来说，到现场概貌照相这个阶段，应尽可能使用标准镜头拍摄，少用小广角镜头，如果实在要用，135相机镜头焦距不应小于28mm。

(3) 森林火灾案件现场重点部位照相 它是以反映森林火灾案件现场与起火原因或者犯罪有关的重要部位或地段的状况、特征，以及痕迹、物证所在部位为拍摄对象的一种照相。

它应反映出引火物、起火点及其位置，以及燃烧最严重的部位；与纵火有关的人类活动痕迹所在部位及其物与物之间的关系；可以说明某种问题的部位；被烧死的尸体等。

拍摄森林火灾案件现场重点照片时应注意以下几个问题：

首先是影像不能变形，拍摄对象要清晰。森林火灾案件现场重点部位照相的内容多为现场勘查的主要目标，往往具有证据意义。故拍摄时构图要合理、用光要有层次、曝光要准确、用标准镜头，所得影像清晰、不变形、透视关系合理、真实感强。

其次是显示重点部位的状况和特点。拍摄位置应选择在距现场重要物体或重要地段较近的地点，多采用近景或特定的表现手法，使拍摄对象的状况和特点得到充分的反映。例如起火点的拍摄，应反映它所在位置、形状、燃烧程度、燃烧物质的颜色、燃烧过程等特点。

再次是要突出重点部位与临近物体的关系。现场概貌照相是着重强调了对现场全面系统拍摄，然而重点却不够突出，因此要对现场的重点部位进行拍摄。但现场重点部位照相不仅仅是拍摄现场的某些重点部位和物体，在许多情况下，还要拍摄周围的物体，以反映它们之间的关系。

例如在起火点的一侧有香灰、香头及供品，在另一侧则有足迹和香烟盒，拍摄时要以起火点为中心，从起火点的一侧拍摄一张，以反映香灰、香头及供品与起火点的关系；然后以起火点为中心从起火点的另一侧再拍摄一张，以反映起火点与足迹和香烟盒的关系。

(4) 森林火灾案件现场细目照相 它是以反映森林火灾案件现场上存在的具有检验鉴定价值和证据作用的各种痕迹、物证的形状、大小和特征为拍摄对象的一种照相。

森林火灾案件现场要拍摄的细目照相内容很多，如火柴梗、烟头、香烟盒、钮扣、证章、粪便、鼻涕、指纹、足迹、木屑、车轮痕迹等。森林火灾案件现场细目照相的痕迹、物证对分析案件性质、揭露与证实犯罪具有直接重要的证据意义，必须按照技术检验和鉴定工作的要求进行拍摄。

拍摄森林火灾案件现场细目照片时应注意以下几个问题：

能够准确反映森林火灾现场细目所在的位置要准确地反映留在现场上痕迹、物证的位置。证明痕迹、物证是在现场上遗留的，同时为研究痕迹、物证形成条件提供依据。

影像要求清晰、完整、不变形。痕迹、物证的特征必须保证清晰逼真、完整客观。检验、鉴定工作是通过痕迹、物证的特征比对作出结论的，特征不清则无法作出结论。森林火灾案件现场上有许多的痕迹无法采取，还有一些痕迹往往遗留得不完整不清楚，对这些无法采取的或条件不好的足迹、车辆痕迹、燃烧痕迹，如果拍摄得好，就能为检验、鉴定提供有利条件，在说明事实真相中发挥重要作用；如果拍摄不好，就会丧失检验、鉴定条件，给办案工作造成难以弥补的损失。

必须保证所拍摄到的痕迹、物证影像不变形。要做到这一点，拍摄时必须使被拍摄对象与镜头、感光片三者平面保持平行，即照相机镜头光轴垂直于被拍摄对象所在平面；否则，所拍摄出的影像易发生变形，给检验、鉴定工作造成困难。

遵守比例拍摄的原则。必须准确地反映出被拍摄物体或痕迹的花纹大小、粗细、长短等特征。因此，拍摄时应选择与痕迹相当的比例尺放置在被拍摄对象的同一平面上，将拍摄对象与比例尺同时拍摄下来。制作照片时，可根据检验、鉴定工作的需要，按比例制成扩大、缩小或原物大的照片；如只作物证识别用，也可以根据照片上的比例尺计算出原物的实际大小。

配光要一致。拍摄现场上的痕迹、物证时，配光方向、角度、影像的色调要和样本材料相一致，才能为检验提供有利条件。否则，拍摄出的照片不仅不能为检验、鉴定提供有利的条件，甚至带来问题。

拍摄要及时。森林火灾案件现场上的痕迹、物证，随着时间的推移，易受人为或自然条件的影响，使之发生变化，丧失检验、鉴定意义。发现痕迹、物证要及时进行拍摄，拍摄时应使用中焦或标准镜头，不宜使用广角镜头，这样既可防止变形又便于配光；应使用三角架和快门线以防止震动；对不能提取的痕迹、物证，必须坚持在现场拍摄，必要时应进行多次拍摄，直至有把握为止；对可以提取的痕迹、物证，也必须坚持先拍摄后提取的原则，防止在提取过程中遭到人为的或自然的破坏。

上述四部分森林火灾案件现场照相的内容，虽各有区别和不同的要求，但彼此之间不是截然分开的，它们是相互联系、互为补充的关系，是一个整体。

总之，森林火灾案件现场照相应做到：拍摄迅速及时、目的明确；内容客观真实、全面系统，层次分明，重点突出；照片影像清晰，反差得当；现场照片文书规范。为森林火灾案件的定性、侦破、原因分析等提供客观真实的影像资料；为法庭提供准确严谨的证据材料。

8.5.2.4 火场照片的制作

(1) 底片的选择 现场照相由于受时间、环境以及主观认识程度等各种特定条件的影响，难免拍摄一些对反映主题无关紧要的画面，选择时要剔除，将能说明问题的底片留下，尽可能用最少量的底片，反映现场上最多的信息。即使选中的底片，也要对其画面进行必要取舍。选择底片时，可采用"全张晒印法"，即把现场拍照的全部底片，裁成每6张一条，共6条，在一张254mm×305mm面积的照相纸上晒印成照片，在这上面把不需要的画面删去，并对选中的画面确定正式放大时的尺寸和取舍范围。

(2) 印放照片 现场照片，一律使用大光照相纸。影像反差适中，层次丰富，色调鲜明悦目。定影、水洗时要按标准条件和工艺进行，以利于照片长期保存。裁切照片时要切成平边，不留白边，更不得切成花边。

(3) 编排　现场照片的编排，一般是按现场照相的内容、方位、概貌、重点部位和细目的顺序进行排列。反映火场火势、范围和扑救情况的照片，一般排在前面或现场概貌中。特写照片排在引出照片的旁边，并用标志、符号说明其在照片上的位置。

(4) 粘贴　排列好的照片须粘贴在现场照片卡纸上。照片的粘合剂以树胶为好。

其配方与制法是：温水 100mL、树胶 30g，用树胶粘贴照片，其优点在于性能稳定、不会使照片变色。目前市场上供应的合成透明胶水也可用来粘贴照片。但要注意，不能用防腐化学浆糊，因为这类浆糊的防腐剂日久会使照片泛黄褪色。

(5) 照片标划　将贴好的照片，用红色或黑色笔在照片上标划。标划的目的，是把照片上不明显的或者要重点显示的有关物体的位置、痕迹物证等突出出来；把几张照片相互关联起来，增加系统感和整体感。标划时防止污染照片。

(6) 文字说明　文字说明要求准确、精练、通顺，书写要工整，客观地反映现场的实际情况，切忌使用分析、判断或模棱两可的词句。

现场照片的制作结束之后，要在前面对整套照片做一简要说明。说明部分主要包括火灾性质、起火原因等简单经过、照片拍照时间、当时天气情况、每部分照片的张数、摄影人姓名，以备查考。

8.5.2.5　火灾现场绘图

火灾现场绘图是一份完整的火灾现场勘查记录的重要组成部分。它能根据火灾现场的不同情况，运用平面图、展开图、剖视图等简明的表达形式，准确醒目地描绘出发生火灾事故后，现场痕迹、物证的状况、尺寸、位置和相互关系等，起到文字描述乃至摄影、录像起不到的作用。

(1) 火灾现场绘图的种类　火灾现场绘图不同于建筑设计绘图，又区别于机械制造制图，涉及范围要以火灾现场需要划定。火场绘图要根据现场需要和火灾调查的用途来确定绘制哪一种现场图。下面介绍几种常见的火场绘图种类。

现场方位图。现场方位图绘制主要表现现场周围环境中的具体地理位置，如现场周围的建筑物、道路、沟渠、树木、电杆以及与火灾现场有关的场所，残留物痕迹，物证的提取地点等具体位置都应在图中表示出来。方位图还可以具体分为平面图、立面图、剖面图和俯视图。

全貌图。全貌图是用来表现火灾现场的内部火灾状况，把起火点、起火部位、确定的现场范围内与火灾原因、火灾蔓延痕迹、残留物的具体位置等有关物体相互间的距离都表示出来，再现图上，使人一目了然。

局部图。局部图用以表示起火点及与起火原因有直接关系的痕迹物证和它们之间的关系，并要根据火灾现场实际需要把局部绘出平面图、立面图、剖面图，使起火点更加直观具体。

专项图。专项图主要是为配合火灾现场专项勘查而绘制的工艺流图，用以帮助火调人员分析火灾事故的复杂原因。

(2) 火场绘图方法　火场绘图要根据火灾现场的不同情况和实际需要，采用比例图、示意图和比例示意图结合的绘图方法。

绘制比例图的方法。按比例绘图要按整个火灾现场的大小，现场上物体之间的距离，按实际尺寸，并按一定比例画在图纸上。

示意图。在绘制示意图中，整个现场的长、宽、距离都不是按一定比例绘制的。距离对于火灾原因的认定需要时，可用实际数字注明。

比例、示意图相结合使用。绘制比例图，同时又使用示意图将这两种图在一个火灾现场图中综合使用，要根据现场的实际情况来确定什么图使用什么比例图，什么图绘制示意图，两种方法综合使用通常在绘制森林火灾发生图时使用，来表现大面积的火灾现场。

(3) 火场绘图要求　火场绘图要求绘图人员除应具有一定的绘图知识和绘图经验外，还要熟悉火灾现场的情况。绘制火场图时应注意以下几点：

如实客观。要尊重现场实际，现场图应如实反映现场的客观情况，不要因难易进行取舍。

规范化。绘图时应选用标准图例、图标，掌握不了的应在图中注明。

标准化。绘图要符合绘图、制图程序，清晰，位置准确，比例尺寸合理，数字精度高。

重点突出。对引火源、起火点、起火物的部位、人员伤亡位置等重点应在图中明确标出。

注文。绘图要写明图的名称，图例比例尺、标明方位方向，绘图说明，绘图日期，绘图人，审核人。

8.5.3　故意纵火火灾现场的勘查

故意纵火(放火)是指蓄意造成火灾的行为。放火大多是因债务、纠纷等矛盾激化或犯罪后为毁灭罪证或对社会不满以泄私愤而故意焚烧公私财物，严重危害公共安全和人身安全的犯罪行为。

8.5.3.1　放火现场的特点与现场勘查的主要内容

极少数放火案件是放火者在实施放火时被人发现的，大多数放火案件是在灭火后追查火灾原因时才被发现而立案的。因此，在勘查火灾现场时，应根据火灾现场的客观事实迅速准确作出判定，是不慎失火、自然起火，还是人为放火。

放火的火灾现场往往存在着下列一些特征：多起火点。起火点附近存在引火物，放火现场可以发现有烧余的火柴梗、油棉花、油回丝、稻草、煤油、汽油等专门用来引火的物体和材料的存在。现场附近消防设备、通讯设施被破坏。火场内发现有被伤、被杀的尸体。起火点位置奇特，在这个位置上不可能发生不慎失火和自燃。一个地区连续多次发生火灾或者同一时间内多处起火。

放火现场勘查的主要内容：查明放火时间；查明起火点；寻找引火物；寻找放火者的行迹；查明树木被烧的情况；查明死伤人员情况。

总之，放火案件，由于纵火者在现场遗留的痕迹较少。因此，在勘查时，一定要认真细致地搜寻痕迹物证，发现疑点，并且要深入调查研究，广泛发动群众提供线索进行侦破。

8.5.3.2 放火现场分析

在确定起火时间、起火点及弄清火灾发展蔓延、破坏等情况后，要认真分析判断案件性质，分析设定嫌疑对象，为以后的侦破工作划定范围。

(1) 案件性质的判定　有些放火案件是因邻居，同事亲友之间矛盾冲突，积怨较深，放火泄私愤或嫁祸于人，这类火灾以农村居多。有的是放火者利欲熏心，为了索取巨额保险赔款而放火。如先将财产投保，然后实施放火，并制造自然起火的假象。现场附近并发其他刑事案件，这有犯罪分子用放火转移视线的可能，可根据情况并案侦查。根据火场实际情况，还需考虑精神病者放火的可能。

(2) 嫌疑对象的分析认定　根据时间分析设定嫌疑人。根据侵害的对象和受害人设定嫌疑人。根据放火者对现场情况是否熟悉，设定嫌疑人的范围。根据引火物及犯罪分子设定嫌疑人。如谁使用这种火柴，吸这种烟，谁家有这种装填汽油的瓶子等。根据火灾发生前后及扑救过程中某些人的反常举动设定嫌疑人。

8.6　过火面积和林木损失调查

8.6.1　过火面积调查

在过火面积中，包括有林地面积（又叫受害森林面积）、疏林地面积、灌木林地面积和荒山荒地面积。

有林地是指森林郁闭度在 0.2 以上的林地和新造幼林成活株数达到标准尚未成林的林地。疏林地是指郁闭度不足 0.2 的林地。灌木林地是指基本无乔木树种的灌丛林地。荒山荒地是指尚未造林的宜林地和其他非林地。

在有林地过火面积中，成林面积或林木株数烧毁 30% 以上的，幼林烧毁 60% 以上的，均称为成灾森林面积。

虽测过火面积的方法很多，一般采用地形图勾绘法、罗盘仪测量法、步测目估比较法和气象卫星测报等。

8.6.1.1　地形图勾绘法

① 对火场进行全面踏查，找出火场四周边缘地界的地形、地物特征，作为勾绘的依据。

② 选择火场制高点作为勾绘人的站立点进行勾绘。

③ 标定地图方向与实地方向完全一致　在 1∶50 000 和 1∶25 000 的地形图上，南北图廓线上都绘有一个小圆圈，分别在注有磁北 P′ 和磁南 P 的符号，P′、P 两点联线就是磁北线。标定时，先将指北针划盘上的"北"字朝向地形图的上方，使其直尺边与磁北线密合。然后转动地形图，使指北针正对"北"字的指标，则地形图的方向即已标定。

④确定勾绘人的站立点位置　观察站立点附近有哪些明显的地物、地貌特征，如尖山头、冲沟、湖泊、孤立树、水塔、通路交叉口等。然后根据明显的地物、地貌与站立点的距离来确定勾绘人站立点在地形图上的位置。

⑤实地对照读图勾绘　依照地形图上勾绘人站立点周围的地物、地貌，在实地上找出相应的地物、地貌或者观察实地的地物、地貌，找到它在地形图上的位置，然后进行实地勾绘。先勾绘出火场四周边缘线，然后勾出火场中的有林地、疏林地、灌木林地及荒山荒地的区划线。

⑥计算面积　一般采用方格法计算面积。在大比例尺地形图上绘有公里网格，可按火场图形占据的方格数计算面积，不足1个方格的部分，用以毫米为单位的透明方格纸蒙在图上补充计算。

8.6.1.2　罗盘仪测量法

罗盘仪测量在测区内要选择一些控制点，组成连续的折线，称为导线，各转折点称为导线点。用罗盘仪测定各折线的磁方位角或磁象限角，用皮尺或视距尺丈量导线点的距离，均记入测量手簿。在图纸上确定它们之间的相互位置，构成一个平面图，然后计算面积。

(1)踏查和选点　在布设导线之前，一定要沿测区踏查一遍或站在高处俯视全测区的范围和概况，然后结合已有的图面资料，布置适宜的导线形式（闭合导线、附合导线、支导线）。选点应注意事项：

导线点应选在地形开阔，能看到周围地形较多的地方，置距方便，能起控制作用，而且便于安置仪器的地点。

导线点之间要互相通视。

导线边长应以50~150m为宜，各条边长近似相等。

在已选好的点上，钉上木桩作标志，顺序编号，便于实测时寻找，要绘出导线略图，便于观测和展点用。

(2)量距　在地势平坦地区一般用皮尺或测绳量距，往返测的相对误差在1/200以内。如果地面起伏很大，不便直接量距的地方，可用视距法量距。具体测法是以望远镜十字丝的中横丝切标尺上与仪器同高处，读出上丝与下丝在尺上的读数，将读数差值乘100即得两点间的水平距离。

(3)测磁方位角　用罗盘仪测定各导线边的磁方位角（或磁象限角）和倾斜角。

垂球对准测点，罗盘仪调试呈水平状态。对每条导线的磁方位角只单向观测1次称为单向观测。对每条导线边，均作正、反两个方向的观测，既测出各边的正方位角，又测出各边的反方位角，这称为双向观测。这种方法在现场能及时发现与改正观测误差，故能提高精度。

(4)绘图　绘制导线点平面图使用的仪器和工具有两脚规、分度器、直尺、比例尺及三角板。绘图时，首先在图纸适当位置选定一点，作为绘图的起始点，使整个图形绘制在图纸的中央部分。由于观测、量距和绘图中不可避免地出现一些误差，致使绘图到最后，通常出现终点不闭合在起点上，而产生闭合差。导线闭合差是导线各点误差的积累。所以平差时，应将闭合差按各点至起点的距离按比例分配。如导线点的数量很多，而产生的闭合差又很小时，也可以只调整最后几个点。前面最大的点子就不须作改正了。

（5）区划有林地、疏林地、灌木林地和荒山荒地　可以用罗盘仪测量划出区划线，也可以用同比例尺的林相图蒙上勾绘出区划线来。测量有极坐标法、交会法、环绕法和支距法。

（6）计算面积　仍采用前述方格计算方法。

8.6.1.3　步测目估比较法

火场面积小（在 $1hm^2$ 以下）的，可采取步测、目估、比较的方法来认定过火面积。

①将形状不规则的火烧迹地，用挖角补方的办法，调整为正方形、长方形、平行四边形、三角形和梯形，以便计算面积。

②用步测、绳测或自（目）估的方法，测出各边的长度。

③计算面积。

④求出过火面积后，如无大出入，即可认定过火面积。同时，按比例勾绘出有林地面积、疏林地面积、灌木林地面积和荒山荒地面积。

8.6.1.4　气象卫星测报法

广州气象卫星地面接收站在处理卫星数据、图像资料过程中，对 3、2、1 信道成像分别赋予红、绿、蓝 3 种基色作动态增强，合成假彩色云图。令火区呈鲜红色，形状、边界十分清晰。然后选用相宜比例地形图进行相应点位的几何校正，推算火区各受害地类面积，相当准确、快捷。

广东省新丰县某镇 1991 年 11 月发生 1 次重大森林火灾，基层上报面积为 $53.2hm^2$，卫星测报为 $533.3hm^2$，复核确认为 $533.3hm^2$，上报仅占复核面积的 10%。

8.6.2　林木损失调查

（1）烧毁木　树冠全部烧焦或树干表层全部炭化至形成层，采伐后不能作为用材的火烧木视为烧毁木。

（2）烧死木　树冠 2/3 以上被烧焦，或树干形成层 2/3 以上被烧坏，呈黑色或棕褐色，或树根烧伤严重，树木已无恢复生长的可能，采伐后尚能做用材的火烧木，列为烧死木。边远山区烧死木不能采伐利用，任其在山上枯立腐朽，其损失同烧毁木一样。所以，有的专家把烧毁木和烧死木列为一项，统称烧毁木或烧死木。

（3）烧伤木　树冠被烧在 1/4 以上 2/3 以下或树干形成层有一半以上未被烧坏，树根烧伤不严重，还有恢复生长的可能，列为烧伤木。

（4）未伤木或轻伤木　树冠没有烧焦或被烧在 1/4 以下或树干形成层没有受到伤害，仅外部树皮被烧黑；树根没有伤害，列为未伤木或轻伤木。

火烧迹地面积大的，可以采取标准地调查来推算林木损失。标准地面积一般不小于火烧迹地面积的 1/100。

林木损失的公式：林木损失 =（火烧迹地总面积/标准地面积）× 标准地立木材积

8.7 火灾统计和建档

火灾统计是消防工作的一项重要基础工作，它反映了火灾在一定的时间、地点、原因、条件下的一些量的相互关系，反映了在一定情况下，火灾的规律、特点。因而，它对分析、掌握火灾规律，提出火灾预防和扑救的措施，加强消防监督，提高社会的防灾抗灾能力，都有十分重要的意义。

森林火灾档案属于科技档案的范畴。它是林火发生、蔓延、扑救、熄灭和火灾调查、分析以及火案处理的原始历史记录，是科技工作者获得火灾情报的重要来源和开展森林防火科研的重要条件，是进行森林防火现代化建设的必要条件和依据。运用这些规律和经验，可以改进森林防火工作和提高扑火效率，从而节省人力、物力、财力的消耗。

8.7.1 火灾统计的基本任务

火灾统计的基本任务是对火灾的发生、扑救以及火灾处理情况进行统计调查、统计整理、统计分析，提供统计资料，实行统计监督。

统计调查是火灾统计第一阶段的工作任务。首先要准确、及时、全面、系统地搜集需要的火灾统计的原始材料，即基础资料。然后，分期、分类、分项地进行统计整理，为进入第二阶段的统计分析创造前提。火灾统计资料是统计调查、统计整理和统计分析的结晶，是统计工作的成果，它为消防管理决策、预测提供了必要的统计资料。

8.7.2 火灾统计的基本要求

火灾统计的基本要求是保证火灾统计资料的准确性、统一性和及时性。

(1) *准确性*　统计数字的准确性是统计工作的生命，保证统计数字的真实是对统计工作的起码要求。否则，要完成统计工作的各项任务将成为一句空话，甚至会起相反的作用，导致消防管理失误。

(2) *统一性*　火灾统计的统一性是指火灾统计的基本资料必须符合全国规定的统一要求。如果没有统一性，各地区、各单位各行其是，就不能汇总产生火灾统计资料，完不成火灾统计任务。

(3) *及时性*　火灾统计要强调及时性、灵敏度。除按照全国统一规定的期限向上级领导部门呈送火灾统计资料外，对某一时期的火灾特点、趋势等应及时统计、及时发现，及时反映，特别对重大火灾、新型火灾应反映灵敏，迅速提请领导和管理者注意，真正起到统计监督、服务、教育的作用。

国家林业局一再重申：各地不得迟报、瞒报、漏报任何森林火灾火情，八类森林火灾须及时报告，严禁"大事化小，小事化了"。国家林业局为此发出通知要求，各级森林防火指挥部和林业部门严格森林火灾报告制度，对发生在国界附近的森林火灾、重大特大森林火灾、造成1人以上死亡和3人以上重伤的森林火灾、威胁居民区和重要设施的森林火灾、24h尚未扑灭明火的森林火灾、发生在未开发原始林区的森林火灾、发生在省（自治区、直辖市）交界地区危险性大的森林火灾、需要中央支援扑救的森林火灾等八类规定火灾，由省级森林防火指挥部，按规定的程序和内容及时报国家林业局森林防火办值班室。

8.7.3　森林火灾档案

根据国务院颁发的《科学技术档案工作条例》规定，科学技术档案工作是生产管理、技术管理、科研管理的重要组成部分，各单位都应当加强领导，建立、健全科技文件材料的形成、积累、整理、归档制度，达到科技档案完整、准确、系统、安全和有效利用的要求。凡需要归档的科技文件材料，都应当做到书写材料优良、字迹工整、图样清晰，有利于长期保存。国务院颁发的《森林防火条例》规定：发生森林火灾后，当地人民政府或森林防火指挥部，应当及时组织有关部门，对起火的时间、地点、原因、肇事者、受害森林面积和蓄积、扑救情况、物资消耗、其他经济损失、人身伤亡以及对自然生态环境的影响等进行调查，记入档案。国界附近的森林火灾、重大和特大森林火灾，造成1人以上死亡或有3人以上重伤的森林火灾，以及烧入居民区、烧毁重要设施或者造成其他重大损失的森林火灾，由省级森林防火指挥部或林业主管部门建立专业档案，报国家森林防火总指挥部办公室。

根据两个条例的精神，森林火灾档案工作是各级防火办公室日常工作任务之一，建立责任制度，做到有森林火灾就应当有资料完整、准确、系统、安全和有效利用的森林火灾档案。

档案材料是档案工作的前提，没有档案材料就没有档案和档案工作。森林火灾档案材料的形成和来源主要有：森林火灾预报、气象卫星林区热点报告、火情报告和汇报、森林火灾扑救情况资料、火灾调查和分析、火案处理、森林火灾各种统计资料，以及其他与森林火灾有关的文件、资料、会议记录、照片、录音、录像、光盘等。森林火灾档案材料由防火办公室文秘人员或调度人员负责收集、整理。要根据档案材料价值大小确定保存期限，并按规定确定机密等级。

复习思考题

1. 火灾调查的目的、意义以及主要内容是什么？
2. 火灾调查中的火灾原因是如何分类的？
3. 简述火灾现场调查与勘察的内容、步骤与方法。
4. 简述火灾现场分析内容、步骤与方法。

5. 火灾调查文书的撰写。
6. 火灾过火面积与林木损失调查方法。

本章推荐阅读书目

森林防火. 郑焕能等. 东北林业大学出版社, 1994
森林消防. 陈存及等. 厦门大学出版社, 1996
中国东北林火. 郑焕能等. 东北林业大学出版社, 2000

第 9 章　林火信息管理与决策

【本章提要】本章主要介绍森林火灾统计和档案管理的方法、林火信息系统的基本功能、研制方法、国内外林火信息管理系统的实例、基于林火生态的宏观林火管理决策、美国林火管理政策和我国 21 世纪上半叶林火管理的发展战略等内容。

林火生态学是林火管理的科学基础，现代林火管理应建立在系统、科学的林火生态研究成果基础上，与森林经营有机地结合在一起，更好地实现森林生态系统的管理目标。信息技术的发展，使林火信息的收集和处理日益方便，为综合林火管理决策服务。本章介绍林火信息管理技术和综合林火决策等内容。

9.1　森林火灾统计与档案管理

森林火灾统计和档案管理是林火信息管理的最基本、最常规的内容，下面分别介绍。

9.1.1　森林火灾统计

森林火灾统计是森林防火的重要组成部分，是国家及各级人民政府森林防火主管部门掌握火情动态，了解情况，沟通信息，积累资料，指导和部署工作的重要依据；也是森林防火实行科学管理的基础。根据森林火灾统计报告表，可以分析研究森林火灾发生原因和规律，从而提出有针对性的措施，严加防范，落实预防为主的方针，避免或减少森林火灾的发生。详细的统计资料，还是进行林火科学研究的第一手材料。森林火灾统计，是灾情的记录，是防火工作成效的记录，是考察干部的依据之一。森林火灾统计的准确与否直接影响森林火灾档案的可靠性，为此必须严肃认真对待火灾的统计工作。

森林火灾统计工作主要体现在各类统计报表的填写上，目前已基本实现计算机生成报表。

9.1.1.1　森林火灾统计月报表(一)及填写说明

森林火灾统计月报表(一)(表 9-1)由各省(自治区、直辖市)森林防火指挥

表 9-1 森林火灾统计月报表（一）

20 年 月 林火1表 填报单位： 本年度森林防火期 月 日 至 月 日 和 月 日 至 月 日 国家林业局制

地级或县级名称	森林火灾次数(次)				火场总面积(hm²)	受害森林面积(hm²)			损失林木		人员伤亡			其他损失折款(万元)	出动扑火人工(工日)	出动车辆台		出动飞机(架次)	扑火经费(万元)
	计	森林火警	一般火灾	重大火灾	特大火灾		计	其中		成林蓄积(m³)	幼林株数(万株)	计	轻伤	重伤	死亡			计	其中汽车		
								原始林	人工林												
甲	1	2	3	4	5	6	7	8	9	10	11	12	13	14	15	16	17	18	19	20	21
至本月累计																					
本月合计																					

填表人：　　　　　　　　审核人：　　　　　　　　20 年 月 日填报

部办公室在森林防火期内按月填报。统计数字截止日期为每月月末,并于下月 5 日前报国家林业局森林防火办公室。

本表作为省级防火办统计上报时,"至本月累计"是指全省(自治区、直辖市)从本年 1 月 1 日到本月月末的累计统计。"本月合计"是全省(自治区、直辖市)从本月 1 日起到本月月末的统计。

本表的有效数字,省以下各级防火办填报时,按照实际数值填报。各省级防火办统计汇总上报时,按四舍五入,只保留整数。

森林火灾等级划分标准。森林火警:受害森林面积不足 $1hm^2$ 或者其他林地起火的;一般森林火灾:$1hm^2 \leqslant$ 受害森林面积 $< 100hm^2$;重大森林火灾:$100hm^2 \leqslant$ 受害森林面积 $< 1\,000hm^2$;特大森林火灾:受害森林面积 $\geqslant 1\,000hm^2$。

本表受害森林面积第 9 栏的人工林包括人工造林和飞机播种造林的成林、幼林。

火场总面积和受害森林面积。火场总面积:指被火烧过的总面积,包括森林、灌丛、草地、荒山荒地以及其中未烧部分。受害森林面积:指火灾发生后,受到损害郁闭度在 0.2 以上的乔木林地面积、经济林地面积和竹林面积、国家特别规定的灌木林地面积,农田林网以及村旁、路旁、水旁、宅旁林木的覆盖面积。

损失林木。指受害森林面积中被烧毁和被烧死的林木。成林以蓄积计算(单位:m^3),幼林以株数计算(单位:万株)。

人员伤亡。指因森林火灾和扑火中发生的人员伤亡。根据国家有关规定,轻伤是指损失工作 1 日以上 105 日以下的失能伤害;重伤是指损失工作日等于和超过 105 日的失能伤害;死亡是指当场死亡或致伤后一个月内死亡。有关伤害程度与损失工作日的换算规定,参照 1986 年 5 月 31 日国家标准局发布的《企业职工伤亡事故分类》(GB6441 - 1986)执行。

其他损失折款。指因森林火灾烧毁的公、私财产折款,如房屋、木材、林区设施等,折款计算方法按照公安消防部门的有关规定办理(单位:万元)。

出动扑火人工。指出动扑火人员的工日数(单位:工日)。工日不是指工作日,而是自然天数,一天就是一个工日。从扑火人员出发时算起,到返回驻地为止,按实际天数填报,不足一天的也算一个工日。例如,1 个扑火人员从 1 号出发,到 3 号回来,就算 3 个工日。

出动车辆。以出动车辆的多少计算(单位:台)。例如,有 10 辆车参加扑火,那么就在这一栏内记上 10。即使其中有一辆车来回跑上几趟,也为 1 台。

扑火经费。指扑火中消耗的一切费用(单位:万元),包括扑火人员补助、误工补贴、扑火用食品、物资支出、扑火车辆和机具油料消耗及使用和运输中的维修费等。

9.1.1.2 森林火灾统计月报表(二)及填写说明

森林火灾统计月报表(二)(表 9 - 2)填报时间和森林火灾统计月报表(一)(表 9 - 1)相同。

20 年 月　林火2表

表9-2 森林火灾统计月报表（二）

填报单位：　　　　　　　　　　　　　本年度森林防火期　　月　　日至　　月　　日和　　月　　日至　　月　　日　　　　　　国家林业局制

地级或县级名称	合计	已查明火源次数																								未查明火源次数	火案处理情况		
		生产性火源										非生产性火源															已处理起数	已处理人数	其中刑事处罚人数
		计	烧荒烧灰	烧山造林	烧牧场	烧窑	烧隔离带	火车喷漏	火车甩瓦	机车喷火	其他	计	野外吸烟	取暖做饭	上坟烧纸	烧山驱兽	小孩玩火	痴呆弄火	家火上山	电线引起	其他	故意放火	外省(自治区)烧入	外国烧入	雷击火	其他自然火				
	1	2	3	4	5	6	7	8	9	10	11	12	13	14	15	16	17	18	19	20	21	22	23	24	25	26	27	28	29	30
甲																														
至本月累计																														
本月合计																														

填表人：　　　　　　　　　　　　　　审核人：　　　　　　　　　　　　　　　　　　　　　　　　　　　　20　　年　　月　　日填报

至本月累计和本月合计的含义同森林火灾统计月报表(一)。

本表中，1栏=2栏+12栏+22栏+23栏+24栏+25栏+26栏；2栏=3栏+4栏+…+10栏+11栏；12栏=13栏+14栏+…+20栏+21栏。

烧荒烧灰。指烧垦烧荒、烧灰积肥、烧田埂草、烧秸秆等引起的火灾次数。

烧窑。指在林区烧木炭、烧砖瓦、烧石灰等引起的火灾次数。

火车喷漏。指火车头、列车茶炉喷火、漏火或旅客向车外丢弃火种引起的火灾次数。

火车甩瓦。指火车闸瓦脱落引起的火灾次数。

机车喷火。指汽车、拖拉机等机动车辆喷火引起的火灾次数。

9.1.1.3　8种森林火灾报告表及填报说明

省级森林防火指挥部或者林业主管部门对下列森林火灾应当立即填写8种森林火灾报告表(表9-3)报告中央森林防火总指挥部办公室：①国界附近的森林火灾；②重大、特大森林火灾；③造成1人以上死亡或者3人以上重伤的森林火灾；④威胁居民区和重要设施的森林火灾；⑤24h尚未扑灭明火的森林火灾；⑥未开发原始林区的森林火灾；⑦省、自治区、直辖市交界地区危险性大的森林火灾；⑧需要中央支援扑救的森林火灾。

森林火灾的填报时间。县(市)防火办接到属于8种森林火灾的报告后，要立即将所掌握的情况用电话或电台报地区防火办，过后要将8种森林火灾报告表(当日填报和逐日续报)和森林火灾报告以及火场示意图(最好在地形图上勾绘的)一起尽快报地区防火办；地区防火办要在接到报告后于当日22：00以前，用电话或传真报省防火办；省防火办要在发生森林火灾当日23：00以前，用电话或传真报到国家林业局森林防火办公室。

火灾编号在前面冠以省、地、市、县的简称再加上年份和序列号。例如，北京1998年第二次8种森林火灾编号为：京字(1998)2-0号。续报的火灾编号为：京字(1998)2-1号。依此类推。

本表第14、15、16、17、45、46、47栏，在当日填报或逐日续报时可以不填。

本表第7、8、48、52栏，属哪种情况，即在哪项上打"√"。

本表第14栏，按火场实地调查用十分法表示林分树种比例。例如，7杉2马1阔。

每次火灾都要另附火场示意图。成图主要标志：a. 起火点；b. 火势走向；c. 山脊线；d. 主要地名；e. 各主要点的海拔；f. 火场界；g. 图形比例尺；h. 南北向；i. 道路；j. 边界线。手持地形图至火场勾绘即可。

9.1.1.4　填表时需要注意的几个问题

填表时要说明填报单位、统计人员姓名和填表时间，并由领导审核并签名。

填表时一定要填完该填的数据。例如，填森林火灾统计月报表(一)的本月合计中，只在第9栏填上1.43hm^2；而在第7栏中空着不填，结果出现一至本月累计中的第7栏的数据还小于第9栏的数据。

表 9-3 8 种森林火灾报告表

林火 3 表

填报单位：　　　　　　　　　　　　　　　　　　　　　　　　　　　火灾编号：字(9)—　　　号　　　　　　　　　　　　　国家林业局制

起火地点	坐标	起火时间	发现时间	扑灭时间	起火原因	火灾种类	火灾等级	火场面积 (hm²)	受害森林面积(hm²)				林分组成
地(盟、市) 县(林业局) 乡(林场) 村(林班)	E °　′　″ N °　′　″	月日时分	月日时分	月日时分		地表火 林冠火 地下火	火警 一般 重大 特大		计	其中			
										原始林	次生林	人工林	
1	2	3	4	5	6	7	8	9	10	11	12	13	14

损失林木

成林蓄积(m³)	幼林株数(万株)	其他损失折款(万元)	人员伤亡			火场指挥员
			计	轻伤	重伤	死亡	姓名 职务
15	16	17	18	19	20	21	22

出动扑火人员

合计		其中：(人数)				出动飞机				
人数	工日	军队	武警	森警	扑火队	总架次	飞行时间	飞行费(万元)	机降架次	机降人次
23	24	25	26	27	28	29	30	31	32	33

出动车辆(台)

计	指挥车	运输车	装甲车	其他车辆	携带电台(部)	投入扑火机具(台、把)				扑火费(万元)
						计	风力灭火机	二号工具	其他机具	
34	35	36	37	38	39	40	41	42	43	44

火灾肇事者及有关责任人员处理情况

火灾肇事者 姓名 年龄 职业 单位	肇事者	有关责任人员
45	46	47

火场气象情况

天气 晴阴多云	气温(℃) 最高 最低	风向	风力(级)	降雨(雪) 无 小 中 大	主要扑救过程
48	49	50	51	52	53

填表人：　　　　　　　审核人：　　　　　　　　　　　　　　　　　　　　　　20　　年　　月　　日填报

填表时一定要审查各栏各单位的统计合计数字是否和本月合计数字相等；审查每行中各栏统计数字之和是否等于合计数字。

如本月没有发生森林火灾，也要将1月至上月份的累计数字抄下来。

填表时务必仔细审查下列容易出错的地方：受害森林面积与成林蓄积量和幼林株数的关系。例如，填报森林火灾统计月报表（一），受害森林面积为 $2hm^2$，损失林木的成林蓄积量 $600m^3$ 或幼林株数为2万株。将上面的数字进行换算：$600m^3/2hm^2=300m^3/hm^2$，结果得出每公顷受害森林蓄积量失去 $300m^3$，这与实际情况不符。又将2万株$/2hm^2=1$万株$/hm^2$，结果得出每公顷受害林面积失去1万株幼树，这也与实际情况不相符。不要把损失林木的折款计算在其他损失折款内。不要将其他损失折款和扑火经费混合在一起。

填表结束时还要审查森林火灾统计月报表（二）的1栏数据与27栏数据之和是否等于森林火灾统计月报表（一）的1栏数据。

发生在边界有争议地方的森林火灾，双方一定要查清楚后，以材料上报。

因故没有及时上报的数字，一定要及时进行补报。

注意审查火警、一般火灾和受害森林面积数据的一致性。例如，填表人将受害森林面积为 $1.5hm^2$ 的记为火警，或者将受害森林面积为 $0.9hm^2$ 的记为一般火灾，这都是不对的。

对于各级防火办上报的统计报表一定要按照先预审后汇总再上报的步骤进行。

年终总结时要填写本年度分月汇总表、分单位汇总表。

9.1.2 森林火灾档案

森林火灾档案属于科技档案的范畴。它是林火发生、蔓延、扑救、熄灭和火灾调查、分析以及火案处理的原始历史记录，是科技工作者获得火灾情报的重要来源和开展森林防火科研的重要资料，是进行森林防火现代化建设的必要条件和依据。

9.1.2.1 森林火灾档案的建立

县以上的森林防火部门，不仅要有森林火灾记录，而且要有各类火灾的统计表，并把森林火灾统计资料分别按年度和火灾类别整理出成套资料，编写资料目录，形成一整套完整的档案，妥善保存，以便随时取用。对于重大森林火灾和特大森林火灾，必须组织专案组调查。这项工作可由发生火灾地区的有关单位负责进行。如果火灾发生在两个行政区的交界处，应由两个行政区联合组织调查。火灾发生在国有林场、林业局范围内，应分别由林场和林业局组织调查。所有森林火灾记录及报表都要归档、保存。

9.1.2.2 森林火灾档案材料的来源

档案材料是档案工作的前提，没有档案材料就没有档案和档案工作。森林火灾档案材料的形成和来源主要有：森林火灾预报、气象卫星林区热点报告、火情报告和汇报、森林火灾扑救情况、火灾调查和分析、火案处理资料、森林火灾各种统计报表,以及其他与森林火灾有关的文件、资料、会议记录、照片、录音、录像、光盘等。森林火灾档案材料由防火办公室文秘人员或调度人员负责收集、整理。要根据档案材料价值大小确定保存期限,并按规定确定机密等级。

9.1.2.3 利用电子计算机建立森林火灾档案

利用电子计算机管理森林火灾档案是一种先进的档案管理手段。具有准确、完整、保存时间长、容易查找和调用等许多优点。然而,我国绝大多数森林防火行政管理部门还没有真正利用这个先进的森林火灾档案管理手段。因此,加强计算机森林火灾档案建立与管理是我国森林防火工作亟待解决的问题之一,目前林火信息管理系统逐渐在各级林火管理机构推广,在不远的将来,这个问题会得到圆满解决。

9.2 林火管理信息系统

随着信息技术的飞速发展,电讯、电子和媒体融为一体,数字信息改变了人们的工作、学习和思维方式。以计算机技术为代表的信息技术在林火管理各个层面上广泛应用,极大地推动了林火管理工作的发展。这些应用都可以集成在林火管理信息系统中。

9.2.1 林火管理系统的内涵

林火管理信息系统是利用计算机技术、网络技术等数字信息处理技术,对林火管理各项工作的各种信息化进行收集、处理,具有数据库管理、数据通讯和辅助决策能力的软硬件集成系统,该系统便于林火管理和决策,提高了林火管理的效率和科学性。一个完善的林火管理系统应包含林火管理工作的各个可信息化的方面。数据库管理、数据通讯和辅助决策能力是一个完善的林火管理信息系统应具备的基本功能。

9.2.1.1 基础数据库管理

基础数据库包括管理区域的数字化地形图、植被图、可燃物分布图、林火管理的各种基础设施配备图、扑火资源数据库、林火管理内业或林火行政管理数据库,包括各种火灾统计资料、文件等。系统能够对这些数据库进行动态更新,提供常规数据库管理的功能,如检索、查询、修改、共享等。

9.2.1.2 动态数据通讯能力

动态数据通讯包括与林火监测卫星、飞机、雷电探测设备、气象站及各种机动车辆之间的通讯、与火场指挥人员等的通讯、不同林火管理机构之间的信息传输。通讯的内容应包括文字、图像和视频数据等。有了这种能力就实现了网络会议和远程实时指挥。

9.2.1.3 辅助决策的能力

系统应具有一定的人工智能,通过提供如火险天气预报、火发生预报、火行为预报、扑火指挥模型、火灾损失评估系统等模型或程序,为火灾预防、火灾扑救、计划火烧等林火管理活动提供技术支持和实施工具。

9.2.2 林火管理信息系统的研制方法

林火管理信息系统的研制包括硬件配置和软件开发两个方面。

9.2.2.1 硬件配备

在硬件方面，早期的林火管理信息系统基本上是基于单机的封闭式系统，其数据通讯能力很弱，因此，其硬件主要是计算机和一些外设。计算机网络特别是互联网的发展，使林火管理信息系统更多地建立在网络基础上，因此，目前林火管理信息系统的硬件至少应包括下列设备：

数据服务器：存储各种基本数据库；

通讯服务器和通讯接口硬件：用于和卫星、飞机、车辆等和各类终端通讯；

数据终端：终端用户使用；

网络传输设备：可自行组网或利用公共网络；

其他外设：打印机、数字化仪、扫描仪、绘图仪、投影仪、摄像机或摄像镜头等。

9.2.2.2 软件开发

林火管理信息系统所使用的软件可以分为两类，一是公共软件，如数据库管理和通信软件等，二是林火管理专用软件，如林火预报软件、林火评估软件等。对于第一类软件可以选择现有软件，一般是能够进行二次开发的，而第二类软件则是要自行开发。目前林火管理信息系统的发展方向是将上述各类软件集成在一个平台上，这样便于用户使用。目前的技术使整体集成问题不大。

在林火管理信息系统的三个基本功能中，数据库管理和动态通讯能力的实现在技术上没有瓶颈，而在辅助决策能力的实现上相对难度较大，主要是第二类软件的开发。这些软件的开发的主流是建立在地理信息系统（GIS）的基础上，包括林火预报软件、林火评估软件、计划火烧软件等的开发，限制这些软件开发的不是软件开发本身，而是在这些方面的研究，目前在这些方面取得了很多成果，但还有待于进一步深入。

9.2.3 国内外林火管理信息系统简介

国外较早开始研制林火管理信息系统，我国从20世纪80年代末、90年代初开始研究林火管理信息系统。目前国内外有许多林火管理信息系统，这些系统受研制的时间和研究的手段限制，水平参差不齐。能够完全实现上述的三个林火管理信息系统功能的系统还很少，许多系统只是具备其中的部分功能。下面选择主要系统，对国内外的林火管理信息系统进行介绍。

9.2.3.1 国外林火管理信息系统实例

加拿大林务局经过25年的积累，开发了加拿大空间林火管理系统（Spatial Fire Management System, SFMS）。该系统的主要目标是：①帮助保护居民和财产免受林火威胁；②支持将林火管理和森林可持续发展结合在一起。该系统是由加拿大林火管理机构、森林和土地所有者、森林和土地经营政策分析人员、林火管理教育者和研究人员共同开发的。主要应用于林火扑救战术的确定、林火预防、生态系统基本经营和土地管理规划等。

该系统是在加拿大林务局 75 年林火科研的基础上建立起来的，系统根据气象、植被、地形和其他数据来计算林火发生的潜在可能性、预测林火行为、评估林火的危害程度并对扑火决策进行系统优化。SFMS 可用于从地方到全球的尺度上，是加拿大野外火信息系统（Canadian Wildland Fire Information System）的驱动引擎，可以作为其他林火管理系统的驱动模块。SFMS 利用最新的地理信息系统技术和相关的数据管理技术将林火天气和林火行为的时空变化快速地模拟出来，为长期战略和实时决策提供支持。在该系统中，将加拿大森林火险等级系统和美国国家火险等级系统都集成在一起，能够提供林火天气指标、火行为指标、林火发生指标等，同时对各种扑火决策进行优化。此外，系统对烟雾管理提供支持和火爆发等也进行预测。

在林火管理日常事务层次上，该系统也提供了支持。为不同层次的决策提供技术支持，如在大尺度规划层次上，为制定宏观林火政策、确定各种林火管理政策、措施的紧迫性、确定林火控制目标等提供支持；在管理层次上，为林火火险天气监测、火行为预测等提供支持，在操作层面上，为扑火人数的确定、扑火战术的确定提供支持。

9.2.3.2 我国林火管理信息系统实例

我国目前在许多地方已经开展了林火管理信息系统的建设，而且林火管理信息系统的建设也将在全国推开。下面以伊春系统为例进行介绍。

伊春系统的名称是"伊春林业地理信息系统"，它将伊春林区防火指挥、资源管理、营林管理、林区区域地理及周边经济信息等有机结合，同时将计算机技术、网络技术、数据库技术、地理信息系统技术、多媒体技术及卫星遥感技术结合起来，使林区管理的操作过程可视化，决策科学化，处理程序化。

系统建设的基本要求是：采用先进的技术和设备，提高各类信息收集、处理、传输、显示和管理的自动化程度，增强事务处理能力，提高防火指挥的整体自动化水平。

（1）系统功能

①基础功能　主要包括数据录入、编辑及数据控制，提供对林区地理专业图形及属性数据的录入、编辑和控制。

②防火指挥专业应用功能　该系统是以 1:100 万、1:25 万、1:5 万矢量数字地图、1:5 万林相图及 1:5 万森林资源专题数字图为地理信息资源，以林相信息数据库、林业资源专题信息数据库、森林防火信息数据库等为林火信息资源，以数字地图检索显示、数据库管理查询、统计报表、热点信息的显示查询、三维电子沙盘的生成和显示、情况标绘、过程推演、GPS 定位传输与跟踪为主要功能。

系统可以查询发火地点、经纬度、方位角，进行鼠标跟踪，鼠标移动时，在状态栏中显示当前位置的经纬度坐标，可以查询防火信息，如瞭望塔、中继塔、机降点、住勤点、检查站、公路河流等的位置和属性以及地被信息等。

系统能够制作三维数字地图，在三维图上标注小班、林分类型。生成三维电子沙盘，并可实现改变视角、视点、推拉及改变比高等操作。同时能够进行距离测量。

系统能够实现下列标图功能：采用林业标图符号，标出火场动态、兵力部署、发火趋势、并可保存为 JPG 或 BMP 格式位图。

系统能够进行火场跟踪，在控制总台，接收火场反馈、车载反馈和飞机飞行过程中的多个 GPS 信息号，在图上显示，并可保存为图像。

③森林火灾档案管理　建立森林火灾档案数据库，通过测览或图形选取在图上以相应的标记显示，并打印查询结果。可以用标图方式演绎火灾态势。可以进行扑火预案管理，以全市区划图或 1∶25 万地形图为基础，显示全市各重点火险区。鼠标单击某个火险区，可以多媒体方式表示该区的情况及相应图片，并显示对应林火管理部署情况。系统可以读取林火监测系统处理的热点文件，以林火图标的方式叠加于数字地图上，或根据上报的热点坐标或根据瞭望塔观测的方位和距离定位火点位置并以林火图标叠加数字地图进行显示。

(2)对系统运行性能的要求　系统运行故障不应影响已有数据的安全；系统的软、硬件均应具有很高的可靠性；运行故障发生后，应能在 4h 内恢复正常运行。

系统应采用多种容错技术，如对数据库提供在线备份和恢复功能，包括冷备份、热备份、自动备份、人工备份、逻辑备份及恢复、物理备份及恢复；对系统出现的错误、溢出等异常情况应有出错原因的中文说明，并能及时返回上一级界面等。

(3)运行环境规定

①硬件环境　　CPU：PIII 600MHz 以上；内存：128MB 以上；显示器："彩显 17"以上；分辨率 800×600、1 024×768 等；美国 GARMIN 公司 GPS-45C/120C 激光打印机或喷墨打印机。

②软件支持环境　操作系统：Microsoft Windows 98/NT 4.0(或更高)；开发语言与工具：Microsoft Visual Studio V6.0。

从以上介绍可以看出，该系统具备了数据库管理和通讯的基本功能，但在林火管理辅助决策方面基本是空白，这是当前我国林火管理信息系统的普遍特点，随着林火科研的深入，会在未来能够更加完善。

9.3　宏观林火管理决策

前面章节介绍的林火预防、林火扑救和林火评价等内容都是林火管理在操作层上的技术、战术和决策，这些决策都是针对具体任务的，可以集成到林火管理信息系统中。林火管理还有更高层次上的决策，即宏观管理决策，该层次可以包括国家级宏观林火管理发展策略、区域林火管理决策、地方的林火管理决策，这些决策具有战略性、宏观性。国家层次上的林火管理策略对区域和地方的林火政策具有指导规范作用，因此是宏观层次上最重要的决策。

国家的宏观林火管理政策与国情、林情、经济体制和形势关系密切。林火生态学的原则在国家宏观林火管理决策中的地位越来越重要。下面以美国为例介绍林火生态学原理在国家宏观林火管理政策中的作用，同时介绍我国21世纪上半叶的林火管理发展战略。

9.3.1 美国林火管理政策

9.3.1.1 政策制定背景

美国林火管理政策是在不断演化的，1936年制定了严格防火政策，随着对林火在生态系统中的正面作用的认识不断深入，1967年开始了允许进行计划火烧的政策，1977年出台了多元林火管理政策，这些政策使美国森林火灾面积连续多年保持低水平，但也造成了可燃物的大量积累。1994年森林火灾高发，造成34人死亡，为此，美国联邦有关机构对过去的林火管理政策进行检讨，提出了1995年的林火政策，开始进一步加强林火生态在林火管理中的作用。2000年又是林火高发年，造成了巨大的损失，因此，美国政府在1995年林火管理政策的基础上，提出了2001联邦林火管理政策。

2001联邦林火管理政策是美国最新的林火管理政策，其核心就是突出了林火的生态价值，形成重视林火在生态系统中的自然作用，加强利用林火进行生态系统经营和火烧后系统的恢复重建等科学策略，同时也提出了加强机构间合作和评估等工作。

9.3.1.2 基于林火生态的林火政策纲要

2001联邦林火管理政策分为指导原则、林火管理政策和措施3个部分。其中9条指导原则是：扑火人员和公众的安全是林火管理工作的首要；林火是生态过程和自然变化中基本要素，在林火管理规划中必须考虑；林火管理的规划、项目和活动要支持土地和资源管理规划及其实施；适当的风险管理是林火管理的基础；林火管理工作在经济上要与所保护的价值、成本和土地资源经营目标相适应；林火管理的规划和各项实践要建立在科学知识的基础上；林火管理要考虑公众健康和环境质量；联邦、州、部落、地方的各有关机构的密切合作是关键的；在联邦各林火管理机构间实行统一的政策。

原则2和3都体现了林火生态的观点。

在上述原则指导下，提出了17个方面的具体政策，这17个方面是：安全、林火管理和生态系统的可持续性、对林火的反应、用火、迹地恢复、保护对象优先权确定、城郊界面防火、规划、科研、基础设施、预防、扑救、标准化、机构间合作、宣传教育、林火管理工作人员的作用、评估。其中林火管理和生态系统的可持续性、对林火的反应、用火等4个方面都涉及到林火生态，其具体内容是：林火管理的整个工作都要有助于生态系统的可持续性，林火发生后的反应措施应根据林火对生态、社会和经济效应而定，要利用林火保护、维持和改善资源，使其尽可能地发挥在自然生态系统中的固有作用，火烧后对生态系要积极恢复。

针对上述 17 个方面的政策，2001 林火管理政策在 1995 林火管理政策的基础上提出了 82 项实现措施，其中 20 余项涉及到林火生态管理措施。其中一项重要措施是在生态系统中重新引入火因子以恢复生态系统、保持生态系统健康和减少林火负效应。为此，联邦林火管理机构要对所管理的林地进行评估，确定哪些地区林火不是十分重要的生态因子或林火状况（fire regime）没有发生大的变化，因而不需要重新引入林火，哪些地区林火是重要的生态因子，林火状况发生很大变化，需要重新引入林火，哪些地区引入林火可能造成负面影响。

Hardy et al. (1999) 将美国联邦管理的 166 万 hm^2 的林地分成两类，一类是频繁火烧林地，林火轮回期不超过 35 年，另一类是不频繁火烧林地，林火轮回期大于 35 年。在每类林地内又根据林火状况对历史林火状况的偏移分成 3 个等级。等级 1：现有林火状况与历史上相差不大，不用重新引入林火；等级 2：现有林火状况与历史上状况中度差异，需要进行适当处理，否则会退化到等级 3；等级 3：现有林火状况与历史状况相差很大，可燃物积累很多，需要处理以维持生态系统的健康。各类型和等级的林地面积见表 9-4。该研究为今后美国林火重新引入和可燃物处理提供了基础数据。美国近年来不断加大可燃物管理的投入，同时加强林火生态学的研究，加强林火在生态系统作用的研究，使林火决策的科学基础更扎实。

表 9-4　美国联邦林地林火状况分级　　　　　$10^4\ hm^2$

等级	频繁火烧	不频繁火烧	合计
1	27.6	54	81.6
2	37.2	19.2	56.4
3	15.2	12.8	28
合计	80	86	166

9.3.2　我国林火管理宏观决策

我国 21 世纪林业发展的总体战略思想是："确立以生态建设为主的林业可持续发展道路，建立以森林植被为主体的国土生态安全体系，建设山川秀美的生态文明社会"，其核心是"生态建设、生态安全、生态文明"。林火管理工作应紧密围绕此战略进行，根据我国可持续发展林业的总体布局、目标和战略及我国未来综合经济发展目标，在对我国现有森林防火状况分析和对未来森林资源状况及火险情况预测的基础上，借鉴发达国家的森林防火经验来确定我国林火管理 21 世纪上半叶的宏观发展战略。其总体目标定位在生态防火，逐渐从单纯防火向现代林火管理发展，在强大的森林防火、扑火体系保障下，充分发挥林火在森林经营、森林生态系统建设中的作用。

9.3.2.1 指导思想

以党中央关于"隐患险于明火、防范胜于救灾、责任重于泰山"的重要指示为指针，围绕"以保护和改善生态环境为重点"的林业发展基本思路，贯彻"预防为主，积极消灭"的森林防火方针，以森林防火科学理论为指导，以实现森林火灾"早预报、早发现、早扑救"和"打早、打小、打了"为目标，积极建立森林防火科学化、法制化、规范化、标准化、信息化、专业化和国际化的管理体系，不断提高森林消防综合能力和控制大火的水平，确保森林资源安全和生态环境得到逐步改善，为促进我国林业持续、快速、健康发展提供保障。

9.3.2.2 基本原则

坚持森林防火工作以人为本，树立林火两重性的观念和科学防火、依法治火的理念。重视各级森林防火管理人员科学防火素质和科学管理素质的提高，重视广大人民群众防火意识的进一步增强。

坚持以科学技术为先导，通过加大林火管理的科技含量，充分利用现代科技防御森林火灾，建立科学有效的森林防火体系。贯彻落实"预防为主、积极消灭、综合治理"的原则。

坚持林火管理宏观战略和微观策略要适应未来的经济形势的原则。

坚持社会效益、生态效益和经济效益有机统一的原则。全面实施森林防火综合治理工程，保护生态环境。

9.3.2.3 战略目标

（1）总体目标 通过建立和健全严密的森林防火管理组织体系、准确的林火预测预报体系、现代化的林火监测体系、强大的森林火灾扑救体系、发达的航空森林消防体系、科学的森林可燃物管理体系、完备的林火阻隔体系、通畅快捷的信息传输与处理体系、科学的林火评估体系、高素质的森林消防队伍体系和有创造力的森林防火科研体系、高效的森林防火专业培训体系等十二大系统，实现森林防火工作的科学化、法制化、规范化、标准化、信息化和专业化，不断提高森林消防的综合能力，降低森林火险，提高林火管理水平。实现林火监测无死角，林火信息传输无盲区，年均森林火灾受害率不超过 0.1%，特大火灾得到有效控制。

（2）阶段性目标

①近期目标 到 2010 年，完成国家、省、市、县之间的林火信息传输与处理系统的建设；初步建成森林防火科研体系和专业培训体系；完成林火预测预报体系、林火评估体系和森林可燃物管理体系总体技术框架，开展初步研究并进行试点工作；林火监测手段得到加强，林火监测覆盖率达 90% 以上；林火阻隔能力得到提高，林区道路密度网密度从现在的 $1.55m/hm^2$ 提高到 $1.78m/hm^2$；森林防火管理组织体系、森林消防队伍体系得到完善；森林火灾扑救能力、航空森林消防能力得到改善。

②中期目标 到 2020 年，完成基层森林防火机构的信息传输与处理系统建设，形成完善的国家森林防火信息传输与处理系统；完成林火预测预报体系、林

火评估体系和森林可燃物管理体系的建设；林火监测手段得到加强，林火监测覆盖率达到95%以上；林火阻隔能力得到进一步提高，林区道路密度网密度从现在的1.78 m/hm² 提高到2.2 m/hm²；森林火灾扑救能力、航空森林消防能力得到全面改善，在此基础上通过全面开展可燃物处理等积极的火险降低措施，使我国的森林防火工作进入现代的林火管理阶段，达到世界林火管理发达国家2005~2010年水平，重大火灾得到有效控制。

③远期目标　到2050年，形成完善的林火阻隔体系和林火监测体系，林区道路网密度提高到8~10 m/hm²，林火监测覆盖率达到100%；林火信息传输体系得到进一步完善，实现信息传输无盲区；形成强大的森林火灾扑救体系和发达的航空森林消防体系，年均森林火灾受害率不超过0.1%，特大火灾得到有效控制。在此基础上，充分发挥林火在森林经营和生态建设中的作用，形成基于生态防火的林火管理机制。

9.3.2.4　战略布局

21世纪上半叶森林防火的战略布局主要取决于森林火灾造成的危害的空间分布。在未来10年内，首先加强东北、西南重点林区的综合森林防火能力，同时兼顾火灾次数较多的广西、广东、海南、福建、江西、湖南等南方地区及自然条件恶劣的西北地区。在未来20年中，在重点林区防火能力继续得到增强的基础上，逐渐提高因植被恢复导致火险增加的长江、黄河上中游地区和其他地区的森林防火综合能力。到2050年，使全国各地区的森林防火能力得到普遍提高，达到战略总体目标。

9.3.2.5　战略重点

森林防火发展战略的重点是根据各目标的重要性、迫切性及其实现的难易程度来确定的。我国未来森林的高火险决定提高森林火灾扑救控制能力是战略发展的重点，这包括森林火灾扑救体系、扑救队伍体系、林火监测体系等的建设。但该能力的提高不是短期能够实现的，因此，它将贯穿未来50年森林防火工作的始终，力争在2050年得到全面提高。森林防火科研、培训体系一旦建成，就可通过提高森林防火从业人员的素质和增加科技含量而有助于火灾控制能力的提高，这两个体系的建成需要的时间又相对较短。因此，在近期内首先要完善这两个体系。信息技术的发展使森林防火信息和数据传输系统建设能够在短期内实现。因此，在近中期内，森林防火信息和数据传输体系建设也要优先发展。随着综合国力的提高，在中远期，林火预测预报体系、可燃物管理体系、林火阻隔体系、林火评估体系和航空森林消防体系的建设和应用将逐渐成为森林防火工作的重点。

9.3.2.6　战略措施

上述发展战略主要是通过建设和完善下列12大体系来实现：健全的森林防火管理组织体系，准确的林火预测预报体系，现代化的林火监测体系，强大的森林火灾扑救体系，发达的航空森林消防体系，科学的森林可燃物管理体系，完备的林火阻隔体系，通畅快捷的信息传输与处理体系，科学的林火评估体系，高素质的森林消防队伍体系和有创造力的森林防火科研体系,高效的森林防火专业培训体系等。这12大体系构成了国家综合森林防火体系。具体措施如下:

(1) 建立国家和地方科学的林火管理组织体系 要保证森林防火机构的健全和人员的稳定,必须要有一个稳定的组织机制。森林火灾的自然灾害属性和森林防火工作独特的社会参与性要求必须有国家级的领导机构。新形势使森林防火工作任务更加艰巨,需要国家级指挥机构的统一调度,全面指挥全国的森林防火工作,加强国家有关部门和地方对森林防火工作的重视与支持。在林业行业主管部门——国家林业局中成立森林防火指挥部,由局内与森林防火有关的各单位领导组成,从组织上保证森林防火工作的"四同步"。在各级林业机构中应设立常设的森林消防组织机构,以加强森林消防监督管理职能。在国家林业局和重点省、自治区建立事业单位性质的承担森林火险预报、火灾监测和森林防火信息处理任务的专业技术支持机构,在基层适当增加森林防火专业技术人员的数量。

在完善机构和充实人员的基础上,上级防火业务主管部门要加强对下属机构的业务指导和检查,通过科学、严密的法律、法规和规章制度,包括奖惩制度等,形成良好的组织、协调机制,以半军事化高效率管理,保证森林防火政令的畅通,确保森林火灾预防和扑救工作的胜利。

(2) 建立国家及地方的林火预测预报系统 我国目前林火预报水平还很低,没有统一的国家级林火预报系统,各地通过气象部门开展了简单的森林火险等级预报,而林火发生预报和林火行为预报基本没有开展,这严重制约着我国林火管理水平的提高。因此,迫切需要建立适合我国国情的林火预报系统。该系统包括下列四个子系统:

① 林区火险天气预报子系统 该系统主要依靠气象部门或防火部门牵头,气象部门提供气象数据,由气象、防火、数学、计算机等专家共同研究,建立相关的预报模型,定时发布全国森林火险天气等级,为森林防火工作提供参考。鉴于我国南北方差异较大,可采用统一的预报模式,不同的预报等级指标。

② 森林火险预报子系统 该系统综合考虑气象和可燃物条件,对林火发生的可能性和林火发生后的潜在火行为指标进行预测。该系统是火行为预报的基础,也是林火预测预报系统的核心,是提高我国林火管理水平的标志性工程。其关键问题是森林可燃物载量、含水率的动态监测和潜在火行为的估计。在未来的建设过程中,可借鉴美国、加拿大等国的研发经验和现代自动数据采集技术,通过大量的试验来完成。该系统的建立需经费较多,可通过5年的时间建立起框架模型,10年的时间运行修改,形成稳定的系统。

③ 林火发生预报系统 该系统在森林火险天气预报系统基础上,综合考虑可燃物类型和火源条件,对林火发生可能性大小进行预报。在该系统的研制中,首先要进行全国不同尺度上[省(自治区)、市(地)、县、乡等]的森林可燃物类型划分,形成可操作的划分结果,然后根据火源出现的种类、频率及建立林火发生预报模型,给出不同区域林火发生的概率,为森林防火兵力部署、重点巡护及监测提供科学依据。

④林火行为预报系统 该系统在森林火险预报系统基础上,综合考虑可燃物类型和地形因素,对特定地区着火后的林火蔓延方向、速度、火强度等火行为指标进行预测。火行为预报必须建立在大量的室内试验和野外点烧试验及实际火场观测的基础上。准确的林火行为预报可为森林火灾扑救决策提供重要参考。未来的林火行为预报系统必须建立在地理信息系统平台上。

在林火预测预报系统建设中,应注意吸取国内外类似工作中的教训。林火预测预报系统的建设是一项长期的工作,需要不断的修正以提高准确性,在建设过程中要注意克服急功近利的思想,要保证每步工作都具有科学性。同时加强前期基础工作研究,如森林可燃物类型的科学划分、相关参数的测定、火行为的模拟、森林火灾发生次数和野外火行为的准确记录等,没有这些扎实的基础工作和准确的基础数据,所有的预测预报系统的研究都将是建立在沙滩上的高楼。

(3)建立多层次、高精度的林火监测体系 目前我国林火在很大程度上是靠人工(瞭望塔、地面巡护等)来监测,许多偏远林区还存在监测死角,林火探测技术相对落后。根据现阶段我国的实际情况,应建立地面巡护、高山瞭望塔、飞机航空巡护和卫星监测相结合的立体林火监测体系。

①完善地面林火监测系统 我国许多地区瞭望塔的数量严重不足,要增加瞭望塔的数量,同时,在瞭望塔上增加可视和红外等林火自动监测与报警设备,实现全天候、全天24h林火监测。对于大兴安岭林区、小兴安岭北部林区、新疆阿勒泰林区等雷击火发生区应加强雷击火探测,自主研发和引进国外先进的雷击火探测技术,实现对雷击火的实时监测、及时发现与报警。

②加强空中林火监测 利用飞机监测林火具有准确性高、报警及时等特点,增加巡护飞机数量、扩大巡护面积,增加巡护密度,同时引进国外先进的无人驾驶飞行器监测林火技术。该技术不仅能将监测到的信息实时传递给指挥中心,而且能在烟雾中飞行并准确地监测火场边界及火势发展情况,为森林火灾扑救提供准确的火场信息。

③加强卫星林火监测 卫星林火监测的优点是监测范围广,特别是在较大的区域,具有较强的实用性。在未来的卫星林火监测发展中,要注意跟踪军用卫星技术的民用化进展情况,通过开发和完善高效的林火定位方法和林火识别模型,对现有设施进行技术改造,使用静止卫星乃至未来使用林火监测专用卫星等措施提高监测的时空分辨率、准确性和自动化程度。逐步形成覆盖全国的、动态实时的卫星林火监测网络,使卫星监测技术不仅用于林火探测,而且更多地用于林火扑救过程中。随着我国经济的发展,应逐步过渡到利用现代遥感、遥测技术监测林火为主,建立基于多种平台的、高精度的林火自动监测、实时监测系统。

(4)加强森林火灾扑救体系建设 森林火灾扑救成功与否与扑救设施、设备关系密切。目前我国的森林火灾扑救能力还较弱,一方面扑救手段落后,另一方面设备数量不足。在南方地形险峻地区,扑火的工具还很原始。要根据各地的实际情况,配置适用的扑火机具和装备。在"十五"期间,通过增加配备各种防火扑火装备,包括灭火机、灭火水枪和人员装备、消防车、通讯指挥车、炊事车等，初步解决装备数量不足的问题。同时利用军转民技术和其他现代技术，积极开发、研制适于林区复杂地形条件下的各种先进、有效的扑火、扑大火工具和运输车辆。

加强航空灭火的应用，具体措施在航空护林体系建设中详细论述，此处不再赘述。

通过制定扑火设备、扑火程序、扑救工作记录和火场记录（包括详细的图像资料等）的标准和规范以提高森林火灾扑救工作的标准化和规范化程度。加强森林火灾扑救指挥辅助决策系统、高分辨率卫星火场实时监测技术在森林火灾扑救决策中的应用，建立相应的反馈机制以提高系统的决策支持水平。

后勤供应是扑火成功的另一重要保障，储备库是保证在发生森林大火时，能够及时供应、补充和调配扑火物资的重要手段。要积极加强国家扑救森林火灾物资储备库的建设。在现有的 8 个国家扑救森林火灾物资储备库中，每年要更新储备物资，同时加强基层物资储备工作。

(5) 加强航空森林消防体系的建设　我国的森林火灾航空探测和扑救工作一直包括在航空护林业务范围内，在日益专业化的今天，已略显不宜。因此，建议使用"航空森林消防"一词，既与森林消防等匹配，又区别于传统的航空护林。

航空森林消防的主要任务是森林火灾的观测和扑救，在技术日益发展的今天，火场的探测可通过无人驾驶飞行器和卫星等手段进行，航空森林消防的任务可向森林火灾扑救适当倾斜。为此，我国的航空森林消防体系建设应围绕下面 5 个方面加强。

在现有航站的基础上，在重点省、自治区逐步增加航站、直航站及直升机加油站的数量，扩大航空森林消防的范围，积极帮助有需要又有条件的省、自治区开展相应的工作。在华东、华北、西北和华南加强航空巡护，不断扩大航空森林消防的巡护面积，逐步实现航空灭火无盲区。

努力增加航空护林的基础设施建设，逐步完善和充实各航空护林站，将其全部建设成为全功能航站。

增加新的机型，改进装备，加大灭火飞机的装载量，完善各种飞机灭火技术和手段。加强对飞行人员的培训，提高在林区复杂地形下、恶劣气象条件和烟雾条件下灭火的能力和准确度。

加强对航空森林消防的行业管理，建立健全各类岗位，如飞行员、观测员工作的标准和评价指标体系。

以森林防火任务为主，兼顾飞播造林、病虫害防治等业务。

(6) 建立科学的森林可燃物管理体系　森林可燃物管理是森林火灾预防工作的重要内容，也是火灾扑救工作的基础。可燃物管理以可燃物的数量控制为核心，同时包括可燃物的种类和空间连续性的控制等内容。目前，我国在这方面十分薄弱。要大力加强森林可燃物的管理工作，形成标准、规范的管理体系，具体分两个方面。

搞清现有森林可燃物状况，掌握未来动态变化趋势。这是可燃物管理的基础工作，也是森林防火工作的基础性工作之一。此项工作要在国家林业局的统一领导下，科研先行，通过在全国若干代表性地区的科学研究，建立可燃物类型的划分标准，建立可燃物动态变化模型，形成可操作的规程，然后各地按章操作，具体到乡（镇、场、所），建立数据库，所有可燃物的信息要上传到国家林业局的中心数据库。

积极探索可燃物处理的方法，建立科学的操作规程，大力开展可燃物清理工作，降低森林火险等级。计划火烧是目前可燃物处理的主要手段。为开展好计划烧除工作，首先要从思想上认识到开展计划烧除的必要性和紧迫性，破除那种见火就怕的教条思想，树立科学的防火观念。其次在现有的用火规程基础上，通过总结经验，扩大研究区域，吸收国外的先进做法，形成国家计划火烧操作规程，制定科学的计划烧除管理和验收制度。最后要通过周密安排，精心组织，选准时机，有计划、有组织地开展。要因地制宜，可以开展计划烧除的，要积极进行，不具备条件的，不要仓促上马。在开展计划烧除的资金上，国家要给予一定的补助。

火烧采伐剩余物客观上是对森林生产力的一种浪费，因此，要关注采伐剩余物的利用技术，探索既能减少林下可燃物数量，又能产生经济效益的新方法。

(7) 建立完善的林火阻隔体系 林火阻隔系统是预防、阻止森林火灾发生和蔓延的有效手段。一般包括河流、湖泊、道路、机耕防火隔离带、火烧防火隔离带、生物防火带等。具体建设包括下列几个方面：

完善林区道路建设，提高道路网密度。我国现有林区防火公路密度为 $1.55 m/hm^2$，"十五"期间和 2010 年规划期间，拟新建防火道路 3.6 万 km，届时道路网密度为 $1.78 m/hm^2$。若要达到保证林火运输畅通、有效阻隔森林火灾的 $8\sim10 m/hm^2$ 标准，在 2010 年规划的基础上，至少还要建设约 102 万 km 的林区公路。

增加各类防火隔离带的开设。在"十五"期间和 2010 年规划期间规划开辟防火线 12.6 万 km。在防火隔离带开设中，由于我国边境线漫长，周边国家的森林火与草原火发生频繁，外来火侵入的危险性大。因此，应加强边境防火隔离带的比重。在防火隔离带开设的方法上，除采用生土带的方法外，应加强计划火烧的比例。

积极加强生物防火带建设。多年的实践已证明，生物防火带在南方具有良好的防火效果，因此，应加大南方生物防火带的建设力度。在北方，防火林带的效果不如南方明显，应进一步加强防火树种的选择，特别是利用现代生物技术，如分子生物学技术等进行防火树种的培育与改造，同时积极研究生物防火带的营造技术，逐步使既能防火又有经济效益、生态效益的生物防火带成为林火阻隔体系建设的主体。

(8) 森林防火信息传输与处理体系建设 森林防火信息传输与处理体系建设包括火场通讯系统、森林防火信息网络系统和林火管理信息系统三个方面。

完善、高效的林火通讯网络能为防火指挥员提供最新、最准确的林火信息，保证扑火指挥员及时掌握火场情况，做出正确决策。现代通讯技术的发展使复杂地形不再成为通讯的障碍，关键的问题是资金。目前我国火场通讯中还存在许多盲区，要加大通讯设备的投入，加强通讯线路的建设，增加电台、通讯中继站及通讯指挥车的数量，在有条件的地区，增加卫星电话的数量，逐步实现火场通讯无盲区，并逐步普及火场图像传输业务。建设中由于资金有限，除特别急需外，要注意选择合适的性能价格比的切入点，起到事半功倍的效果。火场通讯系统要逐渐过渡到全国标准、统一的设备上。

森林防火信息网络系统指各级森林防火机构之间的网络联系，即利用网络技术构建国家林业局防火办、各省防火办及下属各级防火办之间计算机互联网络。各级防火机构之间的交流，包括上级的文件、森林火险等级的发布、森林灭火资源的使用状况、下级的报告乃至火场的实时图像等都可以通过网络传输，从而实现"无纸办公、信息速达"。县级以上防火机构还应建立各自的网站，更好地向社会开展森林防火和森林保护的宣传工作。

林火管理信息系统是将林火管理各方面工作信息化后集成的计算机软件系统。它包括日常林火管理工作信息处理子系统、林火预报子系统、森林火灾扑救辅助决策子系统、林火评价子系统、用火子系统和林火管理信息数据库、网络视频会议子系统等基本模块，其他模块可根据需要扩展。日常林火管理工作信息处理子系统主要用于日常办公的信息交流，如文件的上传下达、林火统计数据传输等。林火预报子系统包括了前面所述四类林火预报的计算程序。森林火灾扑救辅助决策子系统是为林火扑救服务的，一方面它包括火场信息的实时传输，传输源可以是火灾现场摄像机、飞机或无人驾驶飞行器上的摄像机或卫星火场图像等，另一方面它为扑救兵力数量的确定、派兵路线选择等提供优化手段。林火评估子系统便于林火综合评估，包括火灾损失在内。用火子系统则是为计划火烧方案的确定、审批和评估而制作的人工智能系统。林火管理信息数据库包括本地的森林可燃物信息（数量、空间分布）、数字地形图、林火阻隔网络信息、扑火设施设备信息、扑火人员数量等。该数据库为分布式数据库，国家局数据库为中心数据库，授权机构可以查询。网络视频会议子系统既可用来举办异地会议，也可将火场与各级后方指挥部联系起来，实现火场远距离指挥。

森林防火信息网络系统和林火管理信息系统是现代林火管理的重要基础设施，要在国家林业局的统一规划、统一标准下进行建设。初期可先进行网络硬件连接、林火地理信息系统 GIS 平台和基础资料录入、数据库等基础工作，待林火预测预报等系统研发、应用成功后，再补充进来。其中部分基础资料的输入，如地形图的数字化等，应与森林资源管理等部门相协调，避免重复建设。

（9）建立科学的林火评估体系　森林火灾评估就是对林火效益的评估，林火具有两重性，因此林火效益包括正负两个方面，正效益是指林火对森林生态系统有益的方面，包括改善土壤肥力、促进更新、对减少可燃物的贡献等；负效益是指森林火灾造成的损失，包括直接和间接损失两个方面。其中，森林火灾直接损失包括林木损失、固定资产损失及火灾扑救费用等。森林火灾间接损失包括非林木植物资源损失、野生动物资源损失、水资源损失及其他损失等。森林火灾的直接损失评估较易、间接损失评估较难。在森林的生态环境效益日益受到重视的今天，森林火灾间接损失的评价更为重要。

通过对林火正负效益两方面的综合考虑，科学地评价林火是森林防火工作中的重要环节。是火案处理、科学扑火决策及林火管理工作评价的重要基础。为此，要从现有森林火灾损失评估方法跨越到林火综合效益的评价上，通过林火生态学的专题深入研究，结合最新的环境生态价值计算方法，建立规范的、标准的、可操作的林火评价体系并编制用户使用界面友好的计算机软件以方便使用。这项工作也是林火管理的基础工作，需要在国家林业局的统一规划和领导下，通过科研单位和林火管理单位密切配合，进行长期的努力才能做好。近期可以先提出、构建框架模型，然后组织有关单位完善细节、验证、总结，然后在实践中应用，不断完善。最终目标是和林火行为预测预报密切结合，形成既能进行林火效益火后评估又可根据火行为预报进行林火效益火前预估的实用工具。

(10) 建立高效的森林消防队伍体系　随着社会主义市场经济体制的建立，过去那种组织群众扑火的做法越来越困难，而且多次发生人员伤亡事故。实践证明，建设一支精干、训练有素的专业、半专业的森林消防队伍，是实现"打早、打小、打了"的可靠保证。为此，开展下列4个方面工作：

在林区火险县积极完善专业扑火队的建设，保证每县至少一支专业队。

要积极争取国家财政投入，将专业森林消防队的开支纳入各级财政中去，并适当提高待遇。

加强森林消防专业队伍的标准化建设，提高森林消防队伍的规范化建设水平。国家林业局要制定全国专业森林消防队伍的军事化管理条例，规定专业森林消防队建设的最低标准，各地因地制宜地制定专业森林消防队员的招募标准、体能标准、专业森林消防队各岗位的技术资格及考核标准、安全教育标准、战术训练标准。各级主管部门要加强对专业队伍的建设、训练及队员素质的检查和考核。

增加专业队伍的训练设施，包括体能训练设施、模拟火场训练设施等，以提高技战术水平。有条件的专业队还应开展航空灭火的训练。

我国的综合经济实力还不很强，在森林防火工作中的投入仍然很有限，许多地方组建专业森林消防队时，经费不能得到保证。结合国家林业经济体制改革，借鉴澳大利亚等国家的经验，建立志愿森林消防队，将是我国未来许多地区，特别是南方林区的森林消防队伍发展的重要方向。

武警森林部队是森林防火、灭火的生力军和突击队，并以其自身良好的素质和突出的业绩，赢得了各级党委、政府的充分肯定，深受林区职工群众的爱戴。在国家财力许可的范围内，应逐渐增加武警森林部队的数量和辐射范围。

(11) 建设有创造力的森林防火科研体系　"科技兴国"是我国的国策，同样适用于森林防火事业，而且有着更强的针对性。为加强科技对林火管理工作的支撑作用，应加强下面两方面的工作。

加强森林防火科研机构、基地和队伍建设，形成一支学科门类齐全、高水平、稳定的林火科研队伍。科研工作具有连续性，森林防火的研究由于其长期性和多学科合作性的要求，建立一支相对稳定的森林防火科研队伍是十分必要的。该队伍应由若干长期稳定的研究人员作为核心，其他人员根据研究项目的需要从社会科研力量中招聘，从而形成一支具有广阔学科背景的、既紧密又灵活的科技研究队伍。队伍的稳定必须要有机构做保证。为此，要依托现有的林业院校和林业科研单位组建若干国家林火研究中心并建立若干长期的森林防火野外研究基地，通过多渠道筹集资金，保障这些研究机构的正常运转。

围绕森林防火急需解决的问题积极开展相关研究，加强林火管理先进技术、手段的引进，加强森林防火重大基础问题的研究。我国森林火灾研究已经取得一些成就，但远未能从根本上解决森林火灾的问题。因此，森林防火的科研工作一是要紧密围绕国家森林防火体系建设中的有关任务进行，加强对林火预测预报技术、林火监测技术、森林可燃物管理技术、一般森林火灾的规范化、科学化、系统化灭火技战术、林火信息管理系统及林火综合评价方法等的研究；二是要建立森林防火相关学科技术发展动态的跟踪研究体系，及时将能够推动、提高林火管理水平的其他门类的科学技术引入、转化到森林防火实践中去；三是要加强森林火灾发生及影响机理等重大基础理论的研究，建立一套完整的科学体系，开发更有效的预防和控制森林大火的技术，这方面主要应加强重大森林火灾发生机理、重大火灾预防机理的研究、全球变化对重大森林火灾发生及高发时段影响等方面的研究。

(12) 建立高效的森林防火培训体系　森林防火从业人员的良好素质是充分发挥国家森林防火综合建设体系作用的重要保障。要通过建立高效的森林防火培训体系、严格执行先培训后上岗等制度，来提高森林防火从业人员的综合素质。具体措施如下：

建立、健全国家和地方森林防火业务、技能培训机构。首先要建立国家和重点省、自治区的若干森林防火培训基地，完善培训教学设施。

建立国家森林防火培训规范，明确森林防火各岗位从业人员的应知应会标准，制定相应的培训大纲，编写相关的培训教材，形成动态更新培训内容的机制，保障森林防火从业人员能够始终掌握森林防火科技的最新成果和技术。

完善培训资格证书制度和国家森林防火培训质量评估体系。

加强培训教师队伍的建设，提高培训者的素质和培训能力。

开发多种培训手段，充分利用多媒体、网络远程教育等现代教育手段，开展灵活多样、适于基层森林防火工作特点的培训工作。

复习思考题

1. 森林火灾统计报表填写的主要注意事项有哪些？

2. 林火管理信息系统的基本功能和研制方法是什么？
3. 如何根据林火生态学的研究成果进行宏观林火管理决策？
4. 我国 21 世纪上半叶林火管理的主要战略是什么？

本章推荐阅读书目

中国可持续发展林业战略研究总论. 中国可持续发展林业战略研究项目组. 中国林业出版社, 2002

Review and update of the 1995 federal wildland fire management policy. US Department of the Interior, Department of Agriculture. 2001

Coarse – scale spatial data for wildland fire and fuel management. Hardy *et al.* USDA Forest Service, Rocky Mountain Research Station, Fire Sciences Laboratory, Missoula, Mt. USDA Forest Service, Fire and Aviation Management, National Interagency Fire Center, Boise, Id. 1999

参 考 文 献

马志贵，王金锡．1993．林火生态与计划烧除研究．成都：四川民族出版社
中国林学会森林土壤专业委员编．1985．森林与土壤．北京：中国林业出版社
《中国植被》编委会．1983．中国植被．北京：科学出版社
尹绍亭．1994．森林孕育的农耕文化——云南刀耕火种志．昆明：云南人民出版社
文定元．1995．森林防火基础知识．北京：中国林业出版社
刘福堂等译．1989．林火管理．北京：中国林业出版社
C. H. 安泽什金著．1985．森林防火．邓宗文译．北京：中国林业出版社
阮传成等．1995．木荷生物工程防火机理及应用．成都：电子科技大学出版社
李景文．1994．森林生态学．北京：中国林业出版社
李景文．1993．黑龙江森林．哈尔滨：东北林业大学出版社
邸雪颖，王宏良．1993．林火预测预报．哈尔滨：东北林业大学出版社
陈存及等．1995．生物防火研究．哈尔滨：东北林业大学出版社
陈存及等．1996．森林消防．厦门：厦门大学出版社
周以良，李世友等．1990．中国的森林．北京：科学出版社
周以良．1991．中国大兴安岭植被．北京：科学出版社
周道玮．1995．草地火生态学研究进展．长春：吉林科学技术出版社
周道玮等．1995．植被火生态与植被火管理．长春：吉林科学技术出版社
林业部调查规划院主编．1981．中国山地森林．北京：中国林业出版社
郑焕能，邸雪颖，姚树人．1993．中国林火．哈尔滨：东北林业大学出版社
郑焕能，卓丽环、胡海清．1999．生物防火．哈尔滨：东北林业大学出版社
郑焕能，胡海清，姚树人．1992．林火生态．哈尔滨：东北林业大学出版社．
郑焕能，满秀玲，薛煜．1997．应用火生态．哈尔滨：东北林业大学出版社
郑焕能等．2000．中国东北林火．哈尔滨：东北林业大学出版社
郑焕能等．1988．林火管理．哈尔滨：东北林业大学出版社
郑焕能等．1994．森林防火．哈尔滨：东北林业大学出版社
郑焕能等．1962．森林防火学．北京：农业出版社
郑焕能等．2003．森林燃烧网．哈尔滨：东北林业大学出版社
金可参，居恩德等．1990．林火管理知识问答．哈尔滨：黑龙江科学技术出版社
胡海清．1996．大兴安岭森林火动态．哈尔滨：黑龙江科学技术出版社
胡海清．2000．林火与环境．哈尔滨：东北林业大学出版社
胡海清．1999．森林防火．北京：经济科学出版社
赵宪文．1995．森林火灾遥感监测评价．北京：中国林业出版社
赵哲申等译．1989．野外火的扑救．北京：中国林业出版社

赵魁义，张文芬等. 1994. 大兴安岭森林火灾对环境的影响与对策. 北京：科学出版社
骆介禹. 1992. 森林燃烧能量学. 哈尔滨：东北林业大学出版社
徐化成. 1998. 中国大兴安岭森林. 北京：科学出版社
徐化成. 1996. 景观生态学. 北京：中国林业出版社
高颖仪等. 1994. 森林防火学. 北京：中国林业出版社
程东升. 1993. 森林微生物生态学. 哈尔滨：东北林业大学出版社
R. 道本迈尔. 1965. 植物与环境. 曲仲湘译. 北京：科学出版社
楼玉海等. 1990. 五·六特大森林火灾的调查分析. 哈尔滨：黑龙江科学技术出版社
马丽华，李兆山. 1998. 大兴安岭6种活森林可燃物含水率测试与研究. 吉林林学院学报，(1)
文定元等. 1991. 关于杨梅防火林带的探讨. 森林防火，(1)
王文来，柳胜德，姜宇. 2001. 伊春林业地理信息系统的构想. 森林防火，(2)
王正非. 1987. 大兴安岭特大森林火灾的特征与今后的林火管理对策. 森林防火，(4)
王正非. 1986. 论生态平衡和林火烈度. 植物生态与地植物学报，(1)
王刚，毕湘虹等. 1996. 大兴安岭几种主要可燃物化学组成与燃烧性. 森林防火，(1)
王刚，韩益彬等. 1991. 营林用火对杨桦林天然更新状况的影响. 森林防火，(3)
王成. 1998. 从自然干扰看人类干扰的合理性. 吉林林学院学报，(4)
王英杰. 1990. 火烧后森林动态的研究概况. 森林防火，(4)
王得祥等. 1999. 可燃性物气体逸出指标应用于树种燃烧性评价的研究. 西北林学院学报，(3)
邓湘雯，文定元，张卫阳. 2002. 山脊防火林带透风系数的确定. 中南林学院学报，(2)
邓湘雯等. 2002. 南方杉木人工林可燃物负荷量预测模型的研究. 湖南林业科技，(1)
丛广生. 1985. 火烧迹地调查方法. 森林防火，(1)
田晓瑞，刘涛. 1997. 生物防火的研究与应用. 世界林业研究，(1)
田晓瑞，舒立福，阎海平等. 2002. 华北地区防火树种筛选. 火灾科学，(1)
刘志忠. 1991. 关于推广营林用火的调查报告. 森林防火，(3)
刘晓东，王军，张东升等. 1995. 大兴安岭地区兴安落叶松林可燃物模型的研究. 森林防火，(3)
何忠秋，张成钢，牛永杰. 1996. 森林可燃物湿度研究综述. 世界林业研究，(5)
何忠秋等. 1995. 森林可燃物含水量模型的研究. 森林防火，(2)
宋乃谦. 1988. 大兴安岭火烧迹地清理和恢复的若干技术措施. 林业科技，(1)
张国防等. 2000. 杉木人工林地表可燃物负荷量动态模型的研究. 福建林学院学报，(2)
张国防等. 2000. 杉木人工林地表易燃物含水率变化规律. 福建林学院学报，(1)
张建列. 1985. 火对土壤的影响. 森林防火，(1)
张建列. 1986. 火对可燃物的影响. 森林防火，(3)
张建列. 1985. 火烧对植物区系的影响. 森林防火，(4)
张思玉. 2001. 火生态与新疆山地森林和草原的可持续经营. 干旱区研究，(1)
张敏，胡海清，马宏伟. 2002. 林火对土壤结构的影响. 自然灾害学报，(2)
张敏，胡海清. 2002. 火对地下生态系统可持续性的作用. 森林防火，(2)
张敏，胡海清. 2002. 火烧后若干年后土壤. 防护林研究，(4)
张敏，胡海清. 2002. 林火对土壤结构的影响. 自然灾害学报，(4)
张敏，胡海清. 2002. 林火对土壤微生物的影响. 东北林业大学学报，(4)

张敏，胡海清．2000．美国可燃物模型和潜在火险预测研究综述．森林防火，（4）

张敏，胡海清．2002．林火对土壤氮含量的扰动作用．防护林科技，（4）

张景群，王得祥，余兴弟．1992．可燃物含水率与林火行为的关系．森林防火，（3）

李长权，史永纯．1997．过火林地木炭含量与重烧复燃现象的关系．森林防火，（3）

李振问，苏孙庆，丁月星．1996．防火树种叶的发热量及其影响因素．森林防火，（2）

李振问．1989．试论火烧对森林土壤生态系统的影响．森林防火，（2）

杜晓明，杜晓光．1992．林火对兴安落叶松西伯利亚泰加林植被的影响．森林防火，（2）

杨玉盛，李振问．1992．火对森林生态系统营养元素循环的影响．森林防火，（3）

杨玉盛，李振问．1993．林火与土壤肥力．世界林业研究，（3）

杨玉盛．1992．火对森林生态系统营养元素循环的影响．森林防火，（3）

杨玉盛．1991．林火对土壤的热量状况的影响．森林防火，（1）

杨美和，高颖仪，鄂明生．1992．林班潜在火险等级图的研制与应用．林业科学，（6）

杨美和，高颖仪等．1993．森林火灾统计指标的探讨．森林防火，（4）

杨美和等．1985．伐区（林内）火烧强度的估算．吉林林学院学报，（1）

杨道贵，马志贵，鄢武先．1997．计划火烧对林间草地产草量和营养成分的影响．中国草地，（1）

肖功武等．1989．林内计划火烧技术的研究报告．森林防火，（2）

肖笃宁，苏文贵．1988．大兴安岭北部地区的森林土壤及其生产特性．生态学杂志，（7）

邱扬，李湛东，徐化成．1997．兴安落叶松种群稳定性与火干扰关系的研究．植物研究，（4）

邱扬．1998．森林植被的自然火干扰．生态学杂志，（1）

邱雪颖，金森等．1993．火与森林生态系统能量流动．森林防火，（3）

邱雪颖．1990．80年代欧美及中国林火损失分析．森林防火，（3）

邱雪颖．1992．火生态学的发展与未来展望．森林防火，（2）

邱雪颖等．1994．大兴安岭森林地表可燃物生物量与林分因子关系的研究．森林防火，（2）

陈存及，何宗明等．1995．37种针阔树种抗火性能及其综合评价的研究．林业科学，（2）

陈学文．1985．林火对福建中亚热带植物群落的演变及其影响．森林防火，（3）

单延龙，胡海清等．2003．树叶耐火性的排序分类．林业科学，（1）

居恩德，何忠秋，刘艳红等．1994．森林可燃物灰色verhulst模型动态预测．森林防火，（2）

居恩德．1987．森林火灾的种类．森林防火，（2）

居恩德等．1993．可燃物含水率与气象要素相关性的研究．森林防火，（1）

罗德昆．1987．大兴安岭特大森林火灾的研讨和恢复森林的意见．森林防火，（4）

郑焕能，居恩德．1987．大兴安岭林区计划火烧的研究．森林防火，（2）

郑焕能，胡海清，王德祥．1990．森林燃烧环网的研究．东北林业大学学报，（4）

郑焕能，胡海清，董斌兴．1989．森林火灾控制能力分析与评价．林业科学，（2）

郑焕能，胡海清．1988．几种红松林可燃物类型的研究．森林防火，（1）

郑焕能，胡海清．1990．火在森林生态系统平衡中的影响．东北林业大学学报，（1）

郑焕能，胡海清．1990．东北东部山地可燃物类型的研究．森林防火，（4）

郑焕能，胡海清．1987．森林燃烧环．东北林业大学学报，（5）

郑焕能，贾松青，胡海清．1986．大兴安岭林区的林火与森林恢复．东北林业大学学报，（4）

郑焕能．1989．林火分类研究．森林防火，（2）

郑焕能等．1992．谈营造多功能综合防火林带．森林防火，（3）

金森，李绪尧等．2000．几种细小可燃物失水过程中含水率变化规律．东北林业大学学报，

(1)

金森,胡海清. 2002. 黑龙江省林火规律的研究Ⅰ. 林业科学,(1)

段向阁,刘利. 1997. 计划烧除对可燃物管理的影响. 森林防火,(3)

胡海清,刘慧荣等. 1992. 火烧对人工林红松樟子松树木的影响. 东北林业大学学报,(2)

胡海清,金森. 2002. 黑龙江省林火规律的研究Ⅱ. 林业科学,(2)

胡海清,姚树人,尚德雁. 1991. 东北林区林火的特点与作用. 森林防火,(4)

胡海清,姚树人,尚德雁. 1991. 现代林火管理的发展方向. 森林防火,(2)

胡海清,姚树人. 1989. 兴安落叶松对火等生态因子的适应. 森林防火,(4)

胡海清. 1995. 大兴安岭主要可燃物理化性质测定与分析. 森林防火,(1)

胡海清. 2003. 大兴安岭原始林区林木火疤的研究. 自然灾害学报,(4)

胡海清. 1990. 火烧后花旗松死亡模型的预测. 森林防火,(1)

胡海清. 1988. 火烧后植被恢复初期高温对某些种子萌发的影响. 森林防火,(1)

胡海清. 2000. 生态防火理论与实践. 中国林业教育,(4)

骆介禹. 1987. 关于林火强度计算的情况. 森林防火,(2)

徐化成,李湛东,邱扬. 1997. 大兴安岭北部地区原始林火干扰历史的研究. 生态学报,(4)

袁春明等. 2000. 马尾松人工林可燃物负荷量和烧损量动态预测. 东北林业大学学报,(6)

舒立福,田晓瑞,马林涛. 1999. 林火生态的研究与应用. 林业科学研究,(4)

舒立福,田晓瑞,李红等. 2000. 我国亚热带若干树种的抗火性研究. 火灾科学,(2)

舒立福,田晓瑞,李惠凯. 1999. 防火林带研究进展. 林业科学,(4)

舒立福,田晓瑞,徐忠臣. 1998. 森林可燃物可持续管理技术理论与研究. 火灾科学,(4)

舒立福,田晓瑞,寇晓军. 1998. 计划烧除的应用与研究. 火灾科学,(3)

葛剑平,陈动等. 1992. 火干扰对天然红松林结构和演替过程的影响. 东北林业大学学报,(5)

覃先林,张子辉,易浩若. 2001. 一种预测森林可燃物含水率的方法. 火灾科学,(3)

谢玉敏,李军伟. 1999. 树种燃烧性的研究. 森林防火,(3)

蔡体久等. 1995. 大兴安岭森林火灾对河川径流的影响. 林业科学,(5)

樊顺. 1991. 计划烧荒可行性探讨. 森林防火,(4)

薄颖生,韩恩贤,韩刚等. 1997. 陕西省生物防火林带树种选择研究. 西北林学院学报,(4)

Brown A A, Kenneth P D. 1973. Forest fire: Control and Use. New York: McGraw-Hill Book Company

Craig Chandler, Phillip Cheney, Phillip Thomas, Louis Trabaud & Dave Williams. 1983. Fire in Forestry. John Wiley & Sons, Inc., New York

Kimmins J P. 1987. Forest Ecology. Macmillan Publishing Company. New York

Stephen J. Pyne et al. 1996. Introduction to Wildland Fire. John Wiley & Sons Inc., New York

Anderson, Hal E. 1982. Aids to Determining Fuel Models for Estimating Fire Behavior, USDA, Forest Service, General Technical Report, INT-122

Blackmarr W H and Flanner W B. 1968. Seasonal and Diurnal Variation in Moisture Content of Six Species of Pocosin Shrubs. USDA. For. Serv. Res. Pap. Se-33, 11.

Carmen E P. 1950. Kent's Mechanical Engineer Handbooks. Power Volume, Sec. Z, Combustion and fuels, 12thed. John Wiley & Sons, Inc. New York. 39-41

Daskalakou E N, Thanos C A. 1996. Aleppo Pine (*Pinus halepensis*) Postfire Regeneration: the Role of Canopy and Soil Seed Banks. International Journal of Wildland Fire, 6(2): 59-66

Deeming, John E, Lancaster J W, Fosberg M A, Furman R W and Schroeder M J. 1972. The National Fire-Danger Rating System, USDA For. Serv., Res. Pap. RM-184

Deeming, John E, Robert E. Burgan and Jack D. Cohen. 1977. The National Fire-Danger Rating System-1978, USDA Forest Service, General Technical Report INT-39

Elane M. Brick and Bridges R G. 1989. Recurrent Fires and Fuel Accumulation in Even-aged Blackbute Forests. Forest Ecology and Management, 29: 59-79

Ertugrul Bilgili, etc. 1994. A Dynamic Fuel Model for Use in Managed Even-aged Stand, Wildland Fire, 4(2): 177-185

Esplin DH. 1980. Fuelbreak Management with Goats: Biological Control of Vegetation. Proceedings of the 32nd Annual California Weed Conference. 103-106

Etienne M, Legrand C, Armand D. 1991. Spatial Occupation Strategies of Woody Shrubs Following Ground Clearance in the Mediterranean Region of France. Research on Firebreaks in Esterel. Annales-des-Sciences-Forestieres, 48(6): 661-677

Forestry Canada Fire Danger Group. 1992. Development and Structure of the Canadian Forest Fire Behavior Prediction System. Information Report ST- X3. Published by Forestry Canada Science and Sustainable Development Directorate. Ottawa

Fosberg Michael A, Lancaster James W, Schroeder Mark J. 1970. Drying Relation and Standard and Field Conditions. For. Sci., 16: 121-128

Fosberg Michael A. 1970. Drying Rates of Heartwood Below Fibersaturation. For. Sci, 16: 57-63

George E Gyull, etc. 1983. Fire and Vegetation Trends in the Northern Rockies. Interpretations From 1781-1982 Photographs, General Technical Report INT-158

Heinselman M L. 1981. Fire and Succession in the Conifer Forests of Eastern America. In: Forest Succession-concept and Application. New York: Springer-Verlag. 374-384

Hough W A. 1973. Fuel and Weather Influence Wildfires in Sand Pine Forests. USDA. For. Ser. Res. Paper. SE-106, 11

Hu Haiqing, Chai Ruihai. 1995. Fire Cycle and Fire Adaptation of Main Tree Species in Daxinganling Forest Region, China, J. of Northeast For. Univ., 6(2): 41-44

Hu Haiqing, Paul Woodard. 1997. Military Wildland Firefoghters in China, Wildfire, (6): 20-22

Hu Haiqing, Tian Xingjun. 1988. The Ecological Adaptation of *Larix Gmelinii*, The Tenth Symposium of IUFRO Working Party, Northeast Forestry University Press, 1153-1157

Hu Haiqing, Wang Ke. 1991. Fire in Northeast China Forests. J. of Northeast For. Univ, 2(1): 30-37

Hu Haiqing. 1998. An Effective Wildfire Fighting Tool, Wildfire, 7(4)

Hu Haiqing. 1995. Fuel Type Classififation in the East Mountains in Northeast China, J. of Northeast For. Univ., 6(3): 114-117

Hu Haiqing. 1995. Study on Several Korean Pine Fuel Types, J. of Northeast For. Univ., 6(3): 118-121

Jamison D A. 1966. Diurnal and Seasonal Fluctuations in Moisture Content of Pinyon Pine and Juniper. USDA. For. Serv. Res. Note RM-67, 7

Luke R H and McArthur A G 1978. Heat Yield and Power Out Put in Bush Fire in Australia. Australian Government publ. Serv. 26

Mc Cammon, Bruce P. 1976. Suonpack Influences on Dead Fuel Moisture. For. Sci., 22: 323-328

Burrons N D, Woods Y C, Ward B G and Robinson A D. 1989. Prescribing Low Intensity Fire to Kill Wildlife in Pinu Radiata Plantations in Western Australia. Australia Foresty. 52(1): 45-52

Paysen T, Narog M. 1993. Fire Impacts on Soil Nutrients and Soil Erosion in a Mediterranean Pine Forest Plantation Catena. 20(1-2): 129-139

Philpot C W. 1965. Diurnal Fluctuation in Moisture Content of Ponderosa Pine and Whiteleaf Manzantia leaves. USDA. For. Serv. Res. Note Paw-67, 7

Philpot C W. 1969. Seasonal Change in Heat Content and Other Extractive Content of Chamise. USDA. For. Serv. Res. Pap. INT-61, 10

Shan Yanlong, Hu Haiqing, Liu Baodong, Li Xuefeng. 2002. Division of Forest Fuel Type Areas of Heilongjiang Province by Using GIS. Journal of Forestry Research, 13(1): 61

Shan Yanlong, Hu Haiqing, Liu Baodong, Li Xuefeng. 2002. Division of Forest Fuel Type Areas of Heilongjiang Province by Using GIS, Journal of Forest Research. 13(1): 61-66

Stephen J P. 1984. Introduction to Wildland Fire: Fire Management in the United States. A Wiley-Interscience Publication in Wilty Sons, New York: Chichester, Brisbane, Toronto, Singapor

US Department of the Interior, Department of Agriculture. Review and Update of the 1995 Federal Wildland Fire Management Policy. 2001

Van Dyne G M, Payne G F and Thomas O O. 1965. Chemical Composition of Individual Range Plants from the U. S. Range Station. Miles City. Montana. From 1955-1960. U. S. Atomic Energy Comm. ORNL-TM-1279. 24

Weber M G, Taylor S W. 1992. The Application of Prescribed Burning in Canadian Forest Management. The Forestry Chronicle, 68(31): 21-32

Wu Hongqi, Hu haiqing. 1986. Study on the Distribution and Formative Cause of Forest Vegetation in the Great Khingan Mts, China, International Symposium on Mountain Vegetation, Beijing, China, 253-256

Zheng Huanneng, Hu Haiqing. 1991. Studing on the Network of Forest Burning Links, Journal of Northeast Forestry University, 2(2): 1-6

Zheng Huanneng, Hu Haiqing. 1988. The Influence and Use of Fire in the Great Xingan Mountains, The Tenth Symposium of IUFRO Working Party, Northeast Forestry University Press, 1-3